科学出版社“十三五”普通高等教育研究生规划教
创新型现代农林院校研究生系列教材
普通高等教育农业农村部“十三五”规划教材

空间分析理论与实践

Theory and Practice of Spatial Analysis

史 舟 周 越 编

科 学 出 版 社
北 京

内 容 简 介

本书以环境资源相关领域的实际需求和问题为导向，重点讲述地理空间分析的理论和方法体系，力求将本领域有代表性的空间分析技术方法与实际应用相结合。本书共10章，主要内容包括：绪论、空间数据探索分析、空间分布与点模式分析、空间自相关分析、空间回归分析、空间插值、地统计学、随机模拟、空间多元分析以及识别多中心城市结构的综合实习。以ArcGIS、GeoDa和RStudio为平台，本书提供大量典型案例与操作分析方法，将理论、案例、实践三者紧密结合。书中案例数据请扫描书末二维码获取。

本书可供从事农业、环境、国土资源等领域的科研人员和高等院校师生阅读参考。

审图号： GS（2019）3635号

图书在版编目（CIP）数据

空间分析理论与实践 / 史舟，周越编. —北京：科学出版社，2020.9

科学出版社“十三五”普通高等教育研究生规划教材·创新型现代农林院校研究生系列教材·普通高等教育农业农村部“十三五”规划教材

ISBN 978-7-03-065968-2

Ⅰ. ①空… Ⅱ. ①史… ②周… Ⅲ. ①空间信息系统－数据处理－高等学校－教材 Ⅳ. ① P208

中国版本图书馆CIP数据核字（2020）第164111号

责任编辑：丛 楠 李香叶 / 责任校对：严 娜

责任印制：张 伟 / 封面设计：迷底书装

科学出版社 出版

北京东黄城根北街16号

邮政编码：100717

http://www.sciencep.com

北京凌奇印刷有限责任公司印刷

科学出版社发行 各地新华书店经销

*

2020年 9 月第 一 版 开本：787×1092 1/16

2024年 1 月第五次印刷 印张：21 1/4

字数：501 000

定价：88.00 元

（如有印装质量问题，我社负责调换）

前　言

随着现代卫星导航、无线移动等定位技术的发展，具有空间位置的信息大量涌现，如何利用这些空间数据，挖掘空间对象的分布和变化规律至关重要。空间分析就是一种面向空间数据的定量化分析技术，用来评价空间数据的格局、分布、关系、过程和趋势。空间分析的早期应用案例可以追溯到 19 世纪中叶，英国的约翰·斯诺博士利用空间叠置分析的方法找到了霍乱病患者的发病原因。而现在空间分析方法和技术的应用已拓展到自然、人文社科的各个方面，不胜枚举。

目前国内外很多高校开展空间分析的教学与相关研究工作。近年来随着遥感与地理信息系统技术的发展，空间数据和具备空间分析的商业软件发展迅速，因此很多高校开设类似研究机构和教学内容。特别是 2006 年，哈佛大学专门成立了地理分析中心（The Center for Geographic Analysis），为各学科提供地理分析的技术支撑。另外，国内外也出版了很多关于空间分析的相关著作和教科书，从早期 Ripley 的 *Spatial Statistics*、Cliff 和 Ord 的 *Spatial Processes: Models and Applications*，到 Haining 的 *Spatial Data Analysis in the Social and Environmental Sciences*，Goodchild 的 *Spatial Analysis Using GIS*、Webster 和 Oliver 的 *Geostatistics for Environmental Scientists*，以及郭仁忠的《空间分析》、刘湘南等的《GIS 空间分析原理与方法》、王劲峰等的《空间数据分析教程》、汤国安等的《ArcGIS 地理信息系统空间分析实验教程》等，都成为很多高校的教材。

本书以地理空间数据为核心，采用地学计量分析方法来探讨地理对象的位置、空间特征、相互关系与演化过程。面向农业、环境、国土等领域的应用，详细介绍了空间数据探索分析、空间分布与点模式分析、空间自相关分析、空间回归分析、地统计学等领域的主流技术和方法。此外，本书的一大特点就是强调理论方法与实际应用相结合，提供了大量与资源环境相关的实际案例，以及对应案例的软件实操步骤，能够培养学生对于资源环境数据的空间分析与实践操作能力。本书可以弥补现有的空间分析教材仅面向地理信息系统专业的学生，以及理论知识与实践操作分割的两大缺陷，为资源环境相关专业学科提供理论、案例、实践三者结合的空间分析教学用书。

本书从空间分析概念、空间数据准备与空间数据分析逐步深入，全书共包括 10 章。第 1 章主要介绍空间分析的概念、理论与方法、实际应用以及常用软件；第 2 章主要介绍数据探索分析以及空间数据探索分析的概念与基本方法；第 3 章主要介绍了点模式分析中的样方分析、核密度估计、最近邻分析与函数法；第 4 章对空间自相关的概念、发展、全局与局部的分析方法进行介绍；第 5 章介绍了普通线性回归模型、空间回归模型和地理加权回归模型，重点论述了回归模型选择流程以及空间滞后回归与空间误差回归的区别；第 6 章介绍了空间插值的概念、意义、分类，并着重介绍了趋势面、变换函数、径向基函数、样条函数、自然邻域、克里格等空间插值方法的原理与插值效果；第 7 章与第 8 章围绕地统计分析与随机模拟的原理，详细介绍了区域化变量、半方差函数、克里格插值方法与高斯地统计；第 9 章介绍了空间多元数据降维和聚类的理论与分析过程；第 10 章为识别多中心城市结构的综合实习。本书理论结合实例，全面涵盖了生态环境相关的水、土、气实际案例，包括对污水排放、土壤养分、土壤重金属污染、空气质量等全国以及区域尺度数据进行分析。同时理论结合实践，除绪论外，每一章都有对应的上机实习内容，以当前主流的地理信息系统软件 ArcGIS，以及 GeoDa 应用软件和 R 统计软件为工具，结合各类案例数据进行实际操作的讲解。另外，本书在对应的图片附近放置了二维码，读者可通过扫码阅览彩色图片。同时，案例数据与上机操作资料也可在附录 2 中以扫描二维码方式获取。

本书撰写经过 2015 年至 2019 年近五年时间，多次修订完善、增添案例，最后完成统稿和修改成书。在本书编写过程中，胡婕、尤其浩、邵帅、许金涛、洪武斌、娄格等协助主编进行了数据和相关操作实验案例的整理工作。

本书既是作者和团队多年来面向资源环境类专业授课的积累，也是多年来相关研究成果面向教学的应用。本书先后受到国家高技术研究发展计划、国家自然科学基金等一系列项目的资助，也得到了浙江省农业遥感与信息技术重点实验室、污染环境修复与生态健康教育部重点实验室等的资助，在此一并感谢。

本书不足之处实属难免，敬请广大读者给予批评指正。

作　者

2020 年 1 月于浙江大学紫金港

目　录

第1章 绪 论

1.1 空间分析的概念

空间分析（spatial analysis），顾名思义就是对空间域内的数据进行定量分析、处理与表达的系列方法和技术的总称，是地学领域重要的研究内容，又叫地理空间分析（geospatial analysis）、空间统计（spatial statistics）等。关于空间分析的概念和内容，地理学、测绘学等不同学科有不同定义。本书主要从地理学角度来介绍空间分析，即以分析地理数据为主，以遥感影像、地图数据、社会经济统计数据等为分析对象，主要研究群体为地理、环境、土壤、水文、生态等学科领域的相关人员。

国内外关于空间分析的定义，比较典型的有以下几种：

空间分析是对地理数据的空间信息、属性信息以及二者共同信息的统计描述或说明（Goodchild，1987）；空间分析是以地理对象的布局为基础，对地理数据集进行分析的技术（Haining，1990）；空间分析是对地理空间现象的定量研究，通过处理空间数据，使其成为一种不同的形式，进而从中提取其潜在的信息（Bailey，Gatrell，1995；Openshaw，Openshaw，1997）；空间分析是基于地理对象的位置和形态特征的空间数据分析技术，其目的在于提取和传输空间信息（郭仁忠，2001）；GIS空间分析是从一个或多个空间数据图层中获取信息的过程；空间分析是集空间数据分析和空间模拟于一体的技术，通过地理计算和空间表达挖掘潜在空间信息，以解决实际问题（刘湘南等，2008）；空间分析是利用与属性和地理空间现象关联的空间信息，来研究哪里发生了什么（Smith et al.，2018）。

综上所述，空间分析是一种利用统计学和其他分析方法（如地理建模、计量地理、地统计学等）来评价空间数据的格局、分布、关系、过程和趋势的技术。

空间分析有别于传统的统计分析方法，其真正用到了空间对象的面积、距离、邻近、方位、空间关系等信息。其本质特征主要是来回答空间对象的分布、变化及其成因，包括：①探测空间数据的分布格局；②研究空间数据的时空变化过程；③解释空间数据与相关因子的关系；④预测地理空间事件的变化趋势。

空间对象主要由点、线、面、体四类基本地理要素构成，不同类型地理要素具有不同的个体地理特征与群体地理特征。个体地理特征主要指空间对象的位置、分布、形态等单个地理要素的空间描述特性，如点、线、面都具有空间位置特性，线具有长度、方向、曲率等形态结构；面具有面积、周长、形状等形态结构。群体地理特征主要指多个空间对象之间的空间关系（距离、方位、拓扑等）、空间分布结构（分布中心、分布密度、集聚程度等）等基本特征，如点与点之间具有距离、方位等空间关系，面具有相邻、拓扑等空间关系；而多个点、线、面要素具有分布中心、分布密度、分布趋势、随机分布或集聚分布等特征。

面向空间分析的空间数据可以划分为矢量数据、栅格数据、三维数据、属性数据等不同数据类型。针对不同数据类型，空间分析方法也有所不同，可分为矢量数据空间分析方法、栅格数据空间分析方法、三维数据空间分析方法和属性数据空间分析方法等。

1.2 空间分析的理论与方法

空间分析是地理信息科学领域理论性、技术性和应用性都很强的分支。空间分析作为地理信息系统（GIS）的核心内容，是 GIS 区别于一般信息系统的主要功能特征，一些学者甚至提出空间分析可以作为一门单独的学科来对待，可见研究空间分析的理论基础是十分必要的。另外，空间分析的技术性很强，有一系列具体的空间分析方法，是空间分析的重要研究内容。

1.2.1 空间分析与其他数据分析的差别

空间分析与传统统计分析方法，最大的区别是空间位置和关系信息的处理。如图 1-2-1 中，对两个变量的关系研究，可以采用线性回归或相关系数来表示。如图 1-2-1（a），所有样本不考虑空间位置，将其 y 和 I 两属性建立线性回归方程，R^2 达到 0.89，模型具有高度的拟合度，而且拟合后的残差具有很好的随机性，符合观测的无系统误差等方差性和独立性。但是如果我们从空间分析出发，将空间位置放入统计分析中，来重新绘制拟合后的残差值的空间分布图［图 1-2-1（b）］。我们很明显地发现，残差值［$\hat{e}(i)$］的分布具有趋势性，即 $\hat{e}(i)$ 为正值（模型高估）的样点都分布在西北区域，而负值的样点都分布在东南区域。拟合模型的残差是非随机和独立的，存在空间自相关性。因此，必须采用空间分析的方法和手段来重新处理类似的地理现象。

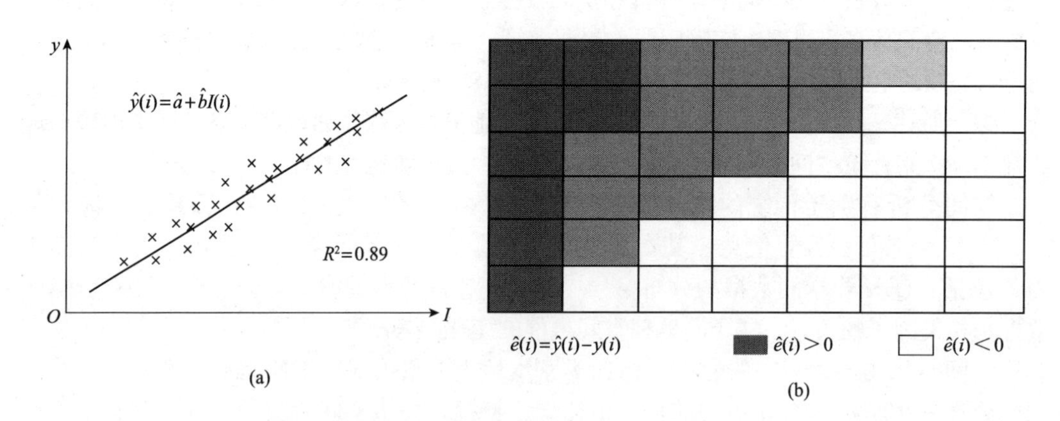

图 1-2-1 空间分析与传统统计分析方法的比较（Haining，1990）

可以说，地理对象或过程既存在关联性，又存在独特性。所以，空间分析的理论发展至空间统计学，与经典统计学分析的区别在于（王劲峰，2006）：

（1）空间数据中普遍存在的空间相关性使其与经典统计学经常要求的样本独立性前提不符，造成使用经典统计学分析空间数据得到的结论是有偏的和非优的。

（2）空间数据一般具有不重复性，观察到的数据只是空间过程的一次实现或是某个空间位置的一个样本，如野外土壤采样，一个位置只能采集到一个样品，不能重复实验取样，这与物理、化学、生物等可重复实验科学不同。因此，只有在一定的假设条件下，空间数据才是可统计和可定量描述的。

（3）很多地理空间现象的背后以空间格局为其发生机理。空间分析擅长描述和揭示这些数据中所蕴含的独特的空间信息、关系、格局和过程。这是经典统计学方法所不能具备的。

1.2.2 空间分析的理论基础

空间分析的理论源自空间统计学，特别是地统计学和地理学第一定律，到目前逐渐发展出一系列理论，包括空间变异理论、空间关系理论、空间认知理论、空间推理理论、空间数据的不确定性分析理论等。地理学第一定律（Tobler's First Law）由美国地理学家Tobler提出，他认为任何事物都相关，只是相近的事物关联更紧密（Everything is related to everything else，but near things are more related to each other.），即地理事物或属性在空间分布上互为相关，存在集聚、随机和规则分布。地理学上将相似事物或现象在空间上集聚的性质称为空间自相关。空间上的相关性或关联性是自然界存在秩序与格局的原因之一（Goodchild，1986）。而地理学第二定律是空间异质性，即指空间位置差异造成的观察行为不恒定现象。空间变异理论来自地统计学的区域化变量理论，主要以变异函数为重要工具，来研究地学空间数据的结构性和随机性问题。

空间表达与关系理论指人们如何来描述现实地理空间中三维物体及其相互之间关系的理论。空间表达主要包括地理知觉、地理表象、地理概念化和地理知识表征，主要是实现地理三维物体的大小、形状、方位和距离等信息的感知与量化，以及如何进一步采用地理信息的知觉、编码、存储及解码将现实世界的概念对象转换成信息世界的模型对象。空间关系主要研究空间语义描述、空间关系表达、空间关系分析等。

空间推理理论是指利用空间数据统计和挖掘方法对空间对象进行建模、描述和表示，在此基础上，定性或定量地分析和处理空间对象之间空间关系的过程（刘亚彬，刘大有，2000）。空间推理主要利用概率推理、贝叶斯推理、可信度推理、证据推理、模糊推理、案例推理等理论方法。目前，空间推理被广泛应用于地理信息系统、遥感图像智能识别、无人驾驶导航、机器人行走视觉、潜在风险区推测等方面。

空间不确定性理论是指利用概率理论、信息理论、模糊理论、粗糙集理论等对空间数据的位置、属性和分析过程的不确定性进行分析。现实世界中地理对象或地理现象存在固有的自然过渡性，而我们在抽象概化表达时，往往将自然过渡的地理对象或地理现象进行硬分割、分类和标识，带入了不确定性。同时在空间分析过程中，依据已知样本信息的空间推测和模型估算，更要关注其结果的不确定性和传递过程。

1.2.3 空间分析的方法体系

考虑到不同类型的空间数据有不同的空间分析模式和方法，在空间分析的方法体系上，可以根据数据类型分为栅格数据的空间分析方法、矢量数据的空间分析方法、三维数据的空间分析方法、属性数据的空间统计方法等。其中，栅格数据的空间分析方法包括栅格数据的聚类聚合分析、窗口分析、追踪分析、信息复合分析等；矢量数据的空间分析方法包括包含分析、叠置分析、缓冲区分析、网络分析等；三维数据的空间分析方法包括三维空间特征量算、坡度和坡向计算、剖面分析、可视性分析、谷脊特征分析、水文分析等；属性数据的空间统计方法包括空间自相关分析、空间插值、空间局部估计、探索性空间分析等。

空间分析的方法体系也可以按照空间度量与模型表达的内容进行分类，包括空间分布度量、空间格局刻画、空间异质性表征和空间关系表达。

（1）空间分布度量。主要利用空间位置、距离、方位等信息来表达空间分布的显著特征。比如可以回答：哪个位置交通最便利？这个区域的土壤污染空间分布是否存在方向性？这里的常年主风向是哪个方向？哪里是商业或人口的集聚中心？哪个物种具有最广的领地？空间分布度量方法包括：分布密度、分布中心、分布距离、分布方向等。

（2）空间格局刻画。主要是利用空间邻近分布、空间自相关性等来表达空间分布的总体或局部形态。比如可以回答：某些植物分布或动物栖息是集中分布还是随机分布的？土壤污染空间分布是否与工矿企业的分布有空间上的对应关系？是否存在不符合空间分布特征的异常点？空间格局刻画方法包括：点分布模式、全局 Moran's I、Ripley's K 函数等方法。

（3）空间异质性表征。主要是利用空间异质性来表征空间数据分异规律与不确定性。比如回答：依据样本调查数据来分析土壤污染区域分布在什么地方？应该如何布置采样布点方案更有代表性？未采样点估算值的可信度如何？空间异质性表征方法包括：方差函数、克里格、随机模拟等方法。

（4）空间关系表达。主要是利用空间对象与影响因子间的关系来表达空间数据分布的内在成因和控制要素。比如回答：该地区的降雨分布与植被、地形等分布的空间是否相关？不同区域超市的销售额与区域人口密度、收入是否有关系？控制土壤有机质空间分布的主要因子是什么？空间关系表达方法包括：空间回归、地理加权回归、普通最小二乘（OLS）回归等方法。

1.3 空间分析的研究进展与应用

1.3.1 空间分析的来源与发展

空间分析在地理学研究中具有悠久的传统与历史。从某种意义上说，空间分析孕育了地理学。在古代，人类出于生存和发展的需要，要学会分析周围地理事物的空间关系，因而始终在进行着各种类型的空间分析（刘湘南等，2008）。作为地理学第二语言的地图出现以后，人们就开始自觉或不自觉地进行各种类型的空间分析，如在地图上量测地理要素之间的距离、方位、面积，乃至利用地图进行战术研究和战略决策等（郭仁忠，2001）。

图 1-3-1　霍乱病死者居住位置分布图

空间分析的早期应用案例来自英国的约翰·斯诺博士（John Snow），他毕业于伦敦大学，被称为现代流行病研究之父。他曾利用空间叠置分析的方法找到了霍乱病患者的发病原因。1854 年 8 月至 9 月，英国伦敦霍乱病流行，但是始终找不到发病和流行原因。约翰·斯诺博士采用标点法，在 1∶6500 的城区地图上标出了每个霍乱病死者的居住位置，如图 1-3-1 所示。约翰·斯诺博士发现所有死亡案例的居住位置都与Broad街的一个取水泵很近，只有10个死亡案例与另外一条街的取水泵相对近些。但是对这10个死亡案例通过进一步调查也发现与Broad街取水泵相关。因此约翰·斯诺博士认为霍乱病的发病原因是死者饮用了Broad街取水泵的井水。当地政府随后关闭了这个取水泵，并禁止饮用该地的井水，霍乱病很快得到有效的控制。后续的调查发现这个水泵井挖的深度不到1m，而且此地过去是一个污水坑。这个例子其实是利用了现代空间分析中常用的空间叠加分析方法，通过将绘有霍乱病流行地区所有道路、房屋、饮用水井等内容的地图与霍乱病死者位置信息进行叠置，从霍乱病死者的集聚分布特征与饮用水井之间的空间位置关系，来直观地展示霍乱病的发病原因。其实，在约翰·斯诺博士前，Thomas Shapter在英国的Exeter也进行过类似的霍乱病死者的标图法，但是没有发现结果。

现代空间分析概念源于20世纪60年代计量地理学的发展。其实早在20世纪50年代，欧美国家地理学家就地理学方法论进行了广泛的争论。后来随着电子计算机技术的发展，20世纪60年代出现了计量地理学运动，涌现出诸如艾奥瓦的经济派、威斯康星的统计派等不同计量地理学的流派。计量地理学很多方法来自传统的数理统计领域，如相关分析、回归分析、聚类分析、判别分析等；也包括少数空间分析的方法，如协方差与变异函数、克里格插值、趋势面分析等（表1-3-1）。因此空间分析与计量地理学有共同之处，又各具特点。

表1-3-1　计量地理学常用方法及其在地理学中的作用

计量方法	地理学中的作用
概率论	地理现象、地理要素的随机分布研究
抽样调查	地理数据的采集和整理
相关分析	分析地理要素间的相关关系
回归分析	拟合地理要素之间的数量关系、预测发展趋势
方差分析	研究地理数据分布的离散程度
时间序列分析	地理过程时间序列的预测与控制研究
主成分分析	地理数据的降维处理及地理要素的因素分析与综合评价
聚类分析	各种地理要素分类、各种地理区域划分
判别分析	判别地理要素、地理单元的类型归属
趋势面分析	拟合地理要素的空间分布形态
协方差与变异函数	研究地理要素的空间相关性及空间分布的数量规律
克里格插值	地理要素分布的空间局部估计与局部插值
马尔可夫过程	研究随机地理过程、预测随机地理事件
线性规划	研究有关规划与决策问题
投入产出分析	产业部门联系分析、劳动地域构成分析、区域相互作用分析

地理学计量运动的发展，使得空间距离要素在地理空间格局和现象研究中得到了重视。1969年Tobler提出了描述地理现象空间相互作用的“地理学第一定律”。这一定律将空间相邻距离与地理现象的空间相关性进行了关联。1968年Cliff和Ord在一次学术会议

上首次提出了空间自相关（spatial autocorrelation）概念，使研究者能够从统计上评估数据的空间依赖性程度。而早在20世纪40年代，三位统计学家Moran（1948）、Krishna Lyer（1949）和Geary（1954）先后提出类似概念“邻接比率”（contiguity ratio），发展了一套Join Count的统计方法，就是对空间邻接单元是否属于同种地理类型进行统计，然后与理论概率分布数进行比较后确定是否集聚（Getis，2008）。

同时在地质领域，20世纪50年代初采矿工程师Krige和统计学家Sichel在南非采矿业中为了计算矿石储量而发展出地统计学（geostatistics）的初步方法。20世纪50年代后期，这项技术吸引了一些法国工程师尤其是年轻的Matheron的注意，他发展了Krige的创新性概念，在作了大量理论工作的基础上提出了区域化变量理论（the theory of regionalized variable），形成了地统计学的基本框架（Cressie，1993）。地统计学发展出来的方差函数、克里格插值、随机模拟等方法是现代空间分析的核心内容之一。

20世纪80年代末，统计学家Ripley对空间点分布模式进行了大量的研究，提出了测度空间点模式的*K*函数方法。Openshaw（1984）提出了空间数据可塑性面积单元问题（modifiable areal unit problem，MAUP），该问题的本质是空间尺度变化对变量统计结果以及变量之间相关性的影响。

20世纪90年代以后，地理信息系统技术发展迅速，空间分析的理论与方法和GIS紧密结合，使得很多学科领域可以方便地操作地理信息系统软件来实现空间分析方法的计算和结果制图。因此，空间分析功能是否强大也成为评价一个地理信息系统性能的主要指标之一，不具备空间分析功能的地理信息系统就退化为一个普通的地理信息数据库。

在过去十年的发展过程中，空间分析的关键技术发生了重大变化。地理信息系统和遥感等新技术确保了空间数据的丰富性，处理空间问题的新分析模型和方法不断被提出。随着分析过程由越来越多的空间数据驱动，探索性空间分析技术、可视化技术、空间数据挖掘技术和基于人工智能的空间分析技术等海量空间数据分析方法得到了进一步的发展。这些方法和技术对大规模空间分析问题中的不精确性和不确定性具有高容许能力（王远飞，何洪林，2007）。

新一代空间分析的主要目的是从现有数据的空间关系中挖掘新的信息。探索性空间分析方法不仅可以揭示空间数据库中许多非直观的内容，如空间异常点、层次关系、时域变化及空间交互模型，还可以揭示用传统地图不能辨明的数据模式和趋势。随着计算机网络技术的发展，网格技术正在对空间分析产生深远的影响。借助网格技术，可以实现数据信息和各种资源的高度共享，为空间分析提供了在统一环境下工作的可能，使一个系统的知识可以容易地转移到另一个系统，实现数据与知识的共享，系统之间硬件资源的互操作也变得非常方便（刘湘南等，2008）。网格GIS有更强的空间信息共享、地理信息发布、空间分析、模型分析能力，并且具有并行计算的能力，在处理大量空间数据时具有优势（王铮，吴兵，2003）。随着GIS软件的进一步发展，空间分析功能不断增强，与此同时需要消耗的计算资源不断扩大。GIS应用的瓶颈问题逐渐转变为计算资源的短缺，而网格技术是有效解决这一问题的重要方法（金江军，潘懋，2004）。

1.3.2 空间分析的应用

随着空间分析理论与方法的发展，空间分析在很多领域都得到了很好的应用，如环境和生态学领域、地理学领域、土壤学领域、社会科学领域等。

空间分析在环境科学上的应用主要有土壤环境、水环境、热环境和大气环境研究等。生态学研究对象的时空依赖性是普遍存在的，而空间分析在生态学中的应用按所研究的生物类别可以主要分为在微生物生态学、植物生态学和动物生态学等方面的应用。利用空间分析，可以了解生物的空间分布格局、空间相关关系、环境因子对生物量的影响等。

地理学中几乎所有变量都可以看作区域化变量，所以空间分析的应用极广。自然地理学中最早用于对气象数据进行插值处理，之后再在气象灾害、地质灾害的分析、监测、预防、模拟等方面有着很好的应用效果。空间分析技术在矿业工程上的应用主要分为矿产资源储量计算及平均品位估计、找矿勘探与矿产资源预测、油气勘探开发三个方面。空间分析于20世纪90年代应用到经济地理学领域，主要体现在区域经济集聚、城市土地利用变化、城市规划与特殊功能用地选址、房地产市场、交通规划等方面。

空间分析在土壤学上的应用主要体现在四个方面上：土壤物理特性的空间变异、土壤化学特性的空间变异、土壤重金属污染与土壤采样策略（史舟，李艳，2006）。国外自20世纪70年代就已经将地统计学应用到土壤物理空间变异的研究上，国内也很快在80年代开始了研究，如徐吉炎于1983年分析了表层土壤的全氮量（徐吉炎，韦甫斯特，1983），雷志栋等于1985年对田间土壤的颗粒组成（黏粒和粉粒含量）、干容重、土壤水吸力、含水量和饱和导水率等进行了测定和统计分析（雷志栋等，1985）。

空间分析在人类社会科学中的应用极其广泛。1854年，空间分析首次由约翰·斯诺博士应用到流行病学领域，找到了霍乱病患者的发病原因。国内研究主要集中在血吸虫病、SARS、肺结核、鼠疫等疾病研究上。空间分析可以帮助研究者了解疾病的时空分布与传播规律，将获得的规律与周围环境因子综合分析还能够得出致病因子。除了流行病学领域，空间分析在犯罪学上也有着广泛的应用。国外的学术界和警界相关研究开始早，应用范围广，而国内到20世纪80年代祝晓光等才开始介绍国外的犯罪地理学理论，甚至直到21世纪才将理论应用到实例分析上。此外，空间分析在人口学方面也有很多应用，如流动人口迁移规律、人口老龄化原因分析、人口结构设计等。

国内外空间分析的主要应用总结于表1-3-2、表1-3-3。

1.4 空间分析与教学

空间分析课程在美国、英国等高校的地理系、资源环境系等作为核心课程。如英国剑桥大学地理系的GIS和遥感专业本科二年级和研究生一年级开设“空间数据分析技术和模型”课程，主要以Robert Haining教授的著作*Spatial Data Analysis in the Social and Environmental Sciences*为教材。

加利福尼亚大学圣巴巴拉分校地理系，本科课程设立了课程中级地理数据分析（Intermediate Geographical Data Analysis），该课程需要基础课程知识包括统计与应用概率（Statistics and Applied Probability）。该课程主要讲授地理数据的统计分析和上机操作，内容包括空间自相关，多元地理回归（multiple regression in spatial context），点、格网和连续分布数据的分析方法。研究生课程主要是在地理学分析方法的第三级（Analytical Methods in Geography Ⅲ）上，讲授空间统计概论，包括空间关联量测、空间回归模型、点过程与

表 1-3-2　国内空间分析的应用

	环境与生态科学	地理学	土壤学	社会科学
空间自相关分析 Moran's I Geary's C Getis Join Count ……	（1）对植物居群基因型与等位基因进行自相关 Moran's I 分析，探索遗传变异的空间自相关性。（何田华等，1999）	（1）使用Moran's I 和 Geary's C 测度小城镇空间集聚特征，利用局部 Moran's I 结果对行政单元进行聚类区分。（马晓冬等，2004）	（1）采用 Moran's I 统计量，研究土壤微量元素含量的空间自相关关系、自相关方向性、自相关与距离的关系以及不同方向的自相关与距离的关系。（张朝生等，1995）	（1）利用全局 Moran's I 探寻结核病的空间聚集性，利用区域 Getis-Ord G_i^* 指出了三个结核病高发热点区域（彭斌等，2007）
	（2）通过计算 Moran's I 指数来测量河南省重点林业县西峡生物量的聚合程度，得到固定样地生物量空间聚类图。（李明阳等，2011）	（2）通过全局 Moran's I 得出地价的空间聚集现象明显，LISA 图显示地价变化特征趋势。（李志等，2009）		（2）利用空间自相关指数 Moran's I 证明犯罪的集聚性。（单勇，阮重骏，2013）
空间回归 地理加权回归模型 空间滞后模型 空间误差模型 ……	（1）利用空间滞后模型，对三江平原别拉洪河流域湿地鸟类丰富度的驱动因子进行了研究。（刘吉平等，2010）	（1）利用 GWR 模型可以对城市地价影响因素以及边际价格作用空间变化性进行良好的估计。（李志等，2009）	（1）采用线性和空间滞后回归模型，定量研究榆树市土壤养分空间变异的主要影响因素，得到空间滞后模型的效果更优。（于洋等，2009）	（1）将影响老龄化的空间溢出因素引入空间误差回归模型，探索老龄化影响因素。（赵儒煜等，2012）
	（2）通过地理加权回归分析平均树高、灯光亮度、土壤厚度、坡度 4 个主要环境因子对因变量生物量的影响。（李明阳等，2011）	（2）运用地理加权回归的方法建立土地利用格局与其驱动因子的回归模型。（邵一希等，2010）	（2）使用地理加权回归模型定量分析了影响长沙市城郊农田土壤铅、镉含量的因素。（刘琼峰等，2013）	（2）用空间滞后模型和地理加权回归对广西乙脑发病率与气象因素的关系进行回归，探索发病影响因素。（黄秋兰等，2013）
空间插值 趋势面法 泰森多边形插值法 样条插值法 克里格插值法 反距离加权法 ……	（1）利用指示克里格法进行大气 SO_2 的空间分布制图研究。（孟健，马小明，2002）	（1）使用协同克里格法对我国某优质锰矿床储量进行计算。（王志民，侯景儒，1994）	（1）用 Kriging 估值绘制表层土全氮量的等值线图与立体透视图。（徐吉炎，韦甫斯特，1983）	（1）使用反距离权重内插法绘制中国 20 世纪 90 年代肿瘤分布地图。（曲宸绪等，2006）
	（2）对空间数据进行克里格插值、绘制长白山岳桦材积图。（王晓春等，2002）	（2）用 SPLINE、IDW、TREND、KRIGING4 对甘南降水数据插值，发现 SPLINE 方法最优。（王兮之等，2001）	（2）采用 Kriging 和 Cokriging 对丘陵红壤插值估测，精度结果 Cokriging>Kriging>线性回归。（梁春祥，姚贤良，1993）	（2）利用 Kriging 空间插值技术建立了 1km×1km 精细格网单元上的广州市 SARS 发病率图。（曹志冬等，2008）
地统计学 半方差函数 平稳假设 本征假设 ……	（1）通过样方调查数据计算岳桦材积的半变异函数，通过不同海拔的半变异函数曲线形态分析种群分布特征。（王晓春等，2002）	（1）计算地价样本在整体上的模拟公式及半方差图，得出地价空间分布各向异性及不同类型的空间分布图式关系。（陈浮等，1999）	（1）对 147 个土壤样点的 7 种营养元素计算半方差，得到有空间结构性和无空间结构性的两种半方差趋势。（李菊梅，李生秀，1998）	（1）采用半方差函数研究 1949～2007 年新疆人口的空间变异性。（左永君等，2011）

续表

	环境与生态科学	地理学	土壤学	社会科学
地统计学 半方差函数 平稳假设 本征假设 ……	（2）应用半方差法、半方差理论模型和分形理论，研究了湖北省保安湖沿岸带水生植物群落分布格局。（潘文斌等，2003）		（2）用半方差函数、分维数及各向异性比等指标，研究遵化市土壤五种营养元素的空间结构。（郭旭东等，2000）	
空间随机模拟与不确定性评价 序贯高斯模拟 序贯指示模拟 模拟退火 转向带法 协方差矩阵分解法 ……	（1）利用模拟退火算法对幂函数加和型指数评价中的参数进行优化，用优化后的评价指数公式对大气环境进行评价。（吴月等，2008）	（1）使用序贯指示随机建模技术对枣南的 Ek^2 油组的渗透率进行研究。（纪发华等，1994）	（1）运用协方差矩阵的上-下三角分解法对黄河河套平原上土壤水盐的空间变异性进行条件模拟。（徐英等，2004）	（1）以人口结构最合理为目标函数，出生率为约束条件，建立优化模型，用模拟退火进行优化，求出最优出生率。（陈佳鲜等，2016）
	（2）基于单纯形模拟退火混合算法，结合污染物迁移问题的解析解反演地下水污染源的强度变化历时曲线。（江思珉等，2013）	（2）将模拟退火算法应用于路径优化问题，利用该算法对类似货郎担问题的路径问题进行求解。（张波等，2004）	（2）用序贯指示模拟、序贯指示协同模拟和镉的模拟数据集，对江苏省张家港市镉含量进行条件随机模拟。（赵永存等，2008）	

表 1-3-3　国外空间分析的应用

	环境与生态科学	地理学	土壤学	社会科学
空间自相关分析 Moran's I Geary's C Getis Join Count ……	（1）通过 Moran's I 和 Geary's C 系数的自相关分析研究热带蚯蚓的空间分布格局。（Rossi，1996）	（1）利用局部 Moran's I 研究了 1980～1990 年新英格兰南部的家庭空间聚类模式。（Pacheco，Tyr-rell，2002）	（1）对密西西比河谷平原的土样，分析C、N、Ca等营养元素的Moran's I指数，绘制相关图以检查自相关趋势。（Buscaglia，Varco，2003）	（1）比较了两个空间自相关指数 Moran's I、Geary's C 和一个等级邻接统计量 *D* 在区域癌症发病率数据分析中的效果。（Walter，1993）
	（2）基于遥感影像采用全局 Moran's I 指数对成树和幼树进行了精确的分类。（Nelson et al.，2005）	（2）利用局部 Moran's I 分析 1999 年人口数据和就业数据，研究法国勃艮第地区首府第戎的城市增长结构。（Baumont et al.，2004）	（2）对加拿大安大略省东部 44 个土壤采样点的水分数据，使用局部自相关统计量 Getis 绘制土壤水分图。（Merzouki et al.，2011）	（2）利用自相关指数研究美国中南部 6 个州 1989～1991 年平均谋杀率数据，发现新奥尔良区域是热点。（Men-cken，Barnett，1999）

续表

	环境与生态科学	地理学	土壤学	社会科学
空间回归 地理加权回归模型 空间滞后模型 空间误差模型 ……	（1）利用普通最小二乘、空间误差和空间滞后模型探索美国生物多样性的环境风险因素，证明空间滞后模型最优，模型表示人口密度增长与生物多样性风险增加相关。（Tevie et al.，2011）	（1）比较空间扩展模型和地理加权回归模型在亚利桑那州图森市房屋价格研究中的效果，结果证明边际价格因空间而异，GWR 模型的解释力和预测精度更优。（Bitter et al.，2006）	（1）使用地理加权回归模型预测美国中西部 7 个州的土壤有机碳含量，并与多元线性回归和回归克里格方法比较，得出 GWR 方法最佳。（Mishra et al.，2010）	（1）通过空间滞后模型对韩国三年中 241 个地区凶杀率研究发现，离婚率是韩国社区中最重要的杀人指标。（정진성，황의갑，2010）
	（2）使用地理加权回归来表征 $PM_{2.5}$ 的浓度，模型利用了 2004～2008 年在北美地区的一种化学运输模型表示的气溶胶光学深度与 $PM_{2.5}$ 的关系。（Donkelaar et al.，2015）	（2）研究了来自英国的三叠纪河流砂岩露头的 100 个采样点数据，并使用地理加权回归来检验孔隙度和渗透率的空间变异性。（Mckinley et al.，2011）	（2）分析了 10661 个美国土壤采样点的数据，使用地理加权回归模型描述 A 层土壤性质与气候之间的地理关系。（Scull，2010）	（2）使用空间滞后模型和空间误差模型来探索 2005 年至 2008 年期间巴西里约热内卢肺结核病的决定因素。（Magalhães，Medronho，2017）
空间插值 趋势面法 泰森多边形插值法 样条插值法 克里格插值法 反距离加权法 ……	（1）使用克里格插值法、一般线性回归模型和点图案生成来建模爱沙尼亚依达维鲁县的麋鹿的位置模式。（Remm，Luud，2003）	（1）利用反距离加权，普通克里格和指示克里格方法对从雨量计和雷达上获取的数据进行的每小时降水的地理统计插值。（Haberlandt，2007）	（1）使用反距离权重法绘制了波兰南部上西里西亚地区土壤和作物中重金属镉、铅、锌的含量分布图及超标概率分布图。（Dudka et al.，1995）	（1）应用反距离加权法在美国塔兰特县（Tarrant county）确定了 3 个结核病传播可能性增加的地理区域。（Moonan et al.，2004）
	（2）使用反距离加权插值法来研究加利福尼亚的臭氧分布情况。（Jerrett et al.，2013）	（2）比较反距离权重、克里格和协同克里格对托莱多房价插值的效果，结果表明协同克里格方法最优。（Larraz，Wang，2011）	（2）对瑞士东北部 Weinfelden 镇附近约 $50km^2$ 土壤中的铜、锌、镉、铅进行了离散克里格插值，并绘制分布图。（von Steiger et al.，1996）	（2）使用克里格方法绘制疟疾的流行率分布图。（Kleinsc- hmidt et al.，2000）
地统计学 半方差函数 平稳假设 本征假设 ……	（1）使用地统计学对杂草种群进行空间和时间分析，利用半变异函数研究天鹅绒和向日葵种群 1992 年到 1993 年分布的各向异性与变化趋势。（Johnson et al.，1996）	（1）使用半变异函数来量化地震引起的空间变异，从而对 1999 年地震中土耳其萨卡里亚的阿达帕扎勒内城的损害程度进行衡量。（Sertel et al.，2007）	（1）使用嵌套半方差模型揭示苏格兰东南部地区土壤铜和钴含量在局部和区域两个不同尺度上的空间相关和空间变异情况。（Goovaerts，Webster，1994）	（1）使用半变异函数显示出非洲木薯花叶病毒（ACMV）传播过程相对于当前风向的强各向异性的空间格局。（Lecoustre et al.，1989）
	（2）在对森林冠层高度的研究中，使用激光雷达覆盖进行采样，通过对半变异函数分析得出 250m 的点采样策略是最佳的。（Hudak et al.，2002）	（2）利用半变异函数研究波兰矿藏的各向异性，并且半变异函数的范围也被作为采样网格密度的参考。（Mucha，Wasilewskabłaszczyk，2012）	（2）对美国 47 个州的非农业土壤锌的含量分布进行了半方差分析，发现其空间自相关距离为 470km。（White et al.，1997）	

续表

	环境与生态科学	地理学	土壤学	社会科学
空间随机模拟与不确定性评价 序贯高斯模拟 序贯指示模拟 模拟退火 转向带法 协方差矩阵分解法 ……	（1）使用模拟退火的方法来预测温带树木的开花日期。（Chuine et al.，1998） （2）使用自适应的模拟退火来识别地下水的污染源，有效地优化了计算时间和精度。（Jha，Datta，2013）	（1）使用模拟退火方法解决西澳矿山生产调度问题。通过拉格朗日参数化，产生初始次优解，多目标模拟退火，进一步提高次优进度。（Kumral，Dowd，2005） （2）使用序贯高斯模拟方法模拟加拿大阿尔伯塔省东部地区沉积层的温度和孔隙度。（Ardakani，Schmitt，2016）	（1）用最大似然法、模拟退火法和半方差模型来优化空间土壤采样设计方案，取得了较好的效果。（Lark，2002） （2）使用条件序贯高斯模拟研究意大利、希腊、加利福尼亚地区的部分火山和非火山系统的土壤扩散脱气，为每个区域生成100个CO_2通量。（Cardellini et al.，2003）	（1）比较了4种优化算法在寻找最佳人口设计的应用，发现使用模拟退火算法效果更优。（Duffull et al.，2002）

随机场、地统计方法和空间格点插值方法等。研究生还有一门关于空间数据地统计建模的实践课（Practice of Geostatistical Modeling of Spatial Data），主要是采用 MATLAB 进行海量地理环境数据的地统计分析、多尺度空间数据分析、复杂地理分布模拟等。

哈佛大学设计学院开设的一门研究生课程为高级空间分析（advanced spatial analysis），主要将 ArcGIS 和 Rhino（专业三维造型软件）结合进行城市空间规划所需空间分析方法的学习和实践。2006 年，哈佛大学成立了地理分析中心（Center for Geographic Analysis），这是一个跨学科的研究机构，建立的目的就是与哈佛大学文、法、理、工、农、医等各个门类进行学科交叉，因为地理学的空间思维有助于很多复杂科学问题的解决。

目前，空间分析相关著作众多，还包括大量的教材。国际上，如 Unwin 的 *Introductory Spatial Analysis*（1981）、Cliff 和 Ord 的 *Spatial Processes: Models and Applications*（1981）、Ripley 的 *Spatial Statistics*（1981）、Haining 的 *Spatial Data Analysis in the Social and Environmental Sciences*（1990，2003）、Cressie 的 *Statistics for Spatial Data*（1991，1993）、Goodchild 等的*Spatial Analysis Using GIS*（1994）、Wackernagel 的 *Multivariate Geostatistics*（1995）、Bailey 和 Gatrell 的 *Interactive Spatial Data Analysis*（1995）、Webster 和 Oliver 的 *Geostatistics for Environmental Scientists*（2001，2007）、Schabenberger 和 Gotway 的 *Statistical Methods for Spatial Data Analysis*（2004）、Michael等的*Geospatial Analysis: A Comprehensive Guide to Principles, Techniques and Software Tools*（2009）。

国内早在 1982 年侯景儒等就出版了《实用地质统计学》（1982，1998），主要介绍了空间分析中最重要的内容之一，即地统计学理论和方法。1984 年王仁铎和胡光道又出版了《线性地质统计学》作为当时的高等学校教材。后来又陆续出版了郭仁忠的《空间分析》（1997，2001）、张仁铎的《空间变异理论与应用》、张成才等的《GIS 空间分析理论与方法》（2004）、刘湘南等的《GIS 空间分析原理与方法》（2005，2008）、朱长青和史文中的《空间分析建模与原理》（2006）、王劲峰等的《空间分析》（2006）、汤国安和杨昕的《ArcGIS 地理信息系统空间分析实验教程》（2006）、黎夏和刘凯的《GIS 与空间分析——原理与方法》（2006）、王远飞和何洪林的《空间数据分析方法》（2007）、秦昆的《GIS 空间分析理论与方法》（2010）、王劲峰等的《空间数据分析教程》（2010）、周成虎等的《地理信息系统空间分析原理》（2011）。还有部分应用类空间分析的书籍，如周国法等的《生物地理统计学：生物种群时空分析的方法及其应用》（1998）、王政权的《地统计学及在生态学中的应用》（1999）、史舟与李艳的《地统计学在土壤学中的应用》（2006）、张治国等的《生态学空间分析原理与技术》（2007）等。

1.5 空间分析常用软件

随着地理信息系统技术的迅速发展，空间分析的理论方法与 GIS 技术关系愈加紧密。各种计算机新技术，使得植入 GIS 软件中的空间分析变得方便高效，而空间分析能力也逐渐成为评价 GIS 软件的一个重要指标。通常，我们会借助 GIS 软件来进行空间分析，常用的有 ESRI 公司的 ArcGIS、MapInfo 公司的 MapInfo、超图软件公司的 SuperMap 等商业 GIS 软件，很多开源 GIS 软件如 GeoDa、SAGA GIS、Diva GIS、FalconView 等，也各有其擅长的空间分析领域。除此之外，几乎所有空间分析功能都可以通过 Python、R 等编程语言实现，因为这些语言提供了功能完整的库包，研究人员可以根据需要导入这些工具包实现相应的分析功能。

本书着重介绍的是 ArcGIS、GeoDa 和 R 语言这三种，后续章节的案例均将借助这三种软件的一种或几种进行案例分析。

1.5.1 ArcGIS

ArcGIS 是美国 ESRI（Environmental System Research Institute）公司发布的一款商业 GIS 软件，是目前世界上使用范围最广的商业 GIS 软件之一。1982 年，ESRI 推出了全世界第一款现代意义上的 GIS 软件 ARC/INFO，而后经历了几十年的发展，相继发布了 ArcView，ArcIMS，ArcGIS9.x，ArcGIS10.x 等版本 GIS 软件。在常见的 GIS 系统中，ArcGIS 正是凭借其空间分析功能的全面和强大而收获了大量用户的青睐。

空间分析工具（Spatial Analyst Tools）是 ArcGIS 中主要的空间分析模块，但并不是包含了其所有空间分析功能。ArcGIS 中还有其他一些模块也能实现专题性较强的空间分析功能，如分析模块（Analysis Tools）、三维分析模块（3D Analyst Tools）、地统计分析模块（Geostatistical Analyst Tools）、网络分析模块（Network Analyst Tools）、追踪分析模块（Tracking Analyst Tools）等。所有这些空间分析工具都被整合在 ArcToolbox 中。

ArcGIS Spatial Analyst 模块是较为全面的一组空间建模和空间分析工具，其中提供了以下空间分析功能：矢量数据空间分析（缓冲区分析、叠置分析、网络分析等）、栅格数据空间分析（密度分析、距离分析、重分类、栅格计算等）、水文分析（河网提取、流域分析、水流方向分析等）以及各种空间插值和多变量分析等。

ArcGIS 3D Analyst 模块能够对三维表面数据进行可视化和空间分析。其中较常用的有可视分析，即判断从表面某一点观察其他地物时是否可见。同时，它也提供了一些三维建模的高级 GIS 工具，比如挖填分析及地标建模等。

ArcGIS Geostatistical Analyst 模块提供了插值分析、采样网络分析等功能。插值分析主要是通过使用已知点位的测量值来预测区域内其他未测值位置的数值，采样网络设计则是辅助生成采样点的工具。

ArcGIS Network Analyst 模块包含执行网络分析和网络数据集维护的工具。使用此工具箱中的工具，可以对各种用于构建交通网模型的网络数据集进行维护，还可以进行交通网执行路径分析、行车时间分析、起始-目的地成本矩阵、车辆配送（VRP）和位置分配等方面的网络分析。

ArcGIS Tracking Analyst 模块用于分析时态数据，提供时间序列的分析功能，包括回放历史数据、建立数据时间模型、分析数据时序变化等。

本书中主要利用 ArcGIS 的空间数据探索分析、点模式分析、空间自相关分析、空间回归分析、地统计分析等功能。

ArcMap 的软件页面如图 1-5-1 所示。

1.5.2 GeoDa

GeoDa 是一个免费、开源的跨平台空间数据分析软件，其主要功能是数据统计探索和空间建模，在 Windows、Mac OS 和 Linux 上均可以运行。GeoDa 提供了丰富的用于探

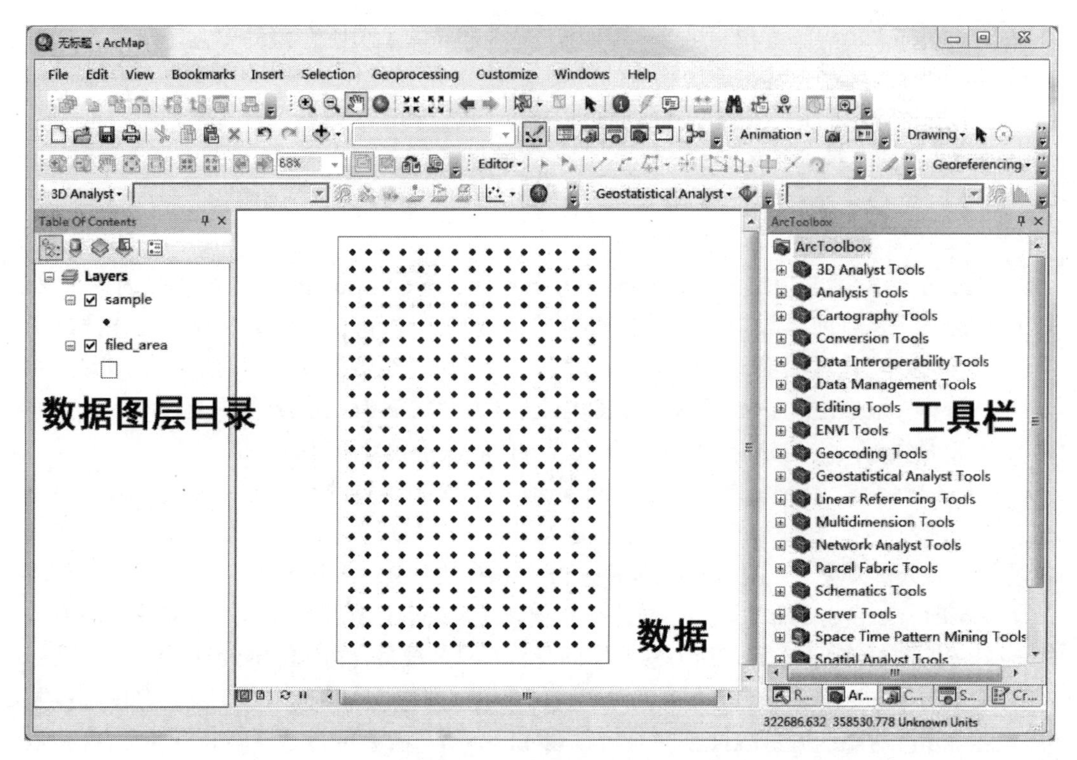

图 1-5-1　ArcMap 主界面

索性空间数据分析的方法，比如空间自相关分析和基本的空间回归分析等。GeoDa 是由美国科学院院士 Luc Anselin 博士及其团队开发，提供了一个友好的描述空间数据的界面。最初它被设计用来连接 ESRI 的 ArcInfo GIS 和 SpaceStat 软件，而后发展成为一系列对 ESRI 的 ArcView3.x GIS 的执行连接窗口和级联更新的扩展，目前，GeoDa 已经不再需要依附 GIS 软件的扩展工具，而是完整独立的软件，包含了所有需要的文件。GeoDa 坚持以 ESRI 的 shp 文件作为存放空间信息的标准格式，以 ESRI 的 MapObjectsLT 技术进行空间数据存取、制图和查询。它的分析功能则是由一组 C＋＋程序及其相关的方法所组成。自 2003 年 2 月 GeoDa 发布第一个版本以来，GeoDa 的用户数量迅速增长，截至 2017 年 6 月，GeoDa 的用户数量已经超过了 20 万，包括哈佛、麻省理工、康奈尔等著名大学都在实验室中安装并使用 GeoDa 软件，得到了用户和媒体广泛的好评。

GeoDa 最新发布的版本是 1.12，新版本包含了很多新的功能，比如，单变量和多变量的局部 Geary 聚类分析，集成了经典的（非空间）聚类分析方法（PCA、K-Means、Hierarchical 聚类等）。同时，随着引入 GDAL 软件库，GeoDa 能支持更多的空间数据格式，支持时空（space-time）数据，支持包括 Nokia 和 Carto 提供的底图（Basemap）显示、均值图（averages chart）、散点图矩阵（scatter plot matrices）、非参数的空间自相关图（nonparametric spatial autocorrelation-correlogram），以及灵活的数据分类方法（flexible data categorization）。更多关于 GeoDa 最新版本的介绍、下载以及使用 GeoDa 进行探索性数据分析、空间相关性分析等操作的专门指导手册可以在 GeoDa 的网站获得（http://geodacenter.github.io）。

本书中使用的是 OpenGeoDa 1.2.0 版本，其主界面如图 1-5-2 所示，OpenGeoDa 与 GeoDa 在功能上基本没有差别，只是 GeoDa 在 Windows 7 系统下可能不能正常运行，而

OpenGeoDa 则可以正常运行。OpenGeoDa 的操作同样可以参考官方教程文档。此外值得注意的一点是，无论 GeoDa 还是 OpenGeoDa 打开 .shp 格式的文件，都要保持文件夹和文件名都使用英文命名，否则可能会出现运行错误的情况。

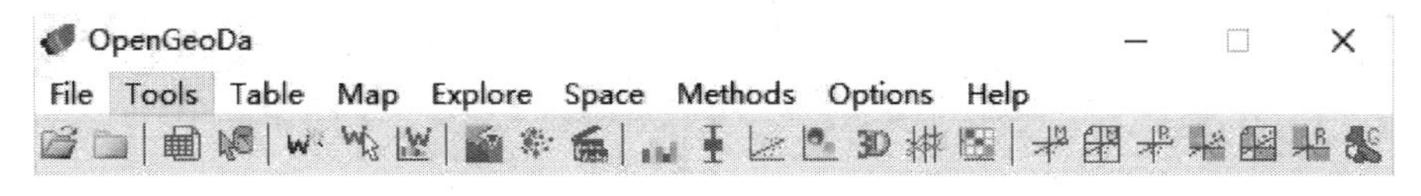

图 1-5-2 OpenGeoDa 的主界面

本书主要使用 GeoDa 进行刷选与链接的交互分析、双变量局部 Moran 分析、空间滞后与空间误差分析。

1.5.3 R 语言

R 是一个 GNU 系统下的免费、源码开放的软件，它提供了一套用于统计分析和图形展示的语言和环境，包含了丰富的统计与制图工具。R 语言最开始是由来自新西兰奥克兰大学的 Ross Ihaka 和 Robert Gentleman 开发的，1997 年正式成为 GNU 项目后，大量优秀统计学家加入 R 语言开发的行列，众多统计学或相关领域的程序员也贡献了自己的力量。R 语言逐渐完善并进一步发展至今天的地位，可以说与这个形式松散但却庞大活跃的全球性开源社区的贡献密不可分。

R 有很多值得推荐的特点：

（1）R 语言是开源的、完全免费，这对于教师或学生而言，是一个显而易见的优势，即使用在商业用途上，也无须担心版权问题。

（2）R 语言提供了相当全面的数据分析技术，几乎能够胜任所有类型的数据分析工作，而且 R 中新方法的更新速度相当快，许多其他软件中尚不可用的统计计算方法，R 上都有可能已经存在。

（3）R 语言支持多种平台，包括 UNIX、Windows 和 Mac OS，R 的功能也能够被整合进多种其他语言编写的应用程序中，包括 C、C＋＋、Java、PHP、Python、.NET、FORTRAN 等。

（4）R 语言拥有顶尖水准的图形化工具，可以实现复杂数据的可视化与打印输出。

更多关于 R 语言的介绍可以参考 R 语言的官方网址（https://www.r-project.org），里面关于 R 语言的介绍和参考文档下载等，读者可自行选择浏览。CRAN（The Comprehensive R Archive Network）是 R 综合档案网络的简称，网址是：https://cran.r-project.org，主要收录了各种预编译好的程序包安装文件和源代码，截至 2019 年 3 月 29 日，CRAN 程序包库中总共包含 13939 个可用的程序包。目的是帮助用户更快地检索所需的程序包。

R 可以在 CRAN 上免费下载，根据所安装平台的不同选择相应的二进制版本进行安装，安装完成后，可以直接从开始菜单启动 R 编写 R 程序。RStudio 集成了很多窗口和辅助功能的第三方 R 语言开源 IDE，相比于 RGui 使用起来更加简单方便。本书中选择使用 RStudio 来作为开发平台，RStudio 的主界面如图 1-5-3 所示。

本书主要使用 RStudio 进行数据探索分析、空间自相关分析与空间插值分析。

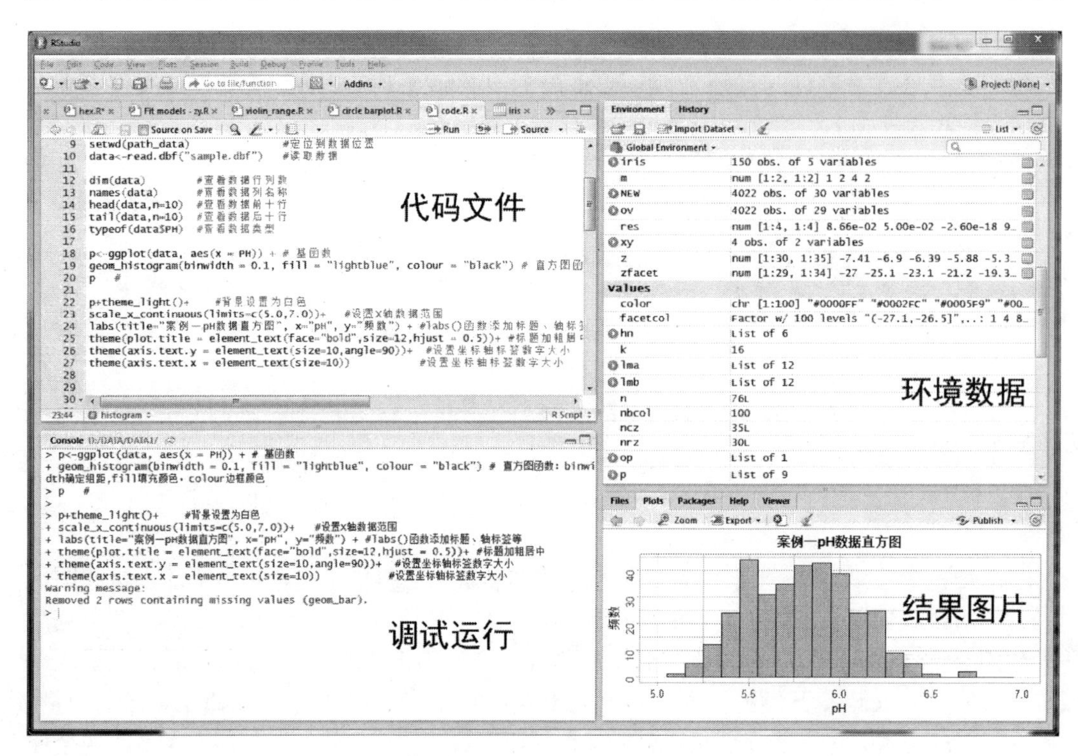

图 1-5-3 RStudio 主界面

课后习题

1．读完该章后，谈谈你对空间分析的认识。

2．空间分析建立在哪些理论的基础之上?

3．空间分析有哪些方法?

4．空间分析主要应用在哪些领域? 除了文中所述，思考是否还有其他领域内有空间分析的应用?

参考文献

曹志冬，王劲峰，高一鸽，等．2008．广州 SARS 流行的空间风险因子与空间相关性特征［J］．地理学报，(9)：981-993．

陈浮，李满春，周寅康，等．1999．城市地价空间分布图式的地统计学分析［J］．南京大学学报（自然科学版），(6)：719-723．

陈佳鲜，张其阳，杨鹏勋．2016．基于灰色预测和模拟退火的人口结构问题研究［J］．福建电脑，(11)：102-103．

郭仁忠．2001．空间分析［M］．2 版．北京：高等教育出版社．

郭旭东，傅伯杰，陈利顶，等．2000．河北省遵化平原土壤养分的时空变异特征：变异函数与 Kriging 插值分析［J］．地理学报，(5)：555-566．

何田华，杨继，饶广远．1999．植物居群遗传变异的空间自相关分析［J］．植物学通报，16（6)：636-641．

黄秋兰，唐咸艳，周红霞，等．2013．应用空间回归技术从全局和局部两水平上定量探讨影响广西流行性乙型脑炎发病的气象因素［J］．中华疾病控制杂志，(4)：282-286．

纪发华，熊琦华，吴欣松，等. 1994. 序贯指示建模方法在枣南油田储层非均质研究中的应用 [J]. 石油学报，(S1)：179-186.

江思珉，张亚力，蔡奕，等. 2013. 单纯形模拟退火算法反演地下水污染源强度 [J/OL]. 同济大学学报（自然科学版），(2)：253-257.

金江军，潘懋. 2004. 格网技术对GIS发展的影响 [J]. 地理与地理信息科学，20 (2)：49-52.

雷志栋，杨诗秀，许志荣，等. 1985. 土壤特性空间变异性初步研究 [J]. 水利学报，(9)：10-21.

李菊梅，李生秀. 1998. 几种营养元素在土壤中的分布类型 [J]. 干旱地区农业研究，(1)：69-75.

李明阳，张向阳，吴文浩，等. 2011. 森林生物量空间知识挖掘方法应用研究——以河南西峡县为例 [J]. 林业资源管理，(5)：53-59.

李志，周生路，张红富，等. 2009. 基于GWR模型的南京市住宅地价影响因素及其边际价格作用研究 [J]. 中国土地科学，(10)：20-25.

梁春祥，姚贤良. 1993. 华中丘陵红壤物理性质空间变异性的研究 [J]. 土壤学报，(1)：69-78.

刘吉平，吕宪国，刘庆凤，等. 2010. 别拉洪河流域湿地鸟类丰富度的空间自相关分析 [J]. 生态学报，(10)：2647-2655.

刘琼峰，李明德，段建南，等. 2013. 长沙城郊农田土壤重金属Pb、Cd的生态风险评价研究 [J]. 农业环境科学学报，(8)：1564-1570.

刘湘南，黄方，王平. 2008. GIS空间分析原理与方法 [M]. 2版. 北京：科学出版社.

刘亚彬，刘大有. 2000. 空间推理与地理信息系统综述 [J]. 软件学报，11 (12)：1598-1606.

马晓冬，马荣华，徐建刚. 2004. 基于ESDA-GIS的城镇群体空间结构 [J]. 地理学报，(6)：1048-1057.

孟健，马小明. 2002. Kriging空间分析法及其在城市大气污染中的应用 [J]. 数学的实践与认识，(2)：309-312.

潘文斌，邓红兵，唐涛，等. 2003. 地统计学在水生植物群落格局研究中的应用 [J]. 应用生态学报，(10)：1692-1696.

彭斌，张鹰，胡代玉，等. 2007. 利用空间分析技术探讨结核病发病的空间分布模式 [J]. 中国卫生统计，(3)：229-231.

曲宸绪，姜勇，武燕萍，等. 2006. 使用反距离权重内插法绘制中国1990年代肿瘤分布地图 [J]. 中华流行病学杂志，(3)：230-233.

单勇，阮重骏. 2013. 城市街面犯罪的聚集分布与空间防控：基于地理信息系统的犯罪制图分析 [J]. 法制与社会发展，(6)：88-100.

邵一希，李满春，陈振杰，等. 2010. 地理加权回归在区域土地利用格局模拟中的应用：以常州市孟河镇为例 [J]. 地理科学，(1)：92-97.

史舟，李艳. 2006. 地统计学在土壤学中的应用 [M]. 北京：中国农业出版社.

汤国安，杨昕. 2006. ArcGIS地理信息系统空间分析实验教程 [M]. 北京：科学出版社.

王劲峰. 2006. 空间分析 [M]. 北京：科学出版社.

王兮之，杜国桢，梁天刚，等. 2001. 基于RS和GIS的甘南草地生产力估测模型构建及其降水量空间分布模式的确立 [J]. 草业学报，(2)：95-102.

王晓春，韩士杰，邹春静，等. 2002. 长白山岳桦种群格局的地统计学分析 [J]. 应用生态学报，(7)：781-784.

王远飞，何洪林. 2007. 空间数据分析方法 [M]. 北京：科学出版社.

王铮，吴兵. 2003. GridGIS：基于网格计算的地理信息系统 [J]. 计算机工程，29 (4)：38-40.

王志民，侯景儒. 1994. 协同克立格法及其在矿产储量计算中的应用 [J]. 地质与勘探，(3)：39-48.

吴月，刘忠明，刘永祺. 2008. 模拟退火算法在大气环境质量综合评价中的应用 [J]. 四川环境，(3)：71-74.

徐吉炎，韦甫斯特R. 1983. 土壤调查数据地域统计的最佳估值研究：彰武县表层土全氮量的半方差图和块状Kriging估值 [J]. 土壤学报，(4)：419-430.

徐英，陈亚新，史海滨，等. 2004. 协方差矩阵上-下三角分解法在区域土壤水盐条件模拟的应用 [J]. 水利学报，(11)：33-38.

于洋，刘吉平，徐艳艳. 2009. 东北典型黑土区土壤养分空间分异影响因素分析 [J]. 水土保持研究，(5)：66-69.

张波，叶家玮，胡郁葱. 2004. 模拟退火算法在路径优化问题中的应用 [J]. 中国公路学报，(1)：79-81.

张朝生，陶澍，袁贵平，等. 1995. 天津市平原土壤微量元素含量的空间自相关研究 [J]. 土壤学报，(1)：50-57.

赵儒煜，刘畅，张锋. 2012. 中国人口老龄化区域溢出与分布差异的空间计量经济学研究 [J]. 人口研究，(2)：71-81.

赵永存，孙维侠，黄标，等. 2008. 不同随机模拟方法定量土壤镉含量预测的不确定性研究 [J]. 农业环境科学学报，(1)：139-146.

左永君，何秉宇，龙桃. 2011. 1949～2007年新疆人口的时空变化及空间结构分析［J］. 地理科学，(3)：358-364.

Ardakani E P, Schmitt D R. 2016. Geothermal energy potential of sedimentary formations in the Athabasca region, northeast Alberta, Canada [J]. Interpretation, 4 (4): SR19-SR33.

Bailey T C, Gatrell A C. 1995. Interactive Spatial Data Analysis[M]. New York: John Wiley & Sons.

Baumont C, Ertur C, Gallo J. 2004. Spatial analysis of employment and population density: The case of the agglomeration of Dijon 1999 [J]. Geographical Analysis, 36 (2): 146-176.

Buscaglia H J, Varco J J. 2003. Comparison of sampling designs in the detection of spatial variability of mississippi delta soils [J]. Soil Science Society of America Journal, 67 (4): 1180-1185.

Cardellini C, Chiodini G, Frondini F. 2003. Application of stochastic simulation to CO_2 flux from soil: Mapping and quantification of gas release [J]. Journal of Geophysical Research: Solid Earth, 108 (B9): 2425.

Chuine I, Cour P, Rousseau D. 1998. Fitting models predicting dates of flowering of temperate-zone trees using simulated annealing [J]. Plant Cell & Environment, 21 (5): 455-466.

Cressie N. 1993. Statistics for Spatial Data [M]. Revised ed. New York: John Wiley & Sons.

Dudka S, Piotrowska M, Chlopecka A, et al. 1995. Trace metal contamination of soils and crop plants by the mining and smelting industry in upper Silesia, south Poland [J]. Journal of Geochemical Exploration, 52 (1-2): 237-250.

Duffull S B, Retout S, Mentré F. 2002. The use of simulated annealing for finding optimal population designs [J]. Computer Methods & Programs in Biomedicine, 69 (1): 25-35.

Getis A. 2008. A history of the concept of spatial autocorrelation: A Geographer's perspective [J]. Geographical Analysis, 40 (3): 297-309.

Goodchild M. 1986. Spatial Autocorrelation [M]. Norwich: GeoBooks Norwich.

Goodchild M. 1987. A spatial analytical perspective on geographical information systems [J]. International Journal of Geographical Information Systems, 1 (4): 327-334.

Goovaerts P, Webster R. 1994. Scale-dependent correlation between topsoil copper and cobalt concentrations in Scotland [J]. European Journal of Soil Science, 45 (1): 79-95.

Haberlandt U. 2007. Geostatistical interpolation of hourly precipitation from rain gauges and radar for a large-scale extreme rainfall event [J]. Journal of Hydrology, 332 (1): 144-157.

Haining R P. 1990. Spatial Data Analysis in the Social and Environmental Sciences [M]. Cambridge: Cambridge University Press.

Hudak A T, Lefsky M A, Cohen W B, et al. 2002. Integration of lidar and Landsat ETM+ data for estimating and mapping forest canopy height [J]. Remote Sensing of Environment, 82 (2-3): 397-416.

Jerrett M, Burnett R T, Beckman B S, et al. 2013. Spatial analysis of air pollution and mortality in California [J]. American Journal of Respiratory and Critical Care Medicine, 188 (5): 593-599.

Jha M, Datta B. 2013. Three-Dimensional groundwater contamination source identification using adaptive simulated annealing [J]. Journal of Hydrologic Engineering, 18 (3): 307-317.

Johnson G A, Mortensen D A, Gotway C A. 1996. Spatial and temporal analysis of weed seedling populations using geostatistics [J]. Weed Science, 44 (3): 704-710.

Kleinschmidt I, Bagayoko M, Clarke G, et al. 2000. A spatial statistical approach to malaria mapping [J]. International Journal of Epidemiology, 29 (2): 355-361.

Kumral M, Dowd P A. 2005. A simulated annealing approach to mine production scheduling [J]. Journal of the Operational Research Society, 56 (8): 922-930.

Lark R M. 2002. Optimized spatial sampling of soil for estimation of the variogram by maximum likelihood [J]. Geoderma, 105 (1-2): 49-80.

Lecoustre R, Fargette D, Fauquet C, et al. 1989. Analysis and mapping of the spatial spread of African cassava mosaic virus using geostatistics and the Kriging technique [J]. Phytopathology, 79 (9): 913-920.

Magalhães M A, Medronho R A. 2017. Spatial analysis of Tuberculosis in Rio de Janeiro in the period from 2005 to 2008 and associated socioeconomic factors using micro data and global spatial regression models[J]. Ciencia & Saude Coletiva, 22(3): 831.

Mckinley J M, Atkinson P M, Lloyd C D, et al. 2011. How porosity and permeability vary spatially with Grain size, sorting, cement volume, and mineral dissolution in fluvial triassic sandstones: The value of geostatistics and local regression [J]. Journal of Sedimentary Research, 81 (11-12): 844-858.

Mencken F C, Barnett C. 1999. Murder, nonnegligent manslaughter, and spatial autocorrelation in mid-south counties [J]. Journal of Quantitative Criminology, 15 (4): 407-422.

Merzouki A, Mcnairn H, Pacheco A. 2011. Mapping soil moisture using RADARSAT-2 data and local autocorrelation statistics [J]. IEEE Journal of Selected Topics in Applied Earth Observations & Remote Sensing, 4 (1): 128-137.

Mishra U, Lal R, Liu D S, et al. 2010. Predicting the spatial variation of the soil organic carbon pool at a regional scale [J]. Soil Science Society of America Journal, 74 (3): 906-914.

Montero J, Larraz B. 2011. Interpolation methods for geographical data: Housing and commercial establishment markets [J]. Journal of Real Estate Research, 33 (2): 233-244.

Moonan P K, Bayona M, Quitugua T N, et al. 2004. Using GIS technology to identify areas of tuberculosis transmission and incidence [J]. Int. J. Health. Geogr., 3 (1): 23.

Mucha J, Wasilewska-Blaszczyk M. 2012. Variability anisotropy of mineral deposits parameters and its impact on resources estimation: A geostatistical approach [J]. Mineral Resources Management, 28 (4): 113-135.

Nelson T, Boots B, Wulder M A. 2005. Techniques for accuracy assessment of tree locations extracted from remotely sensed imagery [J]. Journal of Environmental Management, 74 (3): 265-271.

Omid A, Zeinab S, Manfred F B. 2018. Visualization and quantification of significant anthropogenic drivers influencing rangeland degredation trends using Lansat imagery and GIS spatial dependence models: A case study in Northeast Iran [J]. 地理学报(英文版), 28(12): 1933-1952.

Openshaw S. 1984. The Modifiable Areal Unit Problem [M]. Norwich: GeoBooks.

Openshaw S, Openshaw C. 1997. Artificial intelligence in geography [J]. Geographical Journal, 164: 353-354.

Pacheco A I, Tyrrell T J. 2002. Testing spatial patterns and growth spillover effects in clusters of cities [J]. Journal of Geographical Systems, 4 (3): 275-285.

Remm K, Luud A. 2003. Regression and point pattern models of moose distribution in relation to habitat distribution and human influence in Ida-Viru county, Estonia [J]. Journal for Nature Conservation, 11 (3): 197-211.

Ripley B D. 1981. Spatial Statistics [M]. New York: Wiley.

Rossi J P. 1996. Statistical tool for soil biology: XI. Autocorrelogram and Mantel test [J]. European Journal of Soil Biology, 32 (4): 195-203.

Scull P. 2010. A top-down approach to the state factor paradigm for use in macroscale soil analysis [J]. Annals of the Association of American Geographers, 100 (1): 1-12.

Sertel E, Kaya S, Curran P J. 2007. Use of semivariograms to identify earthquake damage in an urban area [J]. IEEE Transactions on Geoscience & Remote Sensing, 45 (6): 1590-1594.

Smith M J D, Goodchild M F, Longley P. 2007. Geospatial analysis: A comprehensive guide to principles, techniques and software tools [M]. Leicester: Troubador Publishing Ltd.

Tevie J, Grimsrud K M, Berrens R P. 2011. Testing the environmental kuznets curve hypothesis for biodiversity risk in the US: A spatial econometric approach [J]. Sustainability, 3 (11): 2182-2199.

van Donkelaar A V, Martin R V, Spurr R J D, et al. 2015. High-Resolution satellite-Derived PM2.5 from optimal estimation and geographically weighted regression over north America [J]. Environmental Science & Technology, 49 (17): 10482-10491.

von Steiger B, Webster R, Schulin R, et al. 1996. Mapping heavy metals in polluted soil by disjunctive Kriging [J]. Environmental Pollution, 94 (2): 205-215.

White J G, Welch R M, Norvell W A. 1997. Soil zinc map of the USA using geostatistics and geographic information systems [J]. Soil Science Society of America Journal, 61 (1): 185-194.

第2章 空间数据探索分析

2.1 数据探索分析

探索性数据分析（exploratory data analysis，EDA）是一个面向数据分析的概念，由美国著名统计学家John Tukey于1962年在《数据分析的前景》（*The Future of Data Analysis*）一书中提出。1977年，他出版了《探索性数据分析》（*Exploratory Data Analysis*），这是探索性数据分析的第一个正式出版物。

探索性数据分析是指对已有的数据（特别是观察或调查得来的原始数据），在不做或做尽量少的先验假定下进行处理探索，通过作图、制表等直观形式和方程拟合、计算特征量等数学手段，探索数据的结构和规律的一种数据分析方法（孙丽君，2005）。

EDA可视化的基本方法主要可分为两类：

（1）计算EDA，包括从基本的统计计算到高级的探索分析多变量数据的多元统计分析方法。其中基本统计方法主要研究变量的分布，如集中趋势统计量（包括均值、中位数、众数等）、离散趋势统计量（包括极差、方差与标准差、分位数、变异系数等）、高阶矩阵统计量（包括频率分布图、偏度、峰度等）、识别异常数据、计算相关系数、相关矩阵等；多变量探索技术主要用于识别多变量数据集中的模式，包括聚类分析、因子分析、判别分析、多维标度、对数线性分析、典型相关、逐步回归和非线性回归、对应分析、分类树、时间序列、广义加法模型、广义分类树和回归树等（王晓蕊，2008）。

（2）图形EDA，即可视化的探索性数据分析。John Tukey在《探索性数据分析》中定义了多种用于EDA可视化的方法，如直方图（histogram）、茎叶图（stem-leaf plot）、箱形图（box plot）、散点图（scatter plot）等，后续的研究者又提出平行坐标图等多种方法（Wegman，1990）。

两种类型的EDA本质上是一致的，其目的都是揭示数据的统计特征、分布形态、异常值等。

案例数据一　　北爱尔兰多年牧草地土壤属性

数据取自英国北爱尔兰Hillsborough农业研究所附近的一块7.9hm^2的坡地试验区的测试数据。该地块土壤为第三纪红砂岩上发育的棕壤，质地为砂质黏壤土，pH为6.0。从1990年起翻耕播草种，一年收割三次。在施用一定数量有机肥的基础上，每年均匀喷洒氮素及混入数量不等的磷钾硫肥。1999年10月借助Trimble差分DGPS，以12.5m为间隔进行网格采样。在田间取样时，利用各采样点确定位置，以该点为中心，在取样半径约1m的圆形区域内多点混合取样，取样深度7.5cm。土样经风干、磨碎及过筛（史舟等，2005）。

土壤有效钾采用pH7.0的1mol/L醋酸铵提取，提取液钾浓度用火焰光度计测定。其中土壤pH采用1∶2.5土水比的悬浊液测定；土壤有效磷采用$NaHCO_3$试剂提取，用分光光度计（880nm）测定由钼酸铵与磷在抗血酸存在下生成的蓝色络合物含量来测定提取V液。

共获取了345个土壤采样点的pH、有效磷、有效钾、有效镁、有效硫、总氮与总碳的含量。采样点如图 2-1-1 所示。

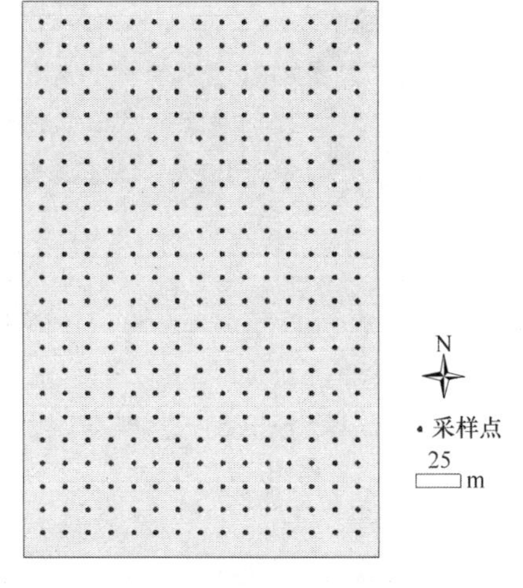

图 2-1-1　土壤采样点分布图

2.1.1　直方图

1. 直方图的基本思想

直方图又称质量分布图，是一种统计报告图，由一系列等宽不等高的长方形来表示数据分布的情况。

直方图分频数直方图和频率直方图两类。直方图用横轴表示观测值，并把横轴分成若干个区间（每个区间的宽度称为组距）；用纵轴表示落在相应区间内的观测值频数（个数）或频率，并用矩形（长方形）表示组频数或组频率。通过直方图显示各种数值出现的相对概率，提示数据的中心、散布及形状，阐明数据的分布，判断数据是否含有异常值。画直方图的步骤是先依据原始数据大小排序，然后制作分组数据频数（频率）分布表，然后按频数（频率）分布表画图。

2. 直方图的类型

1）正常型直方图

它的形状是中间高两边低，左右近似对称，如图 2-1-2（a）。

2）双峰型直方图

当直方图中出现了两个峰，这是由观测值来自两个总体、两个分布的数据混合在一起造成的，如图 2-1-2（b）。

3）平顶型直方图

当直方图没有突出的顶峰，呈平顶型为平顶直方图，如图 2-1-2（c）。形成的原因为：

（1）多个总体多个分布混合在一起；

（2）变量在某个区间内均匀变化。

4）孤岛型直方图

孤岛型直方图是在直方图旁边有孤立的小岛出现，如图 2-1-2（d）。

5）偏态型直方图

偏态型直方图是指以图的顶峰划分整个直方图，如果左边的数据多，则称为左偏型直方图，如图 2-1-2（e）；如果右边的数据多，则称为右偏型直方图，如图 2-1-2（f）。

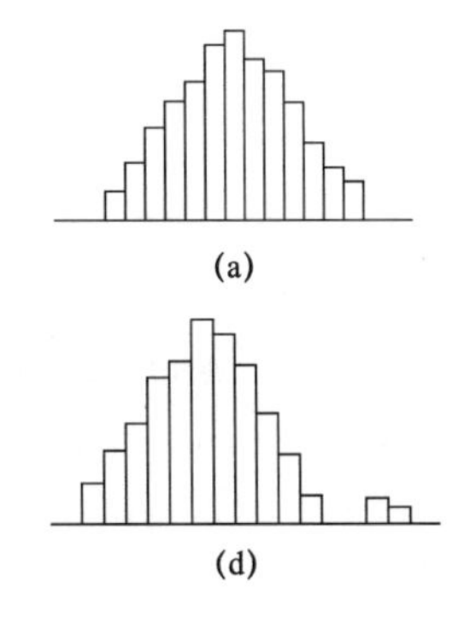

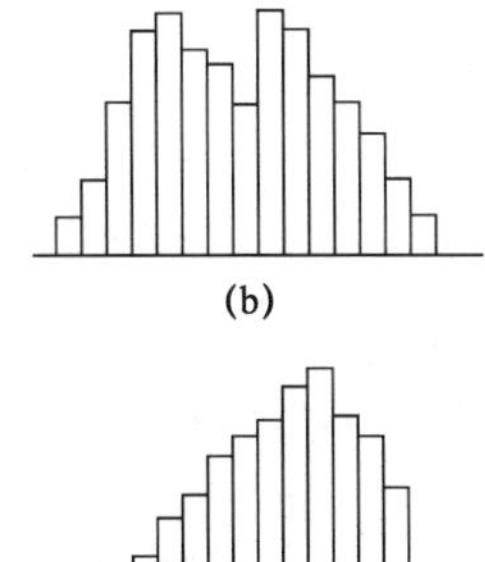

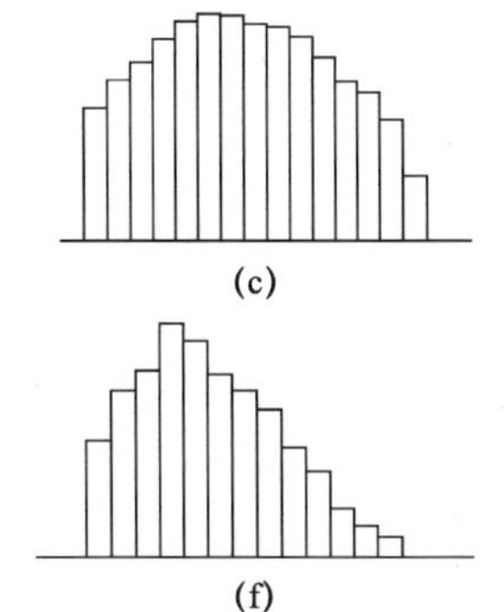

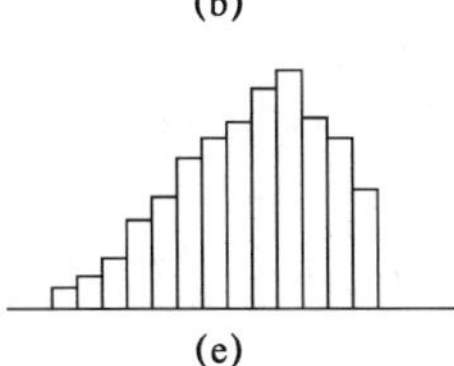

图 2-1-2　不同形态的直方图

3. 偏度

如果想要定量地来研究数据的偏移特征，就需要引入偏度（skewness）的概念，亦称偏态、偏态系数。偏态异常值是用于描述数据分布左右对称性的指标。

对于单峰分布数据，总体偏度的定义是

$$S=\frac{1}{N}\sum_{i=1}^{N}\left(\frac{x_i-\mu}{\sigma}\right)^3 \tag{2-1-1}$$

式中，S 表示总体偏度；x_i 表示观测值；μ 表示 x_i 的均值；σ 表示 x_i 的总体标准差；N 表示总体容量。

对于单峰分布数据，样本偏度的定义是

$$\hat{S}=\frac{1}{n}\sum_{i=1}^{n}\left(\frac{x_i-\overline{x}}{\mathrm{sd}}\right)^3 \tag{2-1-2}$$

式中，$\hat{S}$表示样本偏度；x_i 表示观测值；$\overline{x}$表示样本平均数；sd 表示样本标准差的估计值；n 表示样本容量。

偏度是 x_i 的 3 阶矩。若分布以 μ 或者 $\overline{x}$对称，则偏度为 0；若分布右偏，则偏度大于 0，称为正偏态或右偏态；若分布左偏，则偏度小于 0，称为负偏态或左偏态。

4. 峰度

峰度（peakedness；kurtosis）又称峰态系数，是 x_i 的 4 阶矩，用来描述数据分布在尾部的厚薄程度，也就是刻画分布状态的陡缓程度的指标。

对于单峰分布数据，总体峰度定义是

$$K=\frac{1}{N}\sum_{i=1}^{N}\left(\frac{x_i-\mu}{\sigma}\right)^4 \tag{2-1-3}$$

式中，K 表示总体峰度；x_i 表示观测值；μ 表示 x_i 的均值；σ 表示 x_i 的总体标准差；N 表示总体容量。

对于单峰分布数据，样本峰度的定义是

$$\hat{K}=\frac{1}{n}\sum_{i=1}^{n}\left(\frac{x_i-\overline{x}}{\mathrm{sd}}\right)^4 \tag{2-1-4}$$

式中，$\hat{K}$表示样本峰度；x_i 表示观测值；$\overline{x}$ 表示样本平均数；sd 表示样本标准差的估计值；n 表示样本容量。

峰度等于 3，分布呈正态；峰度大于 3，呈尖峰分布；峰度小于 3，呈平峰分布。

5. 实例

为了直观地描述牧草地土壤元素的分布情况，依据案例数据一数据，以土壤有效钾为例，制作频数分布表和频数分布图。表 2-1-1 是对牧草地土壤有效钾频率分布的一般表格表示。图 2-1-3 是根据表 2-1-1 所绘制的牧草地土壤钾含量的频数分布直方图和累积频率曲线。其中横坐标为组中值，纵坐标分别为频数或累积频率。

由表 2-1-1 和图 2-1-3 可以非常清晰直观地看出土壤有效钾的含量分布特征，经过初步整理和分组后，在 345 个土壤样品中，66～70mg/L、78～82mg/L 区间的样品出现的频率最高，其次是 70～74mg/L、74～78mg/L。数据呈现出轻微右偏，计算其偏度为 0.505，结果相吻合。

表 2-1-1　牧草地土壤有效钾含量的频数分布表

分组编号	组中值 / (mg/L)	频数	频率	累积频率
1	43	1	0.003	0.003
2	47	0	0	0.003
3	51	0	0	0.003
4	55	13	0.038	0.043
5	60	17	0.049	0.093
6	64	32	0.093	0.183
7	68	46	0.133	0.313
8	72	42	0.122	0.433
9	76	42	0.122	0.553
10	80	46	0.133	0.683
11	85	29	0.084	0.765
12	89	23	0.067	0.835
13	93	17	0.049	0.885
14	97	16	0.046	0.935
15	101	10	0.029	0.965
16	105	6	0.017	0.985
17	110	2	0.006	0.991
18	114	0	0	0.991
19	118	1	0.003	0.994
20	122	2	0.006	1.000

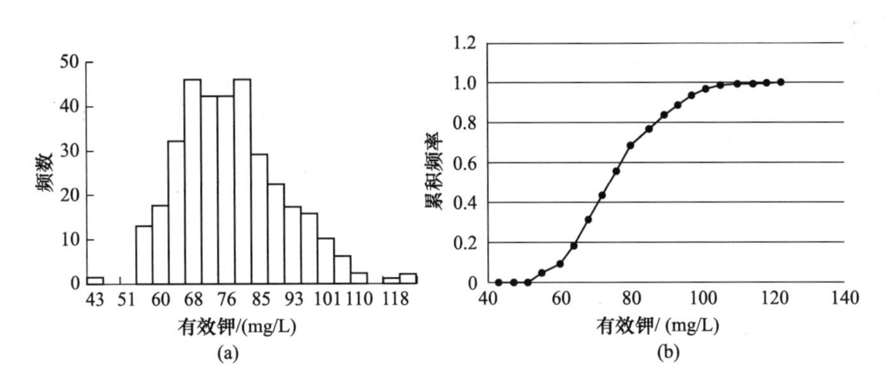

图 2-1-3　牧草地土壤钾含量的频数分布直方图（a）和累积频数分布图（b）

2.1.2　茎叶图

1. 茎叶图的基本思想

茎叶图又称“枝叶图”。顾名思义，茎是中间的一列数，叶是从茎的旁边生长出来的数。它的思路是将数组中的数按位数进行比较，将数的大小基本不变或变化不大的位作为一个主干（茎），将变化大的位作为分枝（叶），列在主干的后面，这样就可以清楚地看到每个主干后面的几个数，每个数具体是多少（王彤，何大卫，1997）。

2. 茎叶图的优点

（1）统计图上没有原始数据信息的损失，可以细致地表现出数据分布的结构；

（2）茎叶图中的数据可以随时添加与删减，方便记录与修正。

3. 茎叶图的缺点

（1）茎叶图可方便地表示两位有效数字的数据，但对位数多的数据不太容易操作；

（2）茎叶图一般只记录一组或比较两组数据，两组以上的数据很难直观地表示。

4. 实例

对案例数据一的土壤有效钾数据进行茎叶图绘制，结果如图 2-1-4。

茎	叶
4	3
5	44445567777778899999
6	00000001112222222333333444444444
6	5555555555566666777777788888888889999999
7	00000000000000011111111111111111222222222233333333
7	4444444455555555555566666666666667777777777788888888899999999999
8	0000000000000011111111111111222222222333333334444444
8	5555555556666666666777777888888888888999999
9	000000111111122222222222334444444455556666666666777777777777888888889999999
10	00000011112222222222223333333333334444444444445555446677777888888899999
11	000001111111111222222222222233333333444455555555556666666666666677777778888888899997
12	0000000000011112222222222222233333344444555555555666666666677777888888888899999
13	0000000001111111122222233334444455555556666677777777788888999
14	1112222222444555668 9999
15	0113344455778
16	01366
17	2348
19	2
24	8

图 2-1-4　土壤有效钾的茎叶图（单位：mg/L）

将茎叶图茎和叶逆时针方向旋转 90°，和直方图的形态极为接近，茎叶图和直方图都是表示数据分布的图形，可以揭示数据分布的对称性、集中性、分散性，以及异常数据的存在等。并且茎叶图保留了所有原始资料的信息，而直方图则会失去部分信息。可以看到土壤有效钾的含量处在 70～80mg/L 区间的数据最多，80～90mg/L 的次多，50mg/L 以下以及 140mg/L 以上的数据极少。

2.1.3　箱形图

1. 箱形图的基本思想

箱形图又称为盒须图、盒式图、箱线图或箱须图（box-whisker plot），是利用数据中的五个统计量：最小值（minimum）、第一四分位数（quartile 1，Q1）、中位数（median）、第三四分位数（quartile 3，Q3）与最大值（maximum）来描述数据的一种方法。箱形图能够简要表现出数据是否具有对称性，分布的分散程度等信息，并且可以比较不同样本数据的差异。

绘制箱形图如图 2-1-5。

箱形图的箱体部分由三条横线构成：

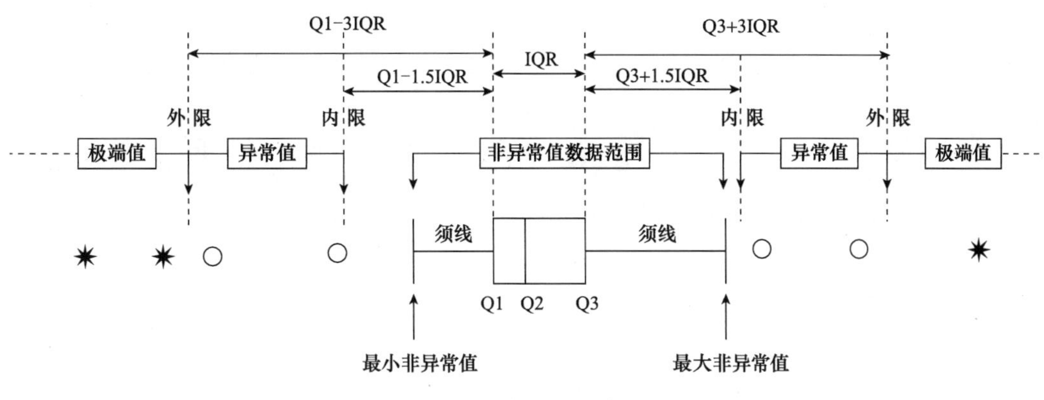

图 2-1-5　箱形图示意图

第一四分位数（Q1），又称“较小四分位数”或“下四分位数”，等于该样本中所有数值由小到大排列后第 25% 的数字。

第二四分位数（Q2），又称“中位数”，等于该样本中所有数值由小到大排列后第 50% 的数字。

第三四分位数（Q3），又称“较大四分位数”或“上四分位数”，等于该样本中所有数值由小到大排列后第 75% 的数字。

第三四分位数与第一四分位数的差距又称四分位间距（inter quartile range，IQR）。

从箱体两端向外延伸，1.5 倍 IQR 距离处可画出两条线，称其为内限，3 倍 IQR 距离处的两条线称为外限，内外限不在箱形图中表示。利用内外限可以判断异常数据（outlier），内限以外位置的点的数据为异常值，在内限与外限之间的异常值为温和的异常值（mild outliers），常用“○”表示；在外限以外的为极端的异常值（extreme outliers），常用“✷”表示。

从矩形的两端各画一条直线到内限范围内的最大和最小数值点，这条线称为须线（whisker），在须线尽头画两条和须线垂直的短线表示非异常的最大和最小值的位置。

2. 箱形图的作用

（1）识别数据异常值：异常值在数据预处理中至关重要，不加剔除地把异常值包括进数据的计算分析过程中，对结果会带来不良影响；重视异常值的出现，分析其产生的原因，常常成为发现问题进而改进决策的契机。箱形图的绘制依靠实际数据，不需要事先假定数据服从特定的分布形式，没有对数据作任何限制性要求，它只是真实直观地表现数据形状的本来面貌；此外，箱形图判断异常值的标准以四分位数和四分位间距为基础，四分位数具有一定的耐抗性，多达 25% 的数据可以变得任意远而不会很大地扰动四分位数，所以异常值不能对这个标准施加影响，箱形图识别异常值的结果比较客观。由此可见，箱形图在识别异常值方面有一定的优越性（王彤，何大卫，1999）。

（2）推断数据偏态和尾重：异常值出现于一侧的概率越大，中位数也越偏离上下四分位数的中心位置，分布的偏态性越强。异常值集中在较大值一侧，则分布呈现右偏态；异常值集中在较小值一侧，则分布呈现左偏态。尽管不能给出偏态和尾重程度的精确度量，但可作为我们粗略估计的依据。

（3）比较几批数据的形状：同一数轴上，几批数据的箱形图并行排列，几批数据的中

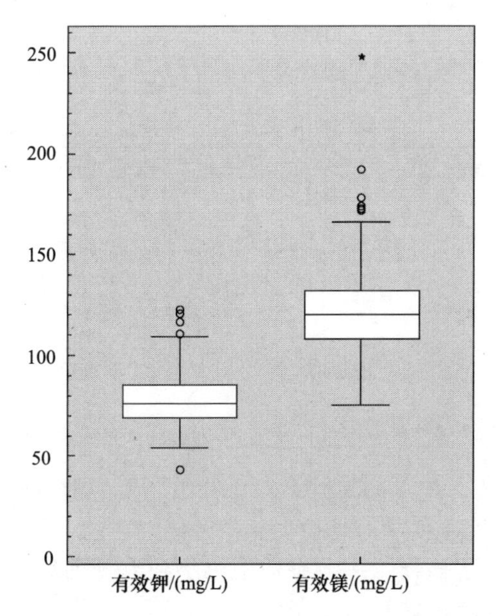

图 2-1-6　牧草地土壤有效钾和有效镁的箱形图

位数、尾长、异常值、分布区间等形状信息便一目了然。各批数据的四分位距大小，正常值的分布是集中还是分散，观察各箱体和须线的长短便可明了。每批数据分布的偏态如何，分析中位线和异常值的位置也可估计出来。还有一些箱形图的变种，使多组数据间的比较更加直观明白（王彤，何大卫，1997）。

3. 实例

对案例数据一的土壤有效钾和有效镁的含量进行箱形图绘制，如图 2-1-6。

可以看出土壤有效钾的含量主要分布在40～120mg/L，土壤有效镁的含量主要分布在70～190mg/L，土壤有效镁的含量总体高于土壤有效钾，根据箱体高度可看出土壤有效钾含量比土壤有效镁含量的分布更加集中。两者都有高值的异常点，并且土壤有效镁存在极端异常值。说明低值数据更集中，高值数据较为分散，数据呈现出右偏。

2.1.4　散点图

1. 散点图的基本思想

散点图是相关分析过程中常用的一种直观的分析方法，将样本数据点绘制在二维平面或三维空间上，根据数据点的分布特征，直观地显示变量之间的统计关系、强弱程度以及离群值的分布情况。

就两个变量而言，如果变量之间的关系近似地表现为一条直线，则称为线性相关；如果变量之间的关系近似地表现为一条曲线，则称为非线性相关或曲线相关。多变量的描述可分为散点图矩阵和三维散点图。

（1）散点图矩阵：利用散点图矩阵来同时绘制各自变量间的散点图，可以快速发现多个变量间的主要相关性。在散点图矩阵中虽然可以同时观察多个变量间的联系，但是当所研究的问题中变量数足够多时，两两进行平面散点图的观察，有可能漏掉一些重要的信息。绘制案例数据一中土壤的有效镁、有效硫、总氮和总碳含量的散点图矩阵，如图 2-1-7 所示，发现土壤总碳含量与总氮含量呈强的线性相关，其他变量间几乎不存在相关性。

（2）三维散点图：三维散点图就是在由 3 个变量确定的三维空间中研究变量之间的关系。绘制案例数据一中土壤的 pH、总氮和总碳的三维散点图，如图 2-1-8 所示，旋转三维散点图如图 2-1-8（a）所示，可看到 pH 与总氮含量之间基本不存在相关关系；旋转三维散点图如图 2-1-8（b）所示，发现土壤总碳含量与总氮含量呈强的线性相关。

2. 相关系数

依据散点图，只可以大概判断变量之间相关程度的强弱、方向和性质。通过计算相关系数这一指标，可以精确判断两个变量之间的线性相关的程度和方向。在多元回归分析中，消除了其他变量影响的条件计算的某两个变量之间的相关系数称为偏相关系数。反映

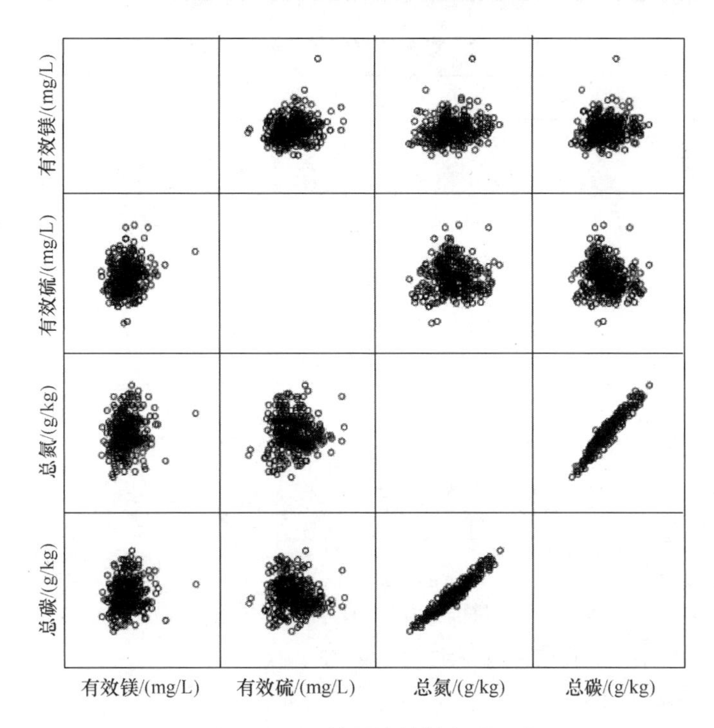

图 2-1-7　土壤属性的散点图矩阵

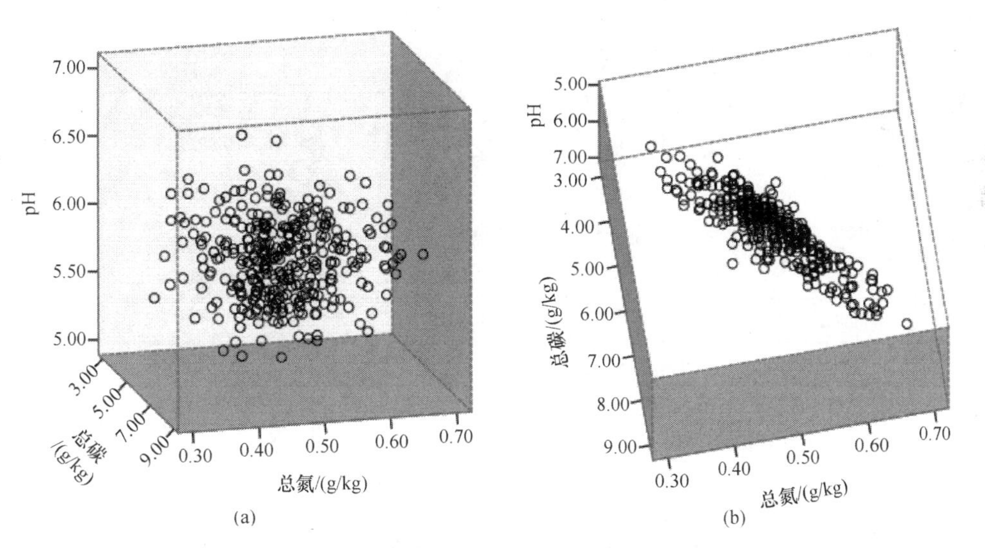

图 2-1-8　土壤总碳、总氮和 pH 的三维散点图

因变量与多个自变量之间相关程度的称为复相关系数。

以案例数据一的英国牧草地数据为例介绍斯皮尔曼（Spearman）相关系数与皮尔逊（Pearson）相关系数。

1）定序尺度相关性：斯皮尔曼相关系数

（1）构建排序表（表 2-1-2）。

表 2-1-2　斯皮尔曼相关系数排序表

土样	总氮 /（g/kg）	秩次 x	总碳 /（g/kg）	秩次 y	秩次差 d 的平方和
1	0.62	2	7.75	1	1
2	0.50	6	6.08	6	0
3	0.60	3	7.28	3	0
4	0.63	1	7.52	2	1
5	0.58	4	7.05	4	0
6	0.54	5	6.52	5	0

（2）计算斯皮尔曼相关系数：

$$r_S = 1 - \frac{6\sum d_i^2}{n^3 - n} = 1 - \frac{12}{6^3 - 6} \approx 0.943 \tag{2-1-5}$$

（3）斯皮尔曼相关系数含义。值域在［−1，+1］，正值表示正相关，负值表示负相关，0 表示不相关，相关系数的绝对值越大，表示相关关系越强。

2）定距 / 定比尺度相关性：皮尔逊相关系数

（1）构建数据表（表 2-1-3）。

表 2-1-3　皮尔逊相关系数数据表

土样	总氮 /（g/kg）	$\overline{x}$	$(x_i-\overline{x})^2$	总碳 /（g/kg）	$\overline{y}$	$(y_i-\overline{y})^2$	$(x_i-\overline{x})(y_i-\overline{y})$
1	0.62	0.04	0.0016	7.75	0.72	0.5184	0.0288
2	0.50	−0.08	0.0064	6.08	−0.95	0.9025	0.0760
3	0.60	0.02	0.0004	7.28	0.25	0.0625	0.0050
4	0.63	0.05	0.0025	7.52	0.49	0.2401	0.0245
5	0.58	0.00	0.0000	7.05	0.02	0.0004	0.0000
6	0.54	−0.04	0.0016	6.52	−0.51	0.2601	0.0204
均值	0.58			7.03			
求和			0.0125			1.9840	0.1547

（2）计算皮尔逊相关系数：

$$r = \frac{\sum (x_i-\overline{x})(y_i-\overline{y})}{\sqrt{\sum (x_i-\overline{x})^2}\sqrt{\sum (y_i-\overline{y})^2}} = \frac{0.1547}{\sqrt{0.0125}\sqrt{1.984}} \approx 0.98 \tag{2-1-6}$$

（3）皮尔逊相关系数含义。值域在［−1，1］，正值表示正相关，负值表示负相关，0 表示不相关，相关系数的绝对值越大，表示相关关系越强。

3．实例

对案例数据一的英国牧草地数据进行斯皮尔曼相关系数的分析，计算结果如表 2-1-4，进行皮尔逊相关系数的分析，计算结果如表 2-1-5。

表 2-1-4　斯皮尔曼相关系数

	pH	有效磷	有效钾	有效镁	有效硫	总氮	总碳
pH		−0.006	0.096	0.279	−0.291	0.134	0.221
有效磷	−0.006		0.059	0.019	0.072	0.049	0.087
有效钾	0.096	0.059		0.402	0.370	0.310	0.287
有效镁	0.279	0.019	0.402		0.183	0.164	0.138
有效硫	−0.291	0.072	0.370	0.183		−0.033	−0.186
总氮	0.134	0.049	0.310	0.164	−0.033		0.942
总碳	0.221	0.087	0.287	0.138	−0.186	0.942	

表 2-1-5　皮尔逊相关系数

	pH	有效磷	有效钾	有效镁	有效硫	总氮	总碳
pH		−0.044	0.078	0.266	−0.300	0.130	0.225
有效磷	−0.044		0.117	0.062	0.059	0.078	0.106
有效钾	0.078	0.117		0.377	0.358	0.339	0.317
有效镁	0.266	0.062	0.377		0.191	0.162	0.131
有效硫	−0.300	0.059	0.358	0.191		0.019	−0.144
总氮	0.130	0.078	0.339	0.162	0.019		0.954
总碳	0.225	0.106	0.317	0.131	−0.144	0.954	

两者的计算结果相差不大，总碳和总氮含量显示出强相关，相关系数达到了 0.9 以上，其他数据属性间都只显示出微弱的相关或是几乎不相关。

2.1.5　平行坐标图

1. 平行坐标图的基本思想与应用

平行坐标图（parallel coordinates plot）是一种通常用于高维几何和多元数据可视化的方法。为了克服传统的笛卡儿直角坐标系容易耗尽空间、难以表达三维以上数据的问题，平行坐标图将高维数据的各个变量用一系列相互平行的坐标轴表示，变量值对应轴上位置。为了反映变化趋势和各个变量间的相互关系，往往将描述不同变量的各点连接成折线。所以平行坐标图的实质是将 n 维欧氏空间的一个点 X_i（x_{i1}，x_{i2}，…，x_{in}）映射到二维平面上的一条折线（徐永红等，2008）。

在实践中，对于连续变量需要首先进行标准化，然后用标准化的数值画平行坐标图。从单个坐标轴上的数据点位分布可以判断其相应变量的数据分布状况，从 n 个坐标轴之间连接直线的排列方式可以判断相邻变量之间是否存在线性相关关系：如果两个变量之间的大部分连线相互平行，则说明这两个变量之间是呈线性正相关；如果大部分连线相互交叉成 X 形，说明这两个变量之间是呈线性负相关。

所以说，平面坐标图只便于观察相邻坐标轴数据间的关系，不相邻的坐标轴表达信息的直观度大大降低，因此维度顺序的决定就非常重要。并且当大的数据集使用平行坐标来表示时，我们会遇到线段混乱、平行坐标屏幕限制、折线重叠、不易于发现各维间的隐含关系的问题。大量的折线重叠在背景之上，造成视觉上的信息混淆，这对我们观察数据的内在模式是很不利的（Peng et al.，2004）。

李代超与吴升（2014）耦合了直方图与平行坐标图，对犯罪相关统计数据进行可视分析（图 2-1-9）。可以看出警力密度与商业区密度之间的大部分连线相互平行，呈现出线性正相关，而商业区密度与外来人口密度之间大部分连线相互交叉成 X 形时，说明这两个变量之间是呈线性负相关。

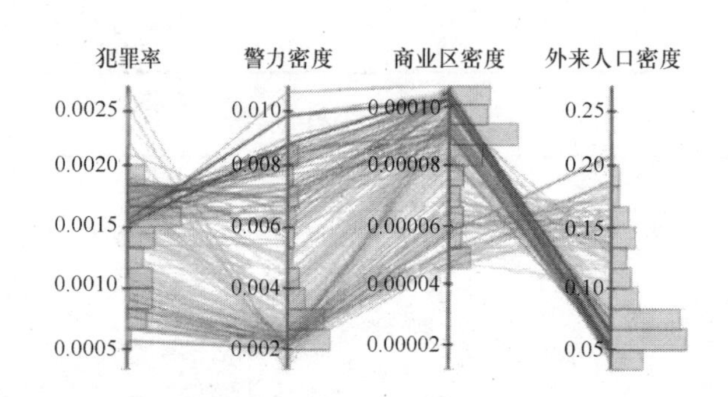

图 2-1-9　嵌入直方图后的平行坐标图（李代超，吴升，2014）

2. 实例

使用案例数据一的英国牧草地数据绘制平行坐标图（图 2-1-10）。

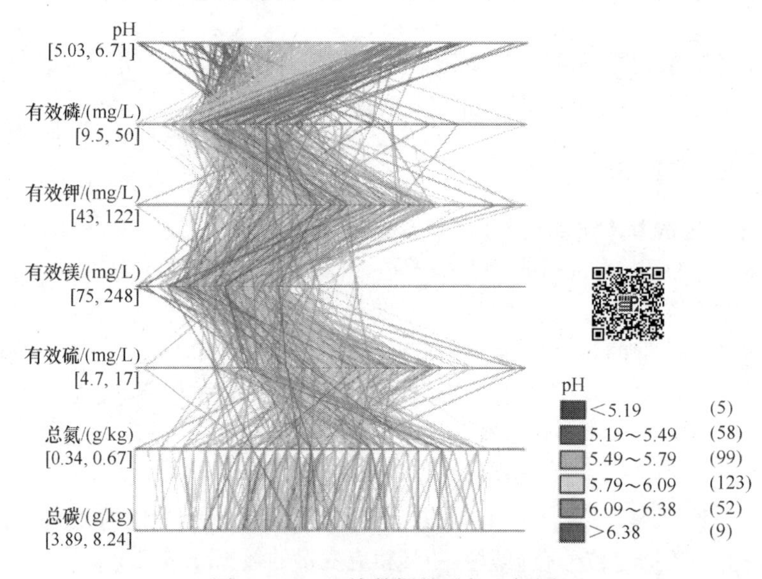

图 2-1-10　土壤数据的平行坐标图

总碳和总氮变量之间的大部分连线相互平行，说明土样的总碳和总氮之间呈现出线性正相关的关系，而其他相邻变量间的连线混乱，不存在明显的相关关系。并且一张平行坐标图只能够展示出一种排列顺序下相邻变量间有限的关系，当研究问题时存在很大的局限性。

2.1.6　QQ 图

1. QQ 图的基本思想

QQ 图，即分位数-分位数图（quantile-quantile plot），用于验证一组数据是否来自某个分布，或者验证某两组数据是否来自同一分布，常用的是检验数据是否来自正态分布。一般分为正态 QQ 图（normal QQ plot）和普通 QQ 图（general QQ plot）。

1）正态 QQ 图

检验样本 $X=(X_1,X_2,\cdots,X_i,\cdots,X_n)$ 是否服从正态分布，其 QQ 图检验法操作如下：

（1）按照从小到大进行重新排列，获取次序统计量 x_1，x_2，…，x_i，…，x_n。

（2）计算 QQ 序列：首先计算样本均值$\overline{x}$和标准差 σ。分位数 $Q_i=\dfrac{x_i-\overline{x}}{\sigma}$，累积分布值 $t_i=\dfrac{i-0.5}{n}$，字母 i 表示总数为 n 的值中的第 i 个值（累积分布值给出了某个特定值以下的值所占的数据比例）。通过标准正态分布（平均值为 0，标准方差为 1 的高斯分布）表可以查得 t_i 对应的分位数 Q_i'。

（3）画出 QQ 图，即画出 Q_iQ_i' 图，与 $y=x$ 相比较，若图形是直线说明是正态分布，当该直线成 45° 角并穿过原点时，说明分布与给定的正态分布完全一样。如果成 45° 角但不穿过原点，说明均值与给定的正态分布不同；如果是直线但不是 45° 角，说明均值、方差都与给定的分布不同。图 2-1-11 为数据呈现出不同分布下的 QQ 图。

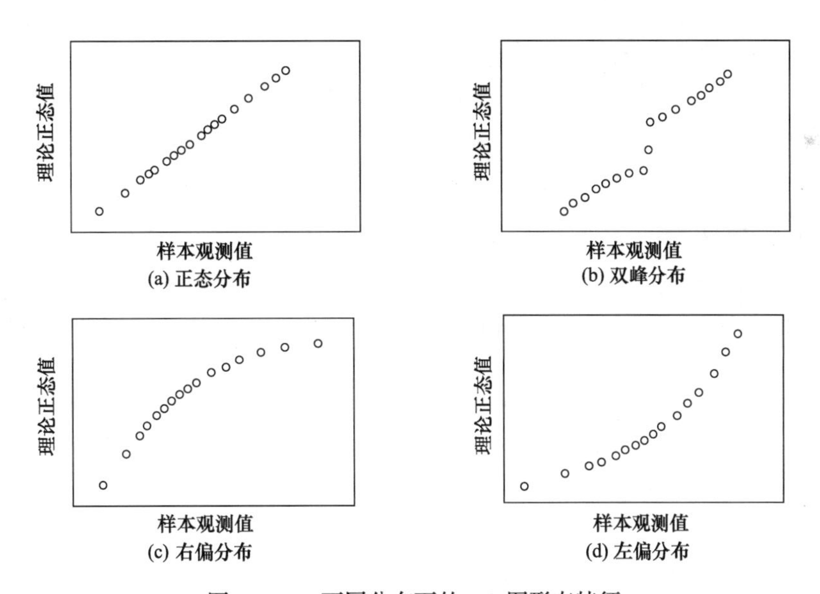

图 2-1-11　不同分布下的 QQ 图形态特征

2）普通 QQ 图

用于评估两个数据集分布的相似程度。评估方法与正态 QQ 图用以评估正态分布的过程类似，但用以比较的数据集不一定要服从正态分布，可以使用任何数据集。如果两个数据集具有相同的分布，普通 QQ 图中的点将落在 45° 直线上。

2. 实例

根据案例数据一的英国牧草地数据绘制土壤有效磷的正态 QQ 图 [图 2-1-12（a）]。可以看到磷的分布呈现右偏。这是因为，在 QQ 图的左下端，散点的走向比正态（图中直线）偏下，说明有效磷分布的左尾比正态短；在 QQ 图的右上端，散点的走向比正态偏右下，说明有效磷分布的右尾比正态长，即分布右偏。作为验证，绘制土壤有效磷的直方图 [图 2-1-12（b）]，可以看出直方图确实为右偏，并且计算偏度为 1.125。

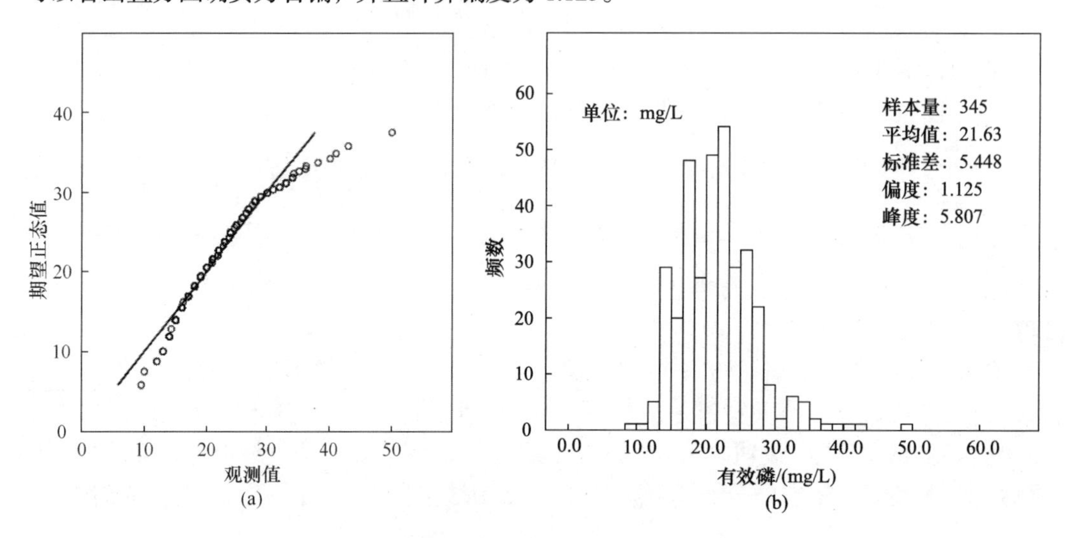

图 2-1-12　土壤有效磷的正态 QQ 图（a）和直方图（b）

2.2　探索性空间数据分析

2.2.1　概念与方法

1. 空间数据的定义　空间数据是描述地球表层（有一定厚度）一定范围内地理事物数量、质量、分布特征、相互关系和变化规律的数据（郭仁忠，2001）。

Cressie（1993）于 *Statistics for Spatial Data* 一书中，首次将空间数据划分为四种类型：地统计数据（geostatistical data）、格数据（lattice data）、点模式数据（point patterns data）与对象数据（objects）。

Cressie 在书中定义了一个空间过程：

$$\{Z(s):\ s\in D\} \tag{2-2-1}$$

式中，$s\in\mathbf{R}^d$，是 d 维欧氏空间 $\mathbf{R}^d$ 中的数据位置；$D\subset\mathbf{R}^d$；$Z(s)$ 是位置 s 上的值。

地统计数据：D 是 $\mathbf{R}^d$ 的一个连续的固定子集，属性 $Z(s)$ 是一个随机向量。Schabenberger（2004）在 *Statisical Methods for Spatial Data Analysis* 一书中补充说明，连续指的是 $Z(s)$ 可以在 D 的任意位置观测到，理论上在两个样本点 s_i 与 s_j 之间可以放置无限数量的样本点。固定指的是 D 中的点是非随机的。

格数据：D 是 $\mathbf{R}^d$ 的离散固定子集。D 可以是规则或不规则的有限集合的点，也可以是对 $\mathbf{R}^d$ 的划分。属性 $Z(s)$ 是一个随机向量（Fischer，Getis，2011）。

点模式数据：D 是 $\mathbf{R}^d$ 的空间点过程（一个按照一定规律在空间中随机分布的点集就形成一个随机点过程，简称点过程），可以认为 $Z(s)\equiv 1$，$\forall s\in D$。也就是说点模式数据主要关注的是点的位置呈现出聚集或是其他的非随机模式（Pu et al.，2007）。

对象数据：D 是 $\mathbf{R}^d$ 的空间点过程，在随机点过程指定对象位置后，在该位置观测的 $Z(s)$ 也是一个随机集。比如月球陨石坑的位置是随机点过程的结果，为点模式数据；月球陨石坑的位置与其范围是两个过程的结果，为对象数据。

后续学者们的研究中，基本上都参考了 Cressie 的数据分类方式，并总结简化为以下三种数据形式。

（1）点状离散数据，即点模式数据，点模式数据出现在空间任意位置都是可能的。通常表现为一些事件发生的地点或是具体的地理实体对象、流行病的爆发点、犯罪现场、花园中丛生的杂草、月球的陨石坑等都是点模式数据。

（2）空间连续数据，即地统计数据。该类数据是来自一个连续的地理空间，可认为对地统计数据的研究即地统计学，统计分析重点附着在不同位置的点的属性上。降雨、地表温度，以及土壤学科所研究的有机质含量、水分、pH 等土壤物化性质都是非常典型的地统计数据。

（3）面状数据（areal data）、区域数据（regional data），即格数据。该类数据有固定而独立分布的形状特征，一般包括两种不同类型：一是规则边界的遥感信息数据的像元；二是环境、社会、经济等不规则的多边形形态数据，常见的有各种省界、县界、属性分区等（毕硕本，2015）。

2. 探索性空间数据分析的定义　EDA 与空间分析相结合，构成探索性空间数据分析（exploratory spatial data analysis，ESDA），ESDA 技术是 EDA 思想在空间数据分析领域的推广（Haining et al.，1998）。

探索性空间分析是一系列空间数据分析方法和技术的集合。ESDA 以空间关联性测度（spatial association measures，SAM）为核心，发现空间数据的异常值，揭示空间依赖性（spatial dependence）与空间异质性（spatial heterogeneity）的空间模式，旨在描述与显示对象的空间分布并加以可视化（Anselin，1995，1999；Haining et al.，2000）。实际上，ESDA 是在零假设（null hypothesis）即空间不相关假设的基础上，利用统计学和图形图表相结合的方法对空间数据进行描述性（descriptive）和归纳性（lnductive）研究（Ma et al.，2002）。

3. ESDA 的要求

（1）ESDA 需要熟知空间数据的特殊性及数据分析的探索性方法。探索性方法包括数据可视化并导出为表格、图形、地图及其他显示形式。

（2）ESDA 和数据挖掘一样是交互的、迭代的搜索过程，其中数据中的模式和关系被用于精炼并搜索更多的兴趣模式和关系。

（3）在非常庞大的数据集中，ESDA 等价于空间数据挖掘，其基本的思想是极力使用数据来表示其本身，以识别兴趣模式并帮助产生有关的假设。

4. ESDA 的主要方法

（1）ESDA 与交互技术：将传统 EDA 的直方图、散点图、箱形图等与地图相结合。

（2）主题地图。

（3）其他方法：如 Comap 和 Coplot、趋势面分析、Voronoi、半方差云图等。

2.2.2 地图化

获取数据后，想要初步了解全部数据空间分布特征及其属性特征时，可以对空间数据进行地图化（map）表示。

1. 不同变量的表示

（1）名义变量适合用独立值表示，它只表示同类地理对象的类型的区分。例如，国家政区划分、土地利用、气候类型区等通常用这种方式表示。

（2）序数变量可以使用等级符号和分层设色图表示。但需要注意的是，符号和颜色的选择需要体现序数变量等级概念的本质。

（3）间隔变量和比率变量体现数据的连续变化，一般使用等级符号、范围图等表示，但是点密度图只适合于比率变量的表示。

2. 分层设色方法

相关 GIS 软件提供的分层设色方法如下，并结合案例数据一中的英国牧草地土壤 pH 数据，对常用分类方法进行作图（图 2-2-1）。

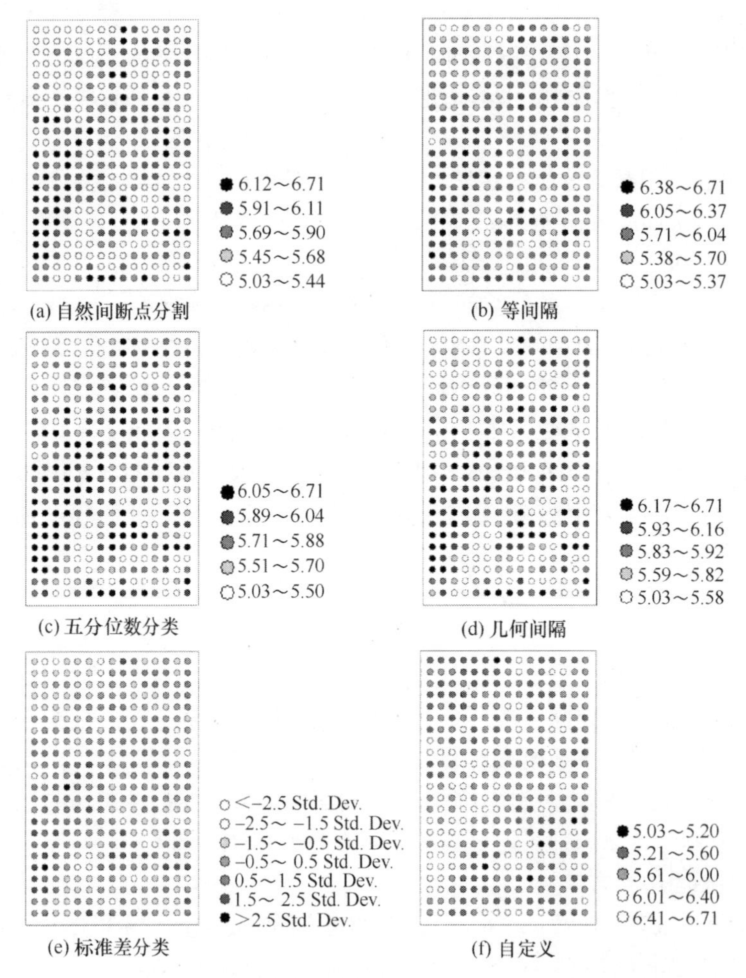

图 2-2-1 不同分层设色方法制图（注：Std. Dev. 指标准差）

（1）自然间断点分割（nature breaks）：对分类间隔加以识别，基本思想是最小化数据集内部的变异、最大化类型间的变异。此分类基于 Jenks 的“自然间断点分级法”。

（2）等间隔（equal interval）：将属性值的范围均等划分为指定个数的子范围。相等间隔最适用于常见的数据范围，如百分比和温度。

（3）分位数分类（quantile）：将所有要素按照分位数划分为有相等数量要素的子类。如按照四分位数分类，则每个类含有 25% 的要素数量，不存在空类，也不存在值过多或过少的类，非常适用于呈线性分布的数据。

（4）几何间隔（geometrical interval）：几何间隔分类法使每个类的元素数的平方和最小。这可确保每个类的范围与每个类所拥有的值的数量大致相同，且间隔之间的变化非常一致，常用于处理连续数据。

（5）标准差分类（standard deviation classification）：标准差分类利用均值加减 *n* 倍标准差来创建分类间隔，通常使用 1 倍、1/2、1/3 或 1/4 的标准差，可以显示要素属性值与平均值之间的差异。

（6）自定义（defined interval）：通过定义的间隔可指定一个间隔大小，用于定义一系列值范围相同的类。

2.2.3　交互技术

地图是空间数据可视化的重要手段，ESDA 是将地图与各种统计图结合起来。交互技术的重要特征是建立了地理空间和数据空间的联系，可以将传统 EDA 方法紧密地融合于 ESDA 中，这样就可以从空间特征到属性特征对地理现象进行全面的研究和分析。

1．交互技术的特点

（1）在一种信息窗口中单击或选择，其他的信息窗口产生相应的响应，并以高亮度显示选中的信息，便于对比观察。

（2）ESDA 将多种可视化的数据分析工具和地图分析结合在一起，并提供了丰富的交互工具，不仅可以进行选择的操作，而且能够进行改变数据参数等模式的探索。

2．刷选和链接

交互性的分析技术主要有刷选（brushing）和链接（linking），可以通过 GeoDa 与 ArcGIS 实现。

通过选择（刷选）和高亮显示所有地图和图表上的选中点（链接），可以将 ESDA 中的视图互连，将地理空间和属性空间结合在一起观察，是一种交互式探索空间数据的选择、聚集、趋势、分类、异常识别的工具。

对案例数据一中的土壤属性进行土壤有效磷的直方图绘制，在有效磷的直方图中单击或拖动选中极高含量的部分［图 2-2-2（a）］，这些选择的数值点会通过链接机制打开的数据窗口中以高亮显示［图 2-2-2（b）］。

案例数据二　　中国气象站点的分布与年均温度统计

1854 年，为争夺巴尔干半岛，沙皇俄国同英法两国爆发了克里米亚战争，当双方在欧洲的黑海展开激战时，风暴突然降临，最大风速超过每秒 30m，英法舰队险些全军覆没。勒佛里埃望着天空飘忽不定的云层，陷入沉思：“风暴看起来来得突然，实际上有一个发展移动的过程。电报已经发明，如果欧洲大西洋沿岸一带设有气象站，及时把风暴的情况电告英法舰队，不就可以避免惨重的损失吗？”于是，1855 年 3 月 19 日，勒佛里埃在法国科学院作报告说，假如组织气象站网，用电报迅速把观测资料集中到一个地方，分析绘制成天气图，就有可能推断出未来风暴的运行路径。在勒佛里埃的积极推动下，1856 年，法国成立了世界上第一个正规的天气预报服务系统。

如今，我国具有近 6 万个地面自动气象站组成的观测网，能够实时监测我国的各类气象数据。可以用以探索这些气象数据的内在联系，思考数据分布趋势的原因。

从中国气象局气象数据中心·中国气象数据网上获取了中国地区 728 个气象站点的站号、经度、纬度、海拔，以及 2008 年的年均温度数据（图 2-2-3），以供后文分析。

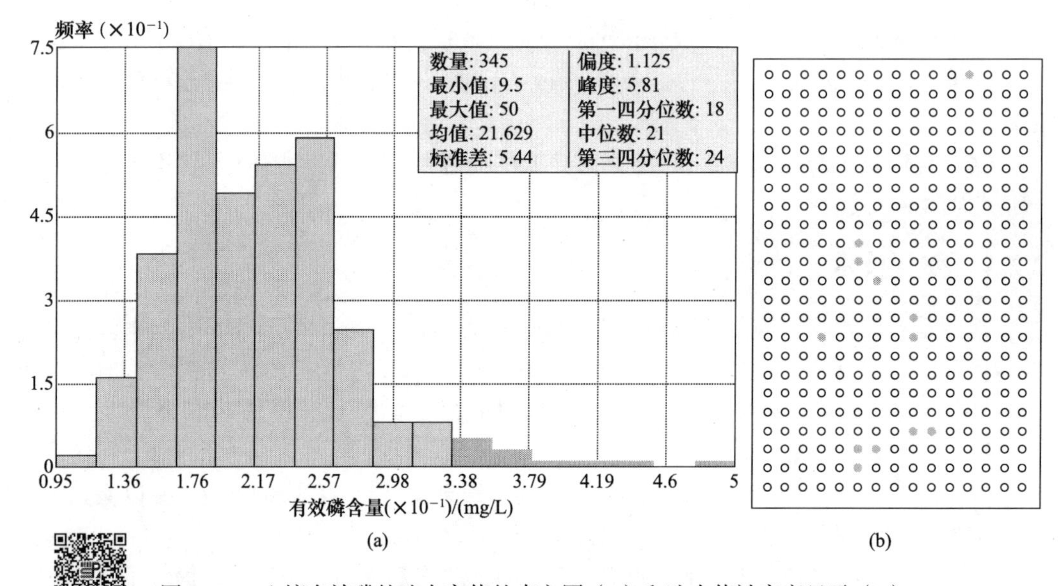

图 2-2-2　土壤有效磷的选中高值的直方图（a）和选中值被高亮显示（b）

动态的刷选与链接窗口（linking window）可以实现地图与其他图形显示方式之间动态联系的建立，并且可以利用实时控制工具改变常规的制图方法的参数，获得新状态下的分布特征等。

（1）动态刷选：使用 GeoDa，打开案例数据二的中国气象站点数据，在窗口中画一个小的选框，按下 Ctrl 键，然后放开。选框会闪一下。这表明开始进行刷选，鼠标上将出现一个大小恒定的选框，在图中缓慢上下移动选框，选框中被选中的观测对象会被高亮。

（2）实时更新运算结果：动态刷选功能与剔除被选值功能结合可以成为一个非常有用的探索工具。打开 Selected Excluded 选项，开始刷选，选框形态可选择为矩形、圆形与线性，这时选框中的点是被去除的，移动选框时，回归直线被迅速重新计算，出现一条新的回归直线，反映不包含当前被选值的数据集的斜率与相关系数。由此可以获知，去除哪些数据点将会提高或降低两个变量之间的相关性，并且通过链接功能，观察数据点的空间位置、在样点温度与海拔数据值的分布中所处位置等信息，进一步探索数据内在关联信息。

3．实例

使用 GeoDa 对案例数据二的中国气象站点数据进行温度与海拔的散点图绘制（图 2-2-4），

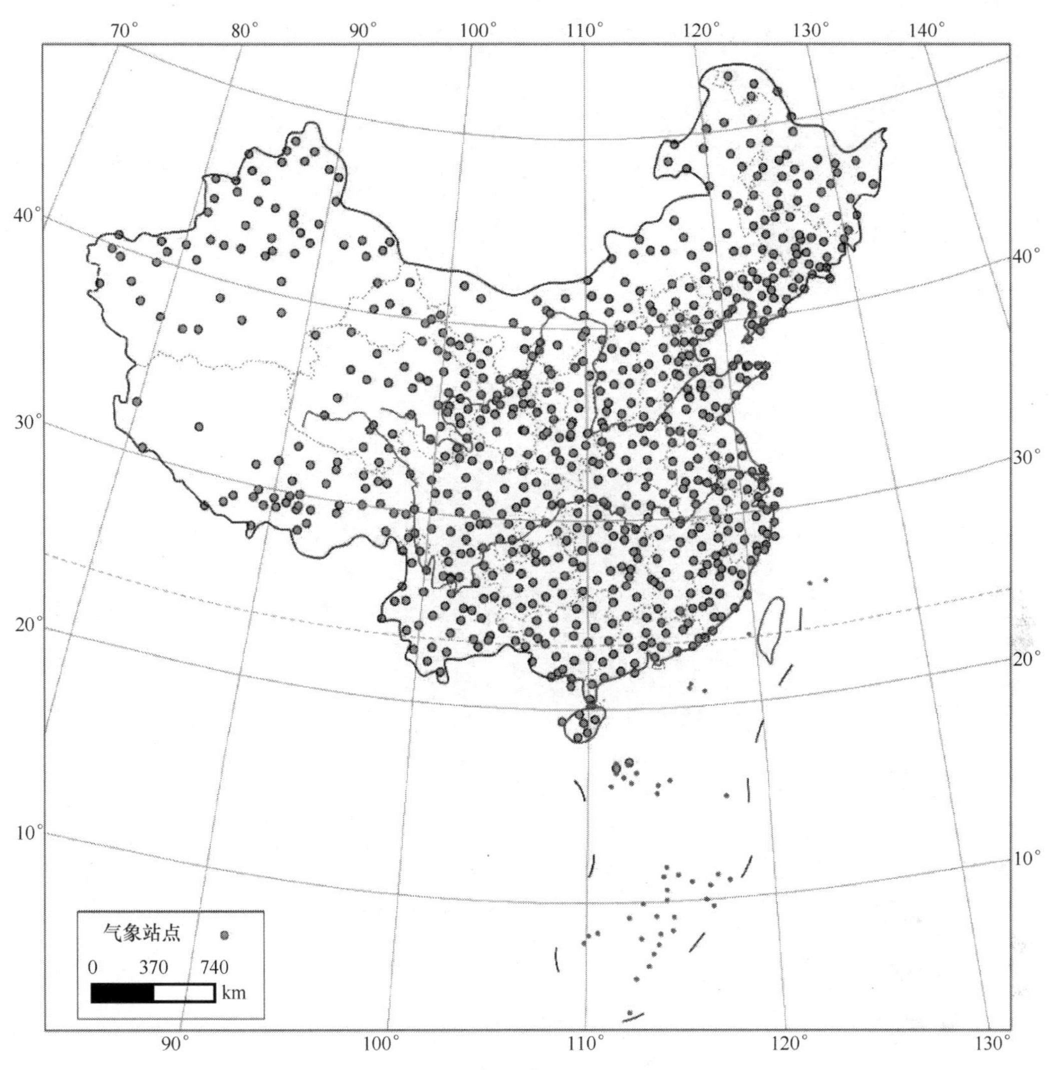

图 2-2-3　中国气象站点分布

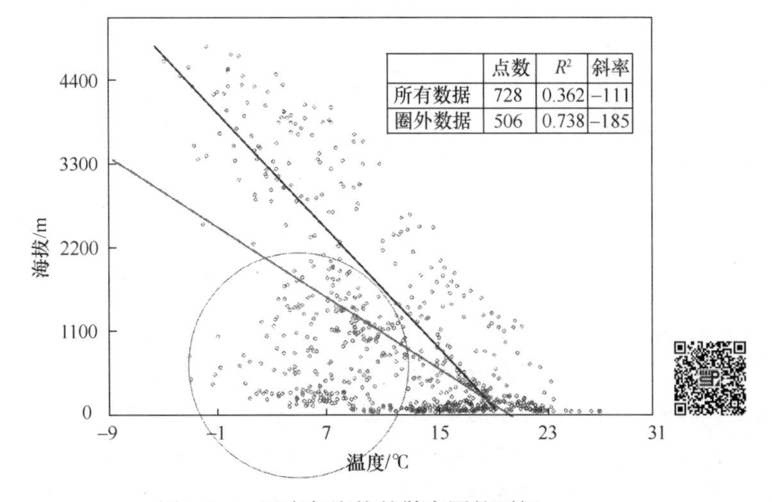

图 2-2-4　温度与海拔的散点图的更新

得到拟合线的 R^2 为 0.362，对数据点进行刷选剔除，发现去除圈内数据之后 R^2 达到了 0.738。此时，圈内数据主要分布在我国北方地区（图 2-2-5）。

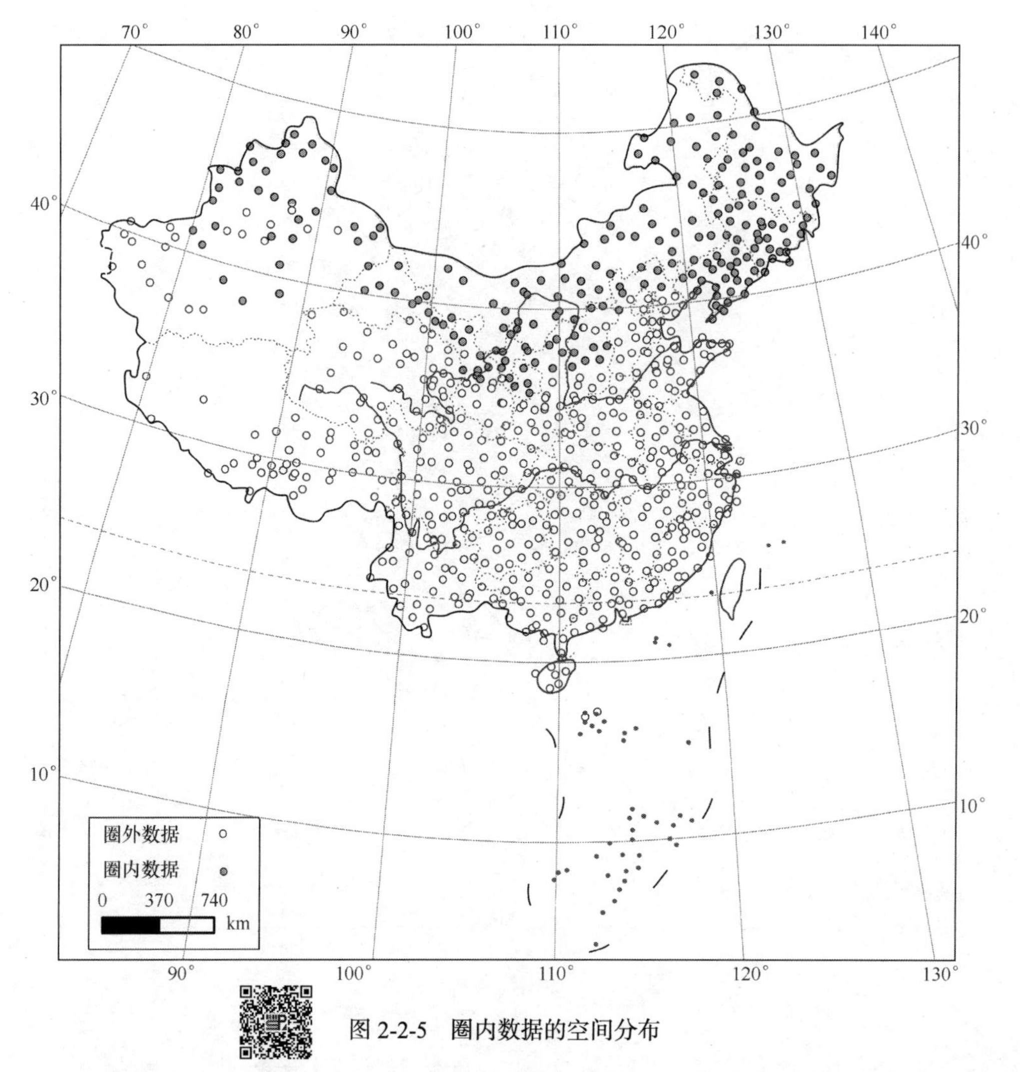

图 2-2-5 圈内数据的空间分布

我国面积辽阔，跨纬度约 50°，大面积的北方地区处于高纬度区域，存在大量低海拔的低温数据，当研究温度与海拔之间的关系时，很难拟合得出温度与海拔之间的关系。剔除了这部分数据后，温度与海拔之间的相关程度大大提升，数据点集中在拟合线周围，所以说，划分变量条件来进行分区研究是非常重要的。

2.2.4 Comap 和 Coplot

1. Comap 和 Coplot 的基本思想

寻找变量之间的关系是很多数据分析的基础工作。当非空间数据分析的时候，我们经常会用散点图和回归曲线来表示两个变量之间的关系。但是对于空间数据，由于涉及位置等空间要素，变量更为复杂。所以普通的数据图示工具会受到限制。这里介绍用于空间数据图示的工具：Comap 法和 Coplot 法。

Cleveland（1993）提出了条件图（conditional plot）这个术语，实际上就是按照某一维条件或二维条件将处理空间划分为多个子集，在每个子集中探索所需的数据关系，此时我们将这种图称作 Coplot。

比如研究区域很大，可以依据经度（一维条件）划分 n 个区间，依据纬度（二维条件）划分 m 个区间，在 $n×m$ 个子集中再探讨其他属性数据的关系，若只依据经度（纬度）一维条件来划分，那么就在获取的 n（m）个子集中讨论。子集中的数据探索，如果是一维变量，可以用直方图或箱形图来表示，二维变量之间的关系可以用散点图来探索。当将变量用地图表示时，则得到的是基于 Coplot 衍生出的 conditional map，也就是 Comap。

2. 实例

利用案例数据二的中国气象站数据研究我国温度的影响因素。在 2.2.3 节交互技术中绘制了温度与海拔的散点图，发现由于研究区过大，纬度也对温度造成了影响，所以采用 Coplot 进行分区研究。

绘制 Coplot 图，x 轴选择为经度，y 轴选择为纬度，变量 1 为海拔，变量 2 为温度，反复调整分区得到理想结果，如图 2-2-6 所示。按照 Coplot 的最终分区绘制温度（图 2-2-7）与海拔（图 2-2-8）的 Comap 图。

与全国气象站点的温度与海拔的散点图（图 2-2-4）相比，进行分区研究后，温度与海拔的 Coplot 图（图 2-2-6）的每个分区内的散点图都更好地集中在拟合线的周围，呈现

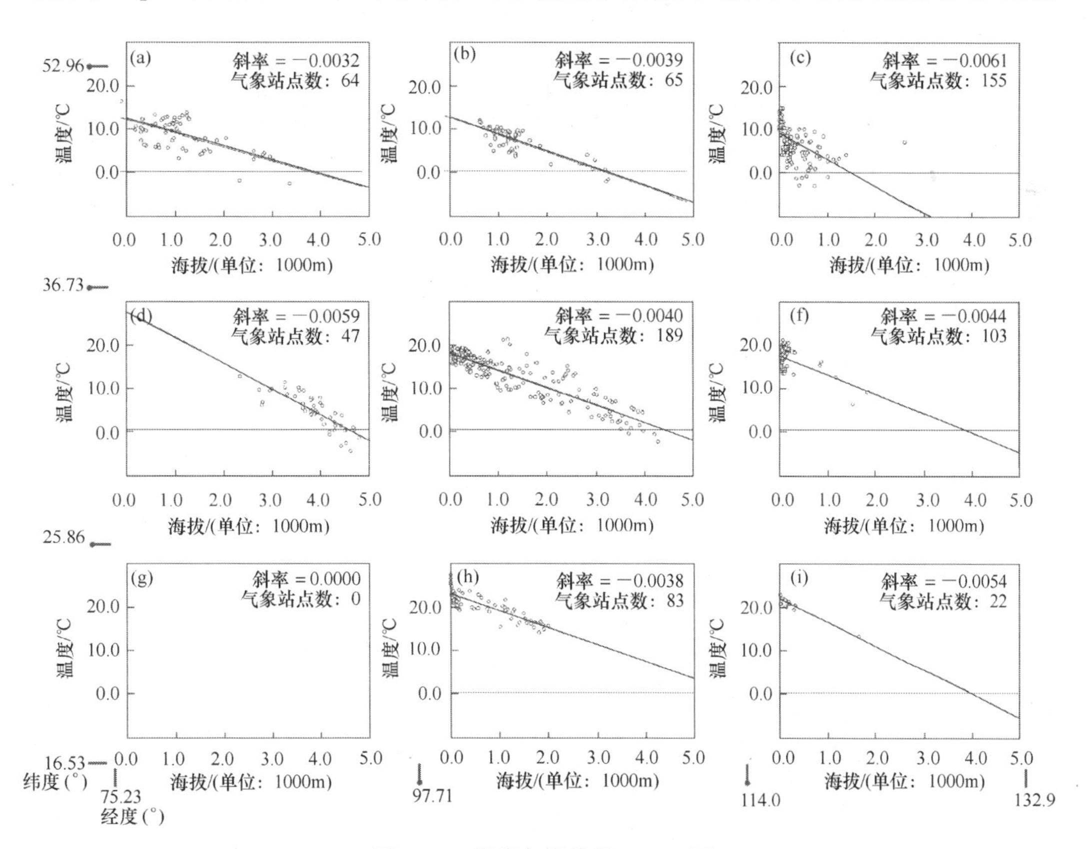

图 2-2-6　温度与海拔的 Coplot 图

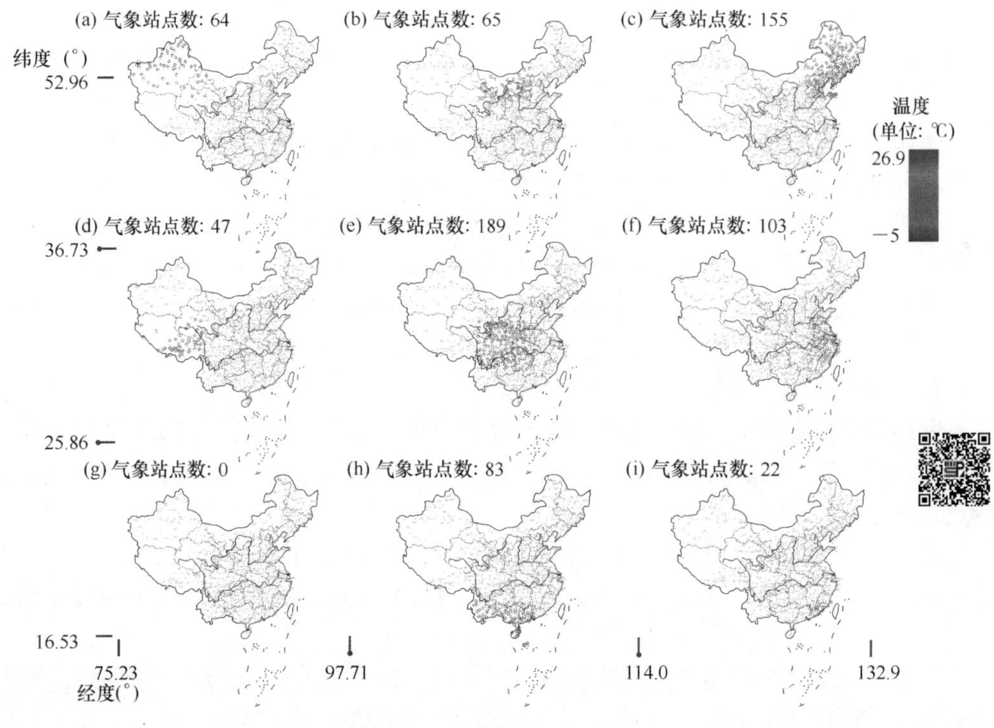

图 2-2-7　温度的 Comap 图

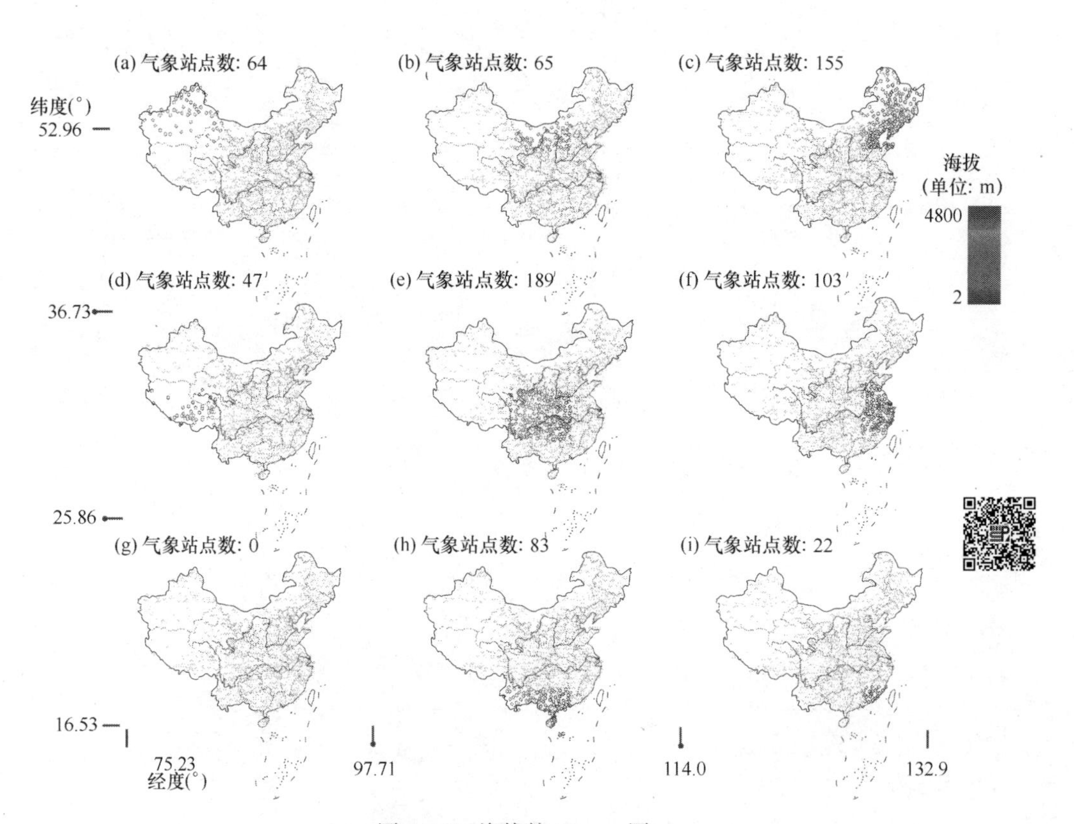

图 2-2-8　海拔的 Comap 图

出显著的负相关。

由湿空气温度垂直递减率可知，海拔每升高100m，温度会降低0.6℃。图中以1000m为一个单位，所以海拔每升高一个单位，温度应该下降0.006℃，即拟合线的斜率为−0.006。观察图2-2-6可知，只有第（3）（4）分区的斜率接近−0.006，其他分区都被不同程度地低估，即海拔每升高100m，温度会降低不到0.6℃。

1）部分分区的拟合直线斜率较为接近−0.006

结合图2-2-7与图2-2-8，可以看到各个分区的样点的位置，以及该样点的气温与海拔情况。（d）部分分区的气象站点集中在青藏高原地区，海拔变化显著，并且受到人类活动的影响较小，所以拟合效果好，并且斜率接近−0.006。而观察（c）部分分区的散点图，直线拟合效果并不是很好，其参考意义不大，有大量低海拔的低温数据，从图2-2-7与图2-2-8可以看出，这是由于该分区跨纬度较广，包含了我国最北端高纬度地区的气象站数据，对海拔与温度之间的关系探索造成了干扰。

2）其他分区拟合直线斜率被低估

（1）部分分区的低海拔的温度数据偏低，如分区（e）（h）。这部分数据的产生原因可能是纬度区间大，使得纬度因素对温度叠加影响；低海拔处的高纬度数据偏多，使得低海拔处的气温数据拉低，导致斜率的绝对值降低。

（2）部分分区内部海拔几乎没有差异，如分区（f）（i）。作为以海拔变化为研究对象的数据难以得到理想结果。

（3）研究范围过大，环境带来影响，如城市相对于乡村的“热岛效应”等掩盖了温度对于海拔的响应。

2.2.5　趋势面分析

1．趋势面分析的基本思想

在空间分析中，经常要研究某种现象的空间分布特征与变化规律。许多现象在空间都具有复杂的分布特征，它们常常呈现为不规则的曲面。

趋势面分析是利用数学曲面模拟地理系统要素在空间上的分布及变化趋势的一种数学方法，实质上是通过回归分析原理，运用最小二乘法拟合一个数学曲面，模拟地理要素在空间上的分布规律，用该数学曲面来展示地理要素在地域空间上的变化趋势。

空间趋势反映了空间物体在空间区域上变化的主体特征，它主要揭示了空间物体的总体规律，而忽略局部的变异。利用探索性数据分析ESDA，我们可以简单地对数据中的全局趋势进行识别（刘平波，2010）。

在ArcGIS中提供了Geostatistical Analyst工具的Explore data→Trend analysis，可实现趋势分析。“趋势分析”工具提供数据的三维透视图。采样点的位置绘制在*X*，*Y*平面上。在每个采样点的*Z*维上表示属性值。趋势分析会将属性值作为散点图投影到*X*，*Z*平面和*Y*，*Z*平面上，之后根据投影平面上的散点图拟合多项式，从而观察不同方向上的数据趋势。若拟合线是平的，则不存在趋势；如果拟合线不是平的，说明数据存在某种趋势，那么在创建表面时要使用确定性插值方法，或在使用克里格法时移除这种趋势。

2．实例

对案例数据二中的全国年均温度数据进行趋势分析（图2-2-9）。拟合线呈明显弧度，说明温度分布具有全局的趋势。通过拟合线的趋势，可以清楚看出我国年均温度自北向南逐步升高，自西向东先升高后降低。

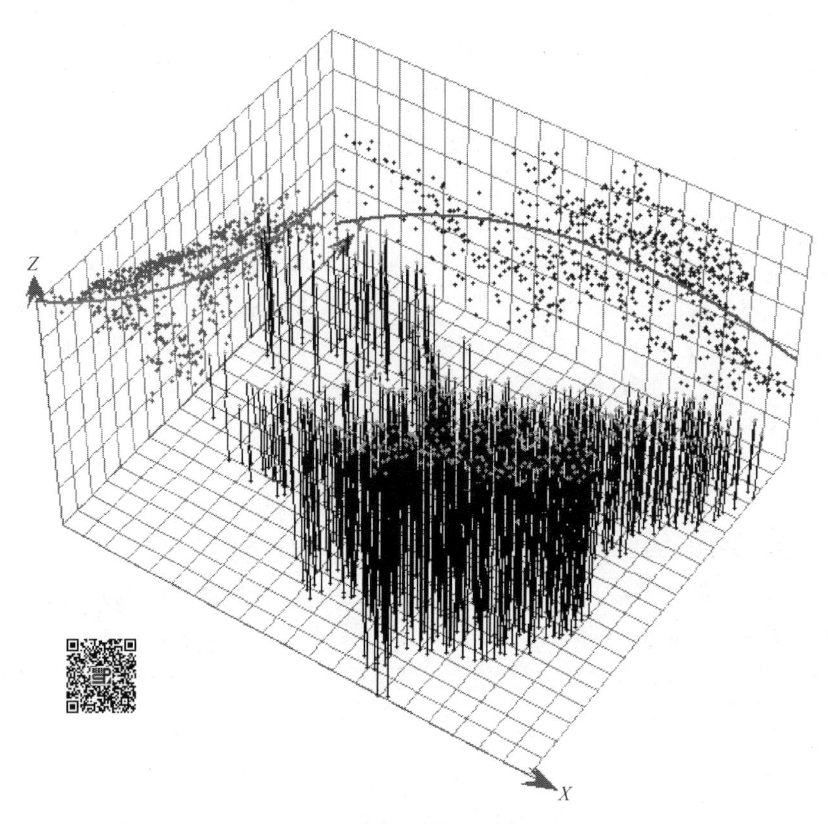

图 2-2-9 全国温度数据趋势面分析图

2.2.6 Voronoi 图

1. Voronoi 图的基本思想与应用

Voronoi 结构的概念是由俄国数学家 Voronoi 于 1908 年发现并以他的名字命名的。Voronoi 图又叫泰森多边形或 Dirichlet 图，围绕采样点形成，由连接两邻点直线的垂直平分线组成的连续多边形构成。若平面有 n 个离散采样点，则多边形会把平面分成 n 个区，每个区包括一个点，由于多边形边界上的点到生成此边界的点距离相等，所以每个采样点所在的区就是到该点距离最近的点的集合（图 2-2-10）。

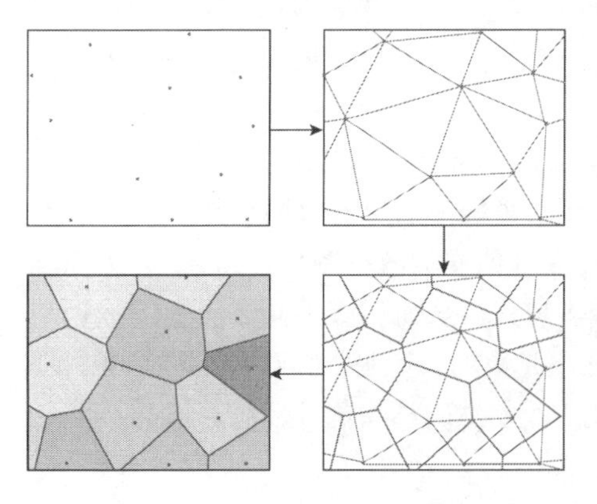

图 2-2-10 Voronoi 图的构建流程

由于具有多边形内的各个位置距该多边形内的采样点的距离小于距任何其他采样点的距离的特性，其在地理学、气象学、航天、核物理学、机器人等领域具有广泛的应用。荷兰气候学家 Thiessen 于 1911 年提出了根据离散分布的雨量站的降雨量来计算平均降雨量的方法，即依据站点建立 Voronoi 图，用该站点的降雨量代表该单元区域内的降雨量，最后用各站点雨量与该站所占面积权重相乘后累加即得该区域的雨量。这种方法应用极广，成为 Voronoi 图的重要应用之一。当我们收看天气预报时，假如预报内容不含有或者是没有细化到我们所在的地区时，往往会选择距自己最近的预报城市的天气为基准。所以说，可以认为 Voronoi 图非常适合于地理实体的势力范围评估，如河流汇水区域划分、气象站点的覆盖范围等。葛奔等（2018）以武汉市东湖高新技术开发区为研究对象，利用 311 个离散公交站点建立泰森多边形，将研究区划分为 311 个服务小区，依据服务小区面积等参数计算该小区内居民选择公交出行的比例，将公交分担率大于 45% 的服务小区定位为建成区，公交分担率小于 45% 的服务小区定位为拓展区（图 2-2-11）。

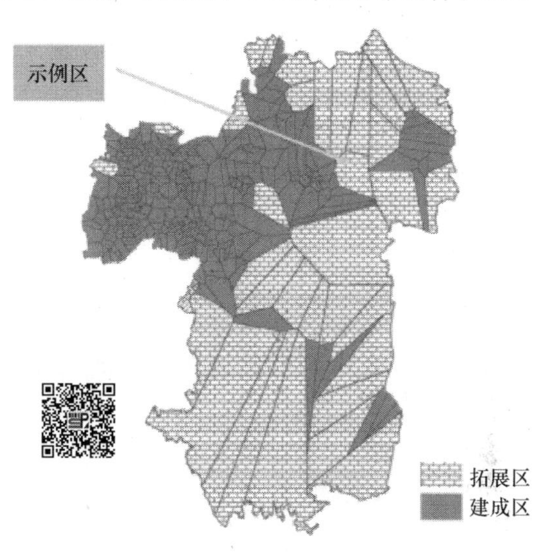

图 2-2-11　服务小区评价图（葛奔等，2018）

2. 实例

基于案例数据二的数据，绘制全国气象站点的 Voronoi 图（图 2-2-12）。可以看出，我国东部地区的气象站点多，每个站点的势力范围小；而西部地区的气象站点少，每个站点的势力范围大。

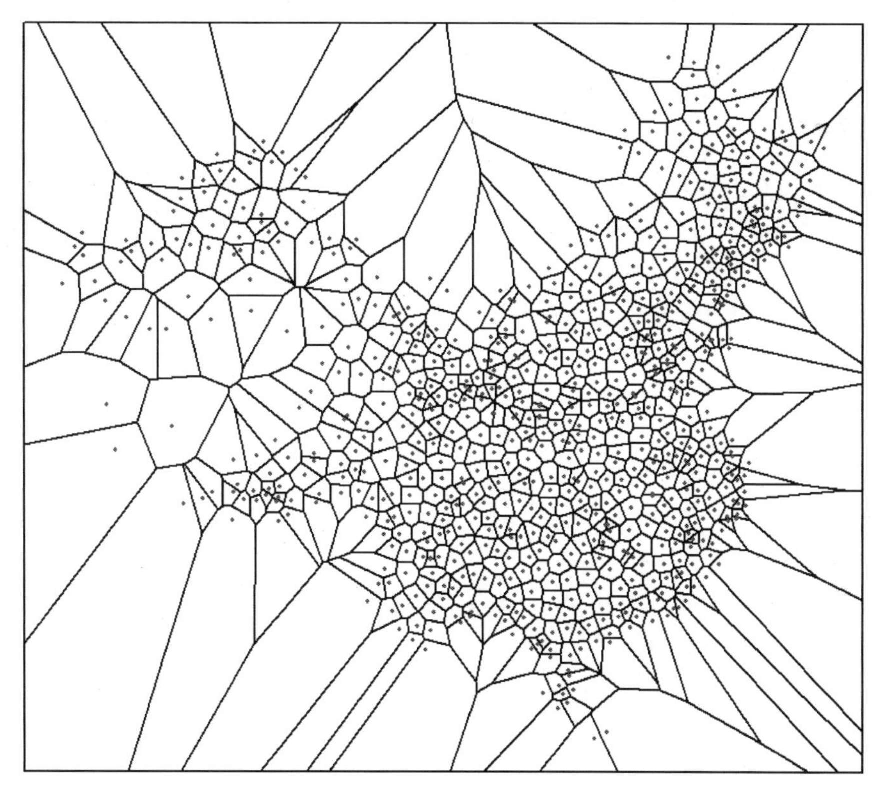

图 2-2-12　全国气象站点的 Voronoi 图

2.3 数据预处理

ESDA是数据准备的第一步，帮助我们探索数据特征。在了解数据之后，有时会需要我们进行一些数据预处理，一般包括转换、去除趋势与去聚。

2.3.1 正态转换

数据的转换处理就是将原始数据的频数分布，通过一定的尺度转化，转换为另外的频数分布，正态转化是最为常用的一种。

当我们使用普通克里格法、简单克里格法、泛克里格法及使用析取克里格法和高斯地统计模拟地理处理工具进行插值时，要求数据近似服从正态分布。对那些不服从正态分布的数据，可以将数据转化为正态分布或近似正态分布，然后对转换后的数据分析。

ArcGIS中提供的正态转换包括幂函数转换（power function transformation，又称Box-Cox转换）、对数转换（log transformation）、反正弦转换（arcsine transformation）以及正态积分转换（normal integral transformation，NST）。

1. Box-Cox转换

$$Y(s)=\frac{Z(s)^{\lambda}-1}{\lambda},\quad \lambda\neq 0 \tag{2-3-1}$$

数据由某种现象的计数组成，对于这些类型的数据，方差通常与平均值相关。也就是说，如果在某一部分研究区域中计数值很小，这一局部区域的变异性就小于计数值更大的另一区域的变异性。在这种情况下，平方根变换将有助于使整个研究区域内的方差更加恒定，还会使数据呈正态分布，平方根变换是$\lambda=1/2$时的特例。

2. 对数转换

对数转换实际上是Box-Cox转换中$\lambda=0$时的特例：

$$Y(s)=\ln[Z(s)] \tag{2-3-2}$$

式中，$Z(s)>0$；ln为自然对数。

对数转换通常用于呈右偏分布的数据，对数转换有助于使数据的方差更加恒定。

3. 反正弦转换

$$Y(s)=\arcsin Z(s) \tag{2-3-3}$$

式中，$Z(s)$介于0到1之间。

反正弦转换可用于表示比例或百分比的数据。通常在数据为比例形式时，方差在接近0和1时最小，接近0.5时最大。反正弦转换有助于使研究区域内的方差更加恒定。

4. 正态积分转换

正态积分转换会对数据集从最低值到最高值进行分级，并将这些级别与正态分布中的同等级别匹配。

转换步骤如下：

（1）将样本数据$X=(X_1, X_2, \cdots, X_i, \cdots, X_n)$重新按照从小到大排列，获取次序统计量$x_1, x_2, \cdots, x_i, \cdots, x_n$；

（2）计算数据的累积分布概率；

（3）用标准正态分布中的相同累积分布概率所对应的标准正态分布值 $Y=$（Y_1，Y_2，…，Y_i，…，Y_n）代替排序后的原数据；

（4）按照原有数据的顺序重新排位即可得到 NST 转换后的数据。

2.3.2　去聚

1．去聚的基本思想

通常，数据的空间位置不是随机或规则间隔的。由于各种原因，数据可能被优先采样，某些位置的采样点密度比其他位置高。要准确反映总体直方图，正确实现采样的直方图和累积分布十分重要。如果数据被优先采样，则通过样本得到的直方图可能就不能反映总体直方图。

图 2-3-1 中，空间上有 100 个十字符号表示的总体值，总体直方图以灰色表示（ArcGIS 帮助 10.1）。上下分别表示了两种采样方式，第一种是从第一个点开始每隔一个点选取的采样点，以圆圈显示，采样直方图以白色表示。由于样本是总体的一半，希望样本直方图条块高度也约是总体直方图条块的一半，且有一些变化。左下方的第二种采样方式，数据被优先采样，从开始到位置 32 每五个位置进行采样，从 33 到位置 70 每个位置处都进行采样，然后又是每五个位置处进行采样直到最后。最终结果也是对总体的一半进行采样。优先采样较集中出现在空间位置的中间，使得中间数据值在样本中占据的比例较大，因此范围从－3 到 1 之间的值的直方图条块几乎与总体条块相等。与此同时，较低和较高的值未在样本直方图中充分体现出来。

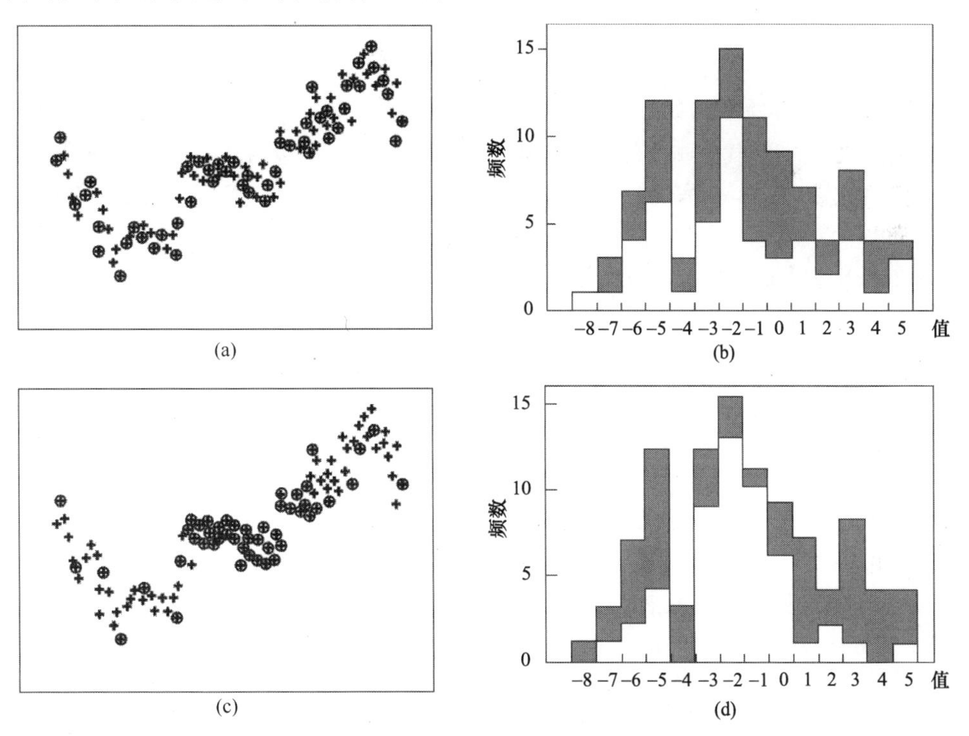

图 2-3-1　不同采样方式的直方图对比

避免优先采样的方案是对数据进行加权，密集采样区域内的数据获得较小的权重（将缩小上述优先采样示例中介于－3 和 1 之间的值的样本直方图条块），而稀疏采样区域内的数据将获得较大的权重（将扩大较低和较高数据值处的样本直方图条块）。

2. 去聚的方法

（1）单元去聚：记录每个矩形单元中的数据点数，每个数据位置的权重与其单元中的数据点数成反比。

（2）Voronoi 多边形去聚：创建 Voronoi 多边形，每个数据位置的权重与其对应的 Voronoi 多边形大小成正比。该方法的问题是定义边界数据点的权重较为困难，边点通常会获得较大的权重。

2.4　上机实习——数据探索分析

本节上机实习目的为：熟悉掌握空间数据分析前，对数据基本特征和相互关系的初步检验和探索。学会操作图形 EDA 技术，即可视化的探索性数据分析。包括的图形方法有：① 直方图；② 箱形图（box plot）；③ 散点图；④ 平行坐标图。

同时使用软件 GeoDa 和 R 来进行数据探索分析。

使用的数据为案例数据一与案例数据二，数据可通过扫描附录 2 中的二维码获取。

案例数据一：英国北爱尔兰 Hillsborough 农业研究所附近的一块 7.9hm^2 的坡地试验区的测试数据。共获取了 345 个土壤采样点的 pH、有效磷、有效钾、有效镁、有效硫、总氮与总碳的含量。使用到的文件为点状站点图层“sample.shp”和面状边界图层“field_area. shp”，以及数据文件“sample.csv”。使用到的变量为 pH（PH）、有效磷（EXTRA_P）、有效钾（EXTRA_K）、有效镁（EXTRA_MG）、有效硫（EXTRA_S）、总碳（TOTAL_C）、总氮（TOTAL_N）。

案例数据二：中国气象站点的分布与年均温度统计。数据包括从中国气象局气象数据中心·中国气象数据网上获取的中国地区 728 个气象站点的站号、经度、纬度、海拔，以及 2008 年的年均温度数据。使用到的文件为点状图层“zhandian.shp”。使用到的变量有海拔（altitude）和温度（temperature）。

2.4.1　直方图

1. 使用 GeoDa 绘制直方图

1）打开数据

打开 GeoDa，加载数据。单击 File→Open Shapefile，或者单击，打开“sample.shp”文件。

2）绘制直方图

单击 Explore→Histogram，或单击，进行直方图绘制。选择变量为有效钾，则可绘制直方图（图 2-4-1），选择异常值，可以看到这部分异常值点的分布区域（图 2-4-2）。

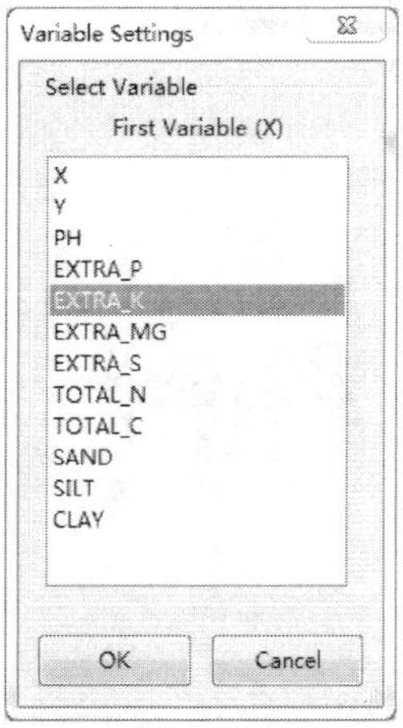

图 2-4-1　选择变量

2. 使用 RStudio 绘制直方图

1）安装并使用 R 包

R 提供了一系列的包（package），这些包提供了种类繁多的函数与数据集。使用这些包之前，我们需要安装这些包并进行调用。

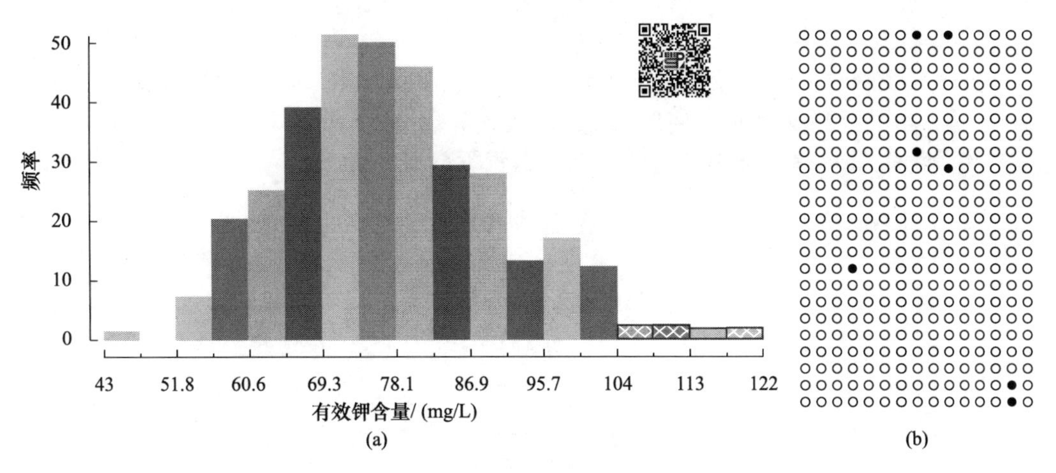

图 2-4-2　观察直方图（a）上显示的异常值（b）

单击 Tools→Install Packages，输入所需的包可以进行安装（图 2-4-3）。

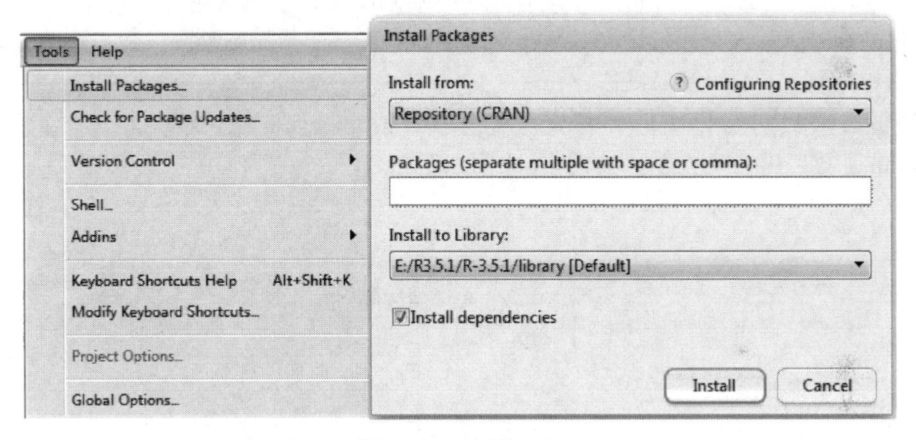

图 2-4-3　安装 R 包

也可以通过 install.packages 的命令进行安装。本章我们主要需要使用“foreign”包进行 dbf 格式数据的读取，以及使用“ggplot2”包进行数据探索分析。

```
1. install.packages("foreign")        # 安装 R 包
2. install.packages("ggplot2")        # 安装 R 包
3. library(foreign)                   # 调用 R 包
4. library(ggplot2)                   # 调用 R 包
```

2）打开数据

可以使用 setwd 函数对 R 软件的工作目录进行更改，设置好工作目录后，开始该目录下所需的数据。

```
1. path_data <- "D:/DATA/DATA1"       # 读取数据所在文件夹的路径
2. setwd(path_data)                   # 将该路径设置为当前工作路径
3. data<-read.dbf("sample.dbf")       # 读取所需数据并命名为 data
```

3）查看数据基本信息

通过一些函数可以了解数据的基本情况。使用 dim 函数可以查看数据表的行列数，data 包含 345 行、13 列数据；使用 names 函数查看数据表的列名称； typeof 可以查看不同字段的数据类型，查看得到“PH”字段的数据类型为双精度。

```
1. dim(data)                    # 查看数据行列数
2. [1] 345  13
3. names(data)                  # 查看数据列名称
4. [1]  "ID"  "X"  "Y"  "PH"  "EXTRA_P"  "EXTRA_K"  "EXTRA_MG"  "EXTRA_S"
   "TOTAL_N" "TOTAL_C" "SAND"  "SILT"  "CLAY"
5. typeof(data$PH)              # 查看数据类型
6. [1]  "double"
```

4）绘制直方图

“ggplot2”包的绘图功能强大齐全，应用十分广泛。绘图从明确的 ggplot 命令开始，依靠串联加号（＋）可以持续向基函数上添加命令，基于数据的绘图以及与数据无关的图形要素相分离，十分灵活易操作。

ggplot 函数初始化图形并指定数据来源，geom_histogram 函数确定绘制直方图，binwidth 函数可用来调节组距。得到结果图如图 2-4-4。

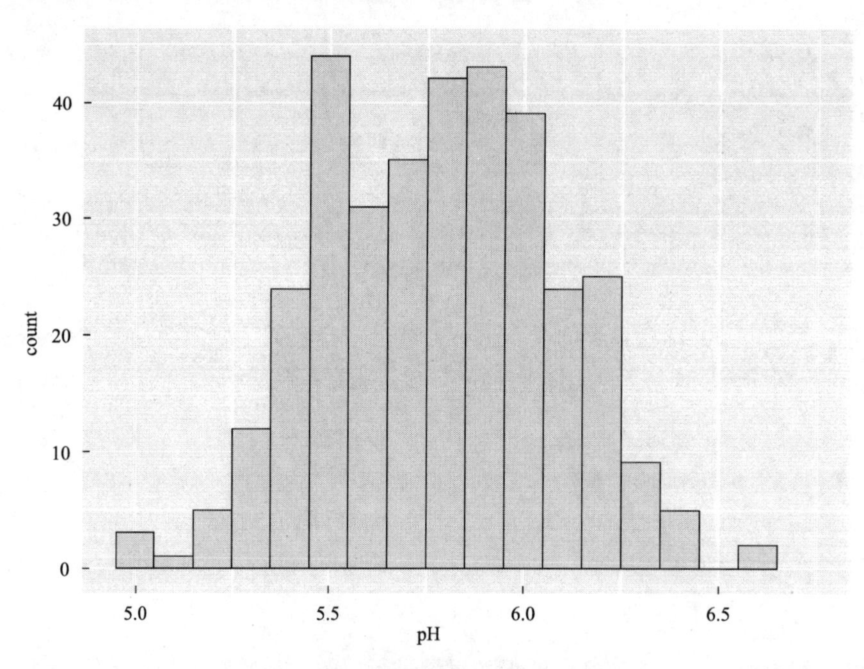

图 2-4-4　直方图软件结果图（一）

```
1. p<-ggplot(data, aes(x=PH))+              # 基函数
2. geom_histogram(binwidth=0.1, fill="lightblue", colour="black")
                  # 直方图函数: binwidth 确定组距 ,fill 填充颜色 ,colour 边框颜色
3. p                                        # 查看直方图
```

5）直方图美化

ggplot 通过“+”号可以修改图形的标题、坐标轴、背景、图例等各种要素。得到结果图如图 2-4-5。

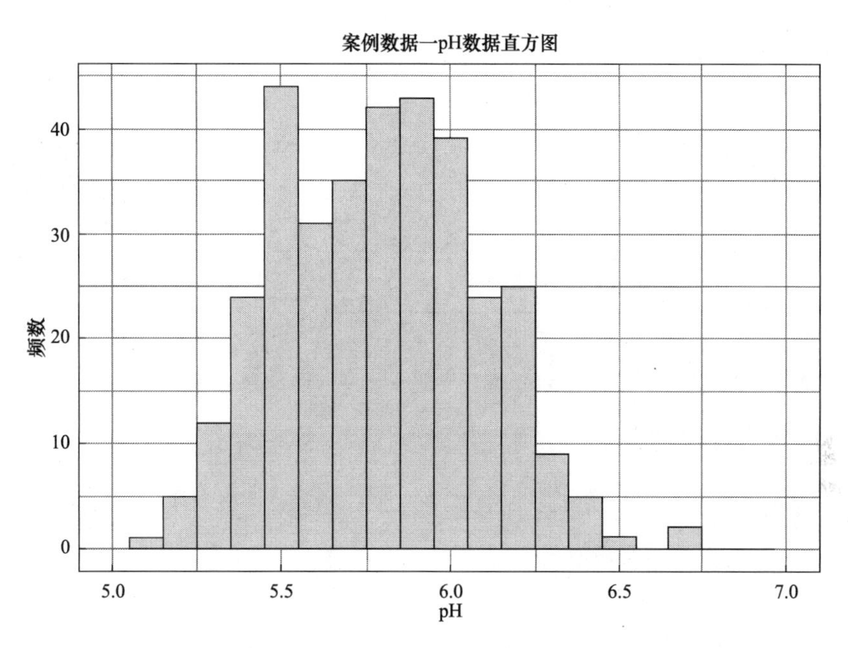

图 2-4-5　直方图软件结果图（二）

```
1. p+theme_light()+                              # 背景设置为白色
2. scale_x_continuous(limits=c(5.0,7.0))+        # 设置 x 轴数据范围
3. labs(title=" 案例数据一 pH 数据直方图 ", x="pH", y=" 频数 ") +
                                                 #labs() 函数添加标题、轴标签等
4. theme(plot.title=element_text(face="bold",size=12,hjust=0.5))+
                                                 # 标题加粗居中
5. theme(axis.text.y=element_text(size=10,angle=90))+  # 设置坐标轴标签数字大小
6. theme(axis.text.x=element_text(size=10))            # 设置坐标轴标签数字大小
```

2.4.2　箱形图

1. 使用 GeoDa 绘制箱形图

1）打开数据

打开 GeoDa，加载数据。单击 File→Open Shapefile，或者单击，打开“sample.shp”文件。

2）绘制箱形图

单击 Explore→box plot 命令，或单击，进行箱形图绘制（图 2-4-6）。选择变量为有效钾，则可绘制箱形图，选择异常值高亮处理（图 2-4-7）。

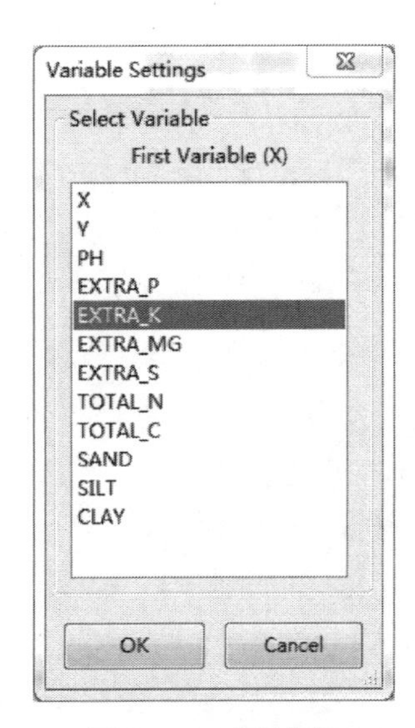

图 2-4-6　选择变量

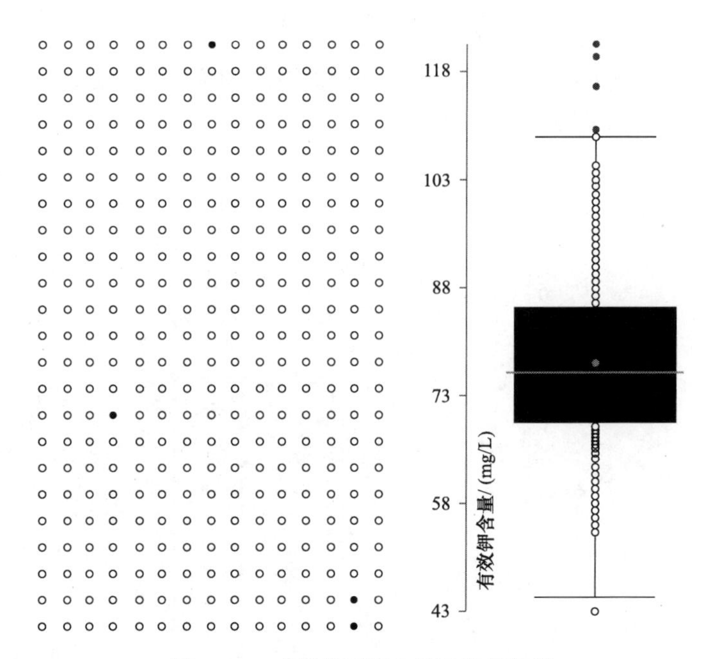

图 2-4-7　观察箱形图上显示的异常值

2. 使用 RStudio 绘制箱形图

当 R 语言绘制箱形图时，需要有一列表示数据分类的变量，如本案例需要绘制有效钾与有效镁的含量箱形图，需要有一个字段表明该数据是有效钾还是有效镁的含量值，数据文件夹中提供了包含分类字段的“sample.csv”文件。

可以使用 setwd 函数对 R 的工作目录进行更改，设置好工作目录后，开始该目录下所需的数据。

1）准备数据

可以使用 setwd 函数对 R 的工作目录进行更改，设置好工作目录后，开始该目录下所需的数据。利用数据的 class 字段提取出有效钾与有效镁的数据。

```
1. path_data <- "D:/DATA/DATA1"     # 读取数据位置
2. setwd(path_data)                 # 定位到数据位置
3. data<-read.csv("sample.csv")     # 读取数据
4. data<-data[data$class %in% c("有效钾","有效镁"),]
                                    # 只使用有效钾和有效镁的数据进行箱形图绘制
```

2）绘制箱形图

ggplot 函数初始化图形并指定数据来源与分组依据，geom_boxplot 函数确定绘制箱形图，scale_fill_brewer 函数可用来确定填充的色带。得到结果图如图 2-4-8 所示。[注：图 2-4-8 至图 2-4-10 中 content 指含量，factor（class）指变量。]

```
1. p<- ggplot(data, aes(x=factor(class), y=content, fill=factor(class)))+
                                    # 基函数
2. geom_boxplot() +                 # 箱形图函数
```

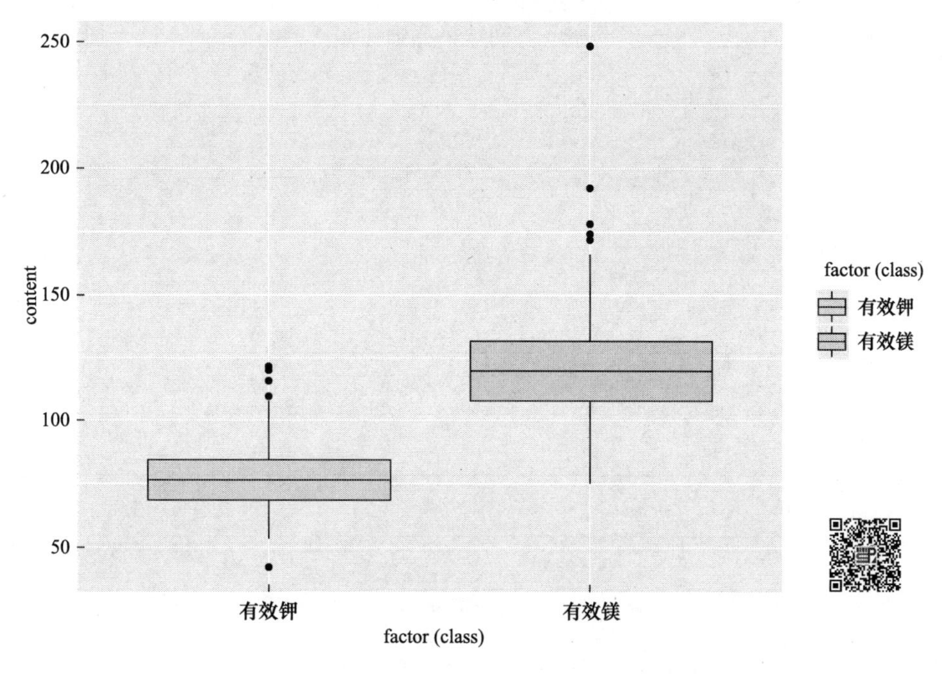

图 2-4-8　箱形图软件结果图

```
3. scale_fill_brewer(palette="Pastel2")        # 颜色标尺
4. p                                           # 查看箱形图
```

3）设置异常值

geom_boxplot 函数中可以利用 outlier 命令对异常值的多个参数进行修改：

#outlier.colour：离群点的颜色

#outlier.fill：离群点的填充色

#outlier.shape：离群点的形状

#outlier.size：离群点的大小

#outlier.alpha：离群点的透明度

箱体颜色除了 scale_fill_brewer 函数以外，还可以使用 scale_color_manual 来指定每个箱的颜色。得到结果图如图 2-4-9 所示。

```
1. p<- ggplot(data, aes(x=factor(class), y=content,
   fill=factor(class)))+            # 基函数
2. geom_boxplot(outlier.colour="red", outlier.shape=8, outlier.
   size=1.5)+                       # 设置异常值
3. scale_color_manual(values=c("#56B4E9", "#E69F00"))
                                    # 设置箱体颜色
4. p
```

4）设置 Legend 的位置

图例（Legend）是对箱形图的解释描述，默认的位置是在画布的右侧中间位置，可以通过 theme 函数修改 Legend 的位置，lengend.position 的有效值是 top、right、left、bottom

和 none，默认值是 right。下面三个命令得到结果分别如图 2-4-10（a）至（c）所示。

```
1. p+theme(legend.position="top")
2. p+theme(legend.position="bottom")
3. p+theme(legend.position="none")
```

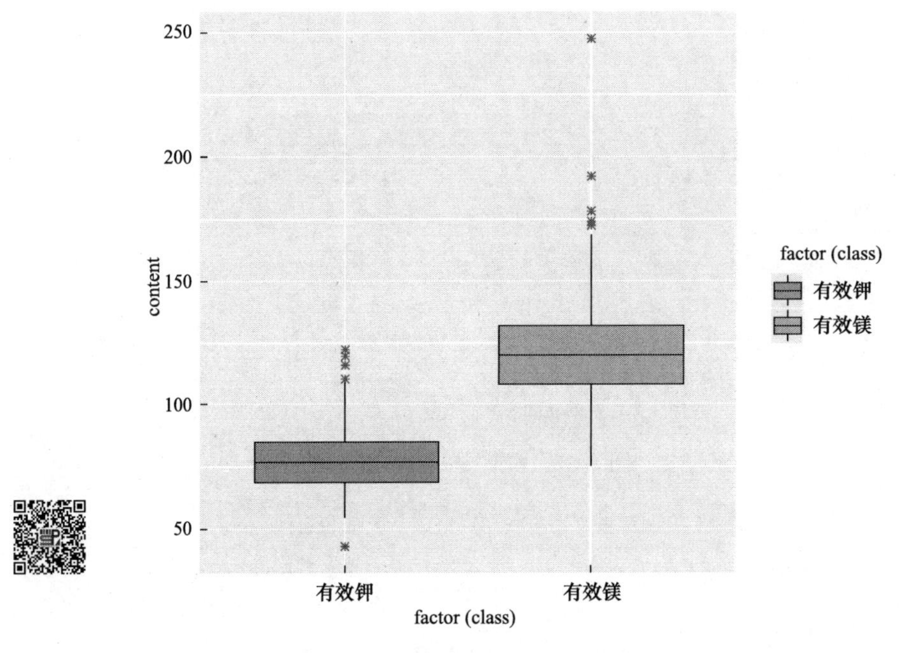

图 2-4-9　箱形图软件结果图（一）

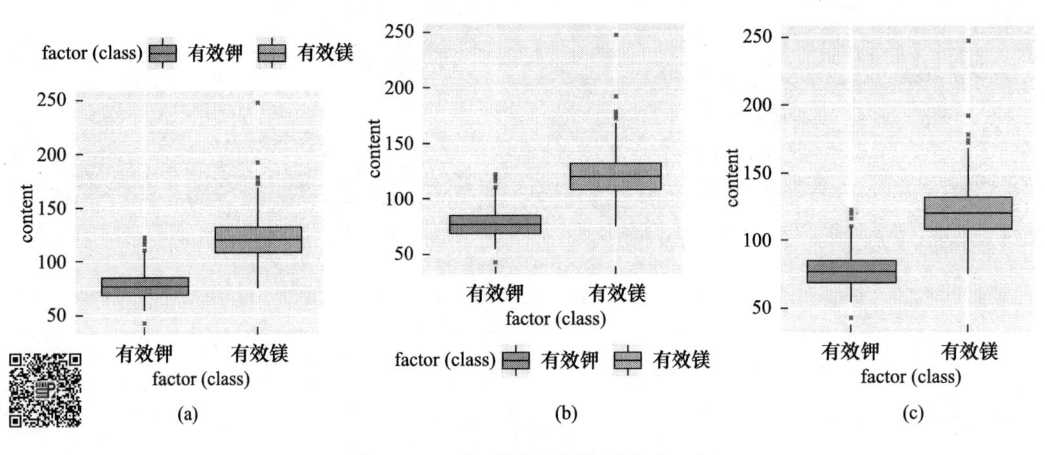

图 2-4-10　箱形图软件结果图（二）

5）箱形图美化

通过 notch 命令，还可以在箱形图中添加槽口，使中位数更加清晰。并且可以通过 xlab 与 ylab 命令对 X 轴、Y 轴的标注进行修改。

下面命令得到结果如图 2-4-11 所示。

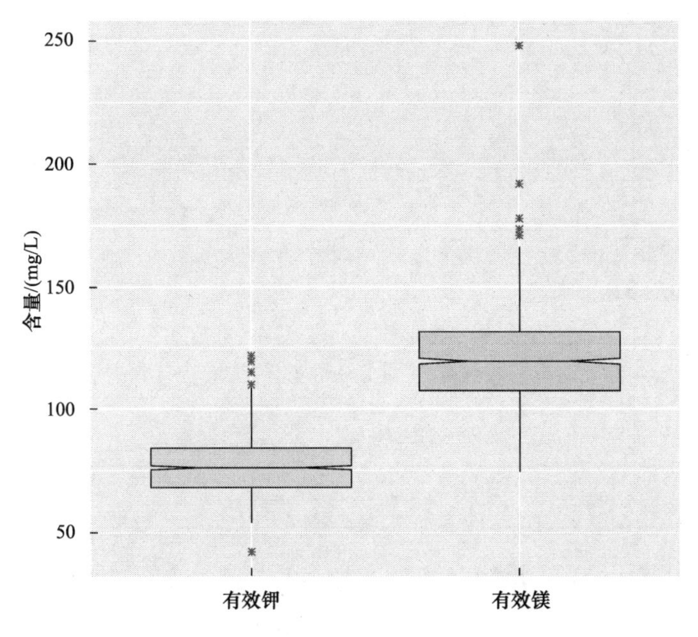

图 2-4-11　箱形图软件结果图

```
1. p<- ggplot(data, aes(x=factor(class), y=content,
   fill=factor(class)))+                       # 基函数
2. geom_boxplot(notch=TRUE,outlier.colour="red", outlier.shape=8,
   outlier.size=1.5) +                         # 箱形图添加槽口，将异常值标红
3. scale_fill_brewer(palette="Pastel2")+       # 颜色标尺
4. theme(legend.position="none")+              # 去除图例
5. xlab("") +
6. ylab(" 含量/(mg/L)")
7. p
```

2.4.3 散点图

1. 利用 Scatter Plot 制作散点和回归分析图

使用 Explore→Scatter Plot 命令，或单击，进行散点图制作。首先分别选择两个变量，选择海拔为 Y 变量，温度为 X 变量（图 2-4-12）。绘制出散点图。

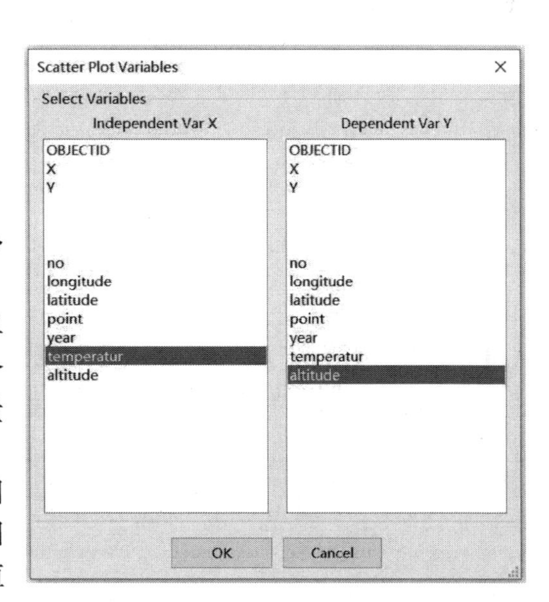

图 2-4-12　选择变量

单击 OK，然后两个变量之间的散点图见图 2-4-13。右击选择 Display Statistics（图 2-4-14），显示 R^2=0.362，回归直线的斜率值 slope=－111（图 2-4-15）。从结果看，两者

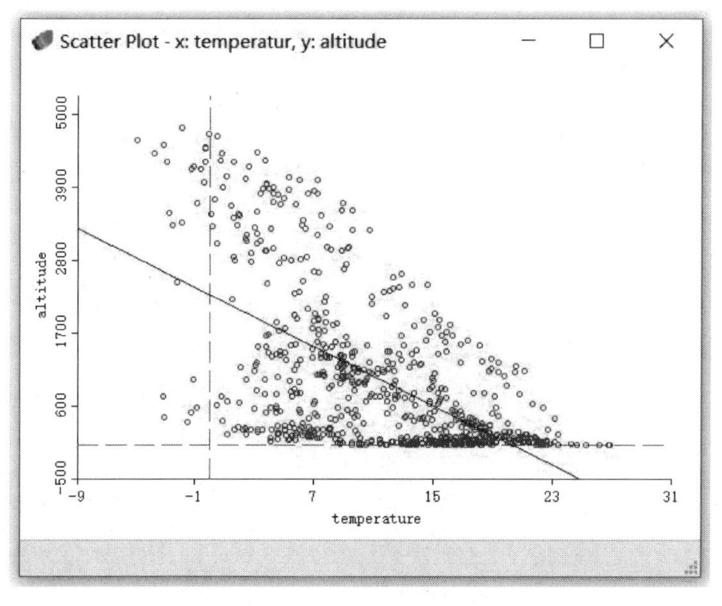

图 2-4-13 绘制散点图

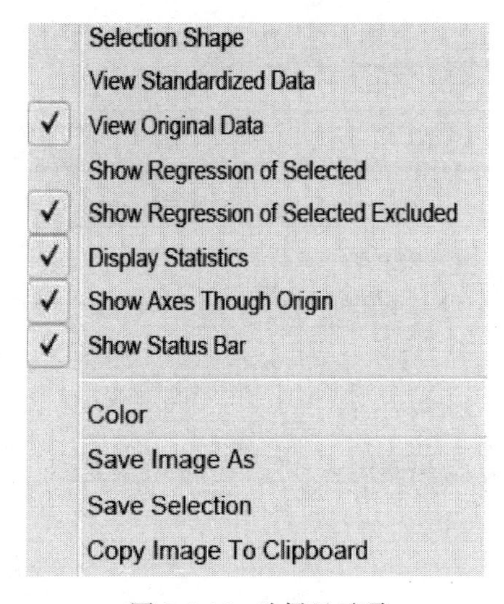

图 2-4-14 选择显示项

的关系呈负相关。

在散点图内右击，我们使用 View Standardized data 命令来进行两变量间相关性分析（图 2-4-16）。

标准化处理后，散点图转变为相关图（correlation plot）。这里回归直线的斜率即为两个变量之间的相关系数。这里相关系数为 0.362，两个参数都经过标准化处理，如果其值超过 2，可以被认为是异常值。

另外，我们可以将相关图中标准化的观测点与实际的分布地图相关联，这样可以进行联合查询。在相关图中选中观测点，然后地图中就高亮地显示这些选中的点，即图 2-2-4 的圈内数据与图 2-2-5 中的较大的点。

2. 使用 RStudio 绘制散点图

在 R 中，使用简单的 plot（x，y）的命令即可绘制出散点图，但是绘制多维数据所需的散点图矩阵就需要使用 GGally 包。散点图矩阵完全对称，上三角与下三角信息完全一样，造成冗余，所以可视化的过程中，一般将散点图矩阵的上三角绘制成箱形图、直方图等多种图表，增加图形的信息量。

1）准备数据

首先安装绘制散点图矩阵所需的 GGally 包，加载并打开所需数据。

接着我们利用 ifelse 函数对有效钾含量值进行分组，分组标准为：有效钾＜60mg/kg 为三级，60mg/kg ≤有效钾＜80mg/kg 为二级，有效钾≥80mg/kg 为一级。

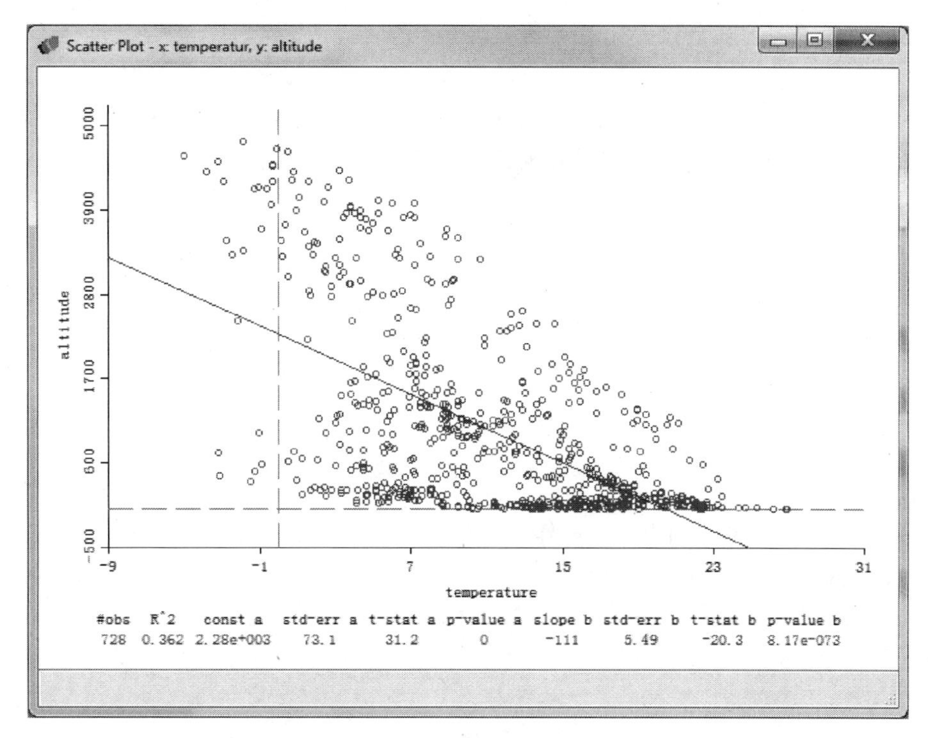

图 2-4-15　查看相关性统计结果

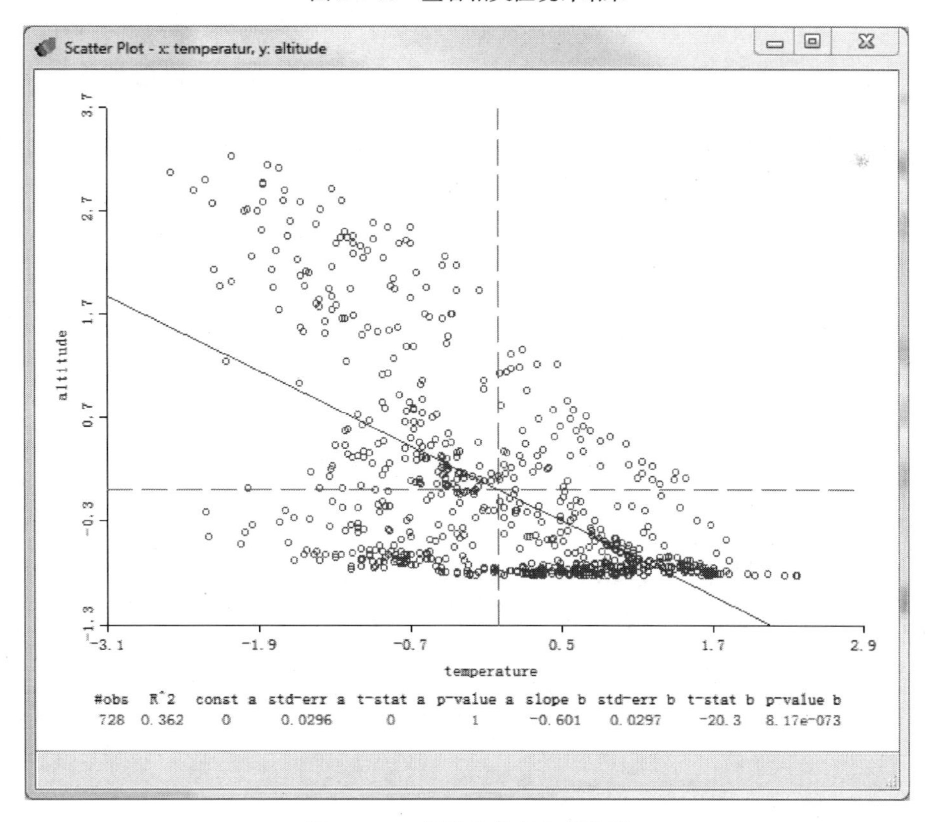

图 2-4-16　标准化散点和相关图

ifelse 函数的基本语法格式如下：

ifelse（con，statement1，statement 2）

con 是逻辑条件，当逻辑条件的值为 TRUE 时，则输出 statement1 的值，否则输出 statement 2 的值，该函数可以嵌套使用实现多个条件下的计算赋值。

```
1. install.packages("GGally")
2. library(GGally)
3. path_data <- "D:/DATA/DATA1"        # 读取数据位置
4. setwd(path_data)                    # 定位到数据位置
5. data<-read.dbf("sample.dbf")        # 读取数据
6. data$Kclass <- ifelse(data$EXTRA_K < 60,c("class3"), ifelse(data$EXTRA_K
   < 80,c("class2"),c("class1")) )     # 利用 ifelse 函数对有效钾含量分级（3 级）
```

2）利用 ggscatmat 绘制散点图矩阵

ggscatmat 命令可以快速绘制出精美的散点图矩阵，该命令默认上三角为相关系数，下三角为散点图，对角线为密度图。通过不分组与分组的绘制命令，可以得到结果图如图 2-4-17 与图 2-4-18。

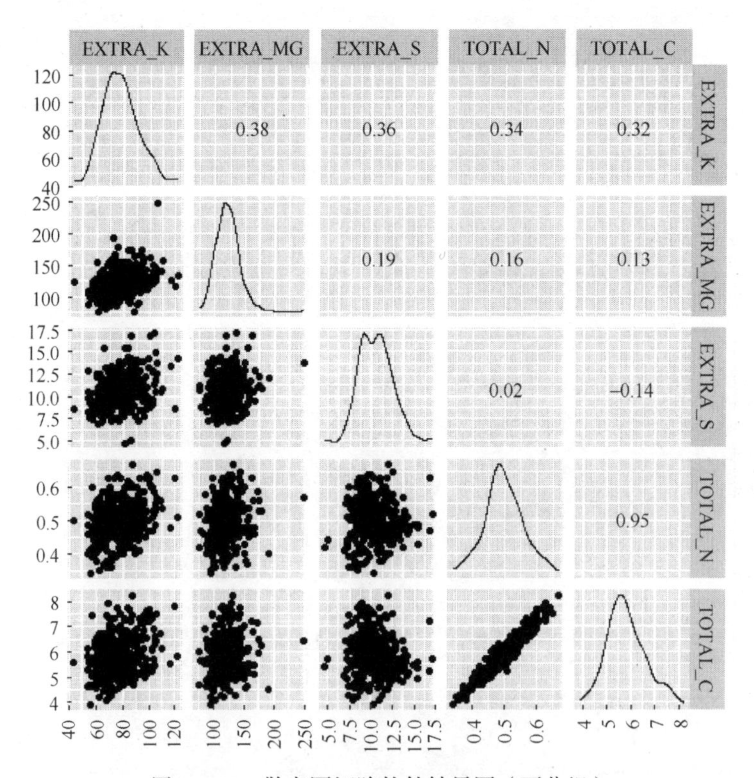

图 2-4-17　散点图矩阵软件结果图（不分组）

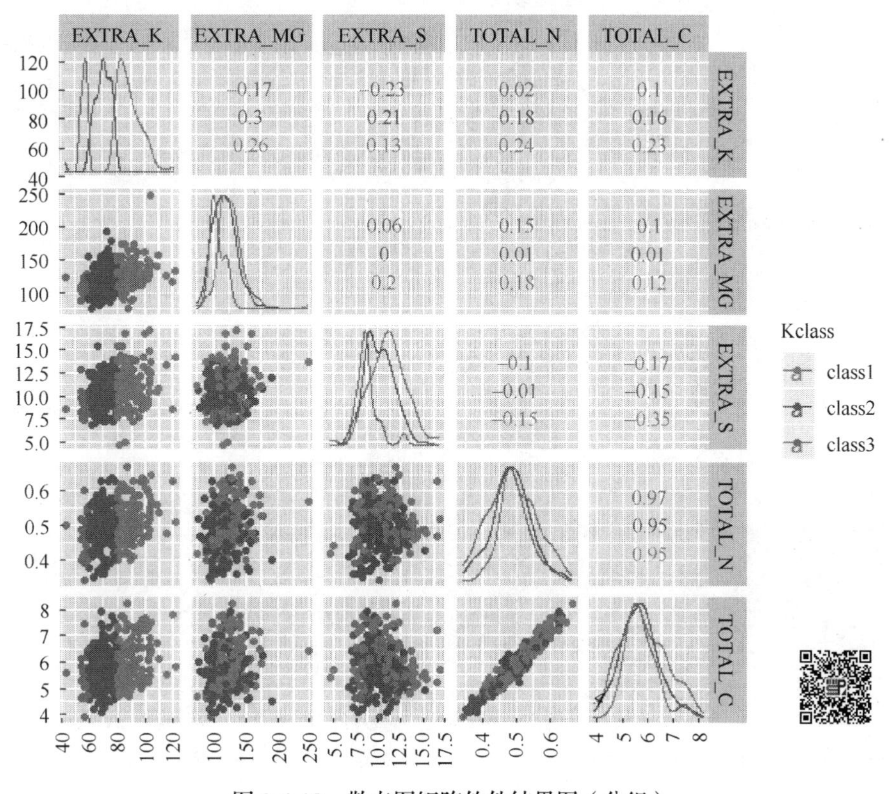

图 2-4-18　散点图矩阵软件结果图（分组）

```
1. data<- data[,c(6:10,14)]              # 使用指定列的部分数据
2. ggscatmat(data)                        # 绘制散点图矩阵（不分组）
3. ggscatmat(data, color="Kclass")        # 绘制散点图矩阵（分组）
```

2.4.4　平行坐标图

1. 使用 GeoDa 绘制平行坐标图

单击 Explore→Parallel Coordinate Plot，或单击▦，进行平行坐标图绘制。选择变量如图 2-4-19，则可生成平行坐标图（图 2-4-20）：

2. 使用 RStudio 绘制平行坐标图

1）准备数据

绘制平行坐标图所需的包为 lattice 包，加载并打开所需数据。接着我们利用 ifelse 函数对 pH 进行分组，分组标准为：pH＜5.5 为酸性，5.5≤pH＜6.5 为弱酸，6.5≤pH＜7.5 为中性。

```
1. library(lattice)                       # 加载需要的包
2. path_data <- "D:/DATA/DATA1"           # 读取数据位置
3. setwd(path_data)                       # 定位到数据位置
4. data<-read.dbf("sample.dbf")           # 读取数据
```

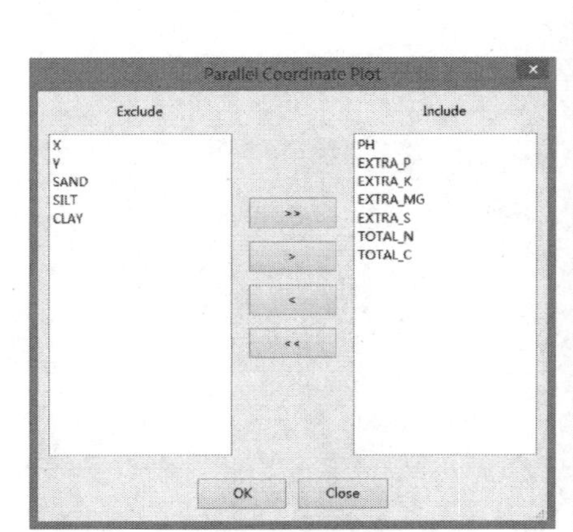

图 2-4-19　选择变量

图 2-4-20　平行坐标图软件结果图

```
5. data$pHclass <- ifelse(data$PH < 5.5,c("Acid"), ifelse(data$PH <6.5,
   c("Weak acid"),c("Neutral")) )        # 利用 ifelse 创建酸碱分组 (3 组)
```

2）绘制平行坐标图

使用 parallelplot 函数进行平行坐标图绘制。需要指定数据名称、数据范围、分组属性。可以对坐标轴标签、方向等进行修改。得到结果如图 2-4-21。

```
1. parallelplot(
2. ~ data[4:10],  # 对 4—10 列七个土壤属性绘制平行坐标图
3. data,               # 数据名称
4. groups=pHclass, # 分组
5. theme(legend.position="top"),
                       # 分组添加图例
6. horizontal.axis=FALSE
                       # 纵向排列坐标轴
7. )
```

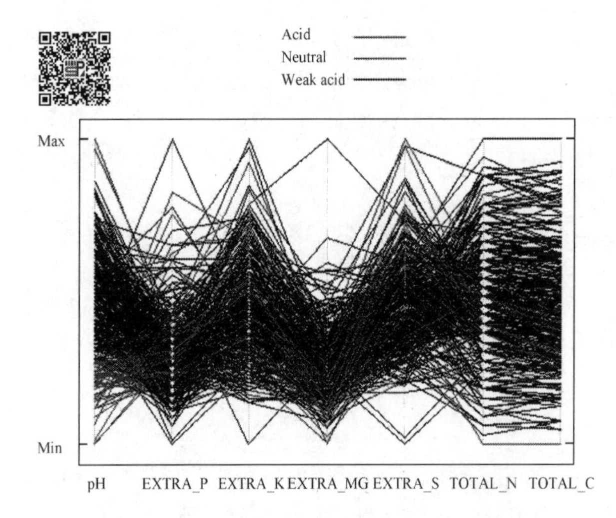

图 2-4-21　平行坐标图软件结果图

2.5　上机实习——空间数据探索分析

本节上机实习目的为学会掌握 ESDA 的主要方法：① 制作主题地图，包括分层设色

的等间隔法、自然间断点分割法、标准差分类、百分位分类、分位数分类等不同方法；② Comap 和 Coplot 绘制；③ 趋势面分析；④ Voronoi 图绘制。

其中绘制 Comap 和 Coplot 使用的软件为 GeoDa，其余都使用 ArcGIS 进行分析。

使用的数据为案例数据一与案例数据二，数据可通过扫描附录 2 中的二维码获取。

案例数据一：英国北爱尔兰 Hillsborough 农业研究所附近的一块 7.9 hm^2 的坡地试验区的测试数据。共获取了 345 个土壤采样点的 pH、有效磷、有效钾、有效镁、有效硫、总氮与总碳的含量。使用到的文件为点状图层站点 “sample” 和面状边界图层 “field_area”。使用到的变量为 pH。

案例数据二：中国气象站点的分布与年均温度统计。数据包括从中国气象局气象数据中心·中国气象数据网上获取的中国地区 728 个气象站点的站号、经度、纬度、海拔，以及 2008 年的年均温度数据。使用到的文件为点状图层 “zhandian”。使用到的变量有经度（longitude）、纬度（latitude）、海拔和温度。

2.5.1　主题地图制作

1. 打开数据

打开 ArcMap，新建空白文档。单击 File→Add Data→Add Data（在 9.3 版本中，File→Add Data），或者单击 ⊕·，如图 2-5-1 圆圈所示。

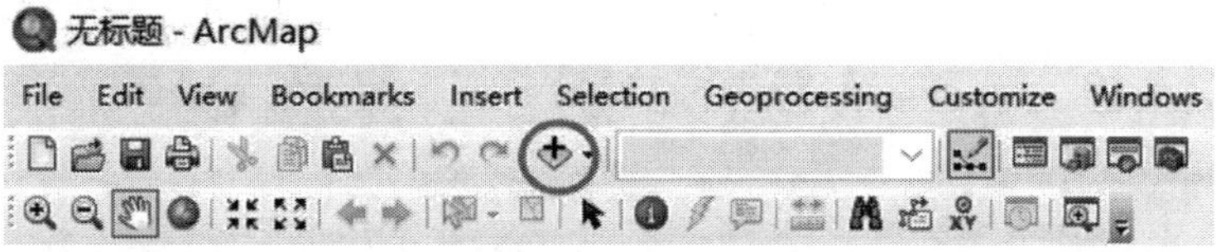

图 2-5-1　打开数据

使用连接文件夹操作，连接并进入目标文件夹（图 2-5-2）。打开案例数据一 “sample” 文件。

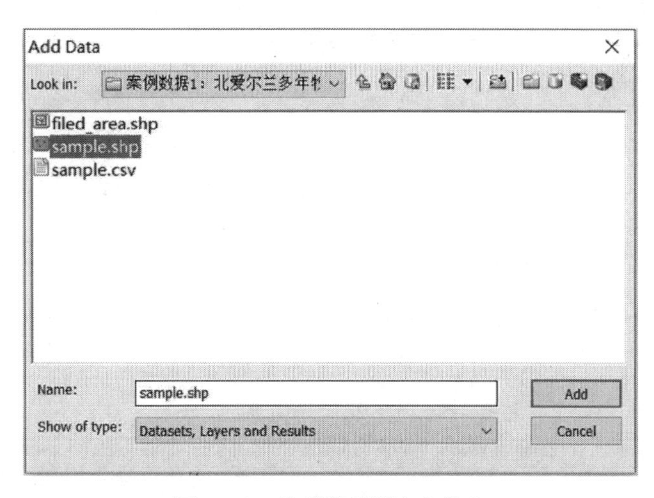

图 2-5-2　选择数据所在文件夹

2. 打开属性设置

双击 sample 图层，在符号设置中单击 Classify（图 2-5-3），设置分级方法（图 2-5-

4），即可以得到不同分级方法下的主题地图（图 2-5-5）。

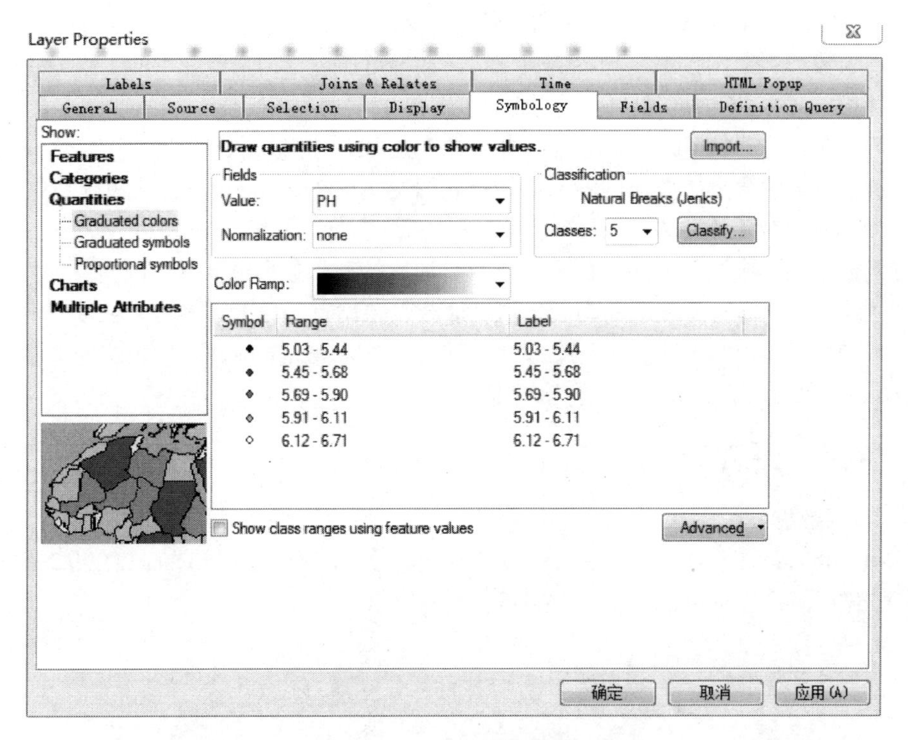

图 2-5-3　进行符号设置

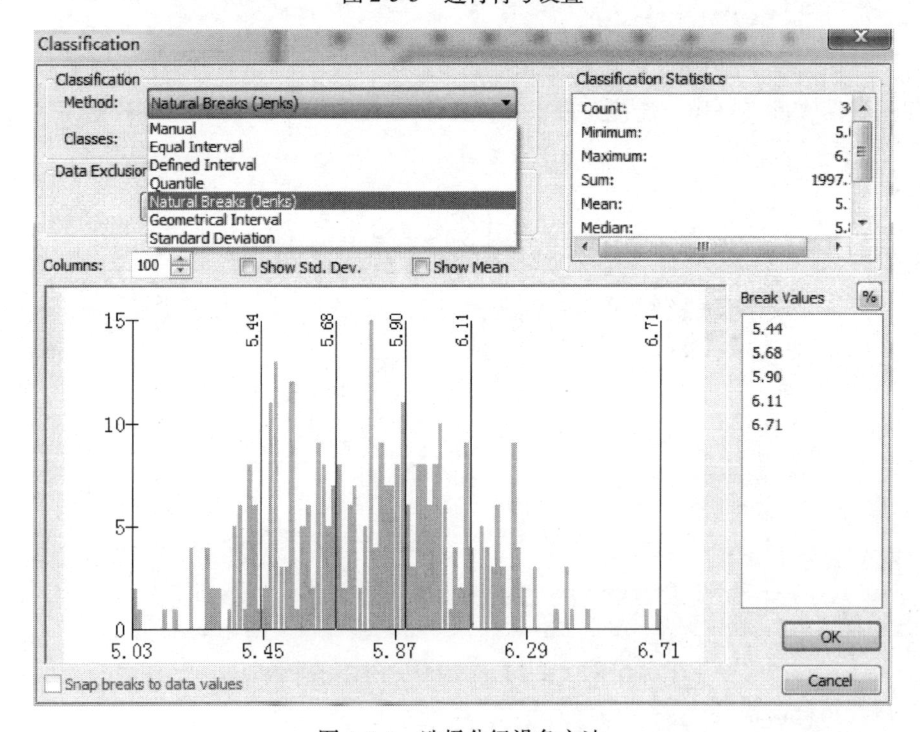

图 2-5-4　选择分级设色方法

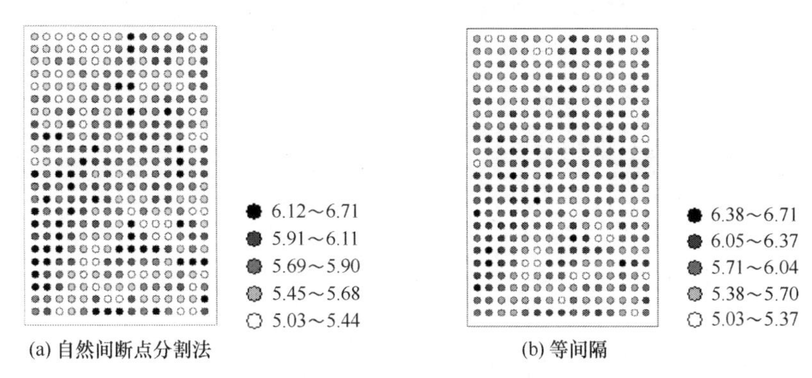

(a) 自然间断点分割法　　(b) 等间隔

图 2-5-5　主题地图（不同分级设色方法）

2.5.2　Comap 和 Coplot

1. 打开数据

打开 GeoDa，加载数据。单击 File→Open Shapefile，或者单击，打开案例数据二的站点数据“zhandian”文件。

2. Comap 图制作

单击 Explore→Conditional Plot，制作条件图（图 2-5-6，图 2-5-7）。

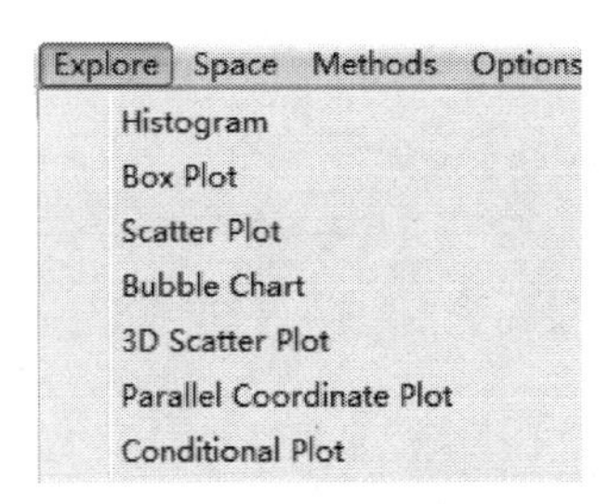

图 2-5-6　制作条件图

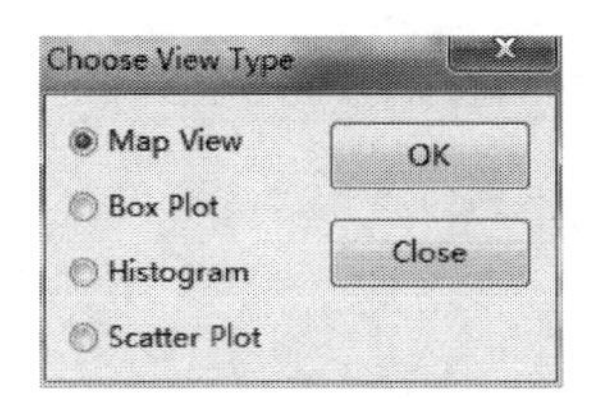

图 2-5-7　选择条件图类型

有四个选项，是在分区的基础上进行地图展示、箱形图制图、直方图制图与散点图制图。

单击 Map View，X轴设置为经度，Y轴设置为纬度（图 2-5-8），条件变量选择为温度，则制成 Comap（图 2-2-7）。

3. Coplot 图制作

分区研究变量间的相关关系，可以使用 Coplot。

单击 Explore→Conditional Plot，制作条件图。

单击 Scatter Plot，绘制 Coplot 图，X轴选择为经度，Y轴选择为纬度，变量 1 为海拔，变量 2 为温度。可研究不同区域内海拔与温度的关系（图 2-5-9）。

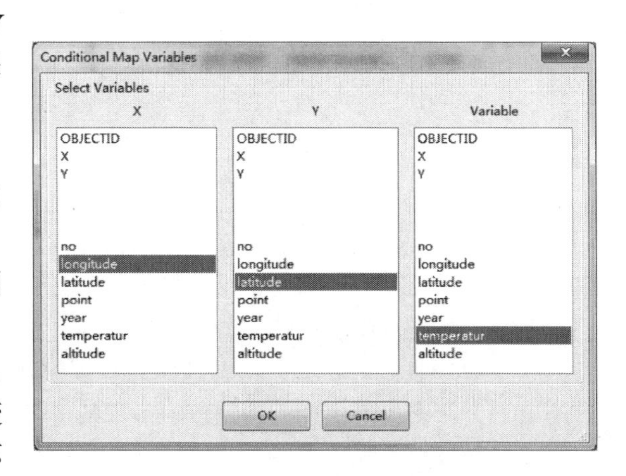

图 2-5-8　参数设置

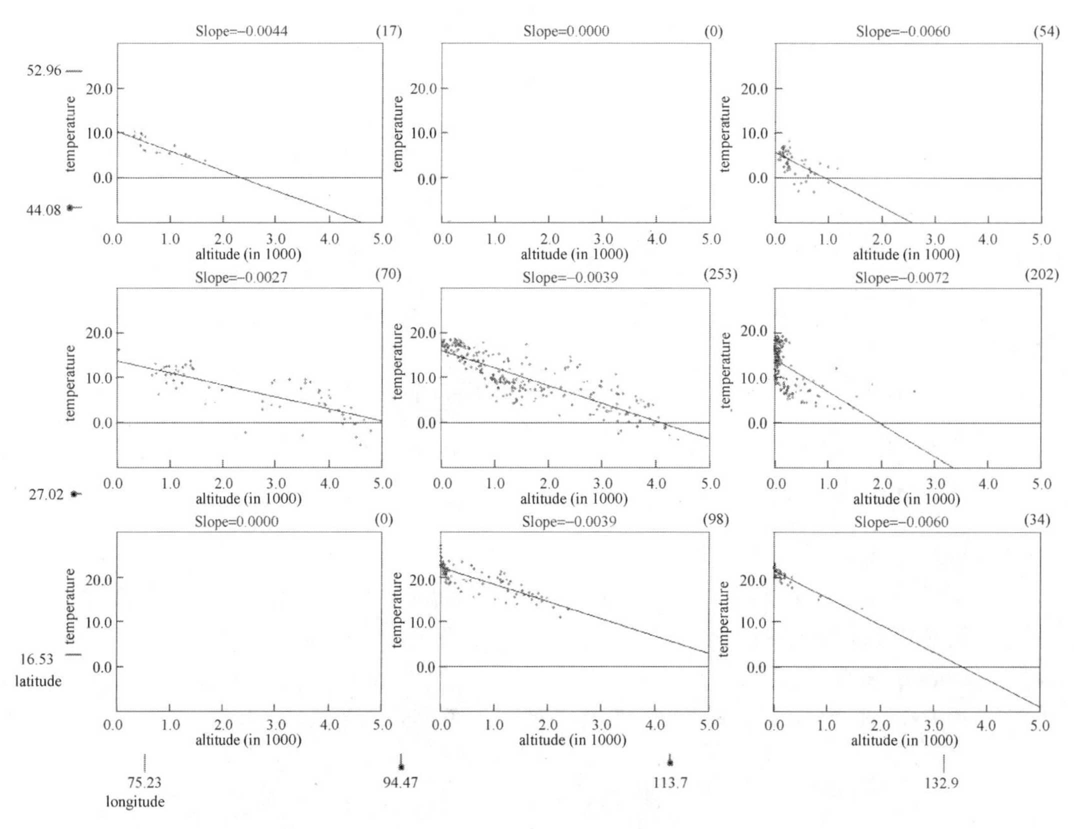

图 2-5-9　Coplot 软件结果图

2.5.3　趋势面分析

1. 打开数据

打开 ArcMap，新建空白文档。单击 File→Add Data→Add Data（在 9.3 版本中，File→Add Data）；或者单击◆·，如图 2-5-10 圆圈所示。

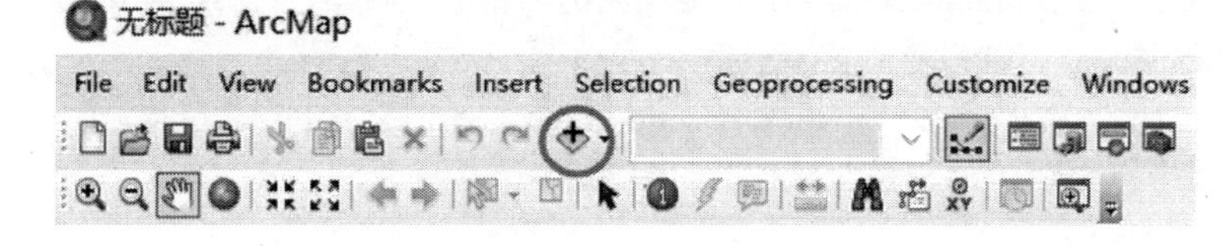

图 2-5-10　打开数据

使用连接文件夹操作，连接并进入目标文件夹。打开案例数据二点状图层“zhandian”和线状图层“china”文件（图 2-5-11）。

2. 打开地统计扩展模块

主菜单中找到自定义，打开地统计扩展模块。单击 Customize→Toolbars→Geostatistical Analyst，则窗口上出现成功加载的工具条（图 2-5-12）。

3. 趋势面分析

单击 Geostatistical Analyst→Explore Data→Trend Analysis，进行趋势面分析（图 2-5-13），

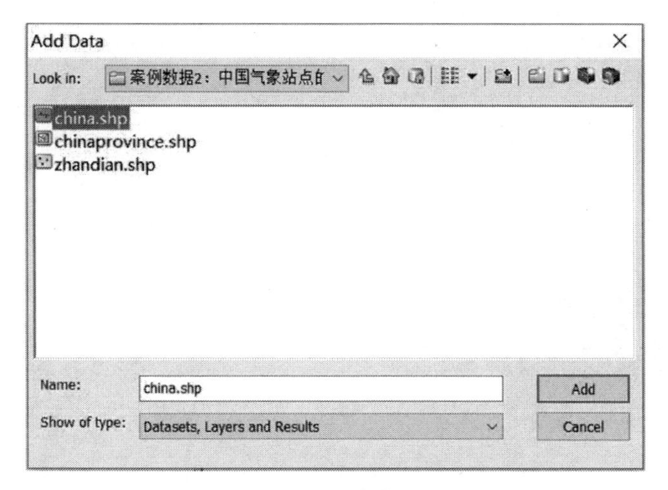

图 2-5-11　选择数据所在文件夹

图 2-5-12　地统计工具条

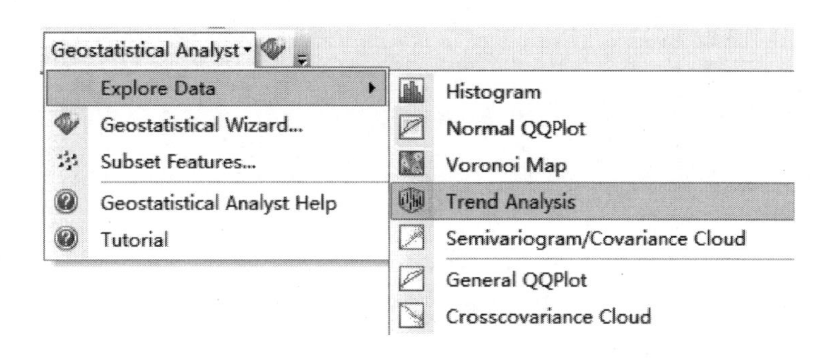

图 2-5-13　进行趋势面分析

得到结果图如图 2-5-14。

采样点的位置绘制在 X，Y 平面上。在每个采样点的上方，值由 Z 维中的杆的高度给定。选择字段 Attribute 也就是 Z 值为年均温度，趋势分析功能会将散点图投影到 X，Z 平面和 Y，Z 平面上，观察不同方向上数据的变化趋势。更改 Rotate 类型为 Graph，则三个方向条都可以进行更改旋转，更加方便地观察数据的方向趋势。

2.5.4　Voronoi 图

1. 打开数据

打开 ArcMap，新建空白文档。单击 File→Add Data→Add Data（在 9.3 版本中，File→Add Data）；或者单击 ，如图 2-5-15 所示。

使用连接文件夹操作，连接并进入目标文件夹（图 2-5-16），添加点状图层“zhandian”和线状图层“china”。

2. 打开地统计扩展模块

主菜单中找到自定义，打开地统计扩展模块。单击 Customize→Toolbars→Geostatistical Analyst，则窗口上出现成功加载的工具条（图 2-5-17）。

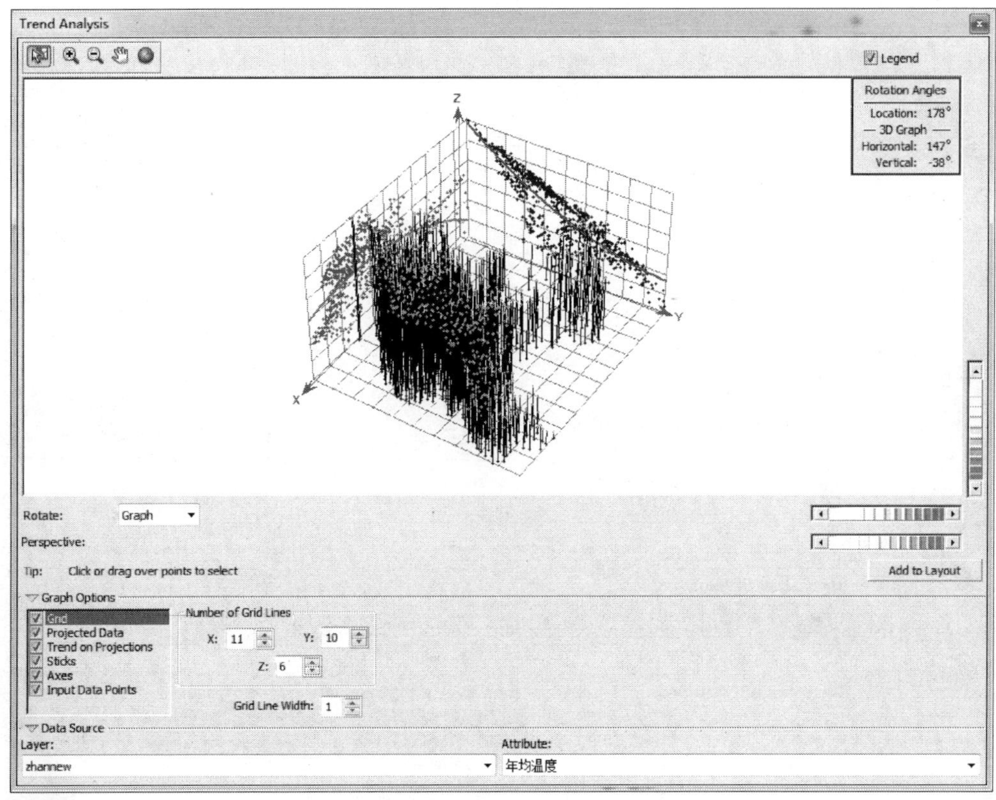

图 2-5-14　趋势面分析窗口

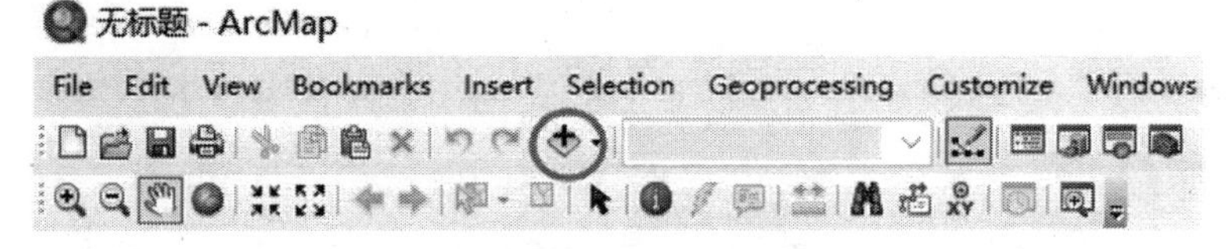

图 2-5-15　打开数据

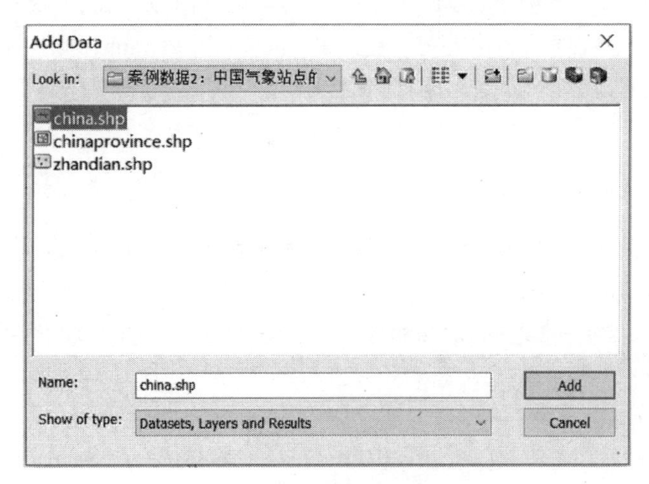

图 2-5-16　选择数据所在文件夹

图 2-5-17　地统计工具条

3. Voronoi 分析

单击 Geostatistical Analyst→Explore Data→Voronoi Map，进行 Voronoi 分析（图 2-5-18）。

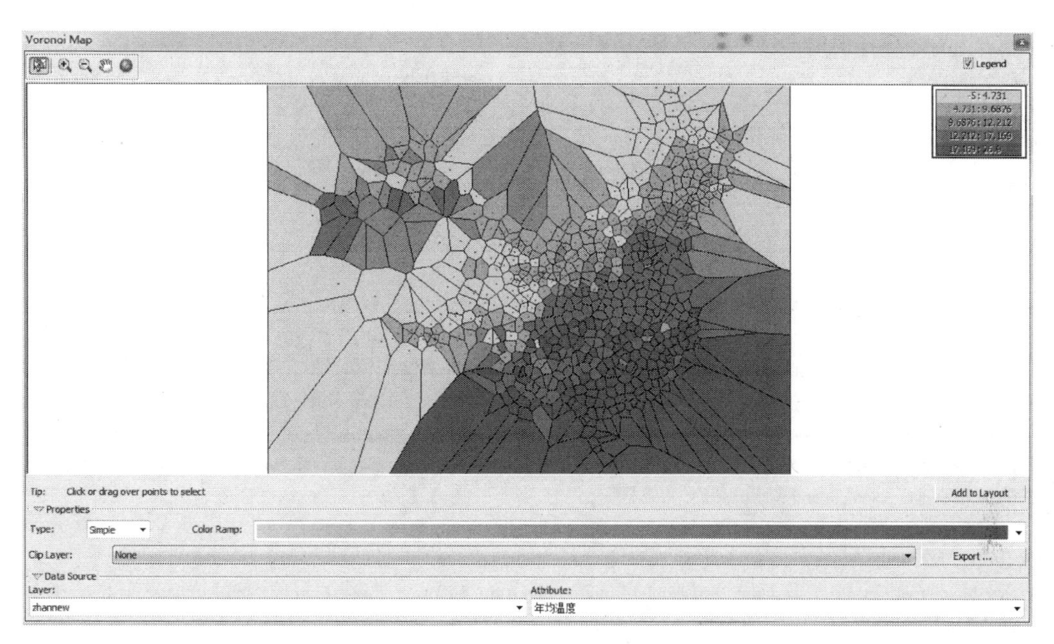

图 2-5-18　Voronoi 分析软件结果图

Voronoi 的多边形大小与研究字段无关，仅与站点位置有关，但可以改变字段属性对每个多边形进行分层设色研究多边形辖区的数据关系。

课 后 习 题

1．偏态型直方图是指以图的顶峰划分整个直方图，如果左边的数据多，如图（a）则称为________，右边的数据多，如图（b）则称为________。

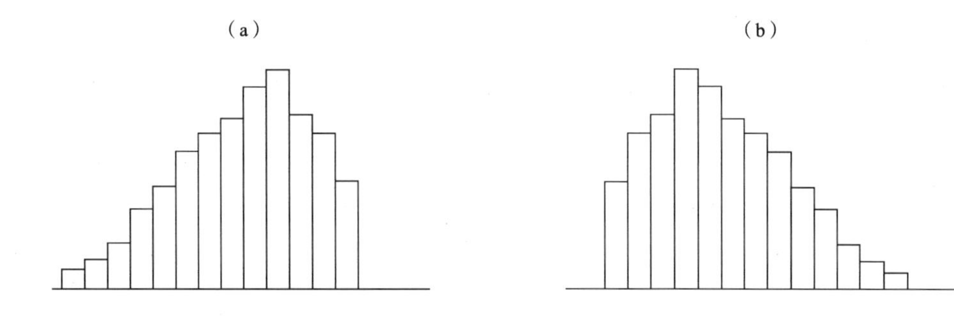

2．自然间断点分割法是什么样的方法？其基本思想是什么？

3．介绍箱形图，并绘制箱形图示意图。

4．介绍探索性空间数据分析的定义与主要方法。

参 考 文 献

毕硕本．2015．空间数据分析［M］．北京：北京大学出版社．

葛奔，蔡琳，王富．2018．基于泰森多边形服务分区的常规公交站点布局优化［J］．武汉工程大学学报，40（6）：668-672．

郭仁忠．2001．空间分析［M］．2版．北京：高等教育出版社．

刘平波．2010．湖南省森林火灾空间建模研究［D］．长沙：中南林业科技大学．

史舟，金辉明，李艳，等．2005．地统计软件包的开发及在土壤空间变异中的应用［J］．水土保持学报，19（5）：170-173．

孙丽君．2005．探索性数据分析方法及应用［D］．大连：东北财经大学．

通过对数据进行去聚来调整优先采样．ArcGIS 帮助 10.1. http://resources.arcgis.com/zh-cn/help/main/10.1/index.html#/na/003100000039000000.

王彤，何大卫．1997．线性回归中多个异常点的诊断［J］．中国卫生统计，（6）：7-10．

王彤，何大卫．1999．线性回归模型多个离群点的向前逐步诊断方法［J］．数学的实践与认识，29（4）：69-76．

王晓蕊．2008．华北克拉通地球化学科学数据的管理及应用研究［D］．武汉：中国地质大学硕士学位论文．

徐永红，高直，金海龙，等．2008．平行坐标原理与研究现状综述［J］．燕山大学学报，32（5）：389-392．

Anselin L. 1995. Local indicators of spatial association—LISA [J]. Geographical Analysis, 27 (2): 93-115.

Anselin L. 1999. Interactive techniques & exploratory spatial data analysis [J]. Geographic Information Systems: Principles, Technigues, Management and Applications, 47: 253-266.

Cleveland W S. 1993. Visualizing Data [M]. New York: Hobart Press.

Cressie N. 1993. Statistics for Spatial Data [M]. New York: John Wiley & Sons.

Fischer M M, Getis A. 2011. Handbook of Applied Spatial Analysis: Software Tools, Methods and Applications [M]. Berlin, Heidelberg: Springer.

Haining R, Wise S, Ma J. 1998. Exploratory spatial data analysis in a geographic information system environment [J]. Journal of the Royal Statistical Society, 47 (3): 457-469.

Haining R, Wise S, Ma J. 2000. Designing and implementing software for spatial statistical analysis in a GIS environment [J]. Journal of Geographical Systems, 2 (3): 257-286.

Ma R H, Huang X Y, Zhu C G. 2002. Knowledge discovery with ESDA from GIS database [J]. Journal of Remote Sensing, 6 (2): 102-107.

Peng W, Ward M O, Rundensteiner E A. 2004. Clutter reduction in multi-dimensional data visualization using dimension reordering [A]. IEEE Symposium on Information Visualization [C]. Austin: IEEE: 89-96.

Pu Y, Ma R, Han H. 2007. Developing a decision tree framework for mining spatial association patterns from GIS database-art. no.67531G [C]// Geoinformatics Geospatial Information Science: G7531.

Schabenberger O, Gotway C A. 2004. Statistical Methods for Spatial Data Analysis [M]. London: Chapman & Hall/CRC Press.

Wegman E J. 1990 Hyperdimensional data analysis using parallel coordinates [J]. Journal of the American Statistical Association, 85 (411): 664-675.

第 3 章　空间分布与点模式分析

3.1　空间分布类型与参数描述

空间分布是从总体的角度来描述空间变量与空间物体的特性。研究空间分布问题时，一般考虑分布对象与分布区域两个概念。分布对象是研究的空间物体与对象，分布区域是分布对象占据的空间域。

Clark 和 Hosking（1986）提出了空间分布的七个基本类型（表 3-1-1）。

表 3-1-1　空间分布的七个基本类型

编号	分布类型	举例
1	沿线状要素的离散点	高速公路和河流沿线的车站、码头
2	沿线状要素连续分布	河流流速、流量
3	面域上的离散点	城市分布
4	线状分布	河流交通网
5	离散的面域分布	草场分布、农田分布
6	连续的面域分布	人口普查区域行政区划
7	空间连续分布	地形降水

可以将分布对象分为点、线、面三类，分布区域分为线与面，分布方式分为离散与连续，那么在数学上即获得 3×2×2＝12 类不同分布。但是其中部分分布情况在现实世界并不存在，可总结为表 3-1-2。

表 3-1-2　空间分布的类型

<table>
<tr><th rowspan="2"></th><th colspan="2">点</th><th colspan="2">线</th><th colspan="2">面</th></tr>
<tr><th>离散</th><th>连续</th><th>离散</th><th>连续</th><th>离散</th><th>连续</th></tr>
<tr><td>线</td><td>1</td><td>2</td><td>城市街道的林荫路、河流上的防护堤坝</td><td>×</td><td>×</td><td>×</td></tr>
<tr><td>面</td><td>3</td><td>7</td><td>4</td><td>地球磁场磁力线</td><td>5</td><td>6</td></tr>
</table>

空间分布可以从多方面予以描述，参数描述是以数字对其进行描述，常用的描述参数有分布密度、均值、分布中心等。

3.1.1　分布密度和均值

分布密度是指单位分布区域内分布对象的数量，如地区的森林覆盖率、人口密度等。

均值是用来衡量分布现象或者其属性的平均水平的指标，如人口平均密度、城市平均规模、平均气温、平均高程等。

3.1.2 分布中心

分布中心可概略表示分布总体的位置，一般用距离计算的方法描述。常用的分布中心计算方法如下。

1. 算术平均值中心（$\bar{x}$，$\bar{y}$）

$$\bar{x}=\frac{\sum x_i}{n} \tag{3-1-1}$$

$$\bar{y}=\frac{\sum y_i}{n} \tag{3-1-2}$$

算术平均值中心没有考虑点与点之间的差异。当点的重要程度有差异时，我们可以考虑使用加权平均中心法。

2. 加权平均中心（$\bar{x}_{\mathrm{w}}$，$\bar{y}_{\mathrm{w}}$）

$$\bar{x}_{\mathrm{w}}=\frac{\sum x_i W(P_i)}{\sum W(P_i)} \tag{3-1-3}$$

$$\bar{y}_{\mathrm{w}}=\frac{\sum y_i W(P_i)}{\sum W(P_i)} \tag{3-1-4}$$

式中，点 P_i（$i=1,2,\cdots,n$）的权重为 $W(P_i)$。

3. 中位中心（x_{m}，y_{m}）

中位中心是满足到所有点的距离之和为最短的点。在一些选址设计中会经常使用，例如一个商业中心的选择应力求使其附近居民点的距离之和为最小。

$$\sum_{i}^{n}\sqrt{(x_i-x_{\mathrm{m}})^2+(y_i-y_{\mathrm{m}})^2}=\min \tag{3-1-5}$$

中位中心无法直接计算得到，需要使用寻优方法。常见的方法有：

（1）寻找一个候选中位中心，然后对其进行优化，直到其表示的位置距数据集中的所有要素（或所有加权要素）的距离最小。

（2）将分布区域格网化，每个格网作为中位中心候选点，选出最小值。格网越小、精度越高，但计算量也越大。

4. 极值中心（x_{e}，y_{e}）

极值中心到点群中各点的最大距离小于任何其他点相对于点群中最远点的距离。也就是说极值中心到点群中的所有点都不至于过远。

对一切（x，y）$\neq$（x_{e}，y_{e}）：

$$\max\left(\sqrt{(x-x_i)^2+(y-y_i)^2}\right)>\max\left(\sqrt{(x_{\mathrm{e}}-x_i)^2+(y_{\mathrm{e}}-y_i)^2}\right) \tag{3-1-6}$$

从几何意义上来看，（x_{e}，y_{e}）是点群的最小外接圆的圆心。

3.1.3 距离

欧氏距离（Euclidean distance）即欧几里得距离，是常用的距离定义，它是在 m 维空间中两个点之间的真实距离。欧几里得总结和发挥了前人的思维成果，巧妙地论证了毕达哥拉斯定理（Pythagoras theorem），也称“勾股定理”。而勾股定理是计算二维空间两个点的距离的基本原理。

$$d_{ij}=\sqrt{(x_i-x_j)^2+(y_i-y_j)^2} \tag{3-1-7}$$

距离是衡量面状区域上离散点分布情况的一个指标，是对分布中心和分布密度的补充，在相近的分布中心或相同分布密度的情况下，离散度不同可能显示出完全不同的分布特性（郭仁忠，2001）。

1．平均距离 $\bar{d}$

设分布中心为 $\bar{P}$，则 $\bar{d}$是所有点与分布中心距离的平均值。

$$\bar{d}=\frac{\sum W(P_i)\sqrt{(x_i-\bar{x})^2+(y_i-\bar{y})^2}}{\sum W(P_i)} \tag{3-1-8}$$

式中，$W(P_i)$ 为 P_i 点的权重，一般使用中位中心法计算平均距离。

2．标准距离 d_s

设分布中心为$\bar{P}$，$\bar{P}(\bar{x},\bar{y})$ 一般指算术平均中心，则标准距离的计算为

$$d_s=\sqrt{\frac{\sum W(P_i)[(x_i-\bar{x})^2+(y_i-\bar{y})^2]}{\sum W(P_i)}} \tag{3-1-9}$$

3．极值距离 d_e

设分布中心为 P_e，$P_e(x_e,y_e)$ 一般指极值中心，则极值距离的计算为

$$d_e=\max(d_1,d_2,\cdots,d_n) \tag{3-1-10}$$

$$d_i=\sqrt{(x_i-\bar{x})^2+(y_i-\bar{y})^2} \tag{3-1-11}$$

以 P_e 为圆心，d_e 为半径作圆，该圆将包含所有的点，同时也是可以包含所有点的最小的圆，也侧面说明了极值中心的几何意义。

4．平均邻近距离 d_n

对任一点 P_i，计算它与其余 $n-1$ 个点之间的距离，取其极小值，该值表明了 P_i 点与其最邻近点的距离，则计算公式如下：

$$d_n=\frac{1}{n}\sum_{i=1}^{n}\min(d_{ij}\mid i\neq j,j=1,2,\cdots,n) \tag{3-1-12}$$

3.1.4　分布轴线

分布中心和离散度的计算有一个前提条件，就是点群具有一定的集中趋势。如果点群并不以某一点为中心具有相对的集中性，而是均匀分布［图 3-1-1（a）］、随机分布［图 3-1-1（b）］或是具有几个分布中心［图 3-1-1（c）］，则计算一个分布中心和一个离散度的作法就没有意义。

离散点群在空间的分布趋势可以用走向来描述，走向的确定通过分布轴线（图 3-1-2）来计算（郭仁忠，2001）。

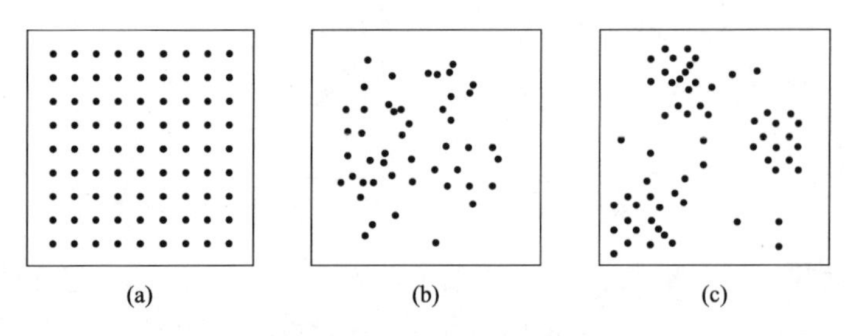

图 3-1-1　不同分布类型

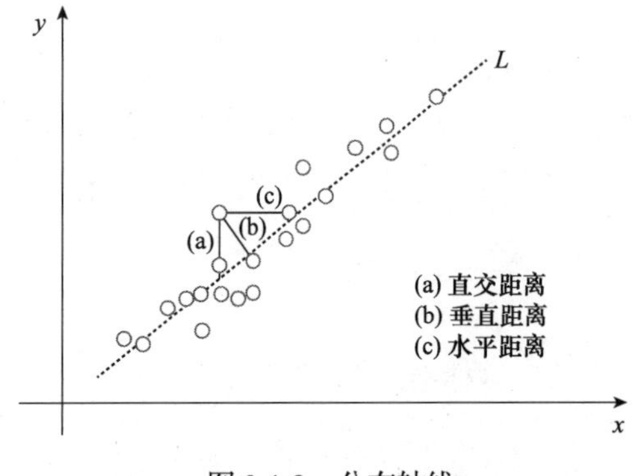

图 3-1-2　分布轴线

对于离散点群 P_i（x_i, y_i）（$i=1, 2, \cdots, n$），可以拟合一条直线 L：$Ax+By+C=0$。点群相对于 L 的距离反映了离散点群在点群走向上的离散程度，而 L 的走向则描述了点群的总体走向。点群相对于 L 的离散程度可用三种不同的距离来度量：直交距离［图 3-1-2（a）］、垂直距离［图 3-1-2（b）］、水平距离［图 3-1-2（c）］。可以令度量距离的平方和为最小来计算分布轴线。

3.2　点模式分析

空间分布的研究中，很多现象的分布都可以抽象为点数据的分布模式，如居民点、旅游景点、商业网点、犯罪现场、疾病暴发位置等，有些是具体的地理实体对象，有些则是曾经发生的事件的地点。根据地理实体或事件的空间位置研究其分布模式的方法称为空间点模式分析，这是一类重要的空间分析方法。

从统计学角度来看，地理现象或事件出现在空间任意位置都是可能的，没有外界因素影响时，那么点分布模式可能是随机的，否则将以均匀或者集聚的模式出现。点模式分析关注的就是研究对象点的分布过程与分布模式，是随机分布、均匀分布或是聚集分布，而并不考虑对象点的属性值。

1．点模式类型

（1）随机分布（random）：任何一点在任何一个位置发生的概率相同，各点的存在分布互不影响，又称泊松分布（Poisson distribution），如图 3-2-1（a）所示。

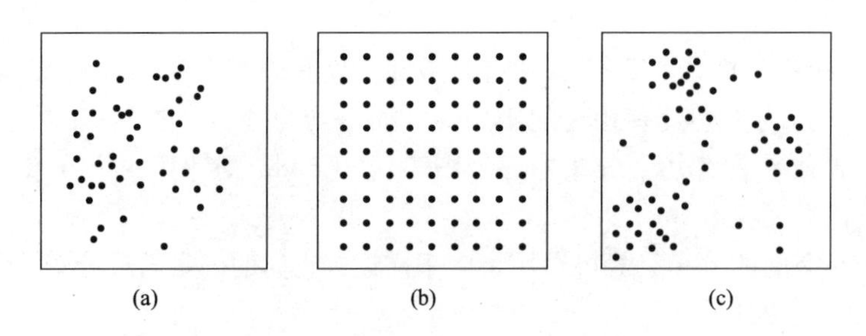

图 3-2-1　点模式的 3 种分布类型

（2）均匀分布（uniform）：个体间保持一定距离，每个点尽量地远离其周围的邻近点。在单元（样方）中个体出现与不出现的概率完全或几乎相等，如图 3-2-1（b）所示。

（3）聚集分布（clumped/clustered）：许多点集中在一个或少数几个区域，大面积的区域中没有或仅有少量点，如图 3-2-1（c）所示。

2. 点模式识别方法

点模式关心的是空间点分布的密度（point density）和分散（point separation）程度，所以有两类点模式分析方法，分别对其一阶效应与二阶效应进行研究：

（1）一阶效应（first-order effect）：描述某个参数均值的总体变化，即全局趋势。以聚集性为基础、用点的密度或频率分布的各种特征来研究点分布模式的一阶效应。

基于密度的方法：

a．样方分析（quadrat analysis，QA）；

b．核密度估计（kernel density estimation，KDE）。

（2）二阶效应（second-order effect）：由空间依赖性产生的，表达的是邻近值相互趋同的倾向，通过与均值的偏差获得，反映局部效应。以分散性为基础，研究区域中两个足够小的子区域内事件数目之间的相互关系来表征点分布模式的二阶效应。

基于距离的方法：

a．最近邻指数；

b．函数法：G 函数、F 函数、K 函数。

3. 点模式分析过程

空间点模式分析技术的目的是解释观测的点模式，其分析过程一般包括：

（1）基于一阶或二阶性质的计算分析；

（2）建立完全空间随机（complete spatial randomness，CSR）模式；

（3）将计算结果与 CSR 模式进行比较或进行显著性检验。

4. 点模式分析的应用

事实上，空间点模式的研究在生态学和林业领域有着悠久的历史（Goodall，1952；Pielou，1977）；最早在生态学上的应用甚至追溯到 20 世纪 20 年代（Gleason，1920）。之后，在考古学（Hodder，Orton，1976）、地理学（Glass，Tobler，1971）、天文学（Neyman，Scott，1958）等许多不同领域也开始有广泛的应用。

目前，样方分析、核密度估计、最近邻分析与函数分析这四种常用点模式分析方法的应用范围更加广泛，可以帮助研究者简便快捷地了解研究点对象的分布特征。徐英睿（2017）记录了 2001～2010 年呼伦贝尔草原火灾发生点，对火点的样方分析结果显示，火点分布更接近聚集分布。Kloog 等（2009）利用核密度函数作为城市分析工具研究以色列海法地区夜间灯光与乳腺癌发病率之间的关系，图 3-2-2 为室外夜间照明强度与乳腺癌患者的核密度分析结果对比，发现夜间强照明区域也是乳腺癌高发区。吴春涛等（2018）收集了 2012 年和 2016 年长江经济带旅游景区空间坐标等相关数据，计算得到区域总体平均最近邻指数由 0.548 减小为 0.544，表明长江经济带旅游景区整体的聚集程度加深。李强（2016）应用 Ripley's K 函数分析北京市 200 家麦当劳分店的空间分布格局特征，结果表明，北京市的麦当劳分店在所研究的尺度下呈现显著的空间聚集格局，在 15km 左右达到最大的空间聚集状态，该结论反映出北京市快餐消费人群的空间聚集格局。

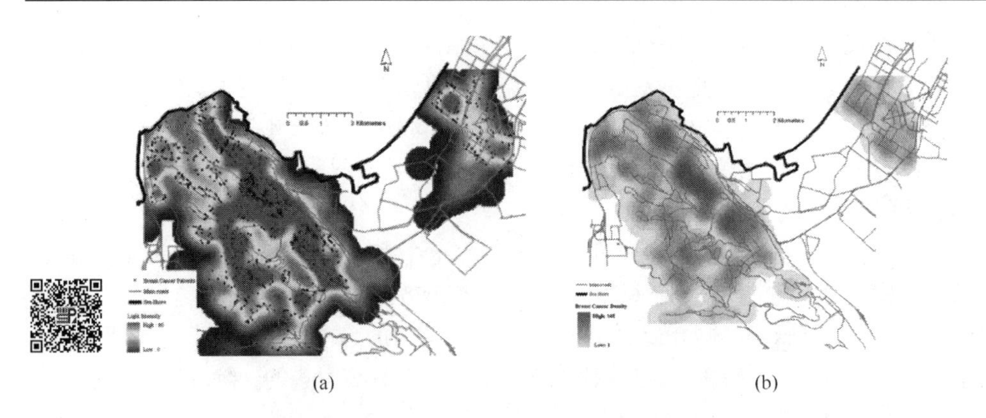

图 3-2-2　室外夜间照明强度（a）和乳腺癌患者核密度（每平方公里平均乳腺癌患者人数）（b）（Kloog，2009）

3.2.1　样方分析

3.2.1.1　样方分析的概述

1. 样方分析的基本思想

样方分析是研究空间点模式的最常用的直观方法。一般将研究区域划分为面积相等的子区域（样方），计算统计每个样方中的事件数量，将统计值除以样方面积得到点分布的密度，将样方分析计算的点密度和理论上的标准分布（随机分布模式）做比较，判断点模式属于聚集分布、均匀分布，还是随机分布。

2. 样方分析的影响因素

样方分析中对分布模式的判别产生影响的因素有：样方的形状，采样的方式，样方的起点、方向、大小等，这些因素会影响到点的观测频次和分布。

（1）样方的形状：一般采用正方形的网格覆盖，但也可定义其他样方形状，如圆形、矩形、正六边形等。不管采用何种形状的样方，形状和大小必须一致，以避免在空间上的采样不均匀（图 3-2-3）（陈永刚等，2012）。

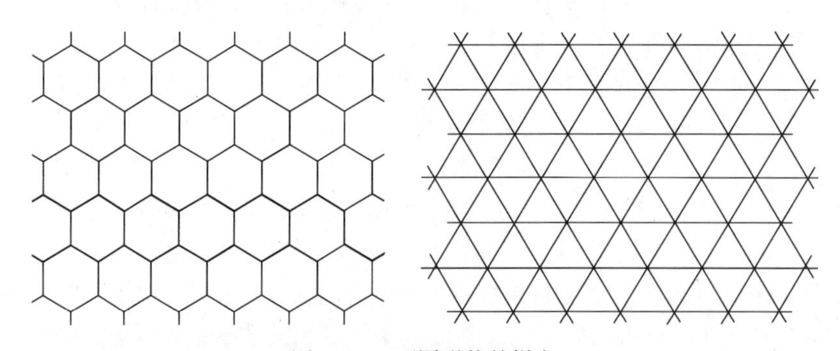

图 3-2-3　不同形状的样方

（2）采样的方式：除了用规则网格进行普查外，采用固定尺寸的随机网格能够有增加样本量的作用，可以描述一个没有完全数据的空间点过程（Wong，Lee，2005）（图 3-2-4）。

（3）样方的尺度效应：样方的尺寸（图 3-2-5）选择对计算结果会产生很大的影响。

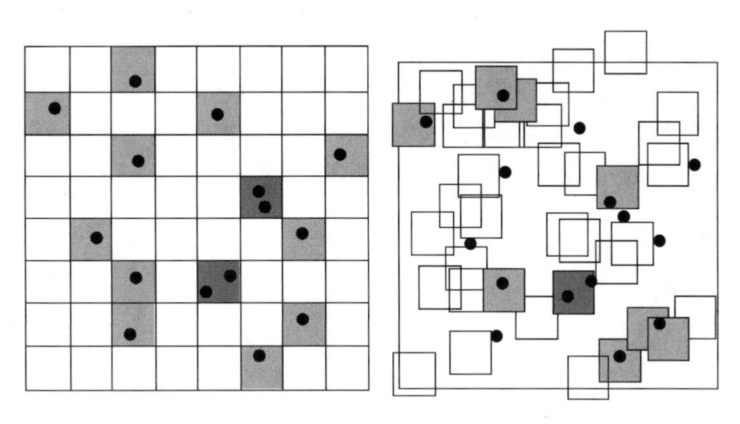

图 3-2-4　不同采样方式得到的样方

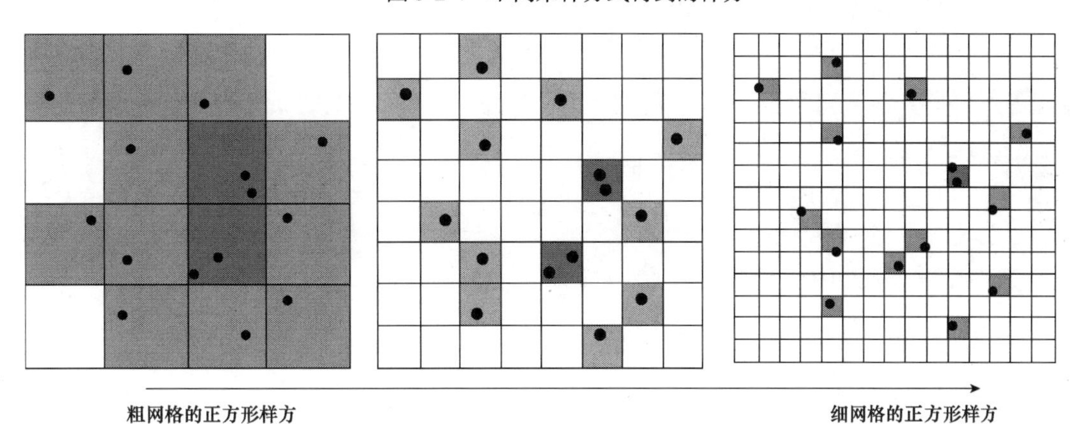

图 3-2-5　不同尺寸大小的样方

3. 样方分析的问题

（1）样方计数法的结果与样方大小和方向存在关系，存在可变区域单元问题。

（2）样方邻接处的密度变化突兀，忽略了地理现象空间分布的连续性。

（3）计算离散度的时候，只依据分布密度，而忽略了点分布之间的相互关系，不能充分区分点分布模式。从图 3-2-6 即可看出空间信息被离散化，样方内点之间信息丢失。

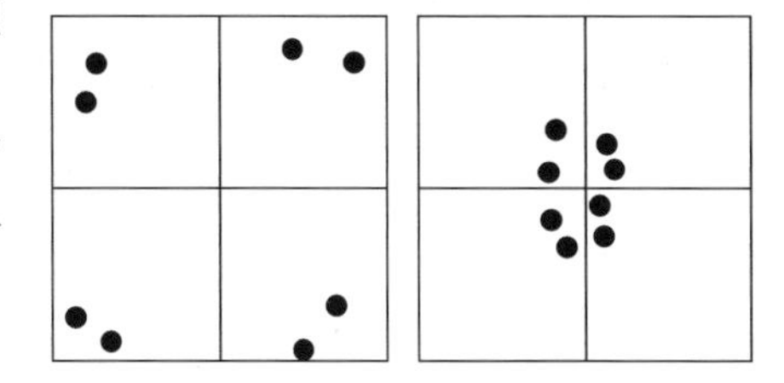

图 3-2-6　相同分布密度的样方

4. 样方分析的计算过程

（1）一般将研究的区域划分为规则的正方形网格区域。根据 Greig-Smith（1952）的试验以及 Taylor（1983）和 Griffith 等（1991）的研究，最优的样方尺寸可根据区域的面积和分布于其中的点的数量确定：

$$Q=\frac{2A}{n} \tag{3-2-1}$$

式中，Q 是样方的尺寸（面积）；A 是研究区域的面积；n 是研究区域中点的数量，即最优样方的边长取$\sqrt{\frac{2A}{n}}$，也可以根据需要自行选择样方的大小与形状。

（2）根据确定的样方尺寸建立样方网格覆盖研究区域，统计落入每一个样方中点的数量。

（3）统计含不同点数的样方数量、统计样方的频率分布。

（4）将观测得到的频率分布和已知的频率分布作比较，判断点模式的类型。

3.2.1.2　样方分析的统计检验

观测的频率分布与已知频率分布之间差异的显著性是推断空间模式的基础，一般我们会建立 CSR 模式，也就是理论上的随机分布（如泊松分布），将观测结果与 CSR 模式进行比较或进行显著性检验。常用的显著性检验方法有根据频率分布比较的 Kolmogorov-Smirnov 检验（K-S 检验）、根据方差均值比较的 χ^2 检验、蒙特卡罗检验等方法。

本书中使用方差均值比 VMR 与 χ^2_{n-1} 统计量进行样方分析的统计检验。

1. 背景知识：随机分布模型

若将研究区划分为 K 个同等大小的样方，点群中任意一点 P_i 位于各样方内的可能性相等，其概率为$\frac{1}{K}$，因此在 n 个点的情况下，对任一个样方内具有 m 个点的概率为

$$C_n^m\left(\frac{1}{K}\right)^m\left(\frac{K-1}{K}\right)^{n-m}=\frac{n!}{m!(n-m)!}\times\frac{(K-1)^{n-m}}{K^n} \tag{3-2-2}$$

因此，各个样方中有点数 m 的平均值 $\overline{m}=\frac{n}{K}$，方差为$\frac{n(K-1)}{K^2}$，当 K 足够大时，$\frac{n(K-1)}{K^2}\approx\frac{n}{K}$，方差与均值近似值相等；当$\frac{n}{K}$可以被看作常数时，二项分布转为泊松分布，即理论上的随机分布，泊松分布公式：

$$p(x=m)=\frac{e^{-\lambda}\lambda^m}{m!} \tag{3-2-3}$$

式中，$\lambda=\frac{n}{K}$，指平均每个样方中包含的点的数量。

泊松分布的重要特征是：均值（Mean）＝方差（Var）＝λ，所以我们可以使用均值和方差的比值作为点模式是否相似于随机分布的判断准则。

2. 计算方差均值比

（1）确定样方的尺寸，利用这一尺寸建立样方网格覆盖研究区域，统计落入每一个样方中的样点数量。

（2）计算方差均值比：VMR＝Var/Mean。

$$\text{Mean}=\overline{X}=\frac{n}{N}=\frac{\sum_{i=1}^{N}X_i}{N} \tag{3-2-4}$$

$$\text{Var}=\frac{\sum_{i=1}^{N}(X_i-\overline{X})^2}{N-1}=S^2 \tag{3-2-5}$$

式中，n 指总样点数；N 指样方数；X_i 指每个样方中的样点数量。

（3）通过 VMR 判断点模式（Wong，Lee，2005）。

a．对于均匀分布，方差＝0，因此 VMR 的期望值＝0；

b．对于随机分布，方差=均值，因此 VMR 的期望值=1；

c．对于聚集分布，方差大于均值，因此 VMR 的期望值>1。

3. 统计检验

引入 χ^2_{n-1} 统计量来判定空间模式，χ^2_{n-1} 统计量计算公式（O'Sullivan，Unwin，2005）：

$$\chi^2_{n-1}=\frac{\sum_{i=1}^{n}(X_i-\overline{X})^2}{\overline{X}}=\frac{S^2}{\overline{X}}(N-1)=\text{VMR}\times(N-1) \tag{3-2-6}$$

式中，N 指样方数；$N-1$ 指自由度。

将统计值 χ^2 和显著性水平为 α 的值进行比较，推断点模式是否来自泊松分布。零假设为数据来自随机模式，如果 χ^2 显著地大于 χ^2_α（一般取置信水平为 0.975，即 $\alpha=0.025$），拒绝零假设，相对于随机模式而言观测值更趋于聚集分布；如果 χ^2 显著地小于 χ^2_α（一般取置信水平为 0.025，即 $\alpha=0.975$），也拒绝零假设，相对于随机模式而言观测值更趋于均匀分布。认为 χ^2 在 0.025 和 0.975 之间时，空间点格局为随机模式。χ^2 分布的部分上侧分位数表见附录 1，对于自由度大于 45 的分布，Excel 的 CHISQ.INV.RT 可以返回给定概率的 χ^2 分布的上侧分位数。

CHISQ.INV.RT（概率，自由度）=上侧分位数 （3-2-7）

3.2.1.3 样方分析的计算示例

现有三种分布模式（图 3-2-7），样方数 $N=10$，自由度 $N-1=9$。分别计算其方差、均值比 VMR（表 3-2-1）。可以得到分布一的 VMR=1.111，近似随机分布；分布二的 VMR=0，为均匀分布；分布三的 VMR=8.889，呈现出聚集分布。

接下来计算 χ^2_{n-1} 统计量并与 χ^2_α 进行比较。查表（附录 1）得，当 $\alpha=0.025$ 时，$\chi^2_\alpha=19.023$；当 $\alpha=0.975$ 时，$\chi^2_\alpha=2.700$，即可判断出三个示例分布的分布模式（表 3-2-2）。以分布三为例，取置信水平为 0.975，即 $\alpha=0.025$，这时 $\chi^2_\alpha=19.023$，χ^2 显著地大于 χ^2_α，拒绝零假设，统计学上只有 2.5% 的可能，数据是来自随机模式的，所以判断空间分布三为聚集分布是非常可信的，只有 2.5% 的犯错的概率。

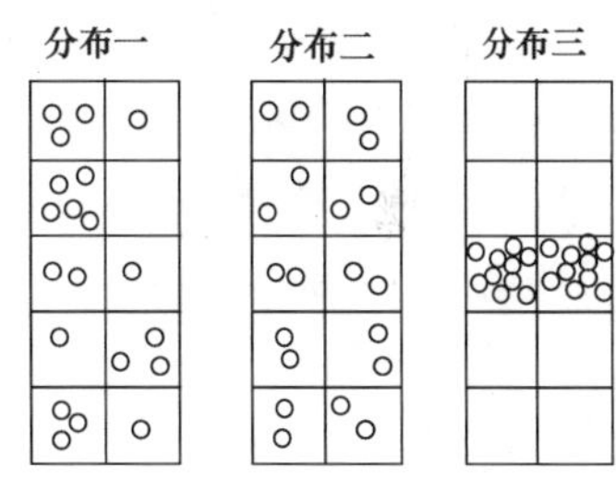

图 3-2-7 三种示例分布

表 3-2-1 三种示例分布的方差、均值比计算

分布一			分布二			分布三		
样方	样点数	$(x_i-\bar{x})^2$	样方	样点数	$(x_i-\bar{x})^2$	样方	样点数	$(x_i-\bar{x})^2$
1	3	1	1	2	0	1	0	4
2	1	1	2	2	0	2	0	4
3	5	9	3	2	0	3	0	4
4	0	4	4	2	0	4	0	4
5	2	0	5	2	0	5	10	64
6	1	1	6	2	0	6	10	64
7	1	1	7	2	0	7	0	4

续表

分布一			分布二			分布三		
样方	样点数	$(x_i-\bar{x})^2$	样方	样点数	$(x_i-\bar{x})^2$	样方	样点数	$(x_i-\bar{x})^2$
8	3	1	8	2	0	8	0	4
9	3	1	9	2	0	9	0	4
10	1	1	10	2	0	10	0	4
求和	20	20		20	0		20	160
均值	2.000		均值	2.000		均值	2.000	
方差	2.222		方差	0		方差	17.778	
VMR	1.111		VMR	0.000		VMR	8.889	

表 3-2-2　三种示例分布的 χ^2 统计量计算

示例分布	$\chi^2_{n-1}(n=10)$	分布模式
分布一	$1.111\times9\approx10$	随机分布
分布二	$0\times9=0$	均匀分布
分布三	$8.889\times9\approx80$	显著集聚

3.2.2　核密度估计

核密度估计方法认为地理事件可以发生在空间的任何位置上，但是在不同的位置上事件发生的概率不一样。点密集的区域事件发生的概率高，点稀疏的地方事件发生的概率低（Silverman，1986）。核密度分析可验证聚集或规律的空间分布特征，如犯罪热点分析、城市区域描述、交通路段风险评估以及发现对城镇或野生动物栖息地造成影响的道路或公共设施管线等（禹文豪，艾廷华，2015）。

样方计数法可以显示空间点的密度变化，但其缺点显著，将信息聚集到面积单元中，损失原始数据信息，并且忽略了地理现象空间分布的连续性。核密度基于地理学第一定律，即所有事物都是相互联系的，离得越近的事物彼此之间的联系就越强。使用原始的点位置产生光滑的密度直方图，可以反映地理现象空间分布的信息衰减事实，更加适合于用可视化方法表示分布模式。

点密度分析是最常用的密度分析方法，使用滑动的圆来统计落在圆域内的事件数量，再除以圆的面积，就得到点 s 处的事件密度或强度，即

$$\hat{\lambda}(s)=\frac{\#S\in C(s,\ r)}{\pi r^2} \tag{3-2-8}$$

式中，$C(s,r)$ 是以待估点 s 为圆心、r 为半径的圆；# 是事件 S 落在圆域 C 中的数量。

核密度估计方法由 Rosenblatt（1956）和 Parzen（1962）提出，又名 Parzen 窗（Parzen window），其定义为：设点集 $X=\{x_1, x_2, \cdots, x_n\}$ 是以点 x 为中心、r 为半径的圆形区域（分布密度函数为 f）的总体中抽取的样本，核密度分析在于估计 f 在点 x 的值。通常用 Rosenblatt-Parzen 核估计公式：

$$f(x)=\frac{1}{n}\sum_{i=1}^{n}K_{\tau}(x-x_i)=\frac{1}{n\tau}\sum_{i=1}^{n}K\left(\frac{x-x_i}{\tau}\right) \tag{3-2-9}$$

式中，$K(x)$ 表示核函数；τ 表示带宽。这是核函数公式中非常重要的两个参数，可以根据需要进行设置，下面将对核函数与带宽进行具体介绍。

1. 核函数

$K(x)$ 表示核函数，常用的核函数有很多种（表 3-2-3）。这些核函数非负、积分为 1，符合概率密度性质，并且均值为 0。均匀核函数的每点取值相同。除此之外，其他核函数也就是空间的每个点上方均覆盖着一个平滑曲面，点的所在位置处表面值最高，为波峰，随着与点的距离的增大，表面值逐渐减小，在与点的距离等于搜索半径的位置处表面值为 0。

表 3-2-3　各种核函数的公式与其计算效率

核函数	$K(x)$	图像
均匀核（uniform）	$\begin{cases}\frac{1}{2}, & \lvert x\rvert\leqslant 1\\ 0, & \text{其他}\end{cases}$	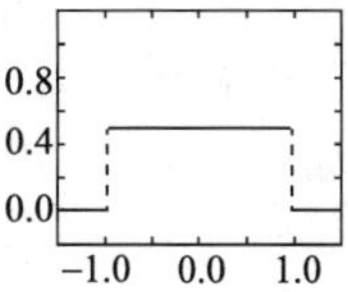
三角核（triangular）	$\begin{cases}1-\lvert x\rvert, & \lvert x\rvert\leqslant 1\\ 0, & \text{其他}\end{cases}$	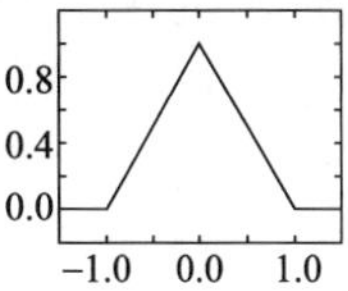
Epanechnikov 核	$\begin{cases}\frac{3}{4}(1-x^2), & \lvert x\rvert\leqslant 1\\ 0, & \text{其他}\end{cases}$	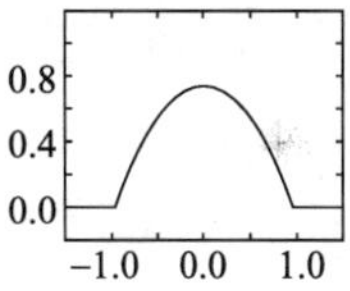
二权核（biweight）	$\begin{cases}\frac{15}{16}(1-x^2)^2, & \lvert x\rvert\leqslant 1\\ 0, & \text{其他}\end{cases}$	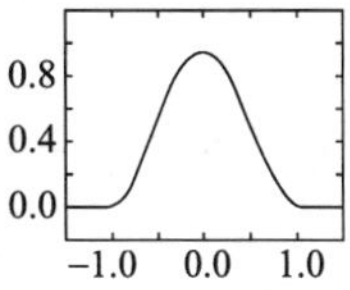

2. 带宽

τ 表示带宽（bandwidth），或者称窗口，决定了相邻区域的大小。作为一个平滑参数，带宽反映了 KDE 曲线整体的平坦程度，即观察到的数据点在 KDE 曲线形成过程中所占的比重：带宽越大，观察到的数据点在最终形成的曲线形状中所占比重越小，KDE 整体曲线就越平坦；带宽越小，观察到的数据点在最终形成的曲线形状中所占比重越大，KDE 整体曲线就越陡峭。以 3 个数据点的一维数据集为例，如果增加带宽，那么生成的 KDE 曲线就会变平坦，并发生波形合成（图 3-2-8）。

从数学上来说，对于数据点 x_i，如果带宽为 τ，那么在 x_i 处所形成的曲线函数为（其中 K 为核函数）

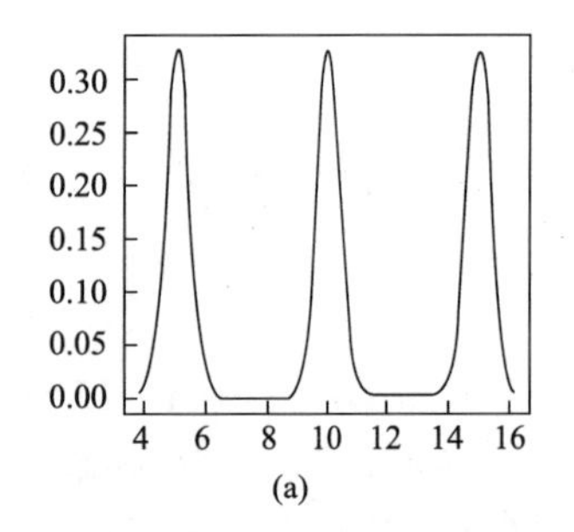

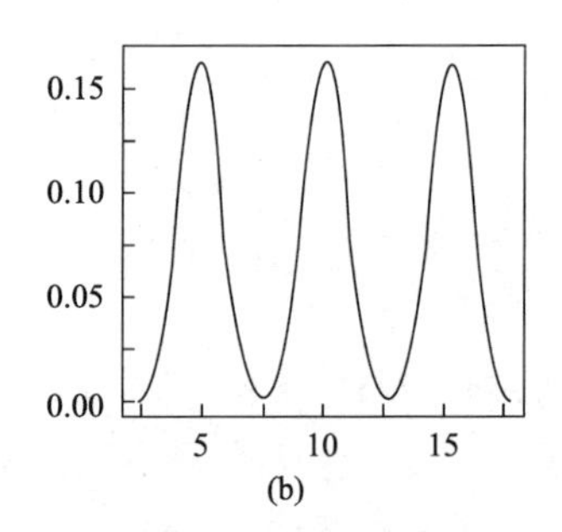

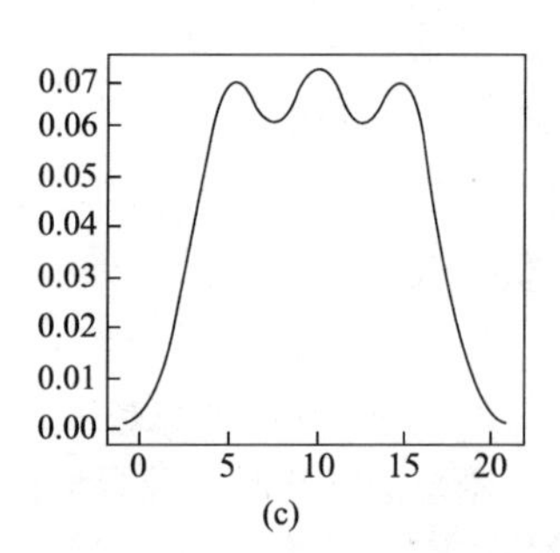

图 3-2-8　不同带宽的核函数

$$\frac{1}{\tau}K\left(\frac{x-x_i}{\tau}\right) \tag{3-2-10}$$

其中，函数内部的 τ 分母用来调整 KDE 曲线的宽幅，而 K 函数外部的 τ 分母用来保证曲线下方的面积满足 KDE 曲线下方面积和为 1 的需求。带宽的选择很大程度上取决于主观判断：如果认为真实的概率分布曲线是比较平坦的，那么就选择较大的带宽；相反，如果认为真实的概率分布曲线是比较陡峭的，那么就选择较小的带宽。

由于相邻波峰之间会发生波形合成，因此最终所形成的曲线形状与选择的核函数关系并不密切（O'Sullivan，Wong，2007）。在进行核密度估算时，随着带宽减小，估计点周围的密度变化突兀不平；带宽增大时，空间上密度的变化更光滑，但会掩盖密度的结构。以往研究一般通过多次试验来确定带宽（蔡雪娇等，2012）。

3.2.3　最近邻分析

最近邻分析（nearest neighbor analysis，NNA）是一种常用的点模式分析方法，由研究植物生态学的 Clark 和 Evans（1954）最早提出此概念，由 King（1969）将这种方法引入城镇的空间分布分析，最终逐渐发展成为经典的空间分析方法。其思想是将邻近点之间的距离和某种理论模式中邻近点之间的距离比较，进而推出研究区域点模式的特征。比如一般将区域中点的分布情况与相同区域中基于随机分布的点的分布情况进行比较研究。

3.2.3.1　最近邻距离法

最近邻距离法又称平均最近邻距离法（average nearest neighbor distance method），首先测量每个要素的质心与其最近邻要素的质心之间的距离，然后计算所有这些最近邻距离的平均值。如果平均最近邻值小于假设随机分布中的平均距离，则认为要素是聚集分布的；如果平均最近邻值大于假设随机分布中的平均距离，则认为要素是分散分布的。

最近邻距离指数（nearest neighbor distance index）又称平均最近邻比率，是计算观察到的平均距离除以预期平均距离（预期平均距离基于具有相同总面积相同数量要素的假设随机分布）。

$$d(\mathrm{NN})=\sum_{i=1}^{n}\frac{\min\left(d_{ij}\right)}{n} \tag{3-2-11}$$

式中，d（NN）为最近邻距离；n 为总样本数目；d_{ij} 为第 i 点到第 j 点的距离；min（d_{ij}）为 i 点到最近邻点的距离。

$$\mathrm{NNI}=\frac{d(\mathrm{NN})}{d(\mathrm{ran})}=\frac{2\sum_{i=1}^{n}\min(d_{ij})}{n}\sqrt{\frac{n}{A}} \tag{3-2-12}$$

式中，NNI 为最近邻距离指数；d（NN）为最近邻距离；d（ran）为随机分布下的理论平均距离，其取值一般为$d(\mathrm{ran})=0.5\sqrt{A/n}$；$n$ 为总样本数目；A 为研究区域的面积。

（1）如果 NNI=1，平均最近邻距离等于随机分布模式下的最近邻距离，说明点呈现随机分布。

（2）如果 NNI>1，平均最近邻距离大于随机分布模式下的最近邻距离，说明点趋向均匀分布；当 NNI=2.149 时，呈现完美分散。

（3）如果 NNI<1，平均最近邻距离小于随机分布模式下的最近邻距离，说明点趋向集聚分布；当 NNI=0 时，呈现完美聚集。

3.2.3.2　最近邻距离的统计检验

将最近邻分析的结果与完全随机模式进行比较或进行显著性检验。为了检验计算结果的可靠性，这里采用 Z 检验。Z 统计量计算公式：

$$Z=\frac{d(\mathrm{NN})-d(\mathrm{ran})}{\mathrm{SD}} \tag{3-2-13}$$

式中，d（NN）为最近邻距离；d（ran）为随机分布下的理论平均距离；SD（Standard error）为标准误差。

$$\mathrm{SD}=\sqrt{\left(\frac{1}{4\arctan 1}-\frac{1}{4}\right)\frac{A}{n^2}}=\frac{0.26136}{\sqrt{n^2/A}} \tag{3-2-14}$$

式中，n 为总样本数目；A 为研究区的面积。

推断点模式与随机分布是否有显著差别。零假设为数据是随机分布，如果 $Z>1.96$，则可以认为在 $\alpha=0.05$ 的显著性水平下，点数据的位置具有统计学意义上的显著性离散分布；如果 $Z<-1.96$，则认为点数据的位置是聚集分布模式，并且能通过 $\alpha=0.05$ 的显著性检验；如果 $-1.96<Z<1.96$，则认为即使点数据看上去较为聚集或离散，但是与期望分布模式之间不存在显著性差异，因此不能拒绝该分布是随机分布的零假设。同时也可以依据不同显著性水平下的 Z 得分来判断点模式（表 3-2-4）。

表 3-2-4　不同显著性水平下临界 Z 得分

Z 得分	显著性水平 α	置信度
$Z<-1.65$ 或 $Z>1.65$	0.10	90%
$Z<-1.96$ 或 $Z>1.96$	0.05	95%
$Z<-2.58$ 或 $Z>2.58$	0.01	99%

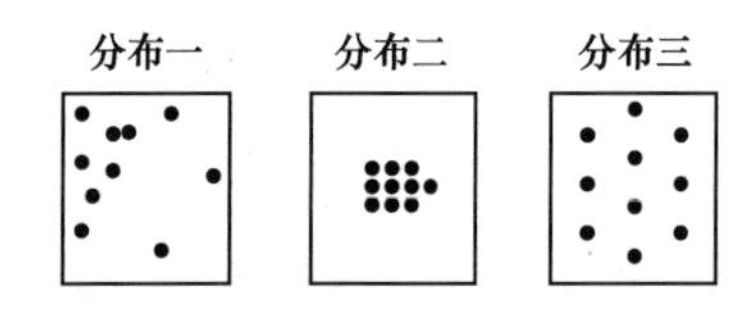

图 3-2-9　三种示例分布

3.2.3.3　最近邻分析的计算示例

现有三种分布模式（图 3-2-9），总样本数目 $n=10$，研究区域的面积 $A=50$。

分别计算其最近邻距离指数 NNI（表 3-2-5）。可以得到分布一的 NNI＝0.9749，近似随机分布；分布二的 NNI＝0.0894，趋向集聚分布；分布三的 NNI＝1.9677，趋向均匀分布。表中 d（NN）为最近邻距离，d（ran）为随机分布下的理论平均距离。

表 3-2-5　三种示例分布的 NNI 计算

分布一			分布二			分布三		
点号	最近邻点	距离	点号	最近邻点	距离	点号	最近邻点	距离
1	2	1	1	2	0.1	1	3	2.2
2	3	0.1	2	3	0.1	2	4	2.2
3	2	0.1	3	2	0.1	3	4	2.2
4	5	1	4	5	0.1	4	5	2.2
5	4	1	5	4	0.1	5	7	2.2
6	5	2	6	5	0.1	6	7	2.2
7	6	2.7	7	6	0.1	7	8	2.2
8	10	1	8	9	0.1	8	9	2.2
9	10	1	9	10	0.1	9	10	2.2
10	9	1	10	9	0.1	10	9	2.2
求和		10.9			1			22
d（NN）	1.09		d（NN）	0.1		d（NN）	2.2	
d（ran）	1.1180		d（ran）	1.1180		d（ran）	1.1180	
NNI	0.9749		NNI	0.0894		NNI	1.9677	

接下来计算 Z 得分进行显著性检验（表 3-2-6），以分布三为例，查表 3-2-4 可知，取置信度为 99%，即 $\alpha=0.01$，这时临界 Z 得分为 2.58，我们得到的 5.58 显著大于临界值，拒绝零假设，统计学上只有 1% 的可能，数据是来自随机模式的，所以判断空间分布三为均匀分布是非常可信的。表中 SD 为标准误差。

表 3-2-6　三种示例分布的 Z 得分计算

示例分布	d（NN）$-d$（ran）	SD	Z 得分	分布模式
分布一	−0.0280	0.1848	−0.1517	随机分布
分布二	−1.0180	0.1848	−5.5086	集聚分布
分布三	1.0820	0.1848	5.8545	均匀分布

3.2.4　函数法

平均最近邻方法对研究区域的面积值非常敏感（区域面积的小变化可能导致结果发生相当大的变化），点要素的空间分布可能随研究尺度的改变而改变，从而出现在小尺度下呈现集聚分布而在大尺度下却服从均匀分布或随机分布的现象，针对这一现象，出现了点模式分析的函数法（闫庆武，卞正富，2008）。用来测定点分布模式的函数主要有 G 函数、F 函数、K 函数等，其中，Ripley's K 函数较为常用。

3.2.4.1　Ripley's K 函数

基于 Ripley's K 函数的多距离空间聚类分析是另一种分析点数据的空间模式的方法，不同于空间自相关和热点分析，它的特征是可对一定距离范围内的空间相关性进行汇总。在许多要素模式分析中，需要选择适当的距离范围，而在距离和空间比例发生变化时，空间模式也会随之变化，Ripley's K 函数可以表明点要素的空间聚集或空间扩散在邻域大小发生变化时是如何变化的（Ripley, 1981）。

1. *K* 函数的基本思想

假定依次在各个事件中心设置半径为 d 的圆，计算落入圆内其他事件的数量；然后针对所有的圆，计算出事件的平均数量，用平均数量除以整个研究区域的事件密度；对于不同距离值不断重复这个过程（佘冰等，2013）。

$$K(d)=\frac{\sum_{i=1}^{n}\text{count}[S\in C(s_i,d)]}{\lambda n}=\frac{a}{n^2}\sum_{i=1}^{n}\text{count}[S\in C(s_i,d)] \tag{3-2-15}$$

式中，a 是研究区域的面积；n 是研究区点的总数；λ 是点的密度；$C(s_i,\ d)$ 是以点 s_i 为圆心以 d 为半径的圆；count $[S\in C(s_i,\ d)]$ 是点集中落入圆内的数目。

对于完全空间随机过程，其 K 函数可表达为

$$K(d)=\pi d^2 \tag{3-2-16}$$

通过比较研究区点要素与完全空间随机过程点分布的 K 函数，可以得出所研究点要素的空间分布模式：

（1）$K(d)=\pi d^2$，说明在空间尺度 d 下，点要素为随机分布；

（2）$K(d)<\pi d^2$，说明在空间尺度 d 下，点要素趋向均匀分布；

（3）$K(d)>\pi d^2$，说明在空间尺度 d 下，点要素趋向集聚分布。

2. *K* 函数的变形：*L* 函数

L 函数用来衡量点分布模式随尺度的变化规律。它解决了 K 函数对估计值和理论值的比较计算量大，使用上不便的问题，其表达形式如下：

$$L(d)=\sqrt{\frac{K(d)}{\pi}}-d \tag{3-2-17}$$

在随机分布的假设下，$L(d)$ 的期望值为 0，$L(d)$ 与 d 的关系图可以用于检验依赖于尺度 d 的事件的空间分布模式。$L(d)$ 的第一个峰值对应的 d 值表示事件空间集聚的特征空间尺度或斑块长度。

3.2.4.2　*K* 函数的统计检验

对于 *K* 函数或 *L* 函数，一般采用蒙特卡罗模拟方法检验事件空间分布模式的显著性。蒙特卡罗（Monte-Carlo）模拟又称计算机随机模拟方法。是一种通过设定随机过程（数据生成系统），反复生成随机序列，并计算参数估计量和统计量，进而研究其分布特征的方法。在研究区域内，利用蒙特卡罗随机模拟的方法产生 *n* 次的完全空间随机的点模式，计算每次模拟结果下的期望 *K* 值，通过 *n* 次模拟的期望 *K* 值的最小值、最大值来构建置信区间。*n* 的值越大，则置信度越高。

不同距离下得到的 *K* 值与期望 *K* 值比较，得到空间点的分布模式（图 3-2-10）。

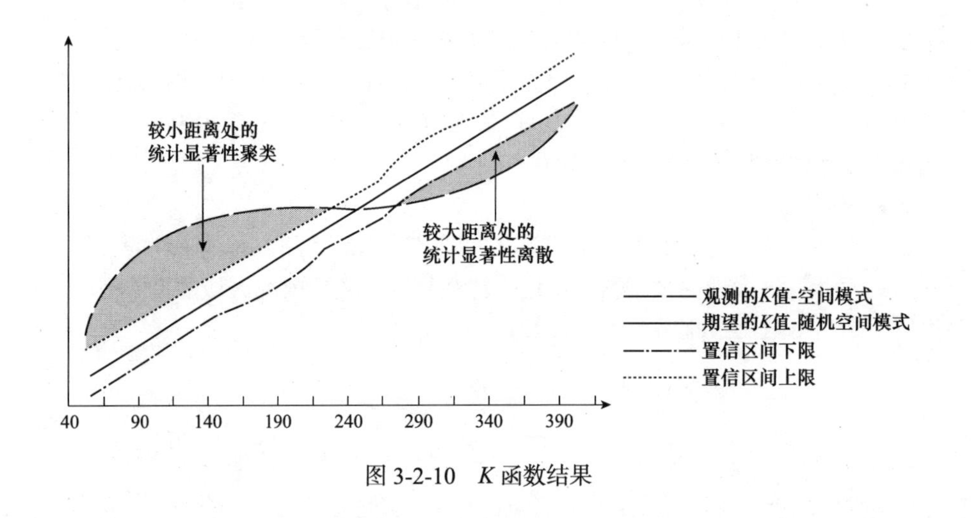

图 3-2-10　*K* 函数结果

（1）如果特定距离下的 *K* 观测值高于 *K* 期望值，则该分布比相同距离下（分析尺度）的随机分布聚类程度更高；

（2）如果 *K* 观测值低于 *K* 期望值，则分布比相同距离下（分析尺度）的随机分布离散程度更高；

（3）如果 *K* 观测值高于置信区间上限值，则该距离的空间聚类具有统计显著性；

（4）如果 *K* 观测值低于置信区间下限值，则该距离的空间离散具有统计显著性。

3.3　案 例 展 示

3.3.1　样方分析

在 ArcGIS 软件中，可以通过数据管理工具（Data Management Tools）——要素类（Feature Class）下的创建渔网（Create Fishnet）工具来创建样方。

利用案例数据二的数据研究中国气象站点的空间分布情况，只考虑陆域的 725 个气象站点，基于最优的样方尺寸的公式计算渔网边长：

$$\sqrt{\frac{2A}{n}} \approx \sqrt{\frac{2\times 9634057}{725}} \approx 163\,(\text{km}) \tag{3-3-1}$$

式中，A 为研究区域的面积，采用了中国的国土面积；n 为研究区域中点的数量。

我们采用 170km 的样方进行统计，保留了 406 个样方（图 3-3-1），并统计了每个样方中的气象站点数目。

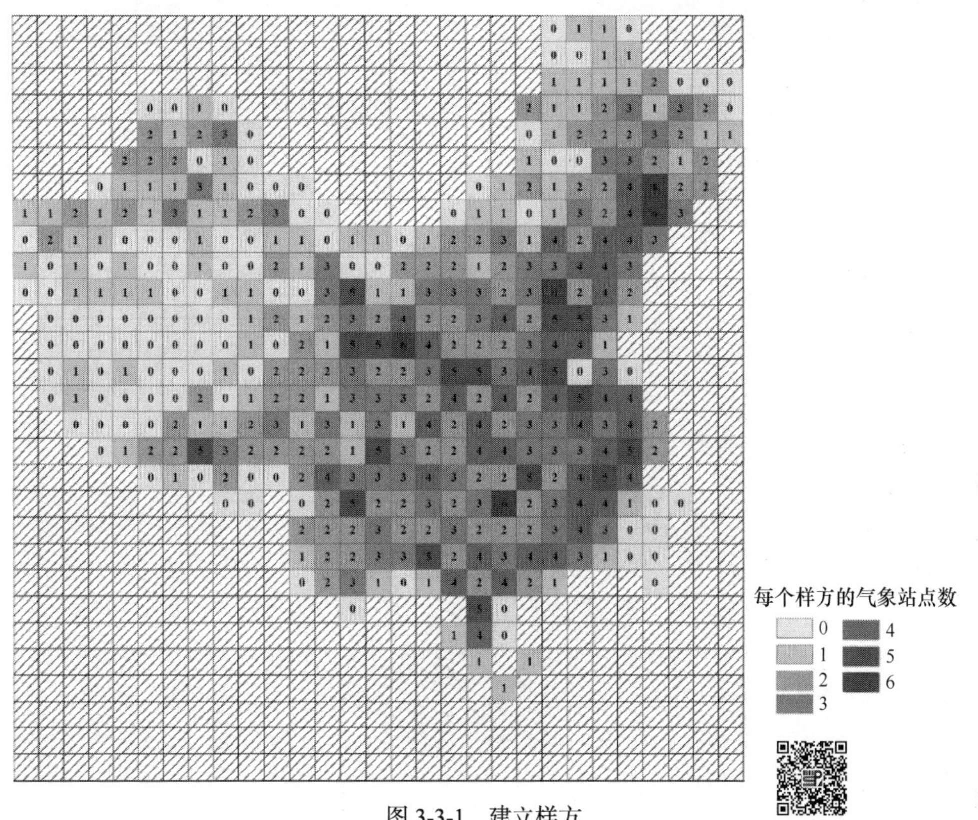

图 3-3-1　建立样方

由此可计算方差均值比 VMR 与 χ^2_{n-1} 统计量。

$$\mathrm{VMR}=\frac{\mathrm{Var}}{\mathrm{Mean}}=\frac{1.514^2}{1.793}\approx 1.278 \tag{3-3-2}$$

$$\chi^2_{n-1}=\mathrm{VMR}\times(N-1)=1.278\times 405\approx 517.59 \tag{3-3-3}$$

式中，N 指样方数；$N-1$ 指自由度。

当自由度为 405 时，$\chi^2_{\alpha=0.975}=351.136$，$\chi^2_{\alpha=0.025}=462.65$，$\chi^2$ 大于 $\chi^2_{\alpha=0.025}$，拒绝零假设，认为我国气象站点的分布相对于随机模式而言，更趋于集聚分布。

3.3.2　核密度估计

在 ArcGIS 软件中，空间分析工具箱——密度分析（Density）下的核密度（Kernel Density）工具可以进行实例操作。

利用案例数据二的数据研究全国气象站点的空间分布情况，观察改变带宽对核密度估计的效果影响（图 3-3-2）。

当带宽 100km 时，核密度变化突兀，未体现地理要素的连续性，与样方分析法相类

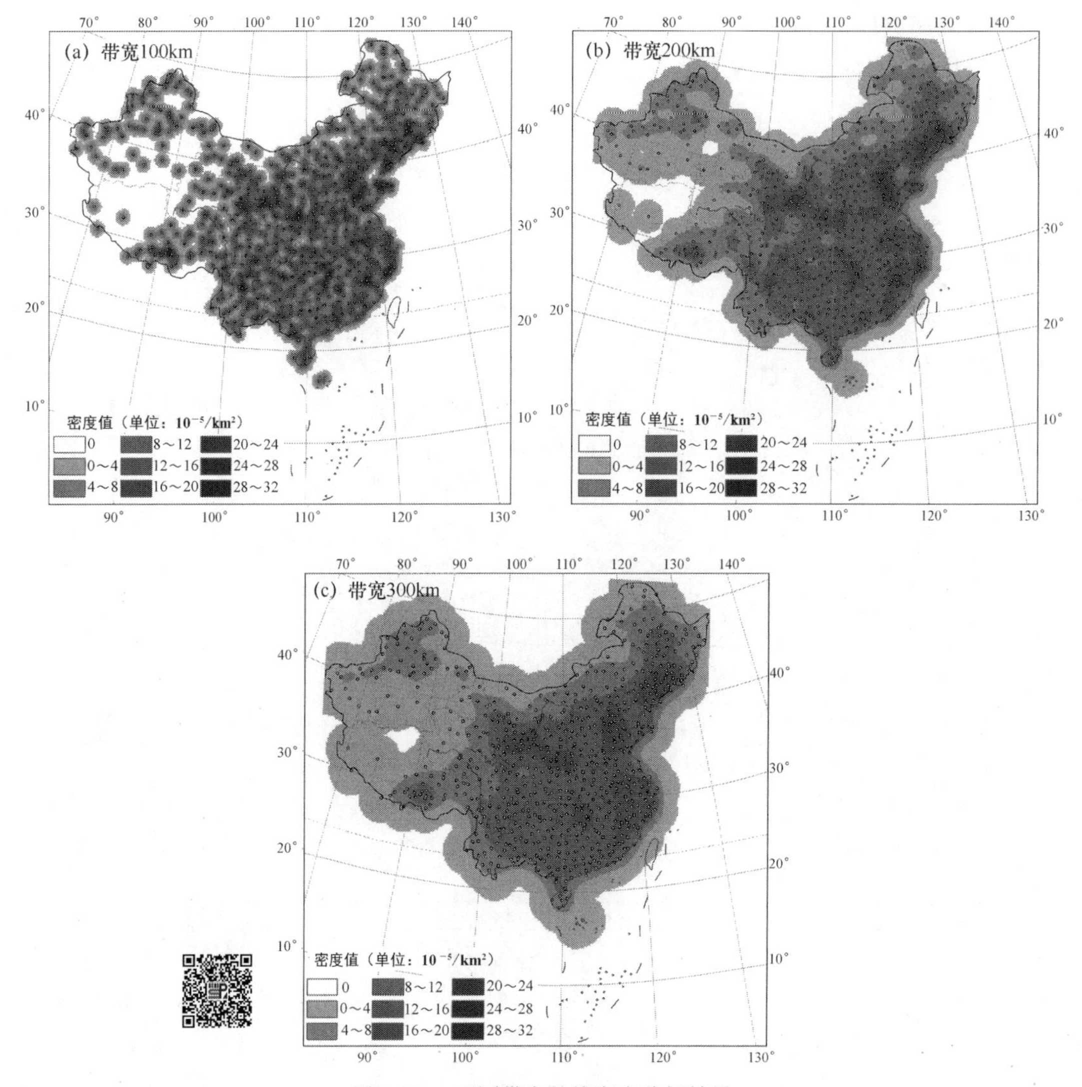

图 3-3-2　不同带宽的核密度分析结果

似。当带宽为 200km 时，核密度结果变得光滑，可以清晰地通过颜色深浅观察出气象站点分布相对密集与稀疏的区域。当带宽为 300km 时，核密度结果进一步变得光滑，但是一些局部趋势会被掩盖。总体来看，随着带宽的增加，核函数的波峰下降，总体的核密度值下降，三幅图显示出颜色渐浅的趋势。

3.3.3　最近邻分析

在 ArcGIS 软件中，空间统计工具箱——分析模式工具集下的平均最近邻工具可以进行实例操作。

利用案例数据二数据，研究全国气象站点的空间分布情况（表 3-3-1），NNI＝0.96，Z 得分为－2.28，表明气象站点的空间分布模式为聚集分布，只有不到 5% 的可能性是随机分布的。

表 3-3-1　最近邻分析结果

计算项	输出值
d（NN）	75256.96m
d（ran）	78726.89m
NNI	0.96
Z 得分	−2.28
显著性水平 *α*	0.02

表 3-3-1 中，NNI 为最近邻距离指数，*d*（NN）为最近邻距离，*d*（ran）为随机分布下的理论平均距离。

3.3.4　*K* 函数法

在 ArcGIS 软件中，空间统计工具箱——分析模式工具集下的 Multi-Distance Spatial Cluster Analysis（Ripley's *K* Function）工具提供了 *K* 函数来进行点模式的分析。

利用案例数据二数据，研究全国气象站点的空间分布情况，在置信度设置为 99% 的条件下，结果显示（图 3-3-3）：

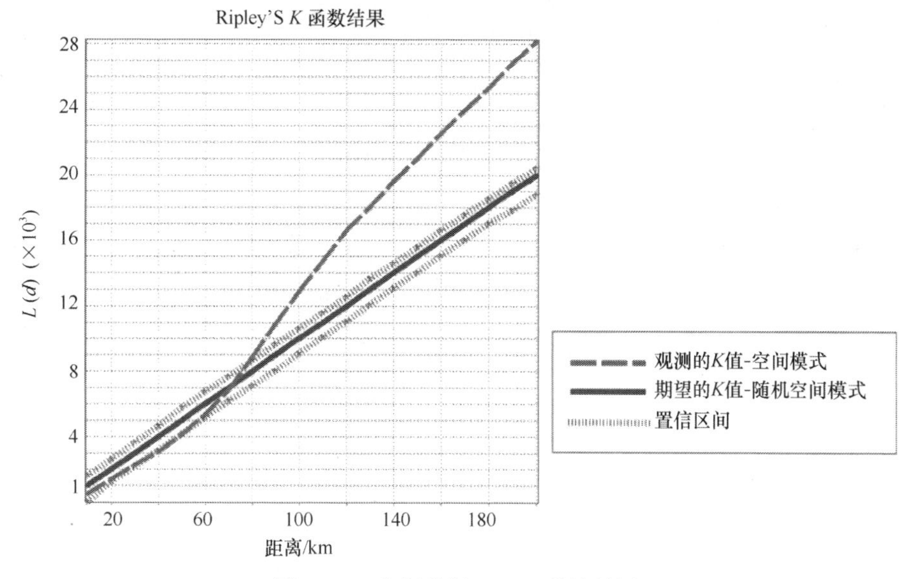

图 3-3-3　案例数据二 *K* 函数结果图

（1）当距离较小，*d*<70km 时，在 35<*d*<55km 的范围内，站点的空间离散具有统计显著性，剩余范围内呈现出与该距离范围内的随机分布相比，有更高的离散程度，但是与期望分布模式之间不存在显著性差异，不能拒绝该分布是随机分布的零假设；

（2）当距离较大，*d*>70km 时，该距离范围内的空间聚类具有统计显著性。

3.4　上 机 实 习

本章上机实习目的为学习掌握空间的点模式分析中的常用方法，包括样方分析、核密度分析、平均最近邻分析与多重距离空间聚类分析（*K* 函数）。

使用的软件为 ArcGIS 软件（ArcMap）。

使用的数据为案例数据二：中国气象站点的分布与年均温度统计。数据包括从中国气象局气象数据中心·中国气象数据网上获取的中国地区 728 个气象站点的站号、经度、纬度、海拔，以及 2008 年的年均温度数据。

数据可通过扫描附录 2 中的二维码获取。本章使用到的具体数据文件为点状图层“zhandian.shp”、线状图层“china.shp”与面状图层“chinaprovince.shp”。

3.4.1 样方分析

1. 打开数据

打开 ArcMap，新建空白文档。

单击 File→Add Data→Add Data（在 9.3 版本中，File→Add Data）；或者单击 ✦ ·，如图 3-4-1 圆圈所示。

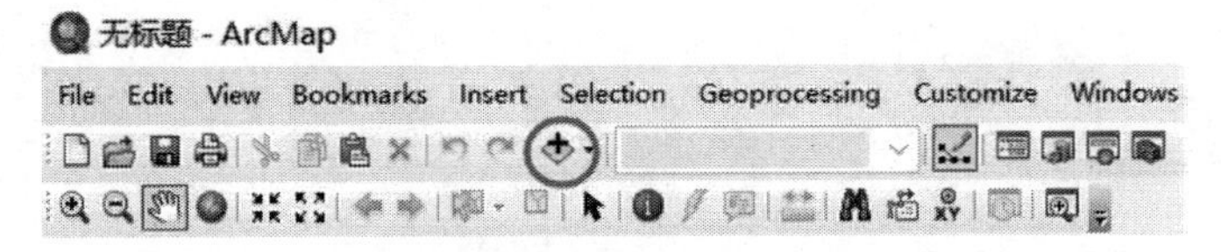

图 3-4-1 打开数据

使用连接文件夹操作，连接并进入目标文件夹，如图 3-4-2 所示，打开文件线状图层“china.shp”、面状图层“chinaprovince.shp”和点状图层“zhandian.shp”。

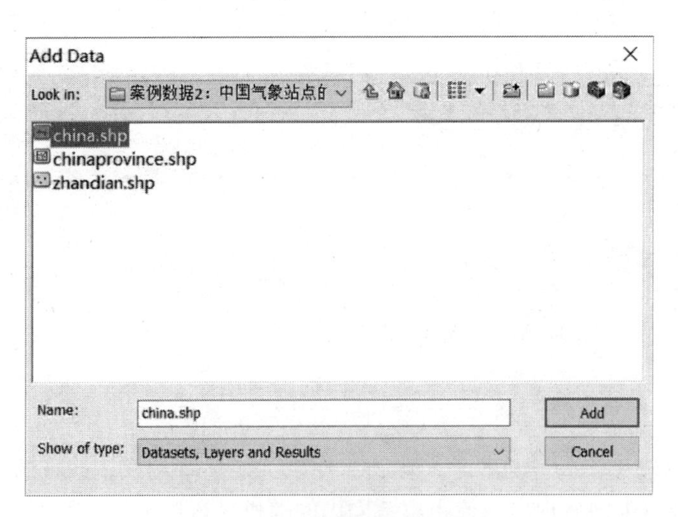

图 3-4-2 选择数据所在文件夹

2. 建立样方

单击图标，打开 ArcToolbox 工具栏，选择 Data Management Tools→Feature Class→Create Fishnet 来创建渔网，也就是样方。

处理范围选择与 chinaprovince 图层一致，将高度与宽度设置为 170000m，行数和列数设为 0，输出类型选择为面 POLYGON（图 3-4-3）。

注明：如果单元格的宽与高被定义为 0，那么根据行列数与对角的坐标，程序会自动计算单元格的大小。如果定义了单元格的宽度和高度并输入行列数为 0，则必须输入格网对角的坐标。程序会根据定义的单元格大小计算行列数，使得格网能够填满整个区域而又不超出事先定义的范围。建立的样方如图 3-4-4 所示。

3. 信息添加

为了将点状图层的信息添加到面状样方图层中，使用 ArcToolbox 工具，单击 Analysis Tools→Overlay→Spatial Join，输出的 net170000_SpatialJoin 图层的每个样方中包括了其面积范围内的 zhandian 信息（图 3-4-5）。右键 net170000_SpatialJoin 图层名称，打开属性表，Join_Count 字段显示的即为每个样方内的气象站点数目（图 3-4-6）。

4. 可视化

为了更加直观地显示样方统计结果，双击 net 170000_SpatialJoin 图层名称，根据 Join_Count 字段的数值，通过 Properties→Symbology→Categories 进行分层设色，单击 Add All Values 在 Color Ramp 中选择合适的色带（图 3-4-7）。并通过 Layer Properties 添加样方的信息标注（图 3-4-8）。

得到最终的样方统计图（图 3-4-9）。

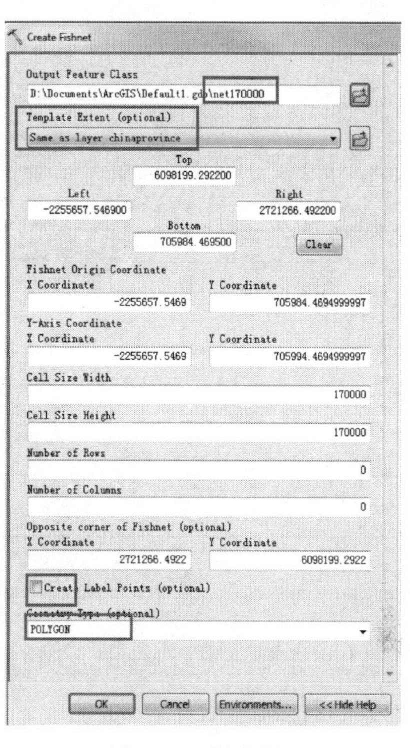

图 3-4-3　创建渔网

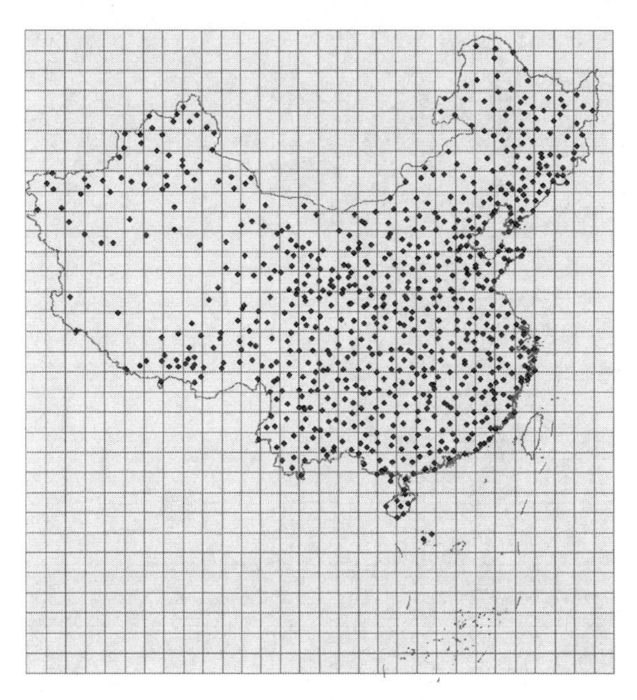

图 3-4-4　得到样方

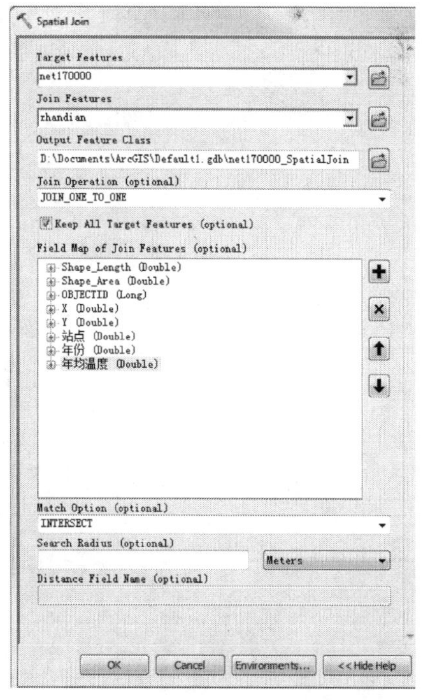

图 3-4-5　添加样方信息

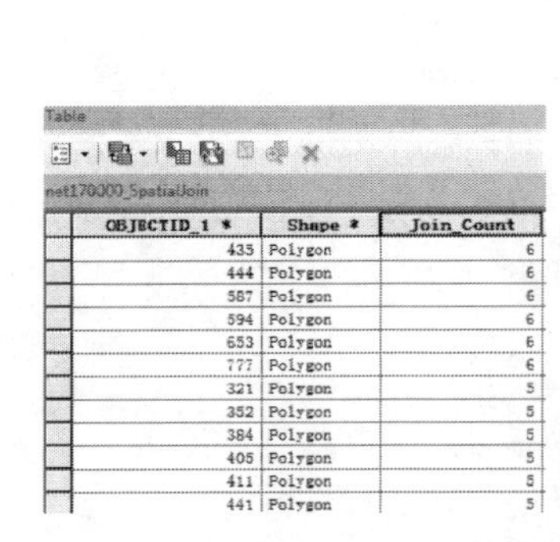

OBJECTID_1 *	Shape *	Join_Count
435	Polygon	6
444	Polygon	6
587	Polygon	6
594	Polygon	6
653	Polygon	6
777	Polygon	6
321	Polygon	5
352	Polygon	5
384	Polygon	5
405	Polygon	5
411	Polygon	5
441	Polygon	5

图 3-4-6　查看“net170000_SpatialJoin”图层属性表

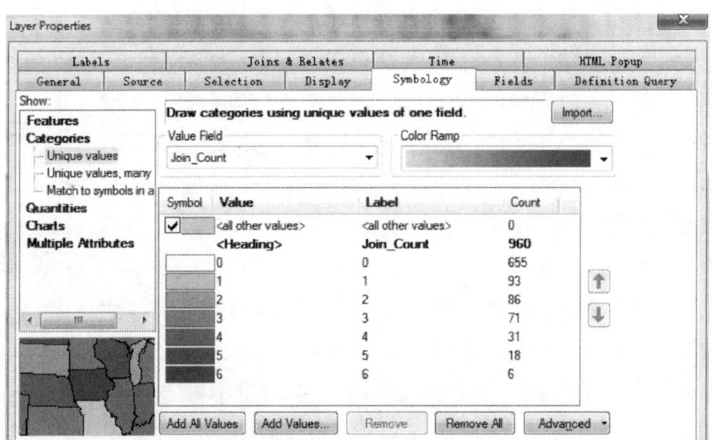

图 3-4-7　分层设色

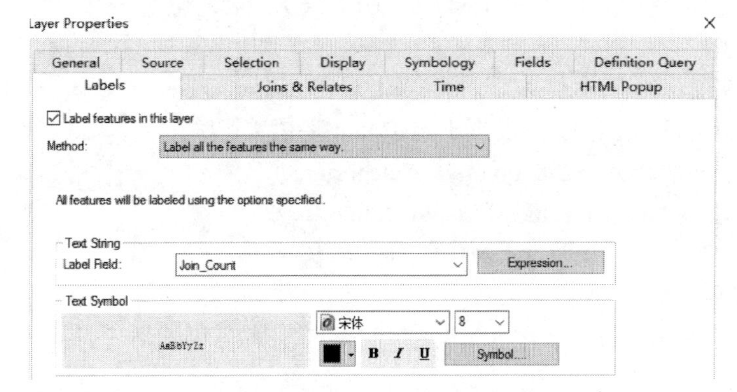

图 3-4-8　添加标注

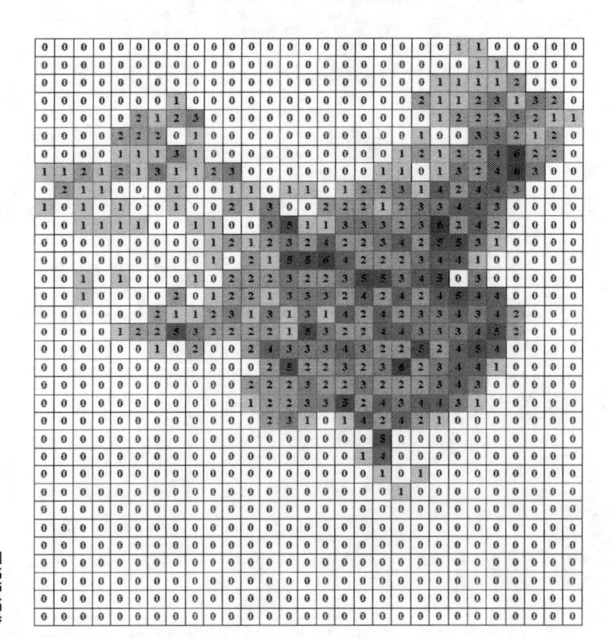

图 3-4-9　得到样方

5. 样方分析统计检验

通过样方分析的结果分析气象站点的分布情况，只考虑陆上区域的气象站点。单击 Editor→Start Editing 开始编辑，选择菜单 Selection→Select By Location（图 3-4-10，图 3-4-11）。

单击 OK 后选择了如下样方（图 3-4-12）：

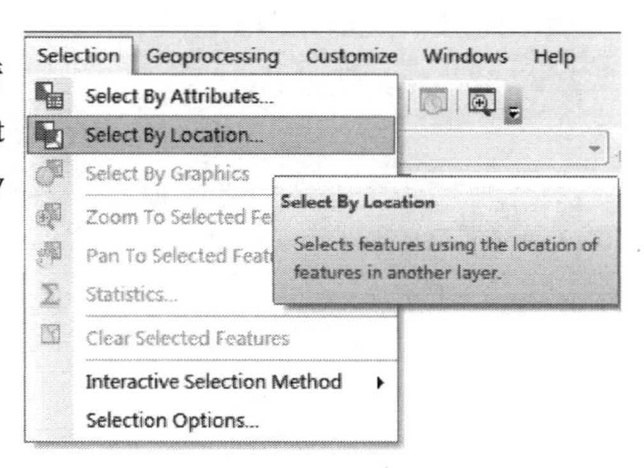

图 3-4-10　根据位置挑选样方

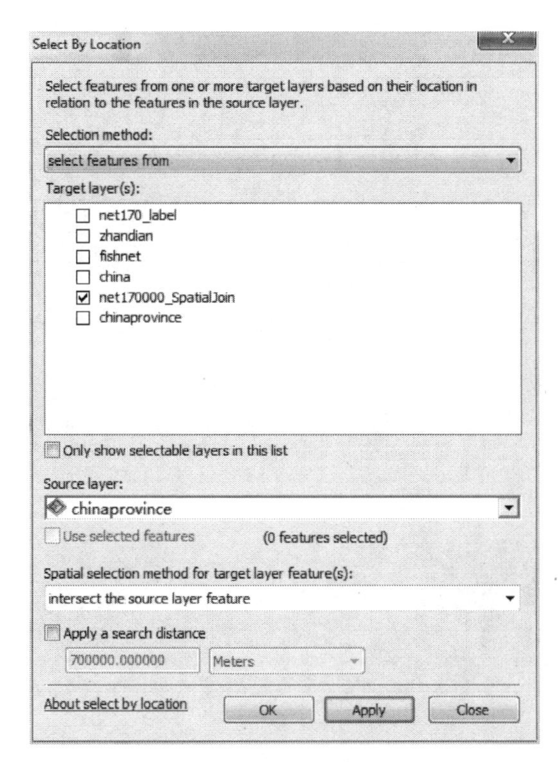

图 3-4-11　根据位置挑选样方

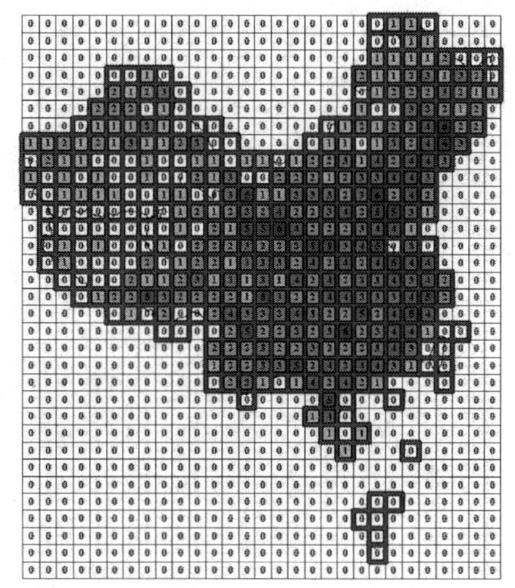

图 3-4-12　挑选陆上区域样方

打开属性表，反选剩余部分（图 3-4-13）、删除（图 3-4-14）、再手动删除非陆上区域的渔网，将剩余区域的样方进行删除。

保留了 406 个样方（图 3-4-15），停止编辑。

打开属性表，右击 Join_Count 字段，选择 Statistics（图 3-4-16），对字段进行统计（图 3-4-17）。

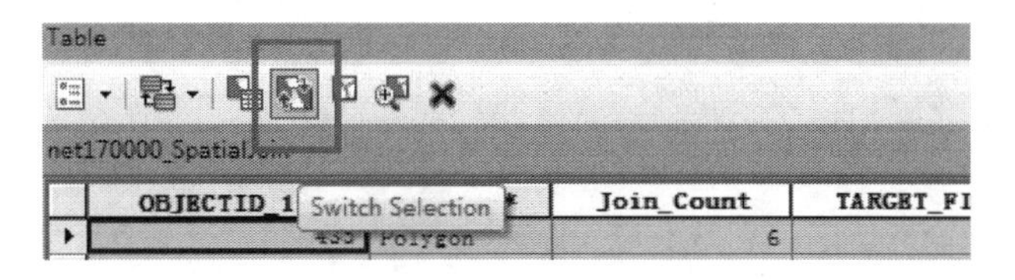

图 3-4-13　进行反选

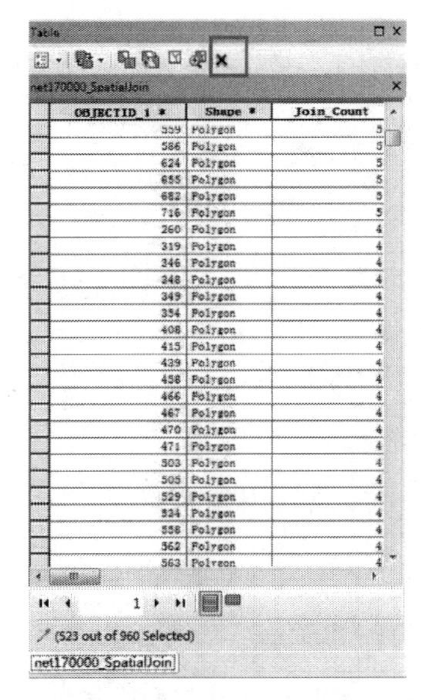

OBJECTID_1 *	Shape *	Join_Count
559	Polygon	5
586	Polygon	5
624	Polygon	5
655	Polygon	5
682	Polygon	5
716	Polygon	5
260	Polygon	4
319	Polygon	4
246	Polygon	4
248	Polygon	4
349	Polygon	4
354	Polygon	4
408	Polygon	4
415	Polygon	4
439	Polygon	4
458	Polygon	4
466	Polygon	4
467	Polygon	4
470	Polygon	4
471	Polygon	4
503	Polygon	4
505	Polygon	4
529	Polygon	4
534	Polygon	4
558	Polygon	4
562	Polygon	4
563	Polygon	4

图 3-4-14　反选并删除

图 3-4-16　进行统计

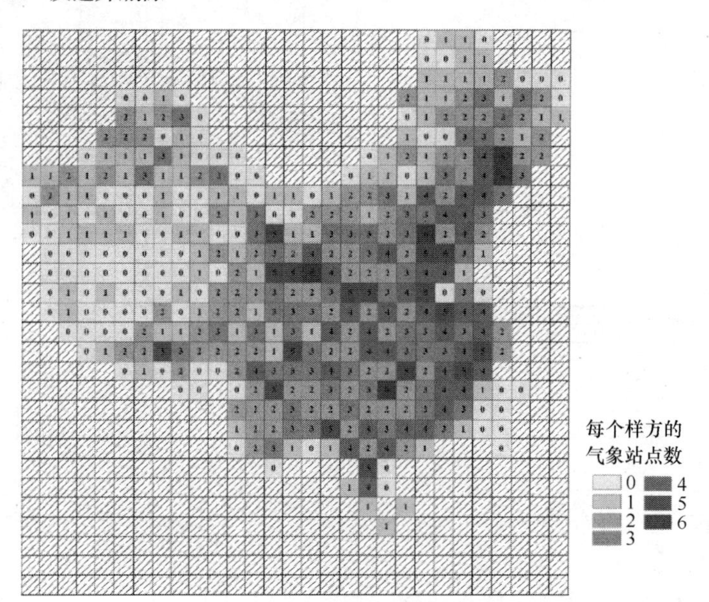

图 3-4-15　保留 406 个样方

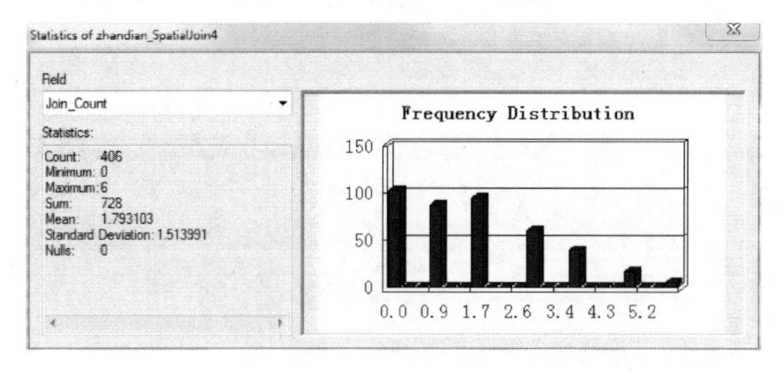

图 3-4-17　统计结果

计算得出

$$VMR = \frac{Var}{Mean} = \frac{1.514^2}{1.793} \approx 1.278 \quad (3\text{-}4\text{-}1)$$

3.4.2　核密度分析

1. 打开数据

打开 ArcMap，新建空白文档。

单击 File→Add Data→Add Data（在 9.3 版本中，File→Add Data）；或者单击 ✦·，如图 3-4-18 圆圈所示。

使用连接文件夹操作，连接并进入目标文件夹，如图 3-4-19，打开文件线状图层“china.shp”和点状图层“zhandian.shp”。

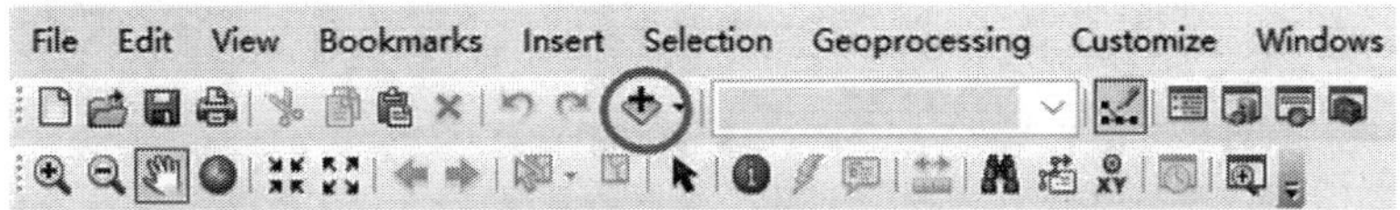

图 3-4-18　打开数据

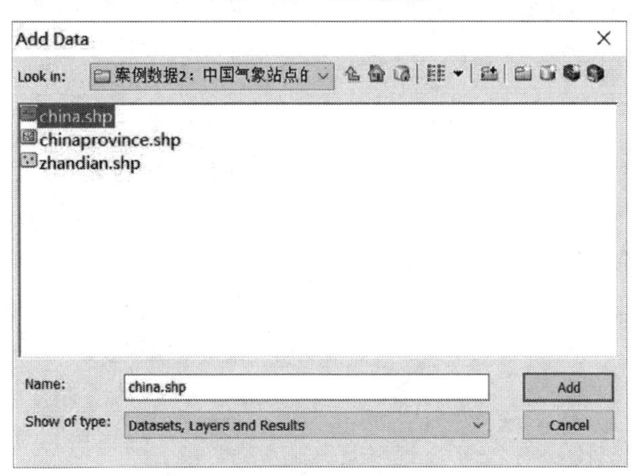

图 3-4-19　选择数据所在文件夹

2. 进行核密度分析

单击 ArcToolbox，选择 Spatial Analyst→Densit→Kernel Density，首先单击 Environments，单击 Processing Extent，将处理区域选择与图层 china 一致（图 3-4-20）。

设定好环境中的处理区域后，接着设置核密度分析的参数（图 3-4-21）。

（1）Input point or polyline features：选择“zhandian”数据。

（2）Population field：选择 NONE，则每个气象站点计数一次，若选择其他字段，则计数次数为对应字段的数值。

（3）Output cell size（optional）：输出栅格数据集的像元大小。可自行设置，如果未设置，单元大小为输出空间参考中输出范围的宽度或高度较小值除以 250。

（4）Search radius：在其范围内计算密度的搜索半径。单位基于输出空间参考投影

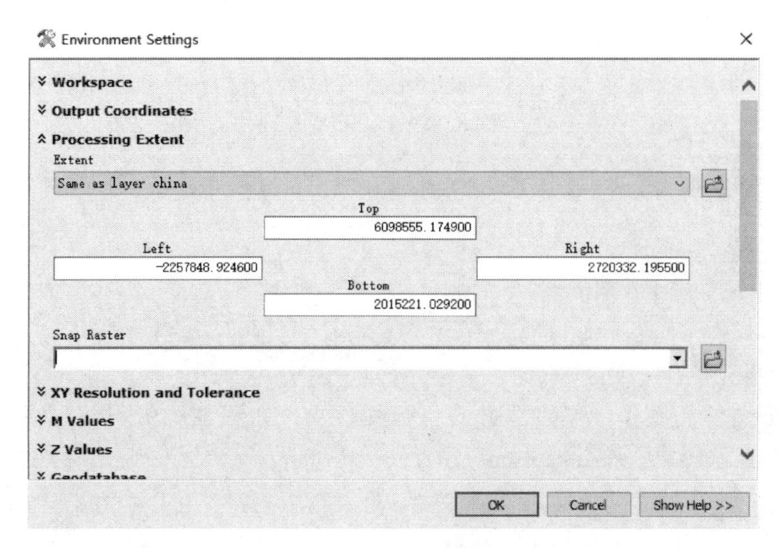

图 3-4-20 设置处理范围

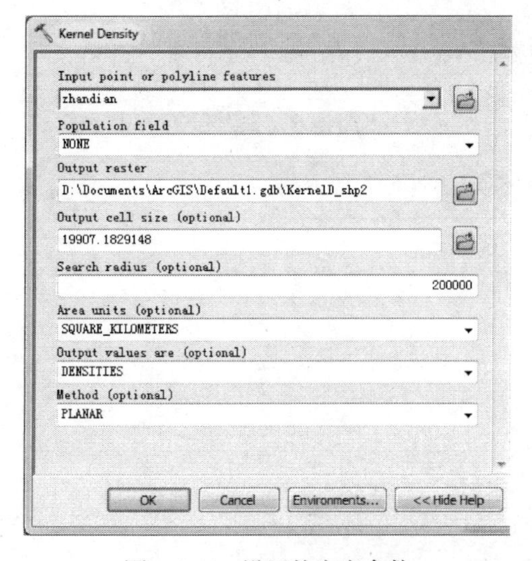

图 3-4-21 设置核密度参数

的线性单位，即为带宽，带宽可自行选择，ArcGIS 在处理范围确认后，会自动计算带宽。在 ArcGIS10.2.1 之前的版本中，将输入范围的宽度和高度间的较小值除以 30 得出默认搜索半径。这种方法仅考虑了研究区的形状特征而忽视了事件点数量的影响，之后计算默认搜索半径的方法已得到了改善。算法如下：

计算输入点的平均中心。如果选择了 Population 字段而不是“无”，则该字段中的值将加权此计算及以下所有计算。首先确定整个事件点的（加权）平均中心，计算所有点与（加权）平均中心之间的距离，记录这些距离的中位数 D_m，并计算所有点的标准距离 SD（与标准差类似，是对事件点的概括性描述）。

$$\text{Search radius}=0.9\times\min\left(\text{SD},\ \sqrt{1/\ln 2}\times D_m\right)\times n^{-0.2} \tag{3-4-2}$$

如果未使用 Population 字段，则 n 是点数；反之，n 则是 Population 字段值的总和。

ArcGIS 目前不支持核函数的选择，其核函数默认 Silverman 的著作［1986 年版，第 76 页，方程（4.5）］中描述的二次核函数。

其公式为

$$K(x)=\begin{cases}3\pi^{-1}(1-x^{\mathrm{T}}x)^2, & x^{\mathrm{T}}x<1\\ 0, & 其他\end{cases} \tag{3-4-3}$$

得到的核密度分析图（搜索半径为 200km）如图 3-3-2（b）所示。

3. 分析与探索

通过核密度分析的结果分析气象站点的分布情况，并通过改变搜索半径得出的不同结果讨论带宽对核密度分析的影响。

4. 输出制图结果

设置符号系统，为标准简洁好看，图例中数值扩大 10^5（图 3-4-22）。

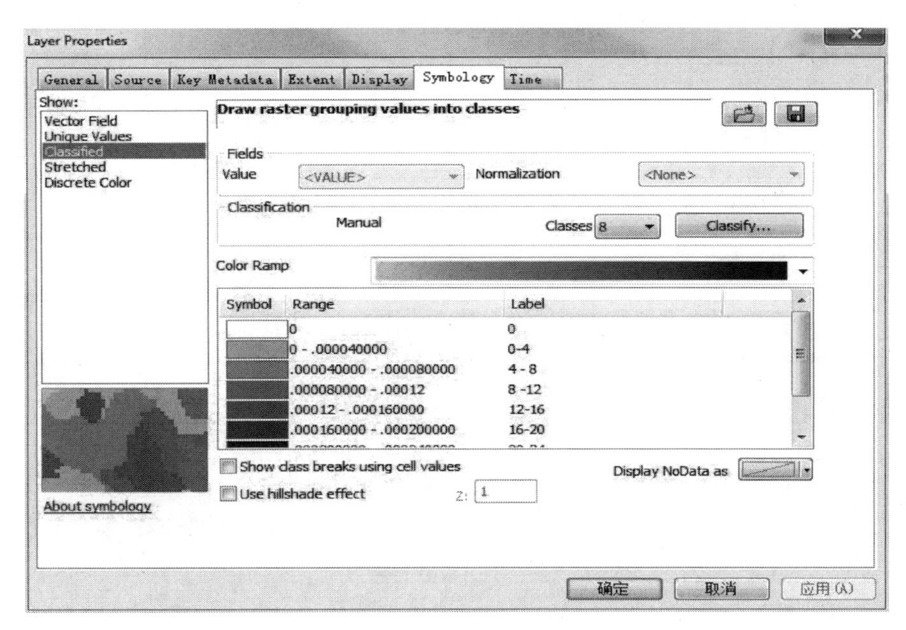

图 3-4-22　设置符号系统

切换到 Layout 视图，制作一张纵向中国地图。

添加图例（图 3-4-23）。

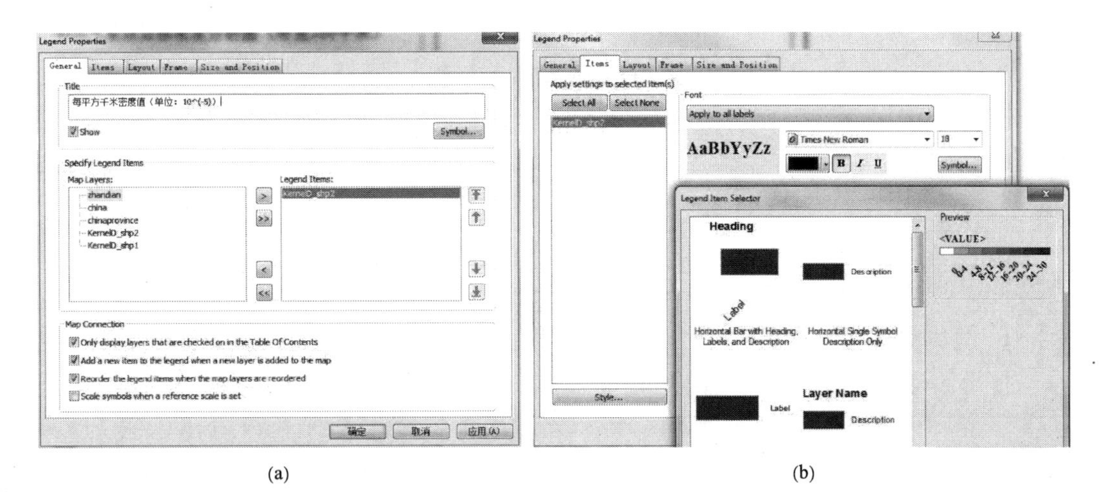

图 3-4-23　设置图例

添加比例尺（图 3-4-24）。

添加经纬网：右键单击 Layer 属性 Properties，选择 Grid→New Grid（图 3-4-25）。并设置经纬网属性（图 3-4-26）。

输出中国地图如图 3-3-2（b）。

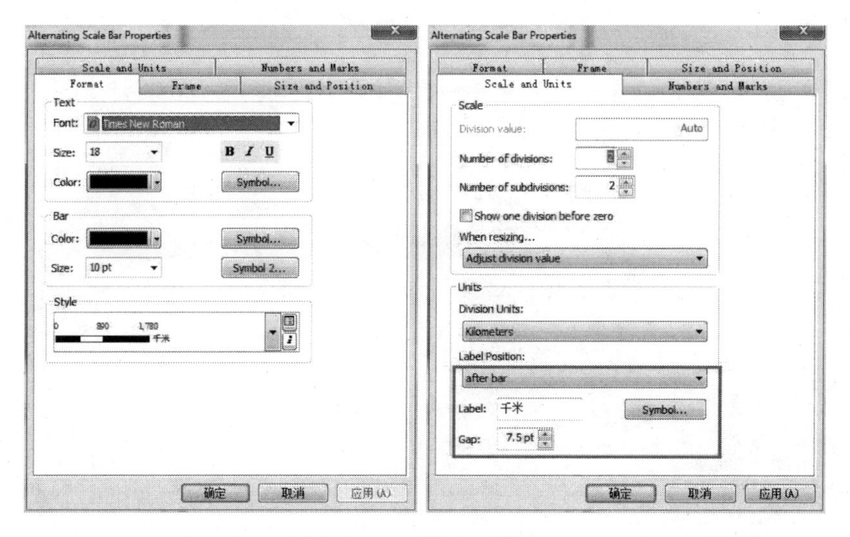

图 3-4-24　设置比例尺

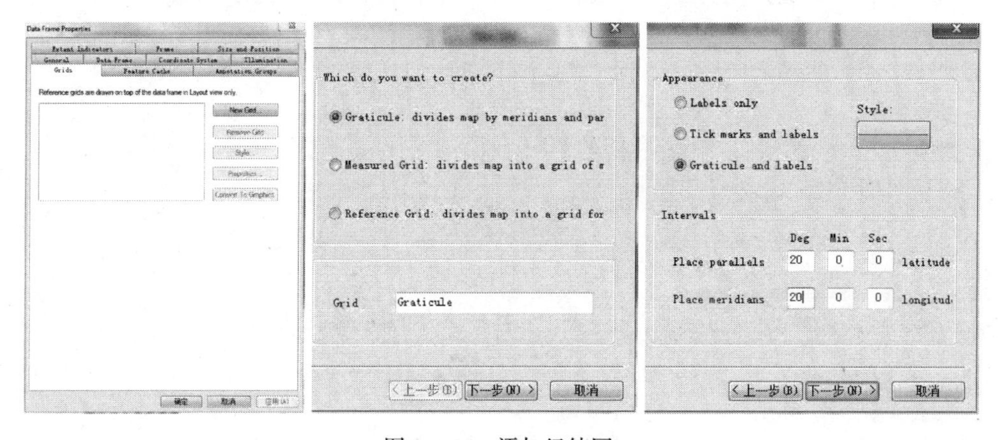

图 3-4-25　添加经纬网

3.4.3　平均最近邻分析

1. 打开数据

打开 ArcMap，新建空白文档。

单击 File→Add Data→Add Data（在 9.3 版本中，File→Add Data）；或者单击 ✚·，如图 3-4-27 圆圈所示。

使用连接文件夹操作，连接并进入目标文件夹，如图 3-4-28 所示，打开文件线状图层“china.shp”和点状图层“zhandian.shp”。

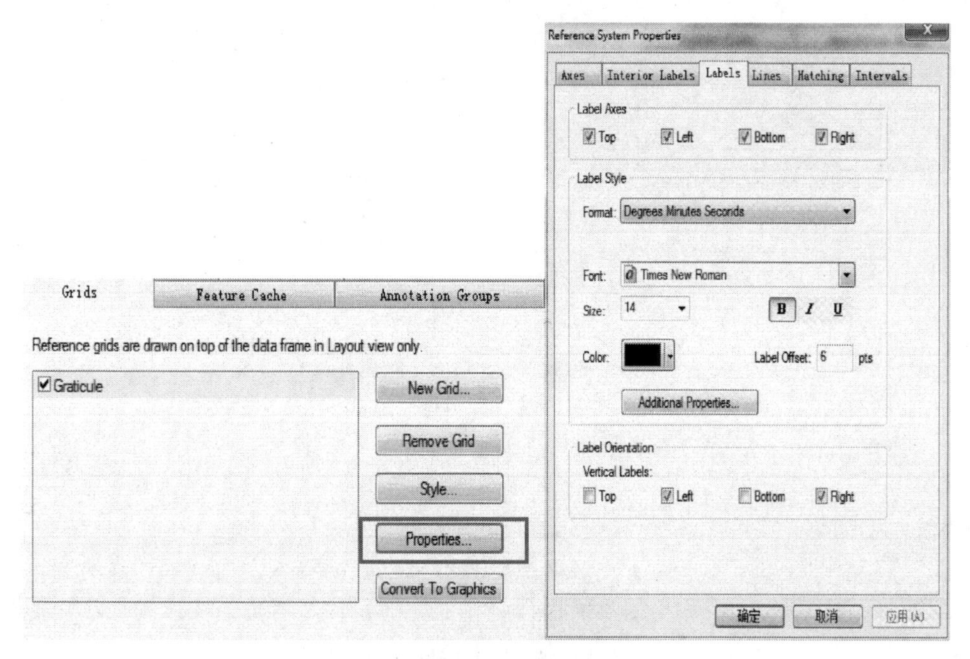

图 3-4-26　设置经纬网属性

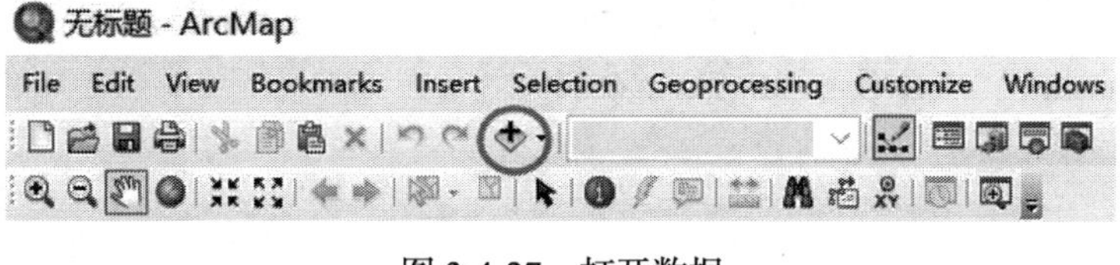

图 3-4-27　打开数据

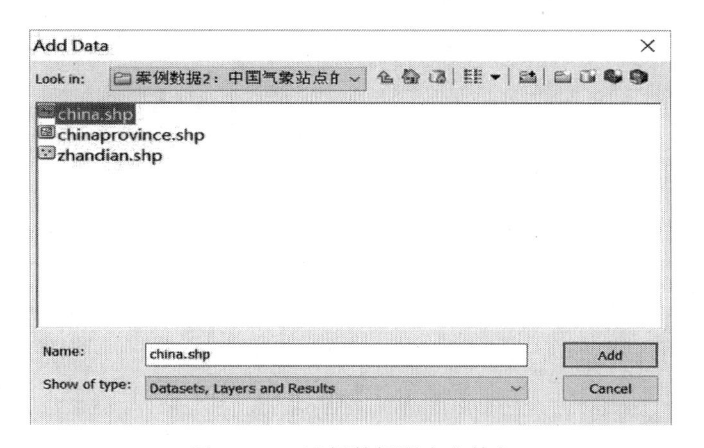

图 3-4-28　选择数据所在文件夹

2. 平均最近邻分析

单击图标，打开 ArcToolbox 工具栏，选择 Spatial Statistics Tools→Analyzing Patterns→Average Nearest Neighbor 打开平均最近邻分析工具（图 3-4-29）。

（1）参数设置如上所示，输入要素类为“zhandian”；

（2）距离方法可以选择欧氏距离或者曼哈顿距离，这里我们选择欧氏距离；

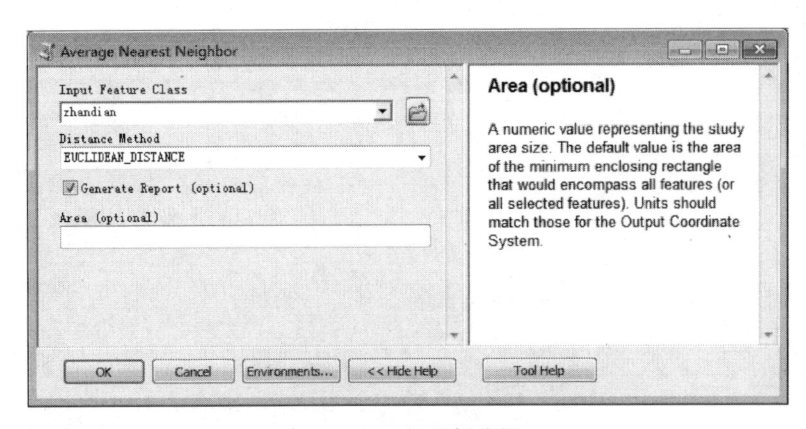

图 3-4-29　最近邻分析

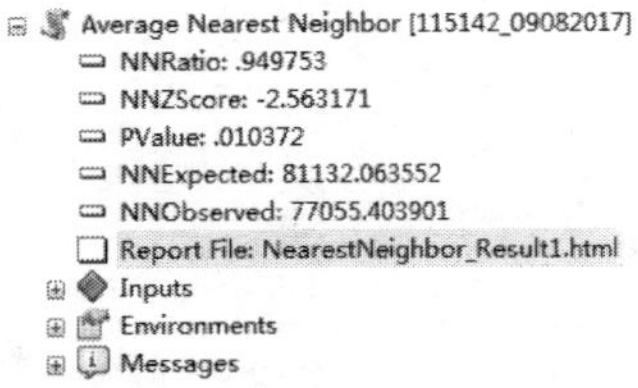

Average Nearest Neighbor [115142_09082017]
NNRatio: .949753
NNZScore: -2.563171
PValue: .010372
NNExpected: 81132.063552
NNObserved: 77055.403901
Report File: NearestNeighbor_Result1.html
Inputs
Environments
Messages

图 3-4-30　最近邻分析结果报表

（3）勾选上报表选项；

（4）面积参数可以手动输入，为一个代表研究区尺寸的数值，其缺省值为能包含所有输入要素的最小矩形框面积，这里我们不做改动；

（5）单击 OK，分析完成后，单击菜单的 Geoprocessing，单击下拉列表的 Results，找到平均最近邻分析结果，如下所示（图 3-4-30）。

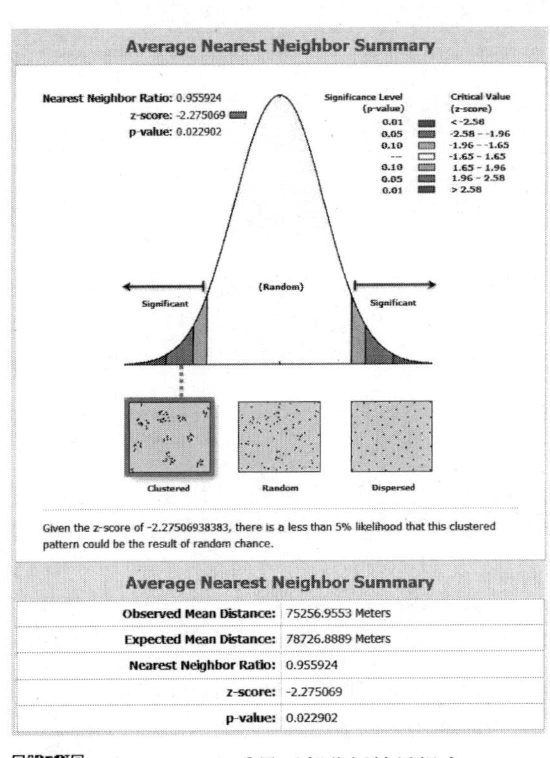

Observed Mean Distance:	75256.9553 Meters
Expected Mean Distance:	78726.8889 Meters
Nearest Neighbor Ratio:	0.955924
z-score:	-2.275069
p-value:	0.022902

图 3-4-31　查看最近邻分析结果报表

双击 Report File，打开一个 html 格式的网页，列出了平均最近邻分析得到的结果，如图 3-4-31 所示。

3.4.4　Ripley's *K* 函数分析

1. 打开数据

打开 ArcMap，新建空白文档。

单击 File→Add Data→Add Data（在 9.3 版本中，File→Add Data）；或者单击 ✚·，如图 3-4-32 圆圈所示。

使用连接文件夹操作，连接并进入目标文件夹，如图 3-4-33，打开文件线状图层“china.shp”和点状图层“zhandian.shp”。

2. Ripley's *K* 函数分析

单击 图标，打开 ArcToolbox 工具栏，选择 Spatial Statistics Tools→Analyzing Patterns→Multi-Distance Spatial Cluster Analysis（Ripley's *K* Function）打开多重距离空间聚类分析工具，如图 3-4-34。

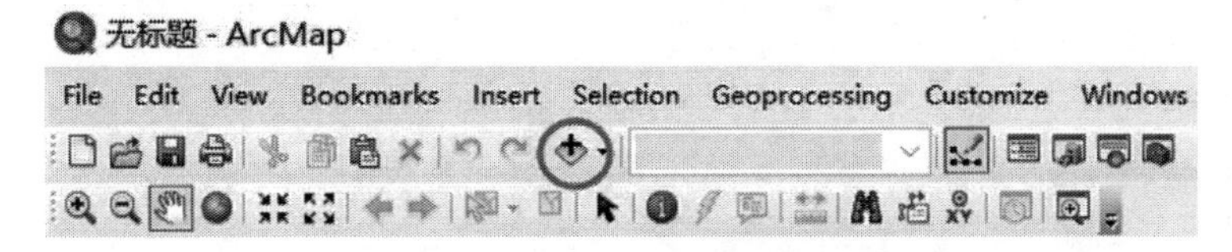

图 3-4-32　打开数据

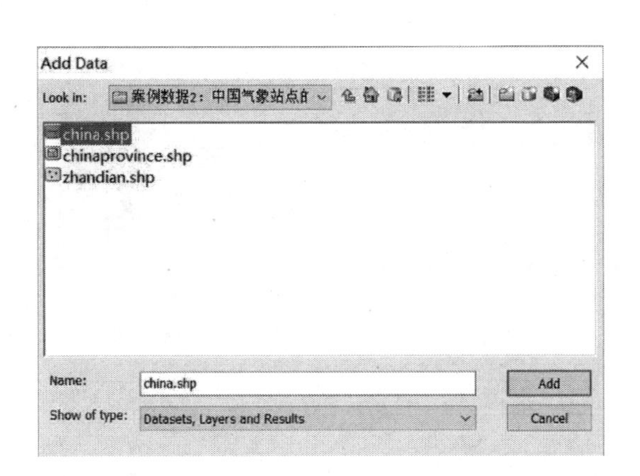

图 3-4-33　选择数据所在文件夹

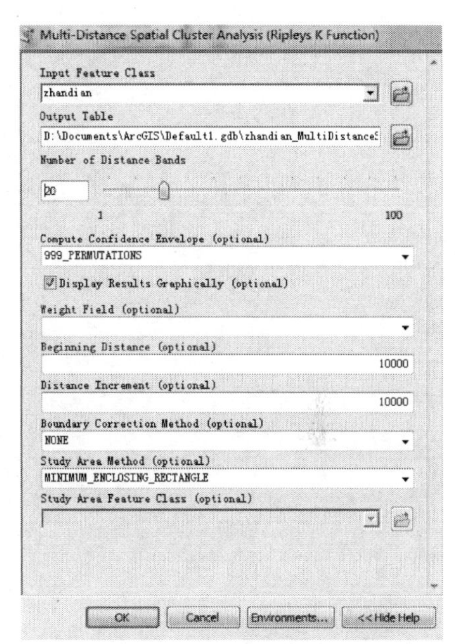

图 3-4-34　Ripley’s *K* 函数分析

各参数设置如下：

（1）输入要素类为“zhandian”文件；

（2）设置输出表路径，这里选择默认路径；

（3）Number_of_Distance_Bands——要计算多少个不同的距离，这里选择 20；

（4）Compute Confidence Envelope 置信区间，0_PERMUTATIONS_-_NO_CONFIDENCE_ENVELOPE——不创建置信区间，9_PERMU TATIONS——随机放置了 9 组点 / 值，99_PERMUTATIONS——随机放置了 99 组点 / 值，999_PERMUTATIONS——随机放置了 999 组点 / 值，这里选择 999 次模拟；

（5）勾选 Display Results Graphically（optional）；

（6）Beginning Distance（optional）是起始计算的距离，选择 10000m，Distance Increment（optional）为递增距离，也选择 10000m；

（7）研究区选择默认的 MINIMUM_ENCLOSING_RECTANGLE，指示将使用封闭所有点的最小矩形，如果选择 USER_PROVIDED_STUDY_AREA_FEATURE_CLASS 可以自行定义研究区域；

（8）单击 OK，分析完成后得到结果图如下（图 3-4-35）。

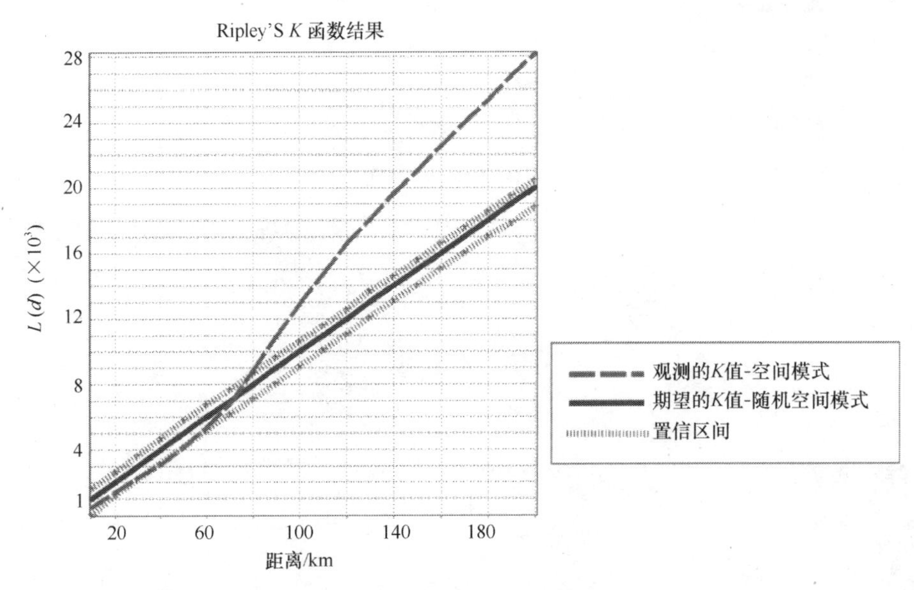

图 3-4-35 Ripley'S *K* 函数分析结果

课后习题

1．中位中心是这样一个点位，它到所有点的路程（距离）之和为最短。中位中心无法直接计算得到，了解一些寻优方法。

2．点模式有哪三种类型？介绍这三种类型的点模式。

3．样方计数方法存在的问题有哪些？有哪些方法可以改进？

4．ArcGIS 提供了点密度分析与核密度分析，这两种方法有什么区别？

参考文献

蔡雪娇，吴志峰，程炯．2012．基于核密度估算的路网格局与景观破碎化分析［J］．生态学杂志，31（1）：158-164．

陈永刚，汤孟平，施拥军，等．2012．样方形状对空间点格局的性能影响分析：以天目山阔叶林为例［J］．地理研究，31（4）：665-671．

郭仁忠．2001．空间分析［M］．2 版．北京：高等教育出版社．

李强．2016．基于 Ripley's *K* 函数的北京市麦当劳分布格局特征分析［J］．地矿测绘，(4)：17-19．

佘冰，朱欣焰，呙维，等．2013．基于空间点模式分析的城市管理事件空间分布及演化：以武汉市江汉区为例［J］．地理科学进展，32（6）：924-931．

吴春涛，李隆杰，何小禾，等．2018．长江经济带旅游景区空间格局及演变［J］．资源科学，40（6）：1196-1208．

徐英睿．2017．2001—2010 年呼伦贝尔草原火灾空间分布［J］．长春师范大学学报（自然科学版），(10)：77-80．

闫庆武，卞正富．2008．基于 GIS-SDA 的居民点空间分布研究［J］．地理与地理信息科学，24（3）：57-61．

禹文豪，艾廷华．2015．核密度估计法支持下的网络空间 POI 点可视化与分析［J］．测绘学报，44（1）：82-90．

Clark P J, Evans F C. 1954. Distance to nearest neighbor as a measure of spatial relationships in populations [J]. Ecology, 35 (4): 445-453.

Clark W A V, Hosking P L. 1986. Statistical Methods for Geographers [M]. New York: John Wiley.

Glass L, Tobler W R. 1971. General uniform distribution of objects in a homogeneous field: Cities on a plain [J]. Nature, 233: 67-68.

Gleason H A . 1920. Some applications of the Quadrat method [J]. Bulletin of the Torrey Botanical Club, 47 (1): 21-33.

Goodall D W. 1952. Quantitative aspects of plant distribution [J]. Biological Reviews, 27 (2): 194-242.

Greig-Smith P. 1952. The use of random and contiguous Quadrats in the study of the structure of plant communities [J]. Annals of Botany, 16 (62): 293-316.

Griffith D A, Amrhein C G, Desloges J R. 1991. Statistical analysis for geographers [J]. Journal of the American Statistical Association, 94 (446): 654.

Hodder I, Orton C. 1976. Spatial Analysis in Archeology [M]. London: Cambridge University Press.

King L J. 1969. The analysis of spatial form and its relation to geographic theory[J]. Annals of Association of American Geographers, 59(3):573-595.

Kloog I, Haim A, Portnov B A. 2009. Using kernel density function as an urban analysis tool: Investigating the association between nightlight exposure and the incidence of breast cancer in Haifa, Israel [J]. Computers, Environment and Urban Systems, 33 (1): 55-63.

Neyman J, Scott E L. 1958. Statistical approach to problems of cosmology [J]. Journal of the Royal Statistical Society, 20 (1): 1-43.

O'Sullivan D, Unwin D J. 2005. Geographic information analysis [J]. Professional Geographer, 57 (4): 624-626.

O'Sullivan D, Wong D W S. 2007. A surface-Based approach to measuring spatial segregation [J]. Geographical Analysis, 39 (2): 147-168.

Parzen E. 1962. On estimation of a probability density function and mode [J]. Annals of Mathematical Statistics, 33 (3): 1065-1076.

Pielou E C. 1977. Mathematical Ecology [M]. New York: Wiley.

Ripley B D. 1981. Spatial Statistics [M]. New York: Wiley.

Rosenblatt M. 1956. Remarks on some nonparametric estimates of a density function [J]. The Annals of Mathematical Statistics, 27(3): 832-837.

Silverman B W. 1986. Density Estimation for Statistics and Data Analysis [M]. London: Chapman and Hall.

Taylor P J. 1983. Quantitative Methods in Geography: An Introduction to Spatial Analysis [M]. Boston and London: Houghton Mifflin.

Wong D W S, Lee J. 2005. Statistical analysis of geographic information with ArcView GIS and ArcGIS [M]. Hoboken: John Wiley & Sons, Inc.

第 4 章　空间自相关分析

4.1　空间自相关的概述

4.1.1　空间自相关的概念

在平面空间，每个地理事物都具有地点（site）和区位（location）两个基本要素，地点是指该事物处于空间的具体位置，区位是指该事物与其他地理事物之间的相互关系。在地理空间数据分析中，研究者一般比较感兴趣的是区位信息，目的是要了解空间现象分布的空间相依性（spatial dependence）。空间相依性是指空间上地点相邻的空间单元有着一定的空间关系，存在的事物与现象具有一定的规律，而相同的现象会聚集在一起产生空间关联（spatial association）的现象。那么要如何确定这种空间关联现象是否存在？这种现象的存在是随机的，还是有它存在的影响要素？空间自相关的出现可以给出一定的回答。

空间自相关是利用空间统计方法研究空间单元与其周围单元之间的空间相关性，从而分析这些空间单元的空间分布特征。如果空间自相关程度较高，具有相同特征的空间现象就会聚集在一起；相反，如果空间自相关程度低，则空间现象可能分散于空间各处。如表 4-1-1 所示，不同学者对于空间自相关的概念有他们不同的理解。

表 4-1-1　不同学者对空间自相关概念的理解

学者	对空间自相关概念的理解
Cliff 和 Ord（1983）	空间单位中如果存在一种特殊的关系，使该空间单元与其周围邻近的单元产生更相似或差异变大的现象，就认为该空间单元之间存在着空间自相关
Sokal 和 Oden（1978）	空间自相关是用于检验空间单元的变量，在空间上与近邻空间变量的差异
Upton 和 Fingleton（1985）	空间自相关是地图资料的空间组织所呈现的特性，其特性为地图上的空间所代表数值具有系统性与组织性的分布，其系统性与组织性即指分布空间上的地理现象，若不是随机分布，就是存在着某种相互关系
Goodchild（1986）	空间自相关关系与在地球表面某一位置的物体或活动和其相邻位置的相似程度有关。也就是说，当相似观测单元的属性趋于相似时，存在正的空间自相关；当空间中紧密相连观测单元的属性趋向于与较远观测单元的属性差异较大时，存在负的空间自相关
Anselin（1988）	在空间上各空间单元的属性值大小是否具有聚集或分散的现象
Griffith（1992）	空间自相关可以同时处理区位及属性数据

4.1.2　空间自相关的主要方法

目前，关于空间自相关分析的方法有很多，常用的有：Moran's I（Moran，1948，1950），Geary's C（Geary，1954），General G 与 G_i 指数法（Getis，Ord，1992，1996），Join Count（Cliff，Ord，1970）等。这些方法各有其功能、适用范围和局限性，当然也各有其优缺点。如 Join Count 适用于名义尺度（nominal），而 Moran's I 和 Geary's C 适用于等距尺度和比例尺度（ratio）。另外，根据他们的算法，可以分为两类：一类是以计算交互差异，即以计算协方差（$x_i-\bar{x}$）（$x_j-\bar{x}$）为核心，如 Moran's I；另一类是以计算相互间差异的平方（squared differences），即计算（x_i-x_j）^{2} 的值为核心，如 Geary's C。

根据数据所需要研究的要求，这些方法可分为全局空间自相关（global spatial autocorrelation）和局部空间自相关（local spatial autocorrelation）两种。全局自相关的计算依赖于整体空间对象，它的功能是描述一个现象的整体分布，并确定空间中是否存在聚集特征，但不能准确地指出聚集的区域。此外，如果将不同的空间滞后（spatial lag）的空间自相关统计按序排列，则可以进一步构造空间自相关系数图（correlogram），或将半方差函数值按空间间隔值来制作半方差图（semi-variogram），分析该现象在空间上是否有阶层性分布。

局部型方法主要用来计算局部区域的空间相关性，确定某一样点和周围一定距离范围的其他样点之间的空间相关性。局部型方法的主要作用：①推算和确定空间集聚地（spatial hot spot）是否存在；②评价数据的平稳假设（stationarity assumption）；③确定空间自相关存在的有效距离范围。

在这些空间自相关分析方法中，Moran's I 以及近来所发展的 G 统计、G_i 统计与局部 Moran 等方法皆是将研究区域分为若干空间单元，再依其空间接近性（spatial proximity）定义出若干子区域，以对各单元中的空间数据属性逐一分析，并进一步比较各单元中的空间数据属性是否有显著的相关性。其中 Moran's I 与 G 统计属于分析全局的空间统计方法，而 G_i 统计与局部 Moran 是属于分析局部的空间统计方法。

4.1.3　空间自相关的应用

目前，空间自相关研究在各个学科领域中得到广泛的应用，主要来度量空间数据的分布特征。其借助地理信息系统（GIS）的可视化展示功能，显示空间单元的位置以及与其他空间单元的相互关系，已有许多应用实例（唐惠丽，2010）。

在社会管理科学方面，李扬等（2011）借助全局与局部的空间自相关分析方法，利用北京市人口普查数据，对北京市县域尺度老龄人口分布总体与局部空间差异的变化趋势与特征进行了分析，得出北京市老龄人口分布为显著的正自相关，空间分布差异不断扩大，并且有很强的中心化趋势，集聚于中心四城区。朱传耿等（2001）利用公安部 1996 年流动人口统计数据，对中国 3406 个县、市流动人口的空间分布进行研究。其中全局 Moran's I 空间自相关结果显示流动人口在空间上具有显著的相关性，而局部 Moran 指数的计算及进一步的分类结果显示，人口分布存在着突出的城乡“二元”结构、东中西“3 带、5 区”的空间格局。

因为传染病的分布与地理空间分布有着十分密切的关联，所以空间自相关在传染病学上的应用也颇为广泛。Ord 和 Getis（1995）利用空间自相关指数图，观察 AIDS 在以加利福尼亚旧金山为中心的美国四个地区的传播状况，研究表明，如果计算出的自相关值随空间间隔的增大而减小，艾滋病将以单点源的形式进行传播；如果相关图表现出高—低相位间隔的情况，则存在多个点源。Maciel 等（2010）采用分析局部自相关指标（LISA）和 G 统计量分析巴西维多利亚 2002～2006 年的肺结核的空间分布情况，其中 Moran's I 显示肺结核有强空间自相关，同时利用 LISA 理论方法和 G_i^* 统计量分析显示 4 个区域呈高发聚集性。Demirel 和 Erdoğan（2009）根据 1988～2006 年土耳其的皮肤利什曼病的省份分布情况，利用全局和局部空间自相关技术分析了疾病的发展趋势、聚集状况以及病情特殊的省份。结果显示，皮肤利什曼病在各个省份之间不是随机分布的，具有显著的空间集聚性，高发地区集中在东南地区。

关于环境污染方面的研究，空间自相关能提供一系列的帮助。李勇等（2010）选择了合适的尺度利用局部 Moran 指数法对珠江三角洲肝癌高发区蔬菜土壤中的 Ni、Cr 元素的空间热点进行了识别与分析。高爽等（2011）采用局部 Moran 指数建立了污染企业分布密度与 COD 排放量的双变量空间自相关模型，对制造业与河道污染物分布格局的相关性进行度量，分析了制造业空间集聚程度和水体污染物分布的空间关联性；王怀成等（2014）通过局部 Moran 指数构建了长三角地区产业发展与环境污染重心演变特征及其空间分布格局的双变量空间自相关模型，分析了此地区的产业集聚度与环境污染的空间关联性；张海珍等（2014）也采用局部 Moran 指数法对西湖景区土壤重金属污染的空间聚类和空间离群进行了分析。Zhang 等（2008，2009）认为土壤的空间异常值能够识别潜在的污染地区，而空间异常值能够通过局部 Moran 指数来进行查找确定；他们使用局部 Moran 指数对爱尔兰戈尔韦市城市土壤中铅污染进行污染热点的识别，并探讨了权重函数、数据变换以及极值的存在与改变对于局部 Moran 指数识别结果的影响。

在遥感方面，Getis（1994）运用 Getis 统计方法，基于 Landsat TM 卫星影像进行尺度效应（scale effects）、抽样程序（sampling procedures）等方面的研究，发现 Getis 统计方法在遥感影像处理中可以去除影像的噪声，使影像更清晰。Wulder 和 Boots（1998）也将此方法应用在遥感研究上。

4.2 空间权重矩阵

在空间自相关分析中，需要一些描述位置相互关系的度量规则来确定空间目标之间的邻近关系，大多数的空间自相关分析遵循一些共同的邻近关系的定义。空间权重矩阵（spatial weight matrix）是表达空间邻近关系的最主要的工具，在空间统计分析运算中作为重要的基础。空间权重矩阵的选择对空间统计分析的结果而言是一个重要的决定因素，不同空间权重的定义将直接影响到空间自相关分析的结果。对于 n 个空间区域，通常使用一个二元对称空间权重矩阵 W 来表达邻近关系，如下所示：

$$W=\begin{bmatrix} w_{11} & w_{12} & \cdots & w_{1n} \\ w_{21} & w_{22} & \cdots & w_{2n} \\ \vdots & \vdots & & \vdots \\ w_{n1} & w_{n2} & \cdots & w_{nn} \end{bmatrix} \tag{4-2-1}$$

式中，w_{ij} 表示区域 i 与 j 的空间权重指标（$i, j=1, 2, \cdots, n$）。

空间权重矩阵的构建一般基于连通性（continuity）和距离（distance）两种特征；此外，空间权重矩阵可以通过面积和可达性来构建。不同类型的数据需选择合理的空间权重矩阵，如散点数据就不能使用以连通性为指标的空间权重矩阵。表 4-2-1 中是一些研究者提出的几种空间权重矩阵类型。

表 4-2-1　不同类型的空间权重矩阵

空间权重矩阵类型	提出者	依据的特征
二进制连接权重矩阵	Moran（1948）	连通性
基于距离的权重矩阵	Moran（1948）	距离
Queen 权重矩阵	Berry 和 Marble（1968）	连通性
K 最近点权重矩阵	Berry 和 Marble（1968）	距离
Dacey 权重矩阵	Dacey（1962）	距离、面积
Cliff-Ord 权重矩阵	Cliff 和 Ord（1970，1981）	距离、相互邻接长度
一般可达性权重矩阵	Bodson 和 Peeters（1975）	可达性

如果是依据连通性特征的矩阵，那么在空间数据是网格形式（lattice）时，其基本的相邻方式可以有三种形式，考虑横纵方向的 Rook's、考虑对角线方向的 Bishop's 和两者都考虑到的 Queen's，见图 4-2-1 示意。

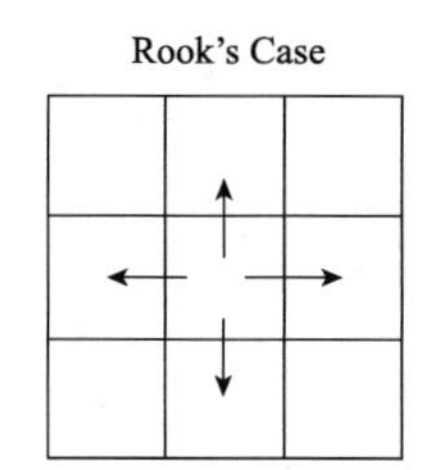

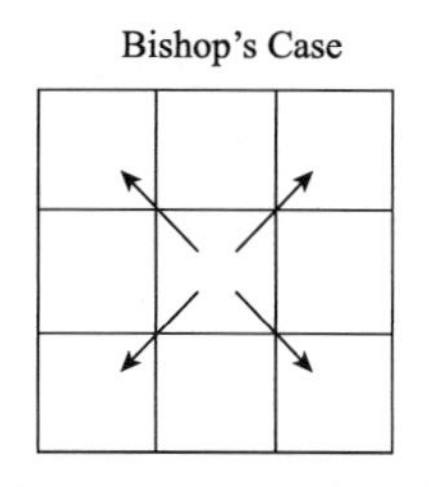

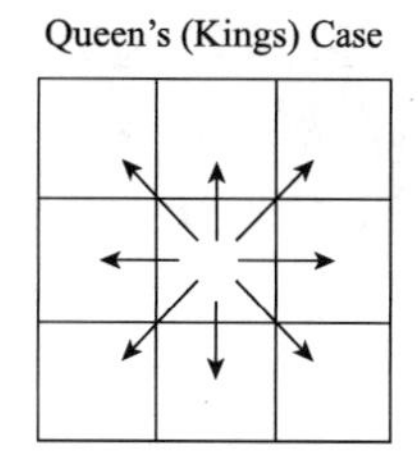

图 4-2-1　空间格点数据相邻方式

基于这三种空间相邻方式的矩阵有二进制连接权重矩阵（相邻关系为 Rook's），即

$$w_{ij}=\begin{cases}1, & \text{区域 } i \text{ 与 } j \text{ 有公共边} \\ 0, & \text{区域 } i \text{ 与 } j \text{ 无公共边或 } i=j\end{cases} \tag{4-2-2}$$

以及 Queen 权重矩阵（相邻关系为 Queen's），即

$$w_{ij}=\begin{cases}1, & \text{区域 } i \text{ 与 } j \text{ 有公共边或同一个顶点} \\ 0, & i=j \text{ 或区域 } i \text{ 与 } j \text{ 无公共边且没有同一顶点}\end{cases} \tag{4-2-3}$$

如图 4-2-2 所示，是二进制权重矩阵的一个例子。

空间区域与单元

1	2	3
4	5	6
7	8	9

二进制连接矩阵（Rook's）

	1	2	3	4	5	6	7	8	9
1	0	1	0	1	0	0	0	0	0
2	1	0	1	0	1	0	0	0	0
3	0	1	0	0	0	1	0	0	0
4	1	0	0	0	1	0	1	0	0
5	0	1	0	1	0	1	0	1	0
6	0	0	**1**	0	**1**	0	0	0	**1**
7	0	0	0	1	0	0	0	1	0
8	0	0	0	0	1	0	1	0	1
9	0	0	0	0	0	1	0	1	0

图 4-2-2　二进制空间权重矩阵示例

如果是依据距离特征的空间权重矩阵，那么主要有基于距离的权重矩阵：

$$w_{ij}=\begin{cases}1，区域 i 与 j 的距离小于 d \\ 0，其他\end{cases} \tag{4-2-4}$$

以及 K 最近点权重矩阵（反距离权重矩阵）：

$$w_{ij}=\frac{1}{d_{ij}^{m}} \tag{4-2-5}$$

式中，d_{ij} 为两个空间单元间的距离；m 为设定的幂参数。

另外还有比较经典的 Cliff-Ord 权重指标（Cliff, Ord, 1970, 1981），计算公式如下：

$$w_{ij}=(d_{ij})^{-a}(\beta_{ij})^{b} \tag{4-2-6}$$

式中，β_{ij} 为 i 单元被 j 单元共享的边界的长度占 i 单元总边界长度的比例；a，b 为两类距离的权重调整系数。这种方法只适用于面数据的权重矩阵的构建。

一般认为，空间单元与自身不属于邻近关系（除去特殊的算法外），即连接矩阵的主对角线上数位为 0。对于连通性特征的空间关系，空间单元的邻近关系也不仅仅只限于邻边单元，还能间接地通过相邻单元对外围无连通关系的空间单元产生影响，可设定空间高阶邻接指标进行表达。另外，在不同的度量尺度下，空间单元间的邻近关系会发生显著的变化，空间统计分析的结果会有明显偏差，因此对于空间自相关的度量需要一个特定的尺度。

4.3 全局空间自相关分析

全局空间自相关是空间自相关研究方法的基石，单相关概念在统计学中最早应用于空间自相关研究的就是全局空间自相关。全局空间自相关主要度量区域内每个空间单元的数值大小与区位关系，若区位相邻的空间单元，其数值大小也相近，则表示区域内存在着空间自相关的关系。20 世纪 50 年代以来，全局空间自相关被运用在流行病学上探讨疾病分布的空间相关程度，其计算公式有 Moran's I、Geary's C、General G、Join Count 等指标系数，在全局空间自相关最典型常用的指标就是 Moran's I 系数（Cliff, Ord，1970，1981）。

4.3.1 Moran's I 法

4.3.1.1 Moran's I的计算

全局型 Moran's I 计算原理是基于统计学相关系数的协方差（covariance）关系推算而来，而在统计学上，方差与协方差都是用于数据变化程度的重要度量工具。方差是一组数据内部差异的平均单位，以组内各数与平均值的差距之平方和，除以样本总数而得（裴璐，2012）。其公式如下：

$$\sigma=\frac{\sum(x_i-\overline{x})^2}{n}=\frac{\sum(x_i-\overline{x})(x_i-\overline{x})}{n} \tag{4-3-1}$$

而协方差是两个变量之间表征差异性的平均单位，由其中一组变量的每项 x_i 对平均数 $\overline{x}$ 的差值乘以另一变量的每项 y_i 对平均数 $\overline{y}$ 的差值得到的积，除以总样本数。公式如下：

$$\mathrm{Cov}=\frac{\sum(x_i-\overline{x})(y_i-\overline{y})}{n} \tag{4-3-2}$$

当$(x_i-\overline{x})$与$(y_i-\overline{y})$两组数同时为正或同时为负时，得到$(x_i-\overline{x})(y_i-\overline{y})$为正，表示两组数大致变化趋势相同，因此其为正相关；反之，若$(x_i-\overline{x})(y_i-\overline{y})$为负时，代表两组数大致变化趋势不同，因此其为负相关。此外，$(x_i-\overline{x})(y_i-\overline{y})$的大小，亦受$(x_i-\overline{x})$与$(y_i-\overline{y})$两组数各自大小的影响，两者的绝对值大小会影响$(x_i-\overline{x})(y_i-\overline{y})$的绝对值大小，从而协方差绝对值大小程度能够代表两组数列的相关程度。

Moran's I 正是基于这种概念与原理发展而出的，事实上 Moran's I 所量测的与相关系数也甚为近似，只是 Moran's I 所量测的不是随机变量 X、Y 的相关性，而是随机变量 X 在空间单元 i（即 x_i）与空间单元 j（即 x_j）的空间相关性。全局型的 Moran's I 的公式如下：

$$I=\frac{n}{\sum_{i=1}^{n}\sum_{j=1}^{n}w_{ij}}\times\frac{\sum_{i=1}^{n}\sum_{j=1}^{n}w_{ij}(x_i-\overline{x})(x_j-\overline{x})}{\sum_{i=1}^{n}(x_i-\overline{x})^2} \tag{4-3-3}$$

式中，n 为研究区空间单元总数；x_i 为第 i 个空间位置上的属性值；$\overline{x}$ 为所有空间单元属性值的平均；w_{ij} 是研究范围内每一个空间单元 i 与单元 j 的空间相邻权重矩阵。

Moran's I 的显著性检验需要作出属性值在空间上不存在空间自相关的原假设，这时则要根据空间数据的分布特征，来对变量的分布作出假设，一般分随机分布和正态分布两种情况来计算 Moran's I 的期望值和方差（Cliff，Ord，1981），进行假设检验。

将单位去除，则 I 值标准化的统计检验公式如下：

$$Z(I)=\frac{I-E(I)}{\sqrt{\mathrm{Var}(I)}} \tag{4-3-4}$$

对 I 值进行显著性检验时，针对某研究属性，在 5% 显著水准下，$Z(I)$ 大于 1.96 时，表示区域内空间单元互相间具有显著的正关联性，即存有空间自相关性。而 $Z(I)$ 若介于 −1.96 与 1.96 之间，表示研究区内空间单元间的关联性不明显，空间自相关性弱。此外，若 $Z(I)$ 小于 −1.96，则表示研究区内空间单元呈现负的空间自相关性。

不管是正态分布还是随机分布，I 的期望值是一样的为

$$E(I)=\frac{-1}{n-1} \tag{4-3-5}$$

从 I 的期望值可以看到，虽然 Moran's I 所量测的与相关系数甚为近似，但是它不是以 0 值为中心，其期望值为负值，并随样本数量的增加，趋向于 0。

对于正态分布，Moran's I 的方差为

$$\mathrm{Var}_{\mathrm{N}}(I)=\frac{n^2S_1-nS_2+3S_0^2}{(n^2-1)S_0^2}-E(I)^2 \tag{4-3-6}$$

对于随机分布，Moran's I 的方差为

$$\mathrm{Var}_{\mathrm{R}}(I)=\frac{n[(n^2-3n+3)S_1-nS_2+3S_0^2]-k[(n^2-n)S_1-2nS_2+6S_0^2]}{(n-1)(n-2)(n-3)S_0^2}-E(I)^2 \tag{4-3-7}$$

式中，

$$k=\frac{n\sum_{i=1}^{n}(x_i-\overline{x})^4}{\left[\sum_{i=1}^{n}(x_i-\overline{x})^2\right]^2} \tag{4-3-8}$$

$$S_0=\sum_{i=1}^{n}\sum_{j=1}^{n}w_{ij} \tag{4-3-9}$$

$$S_1=\frac{1}{2}\sum_{i=1}^{n}\sum_{j=1}^{n}(w_{ij}+w_{ji})^2 \tag{4-3-10}$$

$$S_2=\sum_{i=1}^{n}(w_{i\cdot}+w_{\cdot i})^2 \tag{4-3-11}$$

式中，$w_{i\cdot}$ 为空间相邻权矩阵 i 行元素之和；$w_{\cdot i}$ 为 i 列之和。

依照以上步骤计算出的 Moran's I 值结果一定介于 −1 到 1 之间，大于 0 为正相关，相似的观测值（高值或低值）趋于空间集聚；小于 0 为负相关，相似的观测值趋于分散分布，如图 4-3-1 所示。而且值越大时，表示空间分布的相关性越大，即空间上有聚集分布的现象；反之，值越小代表空间分布相关性越小，空间上有离散分布的趋势；当值趋于 0 时，即代表此时空间分布呈现随机分布的情形。

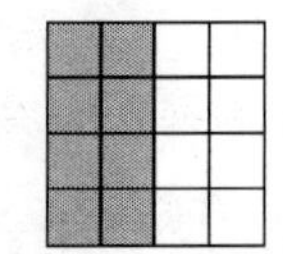

Moran's I$>$0（正相关）

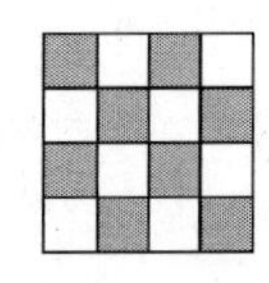

Moran's I$<$0（负相关）

图 4-3-1　空间自相关正负结果示意图

4.3.1.2　双变量Moran's I的计算

实际上，大部分的空间数据都具有许多不同类型的属性，而不是仅有单一的变量。在研究中往往需要对两个或者多个类型的空间属性进行空间相关性的分析。由单变量的 Moran's I 方法延伸得到的双变量 Moran's I 方法就能对两个类型的空间属性进行相关分析，在 GeoDa 软件中就有通过此方法实现这类分析的工具。全局的双变量 Moran's I 的模型具体公式如下：

$$I_{ab}=\frac{n\sum_{i=1}^{n}\sum_{j\neq 1}^{n}w_{ij}x_i^{a}x_j^{b}}{(n-1)\sum_{i=1}^{n}\sum_{j\neq 1}^{n}w_{ij}} \tag{4-3-12}$$

式中，a、b 分别为区域内两种不同类型的属性；I_{ab} 为双变量自相关系数；x_i^a 为在空间单元 i 上的经过均值标准化（Z-score 标准化）后的 a 属性值；x_j^b 为与 j 单元邻近的区域中经过均值标准化后的 b 的属性数值；w_{ij} 为采用行标准化的形式的空间权重矩阵，

$$n=\sum_{i=1}^{n}\sum_{j\neq 1}^{n}w_{ij} \tag{4-3-13}$$

即同单变量 Moran's I 方法类似地，通过双变量 Moran's I 方法可以分析两种属性在整个研究区域中的空间相关性，如果 I_{ab} 显著为正，则表明两种属性之间具有正空间相关性，在全局趋于空间集聚；如果 I_{ab} 显著为负，则表明两种属性之间为负的空间相关性，在

全局中趋于分散分布；如果 I_{ab} 不显著，则表明两种属性在全局中无明显的相关性。

4.3.2 Geary's C 法

Geary's C 也是一种较常用的空间自相关统计量，相较 Moran's I 以计算协方差为核心，Geary's C 以计算差异平方为核心，并且其结果解释类似于 Moran's I（Cliff，Ord，1981）。全局型的 Geary's C 的公式如下：

$$C=\frac{(n-1)\sum_{i=1}^{n}\sum_{j=1}^{n}w_{ij}(x_i-x_j)^2}{2S_0\sum_{i=1}^{n}(x_i-\bar{x})^2} \tag{4-3-14}$$

式中，符号同 Moran's I 方法公式。

与 Moran's I 方法相同，Geary's C 方法也需要分随机分布和正态分布两种情况进行统计检验。C 值标准化的统计检验公式如下：

$$Z(C)=\frac{C-E(C)}{\sqrt{\mathrm{Var}(C)}} \tag{4-3-15}$$

$Z(C)<0$ 代表空间完全正相关，$Z(C)>0$ 代表空间完全负相关，$Z(C)=0$ 代表空间数据随机排列。

无论是正态分布还是随机分布，C 的期望值都为

$$E(C)=1 \tag{4-3-16}$$

对于正态分布，C 的方差为

$$\mathrm{Var}_N(C)=\frac{(2S_1+S_2)(n-1)-4S_0^2}{2(n+1)S_0^2} \tag{4-3-17}$$

对于随机分布，C 的方差为

$$\mathrm{Var}_R(C)=\frac{[n^2-3n+3-k(n-1)]S_1(n-1)}{n(n-2)(n-3)S_0^2}+\frac{n^2-3-k(n-1)^2}{n(n-2)(n-3)}-\frac{[n^2+3n-6-k(n^2-n+2)]S_2(n-1)}{4n(n-2)(n-3)S_0^2} \tag{4-3-18}$$

Geary's C 值是衡量两空间单元间的差距，其值介于 0 到 2 之间，小于 1 时表示空间正相关，大于 1 表示空间负相关，等于 1 表示不相关。

4.3.3 General G 法

Moran's I 和 Geary's C 统计量均可以用来表明空间分布模式是集聚分布、离散分布还是随机分布，但它们并不能判断集聚分布是高值的空间集聚（高值簇或热点）还是低值的空间集聚（低值簇或冷点）。而 Getis-Ord General G 统计量则可以识别这两种不同情形的空间集聚（Getis，Ord，1992）。具体公式如下：

$$G(d)=\frac{\sum_{i=1}^{n}\sum_{j=1}^{n}w_{ij}(d)x_i x_j}{\sum_{i=1}^{n}\sum_{j=1}^{n}x_i x_j} \tag{4-3-19}$$

式中，$w_{ij}(d)$ 是根据距离规则定义的空间权重。

与前两种方法不同的是，General G 不需要对空间数据的分布特征进行分类，此方法的标准化统计检验式如下：

$$Z(G)=\frac{G-E(G)}{\sqrt{\mathrm{Var}(G)}} \tag{4-3-20}$$

在空间不集聚的原假设下，General G 的期望值为

$$E(G)=\frac{\sum\sum w_{ij}(d)}{n(n-1)} \tag{4-3-21}$$

方差为

$$\mathrm{Var}(G)=\frac{B_0\left(\sum x_i^2\right)^2+B_1\left(\sum x_i^4\right)+B_2\left(\sum x_i\right)^2\sum x_i^2+B_3\sum x_i\sum x_i^3+B_4\left(\sum x_i\right)^4}{\left[\left(\sum x_i\right)^2-\sum x_i^2\right]^2 n(n-1)(n-2)(n-3)}-[E(G(d))]^2 \tag{4-3-22}$$

式中，

$$B_0=(n^2-3n+3)S_1-nS_2+3\left(\sum\sum w_{ij}(d)\right)^2 \tag{4-3-23}$$

$$B_1=-\left[(n^2-n)S_1-2nS_2+6\left(\sum\sum w_{ij}(d)\right)^2\right] \tag{4-3-24}$$

$$B_2=-\left[2nS_1-(n+3)S_2+6\left(\sum\sum w_{ij}(d)\right)^2\right] \tag{4-3-25}$$

$$B_3=4(n-1)S_1-2(n+1)S_2+8\left(\sum\sum w_{ij}(d)\right)^2 \tag{4-3-26}$$

$$B_4=S_1-S_2+\left(\sum\sum w_{ij}(d)\right)^2 \tag{4-3-27}$$

其余符号意义同上文的 Moran’s I。

当 General G 值高于 $E(G)$，且 Z 值显著时，属性值之间呈现高值集聚；当 General G 值低于 $E(G)$，且 Z 值显著时，属性值之间呈现低值集聚；当 General G 趋近于 $E(G)$ 时，属性值在空间上随机分布。

4.3.4 Join Count 法

最简单的计算空间自相关的方法是 Join Count 法，该法用于两值变量（取 1 或 0 值）空间自相关的计算。如果空间单元的值为 1，记该单元为黑色；如果空间单元的值为 0，记为白色。Join Count 法就是来统计具有相似属性与不同属性的空间单元相邻的个数，来描述空间相邻单位之间的相似性。这里有三种计数方式，分别是 BB（统计黑色空间单元之间相邻的个数）、BW（统计黑色空间单元与白色空间单元之间相邻的个数）和 WW（统计白色空间单元之间相邻的个数）。

计算公式如下：

$$\mathrm{BB}=\frac{1}{2}\sum_i\sum_j w_{ij}x_ix_j \tag{4-3-28}$$

$$\mathrm{BW}=\frac{1}{2}\sum_{i}\sum_{j}w_{ij}(x_i-x_j)^2 \tag{4-3-29}$$

$$\mathrm{WW}=\frac{1}{2}\sum_{i}\sum_{j}w_{ij}(1-x_i)(1-x_j) \tag{4-3-30}$$

空间权重矩阵应该为二进制连接权重矩阵或者其他类型的基于连通性特征的权重矩阵。

Join Count 的假设检验方法可以基于两种不同的假设：一种是无限制的抽样法，即可以从无限的空间中随机抽取，概率不受区域内 B、W 的总数与比例的影响；另一种是有限制的抽样法，即抽样概率受区域内 B、W 总和与比例的影响。这里的统计检验都是基于第二种假设。其统计检验公式如下：

$$Z(J)=\frac{G-E(J)}{\sqrt{\mathrm{Var}(J)}} \tag{4-3-31}$$

如果空间区域内黑色单元有 n_{B}，白色单元有 n_{W}，那么黑色单元出现的概率为 $P_{\mathrm{B}}=\frac{n_{\mathrm{B}}}{n}$，两个相邻单元出现 BB 的概率为 P_{B}^2，那么出现 BB 类型的期望值为

$$E(\mathrm{BB})=\frac{1}{2}\sum_{i}\sum_{j}w_{ij}P_{\mathrm{B}}^2=\frac{\sum_{i}\sum_{j}w_{ij}n_{\mathrm{B}}^2}{2n^2} \tag{4-3-32}$$

BW 类型的期望值与方差为

$$E(\mathrm{BW})=\frac{1}{2}\sum_{i}\sum_{j}w_{ij}2P_{\mathrm{B}}(1-P_{\mathrm{B}})=\frac{\sum_{i}\sum_{j}w_{ij}n_{\mathrm{B}}n_{\mathrm{W}}}{n^2} \tag{4-3-33}$$

$$E(\mathrm{WW})=\frac{1}{2}\sum_{i}\sum_{j}w_{ij}(1-P_{\mathrm{B}})^2=\frac{\sum_{i}\sum_{j}w_{ij}n_{\mathrm{W}}^2}{2n^2} \tag{4-3-34}$$

$$\mathrm{Var}(\mathrm{BB})=\frac{1}{4}\left[S_1\frac{n_{\mathrm{B}}^2}{n^2}+(S_2-2S_1)\frac{n_{\mathrm{B}}^3}{n^3}+(S_1-S_2)\frac{n_{\mathrm{B}}^4}{n^4}\right] \tag{4-3-35}$$

$$\mathrm{Var}(\mathrm{BW})=\frac{1}{4}\left[2S_1\frac{n_{\mathrm{B}}n_{\mathrm{W}}}{n^2}+(S_2-2S_1)\frac{n_{\mathrm{B}}n_{\mathrm{W}}(n_{\mathrm{B}}+n_{\mathrm{W}})}{n^3}+4(S_1-S_2)\frac{n_{\mathrm{B}}^2n_{\mathrm{W}}^2}{n^4}\right] \tag{4-3-36}$$

式中，符号同 Moran’s I。

根据 BW 算出的结果作为参考：如果 $Z(J_{\mathrm{BW}})$ 值为正且显著，则表示负的空间自相关，空间数据离散分布；如果 $Z(J_{\mathrm{BW}})$ 值为负且显著，则表示正的空间自相关，空间数据集聚分布；如果 $Z(J_{\mathrm{BW}})$ 值为零或不显著，则表示空间随机分布。

4.4　局部空间自相关分析

4.4.1　LISA 理论

全局空间自相关统计量一般侧重于整体研究区域内空间对象的某一属性值的空间分布状态，这建立在空间平稳性这一假设基础之上，即所有位置上的属性值的期望值和方差是常数。然而，空间整体分布基本趋于不平稳的，个别局域对象的属性取值对全局分析对象的影响非常显著，特别是当数据量非常庞大时，空间平稳性的假设就变得不可靠

（Getis，Ord，1992；Anselin，1995），比如在存在显著的全局空间相关时，可能会掩盖完全随机化的局部样本分布，而在完全不存在空间自相关的全局统计指标下，局部的样本空间数据是有可能存在显著的相关性的。因此进行局部空间统计分析就很有必要。

Anselin 在 1995 年提出 LISA 方法论，其基本思想来源于 Mantel 在 1967 年提出的用于癌症病例发生的空间分布特征分析方法，又称为 Mantel test（Mantel，1967）。局部空间关联指标（local indicators of spatial association，LISA），指的是所有同时满足下列两个要求的统计量：每一个属性值的 LISA 表示该值周围相似属性值在空间上的集聚程度；满足所有属性值的 LISA 之和与全局空间关联度量指标之间成比例（Anselin，1995）。局部空间自相关统计量可以用来识别不同空间位置上可能存在的不同空间关联模式，可以进一步考虑是否存在属性值的高值或低值的局部空间集聚，以及空间自相关的全局评估掩盖了反常的局部状况或小范围的局部不稳定性等问题，从而允许我们观察不同空间位置上的局部不平稳性，发现数据之间的空间异质性，为空间模式的识别提供依据（Getis，Ord，1992，1996；Ord，Getis，1995；Anselin，1995）。

根据 LISA 方法，区域型能够计算空间现象聚集范围的主要原因有两个：一是通过统计显著性检验，验证聚集空间单元的空间自相关相对于整体研究范围是否具有显著性，如果显著性较大，则该区域分布模式为空间聚集现象，如 Getis 和 Ord（1992）提出的 Getis 统计方法；另外能够度量空间单元对整个研究区域空间自相关的影响程度，区域内的特例往往影响较大，这意味着这些特例点是空间现象的异常或强影响点。

4.4.2 局部 Moran 指数法

4.4.2.1 局部Moran的计算

局部 Moran's I 统计量即 I_i 的定义式如下：

$$I_i=\frac{x_i-\bar{x}}{S_i^2}\sum_{j=1,\ j\neq i}^{n} w_{ij}(x_j-\bar{x}) \qquad (4\text{-}4\text{-}1)$$

式中，I_i 为在 i 点的局部 Moran's I 统计量；w_{ij} 为空间权重矩阵；x_i 为 i 点属性值；$\bar{x}$ 为所有属性值的平均值；S_i^2 为

$$S_i^2=\frac{\sum_{j=1,\ j\neq i}^{n}(x_j-\bar{x})^2}{n-1}-\bar{x}^2 \qquad (4\text{-}4\text{-}2)$$

此处空间权重矩阵 w_{ij} 应经过行标准化处理，即

$$\sum_{i=1}^{n}\sum_{j\neq i}^{n} w_{ij}=n \qquad (4\text{-}4\text{-}3)$$

I_i 的统计检验如下：

$$Z(I_i)=\frac{I_i-E(I_i)}{\sqrt{\mathrm{Var}(I_i)}} \qquad (4\text{-}4\text{-}4)$$

式中，

$$E(I_i)=-\frac{\sum_{j=1,\ j\neq i}^{n} w_{ij}}{n-1} \qquad (4\text{-}4\text{-}5)$$

$$\mathrm{Var}(I_i)=\frac{(n-b_i)\sum_{j=1,\ j\neq i}^{n} w_{ij}^{2}}{n-1}-\frac{(2b_i-n)\sum_{k=1,\ k\neq i}^{n}\sum_{h=1,\ h\neq i}^{n} w_{ik}w_{ih}}{(n-1)(n-2)}-E(I_i)^2 \tag{4-4-6}$$

$$b_i=\frac{\sum_{i=1,\ i\neq j}^{n}(x_i-\overline{x})^4}{\left[\sum_{i=1,\ i\neq j}^{n}(x_i-\overline{x})^2\right]^2} \tag{4-4-7}$$

正的 $Z(I_i)$ 值表示该区域单元周围相似值高值或低值的空间集聚，负的 $Z(I_i)$ 值则表示非相似值的空间集聚。结合观测单元的属性值的统计量和其他检验统计量，可以确定可能存在的局部空间相关的类型。

4.4.2.2　局部Moran与Moran's I的关系

局部 Moran 所量测的内容与 Moran's I 甚为类似，都是随机变量 X 在空间单元 i 与空间单元 j 的空间相关性，只是局部 Moran 计算的是各分区的相关情形（n 个结果），而 Moran's I 则是全区的相关情形（一个结果）。事实上，所有局部 Moran 值的总和与 Moran's I 有一个倍数关系：$I=r\sum_{i=1}^{n} I_i$，而 r 的值即

$$r=\sum_i\sum_j w_{ij}\left[\sum_i\frac{(x_i-\overline{x})^2}{nS_i^2}\right] \tag{4-4-8}$$

4.4.2.3　双变量局部Moran的计算

同样地，局部 Moran 也有双变量的计算。局部的双变量局部 Moran 的公式如下：

$$I_i^{\mathrm{ab}}=x_i^{\mathrm{a}}\sum_{j=1,\ j\neq i}^{n} w_{ij}x_i^{\mathrm{b}} \tag{4-4-9}$$

式中，x_i^{a} 和 x_i^{b} 的意义同双变量 Moran's I 的计算；I_i^{ab} 表示空间单元 i 的 a 属性值与邻近区域 b 属性值的加权平均的乘积。若 I_i^{ab} 显著为正，则表明空间单元 i 处的两种属性特征具有正的相关性；若 I_i^{ab} 显著为负，则表明 i 处的两种属性特征具有负相关性；若结果不显著，则表明 i 处无明显的关联性。

4.4.3　G_i 与 G_i^* 指数法

4.4.3.1　G_i 与 G_i^* 指数的计算

区域型 Getis 的 G_i 与 G_i^* 值是用来表示空间位置 i，在距离为 d 的范围内，与其他空间位置 j 的相关程度，其计算如下：

$$G_i(d)=\frac{\sum_{j=1,\ j\neq i}^{n} w_{ij}(d)x_j}{\sum_{j=1}^{n} x_j} \tag{4-4-10}$$

$$G_i^*(d)=\frac{\sum_{j=1}^{n}w_{ij}(d)x_j}{\sum_{j=1}^{n}x_j} \quad (4\text{-}4\text{-}11)$$

式中，$w_{ij}(d)$ 为空间相邻权矩阵，即两个空间单元距离如果落在 d 范围内，就取值为 1，反之为 0。

在不存在空间自相关的零假设下，G_i 与 G_i^* 的期望值为

$$E(G_i)=\frac{\sum_{j=1,\ j\neq i}^{n}w_{ij}(d)}{n-1} \quad (4\text{-}4\text{-}12)$$

$$E(G_i^*)=\frac{\sum_{j=1}^{n}w_{ij}(d)}{n} \quad (4\text{-}4\text{-}13)$$

方差分别为

$$\mathrm{Var}(G_i)=\frac{\left[n-1-\sum_{j=1,\ j\neq i}^{n}w_{ij}(d)\right]\sum_{j=1,\ j\neq i}^{n}w_{ij}(d)}{(n-1)^2(n-2)}\left[\frac{s(i)}{\overline{x}(i)}\right]^2 \quad (4\text{-}4\text{-}14)$$

$$\mathrm{Var}(G_i^*)=\frac{\left[n-\sum_{j=1}^{n}w_{ij}(d)\right]\sum_{j=1}^{n}w_{ij}(d)}{n^2(n-1)}\left[\frac{s}{\overline{x}}\right]^2 \quad (4\text{-}4\text{-}15)$$

式中，

$$s(i)=\sqrt{\frac{\sum_{j=1,\ j\neq i}^{n}x_j^2}{n-1}-[\overline{x}(i)]^2} \quad (4\text{-}4\text{-}16)$$

$$s=\sqrt{\frac{\sum_{j=1}^{n}x_j^2}{n}-(\overline{x})^2} \quad (4\text{-}4\text{-}17)$$

$$\overline{x}(i)=\frac{\sum_{j=1,\ j\neq i}^{n}x_j}{n-1} \quad (4\text{-}4\text{-}18)$$

$$\overline{x}=\frac{\sum_{j}x_j}{n} \quad (4\text{-}4\text{-}19)$$

在此原假设下，G_i 与 G_i^* 服从渐近正态分布，通过以下公式来进行统计检验计算。

$$Z(G_i)=\frac{G_i-E(G_i)}{\sqrt{\mathrm{Var}(G_i)}} \quad (G_i^*\text{形式同}G_i) \quad (4\text{-}4\text{-}20)$$

此常态标准化后的 Z 值可以在指定的显著水准下，检验某一 G_i 与 G_i^* 值是否呈现显著的空间聚集性。当 Z 的值为正数且呈现显著时，代表 i 单元周围距离为 d 区域内的值大于全区域的期望值，为高值空间集聚；而当 Z 的值为负数且呈现显著时，代表 i 单元周围距离为 d 区域内的值小于全区域的期望值，为低值空间集聚。

不同于全局 Getis G 方法，区域 G_i 与 G_i^* 所量测的是局部的空间单元属性的聚集情形，即某个属性在给定距离下的每个子区域相对于整个研究区域，是否有多数与多数聚集，或是少数与少数聚集的趋势。因此在一个划分为 n 个空间单元的地区，全局 Getis G 的量测只有一个结果，而区域 G_i 与 G_i^* 的量测会根据各子区域而有 n 个结果。这一点类似于全局 Moran's I 与局部 Moran 方法间的区别。

4.4.3.2　G_i 与 G_i^* 指数的区别

G_i 与 G_i^* 的差别，在于有没有将空间单元 i 本身当成计算过程中的一部分（图 4-4-1）。G_i^* 统计量将 i 作为 j 的一部分，$w_{ij}=1$。而 G_i 统计量，将 i 不作为 j 的一部分，$w_{ij}=0$。如果要强调中心空间单元的影响，则可以采用 G_i^* 值。

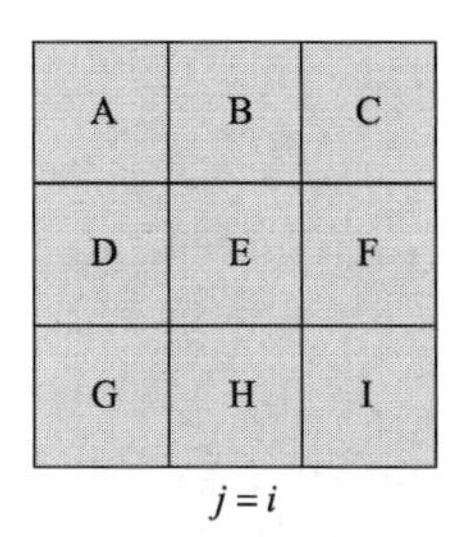

图 4-4-1　G_i 与 G_i^* 的差别示意图

4.4.3.3　G_i^* 统计量的改进

由于原始的 G_i^* 统计量受到 w_{ij} 必须是一个由 0 与 1 构成的对称矩阵的限制，亦即对一些在子区域内但考虑因距离远近而对邻近空间单元有所区分的作法，或是以交通时间取代空间距离而产生的不对称矩阵，原始的 G_i^* 统计量便不能适用。因此 Getis 和 Ord 对 G_i^* 统计量提出了新的定义：

$$G_i^*=\frac{\sum_{j=1}^{n} w_{ij} x_j-\bar{x} \sum_{j=1}^{n} w_{ij}}{s\sqrt{\frac{\left[n \sum_{j=1}^{n} w_{ij}^2-\left(\sum_{j=1}^{n} w_{ij}\right)^2\right]^2}{n-1}}} \tag{4-4-21}$$

式中符号同 G_i^*。

4.4.4　Getis G_i^* 和局部 Moran 比较

在区域空间自相关研究中，G_i^* 统计量（G_i 统计量的一种）对资料数据的差异判别较局部 Moran 更为敏锐，见表 4-4-1（Getis，Ord，1992）。

表 4-4-1　G_i^* 统计量与局部 Moran 统计量的区别

状态	Z（G_i^*）	Z（I）	状态	Z（G_i^*）	Z（I）
H-H	++	++	H-L	−	−−
H-M	+	+	M-L	−#	−
M-M	0	0	L-L	−−	++
Random	0	0			

表 4-4-1 中，H 表示属性值为高值的空间单元，M 表示属性值为中等大小的值的空间单元，L 表示属性值为低值的空间单元，Random 表示数值为随机分布的空间单元，++表示强度高的空间正相关（Z 值很高），+表示中强度的空间正相关，0 表示无空间

自相关，一# 表示这种组合的值比 H-L 的要小。

若将数据值按一定比例增加或减少，局部 Moran 的 I_i 值会变，而 Getis 的 G_i^* 不会变；若将资料数据值按一定量增加或减少，I_i 不会变，而 G_i^* 会变。G_i^* 方法与局部 Moran 方法的主要区别在于局部 Moran 方法本身不能区分集聚区是高值还是低值，而 G_i^* 法则不能很好地判断空间负相关。

4.5 空间自相关图示分析

4.5.1 空间散布图

为了能进一步分析各空间单元之间的空间相关性，Anselin（1996）指出空间散布图可以表示空间相关性的结构特征。空间散布图的横坐标 x 代表各空间单元内经过均值标准化后的属性值；纵轴为 W_x，代表空间单元的空间滞后。空间滞后就是通过空间权重矩阵将空间单元所有邻近的单元的属性值进行加权平均所得到的值，例如在空间单元 i 处属性值为 x_i，对应的空间权重矩阵为 w_{ij}，则相应的空间滞后为 $\sum_j w_{ij}x_j$。通过这样的图示，我们可以概括地看出各空间单元与其相邻单元之间的线性关系。

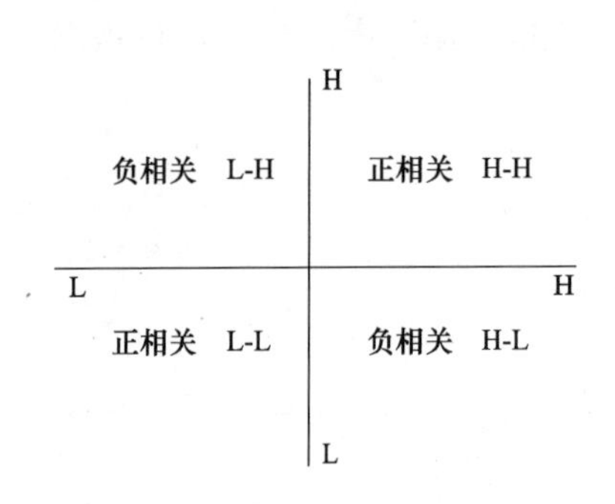

图 4-5-1 空间散布图表示方法

在 Moran's I 的空间散布图中分为四个象限（图 4-5-1）：

（1）第一象限（H-H）：本身具有很高的属性值，周围空间单元也具有高的属性值；

（2）第二象限（L-H）：本身具有低的属性值，周围空间单元具有高的属性值；

（3）第三象限（L-L）：本身具有很低的属性值，周围空间单元也具有低的属性值；

（4）第四象限（H-L）：本身具有很高的属性值，周围空间单元具有低的属性值。

在第一和第三象限代表具有正相关，第二和第四象限代表了负相关。

由于 x 和 W_x 之间的拟合程度（即直线的斜率）恰好是 Moran's I 系数，因此全局 Moran 指数可以看作是 W_x 对 x 的线性回归系数。

4.5.2 空间自相关系数图

全局空间自相关系数，仅能表现空间自相关的程度，对于空间结构上的信息却无法得到。空间自相关系数图（spatial autocorrelation coefficient correlogram）利用与全局空间自相关系数的度量相似的度量方法，度量每个空间单元在不同的空间探测距离下与其他空间单元自相关系数大小，并透过相关图的曲线，推测区域内的空间结构。

若区域内空间事物聚集在单一区域，则随着空间探测距离的增加，自相关系数会越来越低。若空间事物聚集在一个以上的区域，则自相关系数首先随着空间探测距离的增加逐渐减小，然后与其他核心区接触时，则自相关系数会开始逐渐增加，呈现 V 字形的相关图，如此一来，便可透过相关图的曲线特征，来探究空间中是单一核心聚集或是多核心聚集。

在 Moran's I 的演算过程中，其中 w_{ij} 为研究区内各空间单元 i 与单元 j 的空间相邻权重矩阵，也就是空间探测距离为 1 的空间权重矩阵，空间探测距离为 1 表示空间单元直接相邻。将空间探测距离改为 2，则定义各个空间单元与滞后一个空间单元的空间单元相邻，而与直接相邻的空间单元为不相邻，此时 $w_{ij}(d)$ 为单元 i 与滞后 d 个单元的 j 的空间相邻权重矩阵。以此规则计算不同空间探测距离的全局型空间自相关值，再把每个对应空间探测距离顺序的值连成一线，就可以得到空间自相关系数图。此时 Moran's I 的公式改写为

$$I_d=\frac{n}{\sum_{i=1}^{n}\sum_{j=1}^{n}w_{ij}(d)}\times\frac{\sum_{i=1}^{n}\sum_{j=1}^{n}w_{ij}(d)(x_i-\bar{x})(x_j-\bar{x})}{\sum_{i=1}^{n}(x_i-\bar{x})^2} \tag{4-5-1}$$

若在计算 I_d 值时，依序增加空间探测距离，可以得到纵坐标为 I_d 值，横坐标为空间探测距离数的相关图。若区域内的空间分布呈现阶层性的空间聚集形态，则以空间自相关系数图可以得知。如图 4-5-2 所示，透过全局空间自相关 Moran's I 的运算可得到 I_1 与 I_2，I_1 与 I_2 值的高低仅表示区域内空间分布自相关程度的高低，并没有办法得知空间分布的形态，因此利用空间自相关系数相关图的表现，可以得知在不同的空间探测距离下 I 值的变化。图 4-5-2 的图（a）的系数相关图表现的类型如图 4-5-3 的相关图（a）所示的曲线，图（b）的关系也同理。经对比可知，图（b）曲线当空间探测距离为 K 时，空间自相关值呈现另一高度的自相关，故图（b）的空间分布示意图中具有阶层性的分布形态。

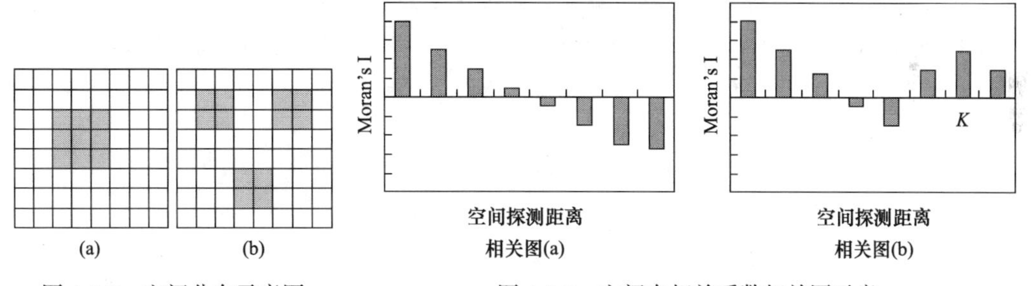

图 4-5-2　空间分布示意图　　图 4-5-3　空间自相关系数相关图示意

4.6 案例展示

案例数据三　**区域土壤重金属含量分布**

某地区土壤重金属含量分布数据主要来自 2003 年农业地质环境调查数据，调查主要涉及浙北杭嘉湖、浙东沿海地区以及浙西南金华、衢州等地，覆盖了全省大部分地区，以 2 千米网格进行布点。其中，采样点的化学分析测试数据包含土壤 pH 以及金属 Cr，Pb，Cd，Hg，As 的含量值。该地区污染企业分布数据来源自环保部门的重点污染监控企业名录。本案例数据选取了该地区的 264 个采样点进行分析，采样区内共计 83 家土壤重金属污染企业，中间有主干河流分布，如图 4-6-1。

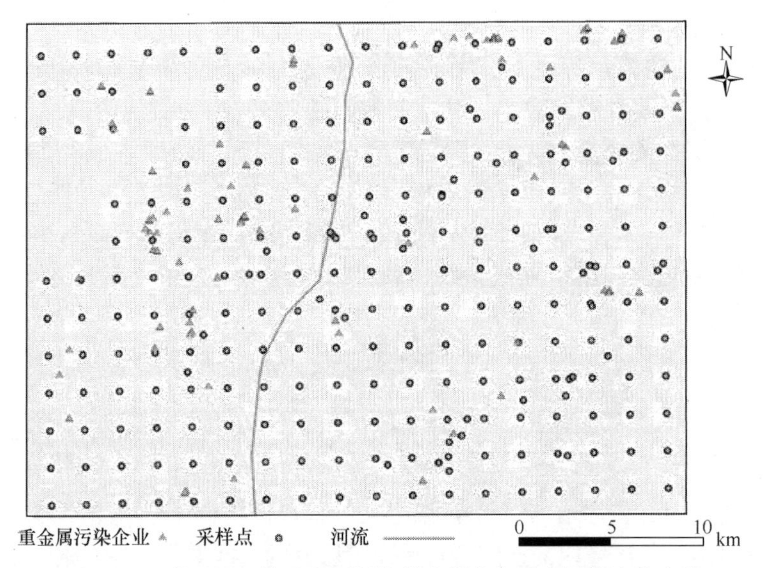

图 4-6-1　某地区土壤重金属污染普查样点与重点污染企业点位

另附上该地区土壤重金属镉的污染指数评价图，如图 4-6-2。评价方法按照《土壤环境检测技术规范》(HJ/T 166—2004)、《全国土壤环境质量例行监测工作方案》、环保部《全国土壤污染状况评价技术规定》、《土壤环境质量　农用地土壤污染风险管控标准》(GB 15618—1995)等文件标准，使用单项土壤单项指数法及内梅罗土壤综合污染指数法对监测点的环境质量现状进行评价。其中，单因子污染指数法是将某种污染物的实测浓度与该种污染物的评价标准（背景值）进行比较以确定土壤环境状态的方法。它将某种因子的具体监测数据与评价指标标准进行对比，然后得出一个无量纲的相对值，再根据这个相对值对土壤环境的污染程度进行评判分级，具体的公式如下：

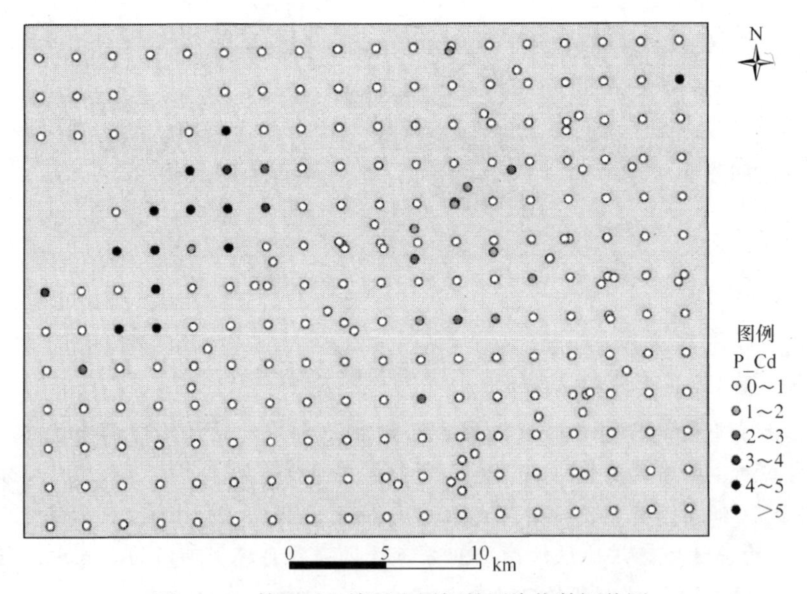

图 4-6-2　某地区土壤重金属镉的污染指数评价图

$$P_i=\frac{C_i}{S_i} \tag{4-6-1}$$

式中，P_i 为土壤中重金属 i 的单项指数；C_i 为土壤中重金属 i 的实测数据；S_i 为重金属 i 的评价标准。当 $P_i \leq 1$ 时表示土壤重金属 i 未超标；当 $P_i > 1$ 时表示土壤重金属 i 超标，当 P_i 越大，超标程度越重，其受污染程度越高，不同的单因子评价指数对应的土壤污染超标等级及水平见表 4-6-1。

表 4-6-1　土壤重金属含量单项评价超标分级标准

等级	单因子指数 P_i	评价等级	等级	单因子指数 P_i	评价等级
1	$P_i \leq 1.0$	无污染	4	$3.0 < P_i \leq 5.0$	中度污染
2	$1.0 < P_i \leq 2.0$	轻微污染	5	$P_i > 5.0$	重度污染
3	$2.0 < P_i \leq 3.0$	轻度污染			

案例数据四　全国各省（自治区、直辖市）工业污水排放与重点工业企业数据

全国各省（自治区、直辖市）工业污水排放与重点工业企业数据来自中国环境保护数据库（China Environment Protection Database）内的环保统计库。中国环境保护数据库是国家信息中心中经网为满足社会各界对环保领域的信息需求建设的数据库群，内含包括环保统计库在内的 7 个功能型数据库，可以为政府部门、研究机构等提供研究分析；环保统计库是收录了从 1985 年以来的从全国到重点城市多尺度的环境统计数据，覆盖污染物排放、环境管理以及环保投资等方面，年度更新。本次数据提取自环保统计库内的全国 31 个有数据统计的省、自治区、直辖市（香港、澳门与台湾除外）的工业废水排放总量数据与重点工业企业调查数据，前者单位为万吨，后者单位为个，统计频率为 1 年一次，从 2004 年至 2015 年均有数据更新，本次使用的是 2015 年的数据，如图 4-6-3 与图 4-6-4 所示。

4.6.1　全局 Moran's I 法

在对案例数据三某地区土壤采样点的重金属元素镉的指数分布数据使用 ArcGIS 中的 Spatial Autocorrelation（Moran's I）工具操作之后，得到的报表数据如图 4-6-5 所示，其中 Moran's Index 为 Moran's I 指数值，Z-score 为 Z 得分，p-value 为 p 值指示统计显著性。Z 得分为正表示空间集聚，且 Z 得分越高，集聚程度就越高；Z 得分为负表示空间离散，且 Z 得分越低，离散程度就越高；如果 Z 得分接近零，则表示研究区域内不存在明显空间自相关。结合这些数值的分析，可以发现在采样的研究区域内的镉元素污染指数整体分布呈现出空间集聚的趋势。

4.6.2　全局 General G 法

案例数据三某地区土壤采样点的重金属元素镉的指数分布数据在通过 ArcGIS 中的 High/Low Clustering（Getis-Ord General G）工具操作之后得到的报表数据如图 4-6-6 所示。

从报表图中可以得到 General G 属性值、Z 得分及 p 值，另外结果还会给出 General G 期望值。Z 得分为正表示高值的集聚；Z 得分为负表示低值的集聚。Z 得分越高（或越低），集聚程度就越高（越低）；如果 Z 得分接近零，则表示研究区域内不存在明显的

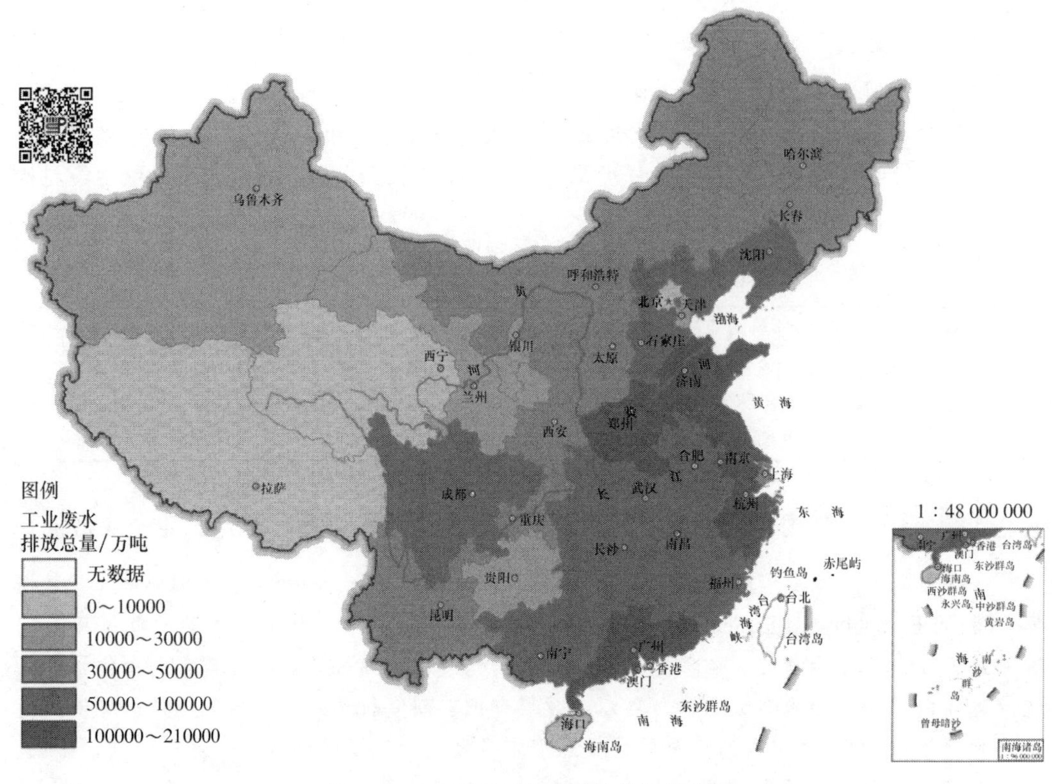

图 4-6-3 全国工业废水排放总量分布图

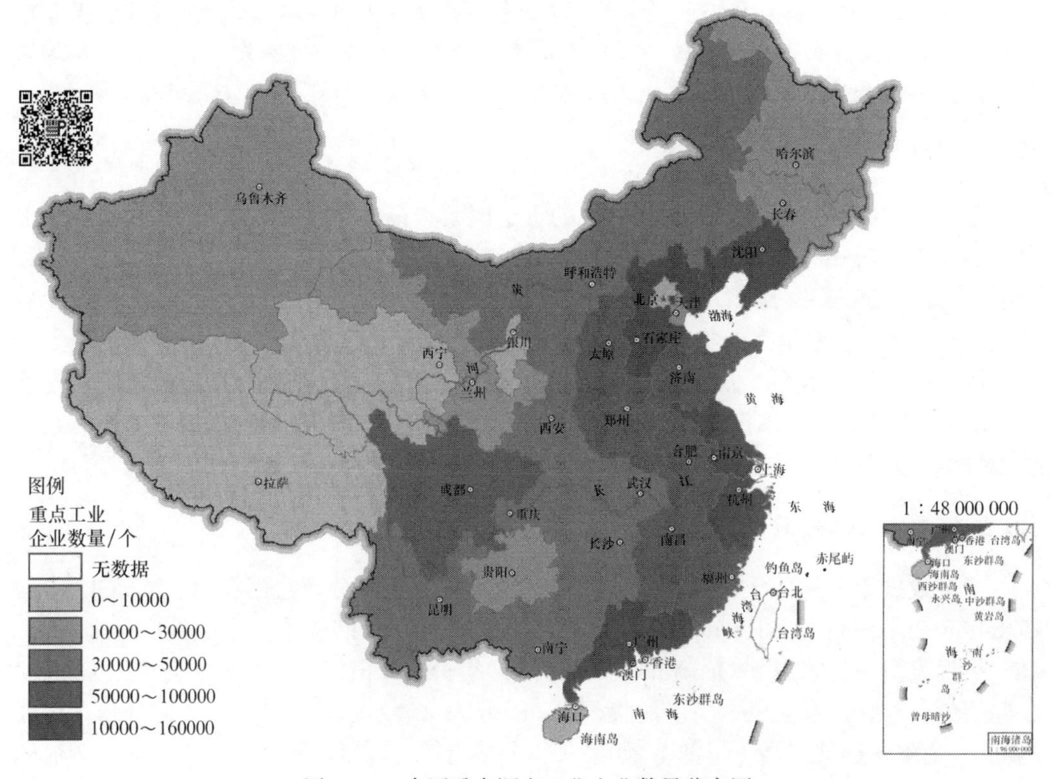

图 4-6-4 全国重点调查工业企业数量分布图

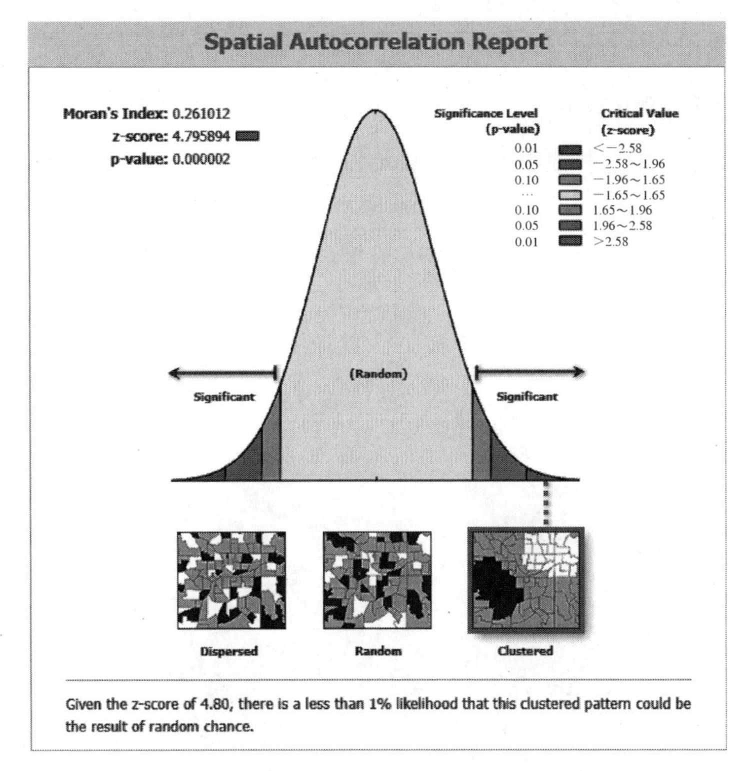

图 4-6-5　案例数据：全局 Moran’s I 分析结果图

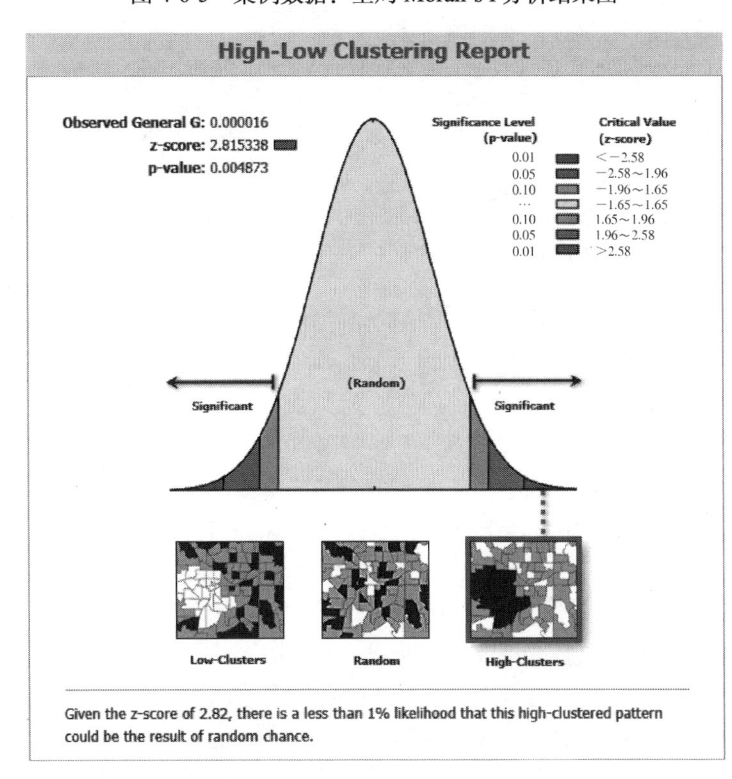

图 4-6-6　全局 General G 分析结果图

集聚。从图中可以发现，研究区内镉元素的污染指数分布有明显的高值聚类现象。

4.6.3 局部 Moran 法

对全国省级工业废水排放数据使用 ArcGIS 中的 Cluster and Outlier Analysis（Anselin Local Moran's I）工具，操作之后得到局部 Moran 聚类图（ArcGIS 里此工具相比传统的 Local Moran 方法提供了识别空间单元是否为高低值的结果）。可以发现高值区基本集中在东部地区，如图 4-6-7 所示。

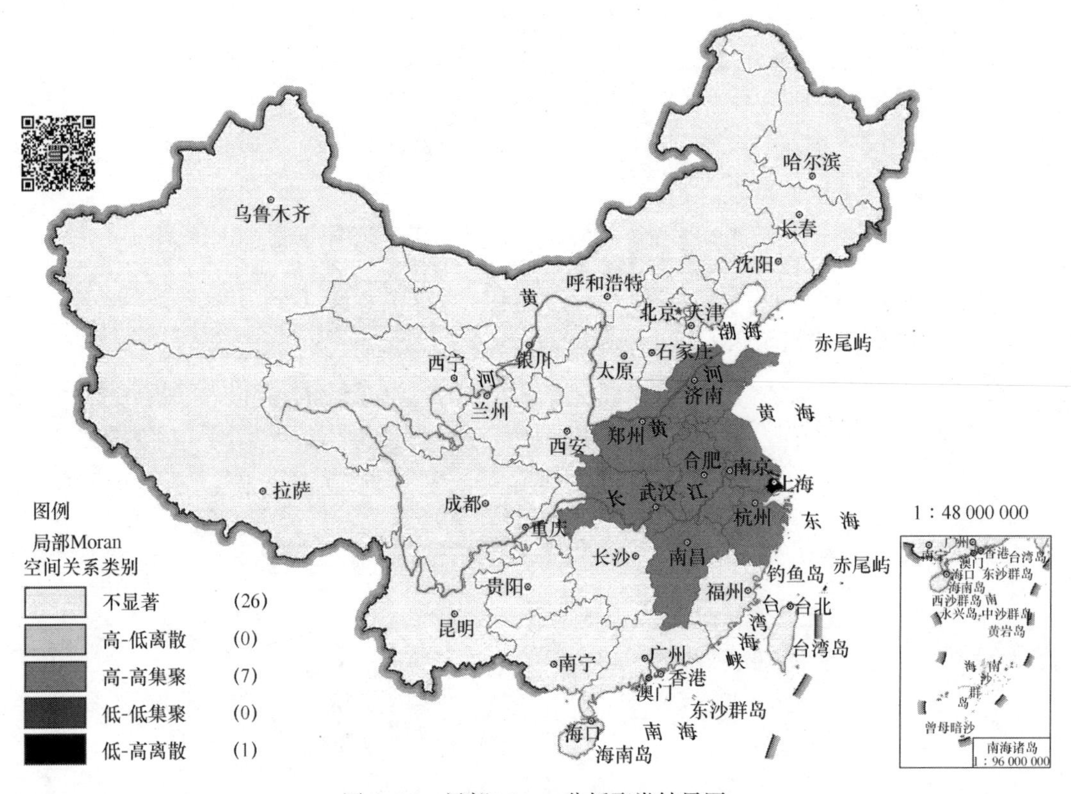

图 4-6-7 局部 Moran 分析聚类结果图

4.6.4 局部 G_i^* 指数法

全国省级工业废水排放数据在通过 ArcGIS 中的 Hot Spot Analysis（Getis-Ord G_i^*）工具操作之后得到的热点图，可以发现高值聚集现象同样出现在东部沿海地区，相较 Local Moran 能更详细地对集聚情况进行分级描述，如图 4-6-8 所示。

4.6.5 双变量局部 Moran 法

通过 GeoDa 中的双变量空间自相关工具，得到了全国省级工业废水排放数据与重点调查工业企业数量的空间相关图，分为包括高集聚-高污染等五类空间相关性不同的区域。如图 4-6-9 所示，图例中工业废水排放量在前，企业数量在后，可以发现高-高区域全在东部经济发达地区；而排放量低且周边工业企业数量多的区域有北京、上海等地，说明发达城市对污水排放管控严格，将大多数工业企业建在其周边地区；四川为

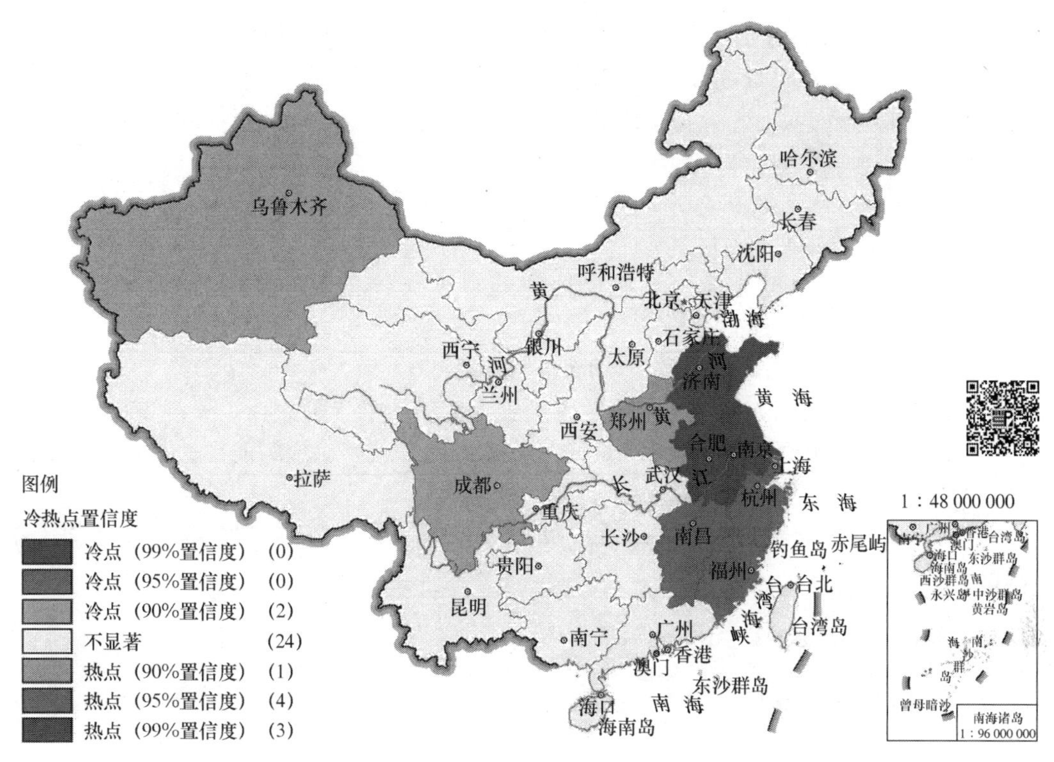

图 4-6-8　热点分析结果图

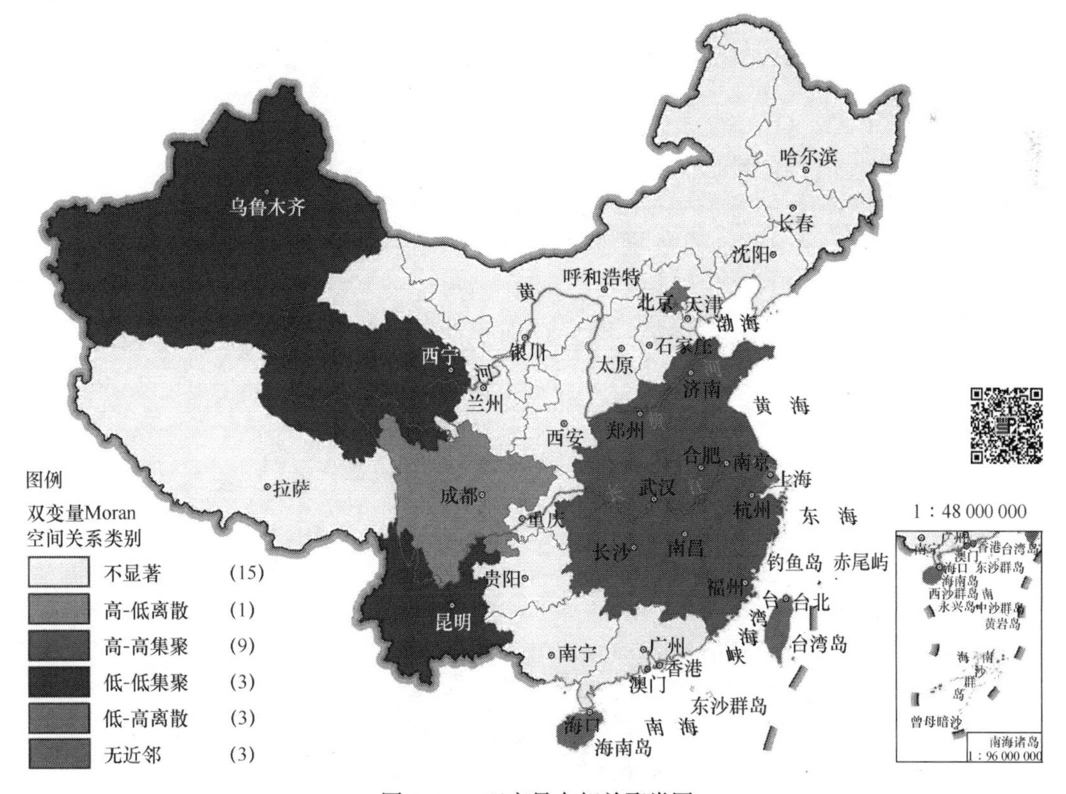

图 4-6-9　双变量自相关聚类图

高-低区域的原因应该是周边省份经济不是很发达，工业企业数量稀少，导致判定为排放量高而周边企业数量低的地区。海南省与台湾省因使用 Queen 法定义空间关系，导致无法与大陆进行相关分析，可使用 R 语言对此进行自定义空间权重矩阵来修正。

4.7　上机实习——土壤重金属

本章上机实习目的是学习掌握全局空间自相关分析中的常用方法，包括全局 Moran's I 法与全局 General G 法。

使用的软件为 ArcGIS 软件（ArcMap）与 RStudio。

使用的数据为案例数据三：某地区土壤重金属的污染含量数据，来自 2003 年的浙江省农业地质环境调查数据，包含 264 个采样点的经纬度、重金属镉含量及其单因子指数评价值。

数据可通过扫描附录 2 中的二维码获取。本章用到的具体数据文件为点状图层 “sample”。

4.7.1　全局 Moran's I 空间自相关分析

1. 使用 ArcGIS 操作

1）打开数据

打开 ArcMap，新建空白文档。

单击 File→Add Data→Add Data（在 9.3 版本中，File→Add Data）；或者单击 ，如图 4-7-1 圆圈所示。

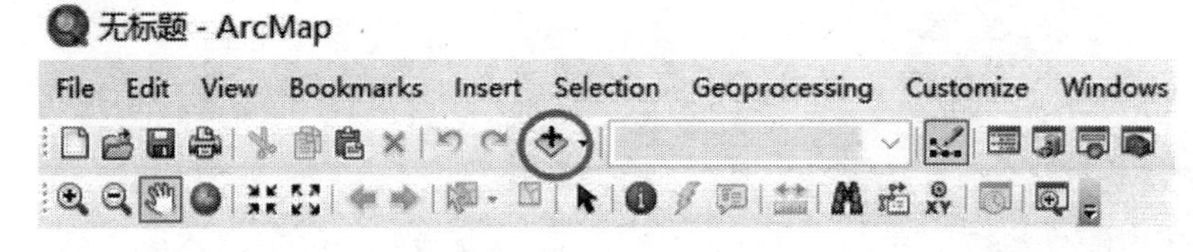

图 4-7-1　ArcMap 界面图

使用连接文件夹操作，连接并进入目标文件夹，如图 4-7-2 圆圈所示。并打开 “sample.shp” 文件。

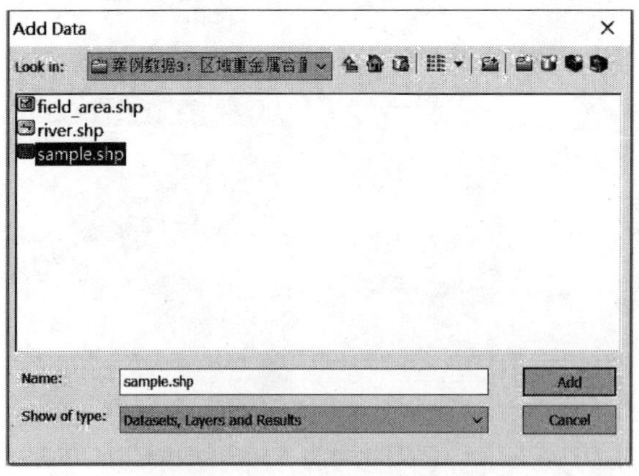

图 4-7-2　Add Data 示例界面

2）打开工具箱

右击工具栏右侧空白处即如图 4-7-3 的方框处，在出现的长条中单击激活 Standard（如果在 Standard 左侧已打钩，则不用单击）。

图 4-7-3　ArcMap 调出工具栏

单击 ArcToolbox，即图 4-7-4 中的圆圈位置。在出现的 ArcToolbox 列表中选择 Spatial Statistics Tools 中的 Analyzing Patterns 与 Mapping Clusters 模块，如图 4-7-5（9.3 版本中具体的模块间的上下关系可能会不一致，模块里的内容也可能会有一些不同）。本章的 ArcGIS 上机操作部分主要也是使用这两个模块里的工具。

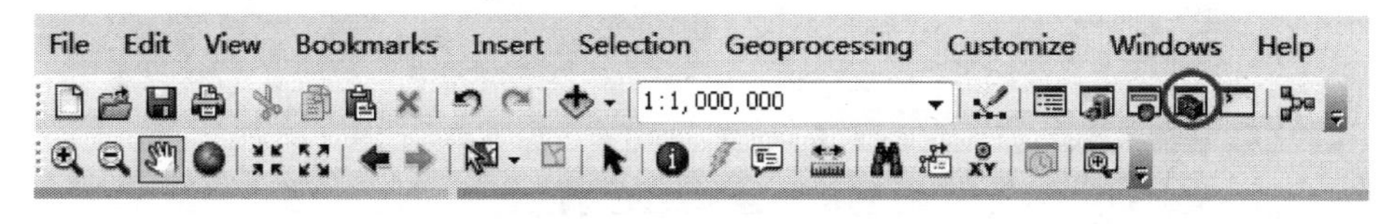

图 4-7-4　ArcToolbox 位置处

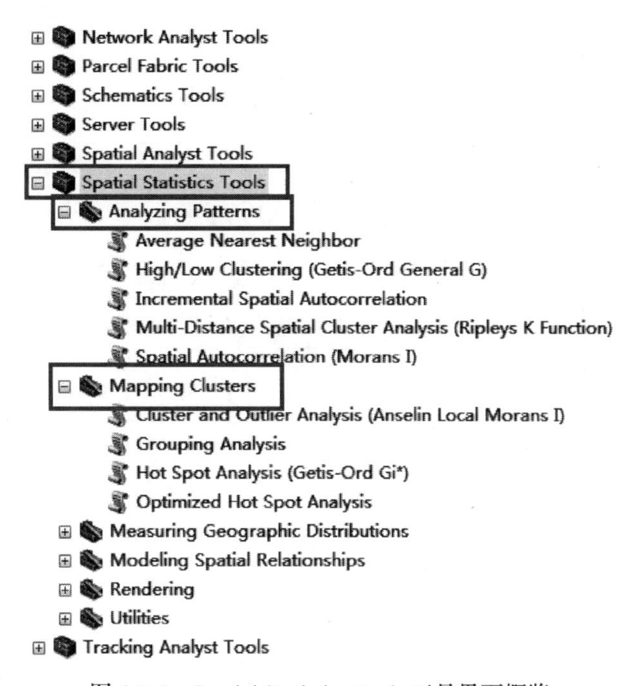

图 4-7-5　Spatial Statistics Tools 工具界面概览

3）全局 Moran’s I 分析的过程与结果

双击打开 Analyzing Patterns 下的 Spatial Autocorrelation（Moran’s I）工具，即图 4-7-6 中方框内的工具。在打开的工具界面中，在 Input Feature Class 选项下选择“sample”文件，在 Input Field 选项中选择 Pi_Cd 字段，勾选 Generate Report（optional）选项，在 Conceptualization of Spatial Relationships 选项中选择 INVERSE_DISTANCE 方法，Distance

Method 与 Standardization 选项保持默认，单击 OK，如图 4-7-7。

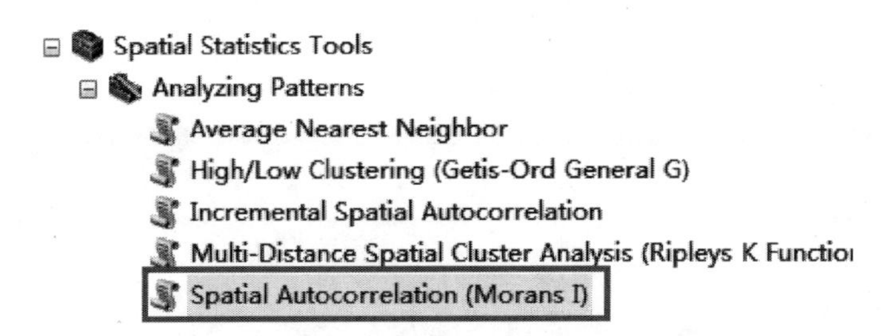

图 4-7-6　Spatial Autocorrelation（Moran's I）工具位置

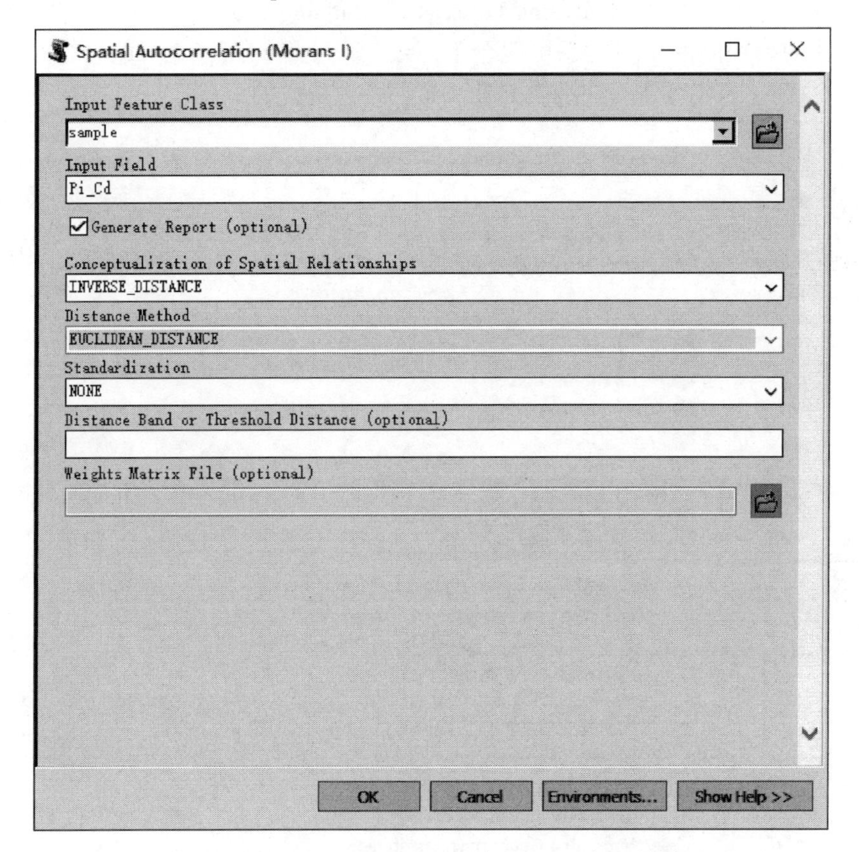

图 4-7-7　Spatial Autocorrelation（Moran's I）工具界面

等待计算运行完成后，单击上方工具栏的 Geoprocessing 选项中的 Results，如图 4-7-8，打开结果界面。

在结果界面中展开 Current Session，找到这次操作过后全局 Moran's I 分析的结果，单击展开，出现了 Index、Z-score、Pvalue 等数据，继续展开下面的 Messages，可以看到更详尽的结果，包括期望、方差以及报表（Report）存储的位置，如图 4-7-9 所示。可以找到报表存储的位置，使用浏览器打开，可以看到一张完整的报表图。

4）全局 Moran's I 分析工具选项说明

Input Feature Class 就是需要被分析的要素类文件。

Input Field 是需要被分析的字段。

Generate Report 选项为是否生成报表文件。

Conceptualization of Spatial Relationships 为定义空间关系的方式，在计算全局 Moran's I 的过程中通过定义的空间关系，生成空间权重矩阵。其中有数种方式可供选择。① Inverse_Distance：与远处的要素相比，附近的邻近要素对目标要素的计算的影响要大一些，即反距离权重方法。② Inverse_Distance_Squared：与 Inverse_Distance 类似，但它的坡度更明显，因此影响下降得更快，并且只有目标要素的最近邻域会对要素的计算产生重大影响，即反距离平方的权重方法。③ Fixed_Distance_Band：将对邻近要素环境中的每个要素进行分析。在指定临界距离内的邻近要素将分配值为 1 的权重，并对目标要素的计算产生重大影响。在指定临界距离外的邻近要素将分配值为零的权重，并且不会对目标要素的计算产生任何影响。④ Zone_of_Indifference：在目标要素的指定临界距离内的要素将分配值为 1 的权重，并且会影响目标要素的计算。一旦超出该临界距离，权重（以及邻近要素对目标要素计算的影响）就会随距离的增加而减小。⑤ Contiguity_Edges_Only：只有共用边界或重叠的相邻面要素会影响目标面要素的计算。此方法仅适用于面要素。⑥ Contiguity_Edges_Corners：共享边界、结点或重叠的面要素会影响目标面要素的计算。此方法也仅适用于面要素。⑦ Get_Spatial_Weights_from_File：将在空间权重文件中定义空间关系。指向空间权重文件的路径在“权重矩阵文件”参数中指定，即使用自己建立的空间权重矩阵文件。可以思考在什么情况下使用哪种权重定义方式最为合理，为什么。

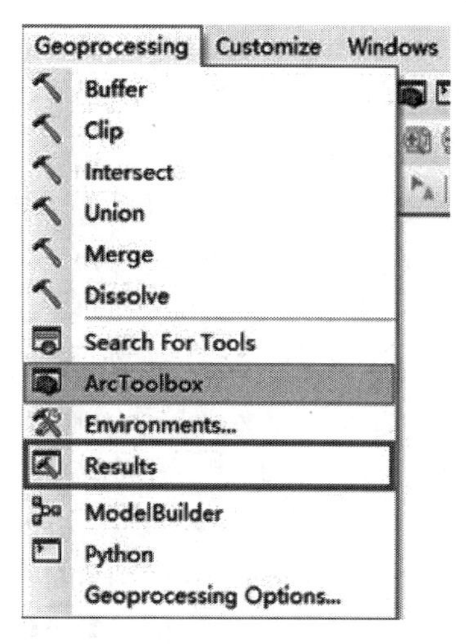

图 4-7-8　Results 打开界面

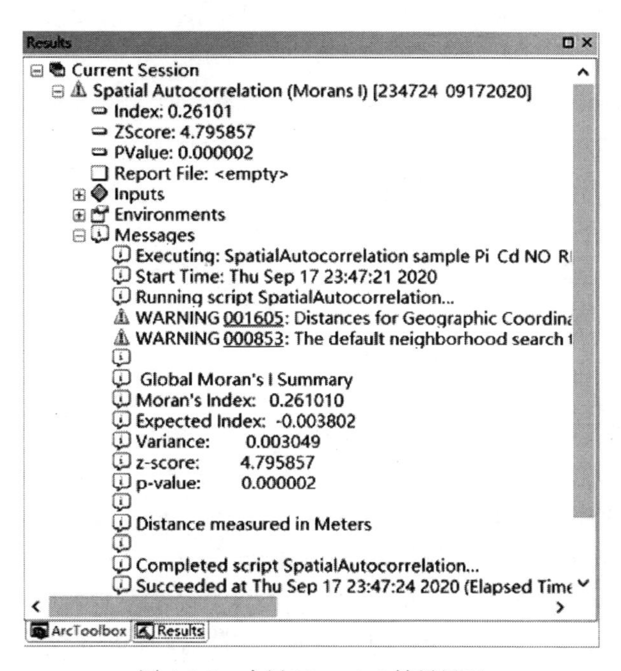

图 4-7-9　全局 Moran's I 结果界面

Distance Method：指定距离的计算方法，一般选择 EUCLIDEAN_DISTANCE，即两点间的直线距离，MANHATTAN_DISTANCE 即曼哈顿距离，是沿垂直轴度量两点间的距离。

Standardization：是否标准化的选项，当要素的分布由于采样设计或施加的集聚方法而产生可能的偏离时，需要使用行标准化选项。行标准化即在生成的空间权重矩阵中每个权重都会除以所在行的和。

Distance Band or Threshold Distance：距离带或阈值距离，为反距离方法包括 Inverse_Distance 和 Inverse_Distance_Squared，以及阈值距离法包括 Fixed_Distance_Band 和 Zone_of_Indifference 指定一个中断距离，在反距离法与 Fixed_Distance_Band 中在距离外的要素都忽略不计，在 Zone_of_Indifference 中距离内的都为 1，距离外的随着距离的增加权重会减小。输入的距离应与坐标系匹配。如果在计算反距离方法时此处为空，则自动计算确保每个要素至少具有一个邻域的欧氏距离；如果为零，则不使用任何阈值距离。

2. 使用 RStudio 操作

1）安装 R 包

本章内容需要用到两个包："maptools" 与 "spdep"，前者主要用于 shp 格式的数据读取，后者全称为 "Spatial Dependence"，主要用于空间统计中空间相关性分析的运用。可通过 install.packages 的命令进行安装。

```
1. install.packages ("maptools")       # 安装 R 包
2. install.packages ("spdep")          # 安装 R 包
```

2）加载 R 包并打开数据

加载已下载安装的两个包 "maptools" 与 "spdep"，设置文件路径，使用 readShapePoints 函数直接读取 shp 格式数据，并读取接下来分析要使用到的三个字段以及其坐标。

```
1. library (maptools)                  # 此包用于加载读取 shp 文件
2. library (spdep)                     # 此包用于空间分析
3. path_data <- "D:/DATA/DATA3"        # 读取数据所在文件夹的路径
4. setwd (path_data)                   # 将该路径设置为当前工作路径
5. data <-readShapePoints ("sample.shp")      # 读取 shp 文件，命名为 data
6. data=data[c ("LONGITUDE", "LATITUDE", "Pi_Cd")]
                                       # 读取数据中此处要用到的三个字段
7. crd<-coordinates (data)             # 读取坐标
```

3）全局 Moran's I 分析

在进行空间自相关分析前，定义空间关系的空间权重矩阵是必不可少的，这里采用的是基于距离的定义方法。首先采用 knearneigh 函数（k 邻近法）定义空间关系，这里的 $k=8$，即将点位周边距离最近的 8 个点定义为此点位的邻近要素，再使用 knn2nb 函数转换为邻域列表对象（Neighbours list Obeject，一个整形矢量的列表），通过 nbdists 函数与 unlist 函数取得所有点位与各自 8 个近邻间的距离，这里取其最大值 max_dn 作为之后定义近邻距离的参数。使用 dnearneigh 函数定义距离从无到 max_dn 的值范围内为该点位的近邻，定义其空间关系并用 nb2listw 函数得到相应的空间权重矩阵。最后使用 moran.test 函数计算 Cd 评价值的全局 Moran's I。

```
1. c_data_kn <-knearneigh (crd, k=8, longlat=TRUE)
                                            # 定义 k 最近邻的空间关系
2. W_data_kn<-knn2nb (c_data_kn)            # 转换为 Neighbours list Object
   (简称 nb 对象)
3. dist<-unlist (nbdists (W_data_kn, crd, longlat=TRUE))
                                            # 计算邻近的点位距离
4. max_dn<-max (dist)                       # 提取邻近距离最大值
5. w_data_dn <-dnearneigh (crd, d1=0, d2=max_dn, longlat=TRUE)
                                            # 定义基于距离的空间关系
6. W_data_mat_dn <-nb2listw (w_data_dn, style = "W", zero.policy=
   TRUE)                                    # 生成权重矩阵
7. moran.test (data$Pi_Cd, listw=W_data_mat_dn)     # 计算全局 Moran's I
8. Moran I test under randomisation
9.
10. data:  data$Pi_Cd
11. weights: W_data_mat_dn
12.
13. Moran I statistic standard deviate = 16.533, p-value < 2.2e-16
14. alternative hypothesis: greater
15. sample estimates:
16. Moran I statistic       Expectation          Variance
17.        0.2745078852     -0.0038022814       0.0002833841
```

由结果得知，Moran's I 指数为 0.275，远高于期望值，p 值即 Variance 值很小，表明为显著的正相关。

4.7.2 Getis-Ord General G 空间自相关分析

1. 使用 ArcGIS 操作

1）打开数据

打开“sample.shp”文件，步骤同全局 Moran's I 法。

2）打开工具箱

单击 ArcToolbox，点开 Spatial Statistics Tools 中的 Analyzing Patterns，步骤同全局 Moran's I 法。

3）General G 分析的过程与结果

双击打开 Analyzing Patterns 下的 High/Low Clustering（Getis-Ord General G）工具，即图 4-7-10 中方框内的工具。在打开的工具界面中，选项的选择填写基本与全局 Moran's I 工具相同，单击 OK，如图 4-7-11 所示。

在计算运行完成后，同全局 Moran's I 方法打开上方工具栏 Geoprocessing 选项中的 Results，并在结果界面中查看进行 General G 方法后的分析数据，如图 4-7-12。同样可以打开报表查看。

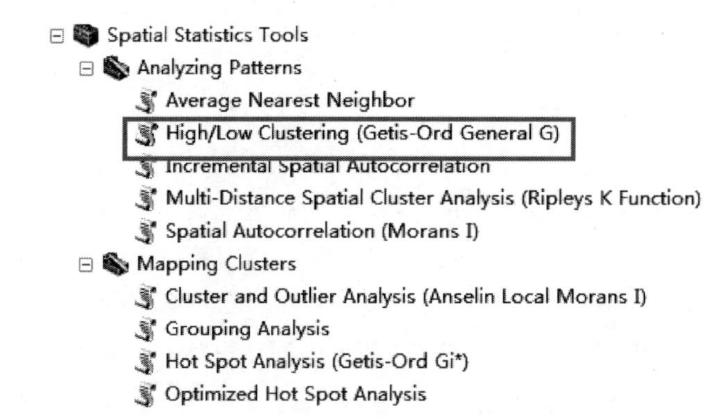

图 4-7-10　General G 工具位置

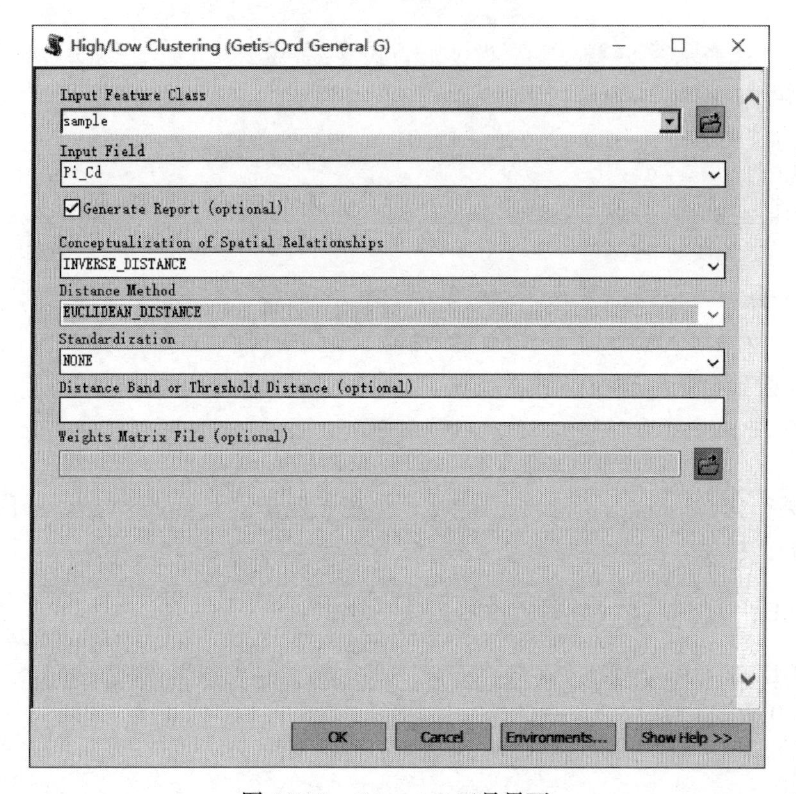

图 4-7-11　General G 工具界面

2. 使用 RStudio 操作

将下述 globalG.test 函数的代码添加至全局 Moran's I 计算代码后面，即可计算 Cd 评价值的 General G 指数。

```
1. globalG.test (data$Pi_Cd, listw=W_data_mat_dn)     # 计算 General G
2. Getis-Ord global G statistic
3.
4. data:  data$Pi_Cd
5. weights: W_data_mat_dn
6.
```

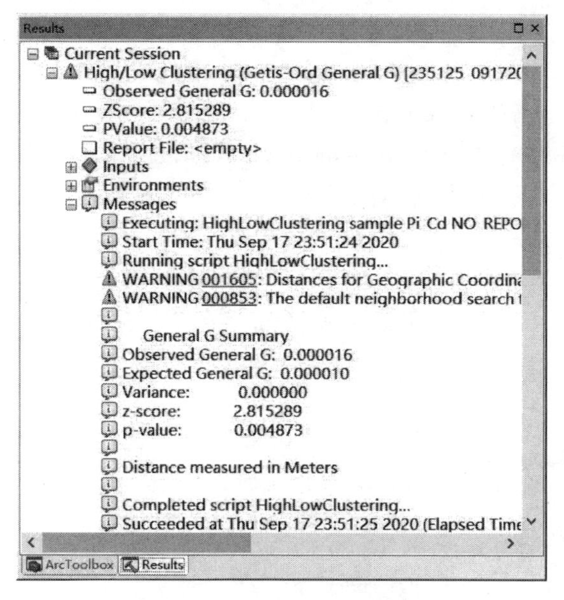

图 4-7-12　General G 结果

```
7. standard deviate = 15.648, p-value < 2.2e-16
8. alternative hypothesis: greater
9. sample estimates:
10. Global G statistic       Expectation          Variance
11.       6.925955e-03      3.802281e-03      3.984849e-08
```

由结果得知，General G 指数为 0.007，期望值为 0.003，p 值即 Variance 值很小，表明为显著的高值集聚现象。

4.8　上机实习——工业污水排放

本章上机实习目的是为学习掌握局部空间自相关分析中的常用方法，包括局部 Moran 法、局部 General G 法与双变量局部 Moran 空间自相关分析法。

使用的软件为 ArcGIS 软件（ArcMap）、GeoDa 与 RStudio。

使用的数据为案例数据四：全国省级工业污水排放数据。除香港、澳门及台湾无数据外，其余的 31 个省级行政区域均有工业污水排放总量数据，单位为万吨，字段名称为 GYFS；另还有各个省重点调查工业企业单位个数，字段名称为 GYQY；字段 XZDM 为省级行政区划代码，均为两位整数。

数据可通过扫描附录 2 中的二维码获取。本章用到的具体数据文件为面状图层“wastewater”。

4.8.1　局部 Moran 空间自相关分析

1. 使用 ArcGIS 操作

1）打开数据

打开“wastewater.shp”文件，步骤同 4.7 节的全局 Moran's I 法中相关内容。

2）打开工具箱

单击 ArcToolbox，点开 Spatial Statistics Tools 中的 Mapping Clusters 模块。

3）局部 Moran 分析的过程与结果

双击打开 Mapping Clusters 下的 Cluster and Outlier Analysis（Anselin Local Moran's I）工具，即图 4-8-1 中方框内的工具。在打开来的工具界面中，在 Input Feature Class 选项下选择“wastewater”文件，在 Input Field 选项中选择 GYFS 字段，Output Feature Class 选择保存的位置以及名称，在 Conceptualization of Spatial Relationships 选项中选择 INVERSE_DISTANCE 方法，Distance Method 选项保持默认，Standardization 选项选择默认，Apply False Discovery Rate（FDR）Correction 即错误发现率校正选项保持默认，单击 OK，如图 4-8-2。

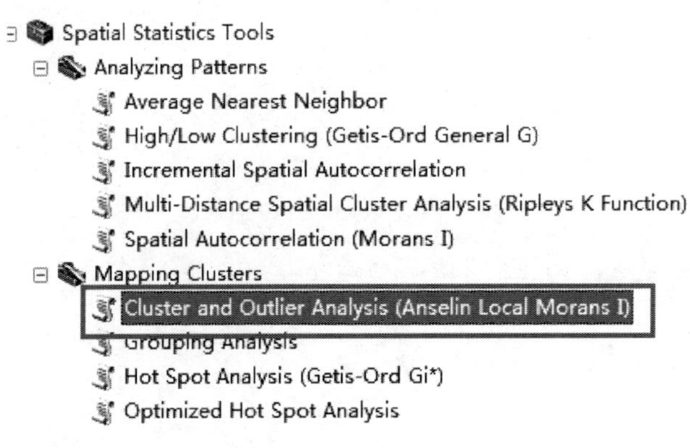

图 4-8-1　局部 Moran 工具位置

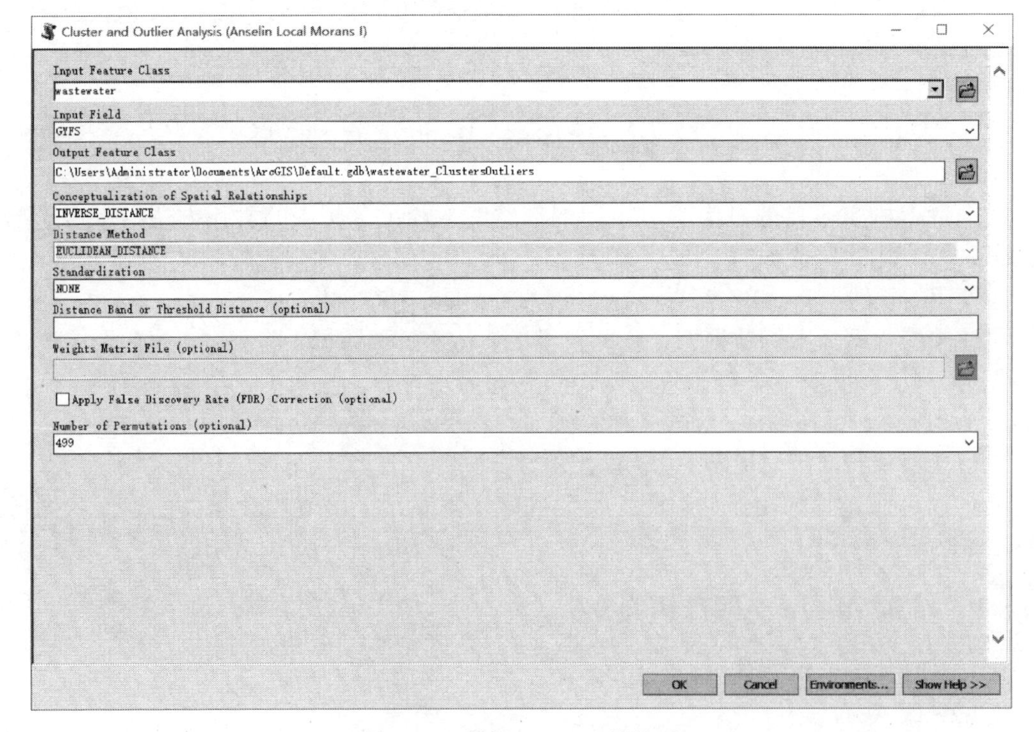

图 4-8-2　局部 Moran 工具界面

等待计算运行完成后，生成了一个新的点要素文件，默认渲染的颜色就是不同空间关系的类别，具体可以单击 Open Attribute Table 后在属性表中查看，其局部 Moran's I 值保存在 LMiIndex 字段中，其空间关系类别的字段在最后的字段 COType 内，"H"表示高值，"L"表示低值，HH 代表高-高集聚，HL 代表高-低离散，LH 代表低-高离散，LL 代表低-低集聚，空着的代表不显著，如图 4-8-3 所示。

LMiIndex IDW 1105781	LMiZScore IDW 1105	LMiPValue IDW 11	COType IDW 1105781
-.000005	-3.979704	.002000	LH
-.000008	-1.740653	.046000	LH
.000005	3.846039	.002000	HH
.000013	2.325814	.022000	HH
.000004	2.256097	.010000	HH
.000033	2.708193	.004000	HH
.000004	2.371633	.010000	HH
.000019	2.049215	.028000	HH
.000019	2.210798	.032000	HH

图 4-8-3　局部 Moran 结果字段

2. 使用 RStudio 操作

1）安装 R 包

本章内容需要用到三个包："maptools"、"spdep"与"sp"，前两个包在 4.7 节中已进行介绍，"sp"包主要在本章节用于空间制图可视化功能。可通过 install.packages 的命令进行安装（前述章节已安装的这里就不再提及）。

```
1. install.packages ("sp")              # 安装 R 包
```

2）加载 R 包并打开数据

加载已下载安装的三个包"maptools"、"spdep"与"sp"，设置文件路径，使用 readShapePoly 函数直接读取面状 shp 格式数据。

```
1. library (maptools)                   # 此包用于加载读取 shp 文件
2. library (spdep)                      # 此包用于空间分析
3. library (sp)                         # 此包主要用于空间可视化
4. path_data <- "D:/WasteWater"         # 读取数据所在文件夹的路径
5. setwd (path_data)                    # 将该路径设置为当前工作路径
6. data <- readShapePoly ("wastewater.shp" )    # 读取 shp 文件，命名为 data
7. crd<-coordinates (data)              # 读取坐标
```

3）局部 Moran 分析

同样地，首先需要生成空间权重矩阵，因为是面数据，这里采用共点共边的空间关系（即 Queen 型）。除去香港、澳门与台湾无数据可不作分析，海南省因没有与广东省接壤导致在此空间关系的定义下无邻近省份，因此需要将海南省、广东省与广西壮族自治区三个省份在邻域列表对象（w_data）中添加自定义的空间关系，最后再生成相应的空间权重矩阵。

```
1. w_data <-poly2nb (data, queen = T)   # 定义共点共边的空间关系，生成的是
   Neighbours list Object
2. hainan<-which (data$XZDM==46)        # 根据行政代码获取海南省序号
3. guangdong<-which (data$XZDM==44)     # 根据行政代码获取广东省序号
```

```
4. guangxi<-which (data$XZDM==45)
                        # 根据行政代码获取广西壮族自治区序号
5. w_data[[hainan]]<-c (guangdong, guangxi)
                        # 将海南省的近邻列表里加上广东省与广西壮族自治区
6. w_data[[guangdong]]<-c (w_data[[guangdong]], hainan)
                        # 将广东省的近邻列表里加上海南省
7. w_data[[guangxi]]<-c (w_data[[guangxi]], hainan)
                        # 将广西壮族自治区的近邻列表里加上海南省
8. w_data_mat<-nb2listw (w_data, style = "W", zero.policy = TRUE)
                        # 定义空间权重矩阵
```

生成空间权重矩阵后，使用 localmoran 函数进行运算，将计算完成的局部 Moran 指数 I 赋值给数据里的 lm1 字段，并使用 spplot 函数对 I 值进行可视化的展示，最终结果如图 4-8-4 所示。

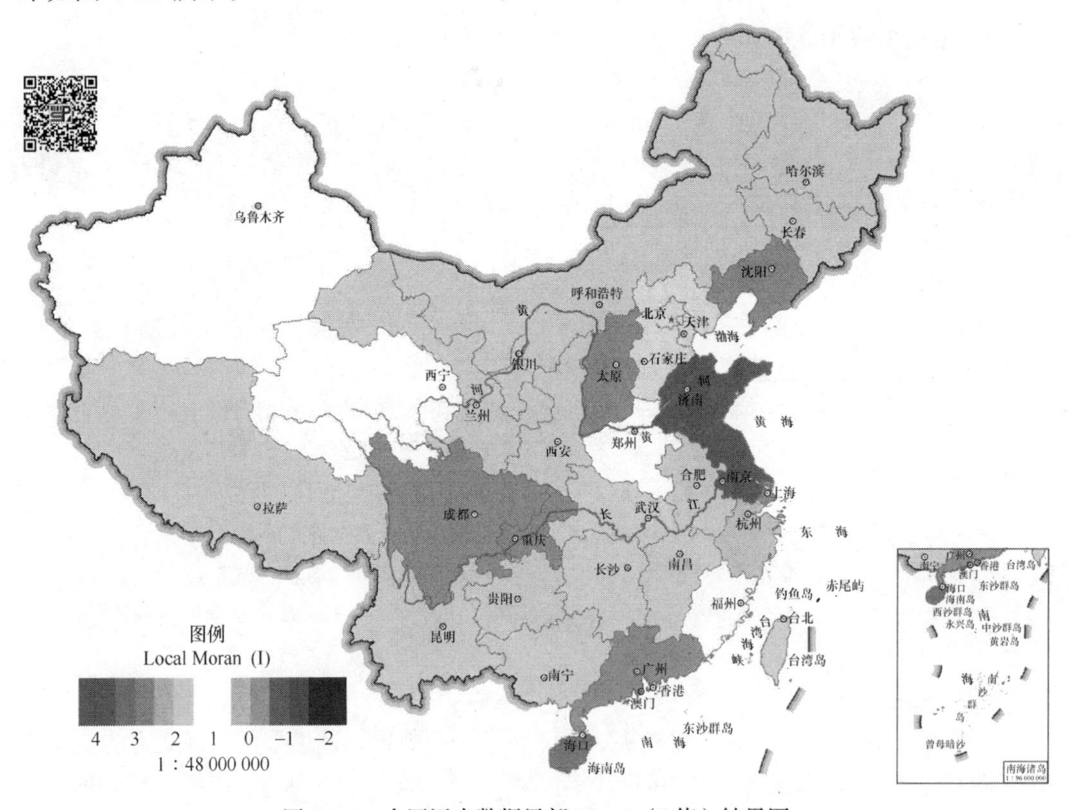

图 4-8-4　全国污水数据局部 Moran（I 值）结果图

```
1. lm1 <- localmoran (data$GYFS, listw=w_data_mat, zero.policy=T)
            # 执行 localmoran 算法
2. for (i in list (1:34)){
3. data$lm1[i] <- lm1[i] %>% as.vector ()
            # 将计算完成的 Local Moran 指数（I 指数）赋值给数据里面的 lm1 属性
4. }
```

```
5. lm.palette <- colorRampPalette (c ("blue", "white", "red"), space =
   "rgb")   # 定义可视化色带，这里用蓝色 - 白色 - 红色这样的色带图
6. spplot (data, zcol="lm1", col.regions=lm.palette (20), main="Local
   Moran (I)", pretty=T)   # 可视化图形
```

4.8.2　Getis-Ord G_i^* 空间自相关分析法（热点分析）

1. 使用 ArcGIS 操作

1）打开数据

打开“wastewater.shp”文件，步骤同 4.7 节的全局 Moran’s I 法中相关内容。

2）打开工具箱

单击 ArcToolbox，点开 Spatial Statistics Tools 中的 Mapping Clusters 模块。

3）局部 Moran 分析的过程与结果

双击打开 Mapping Clusters 下的 Hot Spot Analysis（Getis-Ord G_i^*）工具，即图 4-8-5 中方框内的工具。在打开来的工具界面中，在 Input Feature Class 选项下选择“wastewater”文件，在 Input Field 选项中选择 GYFS 字段，Output Feature Class 选择保存的位置以及名称，在 Conceptualization of Spatial Relationships 选项中选择 CONTIGUITY_EDGES_CORNERS 方法，Distance Method 选项保持默认，Self Potential Field 与 Apply False Discovery Rate（FDR）Correction 选项保持默认，单击 OK，如图 4-8-6 所示。

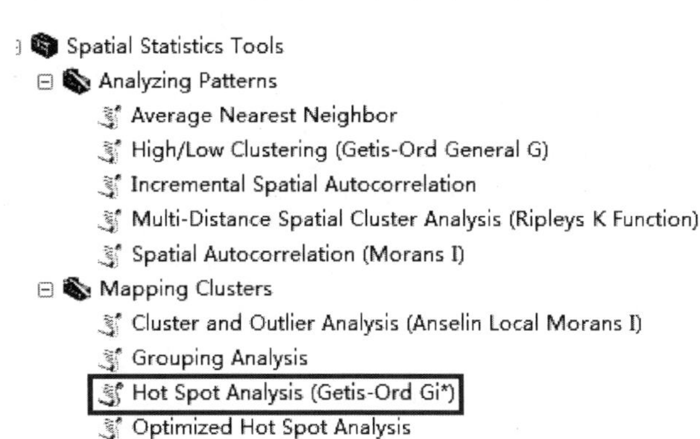

图 4-8-5　Getis-Ord G_i^* 工具位置

等待计算运行完成后，生成了一个新的点要素文件，默认渲染的颜色是空间关系的“冷热度”，即具体是低值集聚还是高值集聚还是集聚不显著。具体可以在新文件的属性表中查看，其 G_i 的 *Z*-score 在字段 GiZscore 内，其空间关系类别的字段在最后的字段 Gi_Bin 内，如图 4-8-7 所示。其中从 −1 到 −3 代表着空间上低值集聚程度逐渐上升，从 1 到 3 代表空间上高值集聚程度逐渐上升，0 代表空间集聚现象不显著。

2. 使用 RStudio 操作

将下述代码添加至局部 Moran 指数计算代码的后面，即可计算与生成 Getis-Ord G_i^* 指数的结果，如图 4-8-8。其中的 localG 函数用于计算 Getis-Ord G_i^* 指数。

```
1. lg1 <- localG (data$GYFS, listw=w_data_mat, zero.policy=T)
                # 执行 localG 算法
```

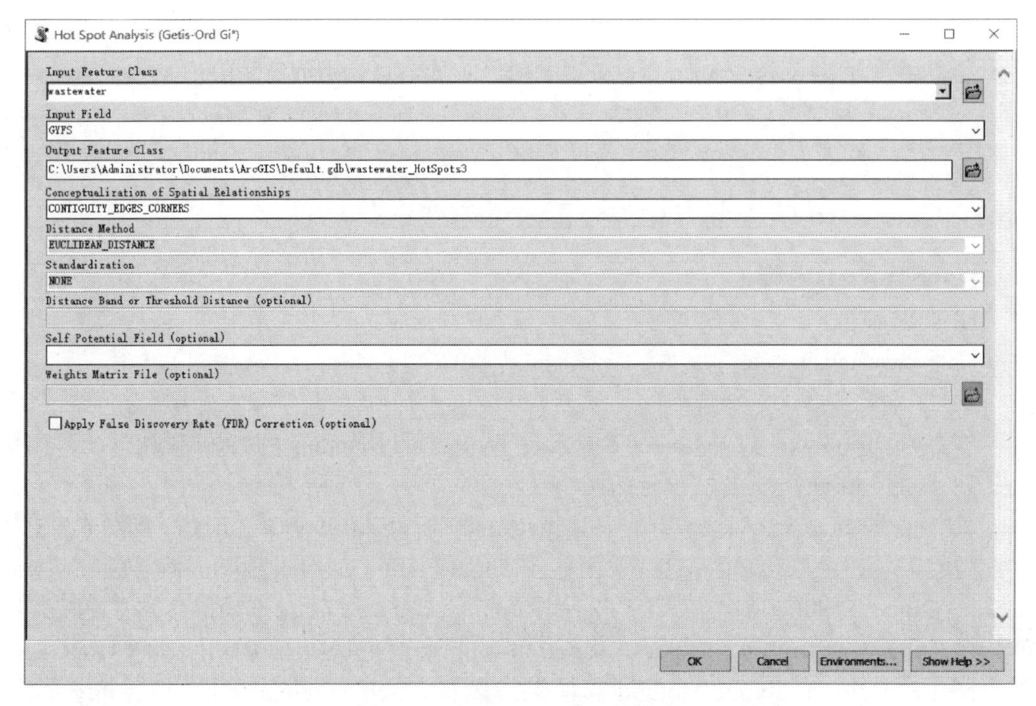

图 4-8-6　Getis-Ord G_i^* 工具界面

GiZScore	GiPValue	NNeighbors	Gi_Bin
3.814925	.000136	7	3
3.259834	.001115	5	3
3.524278	.000425	5	3
2.36712	.017927	4	2
2.301409	.021368	7	2
2.504235	.012272	3	2
2.381988	.017219	6	2
1.805713	.070963	7	1

图 4-8-7　Getis-Ord G_i^* 结果字段

```
2. data$lg1 <- lg1[] %>% as.vector()
        # 将计算完成的 localG 指数（zscores）赋值给数据里面的 lg1 属性
3. lm.palette <- colorRampPalette(c("blue", "white", "red"), space =
   "rgb")  # 定义可视化色带，这里用蓝色-白色-红色这样的色带图
4. spplot(data, zcol="lg1", col.regions=lm.palette(20), main="Getis-
   Ord Gi* (z scores)", pretty=T)      # 可视化图形
```

4.8.3　双变量局部 Moran 空间自相关分析法

1）打开数据

单击 GeoDa 中的 File→OpenShapefile，打开“wastewater”文件。

2）建立空间权重矩阵

在工具栏里打开 Tools→Weights→Create 选项。

在打开来的界面中，Weights File ID Variable 选项选择 XZDM 字段（有的图层文件没有唯一值字段可以通过左边的 Add ID Variable 功能来添加）。内置了三种常用的定

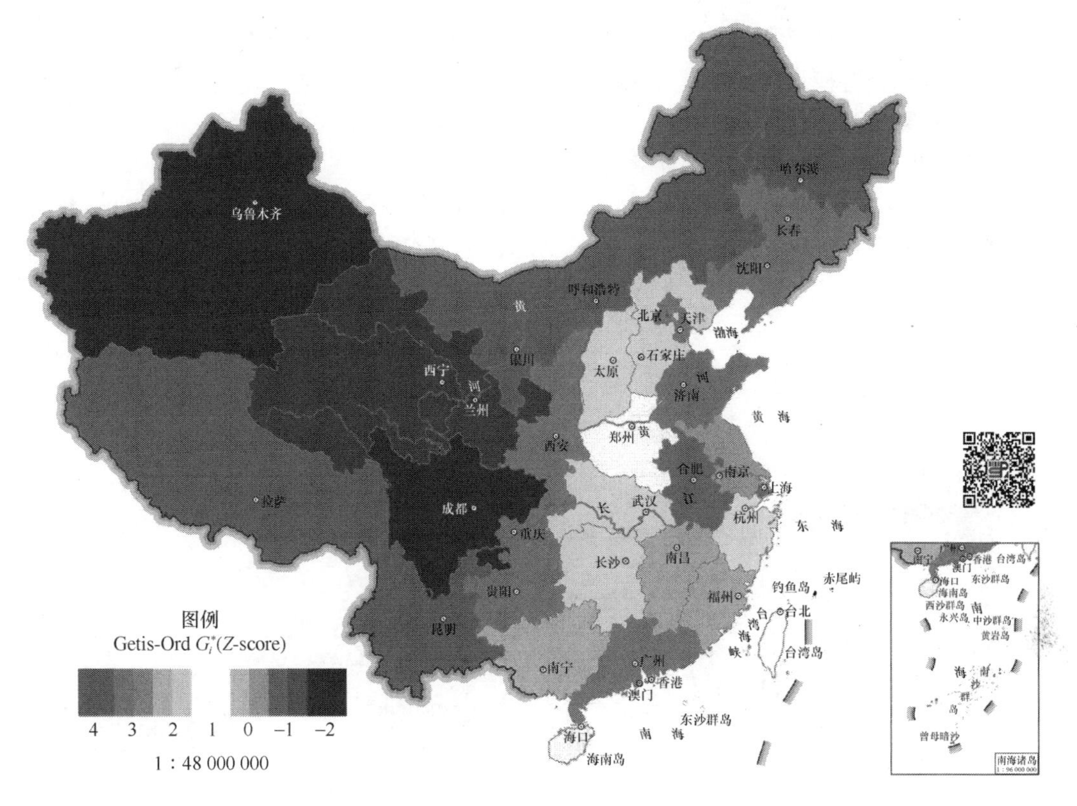

图 4-8-8　全国污水数据 Getis-Ord G_i^*（Z-score）结果图

义方式，其原理在 4.2 节均有阐述。Contiguity Weight 即邻近权重法，有 Queen 方法与 Rook 方法；Distance Weight 即阈值距离权重法；k-Nearest Neighbors 为 k 最近邻权重法。这里因为数据为面状，采用 Queen 方法，级别选择 2 级，如图 4-8-9 所示。

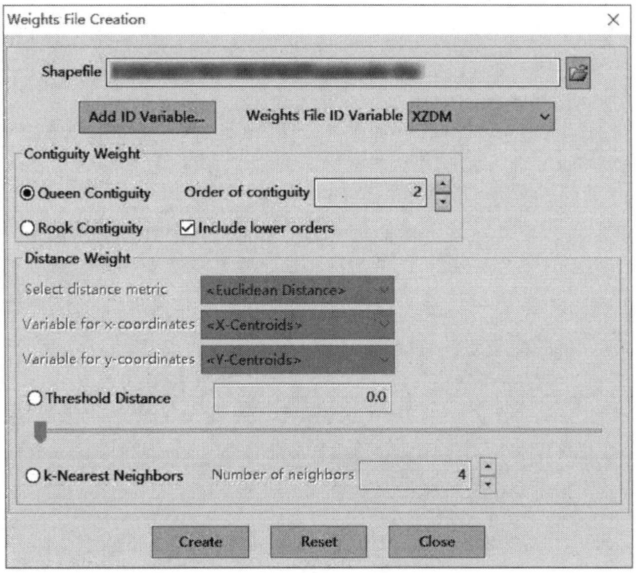

图 4-8-9　GeoDa 创建空间权重矩阵

单击 Create，选择保存的位置即可。GeoDa 会自动选择刚刚创建的权重文件。

如果想要查看权重文件的具体情况，需要找到创建的权重文件并用记事本的方式打开，可以研究权重文件里是怎么定义空间邻近关系与权重的。

3）局部 Moran 分析的过程与结果

单击工具栏的 Space→Bivariate Local Moran's I，在打开的界面 Variable Settings 中分别选择 GYFS 与 GYQY 字段，如图 4-8-10 所示，单击 OK。如果有选择权重矩阵的窗口，则直接单击确认。再在接下来出现的窗口中将三个图的选择都勾选上，如图 4-8-11 所示。

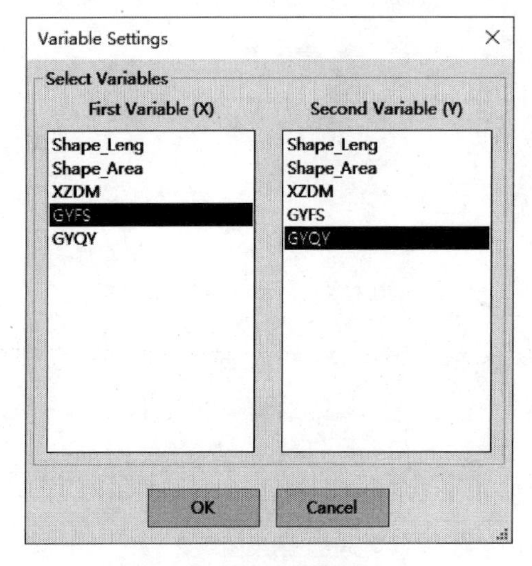

图 4-8-10　参数选择界面

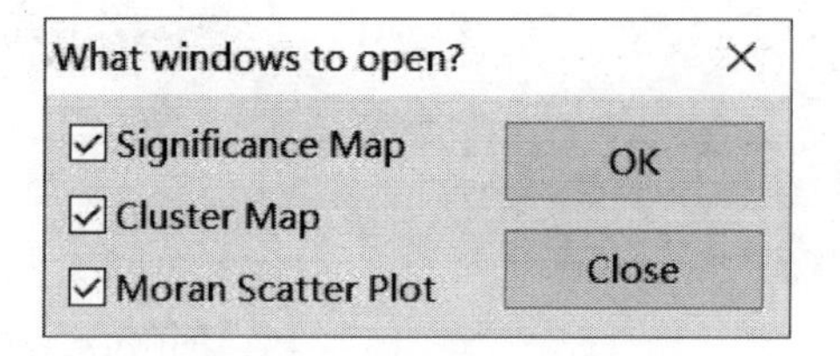

图 4-8-11　结果窗口选择界面

在接下来出现的三幅图分别是显著性图（Significance Map）、聚类图（Cluster Map）以及 Moran 散点图（Moran Scatter Plot）。其中聚类图是主要的结果图，可以清晰地判断区域内两种变量间的空间相关关系。可以右击空白处选择 Sava Results 将结果保存在新建的字段内。

课后习题

1．简述空间自相关的概念，并谈谈你对空间自相关的理解。

2．空间权重矩阵的定义类型主要有哪几种？在空间自相关的计算中扮演什么角色？

3．从计算公式以及结果意义的角度分析几种全局空间自相关方法间有什么异同？

4．LISA 理论中提出的局部空间自相关统计量具体有什么作用？并简述局部 Moran 与 G_i（G_i^*）的特点，思考分别能够应用在哪些领域的研究。

5．空间散布图横轴与纵轴分别代表什么？四个象限分别代表什么含义？

参考文献

高爽，魏也华，陈雯，等. 2011. 发达地区制造业集聚和水污染的空间关联：以无锡市区为例［J］. 地理研究，30（5）：902-912.

李扬，刘慧，金凤君，等. 2011. 北京市人口老龄化的时空变化特征［J］. 中国人口·资源与环境，21(11)：131-138.

李勇，周永章，张澄博，等．2010．基于局部 Moran's I 和 GIS 的珠江三角洲肝癌高发区蔬菜土壤中 Ni、Cr 的空间热点分析［J］．环境科学，31(6)：1617-1623.

裴璐．2012．江苏省县域城乡发展一体化评价研究［D］．南京：南京师范大学.

唐惠丽．2010．滨海土壤养分特性与棉花产量的空间回归及管理分区研究［D］．杭州：浙江大学.

王怀成，张连马，蒋晓威．2014．泛长三角产业发展与环境污染的空间关联性研究［J］．中国人口·资源与环境，163（s1)：55-59.

张海珍，唐宇力，陆骏，等．2014．西湖景区土壤典型重金属污染物的来源及空间分布特征［J］．环境科学，35（4)：1516-1522.

朱传耿，顾朝林，马荣华，等．2001．中国流动人口的影响要素与空间分布［J］．地理学报，56（5)：549-560.

Anselin L. 1988. Spatial Econometrics: Methods and Models [M]. Dordrecht: Kluwer Academic Publishers.

Anselin L. 1992. SpaceStat tutorial: A workbook for using SpaceStat in the analysis of spatial data [J]. Urbana.

Anselin L. 1995. Local indicators of spatial association-LISA [J]. Geographical Analysis, 27: 93-115.

Anselin L. 1996. The Moran scatterplot as an ESDA tool to assess local instability in spatial association [J]. Spatial Analytical Perspectives on GIS, 11: 111-126.

Anselin L, Cliff A, Ord J K. 1981. Spatial processes: Models and applications [M]. London: Pion.

Bartlett M S. 1950. Notes on continuous stochastic phenomena [J]. Biometrika, 37(1/2): 17-23.

Berry B, Marble D. 1968. Spatial Analysis: A Reader in Statistical Geography [M]. New Jersey: Prentice-Hall Inc.

Bodson P, Peeters D. 1975. Estimation of the coefficients of a linear regression in the presence of spatial autocorrelation: An application to a belgium labor demand function [J]. Environment & Planning A, 7(4): 455-472.

Cliff A D, Ord J K. 1970. Spatial autocorrelation: A review of existing and new measures with applications [J]. Economic Geography, 46(sup1): 269-292.

Cliff A D, Ord J K. 2009. Spatial autocorrelation [J]. International Encyclopedia of Human Geography, 14(5): 308-316.

Dacey M. 1962. Analysis of central place and point patterns by a nearest neighbor method [J]. Human Geography, 24: 55-75.

Demirel R, Erdoğan S. 2009. Determination of high risk regions of cutaneous leishmaniasis in Turkey using spatial analysis [J]. World Congress on Public Health World Health Organization, 33(1): 8-14.

Geary R C. 1954. The contiguity ratio and statistical mapping [J]. Incorporated Statistician, 5(3): 115-146.

Getis A. 1994. Spatial dependence and heterogeneity and proximal databases [C]// Fotherinham A S, Rogerson P A. ed. Spatial Analysis and GIS. London: Taylor&Francis: 104-120.

Getis A, Ord J K. 1992. The analysis of spatial association by use of distance statistics [J]. Geographical Analysis, 24(3): 189-206.

Getis A, Ord J K. 1996. Local spatial statistics: An overview [C]//Longley P, Batty M. Spatial Analysis Modeling in A GIS Environment. Cambridge: Geoinformation International.

Goodchild M F. 1986. Spatial Autocorrelation [M]. Norwich: GeoBooks.

Griffith D A. 1992. What is spatial autocorrelation? Reflections on the past 25 years of spatial statistics [J]. Espace Géographique, 21(3): 265-280.

Maciel E L, Pan W, Dietze R, et al. 2010. Spatial patterns of pulmonary tuberculosis incidence and their relationship to socio-economic status in Vitoria, Brazil [J]. International Journal of Tuberculosis & Lung Disease, 14(11): 1395-1402.

Mantel N. 1967. The detection of disease clustering and a generalized regression approach [J]. Cancer Research, 59(2-3): 209-220.

Moran P A. 1948. The interpretation of statistical maps [J]. Journal of the Royal Statistical Society, 10(2): 243-251.

Moran P A. 1950. Notes on continuous stochastic phenomena [J]. Biometrika, 37(1/2): 17-23.

Ord J K, Getis A. 1995. Local spatial autocorrelation statistics: Distributional issues and an application [J]. Geographical Analysis, 27(4): 286-306.

Sokal R R, Oden N L. 1978. Spatial autocorrelation in biology: 1. methodology [J]. Biological Journal of the Linnean Society, 10(2): 199-228.

Upton G, Fingleton B. 1985. Spatial Data Analysis by Example. Volume 1: Point Pattern and Quantitative Data [M]. Chichester: Wiley.

Wulder M, Boots B. 1998. Local spatial autocorrelation characteristics of remotely sensed imagery assessed with the Getis statistic [J]. International Journal of Remote Sensing, 19(11): 2223-2231.

Zhang C, Luo L, Xu W, et al. 2008. Use of local Moran's I and GIS to identify pollution hotspots of Pb in urban soils of Galway, Ireland [J]. Science of the Total Environment, 398(1-3): 212-221.

Zhang C S, Tang Y, Luo L, et al. 2009. Outlier identification and visualization for Pb concentrations in urban soils and its implications for identification of potential contaminated land [J]. Environmental Pollution, 157(11): 3083-3090.

第 5 章　空间回归分析

回归分析是一种预测性的建模技术，它研究的是因变量和自变量之间的关系，该技术应用十分广泛，通常可用于预测分析、时间序列模型以及发现变量之间的因果关系（Frank，2015）。由于空间相依性的存在，传统的回归分析方法在空间地理数据或现象分析中存在明显的局限性。Hepple 曾指出："观察任何一组地理现象的地图，都会发现其中任意一个典型的模式都与经典的统计推断不尽相同。" 在此情形下许多地理学家在解决相关地理空间问题上都提出过很多的解决方法和思想，特别是在 20 世纪 70 年代，如 Ord（1975），Cliff 和 Ord（1974），Hordijk（1974）等，这些方法统称为空间回归模型（spatial regression model）。虽然现在看来这些方法相对较老，但其是从传统统计学跨越现代空间数据分析的重要转折点（Fotheringham et al.，2000）。

图 5-0-1 展示了空间回归分析相关著作文献学者相互引用图，其中 Getis 与 Anselin 在该领域有着举足轻重的地位，众多学者的学术著作对其作品均有引用。

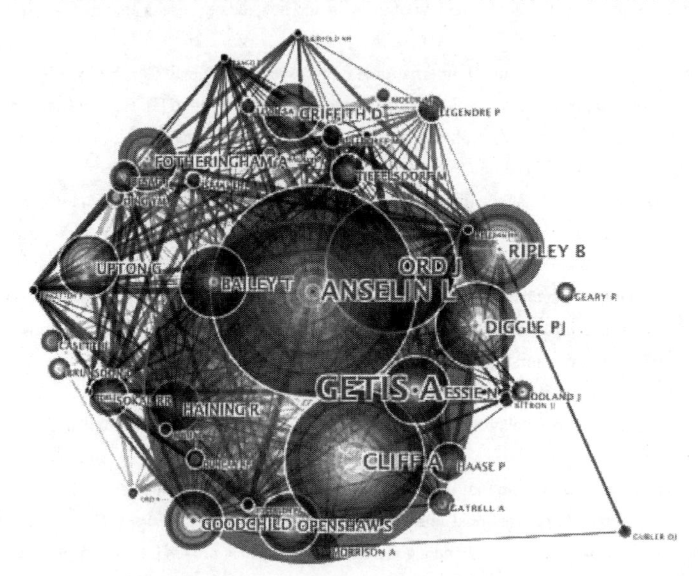

图 5-0-1　空间回归分析相关著作文献学者相互引用图（Anselin，Rey，2010）

空间相依性是指空间中存在的现象并非独立存在，相邻的空间单元具有空间相依性存在，相同的现象会聚集在一起产生空间关联的情形。空间相依性最早由 Cliff 和 Ord 在 1973 年提出，作为空间效应识别的第一个来源，其是空间组织观测单位之间是否具有依赖性的考察指标。空间相依性存在于回归方程的变量和误差中，其存在会使传统回归方差，如随机误差的独立性的一些前提假设不能成立，而如果不考虑这种空间关联，使用经典统计分析有时可能造成误判（唐惠丽，2010）。

随着空间回归分析理论与方法的蓬勃发展，空间回归分析在环境和生态学领域、土壤学领域、社会科学等领域都得到了较好的应用。例如，在环境与生态科学方面，Gao 等（2012）运用地理加权回归模型对比普通线性回归模型来探究空间非平稳假设与尺度效应，探讨 NDVI 与其他气候因子间的关系；潘竟虎和赵轩茹（2018）运用空间滞后回归模型对中国 2000 年与 2013 年的碳排放进行时空分布模拟，获得碳排放强度的空间分布图。在土壤学方面，Fei 等（2019）结合贝叶斯最大熵与地理加权回归模型有效提高土壤重金属插值效果与源解析结果。在社会科学方面，赵儒煜等（2012）将影响老龄化的空间溢出因素引入空间误差回归模型，探索老龄化影响因素；黄秋兰等（2013）用空间滞后模型和地理加权回归对广西乙脑发病率与气象因素的关系进行回归，探索发病影响因素。

本章内容主要涵盖普通线性回归模型（general linear regression model）、空间回归模型、地理加权回归模型（geographically weighted regression）三大部分，整章逻辑结构图如图 5-0-2。

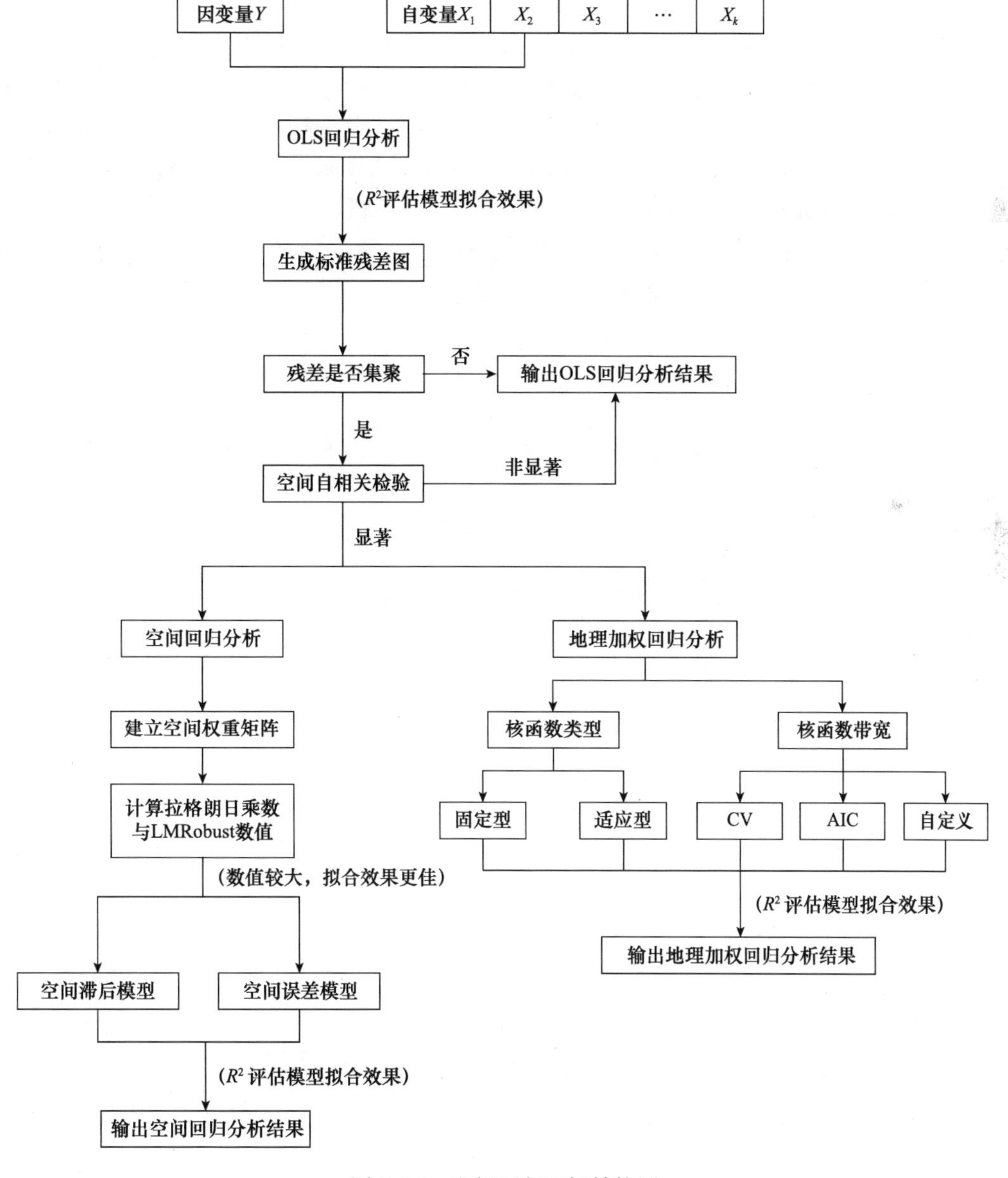

图 5-0-2　空间回归逻辑结构图

5.1　普通线性回归模型

回归分析作为研究变量间关系的统计分析方法，旨在根据统计数据寻求一个变量 Y 对另一个变量 X，或一个变量 Y 对若干个变量 X_1，X_2，…，X_k 的数学表达式，以近似描述变量间“统计意义上的”因果关系。可以利用经验公式由变量 X 对变量 Y 进行描述和解释，或根据变量 X 的值预测变量 Y 的值，或根据对 Y 值的要求控制变量 X 的值。

这种回归关系通常可以表示为

$$Y=f(X)+\varepsilon \tag{5-1-1}$$

式中，ε 表示随机误差。由于 Y 和 X_1，X_2，…，X_k 之间是统计相依关系，因此随机误差恰好表示随机成分。函数 $Y=f(X)$ 称作回归函数，其中，称变量 Y 为因变量（dependent variable）或被解释变量（explained variable）或响应变量（response variable）或被预测变量（predicted variable）；称与特定变量相关的其他一些变量 X_1，X_2，…，X_k 为自变量（independent variable）或解释变量（explanatory variable）或控制变量（control variable）或预测变量（predictor variable）。只有一个回归变量的情形称作一元回归，含两个或两个以上回归变量的情形称作多元回归。当进行回归分析时，如果回归函数为线性函数就称作线性回归分析，否则称作非线性回归分析。

本章我们只介绍普通线性回归模型。

5.1.1　线性回归模型的公式与经典假定

在普通回归模型中，当函数 $f(x)$ 为线性函数时，有 k 个自变量，得线性回归的变量关系：

$$Y=\beta_0+\beta_1X_1+\beta_2X_2+\cdots+\beta_kX_k+\varepsilon \tag{5-1-2}$$

式中，ε 为随机扰动项，是不可观测的，表示 X 和 Y 的关系中不确定因素的影响；β 为总体回归系数。

假设已给出了 n 个观测值，则可以表示成

$$Y=\beta_0+\beta_1X_{i1}+\beta_2X_{i2}+\cdots+\beta_kX_{ik}+\varepsilon_i\quad(i=1,\ 2,\ \cdots,\ n) \tag{5-1-3}$$

用矩阵来表示

$$\begin{bmatrix}Y_1\\Y_2\\\vdots\\Y_n\end{bmatrix}=\begin{bmatrix}1 & X_{11} & X_{12} & \cdots & X_{1k}\\1 & X_{21} & X_{22} & \cdots & X_{2k}\\\vdots & \vdots & \vdots & & \vdots\\1 & X_{n1} & X_{n2} & \cdots & X_{nk}\end{bmatrix}\begin{bmatrix}\beta_0\\\beta_1\\\vdots\\\beta_k\end{bmatrix}+\begin{bmatrix}\varepsilon_1\\\varepsilon_2\\\vdots\\\varepsilon_n\end{bmatrix} \tag{5-1-4}$$

或简化为

$$Y=X\beta+\varepsilon \tag{5-1-5}$$

（1）一元线性回归模型是最简单的线性模型，模型中只有一个解释变量，一般形式是

$$Y=\beta_0+\beta_1X_1+\varepsilon \tag{5-1-6}$$

式中，Y 为被解释变量；X 为解释变量；β_0 与 β_1 为待估参数；ε 为随机干扰项。

（2）多元线性回归模型的一般形式为

$$Y=\beta_0+\beta_1X_1+\beta_2X_2+\cdots+\beta_kX_k+\varepsilon \tag{5-1-7}$$

式中，k 为解释变量的数目；β_j（$j=1，2，\cdots，k$）称为回归系数。

为了对回归估计进行有效的解释，必须对随机扰动项 ε 和解释变量 X_i 进行科学抽象的假定，这些假定称为线性回归模型的基本假定。主要包括以下几个方面：

假定 1　回归模型是正确设定的

模型的正确设定主要包括两个方面的内容：

（1）模型选择了正确的变量，也就是未遗漏重要变量，也不包含无关变量；

（2）模型选择了正确的函数形式，即当被解释变量与解释变量间呈现某种函数形式时，我们所设定的总体回归方程恰为该函数形式。

假定 2　随机扰动项 ε 零均值

$$E(\varepsilon)=0 \quad (i=1, 2, \cdots, n) \tag{5-1-8}$$

由于随机扰动因素，Y_i 在其期望值 $E(Y_i)$ 附近上下波动，若模型设定正确，Y_i 相对于 $E(Y_i)$ 的正偏差和负偏差均存在，故此随机扰动项 ε 可正可负，发生的概率大体相同。平均地看，这些随机扰动项有互相抵消的趋势。

假定 3　随机扰动项 ε 同方差

$$\mathrm{Var}(\varepsilon)=E[\varepsilon-E(\varepsilon)]^2=E(\varepsilon^2)=\sigma_2 \quad (i=1, 2, \cdots, n) \tag{5-1-9}$$

该假定表示：对于每个 X_i，随机扰动项 ε 的方差相当于一个常数 σ^2。也就是说解释变量取不同的值时，ε 相对于各自均值（零均值）的分散程度是相同的。

因变量 Y_i 也具有 ε 相同的方差：

$$\begin{aligned}\mathrm{Var}(Y_i)&=E[Y_i-E(Y_i)]^2\\&=E[\beta_0+\beta_iX_i+\varepsilon-(\beta_0+\beta_1X_i)]^2\\&=\sigma^2=\mathrm{Var}(\varepsilon)\end{aligned} \tag{5-1-10}$$

因此，该假定同时表明，因变量 Y_i 可能取值的分散程度也是相同的。

假定 4　随机扰动项 ε 无自相关

$$\begin{aligned}\mathrm{cov}(\varepsilon_i, \varepsilon_j)&=E[\varepsilon_i-E(\varepsilon_i)][\varepsilon_j-E(\varepsilon_j)]\\&=E(\varepsilon_i\varepsilon_j)=0, \quad i\neq j(i, j=1, 2, 3, \cdots, n)\end{aligned} \tag{5-1-11}$$

因 ε_i 与 ε_j 是相互独立的，即

$$E(\varepsilon_i\varepsilon_j)=E(\varepsilon_i)E(\varepsilon_j)=0 \tag{5-1-12}$$

随机扰动项 ε 无自相关又可视为随机扰动项相互独立性的假定。由于假定说明，产生干扰的因素是完全随机的、相互独立的、互不相关的，因此，因变量 Y_i 的序列值 Y_1，Y_2，…，Y_i 之间也是互不相关的。

假定 5　解释变量 X_i 与随机扰动项 ε 不相关

$$\mathrm{cov}=(X_i, \varepsilon_i)=0 \tag{5-1-13}$$

该假定表明解释变量 X_i 与随机扰动项 ε_i 相互独立、互不相关，随机扰动项 ε_i 和解释变量 X_i 对因变量 Y_i 的影响是完全独立的。

假定 6　在重复抽样中 X_i 值是固定的

在重复的样本中，解释变量 X_i 所取的值被认为是固定的，即 X_i 是非随机的。这里

假定解释变量为非随机的，可以简化对参数估计性质的讨论。

符合以上基本假定的线性回归模型称为经典的线性回归模型（classical linear regression model，CLRM）。如果随机误差项遵循正态分布，$\varepsilon \sim N(0, \sigma^2)$，则称为线性正态回归模型（classical normal linear regression model，CNLRM）。对回归模型进行参数估计，常用的两种重要方法主要有普通最小二乘法和最大似然法，下面两节将展开具体介绍。

5.1.2　普通最小二乘法

最小二乘法作为一种古老的方法，早在18世纪，由数学家高斯（Gauss）提出创立并成功地应用于天文观测和大地测量等诸方面工作中。普通最小二乘法（ordinary least squares，OLS）作为最小二乘法的基础，通过检测所有变量组合的冗余度、完整度、显著性、偏差以及性能得以生成回归诊断报告得以广泛应用在文化、社会经济、环境、空间分析以及人类生活方式等诸多领域（图5-1-1）。

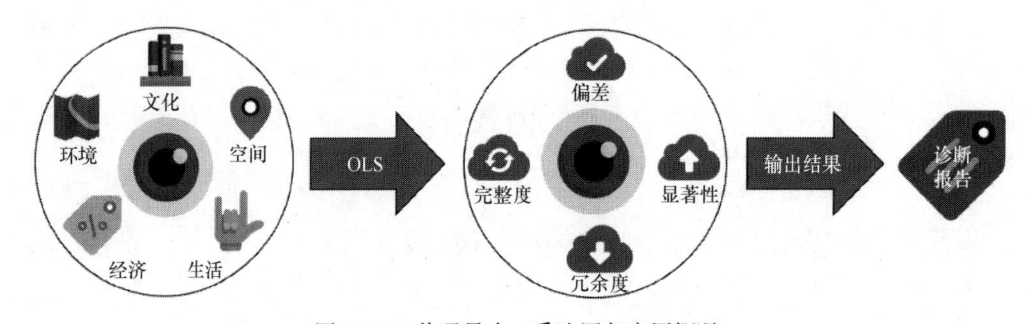

图5-1-1　普通最小二乘法回归应用概况

回归分析的基本问题是估计问题与检验问题，即求估计回归系数β，并对回归效果进行检验。我们用一条直线来近似表示变量X和Y的统计相依关系，即由观测数据建立了X和Y之间的经验公式。

回归系数β的最小二乘法估计，是指使残差平方和（residual sum of squares，RSS）取最小值，即

$$\mathrm{RSS}=\sum_{i=1}^{n}\hat{e}_i^2=\sum_{i=1}^{n}(Y_i-\hat{Y}_i)^2=\min \tag{5-1-14}$$

式中，Y_i为实际值$\hat{Y}_i$为拟合值（fitted value）；$\hat{e}_i$为实际值与拟合值的差，称为残差（residual），其可看为随机误差项e_i的估计值。

根据微积分中求极小值的原理，可知残差平方和RSS存在极小值，欲使RSS达到最小，下面用矩阵的形式来表示：

$$y=X\hat{\beta}+\hat{e} \tag{5-1-15}$$

式中，y和$\hat{e}$都是$n\times 1$维的向量；X是$n\times(k+1)$维的矩阵；$\hat{\beta}$是$(k+1)\times 1$维的矩阵。所以公式可以表示为

$$\begin{aligned}\mathrm{RSS}&=\hat{e}^{\mathrm{T}}\hat{e}=(y-X\hat{\beta})^{\mathrm{T}}(y-X\hat{\beta})\\&=y^{\mathrm{T}}y-2\hat{\beta}^{\mathrm{T}}X^{\mathrm{T}}y+\hat{\beta}^{\mathrm{T}}X^{\mathrm{T}}X\hat{\beta}=\min\end{aligned} \tag{5-1-16}$$

根据微积分原理，对公式求$\hat{\beta}$的偏导数为零：

$$\frac{\partial S}{\partial \hat{\beta}}=-2X^{\mathrm{T}}y+2X^{\mathrm{T}}X\hat{\beta}=0 \tag{5-1-17}$$

求得$\hat{\beta}$为

$$\hat{\beta}=(X^{\mathrm{T}}X)^{-1}X^{\mathrm{T}}y \tag{5-1-18}$$

用 b 来表示$\hat{\beta}$值，即总体回归参数的估计，则多元线性回归模型如下：

$$Y=b_0+b_1X_1+b_2X_2+\cdots+b_kX_k+e \tag{5-1-19}$$

所以样本的回归方程用矩阵可表示为

$$\hat{y}=Xb \tag{5-1-20}$$

多元线性回归模型中回归参数的最小二乘估计量是随机变量。数学上可以证明，在标准假定条件可以得到满足的情况下，多元回归模型中回归参数最小二乘估计量是最优线性无偏估计量（best linear unbiased estimator，BLUE）和一致估计量。

除了回归参数以外，多元线性回归模型中还包含了另一个未知参数，即随机误差项的方差 σ^2，我们利用残差平方和除以其自由度来估计，即

$$S^2=\frac{\sum e_i^2}{n-k-1} \tag{5-1-21}$$

式中，n 是样本容量；k 是方程中解释变量的个数；在 k 元回归模型中，标准方程组有 $k+1$ 个方程式，残差必须满足 $k+1$ 个约束条件，因此其自由度为 $n-k-1$。可以证明，S^2 是 σ^2 的无偏估计。S^2 的正平方根 S 又叫作回归估计的标准误差。S 越小表明样本回归方程的代表性越强。

5.1.3　最大似然法

最大似然（maximum likelihood，ML）估计是一种给定观察数据来评估模型参数的方法，简而言之，“模型已定，参数未知”。简单举例，假设我们要统计全国人口的体重，首先假设这个数据集服从正态分布，但是该分布的均值与方差未知。我们没有人力与物力去称量全国每个人的体重，但是可以通过样本，获取部分人的体重数值，然后通过最大似然估计来获取上述假设中的正态分布的均值与方差。

当我们假定多元线性模型 $y=X\beta+\varepsilon$ 中，其随机扰动项遵循正态分布，即 $\varepsilon\sim N(0,\sigma^2)$。$Y_i$ 是正态且独立分布的，其均值为 $\beta_0+\beta_1X_i$，其方差为 σ^2。Y_1，Y_2，…，Y_n 的联合概率密度函数为

$$f(Y_1,\ Y_2,\cdots,\ Y_n\big|\ X\beta,\ \sigma^2)=\prod_{i=1}^{n} f(Y_i\big|\ X\beta,\ \sigma^2)=(2\pi\sigma^2)^{-\frac{1}{2}}\exp\left(-\frac{1}{2\sigma^2}\sum_{i=1}^{n}\varepsilon_i^2\right) \tag{5-1-22}$$

记似然函数为

$$\mathrm{LF}(\beta,\ \sigma^2)=(2\pi\sigma^2)^{-\frac{1}{2}}\exp\left[-\frac{1}{2\sigma^2}(y-X\beta)^{\mathrm{T}}(y-X\beta)\right] \tag{5-1-23}$$

最大似然原理认为要使观测到给定的 Y_i 的概率尽可能大，则必须使似然函数达到最大值。由于对数函数是单调函数，故 ln LF 和 LF 在同一点上达到最大，对式子作对数变换得到

$$\Lambda = \ln LF(\beta, \sigma^2) = -\frac{n}{2}\ln(2\pi\sigma^2) - \frac{1}{2\sigma^2}(y - X\beta)^T(y - X\beta) \qquad (5\text{-}1\text{-}24)$$

由于公式中右边第一项是常数（与 β 无关），第二项的 $\left(-\frac{1}{2\sigma^2}\right)$ 也是常数。所以，只要使 $(y-X\beta)^T(y-X\beta)$ 最小，那么 $\ln LF$（β，σ^2）自然就最大。因此，如果是正态分布，则最小二乘法得到的 β 估值与最大似然的估值是一样的。

根据微积分原理，$\ln LF$（β，σ^2）达到最大的充要条件是对其 β，σ^2 的偏导数为零，即

$$\frac{\partial \Lambda}{\partial \beta} = \frac{1}{\sigma^2}X^T(y - X\beta) = 0 \qquad (5\text{-}1\text{-}25)$$

$$\frac{\partial \Lambda}{\partial \sigma^2} = -\frac{n}{2\sigma^2} + \frac{1}{2\sigma^4}(y - X\beta)^T(y - X\beta) = 0 \qquad (5\text{-}1\text{-}26)$$

解上面方程得

$$\hat{\beta} = (X^T X)^{-1} X^T y \qquad (5\text{-}1\text{-}27)$$

$$\hat{\sigma}^2 = \frac{1}{n}(y - X\hat{\beta})^T(y - X\hat{\beta}) \qquad (5\text{-}1\text{-}28)$$

5.1.4 两种估计方法的比较

在线性回归模型满足基本假定［随机误差项 $\varepsilon(i)$ 满足正态分布的假定除外］的条件下，最小二乘法估计量是最优线性无偏估计量，而最大似然法则必须对随机误差项的概率分布作一个假定：其在回归分析中假设遵循正态分布。

在基本假定加正态假定下，ML 方法的回归系数的估计量与 OLS 方法下的估计量是等同的，但是随机误差项 $\varepsilon(i)$ 的方差分别在 OLS 和 ML 两种方法下的估计量存在差别，而在大样本中，这两个估计量趋于一致（任一萍，徐勇，2006）。

对以上结论，证明如下：在 ML 方法下，由随机误差项 $\varepsilon(i)$ 的方差：

$$\hat{\sigma}^2 = \frac{1}{n}\sum \hat{\varepsilon}_i^2 \qquad (5\text{-}1\text{-}29)$$

$$E(\hat{\sigma}^2) = \frac{1}{n}E(\hat{\varepsilon}_i^2) = \frac{n-2}{n}\sigma^2 = \sigma^2 - \frac{2}{n}\sigma^2 < \sigma^2 \qquad (5\text{-}1\text{-}30)$$

由此可知，在小样本中 $\hat{\sigma}^2$ 为有偏估计量，且估计量偏小，这样就会低估真实的 σ^2。而随着样本容量的无限增大，$E(\hat{\sigma}^2) \to \sigma^2$，故 σ^2 是渐近无偏的。所以，σ^2 有偏，且渐近无偏。

又 $\forall \delta > 0$ 有

$$P\{|\hat{\sigma}^2 - \sigma^2| < \delta\} = 1 \qquad (5\text{-}1\text{-}31)$$

$$E(\hat{\sigma}^2) - \sigma^2 = \sigma^2 - \frac{2}{n}\sigma^2 - \sigma^2 = -\frac{2}{n}\sigma^2 \to 0 \quad (n \to \infty) \qquad (5\text{-}1\text{-}32)$$

由于 $\hat{\sigma}^2$ 有误差，同理可证 $\hat{\sigma}^2$ 的方差 Var（$\hat{\sigma}^2$）$\to 0(n \to \infty)$，亦即随着样本容量的无限增大，其误差和方差都趋于 0，所以 $\hat{\sigma}^2$ 是一致性估计量。

所以，在平时的运用中，对于这两种估计方法的适用条件一般有三点思考：

（1）是否知道总体分布；

（2）是否对样本量大小有要求；

（3）满足什么假设条件下的估计量性质最好。

针对以上的条件，我们可以简单得出两种估计方法的适用条件，如表 5-1-1 所示。

表 5-1-1　两种估计方法的适用条件

参数估计方法	估计问题的类别	适用条件
普通最小二乘法	回归系数估计问题	模型满足经典假定
最大似然法	绝大多数参数估计问题	总体分布已知，样本容量足够大，一般不应用于统计决策问题

5.1.5　普通线性回归模型的结果分析

对于数据的变动情况，我们可以用残差平方和表示。利用总离差平方和（SST）表示数据总的变动，其可由两部分构成：一是被回归方程解释的部分（SSR），反映回归效果；二是未被回归方程解释的部分（SSE），即残差，反映实际观测值与回归拟合值的差异。两部分相比较，被回归方程解释的部分所占比重越大，回归效果就越显著。SST/SSR/SSE 的公式与作用如表 5-1-2 所示，残差分解图如图 5-1-2 所示。

表 5-1-2　SST/SSR/SSE 的介绍

名称	表达式	作用
总平方和（SST）	$\sum_{i=1}^{n}(y_i-\overline{y})^2$	反映因变量的 n 个观察值与其均值的残差
回归平方和 / 解释平方和（SSR）	$\sum_{i=1}^{n}(y_c-\overline{y})^2$	反映自变量 x 的变化对因变量 y 取值变化的影响
剩余平方和 / 残差平方和（SSE）	$\sum_{i=1}^{n}(y_i-y_c)^2$	反映除了自变量 x 以外其他因素对 y 取值的影响

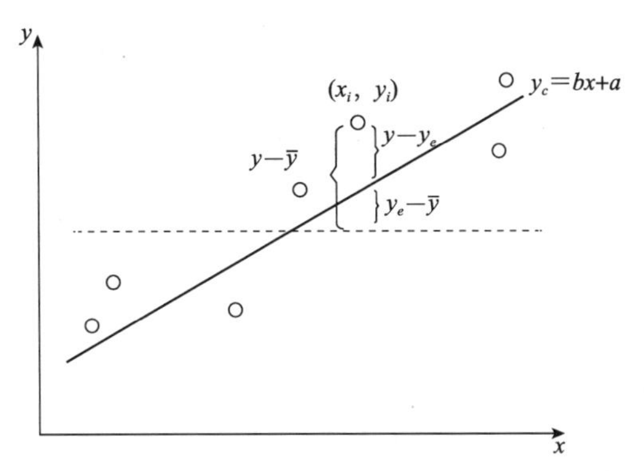

图 5-1-2　残差分解图

观测值与均值之差称作残差，残差分解后的平方和之间的数量关系如下：

$$\sum_{i=1}^{n}(y_i-\overline{y})^2=\sum_{i=1}^{n}(y_c-\overline{y})^2+\sum_{i=1}^{n}(y_i-y_c)^2 \tag{5-1-33}$$

即 SST＝SSR＋SSE。

1. 拟合优度检验

拟合程度指样本观测值聚集在样本回归直线周围的紧密程度。判断回归模型拟合程度优劣最常用的数量指标是决定系数 R^2。该指标建立在对总残差平方和进行分解的基础之上，为总残差平方和中已被回归方程解释的部分的比重。因而 R^2 也可以做回归值与实际观测值拟合优度的度量。其计算公式为回归平方和 SSR 与总残差平方和 SST 之比：

$$R^2=\frac{\mathrm{SSR}}{\mathrm{SST}}=1-\frac{\mathrm{SSE}}{\mathrm{SST}} \tag{5-1-34}$$

R^2 的取值范围为：$0\leqslant R^2\leqslant 1$。$R^2$ 越接近 1，说明二者拟合的效果越好。

值得注意的是，当解释变量增加之后，R^2 只会增大不会减小，除非增加的该解释变量之前的系数为零，但在通常情况下该系数不为零，因此只要增加解释变量，R^2 就会不断地增大，这样我们就无法判断出这些解释变量是否应该包含在模型中。

此时我们提出校正 R^2（adjusted R-Squared），表示多元回归分析中拟合优度的量度，即在估计误差的方差时对添加的解释变量用一个自由度来调整。调整方法为：把残差平方和与总残差平方和之比的分子分母分别除以各自的自由度，变成均方差之比，从而剔除自变量个数对拟合优度的影响。

$$R_a^2=1-\frac{\dfrac{\mathrm{SSR}}{n-k-1}}{\dfrac{\mathrm{SST}}{n-1}}=1-(1-R^2)\frac{n-1}{n-k-1} \tag{5-1-35}$$

为了比较自变量个数不同的多元回归模型的拟合优度，常用的标准还有包括信息评价准则（information criterion，IC），用来评价和检验参数。通常，信息评价准则 IC 可以表示为

$$\mathrm{IC}=f(K,\ N)-2L \tag{5-1-36}$$

$$L=-\left(\frac{n}{2}\right)\times\ln(2\times\pi)-\left(\frac{n}{2}\right)\times\ln\left(\frac{\mathrm{SSE}}{n}\right)-\frac{n}{2} \tag{5-1-37}$$

式中，L 是最大对数函数；n 为样本量；SSE 为残差平方和；$f(K,\ N)$ 是关于变量个数（K）和样本个数（N）的函数，即模型的自由度。

常用的两种信息准则主要包括赤池信息准则（Akaike information criterion，AIC）和贝叶斯信息准则（Bayesian information criterion，BIC）。

AIC 由日本统计学家赤池弘次在 1974 年提出，是衡量统计模型拟合优良性的一种标准，它建立在熵的概念上，提供一种权衡估计模型复杂度和拟合数据优良性的标准。其公式为

$$\mathrm{AIC}=2k-2\ln L \tag{5-1-38}$$

式中，k 是模型中未知参数个数；L 是模型中极大似然函数值似然函数。当两个模型之间存在较大差异时，差异主要体现在似然函数项，当似然函数差异不显著时，模型复杂度则起作用，从而参数个数少的模型是较好的选择。因而当从一组可供选择的模型中选择最佳模型时，我们通常选择 AIC 最小的模型。

BIC 由 Schwarz 在 1978 年提出，其依然用于模型选择。在训练模型时，由于参数数量的增加，模型复杂度也相继增加，似然函数值也会相继增大，因而会导致模型过拟

合现象出现。而针对该问题，AIC 和 BIC 均引入了与模型参数个数相关的惩罚项，但 BIC 的惩罚项比 AIC 的大，考虑了样本数量，样本数量过多时，可有效防止模型精度过高造成的模型复杂度过高。公式可表示为

$$\mathrm{BIC}=k\ln n-2\ln L \tag{5-1-39}$$

同上，k 依然为模型参数个数，n 为样本数量，L 为似然函数，$k\ln n$ 惩罚项在维数过大且训练样本数据相对较少的情况下，可以有效避免出现维度灾难现象。

2. 显著性检验

1）假设检验的基本概念

假设检验是指根据样本所提供的信息，对未知总体分布的特定方面的假设做出合理的相关解释。

假设检验的程序有基本两个步骤。首先根据实际问题的要求提出一个论断，称为零假设（null hypothesis）或原假设，记为 H_0［一般并列的有一个备择假设（alternative hypothesis），记为 H_1］，再根据样本的有关信息对 H_0 的真伪进行判断，做出拒绝 H_0 或不能拒绝 H_0 的决策。

假设检验的基本思想是概率性质的反证法。其根本依据为小概率事件原理。该原理认为：小概率事件在一次实验中几乎是不可能发生的。我们在原假设 H_0 下构造一个事件（即检验统计量），这个事件在“原假设 H_0 是正确的”条件下的一个小概率事件，如果该事件发生了，说明“原假设 H_0 是正确的”是错误的，因为不应该出现的小概率事件出现了，所以拒绝原假设 H_0。

假设检验包括置信区间检验法（confidence interval approach）和显著性检验法（test of significance approach）两种方法。其中，显著性检验法中最常用的是 F 检验和 t 检验，前者是对多个变量系数的联合显著性检验，后者则是对单个变量系数的显著性检验。

2）显著性 F 检验

显著性 F 检验是对回归总体线性关系是否显著的一种假设检验，其任务是检验所有的参数是否都等于 0。具体步骤如下：

（1）提出假设：

$$\begin{aligned} &H_0: \beta_0=\beta_1=\beta_2=\cdots=\beta_k=0 \\ &H_1: \beta_i \text{不全为} 0 \quad (i=1, 2, 3, \cdots, k) \end{aligned} \tag{5-1-40}$$

（2）在 H_0 成立的情况下，计算 F 统计量：

$$F=\frac{\mathrm{SSR}/k}{\mathrm{SST}/(n-k-1)} \tag{5-1-41}$$

（3）给定显著性水平 α，取自由度为 $n—k—1$，查 F 的临界值表。

若 $F>F_a(n—k—1)$，就拒绝 H_0，认为回归效果显著，所有自变量对 Y 的影响是显著的。反之，就接受 H_0，认为回归效果不显著。

3）显著性 t 检验

t 检验利用 t 分布理论得以推论差异发生的概率，从而比较两个平均数的差异是否显著。其计算步骤为

（1）提出假设：

$$H_0: \beta_i = 0 \quad (i=1, 2, 3, \cdots, k)$$
$$H_1: \beta_i \neq 0 \quad (i=1, 2, 3, \cdots, k) \tag{5-1-42}$$

（2）在 H_0 成立的情况下，计算 t 统计量：

$$t = \frac{b_i - \beta_i}{S(b_i)} = \frac{b_i}{S(b_i)} \tag{5-1-43}$$

（3）给定显著性水平 α（一般取 0.05 或 0.01，即 95% 或 99% 的置信度），取自由度 $n-k-1$，查 t 检验表，进行比较。若 $|t| > t_{\frac{\alpha}{2}}(n-k-1)$，就拒绝 H_0，X_i 对 Y 的影响在给定的显著水平显著。反之，就接受 H_0。

5.2 空间回归模型

5.2.1 空间回归理论模型

空间相依性的存在，使传统的回归分析模型在解决这类问题时存在很大的缺陷。回归模型的变量或误差项之间存在的空间相关性主要有两方面的来源：一是在空间单元采集观察数据的时候存在一定的测量误差。这种情况往往在以行政划分区为空间统计单元时出现，因为人为的行政区划分有时会掩盖数据在连续空间分布的实际特征。二是空间信息是研究对象中重要的要素，且影响到回归分析的变量。

空间相依性产生的误差，其类型主要有两种，分别对空间回归产生不同的影响：

（1）空间误差——自变量通过区域随机外溢作用于其他区域（图 5-2-1）。

若在 OLS 回归中存在空间误差，关于误差项相互独立不相关的假设则相应不成立。这样就会直接导致回归计算的结果不是最有效的，此时我们需要对误差项进行处理，从而采用空间误差模型来进行回归分析。

（2）空间滞后——自变量通过空间传导机制作用于其他区域（图 5-2-2）。

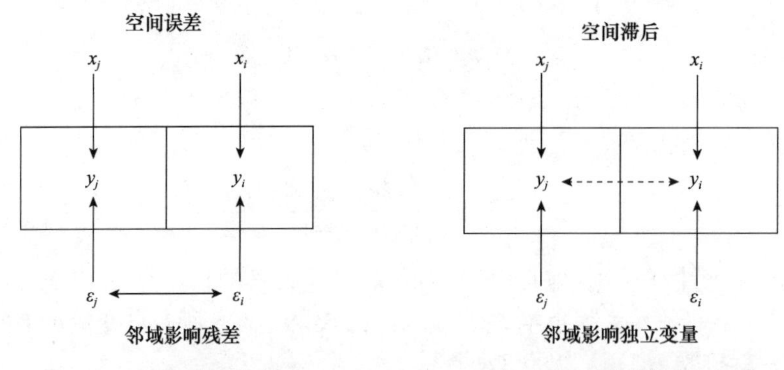

图 5-2-1　空间误差示意图　　　图 5-2-2　空间滞后示意图

若在 OLS 回归中存在空间滞后的影响，则不但关于误差项相互独立不相关的假设不会成立，且关于自变量独立的假设也相应会不成立。这样就会导致回归计算的结果有偏差而不能视为有效的，对此我们采用空间滞后模型来进行回归分析。

5.2.2 空间误差模型

空间误差模型用于修正因空间自相关的存在而使原来模型产生的误差。其反映了因变量的影响因素会通过空间传导机制作用于其他地区。

设普通的线性回归模型为

$$Y(i)=\beta_0+\beta_1 x_1(i)+\beta_2 x_2(i)+\cdots+\beta_k x_k(i)+\varepsilon(i) \quad (i=1,\ 2,\ \cdots,\ n) \tag{5-2-1}$$

这里具有 k 个自变量（解释变量），每个变量有 n 个观测量；β 为回归系数；ε 为误差项。

考虑修正的误差项，表示如下：

$$\varepsilon=\lambda W\varepsilon+\varphi,\quad \varphi\sim N(0,\ \sigma^2) \tag{5-2-2}$$

式中，W 是空间权重矩阵；φ 是回归残差向量；λ 是自回归参数，衡量了样本观察值中的空间依赖作用，即相邻地区的观察值 Y 对本地区观察值 Y 的影响方向和程度，当地区之间的相互作用因所处的相对位置不同而存在差异时，则采用空间误差模型。

5.2.3 空间滞后模型

空间数据为不规则形状时，我们利用空间矩阵来表示所含的滞后。在空间滞后相依模型中，可通过纳入邻近区被解释变量的观察值来显现空间的本质含义，修正的回归模型如下：

$$Y=\rho Wy+X\beta+\varphi \tag{5-2-3}$$

式中，ρ 指空间自回归系数（spatial autoregressive coefficient）；W 为空间权重矩阵。

由上式可知，空间滞后模型与一般 OLS 回归模型不同的地方，在于其多加一个被解释变量乘上空间的邻近矩阵当作解释变量之一，透过检定被解释变量的空间自回归系数 ρ，判断是否显著异于零，$\rho\neq 0$ 表示空间滞后模型确实具有邻近区域上的空间关系。

5.2.4 空间回归模型的统计检验

1. 多重共线性检验

1）多重共线性概念

多重共线性由 Frisch 在 1934 年提出，是指多元回归模型中自变量之间的相关性。当某些相关性很大时，就会发生多重共线性。在线性回归中，对其假定的基于自变量之间相互独立，不存在相关性。因而我们只在空间回归模型中讨论多重共线性检验。

如果存在 $\beta X=0$，其中 β 不全为 0，则称该现象为解释变量间存在完全共线性（perfect multicollinearity）。如果存在 $\beta X+\varepsilon=0$，其中 β 不全为 0，ε 为随机误差项，则称该现象为近似共线性（approximate multicollinearity）或交互相关（intercorrelated）。

如果完全共线，那么 X 为降秩矩阵，则 $(X^{\mathrm{T}}X)^{-1}$ 不存在，OLS 模型就无法得到参数的估计量。但在实际情况中，完全共线的情况并不多见，大多数均是在一定程度上的共线性，即近似共线性。这样 OLS 的计算不会中断，但会造成参数估计值的方差增大。而且，虽然得到了整个回归模型结果，但只有个别回归参数的检验呈显著性，因此 OLS 参数估计量可靠性较低。

2）多重共线性检验方法

多重共线性检验的任务主要包括两方面，其一是检验多重共线性是否存在；其二是估计多重共线性的范围。

检验多重共线性是否存在方法：

（1）简单相关系数法，又称为 Klein 判别公式法。该方法先对真实关系式（5-2-4）进行回归：

$$Y=b_0+b_1x_1+b_2x_2+\cdots+b_kx_k \tag{5-2-4}$$

计算复相关系数 $R^2_{y_{x_1x_2\cdots x_k}}$，再分别计算任意两个解释变量 x_i 与 x_j 之间的简单相关系数 $r_{x_ix_j}$（i，$j=1$，2，…，k，$i\neq j$）。

如果存在某个 $r_{x_ix_j}$，使得

$$r_{x_ix_j}>R^2_{y_{x_1x_2\cdots x_k}} \tag{5-2-5}$$

则说明 x_i 与 x_j 之间的共线性是有害的。

需要注意的是，简单相关系数检验法有时也可以直接用于检验多重共线性是否存在，但适用条件只有两个解释变量，即当 $k=2$ 时，x_1 与 x_2 的多重共线程度与 x_1 和 x_2 的简单相关系数绝对值 $|r_{x_1x_2}|$ 大小相一致，但在有两个以上解释变量的模型中，简单相关系数并不能代表多重共线性的存在（赵松山，白雪梅，2001）。

（2）判定系数 R^2 检验法。判定系数 R^2 检验法指通过 R^2 高而 t 比率显著性低即可查明多重共线性。当 R^2 数值较高（0.7～1.0），且零阶相关系数较高，而偏回归系数的 t 检验几乎全部在统计上不显著时，此时表明可能存在多重共线性问题。R^2 的数值很高，说明方差分析中的 F 检验在绝大多数情况下都会拒绝 H_0：$b_i=0$，接受 H_1：$b_i\neq 0$，而 t 检验的结果并不一定能说明每一个 b_i 单独在统计上是显著的。

（3）辅助回归（auxiliary regression）及方差膨胀因子（variance inflation factor，VIF）法。将回归公式中其中一个自变量作为因变量，其余 $k-1$ 自变量作为解释变量建立回归方程，成为辅助回归。如下：

$$X_{ji}=a_0+a_1X_{1i}+\cdots+a_kX_{ki}+v_i \tag{5-2-6}$$

然后使用辅助回归的 t 检验和 F 检验来判断是否存在，或限值“Tolerance（TOL）”和定义方差膨胀因子（VIF）来判断。

$$\text{TOL}_j=1-R_j^2 \tag{5-2-7}$$

$$\text{VIF}_j=\frac{1}{1-R_j^2} \tag{5-2-8}$$

VIF 越大表示共线性越明显。一般认为 VIF 大于 10（即 TOL<0.1），自变量间即被认为多重共线性。

（4）条件数法（condition number）。条件数（k）是最大值的条件指标（condition index），即是指最大特征根值（$\lambda_{\max}$）除以最小特征根值（$\lambda_{\min}$）的开方，即

$$k=\sqrt{\frac{\lambda_{\max}}{\lambda_{\min}}} \tag{5-2-9}$$

若不存在多重共线性，则特征根、条件指标、条件数都等于 1；若多重共线性加

大，条件指标、条件数开始变大，如果条件数大于 15，表明其存在多重共线性；当条件数大于 30 时，则表明其多重共线性非常明显。

解决多重共线性的一般办法可以有：将具有高度线性重合的变量删除或合并；增加样本数目，可减少多重共线性的程度，或者重新抽取样本；利用逐步回归法筛选解释变量。

2. 异方差性检验

1）异方差性概念

对于线性回归模型：

$$Y_i = \beta_0 + \beta_1 X_{i1} + \beta_2 X_{i2} + \cdots + \beta_k X_{ik} + \varepsilon_i \quad (i=1, 2, \cdots, n) \tag{5-2-10}$$

如果 $\mathrm{Var}(\varepsilon_i) = \sigma^2$，此时对于不同的样本点，随机误差项的方差均为常数，我们认定该情况为等方差性（homoskedasticity）。

如果 $\mathrm{Var}(\varepsilon_i) \neq \sigma^2$，此时对于不同的样本点，随机误差项的方差不再是常数，而互不相同，我们认为该情况为异方差性（heteroskedasticity）。

2）异方差性类型

当出现异方差性时，设 $\sigma^2 = f(X_i)$，根据函数 $f(X_i)$ 的变化，可将异方差性分为三种类型（图 5-2-3）：

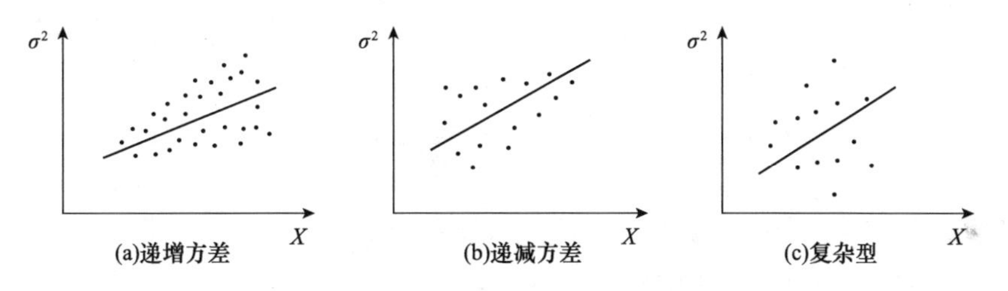

图 5-2-3　不同异方差性示意图

（1）单调递增型：如图（a）所示，σ^2 随 X 的增大而增大；

（2）单调递减型：如图（b）所示，σ^2 随 X 的增大而减小；

（3）复杂型：如图（c）所示，σ^2 与 X 的变化呈复杂形式。

3）异方差性的影响

一旦出现异方差性，如果仍采用 OLS 估计模型参数，会产生下列不良后果：

（1）参数估计量非有效。OLS 回归参数估计量仍然具有无偏性和一致性，但不具有有效性。这里以简单线性回归模型为例，来证明

$$y_i = \beta_0 + \beta_1 x_{i1} + \varepsilon_i \tag{5-2-11}$$

当出现异方差时，上式不等号左侧项分子中的 σ^2 不为常量，不能将其从累加式中提出，所以不等号左右侧项则不相等。而不等号右侧项则是同方差条件下的最小二乘估计量 $\hat{\beta}_1$ 的方差。因此判定：异方差条件下的 $\hat{\beta}_1$ 失去有效性。

$$\mathrm{Var}(\hat{\beta}_1)=E(\hat{\beta}_1-\beta_1)^2=E\left[\frac{\sum(x_i-\overline{x})\varepsilon_i}{(x_i-\overline{x})^2}\right]^2$$
$$=E\left[\frac{\left(\sum(x_i-\overline{x})\varepsilon_i\right)^2}{\left(\sum(x_i-\overline{x})^2\right)^2}\right]=\frac{\sum(x_i-\overline{x})^2E(\varepsilon_i)^2}{\left(\sum(x_i-\overline{x})^2\right)^2}$$
$$=\frac{\sum(x_i-\overline{x})^2\sigma_i^2}{\left(\sum(x_i-\overline{x})^2\right)^2}\neq\frac{\sigma^2}{\sum(x_i-\overline{x})^2} \tag{5-2-12}$$

（2）变量的显著性检验失去意义。变量的显著性检验中，构造了 t 统计量 $t=\frac{\hat{\beta}_i}{S(\hat{\beta}_i)}$。它是建立在 σ^2 不变而正确估计了参数方差 $S(\hat{\beta}_i)$ 的基础上。如果出现了异方差性，估计的 $S(\hat{\beta}_i)$ 出现偏误（偏大或偏小），t 的检验就失去了意义，其他检验也是如此。

（3）模型的预测失效。上述后果使得模型不具有良好的统计性质；另外，在预测值的置信区间中也包含参数方差的估计量 $S(\hat{\beta}_i)$，所以，当模型出现异方差性时，参数 OLS 估计值的变异程度增大，从而造成对 Y 的预测误差变大，降低预测精度，预测功能失效。

（4）异方差性的检验。对于异方差性而言，就是相对于不同的自变量观测值，随机误差项所具有不同的方差。因而检验异方差性，便是检验随机误差项的方差与自变量观测值之间的相关性及其相关的“形式”。异方差性检验方法常用有：图示法、Park 法、Glejser 法、Breusch-Pagan（BP）法、Koenker-Bassett（KB）法、Goldfeld-Quandt（G-Q）法、White 方法等。

这里我们讨论 OLS 估计模型，求得随机误差项估计量，称为“近似估计量”，用 $\tilde{e}_i$ 表示。用 $\tilde{e}_i^2$ 来表示随机误差项的方差。

$$\tilde{e}_i=Y_i-(\hat{Y}_i)_{\mathrm{OLS}} \tag{5-2-13}$$

$$\mathrm{Var}(\varepsilon_i)=E(\varepsilon_i^2)\approx\tilde{e}_i^2 \tag{5-2-14}$$

（1）图示法：用 X-Y 的散点图进行判断看是否存在明显的散点扩大、缩小或复杂型趋势（即不在一个固定的带型域中）。

（2）X-$\tilde{e}_i^2$ 散点图（图 5-2-4）：用残差散点图来看是否形成一斜率为零的直线。

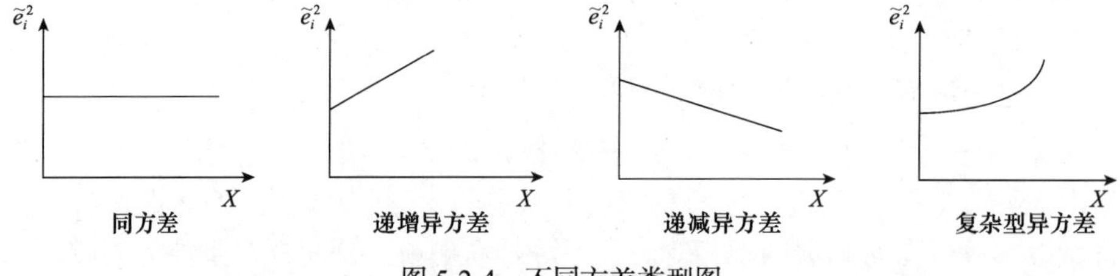

图 5-2-4　不同方差类型图

（3）戈德菲尔德-匡特（Goldfeld-Quandt）检验。G-Q 检验以 F 检验为基础，其适用于样本容量较大、异方差递增或递减的情况。

G-Q 检验先将样本一分为二，再分别对子样 1 和子样 2 作回归分析，利用两个子样的残差平方和之比构造统计量进行异方差检验。由于该统计量服从 F 分布，因此若存在递增的异方差，则 F 远大于 1；反之就会等于 1（同方差）或小于 1（递减方差）。

G-Q 检验的步骤：

a．将 n 对样本观察值（X_i，Y_i）按观察值 X_i 的大小排序；

b．再将序列中间的 m 个观察值除去（通常当 $n>30$ 时，取 $m=n/4$），并将剩下的 $n-m$ 个观察值划分为较小与较大的相同的两个子样本，每个子样样本容量均为 $n-m/2$；

c．对每个子样分别进行 OLS 回归，并计算各自的残差平方和；

d．分别用 $\sum \tilde{e}_{1i}^2$ 与 $\tilde{e}_{2i}^2$ 表示较小与较大的残差平方和，自由度均为 $\left(\frac{n-m}{2}-k-1\right)$；

e．在同方差性假定下，构造如下满足 F 分布的统计量

$$F=\frac{\sum e_{2i}^2\Big/\left(\frac{n-m}{2}-k-1\right)}{\sum e_{1i}^2\Big/\left(\frac{n-m}{2}-k-1\right)}\sim F\left(\frac{n-m}{2}-k-1,\ \frac{n-m}{2}-k-1\right) \tag{5-2-15}$$

f．给定显著性水平，确定 F 临界值。

若统计量大于 F 临界值，则拒绝同方差性假设，表明存在递增型异方差。反之，承认同方差性假设。

（4）Breusch-Pagan（BP）法。BP 方法不需要对观测值按照大小进行排列。假设残差项服从正态分布，我们将残差项与某自变量 X 建立辅助回归，服从卡方分布（χ^2 分布）。

$$\frac{\text{RSS}}{2}\sim\chi^2(\text{df}) \tag{5-2-16}$$

此处 RSS 为残差平方和，df 为自变量的个数。

若计算值大于 χ^2（df）临界值，则拒绝 H_0，表示模型存在异方差；反之，没有异方差存在。

（5）怀特（White）检验。怀特检验不需排序，也不要求残差项服从正态分布，其适合任何形式的异方差，因此应用较为广泛。怀特检验的基本思想与步骤（此处以二元为例）：

$$Y_i=\beta_0+\beta_1 x_{i1}+\beta_2 x_{i2}+\varepsilon_i \tag{5-2-17}$$

对该模型进行 OLS 回归，得 $\tilde{e}_i^2$。然后做如下辅助回归：

$$\tilde{e}_i^2=\alpha_0+\alpha_1 X_{1i}+\alpha_2 X_{2i}+\alpha_3 X_{1i}^2+\alpha_4 X_{2i}^2+\alpha_5 X_{1i}X_{2i}+\mu_i \tag{5-2-18}$$

可以证明，在同方差假设下，nR^2 符合 χ^2（df）分布：

$$nR^2\sim\chi^2(\text{df}) \tag{5-2-19}$$

式中，R^2 为决定系数；df 为自变量的个数。

如果计算的 nR^2 值大于 χ^2（df）临界值，说明模型存在异方差；反之，则表示没有异方差存在。

3. 自相关性检验

常见的序列相关模式有自回归（autoregressive，AR）、移动平均（moving average，MA）或自相关加移动平均（autoregressive moving average，ARMA）。例如，一阶自回归模式［first order autoregressive，AR（1）］为

若有

$$Y_i=\beta_0+\beta_1X_{i1}+\beta_2X_{i2}+\cdots+\beta_kX_{ik}+\varepsilon_i \quad (i=1,\ 2,\ \cdots,\ n) \tag{5-2-20}$$

则

$$\text{AR（1）}:\ \varepsilon_i=\rho\varepsilon_{i-1}+v_i \quad (-1\leqslant\rho\leqslant1),\quad v_i\sim N(0,\ \sigma^2) \tag{5-2-21}$$

检验序列相关的方法很多，常用的有非正式的作图法，以及Run法、Durbin-Watson（D-W）d法、Breusch-Godfrey（BG）一般性检验等方法，下面重点为大家介绍Durbin-Watson d检验法和Lagrange Multiplier检验法。

1）Durbin-Watson d检验法

就理论上讲，D-Wd检验法只适用于AR（1）一般性检验：H_0：$\rho=0$。

其检验统计量为

$$\mathrm{DW}=\frac{\sum_{i=2}^{n}(e_i-e_{i-1})^2}{\sum_{i=1}^{n}e_i^2} \tag{5-2-22}$$

判断AR（1）序列相关的准则，Durbin-Watson根据样本容量和被估参数个数，在给定的显著性水平下，给出了检验用的上、下两个临界值d_V和d_L（表5-2-1）。

表5-2-1　AR（1）序列相关准则表

DW的值	结论	DW的值	结论
$4-d_V<\mathrm{DW}<4$	负序列相关	$d_V<\mathrm{DW}<2$	无自相关
$4-d_V<\mathrm{DW}<4-d_L$	结论不确定	$d_L<\mathrm{DW}<d_V$	结论不确定
$2<\mathrm{DW}<4-d_V$	无自相关	$0<\mathrm{DW}<d_L$	正序列相关

2）Lagrange Multiplier检验法

Lagrange Multiplier（LM）检验是由Breusch-Godfrey提出，所以又称为Breusch-Godfrey（BG）检验。上面提到的DW检验法只适用于一阶自相关检验，对于高阶自相关检验并不适用。而LM检验法既可检验一阶自相关，也可检验高阶自相关，比DW法的适用性更强。LM检验是通过一个辅助回归式完成的，具体模型如下：

$$Y_i=\beta_0+\beta_1X_{i1}+\beta_2X_{i2}+\cdots+\beta_kX_{ik}+\varepsilon_i \quad (i=1,\ 2,\ \cdots,\ n) \tag{5-2-23}$$

考虑误差项为P阶自回归形式，则

$$\varepsilon_i=\rho_1\varepsilon_{i-1}+\rho_2\varepsilon_{i-2}+\cdots+\rho_k\varepsilon_{i-k}+v_i \tag{5-2-24}$$

式中，v_i为随机项，符合各种假定条件。零假设为

$$H_0:\ \rho_1=\rho_2=\cdots=\rho_k=0 \tag{5-2-25}$$

其检验步骤为：

（1）对模型采用OLS方法得到误差ε_i的回归估计e_i。

（2）运算下面的辅助回归公式，并计算辅助回归公式的 R^2 值。

$$\begin{aligned}e_i=&\beta_0+\beta_1X_{1i}+\beta_2X_{2i}+\cdots+\beta_{k-1}X_{(k-1)i}\\&+\hat{\rho}_1e_{i-1}+\hat{\rho}_2e_{i-2}+\cdots+\hat{\rho}_ye_{y-1}+v_i\end{aligned} \tag{5-2-26}$$

（3）统计检验为（$n-p$）$R^2\sim\chi_y^2$，若（$n-p$）R^2 值大于 $\chi_{i,\ y}^2$ 临界值，则拒绝 H_0，即存在自相关。

4. 空间相依性检验

当残差项空间相依性检验显示误差项有空间自相关时，需进一步采用空间滞后模型（spatial lag model）与空间误差模型（spatial error model）。

检验方法主要有 Moran's I 检验、Lagrange Multiplier（L-M）检验、Kelejian-Robinson（K-R）检验等。

1）Moran's I 检验

利用 Moran's I 方法对 OLS 的残差进行空间自相关检验（Cliff，Ord，1972，1974）。Moran's I 计算公式如下：

$$I=\frac{N}{S}\frac{e^{\mathrm{T}}We}{e^{\mathrm{T}}e} \tag{5-2-27}$$

式中，e 为 OLS 残差；e^{T} 为残差 e 的转置矩阵；N 为观察量数目；S 为空间权重矩阵 W 所有矩阵元的和。

如果这里空间权矩阵 W 为行标准化矩阵，那么 S 就等于 N，所以公式可简化为

$$I=\frac{e^{\mathrm{T}}We}{e^{\mathrm{T}}e} \tag{5-2-28}$$

由于误差项为正态分布，所以标准化后的 Moran's I 统计量的分布为渐近正态。为进一步检验，还要计算 Moran's I 值的期望值和方差：

$$E(I)=\frac{N}{S}\frac{\mathrm{tr}(MW)}{N-K} \tag{5-2-29}$$

$$\begin{aligned}\mathrm{Var}(I)=&\frac{N^2}{S^2(N-K)(N-K+2)}\\&\times\frac{S_1+2\mathrm{tr}[(MW)^2]-\mathrm{tr}B-2[\mathrm{tr}(MW)]^2}{N-K}\end{aligned} \tag{5-2-30}$$

式中，tr 为矩阵迹的操作；N、W、S 含义同上；K 为模型参数选择量。

另外，

$$M=I-X(X^{\mathrm{T}}X)^{-1}X^{\mathrm{T}} \tag{5-2-31}$$

$$S_1=\sum_{i=1}^{n}\sum_{j=1}^{n}(W+W^{\mathrm{T}}W)^2/2 \tag{5-2-32}$$

$$B=(X^{\mathrm{T}}X)^{-1}X^{\mathrm{T}}(W+W^{\mathrm{T}})^2X \tag{5-2-33}$$

2）Lagrange Multiplier 检验

Moran's I 方法具有空间相依性检验的能力，但是它不能判定在空间相依性存在的情况下，选择哪种空间回归模型更合适。

Lagrange Multiplier 检验（LM test）由 Burridge 在 1980 年提出，这是一个渐近检验方法，遵循一阶 χ^2 分布。它除了能检验空间模型的误差项有无空间相依性存在，还可

以判断哪种模型更合适。所以 LM 检验提供了 LM-lag 和 LM-error 两种检验进行比较。若 LM-lag 较 LM-error 显著，且 Robust LM-lag 显著但 Robust LM-error 不显著，则 LM-lag 为适合模型。反之，若 LM-error 较 LM-lag 显著，且 Robust LM-error 显著但 Robust LM-lag 不显著，则 LM-error 为适合模型。

下面分别给出 LM-lag 和 LM-error 的检验模型：

$$\mathrm{LM}_{\mathrm{err}}=\frac{(e^{\mathrm{T}}We/s^2)^2}{\mathrm{tr}(WW^{\mathrm{T}}+W^2)} \tag{5-2-34}$$

式中，tr 为矩阵迹的操作；e 为 OLS 残差；$s^2=e^{\mathrm{T}}e/N$，是误差方差的似然估计；W 为空间权重矩阵。

$$\mathrm{LM}_{\mathrm{lag}}=\frac{(e^{\mathrm{T}}Wy/s^2)^2}{\frac{(WXb)^{\mathrm{T}}M(WXb)}{s^2}+\mathrm{tr}(WW^{\mathrm{T}}+W^2)} \tag{5-2-35}$$

$$M=I-X(X^{\mathrm{T}}X)^{-1}X^{\mathrm{T}} \tag{5-2-36}$$

式中，X 为目标矩阵；X^{T}为 X 的转置矩阵；b 是 OLS 回归参数 β 的估计值（$K\times1$ 阶向量）；y 是 $N\times1$ 阶的观察值向量。

5.3 地理加权回归模型

5.3.1 地理加权回归理论模型

同一组数据，当进行空间回归分析时，在区域 A 内的解释能力很强，但在区域 B 效果却不显著。这种在不同区域具有不同性质的情况，称之为空间异质性。空间异质性的一种表现形式为空间非平稳性（spatial nonstationary），其意味着变量之间的关系或者结构会随着地理位置的变化而随之变化。

在传统的分析领域中，解决空间非平稳性的方法通常有两种。

一种方法是局部回归分析方法，此种方法将研究区域根据某种指标，划分成为若干个同质性的区域，然后分别进行回归。这种回归方法的缺陷在于两点：一是由于每个分区区域的面积总有差异，无法相等，始终存在采样误差，当采用不同规模的样本数据对相同的回归模型进行拟合时，得到的参数估计值也会不一样，如此结果无法精确解释分区回归分析得到的参数估计值，是因为空间关系的空间非平稳性；二是分区回归时，在区域的交界处，会因为不同区域内的参数估计不同而出现“突变”，然而实际上很多空间关系在交界处的变化应该是缓慢而连续的。为了克服分区回归的问题，有人提出了移动窗口回归。这种回归方法在每一个样本的周边定义一个回归区域，这个区域由窗口的大小和性质决定，以窗口内的样本数据建立回归方程进行参数估计。移动窗口可以解决样本数量变化的问题，也能解决边界跳变的问题，然而在相邻回归点上参数估计的跳变问题依然无法避免，因此在整个研究区域内，参数估计值的曲面依旧是不连续光滑的。

另一种方法是采用变参数回归模型，将地理位置作为全局模型中的参数加入建模和运算。这种方法的引入，极大地推动了回归模型的研究，但如果被研究的空间模型的参数变化更为复杂，则该方法便有很大的局限性。

在局部回归和变参数回归研究的基础上，Stewart Fotheringham 教授于 1996 年正式提出了地理加权回归（geographical weighted regression，GWR）模型。GWR 沿用了局部回归的思想，将数据的空间位置嵌入回归参数中，利用最小二乘法进行逐点参数估计。根据地理学第一定律：位置越接近的数据，比远处的数据对结果的影响更大。这种影响在数学上就形成了权重，GWR 中的权重是回归点所处地理空间位置到其他各观测点的地理空间之间的距离函数。GWR 在一个范围内，利用每个要素的位置，逐点测量空间距离，然后根据这个距离计算出一个连续的距离衰减函数：

$$\hat{\beta}(u_j, v_j)=[X^{\mathrm{T}}W(u_j, v_j)X]^{-1}X^{\mathrm{T}}W(u_j, v_j)Y \tag{5-3-1}$$

式中，$\hat{\beta}(u_j, v_j)$是点（u_j，v_j）处的参数估计；X 和 Y 分别是预测变量和结果变量的矢量集合；W（u_j，v_j）是权重矩阵，其作用是确保距离第 j 点位置越近的建模点在进行第 j 点的参数估计时所占的权重越大。

有了权重矩阵之后，代入矩阵当中，得出：

$$X=\begin{bmatrix} 1 & x_{11} & \cdots & x_{1k} \\ 1 & x_{21} & \cdots & x_{2k} \\ \vdots & \vdots & & \vdots \\ 1 & x_{n1} & \cdots & x_{nk} \end{bmatrix},\quad Y=\begin{bmatrix} y_1 \\ y_2 \\ \vdots \\ y_n \end{bmatrix}$$

$$W(u_j, v_j)=\begin{bmatrix} w_{j1} & 0 & \cdots & 0 \\ 0 & w_{j2} & \cdots & 0 \\ \vdots & \vdots & & \vdots \\ 0 & 0 & \cdots & w_{jn} \end{bmatrix} \tag{5-3-2}$$

有了距离衰减函数之后，就可以利用这个衰减函数，把每个要素的空间位置信息和要素值代入，得到局部回归方程里的权重，得出最后的加权回归方程：

$$Y_j=\beta_0(u_j, v_j)+\sum_{i=1}^{p}\beta_i(u_j, v_j)X_{ij}+\varepsilon_j \tag{5-3-3}$$

式中，Y_j 表示 j 点的结果变量；β_i（u_j，v_j）和 β_0（u_j，v_j）分别表示 GWR 在第 j 点建立的回归模型的斜率和截距；p 表示预测变量的个数；ε_j 表示第 j 点的回归残差；（u_j，v_j）表示第 j 点的空间位置。

5.3.2　空间权函数

从上述内容中我们可以得到：地理加权回归模型的重点在于空间权重矩阵，而空间权重矩阵的重心在于空间权函数的选取，可以通过选取不同的空间权函数来区分表达对数据空间关系的不同认识，因此，正确选择空间权函数对地理加权回归模型的正确预估非常重要。确定空间权重矩阵的空间权函数有很多，常用的包括以下四种方法。

1．距离阈值法

$$W_{ij}=\begin{cases} 1, & d_{ij}\leqslant D \\ 0, & d_{ij}>D \end{cases} \tag{5-3-4}$$

距离阈值法是最简单的空间权函数，其关键是选取合适的距离阈值 D，d_{ij} 是样本点

i 和 j 之间的欧几里得距离，将 d_{ij} 与 D 进行比较，若大于该阈值则权重为 0，否则为 1。这种函数计算较为简单，其实质是一个移动窗口，它的缺点是函数不连续，在具体应用实践中，会出现随着回归点的改变，参数估计会因为一个观测值移入或移出窗口而发生突变的现象，因此在 GWR 中不宜采用。

2．距离反比法

$$W_{ij}=1/d_{ij}^{a} \tag{5-3-5}$$

式中，a 为常数（当 a 等于 1 或 2 时，对应的是距离的倒数和距离倒数的平方）。当出现回归点也是样本点的情况时，就会出现回归点观测值权重无限大的情况，若从样本数据中剔除又会大大降低参数估计的精度，因此距离反比法 GWR 模型中不宜直接使用，需要进行修正。

3．高斯函数法

为克服以上两种方法的缺陷，高斯函数法通过选取一个连续单调递减函数来充分表示 W_{ij} 与 d_{ij} 的关系，其函数形式如图 5-3-1。

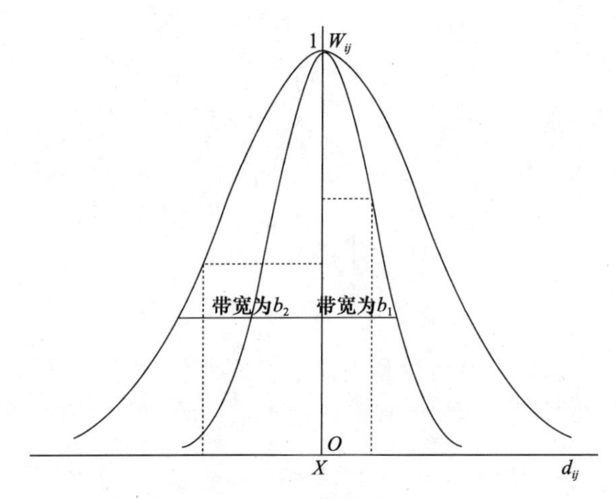

图 5-3-1　高斯函数形式图

X. 回归点；d_{ij}. 数据点与回归点的距离；W_{ij}. 数据点的权重

$$W_{ij}=\exp[-(d_{ij}/b)^2] \tag{5-3-6}$$

式中，b 为带宽，是描述权重与距离之间函数关系的非负衰减参数。

如图 5-3-1 所示，带宽越大，权重随距离增加衰减得越慢；带宽越小，权重随距离增加衰减地越快；当带宽为 0 时，只有回归点 X 上的权重为 1，其他观测点的权重均趋近于 0，即估计过程只是数据的重新表示；当带宽趋近于无限大时，所有观测点的权重都趋近于 1，此时局部加权最小二乘即为拟合普通线性回归模型的最小二乘法。对于某个给定的带宽，当 $d_{ij}=0$ 时，$W_{ij}=1$，权重达到最大；随着数据点离回归点距离的增加，W_{ij} 逐渐减小，当 j 点离 i 点较远时，W_{ij} 接近于 0，即表示这些点对回归点的参数估计几乎没有影响。

4．双重平方函数

为提高计算效率，在实际应用过程中，我们往往将那些对回归参数估计几乎没有影响的数据点去除，不予计算，并且用近高斯函数来代替高斯函数以提高计算效率。下面重点介绍双重平方（bi-square）函数：

$$W_{ij}=\begin{cases}[1-(d_{ij}/b)^2]^2, & d_{ij}<b\\ 0, & d_{ij}\geqslant b\end{cases}\tag{5-3-7}$$

双重平方函数法巧妙地结合距离阈值法和 Gauss 函数法两种函数法的优点，如图 5-3-2 所示，在回归点 i 的带宽 b 范围内，基于近 Gauss 连续单调递减函数来计算数据点权重。在带宽之外的数据点权重为 0，在带宽内的数据点权重随着数据点与回归点距离的增大而逐渐减小，并且带宽越大，权重随距离增加衰减的趋势越慢，带宽越小，权重随距离增加衰减的趋势越快。

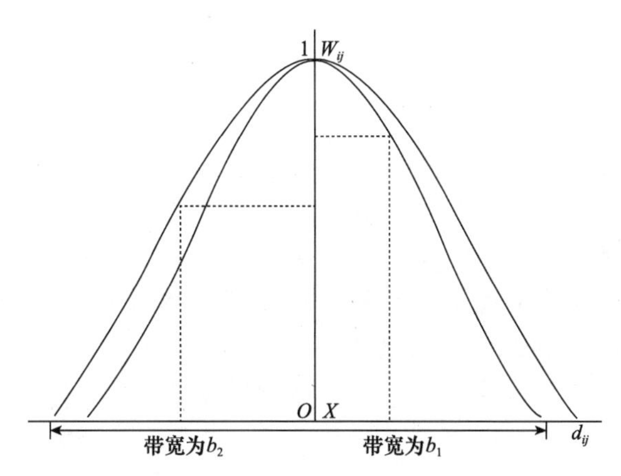

图 5-3-2　双重平方函数形式图

X. 回归点；d_{ij}. 数据点与回归点的距离；W_{ij}. 数据点的权重

5.3.3　权函数带宽的优化方法

而在实际运用过程中，地理加权回归分析的重点通常不在于函数本身的选择，而在于特定权函数带宽的选择，通常带宽过小会导致回归参数估计的方差过大，带宽过大回归参数估计的偏差过大。一般来讲，最小二乘平方和是比较常用的优化原则之一，但其在地理加权回归分析中意义不大，原因是对于 $\sum_{i=1}^{n}[y_i-\hat{y}_i(b)]^2=\min$ 而言，带宽 b 越小，参与回归分析的数据点的权重越小，预测值 $\hat{y}_i(b)$ 越接近实际观测值 y_i，从而使整个式子 $\sum_{i=1}^{n}[y_i-\hat{y}_i(b)]^2$ 趋近于 0，此时最优带宽仅为包含了一个样本点的狭小区域。

1. 交叉确定法

为了弥补“最小二乘平方和”极限问题，现最为普遍的确定带宽的方法是交叉确定法（cross-validation，CV）：

$$\mathrm{CV}=\frac{1}{n}\sum_{i=1}^{n}[y_i-\hat{y}_{\neq i}(b)]^2\tag{5-3-8}$$

CV 法的原理是先将数据先分为 n 组，使用其中一部分进行计算，另一部分用来验证。之后用另一部分计算，前一部分则用来验证。

其中 $\hat{y}_{\neq i}(b)$ 代表 i 处的拟合值，当 CV 值达到最小时，对应的 b 就是所需要的带宽。

2. AIC 准则、BIC 准则

基于采用不同的空间加权函数会得到不同的带宽的原理，Fotheringham 又提出了一个确认准则，当 AIC 最小时，此时的带宽 b 便是 GWR 模型的最佳带宽。

BIC 准则与 AIC 准则类似，其不同点在于惩罚因子的不同，当 BIC 达到最小值时，该模型为“最优模型”。BIC 准则与 AIC 准则最大的区别在于，BIC 的模型要求必须是 Bayesian 模型，即每个候选模型都必须具有相同的先验概率。

关于 AIC 与 BIC 的详细描述已在本章普通线性回归模型的统计检验中给出，这里不再赘述。

5.4 案 例 展 示

案例数据五　**西藏自治区 2000 年 TRMM 数据**

长期气候变化是目前被普遍关注的一个问题，区域气温与降水量的变化与生态环境密切相关，并对水资源和生态系统产生深刻的影响。

青藏高原是中国气候变化的“启动区”，对中国乃至全球气候有重要影响，高原气候变化的研究一直备受科学家的关注。西藏自治区位于青藏高原的中南部，温度和降水是西藏地区生态环境和农牧业发展的重要制约因素，分析西藏地区温度和降水指标的时空格局，对有效预防自然灾害，为适应气候变化而制订草原保护与合理利用应对策略具有重要意义。TRMM 卫星于 1997 年 11 月 27 日发射成功，是由美国 NASA（National Aeronautical and Spatial Administration）和日本 NADA（National Space Development Agency）共同研制的卫星。自成功发射以来，为气象工作者提供了大量的热带海洋降水、云中液态水含量以及潜热释放等气象数据。

本案例数据取自西藏自治区 2000 年 TRMM 数据，其包括年降雨量（rainfall）、高程（DEM）、植被覆盖指数（NDVI）、日间均温（1stday）、夜间均温（1stnight）5 个属性字段共 1817 个数据点。TRMM 数据点分布情况如图 5-4-1 所示。

5.4.1 普通最小二乘回归

现利用案例五数据进行西藏自治区降雨量 OLS 回归分析，选取降雨量作为因变量，植被覆盖指数（NDVI）与日间均温作为自变量，通过 ArcGIS 中 OLS 分析工具得到模型结果（表 5-4-1，表 5-4-2）并进行分析。

表 5-4-1 普通最小二乘回归结果：模型变量

变量	系数	回归系数的标准差	t 统计量	PROB	VIF
常数	281.98	19.01	14.83	0.00*	
NDVI	2588.83	47.57	54.42	0.00*	1.02
日间均温	−12.49	1.42	−8.77	0.00*	1.02

表 5-4-2 普通最小二乘回归结果：模型诊断

样本数	R^2	校正 R^2	AIC
1817	0.6203	0.6199	25673.03
F 统计量 /P 值	联合卡方统计量 /P 值	Koenker（BP）统计量 /P 值	Jarque-Bera 统计量 /P 值
1481.6/0.00*	1016.6/0.00*	327.6/0.00*	764.77/0.00*

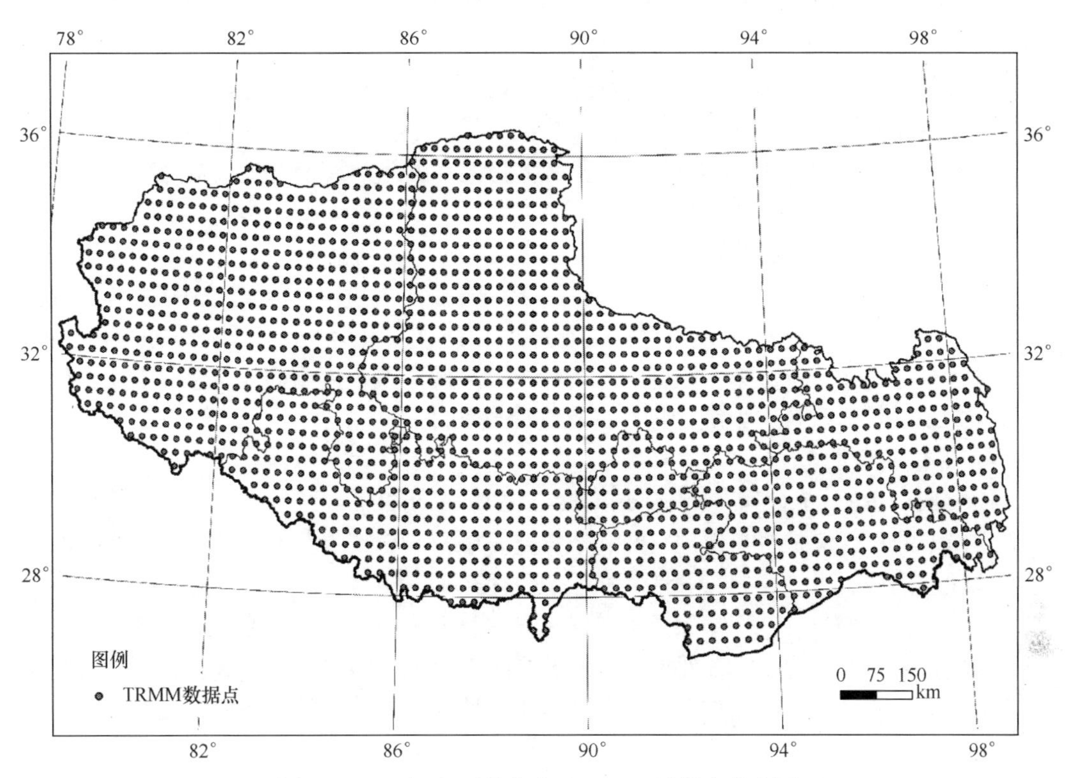

图 5-4-1　2000 年西藏自治区 TRMM 数据点分布图

1．评估模型性能

R^2 及校正 R^2 都用于衡量整个回归模型的性能，其取值为 0 与 1 之间，越靠近 1 则模型性能越为优良。OLS 的校正 R^2 为 0.6199，模型拟合情况较好，表示该模型（使用线性回归建模的解释变量）可解释因变量中大约 62% 的变化。

2．评估模型中的每一个解释变量：系数、*t* 统计量、方差膨胀

1）系数

系数是整个回归模型中最重要的参数，有两个方面的含义：代表每个自变量对因变量的贡献度，系数的绝对值越大，表示该变量在模型里面贡献越大，也表示该自变量与因变量的关系越紧密；表示自变量与因变量之间的关系类型，系数分为正向和负向，若系数为正，则表示正相关；若系数为负，则表示负相关。

可以从以上报表分析得出 OLS 的模型为

$$降雨量=281.98+2588.83\times NDVI-12.49\times日间均温 \quad (5\text{-}4\text{-}1)$$

对于因变量降雨量，自变量植被指数与其呈正相关关系，日间均温与其呈负相关关系，且自变量 NDVI 对模型的贡献更大。

2）*t* 统计量

对单个变量的系数进行显著性检验，*t* 统计量越大，表示其越显著。在本案例数据中，相同的显著性水平下，NDVI 显著性明显大于白天日均气温。对于具有统计学上显著性的概率，其旁边带有一个星号（*）。

3）方差膨胀因子

方差膨胀因子（variance inflation factor，VIF），是指解释变量之间存在多重共线性时的方差与不存在多重共线性时的方差之比，该值主要验证自变量里面是否有冗余变量。一般来说，只要 VIF 超过 7.5，就表示该变量有可能是冗余变量，应逐一从回归模型中剔除。在本案例数据中，变量不是冗余变量。

3. 评估模型是否具有显著性

联合 F 统计量（联合卡方统计量）用于测量整个模型的统计学显著性。只有当 Koenker（BP）统计量不具有统计学上的显著性时，F 统计量才可信。如果 Koenker（BP）统计量具有显著性，应参考“联合卡方统计量”来确定整个模型的显著性。该案例模型的联合 F 统计量与联合卡方统计量都具有统计显著性。

4. 评估稳定性

Koenker（BP）统计量（Koenker 的标准化 Breusch-Pagan 统计量）是一种测试，用于确定模型的自变量是否在地理空间和数据空间中都与因变量具有一致的关系。如果模型在地理空间中一致，由自变量表示的空间进程在研究区域各位置处的行为也将一致。如果模型在数据空间中一致，则预测值与每个自变量之间关系的变化不会随自变量值（模型没有异方差性）的变化而变化。该案例的 Koenker（BP）统计量显著，表示模型具有统计学上的显著异方差性和 / 或不稳定性。具有统计学上显著不稳定性的回归模型通常很适合进行地理加权回归分析。

5. 评估模型偏差

Jarque-Bera 统计量用于指示残差是否呈正态分布。该测试的零假设为残差呈正态分布。该案例模型的 Jarque-Bera 统计量 P 值为零，说明残差不是正态分布，模型有偏差。

6. 评估残差空间自相关

对回归残差运行空间自相关可确保回归残差在空间上随机分布。图 5-4-2 是西藏自治区 2000 年 TRMM 数据点降雨量 OLS 回归分析得到的标准残差图，可以看出，高残差聚类在西藏南部地区，计算得到残差的 Moran’s I 为 0.68（权重矩阵构建：30000m 内的逆距离加权），具有显著的空间相关性，应进行地理加权或空间回归。

5.4.2 空间回归

利用案例五西藏自治区 2000 年 TRMM 数据对降雨量进行空间回归分析。使用 GeoDa 建立权重矩阵，选择阈值距离为 30km，以降雨量为因变量，植被覆盖指数、日间均温为自变量建立空间回归分析，首先得到空间相依性的诊断结果（表 5-4-3）。

表 5-4-3 空间相依性检验结果

检验	MI/DF	值（value）	P 值
Moran’s I（error）	0.7266	42.6626	0.00*
Lagrange Multiplier（lag）	1	2071.1125	0.00*
Robust LM（lag）	1	277.0924	0.00*
Lagrange Multiplier（error）	1	1805.9240	0.00*

续表

检验	MI/DF	值（value）	P 值
Robust LM（error）	1	11.9039	0.0006
Lagrange Multiplier（SARMA）	2	2083.0164	0.00*

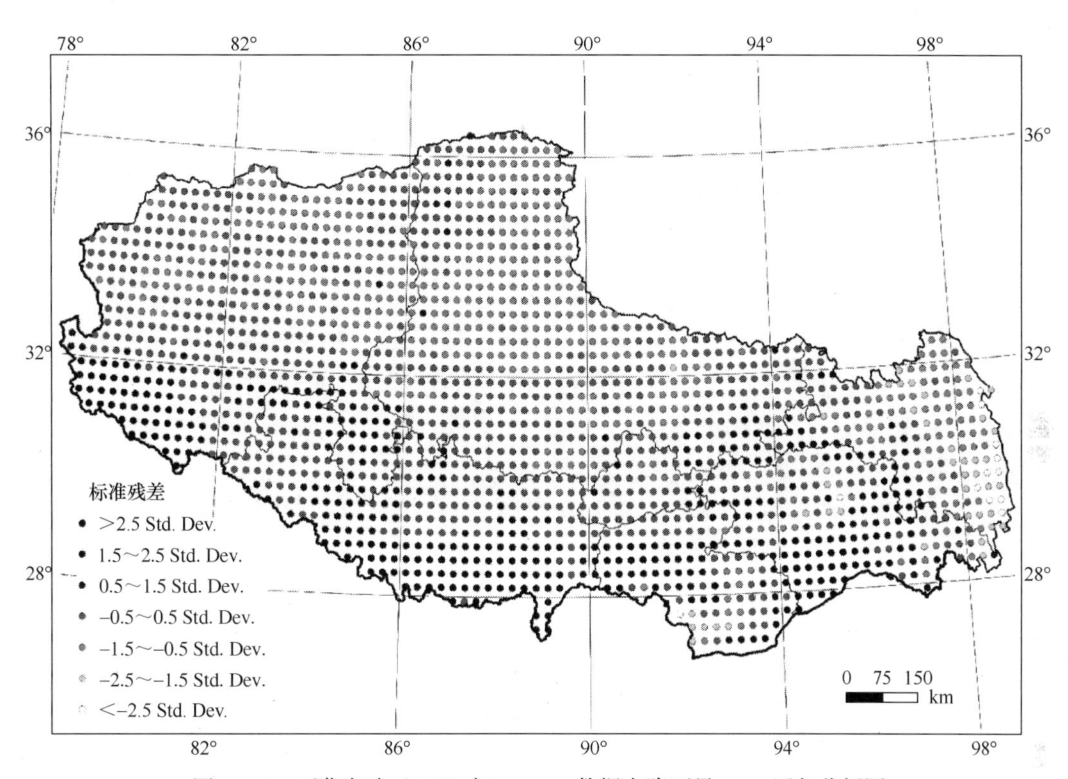

图 5-4-2　西藏自治区 2000 年 TRMM 数据点降雨量 OLS 回归分析图

从回归报告我们可以看出：P 值越小表示通过检验，表示精度较好。value 表示其值的大小。比较 LM-lag 和 LM-error 的大小，Robust 形式中，Robust LM-lag 统计量显著，所以我们使用空间滞后模型拟合效果最佳。

Moran’s I 值为 0.7266，说明残差具有强空间自相关。LM-lag 较 LM-error 显著，且 Robust LM-lag 显著但 Robust LM-error 不显著，所以空间回归模型选择空间滞后模型。建立的空间滞后模型结果如表 5-4-4 与表 5-4-5 所示，模型 R^2 达到了 0.9574，与线性回归相比，拟合效果大大提升。

表 5-4-4　空间滞后回归结果：模型变量

变量	系数	回归系数的标准差	Z 统计量	P 值
W_RAINFALL	0.9412	0.0068	137.5052	0.00*
常数	26.2494	7.2096	3.6409	0.00*
NDVI	176.5262	23.1342	7.6305	0.00*
日间均温	−1.7120	0.5077	−3.3721	0.00*

表 5-4-5　空间滞后回归结果：模型诊断

样本数	R^2	AIC	SC
1817	0.9574	22341.8	22363.8

5.4.3　地理加权回归

利用案例五西藏自治区 2000 年 TRMM 数据进行 GWR 分析。在 ArcGIS 中使用 GWR 分析工具，选取降雨量作为因变量，植被覆盖指数与日间均温作为自变量，采用 AIC 准则优化带宽，GWR 分析结果如表 5-4-6 所示。

表 5-4-6　地理加权回归模型结果

带宽 /m	R^2	校正 R^2	AIC
96039.6	0.9202	0.9122	23082.71

带宽表示模型中各个局部估计的带宽或相邻点数目的数值，其作为 GWR 中最重要的参数，控制模型的局部回归范围，本案例中，带宽为 96039.6m，R^2 为 0.9202，校正 R^2 数值能达到 0.9122，说明模型拟合效果优良。

图 5-4-3 是西藏自治区 2000 年 TRMM 数据点降雨量 GWR 分析得到的标准残差图，可以看出，残差基本呈现随机分布。

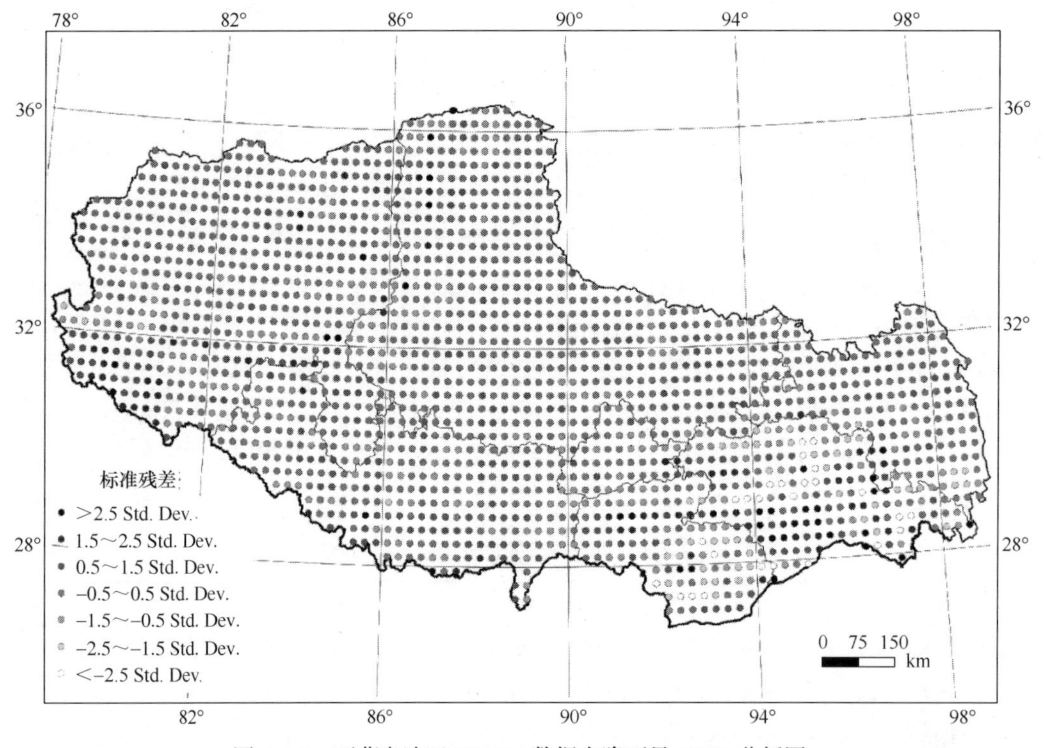

图 5-4-3　西藏自治区 TRMM 数据点降雨量 GWR 分析图

5.5 上 机 实 习

本章上机实习目的是学会进行线性回归分析、空间回归分析以及地理加权回归分析。

使用的软件为 ArcGIS 软件（ArcMap）、GeoDa。

使用的数据为案例数据五：西藏地区 2000 年 12 个月的 TRMM3B43 数据，相加得到 2000 年的年降雨数据，通过栅格转点的方式，得到 1817 个分布点，每个点的属性字段包括年降雨量、高程、植被覆盖指数、平均白天地表温度（LST-d）、平均夜间地表温度（LST-n）。

数据可通过扫描附录 2 中的二维码获取。本章使用到的具体数据为点状图层"Tibet"，线状图层"Tibet_outline"。

5.5.1 普通最小二乘回归分析

1. 打开数据

打开 ArcMap，新建空白文档。单击 File→Add Data→Add Data（在 9.3 版本中，File→Add Data），或者单击 ✥·（图 5-5-1）。

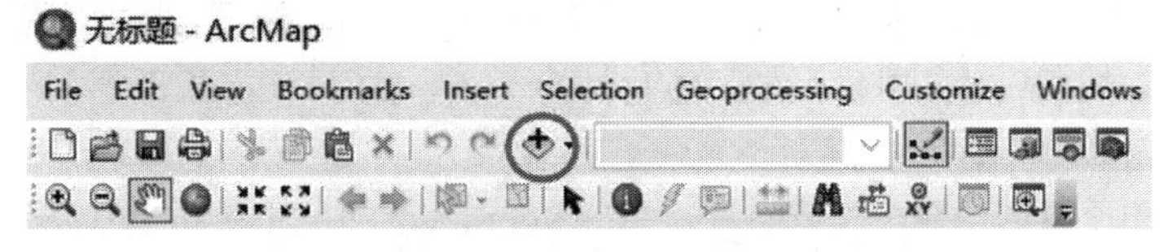

图 5-5-1　ArcMap 导航栏

使用连接文件夹操作，连接并进入目标文件夹（图 5-5-2）。并打开"Tibet.shp"文件。

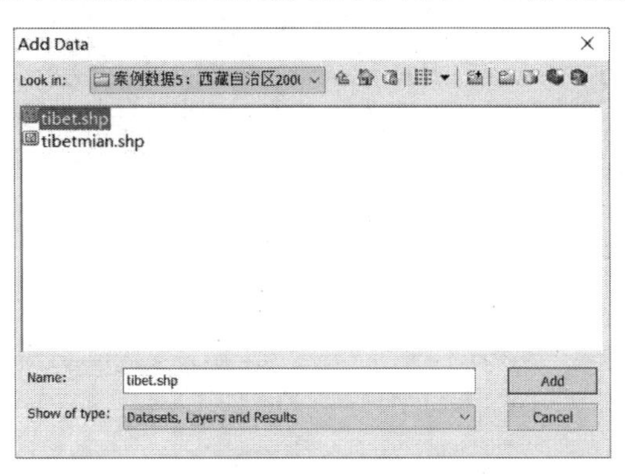

图 5-5-2　添加数据栏

2. 打开工具箱

右击工具栏右侧空白处，如图 5-5-3 的方框处，在出现的长条中单击激活 Standard（如果在 Standard 左侧已打钩，则不用单击）。

图 5-5-3　ArcMap 导航栏

打开 ArcToolbox，选择 Spatial Statistics Tools→Modeling Spatial Relationships→Ordinary Least Squares 模块（图 5-5-4），后面会用到的 Geographically Weighted Regression 也在这里（9.3 版本中具体的模块间的上下关系可能会不一致，模块里的内容也可能会有一些不同）。

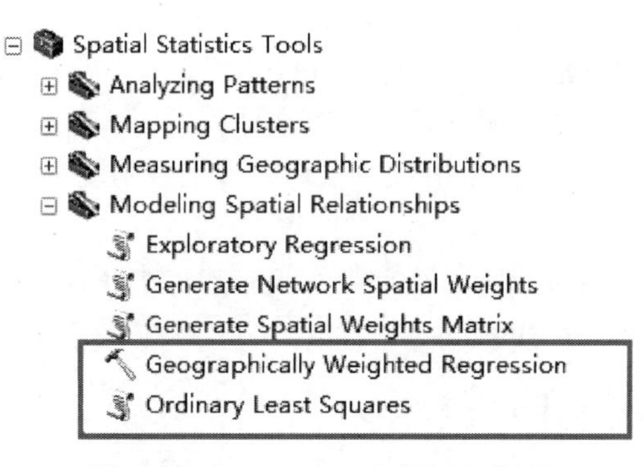

图 5-5-4　ArcToolbox 空间回归模型

3. OLS 线性回归分析的过程与结果

打开 Modeling Spatial Relationships 下的 Ordinary Least Squares 工具（图 5-5-5）。在 OLS 工具界面中，在 Input Feature Class 选项下选择“Tibet”文件，在 Unique ID Field 选项中选择唯一的 OBJECTID 字段，在 Output Feature Class 选项下选择文件输出路径，在 Dependent Variable 选项中选择 Rainfall 为因变量，在 Explanatory Variables 中勾选 ndvi 和 lstd 两个选项，在 Output Report File（optional）中选择报告输出的路径，单击 OK（图 5-5-6）。

图 5-5-5　ArcToolbox OLS 回归分析

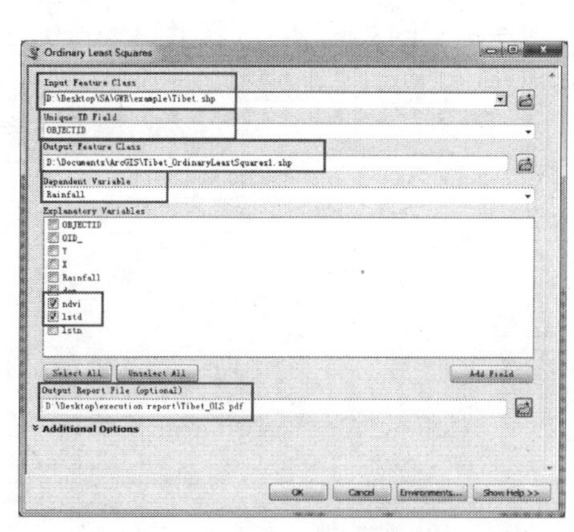

图 5-5-6　OLS 模型参数选择

等待计算运行完成后，单击上方工具栏的 Geoprocessing 选项中的 Results（图 5-5-7），打开结果界面。

在结果界面中展开 Current Session，可以看到 OLS 分析的结果，单击展开，出现了 Output Feature Class、Coefficient Output Table、Diagnostic Output Table 等数据，继续展开下面的 Messages，可以看到更详尽的结果（图 5-5-8）。单击 Output Report File 可直接打开包含所有 OLS 分析结果的 PDF 文件（图 5-5-9）和标准残差地图（图 5-4-2）。

残差地图显示出高值残差主要在南部地区集聚，确认是否具有空间自相关，计算 Moran's I（图 5-5-10），结果说明具有空间自相关（图 5-5-11）。

5.5.2　空间回归分析与诊断

1. 建立空间权重矩阵

打开 OpenGeoDa 应用程序，选择 Tools→Weights→Create（图 5-5-12）。

打开 Weights File Creation 窗口后，通过 Shapefile 选择路径打开“Tibet.shp”文件。（注意：文件路径必须是全英文路径 GeoDa 程序才能识别）。单击 Add ID Variable，为权重文件添加变量 ID，默认添加为 POLY_ID。接下来单

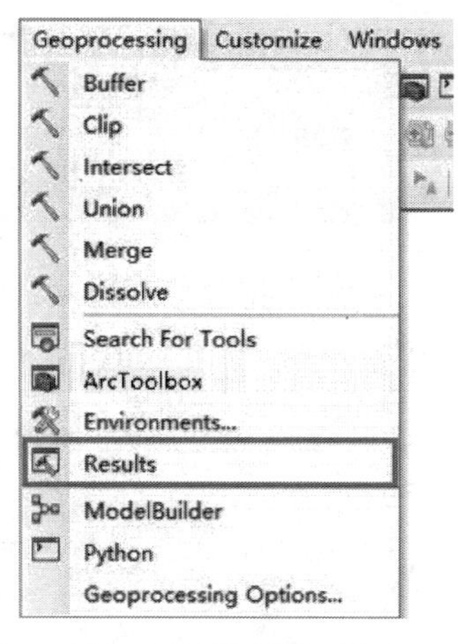

图 5-5-7　模型处理结果

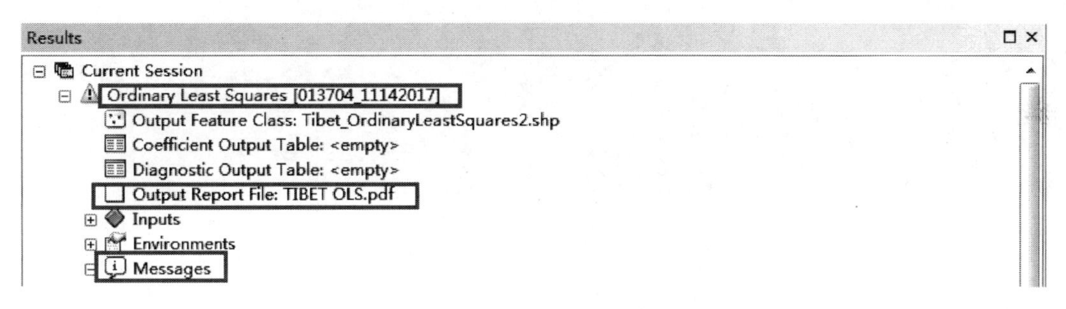

图 5-5-8　模型运行结果输出

Summary of OLS Results - Model Variables

Variable	Coefficient [a]	StdError	t-Statistic	Probability [b]	Robust_SE	Robust_t	Robust_Pr [b]	VIF [c]
Intercept	281.976483	19.015024	14.829141	0.000000*	27.550766	10.234796	0.000000*	--------
NDVI	2588.834443	47.568905	54.422830	0.000000*	89.794402	28.830688	0.000000*	1.020066
LSTD	-12.490600	1.423438	-8.774951	0.000000*	1.690900	-7.386954	0.000000*	1.020066

图 5-5-9　OLS 回归分析总结报告

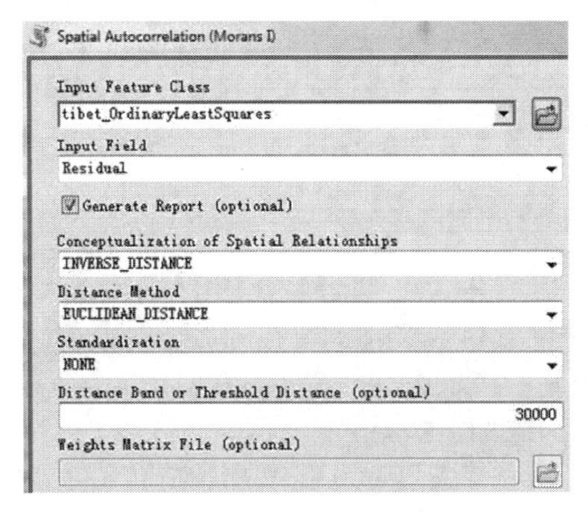

图 5-5-10　计算空间自相关

Global Moran's I Summary

Moran's Index:	0.687995
Expected Index:	-0.000551
Variance:	0.000287
z-score:	40.614094
p-value:	0.000000

Dataset Information

Input Feature Class:	tibet_OrdinaryLeastSquares
Input Field:	RESIDUAL
Conceptualization:	INVERSE_DISTANCE
Distance Method:	EUCLIDEAN
Row Standardization:	False
Distance Threshold:	30000.0000 Meters

图 5-5-11　空间自相关报表

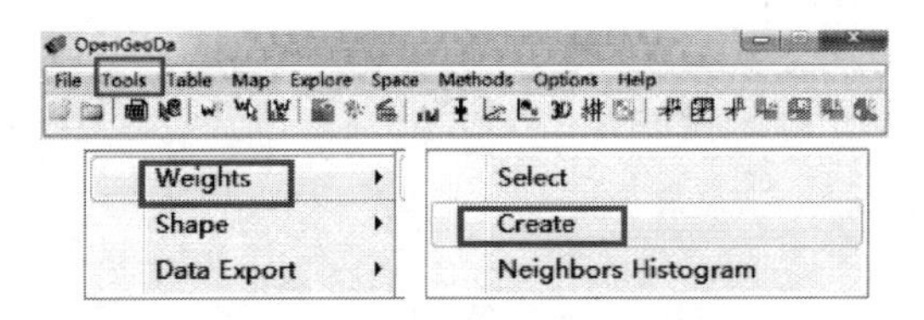

图 5-5-12　GeoDa 建立空间权重矩阵

击 Threshold 设置阈值距离，单击 Select distance metric，选择 Euclidean Distance，在下面的方框内输入阈值，此时我们设置几个不同的阈值距离来建立多个空间权重文件，以便后文评估中因空间权重的不同而产生的不同拟合效果。分别输入阈值距离为“30000”“40000”“50000”（该步骤重复建立不同的权重文件.gwt），随后单击 Create 进行确认，如图 5-5-13 所示。

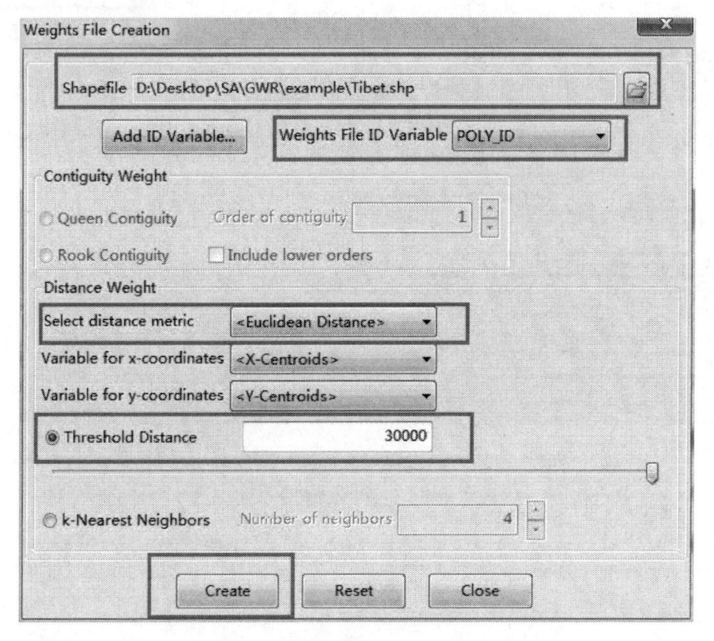

图 5-5-13　选择空间权重矩阵参数

随后输入空间权重文件名称“30000.gwt”进行保存，建立好空间权重文件。

2. 空间回归分析的过程

选择主菜单→Methods→Regression，进行空间回归分析（图 5-5-14）。

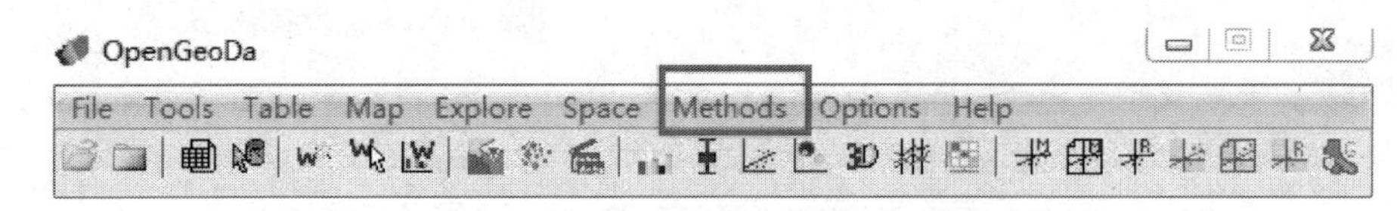

图 5-5-14　GeoDa 进行空间回归分析

打开 Regression Title and Output 窗口后，在 Report Title 输入栏中保留 Regression 生成报告的名称，随后在 Output file name 中设置生成文件的输出路径，再全勾选下面 Predicted Value and Residual（预测值与残差）、Coefficient Variance Matrix（变异系数矩阵）、Moran’s I z-value（Moran’s I 的 *Z* 值），如图 5-5-15 所示。

Regression 窗口中，Dependent Variable 一栏选择 RAINFALL 作为因变量，Independent Variables 一栏选择 NDVI、LSTD 两项作为自变量，在 Weights File 中选择之前创建的

“30000.gwt”文件作为空间权重文件（先以阈值距离为 30km 的空间权重矩阵为例进行空间回归分析），Models 选择 Classic。单击 Run 得到 OLS 模型，如图 5-5-16。

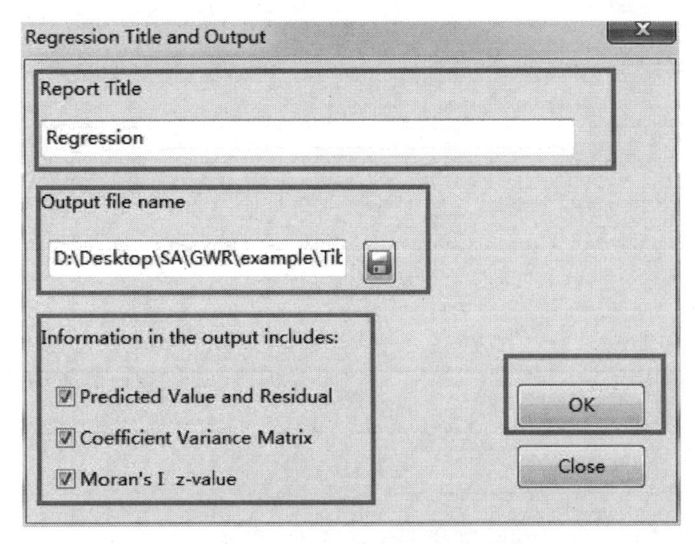

图 5-5-15　空间回归分析参数选择

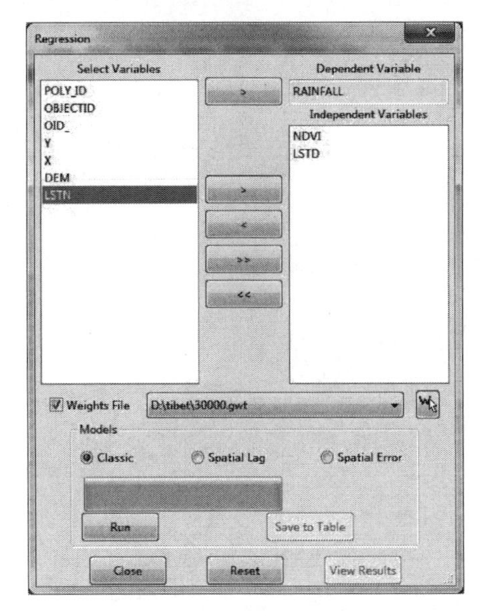

图 5-5-16　运行经典空间回归模型

接下来单击 View Results 查看报告内容。

3. 空间回归分析报表解释说明

图 5-5-17 为 GeoDa 进行 OLS 分析得到的报表。

此时我们看到，由 GeoDa 进行经典 OLS 线性回归分析报表与我们之前用 ArcGIS 得到的数据完全吻合，唯一的区别在于：在 ArcGIS OLS 线性回归分析中我们用“VIF[c]”方差膨胀因子来评估自变量间是否有多重共线性，而在 GeoDa 中，其使用“MULTICOLLINEARITY CONDITION NUMBER”即多重共线性条件系数来评估是否

```
Regression
SUMMARY OF OUTPUT: ORDINARY LEAST SQUARES ESTIMATION
Data set              :  tibet
Dependent Variable    :    RAINFALL  Number of Observations: 1817
Mean dependent var    :     574.136  Number of Variables   :    3
S.D. dependent var    :     458.375  Degrees of Freedom    : 1814

R-squared             :    0.620278  F-statistic           :        1481.59
Adjusted R-squared    :    0.619859  Prob(F-statistic)     :              0
Sum squared residual:1.44965e+008    Log likelihood        :       -12832.5
Sigma-square          :     79914.5  Akaike info criterion :          25671
S.E. of regression    :     282.691  Schwarz criterion     :        25687.5
Sigma-square ML       :     79782.5
S.E of regression ML:       282.458

-----------------------------------------------------------------------------
    Variable     Coefficient      Std.Error       t-Statistic    Probability
-----------------------------------------------------------------------------
    CONSTANT       281.9765       19.01502         14.82914      0.0000000
        NDVI       2588.834       47.5689          54.42283      0.0000000
        LSTD       -12.4906       1.423438        -8.774951      0.0000000
-----------------------------------------------------------------------------

REGRESSION DIAGNOSTICS
MULTICOLLINEARITY CONDITION NUMBER     6.201480
TEST ON NORMALITY OF ERRORS
TEST                     DF            VALUE            PROB
Jarque-Bera               2             764.7708        0.0000000

DIAGNOSTICS FOR HETEROSKEDASTICITY
RANDOM COEFFICIENTS
TEST                     DF            VALUE            PROB
Breusch-Pagan test        2             974.1558        0.0000000
Koenker-Bassett test      2             431.5553        0.0000000
SPECIFICATION ROBUST TEST
TEST                     DF            VALUE            PROB
White                     5              535.762        0.0000000
```

图 5-5-17　经典空间回归分析运行报表

有共线性，对于 MCN 而言，当其数值大于 10 时，则判定为自变量间具有多重共线性，当其数值小于 10 时，则判定为自变量间不具有多重共线性。在本案例中，MCN 的值为 6.20，所以 NDVI 与 Lst-d 间同样不具有多重共线性。

将 Regression Report 下拉，关注“DIAGNOSTICS FOR SPATIAL DEPENDENCE”，从该表中我们可以看到：本案例中 PROB 均为 0，表示精度较好。Value 表示其值的大小。根据 Lagrange Multiplier 检验法，LMlag 较 LMerror 显著，在 Robust 形式中，Robust LM-lag 统计量显著，所以我们使用空间滞后模型拟合效果最佳，如图 5-5-18 所示。

```
DIAGNOSTICS FOR SPATIAL DEPENDENCE
FOR WEIGHT MATRIX : 30000.gwt
   (row-standardized weights)
TEST                           MI/DF        VALUE          PROB
Moran's I (error)            0.726632     42.6625691     0.0000000
Lagrange Multiplier (lag)        1      2071.1125139      0.0000000
Robust LM (lag)                  1       277.0923971     0.0000000
Lagrange Multiplier (error)      1      1805.9239930      0.0000000
Robust LM (error)                1        11.9038762     0.0005602
Lagrange Multiplier (SARMA)      2      2083.0163901      0.0000000
```

图 5-5-18　经典空间回归分析诊断表

返回 Regression 界面，将 Models 调整至 Spatial Lag，再单击 Run，如图 5-5-19。

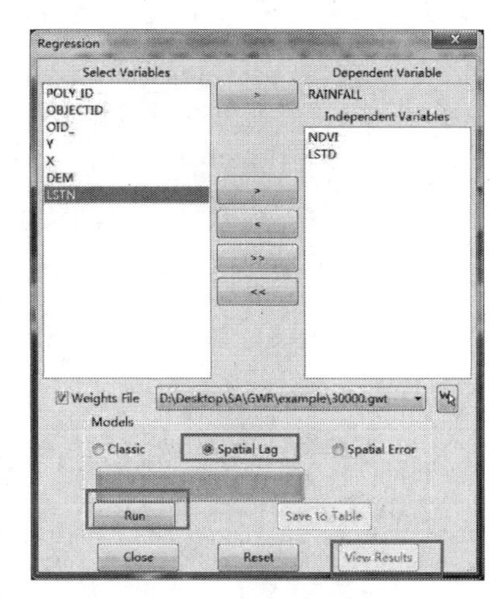

图 5-5-19　运行空间滞后模型

单击 View Results，得到通过运行空间滞后模型得到的分析报告，如图 5-5-20 所示。我们使用空间滞后模型对数据进行拟合，可从空间滞后回归分析报告看出：其采用最大似然法进行估计。此外，重点观察 R^2 数值，其值为 0.957407。这表明空间滞后模型对数据的拟合效果良好，与线性回归相比拟合效果大大提升。

同理，可以相同的步骤使用阈值距离为 40000m，50000m 的空间权重文件进行比较。

当使用阈值距离为 50000m 的空间权重矩阵时，根据 Lagrange Multiplier 检验法，LM-error 较 LM-lag 显著，在 Robust 形式中，Robust LM-error 统计量显著（图 5-5-21），所以此次我们采用空间误差模型拟合。

运行空间误差模型，得到报告如图 5-5-22：

我们使用空间误差模型使用阈值距离为 50000m 的空间权重矩阵对数据进行再次拟合，可从空间误差回归分析报告（图 5-5-22）看出：其依然采用最大似然法进行估计。

```
Regression
SUMMARY OF OUTPUT: SPATIAL LAG MODEL - MAXIMUM LIKELIHOOD ESTIMATION
Data set                  : tibet
Spatial Weight            : 30000.gwt
Dependent Variable        :     RAINFALL  Number of Observations: 1817
Mean dependent var        :      574.136  Number of Variables   :    4
S.D. dependent var        :      458.375  Degrees of Freedom    : 1813
Lag coeff.    (Rho)       :     0.941152


R-squared                 :     0.957407  Log likelihood        :     -11166.9
Sq. Correlation           : -             Akaike info criterion :      22341.8
Sigma-square              :      8949.11  Schwarz criterion     :      22363.8
S.E of regression         :      94.5997

-----------------------------------------------------------------------------
    Variable      Coefficient       Std.Error      z-value       Probability
-----------------------------------------------------------------------------
  W_RAINFALL       0.9411523     0.006844483       137.5052        0.0000000
    CONSTANT        26.24944        7.209591       3.640906        0.0002717
        NDVI        176.5262        23.13423       7.630522        0.0000000
        LSTD       -1.712029       0.5077005      -3.372124        0.0007460
-----------------------------------------------------------------------------


REGRESSION DIAGNOSTICS
DIAGNOSTICS FOR HETEROSKEDASTICITY
RANDOM COEFFICIENTS
TEST                                           DF       VALUE          PROB
Breusch-Pagan test                             2         892.5254      0.0000000


DIAGNOSTICS FOR SPATIAL DEPENDENCE
SPATIAL LAG DEPENDENCE FOR WEIGHT MATRIX : 30000.gwt
TEST                                           DF        VALUE         PROB
Likelihood Ratio Test                          1         3331.229      0.0000000


COEFFICIENTS VARIANCE MATRIX
   CONSTANT          NDVI          LSTD  W_RAINFALL

  51.978205     26.395478     -3.130909   -0.023199

  26.395478    535.192488     -4.012474   -0.114897

  -3.130909     -4.012474      0.257760    0.001202

  -0.023199     -0.114897      0.001202    0.000047
```

图 5-5-20　空间滞后模型运行报告

```
DIAGNOSTICS FOR SPATIAL DEPENDENCE
FOR WEIGHT MATRIX : 50000.gwt
   (row-standardized weights)
TEST                              MI/DF        VALUE            PROB
Moran's I (error)               0.687673     63.5694577       0.0000000
Lagrange Multiplier (lag)          1        3729.2505006       0.0000000
Robust LM (lag)                    1         324.5863706      0.0000000
Lagrange Multiplier (error)        1        3976.1538464       0.0000000
Robust LM (error)                  1         571.4897164      0.0000000
Lagrange Multiplier (SARMA)        2        4300.7402170       0.0000000
```

图 5-5-21　空间滞后模型诊断报表

```
Regression
SUMMARY OF OUTPUT: SPATIAL ERROR MODEL - MAXIMUM LIKELIHOOD ESTIMATION
Data set              : tibet
Spatial Weight        : 50000.gwt
Dependent Variable    :    RAINFALL   Number of Observations: 1817
Mean dependent var    :  574.135725  Number of Variables    :    3
S.D. dependent var    :  458.374831  Degrees of Freedom     : 1814
Lag coeff. (Lambda)   :    0.988764


R-squared             :    0.951356  R-squared (BUSE)       : -
Sq. Correlation       : -            Log likelihood         :-11172.825162
Sigma-square          :     10220.4  Akaike info criterion  :      22351.7
S.E of regression     :     101.096  Schwarz criterion      :      22368.2
```

图 5-5-22　空间误差模型运行报表

此外，与 30000m 权重矩阵下的回归模型相比，R^2 降低至 0.951356。

从以上操作可以看出，不同阈值距离的空间权重矩阵，所选择的最适空间回归分析模型也不同，其拟合效果也会相应改变。

5.5.3　地理加权回归分析

1. 打开数据

打开“tibet.shp”文件，步骤同 OLS 线性回归分析法。

2. 打开工具箱

单击 ArcToolbox，点开 Modeling Spatial Relationships 中的 Geographically Weighted Regression 模块。

3. GWR 分析的过程与结果

打开 Geographically Weighted Regression 窗口，Input features 选择数据源“tibet.shp”，Dependent varia-ble 依然选择 Rainfall 作为因变量，Explanatory variable（s）依然选择 ndvi、lstd 作为自变量。Output feature class 默认选择输出数据源。Kernel type 核的类型选择 FIXED 固定模式，确定带宽的方法 Bandwidth method 默认选项为 AICc 准则。单击 OK 运行 GWR 模型，如图 5-5-23 所示。

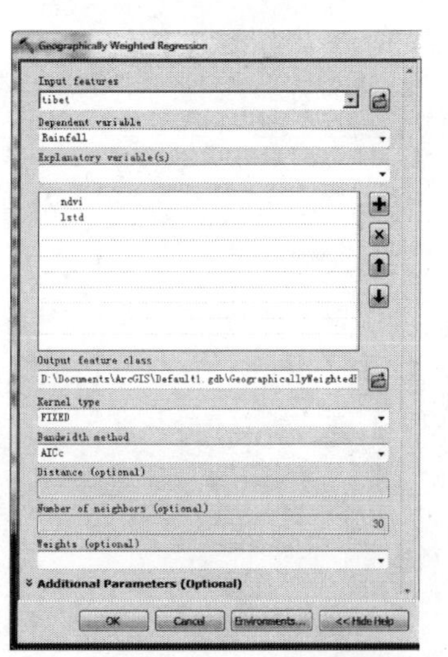

图 5-5-23　GWR 分析参数选择

1）输入要素（Input features）

ArcGIS 的空间统计工具箱，主要针对的是矢量数据，所以这里的输入一定是矢量图层，可以是点线面，但是不能是多点（但是可以是多部分要素，因为对面状空间要素处理的时候，通常采用的是质心来进行计算，多部分面状要素不会影响 GWR 的处理）。在要素类的设定上，应该避免有空间错误的数据：比如有属性无空间要素，如果出现这样的数据，可能会发生错误。

2）因变量字段（Dependent variable）

这个字段包含因变量的值，一个回归方程只能有一个因变量。

3）解释变量（自变量）字段 [Explanatory variable（s）]

包含了解释变量的字段，最少一个。系统会自动筛选掉文本型的数据，只保留数值型。自变量的顺序和分析的结果没有任何关系。

4）输出结果（Output feature class）

用户承载分析结果的要素图层。

5）核的类型（Kernel type）

此参数并非让我们选择核函数（ArcGIS 只提供了高斯核函数），而是让我们决定核函数如何构成，且决定分析的数据用什么方式来参与。

工具提供两种核函数：

（1）FIXED：固定距离法，也就是按照一定的距离来选择带宽，创建核表面。

（2）ADAPTIVE：自适应法。按照要素样本分布的疏密，来创建核表面，如果要素分布紧密，则核表面覆盖的范围小，反之则大。

6）核带宽（Bandwidth method）

此参数用于设定 GWR 的带宽，而且 GWR 专门用两种方式来选择更好的带宽，但是也留出了自定义的模式，所以这个参数有三个选项：

（1）CV：通过交叉验证法来决定最佳带宽。

（2）AIC：通过最小信息准则来决定最佳带宽。

（3）BANDWIDTH_PARAMETER：指定宽度或者临近要素数目的方法。如果选择这种方法，后面的 7、8 两个参数，才变为可用状态。如果选择 CV 或者 AIC 法，带宽是通过计算来决定的，所以距离参数将不可用。而采用指定的方法，我们可以通过自定义的方式来决定带宽。

7）距离（可选）

如果在参数 6 中，选择了自定义带宽模式，则距离参数为可用状态。注意，这里设定的带宽距离单位，是要素类的空间参考中的单位，如果是地理坐标系，带宽则以度、分、秒进行度量（设置为 1，就是 1 度，在中国范围内，约为 108km），所以为了更精确，最好把数据设置为投影坐标系。

8）邻近要素的数目（可选）

如果核类型为自适应（ADAPTIVE），以及核带宽为 BANDWIDTH_PARAMETER 的时候，此参数才为可用，默认是 30，表示选择回归点周边的 30 个点作为核局部带宽中作为临近要素的点。

9）权重字段（可选）

GWR 工具可以对每个要素设置独立的权重，把将要设定的权重写入一个字段，权重字段选择该字段即可。一旦设置了权重，就说明这个（些）要素在进行校验的时候，

图 5-5-24　GWR 模型运行结果表格

会比其他要素更加重要。

GWR 模型建立成功之后，观察图层工具栏处新生成的表格，右键 open 点开属性表，如图 5-5-24 所示。

4. GWR 分析属性表解释说明

AIC 法确定的带宽 Bandwidth 为 96039.62594m。在此带宽下，使用 GWR 拟合本案例数据，R^2 达到 0.920166，校正 R^2 能高达 0.912224，模型拟合效果较为优良，如图 5-5-25 所示。

再次尝试使用 CV 方法来确定带宽，如图 5-5-26 所示。

OBJECTID *	VARNAME	VARIABLE	DEFINITION
1	Bandwidth	96039.62594	
2	ResidualSquares	30477877.808593	
3	EffectiveNumber	165.319816	
4	Sigma	135.840535	
5	AICc	23082.710472	
6	R2	.920166	
7	R2Adjusted	.912224	
8	Dependent Field	0	Rainfall
9	Explanatory Field	1	ndvi
10	Explanatory Field	2	lstd

图 5-5-25　GWR 模型输出结果

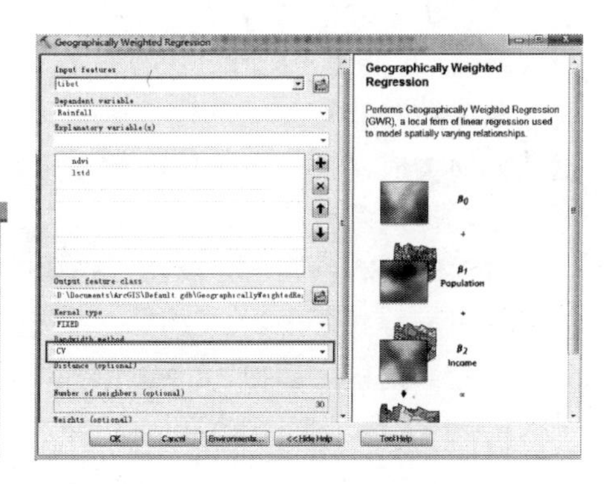

图 5-5-26　选择 CV 确定带宽

结果显示：校正 R^2 变化不大，相较 AIC 方法低了一些，达到 0.910850，如图 5-5-27 所示。

再次尝试自定义带宽（图 5-5-28），使用回归模型中得到了最佳结果的 30000m，如图 5-5-29 所示。

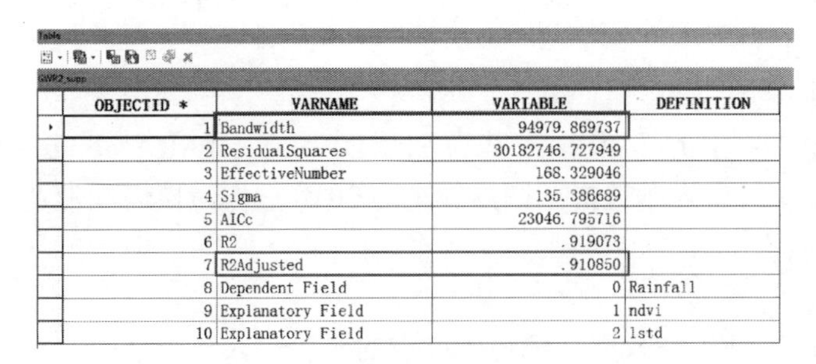

OBJECTID *	VARNAME	VARIABLE	DEFINITION
1	Bandwidth	94979.869737	
2	ResidualSquares	30182746.727949	
3	EffectiveNumber	168.329046	
4	Sigma	135.386689	
5	AICc	23046.795716	
6	R2	.919073	
7	R2Adjusted	.910850	
8	Dependent Field	0	Rainfall
9	Explanatory Field	1	ndvi
10	Explanatory Field	2	lstd

图 5-5-27　GWR 模型新输出结果（一）

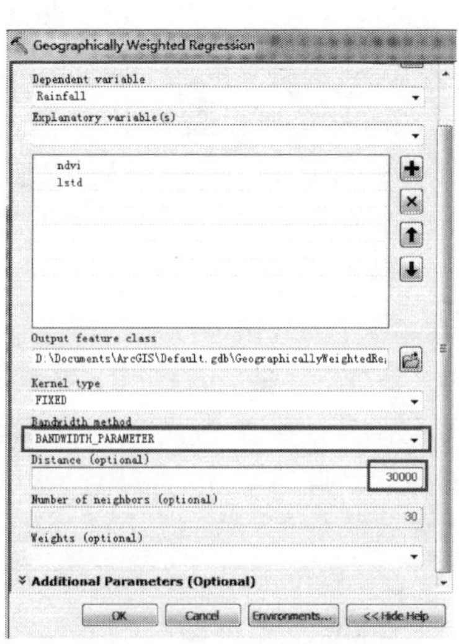

图 5-5-28　自定义确认带宽

GWR4_supp

OBJECTID *	VARNAME	VARIABLE	DEFINITION
1	Bandwidth	30000	
2	ResidualSquares	3498100.094145	
3	EffectiveNumber	844.162415	
4	Sigma	80.72251	
5	AICc	17124.270976	
6	R2	.979115	
7	R2Adjusted	.946312	
8	Dependent Field	0	Rainfall
9	Explanatory Field	1	ndvi
10	Explanatory Field	2	lstd

图 5-5-29　GWR 模型新输出结果（二）

结果显示，校正 R^2 达到了最高：0.946312，并且 AICc 也达到三次模型中最小，在课程学习中，我们知道优先考虑的模型应是 AIC 值最小的那一个，所以本数据可以采用自定义带宽的方法来达到最佳的拟合效果，如图 5-5-29 所示。

课后习题

1. 普通最小二乘法与最大似然法在回归应用时具体有哪些差别？应用时应如何选择？
2. 空间回归模型分为主要分为哪两类？其在做回归分析时有何区别？
3. 使用地理加权回归模型时如何更好地优化参数进行回归？

参考文献

白雪梅，赵松山. 2001. 关于多重共线性检验方法的研究 [J]. 山东工商学院学报，15（4）：296-300.

胡鹏，覃成林. 2011. 空间外部性、空间依赖与空间外溢之辨析 [J]. 地域研究与开发，30（1）：5-9.

黄秋兰，唐咸艳，周红霞，等. 2013. 应用空间回归技术从全局和局部两水平上定量探讨影响广西流行性乙型脑炎发病的气象因素 [J]. 中华疾病控制杂志，17（4）：282-286.

刘明. 2012. 一类新的多重共线性检验方法 [J]. 统计与信息论坛，27（10）：14-16.

潘竟虎，赵轩茹. 2018. 基于空间回归模型的中国碳排放空间差异模拟 [J]. 环境科学学报，38（7）：2894-2901.

任一萍，徐勇. 2006. 三种参数估计方法的比较与启示 [J]. 邢台职业技术学院学报，23（1）：15-18.

孙英君，韩卫国，王劲峰，等. 2004. 空间分析引论 [J]. 地理信息世界，2（5）：6-10.

唐惠丽. 2010. 滨海土壤养分特性与棉花产量的空间回归及管理分区研究 [D]. 杭州：浙江大学.

赵儒煜，刘畅，张锋. 2012. 中国人口老龄化区域溢出与分布差异的空间计量经济学研究 [J]. 人口研究，36（2）：71-81.

Anselin L. 1988. Lagrange multiplier test diagnostics for spatial dependence and spatial heterogeneity [J]. Geographical Analysis, 20(1): 1-17.

Anselin L. 1988. Spatial Econometrics, Methods and Models [M]. Dordrecht: Kluwer Academic.

Anselin L. 1992. SpaceStat tutorial: A workbook for using SpaceStat in the analysis of spatial data [D]. Urbana-Champaign: Unirersity of Illinois, 263.

Anselin L, Rey S J. 2010. Perspectives on Spatial Data Analysis [M]. Berlin, Heidelberg: Springer.

Burridge P. 1980. On the Cliff-Ord test for spatial correlation [J]. Journal of the Royal Statistical Society, 42(1): 107-108.

Cliff A, Ord K. 1972. Testing for spatial autocorrelation among regression residuals [J]. Geographical Analysis, 4(3): 267-284.

Cliff A, Ord K. 1974. Spatial autocorrelation [J]. International Encyclopedia of Human Geography, 14(5): 308-316.

Fei X F, Christakos C, Xiao R, et al. 2019. Improved heavy metal mapping and pollution source apportionment in Shanghai City soils using auxiliary information [J]. Science of the Total Environment, 661: 168-177.

Fotheringham A S, Brunsdon C, Charlton M. 2000. Quantitative Geography: Perspectives on Spatial Data analysis [M]. London: Sage.

Frank E. H. Jr. 2015. Regression Modelling Strategies: With Applications to Linear Models, Logistic and Ordinal Regression and

Survival Analysis [M]. New York: Springer International Publishing.

Frisch R. 1937. Statistical confluence analysis by means of complete regression systems [J]. Publication 5, Oslo: Unviersity Institute of Economics, 77(2): 160-163.

Gao Y, Huang J, Li S, et al. 2012. Spatial pattern of non-stationarity and scale-dependent relationships between NDVI and climatic factors: A case study in Qinghai-Tibet Plateau, China [J]. Ecological Indicators, 20: 170-176.

Guo L, Zhang H, Chen Y Y, et al. 2019. Combining environmental factors and lab VNIR spectral data to predict SOM by geospatial techniques [J]. Chinese Geographical Science, 29(2): 258-269.

Haining R P. 1993. Spatial Data Analysis in the Social and Environmental Sciences [M]. Cambridge:Cambridge University Press.

Haining R P. 2003. Spatial data Analysis: Theory and Practice [M]. Cambridge: Cambridge University Press.

Hendry D F. 1974. Regression and Econometric Methods [M]. New York and London: Wiley.

Hordijk L. 1974. Spatial correlation in the disturbances of a linear interregional model [J]. Regional & Urban Economics, 4(2): 117-140.

Ord K. 1975. Estimation methods for models of spatial interaction [J]. Journal of the American Statistical Association, 70: 120-126.

第6章　空间插值

6.1　空间插值的概念和意义

空间插值是一种依据有限的样本数据点来预测未知点的方法。插值之所以可称为一种可行的方案，是因为我们假设，空间分布对象都是空间相关的。也就是说，在空间位置上彼此相近的对象往往具有相似的属性特征。例如，街道的一侧是晴天，那么我们可以充分肯定地预测街道的另一侧也是晴天。但对于整个城市是否都是晴天，我们无法确定（Haining，1993）。

空间连续的数据在规划、风险评估和环境管理决策中扮演着重要的角色。然而，空间连续的数据并不是现成的，通常很难获取，或者需要花费巨大的人力、财力，特别是在山区、水域等区域。因此，未采样点的属性数据需要进行估算，这就意味着将点数据转换为空间连续数据的空间插值方法是很有必要的，有利于科学决策、提高工作效率、降低成本。

6.2　空间插值的分类体系

目前，各类插值方法主要有三种分类体系。我们可以将众多插值方法分为确定性方法（deterministic）和地统计方法。确定性方法基于实测数据的相似程度或者平滑程度，利用数学函数来进行插值，如逆距离加权法就是一种确定性的插值方法。地统计插值方法利用实测数据的统计特性来量化其空间自相关程度，生成插值面并评价预测的不确定性，例如克里格方法就是一种地统计插值方法（Li，2008）。

根据是否采用全部实测数据源进行逐点预测，各类插值方法可以分为两类：整体插值法和局部插值法。整体插值法指利用整个实测数据集来进行预测。局部插值法是在大面积的研究区域上选取较小的空间单元，利用预测点周围的邻近样点来进行预测。

另外，还可以根据实测点的预测值是否等于实测值将各类插值方法分为两类：精确插值（exact）方法和不精确插值（inexact）方法。若插值后，实测点的预测值与该点的实测值相同，则称该插值为精确插值。若预测值与该点的实测值不同，则为不精确插值方法。如逆距离加权法是精确插值，而全局和局部多项式是不精确插值方法。

除了以上三种主要的分类体系，空间插值法还可以被分为渐变（gradual）方法与突变（abrupt）方法；单变量（univariate）方法与多变量（multivariate）方法等（Haining，2003；Li，2011）。

下面介绍整体插值法和局部插值法中几种常用的插值算法。

6.3　空间整体插值法

6.3.1　全局多项式插值法

全局多项式插值法通过对样点实测值拟合出一个光滑的面，表达研究区域上的渐变趋势。这个面可用数学函数（多项式）来定义和表达。

平面可以用线性一阶多项式表达：

$$f(x_i,\ y_i)=b_0+b_1x_i+b_2y_i \tag{6-3-1}$$

曲面可以用二阶多项式表达（二次方程式）：

$$f(x_i,\ y_i)=b_0+b_1x_i+b_2y_i+b_3x_i^2+b_4y_i^2+b_5x_iy_i \tag{6-3-2}$$

若感兴趣区域有两个曲面，则可以用三阶多项式来表达：

$$\begin{aligned}f(x_i,\ y_i)=&b_0+b_1x_i+b_2y_i+b_3x_i^2+b_4y_i^2\\&+b_5x_iy_i+b_6x_i^3+b_7y_i^3+b_8x_i^2y_i\\&+b_9x_iy_i^2\end{aligned} \tag{6-3-3}$$

以此类推（图 6-3-1）。

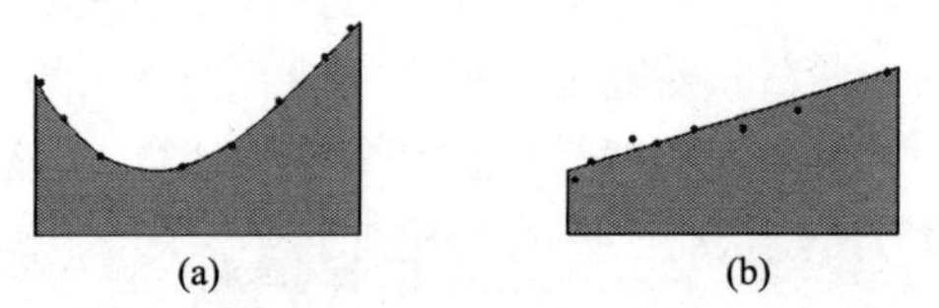

图 6-3-1　二阶多项式拟合的曲面（a）和一阶多项式拟合的平面（b）

全局多项式插值是一种不精确插值方法，很少有实测点刚好落在生成的插值面上，而是有的高于或有的低于插值面，将高于和低于插值面的点数分别相加，加和是近似相等的。

全局多项式插值通过建立回归方程，利用趋势分析来对空间对象的属性进行拟合。其回归模型为

$$z(x_1,\ x_2)=f(x_1,\ x_2)+\varepsilon \tag{6-3-4}$$

式中，$z(x_1, x_2)$ 是在点（x_1, x_2）处的预测值；$f(x_1, x_2)$ 是关于空间坐标的多项式（数学函数）；ε 是随机误差，其均值为 0，方差为 σ_z^2。

获得回归系数的估计值的一个重要方法是最小二乘法。使每个观察点的值与趋势面值的残差平方和为最小，由此求得回归系数，得到回归模型，利用回归模型对未知点进行预测。

全局多项式插值利用低阶的多项式来描述一些物理过程，并生成一条变化缓慢的面。但要注意，多项式越复杂，越难以用它来解释自然现象或过程的物理意义。而且，它极易受异常值尤其是边界处的异常值的影响。全局多项式插值法没有对预测误差的估计，因此生成的拟合面可能会过于平滑。相对于后面几种插值方法，全局多项式插值更适合某些趋势分布的分析，而不适合用于那些空间分布波动较大的自然属性的拟合与预测。

当所研究的属性在感兴趣区域上缓慢地移到另一个区域时，可以采用全局多项式插值方法。或者需要检查和移除短程或全局趋势的影响时，也可以采用该方法。全局多项式插值法经常也被称为趋势面分析（trend surface analysis）法。

6.3.2　变换函数插值法

根据一个或多个空间参量的经验方程进行整体的空间插值，这种经验方程称为变换函数。这种方法除用到 x 和 y 空间坐标信息外，还经常用到诸如高度、相对距离或其他

地形因子等其他相关空间属性参量，然后建立回归模型。但是应该注意的是，必须清楚回归模型的物理意义。如许多气象要素（温度、降雨、日照等）与经纬度、高程和地形有关，所以可以通过区域内有限的气象观测站的资料建立回归模型，进行该区域内的整体插值，来获取区域内连续的空间分布图。

下面以研究实例来说明：

冲积平原的土壤重金属污染与几个重要因子有关，其中距污染源（河流）的距离和高程两个因子最重要。一般情况，携带重金属的粗粒泥沙沉积在河滩上，携带重金属的细粒泥沙沉积在低洼的在洪水期容易被淹没的地方，而那些发生洪水频率低的地方，由于携带重金属污染泥沙颗粒比较少，因而受到的污染轻。由于距河流的距离和高程是比较容易得到的空间变量，可以用各种重金属含量与它们的经验方程进行空间插值，提高对重金属污染的预测精度。本例回归方程的形式如下：

$$z(x)=b_0+b_1p_1+b_2p_2+\varepsilon \tag{6-3-5}$$

式中，$z(x)$ 是某种重金属含量；b_0、b_1、b_2 是回归系数；p_1、p_2 是独立空间变量，本例中，p_1 是距河流的距离因子，p_2 是高程因子。

整体插值方法通常使用方差分析和回归方程等标准的统计方法，计算比较简单，其他的许多方法也可用于整体空间插值，如傅里叶级数和小波变换等（曾瑜，2004）。

6.4 空间局部插值法

6.4.1 泰森多边形插值法

泰森（Thiessen）多边形图又称为 Dirichlet 图或 Voronoi 图。泰森多边形插值法是一种极端的边界内插方法，对于区域的取值，只由最近的单点决定。泰森多边形由一组连续的多边形组成。多边形的边界是由相邻两点直线的垂直平分线组成的。每个多边形内只包含单个数据点，并用其内所包含数据点进行赋值，即变化只发生在边界上，在边界内的属性是均质的。

下面介绍用矢量方法形成泰森多边形的过程：

设有一组离散参考点 P_i（$i=1, 2, \cdots, n$），从 P_i 中取出一个点作为起始点（例如 P_1），从 P_i 附近的参考点中取出第二个点，作它们两点连线的垂直平分线。然后在这附近寻找第三个点 P_j，作第 j 点与前两点连线的垂直平分线，并相交于前面的一条垂直平分线。之后寻找第四点，并作它与前三点的垂直平分线，一直循环下去，这些垂直平分线就形成了泰森多边形。根据泰森多边形的性质，每个多边形内仅有一个参考点，将这些参考点连起来就形成了 Delaunay 三角形，它与不规则三角网 TIN 具有相同的拓扑结构。

6.4.2 自然邻域法

自然邻域法（natural neighbor）插值工具所使用的算法可以找到距待插值点最近的输入样本子集，并基于区域大小，按比例对这些样本设置权重来进行插值（Sibson，1981）。该插值也称为 Sibson 或“区域占用”（area-stealing）插值。自然邻域法仅使用待插值点周围的样本子集，且保证插值的结果在所选用的样本取值范围之内。自然邻域

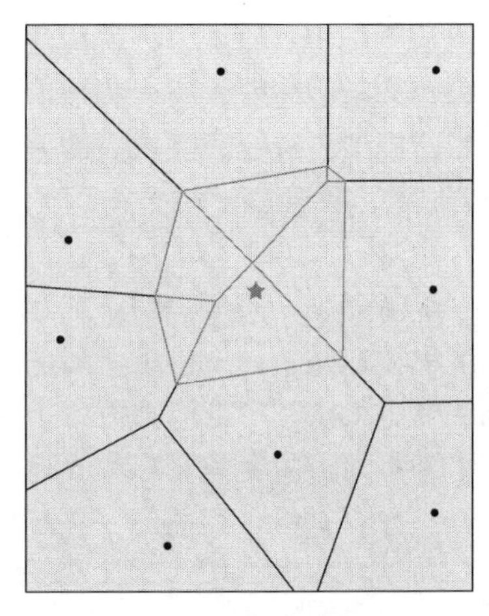

图 6-4-1　自然邻域插值法示意图

插值方法不会推断趋势，也不会生成输入样本尚未表示的山峰、凹地、山脊或山谷。插值所得的表面将通过输入样本，在除输入样本位置之外的其他所有位置均是平滑的。

自然邻域插值法使用 Delaunay 三角形，先对所有样本点创建泰森多边形（图 6-4-1）。当对未知点（图 6-4-1 中的五角星）进行插值时，就会再对未知点生成一个新的泰森多边形（图 6-4-1 中央多边形）。与中央多边形相交的泰森多边形中的样本点就被选中参与插值，它们对未知点的影响权重和它们所属多边形相交的面积成正比。

该方法与上述泰森多边形法有所不同。在自然邻域法中，待插值点是由邻近的多个多边形按不同的权重计算得到的。在泰森多边形法中，待插值点仅由它所处的多边形的中心点决定。

自然邻域法插值适用于那些面积大并且密度大的点集，而其他的插值算法在面对数据量巨大的样本点时，往往会遇到困难。

6.4.3　三角测量插值法

三角测量（triangulation）插值法从三角测量派生出。采样点用直线与其相邻点连接组成三角形，这些三角形内不包括任何样点。可以将实测值想象为立在一个基平面，基平面的高与这些实测值成一定比例，这样整个数据组成了一个包括多个倾斜三角板的多面体，利用线性插值法根据三角形的顶点来确定三角板上某一待估点 x_0 处的高度。

该方法用权重值的加权平均数表示如下。将三角形的顶点坐标表示为（x_{11}，x_{12}），（x_{21}，x_{22}）和（x_{31}，x_{32}），待估点的坐标表示为（x_{01}，x_{02}）。权重值根据下列公式得到

$$\lambda_1=\frac{(x_{01}-x_{31})(x_{22}-x_{32})-(x_{02}-x_{32})(x_{21}-x_{31})}{(x_{11}-x_{31})(x_{22}-x_{32})-(x_{12}-x_{32})(x_{21}-x_{31})} \tag{6-4-1}$$

λ_2 和 λ_3 以此类推。所有其他的权值为 0。

这种技术方法简单易行。缺点是每个预测值只是根据三个实测数据得到的，且没有误差估计；不同于泰森多边形法，这种方法得到的结果是连续的面，但三角形边上斜率有时会产生突变现象（Webster，Oliver，2001）。如果研究的主要目标是进行预测而不是用光滑的等值线作图，那么这突变是无关紧要的。

6.4.4　逆距离加权法

一般来说，距离相近的事物比距离远的事物具有更强的相似性。这是基本的地理学原理。比如一个规划工作者要在一个镇上建造一个公园，且有了该镇的若干个实测的高程数据，现要用这些数据来预测其他未知点的高程时，那么应该有多少点参与每个未知点高程的预测？所有的样点值都应该被同等对待吗？

明显地，远离预测点的实测高程对预测点高程的影响会小一些。若一个点太远，则

它可能处在与预测点非常不同的地区，就不能用它来对未知点进行预测，否则就会产生问题。因此，参与未知点高程预测的实测点数目应该随着样品的分布以及表面特性而变。如果这些高程样点是相对均匀分布而且表面特性在整个景观上没有变化，那么就可以从相邻的实测高程点来预测，考虑到距离关系，相近点的实测高程值要比较远点实测高程值有更大的权重，这也是逆距离加权（inverse distance weight，IDW）插值技术的基础（金辉明，2006）。

在逆距离加权法中，实测点离预测点越近，对插值的结果影响越大。这是因为，IDW 假定实测点对预测结果的影响随着离预测点距离的增加而减少，并对距离待插值点较近的实测值赋以较大的权重。这也是逆距离加权名称的由来。IDW 方法的公式可表示为

$$z^*(x_0)=\sum_{i=1}^{n}\lambda_i z(x_i) \tag{6-4-2}$$

式中，$z^*(x_0)$ 是点 x_0 处的预测值；$z(x_i)$ 是点 i 处的实测值；n 是预测点周围实测点的数目；λ_i 是分配给每个实测点的权重，这些权重随着距离的增大而减小。

IDW 插值方法中权重的公式为

$$\lambda_i=\frac{d_{i0}^{-p}}{\sum_{i=1}^{N}d_{i0}^{-p}},\quad \sum_{i=1}^{N}\lambda_i=1 \tag{6-4-3}$$

式中，d_{i0} 是预测点 x_0 与每一个实测点 x_i 间的距离；幂指数 p 是实测值对预测值的影响等级。当实测点和预测点间的距离增加时，实测点对预测点的影响则呈指数降低。权重的总和为 1。

控制逆距离加权法的参数有最优幂值 p、搜索半径与障碍设置等。

1. 最优幂值 p

由最小的预测均方根误差（root-mean-square error，RMSE）决定。RMSE 是通过进行交互检验取得的统计值。在交互检验中，每一个采样点的实测值被用来与该点的预测值相比较。对同一组数据可给出不同的幂值，得出不同的均方根误差 RMSE。最小的均方根误差 RMSE 就对应于相应的最优幂值。

权重与距离呈反相关关系。当距离增加时，权重迅速减小，减小的程度取决于幂指数 p 的值。如果 $p=0$，那么所有的权重平均分配，预测值就是所有实测值的平均值。当 p 增加时，相距较远的点的权重就迅速减小。如果 p 值非常大，则最紧靠待插值点的较少几个实测值才能够影响插值结果。p 的取值范围一般为 1 到 3 之间，2 最为常用。由于 IDW 方法只考虑距离进行权重分配，所以邻近实测点的贡献往往很大，从而造成空间分布的多点中心现象。

2. 搜索半径

（1）搜索半径固定：搜索距离一定，所有在该半径内的样点参与计算。可预先设定一个阈值，当给定半径内搜索到的点小于该值时可扩大搜索半径，直到达到该阈值为止。

（2）搜索半径可变：设定参与计算的样点数是固定的，则搜索的半径是可变的。这样对每个插值点的搜索半径可能都不同，因为要达到规定点数所需要搜索的区域是不一样的。

3. 障碍设置

可利用线文件来限制样点的搜索。线状数据集可表示地表的悬崖、山脊、河流等障

碍物。仅将那些位于障碍同一侧的输入采样点视为当前待处理像元。

IDW 是精确插值方法，插值面上最大值和最小值只可能出现在采样点，并等于实测的最大值和最小值。IDW 简便易行，快速精确，可为值域较宽的数据集提供一个合理的插值结果。但是，IDW 易受数据点集群的影响，结果常出现一种孤立点数据明显高于周围数据点的牛眼现象。

6.4.5 局部多项式插值法（移动内插法）

一次多项式可以拟合一个平面，二次多项式拟合一个曲面，以此类推。但当一个面先弯曲，再变平，再变弯，有不同的形状，比如地形，它可能刚开始是倾斜的，然后变得水平，接着再次倾斜起来，这时单个的多边形就难以很好地拟合它，需要用到多个多边形。局部多项式插值法在划定的邻域（窗口）内用其中的实测数据来拟合不同次数的多项式。它只利用局部窗口内的数据及其权重通过不断移动窗口来拟合多个多项式，以表达和解释局部的趋势和变异。通过加权最小二乘法，使预测值和实测值的方差平方和为最小，从而求多项式的回归系数：

$$\sum_{i=1}^{n} w_i[z(x_i, y_i)-f(x_i, y_i)]^2 \tag{6-4-4}$$

$$w_i=\exp\left(\frac{-d_{i0}}{a}\right) \tag{6-4-5}$$

式中，n 为窗口内的样点数；w_i 为权重；d_{i0} 为窗口中心点与其他点 i 之间的距离；a 为控制权重随距离减小速度的参数；$f(x_i, y_i)$ 为多项式的值，较常用的是一次和二次多项式。

全局多项式插值对生成光滑的面，用来验证数据中的远程趋势是很好的。但在地球科学中，感兴趣的变量通常除了有远程趋势外，还有短程趋势。这时可以用局部多项式插值法来捕获这些短程变异。同全局多项式插值法一样，局部多项式插值法也是一种不精确的插值方法，它比全局多项式方法更灵活，但是需要确定的参数多。局部多项式插值法不研究数据的自相关，这使得它的灵活性较差，但更具自动化，它不需要任何数据假设。

6.4.6 简单移动平均法

简单移动平均（simple moving average）法是一种简化的逐点内插法。它以待插值点为中心，确定一个取样窗口，然后计算落在窗口内的所有采样点实测值的平均值，作为待插值点的预测值。对取样窗口要求：

（1）取样窗口可以是固定大小的矩形框或者圆，也可以通过设定固定数目的邻近采样点来动态地变化取样窗口。

（2）窗口大小最好覆盖局部区域内的极大值或极小值，以使计算的效率与精度之间达到合理的平衡。

（3）所取采样点数应考虑采样点的分布情况。若规则采样分布，则采样点可以少些；若不规则采样，则采样点应多些。

另外，也可以采用多个邻近点的加权平均来计算待插值点的预测值。

6.4.7 径向基函数插值法

径向基函数（radial basis function，RBF）是一种实值函数，它的函数值仅由数据点至原点的距离决定，即$f(x_i)=\phi(\|x_i\|)$，式中$\|x_i\|$为数据点到原点的欧氏距离。径向基函数插值方法可以看作是一个高维空间中的曲面拟合（逼近）问题，它是一种精确插值方法，要求拟合的表面通过每一个样本数据点。具体模型如下：

利用n个不同的数据点$x_1, x_2, \cdots, x_n$与其对应的函数值$f(x_1), f(x_2), \cdots, f(x_n)$，取定径向基函数类型，构建响应面模型，寻找具有如下形式的函数：

$$S(x)=\sum_{i=1}^{n}\lambda_i\phi(\|x-x_i\|)+b^{\mathrm{T}}x+a \tag{6-4-6}$$

式中，$\|x-x_i\|$表示x与中心点x_i之间的欧氏距离；$x\in\mathbf{R}^d$；$\lambda^i\in\mathbf{R}$，$i=1, 2, \cdots, n$；$b\in\mathbf{R}^d$；$a\in\mathbf{R}$；ϕ就是选定的径向基函数。

在径向基函数插值模型中，每一样本数据点都会生成一个径向基函数。在ArcMap中有以下五种基函数供用户选择：薄板样条函数、张力样条函数、规则样条函数、高次曲面函数、反高次曲面函数。

径向基函数插值法用于根据大量数据点生成平滑表面，可为平缓变化的表面（如高程）生成很好的结果。但是，表面值在短距离内出现剧烈变化以及怀疑样本值很可能有测量误差或不确定性时，此方法就不适用了。

6.4.8 样条插值法

样条插值法是一个多用途插值方法，是一种改进的分段函数插值法，算法结果满足输入点的表面曲率最小的要求。概念上以最小曲率面来充分逼近各观察点，就像使用一弯曲的橡胶薄板通过各观察点，同时使整个薄板表面的曲率为最小。理论上采用高次多项式进行插值估计可以得到高阶平滑结果，但在实际研究中较多采用二次或三次样条函数。该方法适合于变化平缓的表面，如海拔、地下水位高度、污染浓度等（龙亮等，2003）。如果一个面在很小的距离内有很大的变化，则不适合使用此方法，因为这将对估计产生较大的误差。

样条函数是灵活曲线的数学等式，在每一个分段的拟合中，只有少数数据点参与配准，同时保证曲线段连接处的平滑连续。这就意味着样条函数可以修改曲线的某一段而不必重新计算整条曲线，插值速度快，且在视觉上有令人满意的效果。

在ArcGIS插值工具集中，存在两种样条函数法类型：规则样条函数法、张力样条函数法。规则样条函数法使用可能位于样本数据范围之外的值来创建渐变的平滑表面。张力样条函数法类型根据建模现象的特性来控制表面的硬度，它使用受样本数据范围约束更为严格的值来创建不太平滑的表面。

6.4.9 克里格方法

克里格插值方法是地统计中最为常用的插值法，是一个多元回归过程，它最初被Krige称为权重移动平均法，后来Matheron发展了地统计的一般统计理论并将其应用于区域化变量，并在1963年将该方法命名为Kriging。克里格插值方法是在给定一个随机过程的实测值的条件下，来得到该过程的无偏最优估计。它和逆距离加权方法一样，也是一种局部估计的加权平均。但是克里格插值方法对各实测点权重的确定是通过半方差函数的计算获取的。根据统计学上的无偏和最优要求，利用拉格朗日极小化原理，来推导出权重值与半方差值之间的公式。

克里格方法可以分为线性和非线性，线性克里格方法又可以根据平均值不同假定分为几种。见表 6-4-1，详细内容请参见第 7 章。在线性克里格方法基础上，克里格方法朝几个方向发展。一是比泛克里格提供更为宽松的非稳定假设前提，使克里格方法最优估值更佳；二是朝多变量方向发展，如发展为各种协克里格方法；三是朝非线性克里格方法发展，如指示克里格法、析取克里格法等。这些克里格方法将在第 7 章具体介绍。

表 6-4-1　线性克里格方法的主要形式

类型	平均值	最小化先决条件	模型
简单克里格法	常数，已知	协方差	稳定假设
普通克里格法	常数，未知	变异函数	本征假设
泛克里格法	变化，未知	变异函数	泛克里格模型

6.5 案例展示

利用案例一数据英国牧草地土样数据进行插值分析。ArcGIS 的 ArcToolbox 其中的 Spatial Analyst Tools 和 Geostatistical Analyst Tools 下都提供插值工具集，Geostatistical Analyst 的 Geostatistical Wizard 中提供可视化的参数选择，以及误差估计。本小节全部对 pH 进行插值，表 6-5-1 是 pH 描述性统计，可知原数据 pH 最小值为 5.03，最大值为 6.71。下面的插值结果采用统一分段与设色，可直观分辨出精确插值与非精确插值，以及比较不同插值方法的结果。

表 6-5-1　pH 描述性统计

样点数	最小值	最大值	均值	标准差
345	5.03	6.71	5.79	0.30

6.5.1 趋势面法

趋势面法使用全局多项式插值函数，在该例中，图 6-5-1 为 pH 插值结果，多项式的阶为 5。

6.5.2 径向基函数插值法

该例使用 COMPLETELY_REGULARIZED_SPLINE（完全规则样条函数）作为基函数，图 6-5-2 为 pH 插值结果。

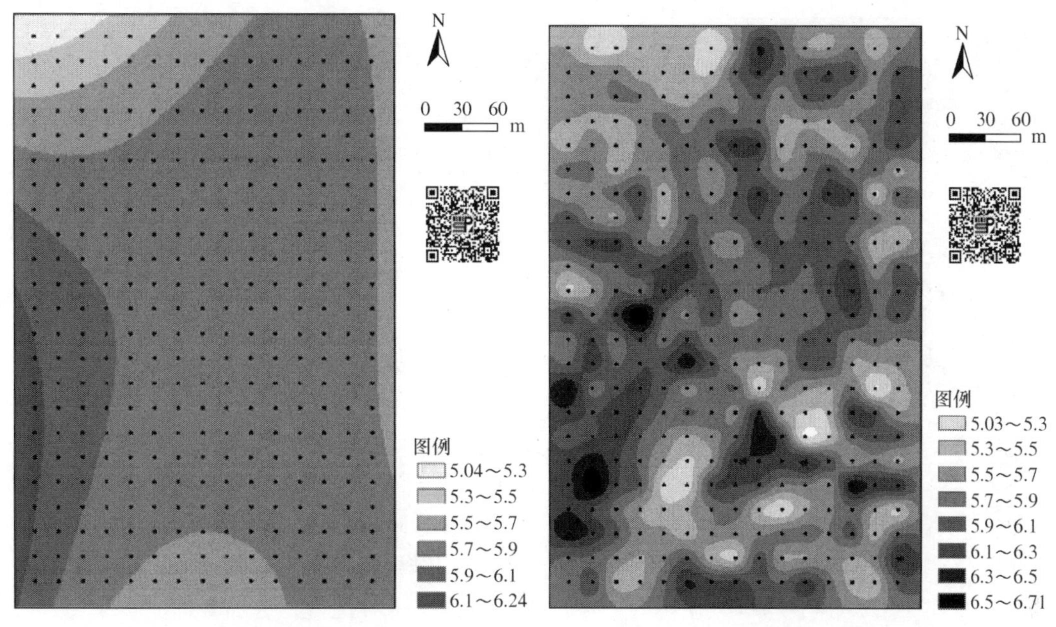

图 6-5-1 趋势面插值法结果图　　图 6-5-2 径向基函数插值法结果图

6.5.3 样条函数插值法

样条类型为 REGULARIZED（规则样条，产生平滑的表面和平滑的一阶导数），其余参数默认。图 6-5-3 为 pH 插值结果。

6.5.4 自然邻域插值法

自然邻域插值法无可选参数，且无法实现数据外插，图 6-5-4 为 pH 插值结果。

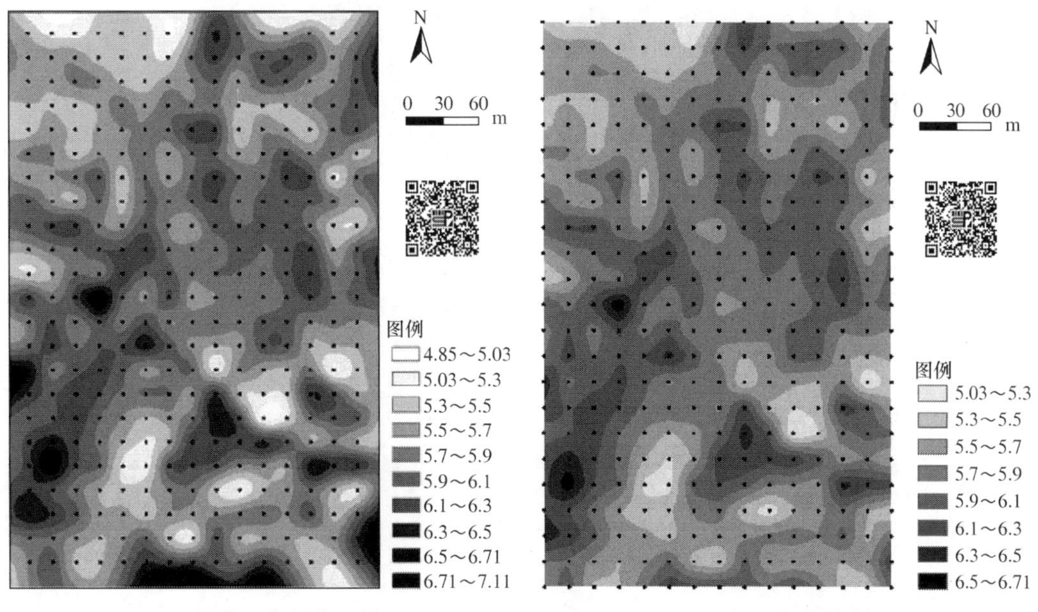

图 6-5-3 样条函数插值法结果图　　图 6-5-4 自然邻域插值法结果图

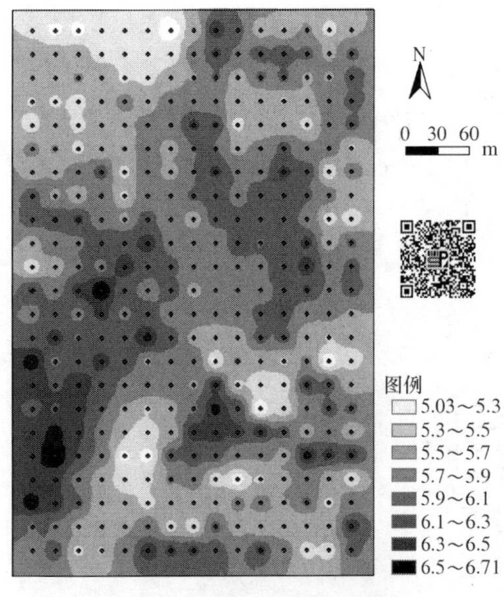

图 6-5-5 土壤 pH 插值结果图

6.5.5 逆距离加权插值法

该例使用逆距离加权插值法，默认幂指数为 2，图 6-5-5 为土壤 pH 插值结果。

当地理要素的分布不连续时，如地理要素被主干道路、大江大河切割，此时障碍地形两侧的地理要素往往差异显著，应该分区域进行插值。ArcGIS 提供含障碍的逆距离插值功能，使用案例三某地区重金属镉数据进行不含障碍与含障碍（主干河）的逆距离加权插值结果，如图 6-5-6（a）与（b）所示。插值结果显示，主干河流东侧南北分别有一个污染高值区域，不含障碍的插值会使高值影响到河流西侧的插值结果，而含障碍的插值将河流两岸的重金属含量分开插值，更加合理。

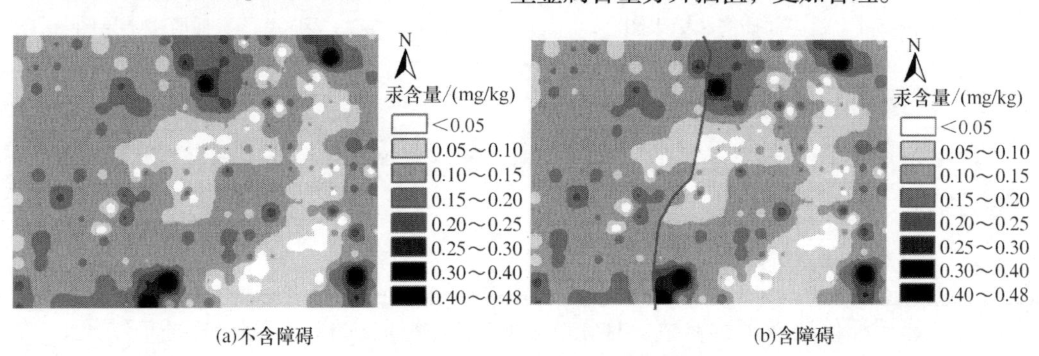

(a)不含障碍　　(b)含障碍

图 6-5-6 逆距离加权插值法结果图

6.5.6 克里格插值法

使用普通克里格插值法，其余参数默认，图 6-5-7 为土壤 pH 的插值结果。

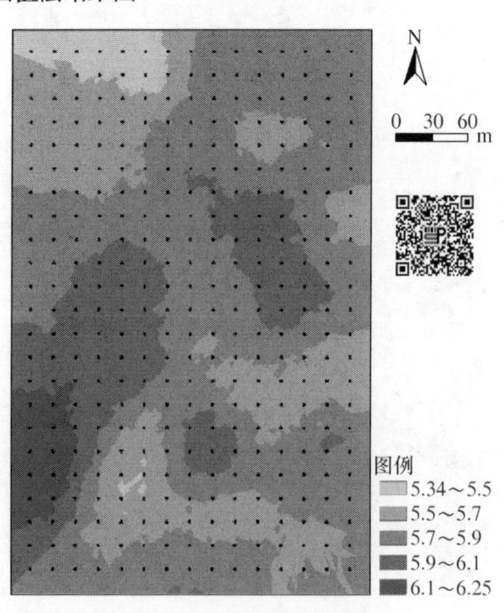

图 6-5-7 克里格插值法结果图

6.6 上 机 实 习

本节上机实习目的为：学会使用 ArcMap 和 RStudio 进行多种类型的空间插值计算。包括的空间插值方法有：①趋势面法；②径向基函数插值法；③样条函数插值法；④自然邻域插值法；⑤逆距离加权插值法；⑥克里格插值法。

使用的数据为案例数据一，数据可通过扫

描附录 2 中的二维码获取。

案例数据一：英国北爱尔兰 Hillsborough 农业研究所附近的一块 7.9hm^2 的坡地试验区的测试数据。共获取了 345 个土壤采样点的 pH、有效磷、有效钾、有效镁、有效硫、总氮与总碳的含量。使用到的文件为点状站点图层“sample.shp”和面状边界图层“field_area.shp”，以及数据文件“sample.dbf”。本节使用到的变量为 pH。

6.6.1　趋势面法

使用 ArcMap 进行空间插值

1）打开数据

打开 ArcMap，新建 mxd 文件。

单击 File→Add Data→Add Data，如图 6-6-1（在 9.3 版本中，File→Add Data 所示）；或者单击 如图 6-6-2 圆圈所示。

打开“sample.shp”文件，此时可以使用连接文件夹操作，进入目标文件夹，如图 6-6-3 圆圈所示。

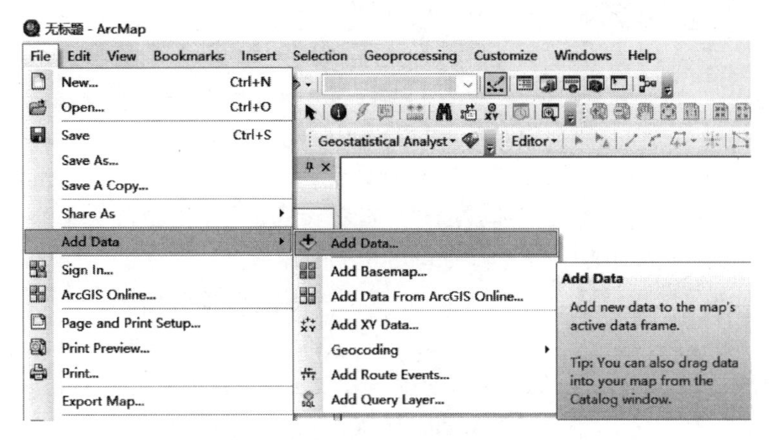

图 6-6-1　加载数据

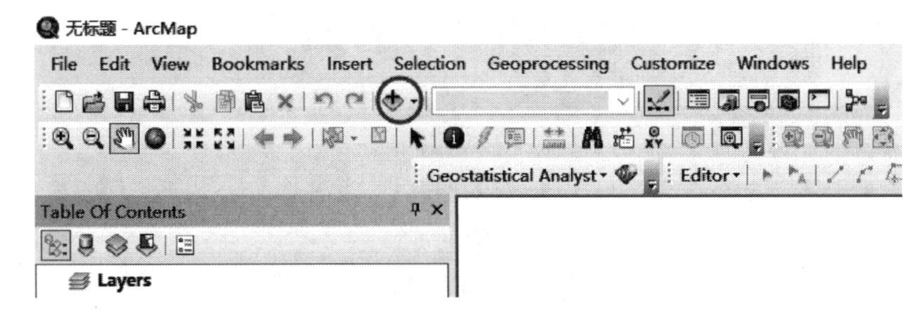

图 6-6-2　加载数据

图 6-6-3　连接文件夹

2）打开工具箱

单击 Geoprocessing→ArcToolbox，如图 6-6-4。（在 9.3 版本中，Windows→ArcToolbox）依次选择 Spatial Analyst Tools→Interpolation，即可看到众多插值工具，如图 6-6-5。

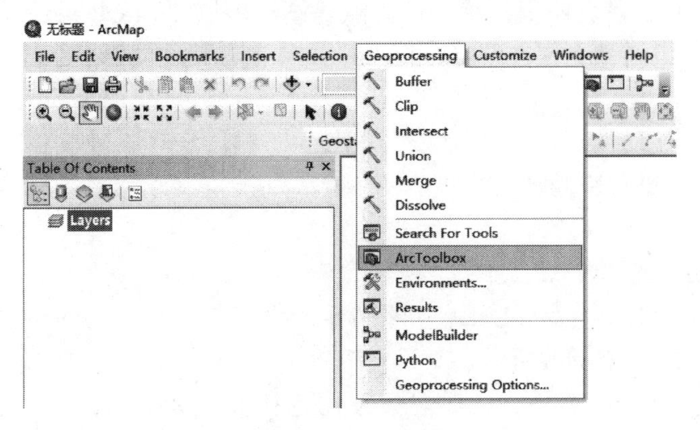

图 6-6-4　工具箱

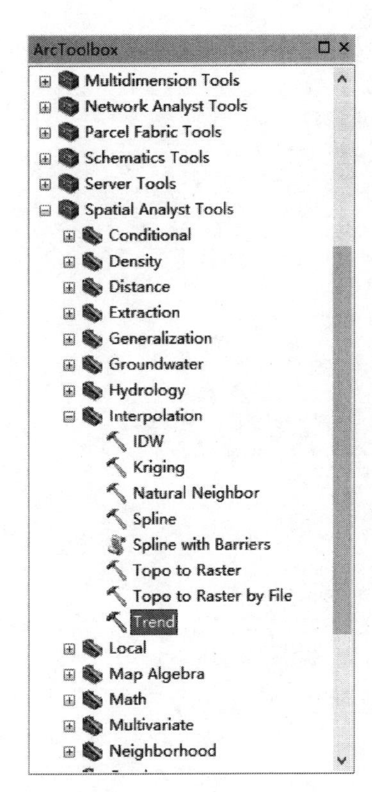

图 6-6-5　插值工具

3）插值操作

双击插值工具中的 Trend（趋势面），在弹出的窗口中，设置 Input point features 为 sample；选择 Z value field 为 pH；可以设置输出栅格路径 Output raster，如不自行设置，就会默认保存在工作目录下；Polynomial order 为多项式的阶，此处设为 5，可选范围为 1～12；其他参数不动，如图 6-6-6 所示。

单击 OK 即可完成趋势面插值。

补充说明：为了使最后生成的插值面拓展到 field_area.shp 的范围，需要在每一插值法主界面底部，单击 OK，Cancel 按钮右侧 Environments 按钮，在 Processing Extent 选项下，选择 field_area.shp 作为插值边界。

6.6.2　径向基函数插值法

使用 ArcMap 进行空间插值

1）打开数据

该步骤的目标是打开“sample.shp”文件，具体操作与趋势面法相同。

2）打开工具箱

如图 6-6-7，右击方框处，在长条中选中图 6-6-8 中的 Geostatistical Analyst。

单击 Geostatistical Analyst→Geostatistical Wizard，跳出插值工具对话框，如图 6-6-9、图 6-6-10 所示。也可通过 Geostatistical Analyst Tools→Interpolation→Radial Basis Functions 工具进行插值。

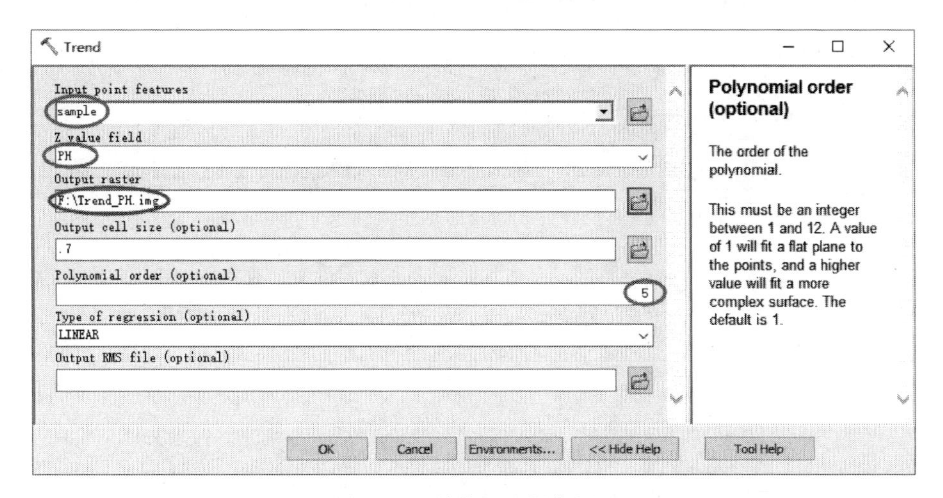

图 6-6-6　趋势面法操作界面

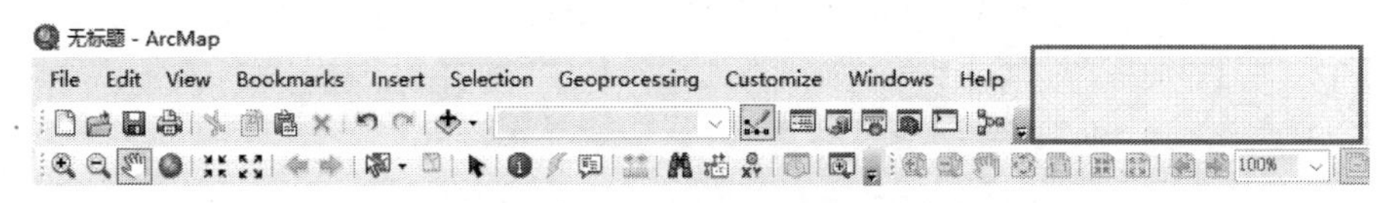

图 6-6-7　打开地统计分析工具箱

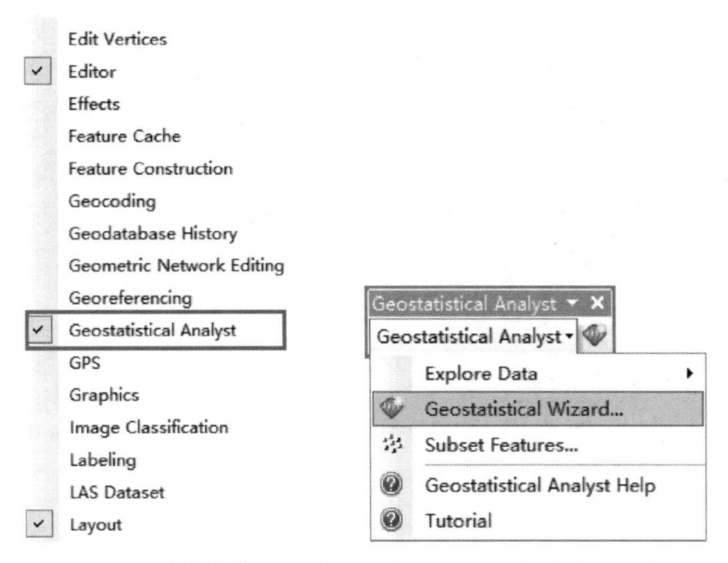

图 6-6-8　打开地统计分析工具箱　　图 6-6-9　地统计分析工具箱

3）插值操作

在 Methods 里选择 Deterministic methods→Radial Basis Functions，在对话框右侧设置 Source Dataset 为 sample 文件，设置 Data Field 为 pH。

单击 Next，进入如图 6-6-11 所示的界面，在该界面中，我们可以调整核函数的类型和参数、调整插值时的搜索半径等，此处我们不做调整。

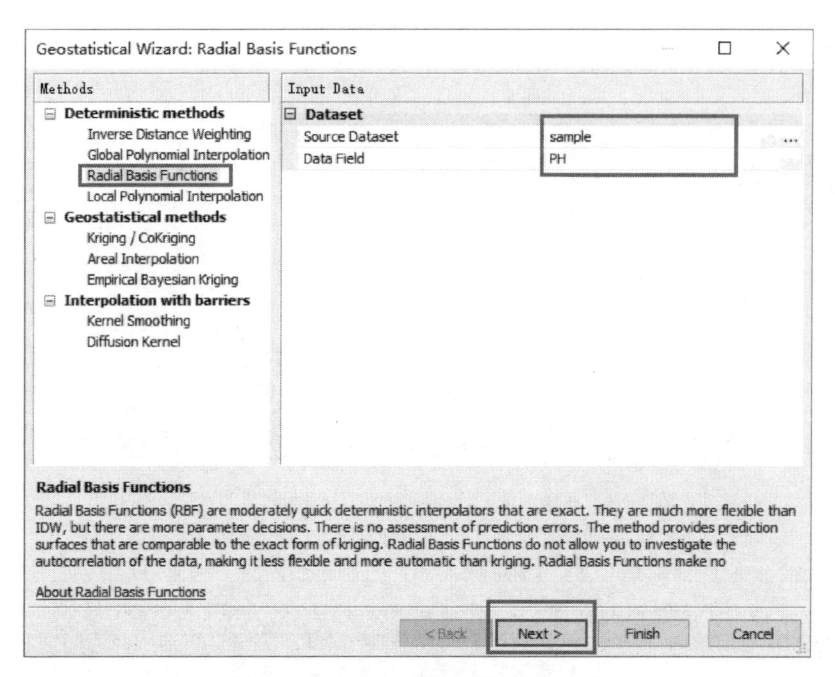

图 6-6-10　径向基函数插值法操作界面

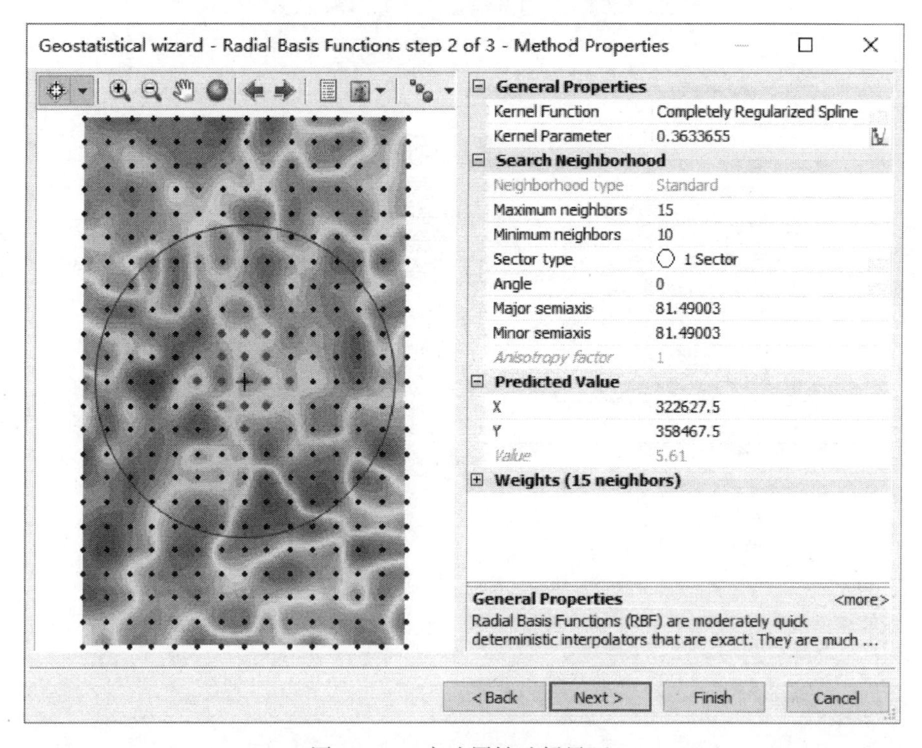

图 6-6-11　方法属性选择界面

继续单击 Next，进入如图 6-6-12 所示的界面，在该界面中，我们可以看到插值方法得到的估计值与样本值的误差表。

单击 Finish，完成径向基插值。

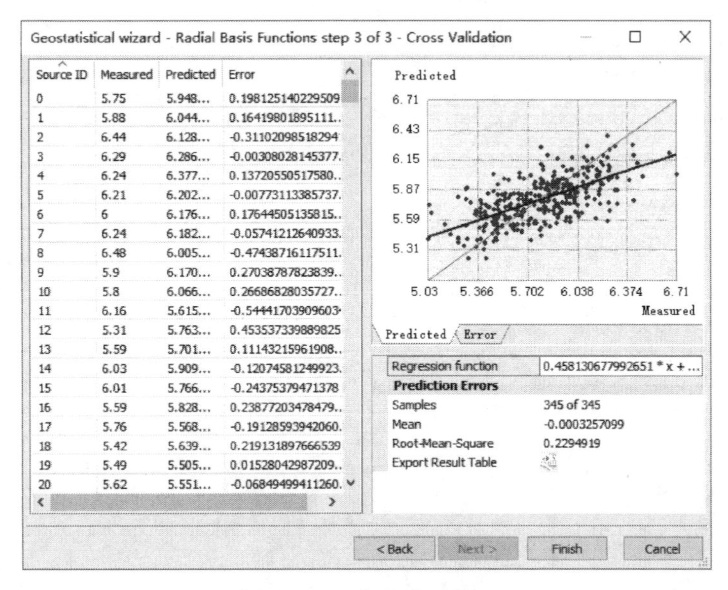

图 6-6-12　交叉验证界面

6.6.3　样条函数插值法

1. 使用 ArcMap 进行空间插值

1）打开数据

该步骤的目的是打开“sample.shp”文件，具体操作与趋势面法相同。

2）打开工具箱

该步骤的目的是打开 ArcToolbox 中的插值工具箱，具体操作与趋势面法相同。

3）插值操作

双击插值工具中的 Spline（样条），在弹出的窗口中，设置 Input point features 为 sample；选择 Z value field 为 pH；可以设置输出栅格路径 Output raster，如不自行设置，就会默认保存在工作目录下；其他参数不动，如图 6-6-13 所示。

单击 OK，即可完成样条函数插值。

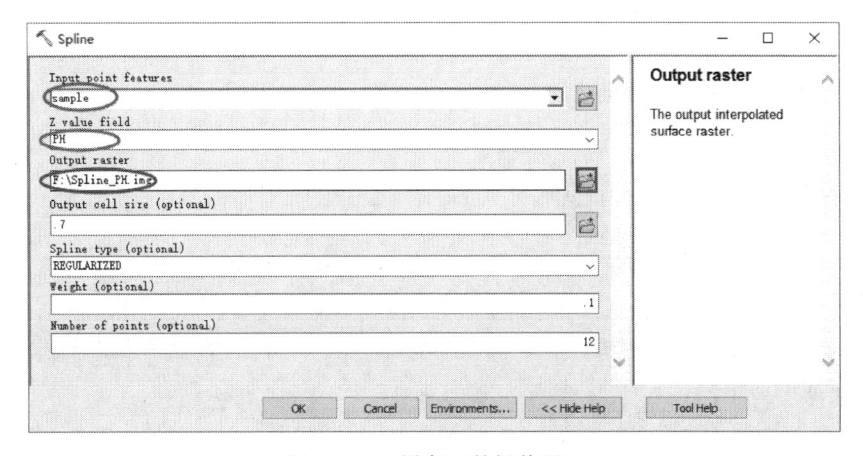

图 6-6-13　样条函数插值界面

2. 使用 RStudio 进行空间插值

1）安装并使用R包

```
1. install.packages("foreign")      # 安装 R 包
2. install.packages("rgdal")
3. install.packages("sp")
4. install.packages("gstat")
5. install.packages("raster")
6. install.packages("fields")
7. library(foreign)                 # 调用 R 包
8. library(rgdal)
9. library(sp)
10. library(gstat)
11. library(raster)
12. library(fields)
```

“foreign”包用于“dbf”格式文件的读取；“rgdal”包用于读取向量边界；“sp”包用于读入空间坐标信息；“gstat”包用于空间插值分析；“raster”包用于栅格文件的创建与处理；“fields”包用于样条函数插值。

2）打开数据

使用 setwd 函数对 R 的工作目录进行更改，设置好工作目录后，开始该目录下所需的数据。

```
1. path_data<-"D:/DATA/DATA1"                   # 读取数据所在文件夹的路径
2. setwd(path_data)                             # 将该路径设置为当前工作路径
3. data <- read.dbf("sample.dbf")               # 读取所需数据并命名为 data
4. bound <- readOGR("filed_area.shp")           # 读取研究区域边界数据
```

3）数据准备

在进行空间插值前，需要准备两类数据：一为样点文件的坐标信息，用于确定样点的空间分布；二为空白的栅格图像，用于承载插值完成后的栅格结果。

#创建坐标信息

```
1. Co_inf <- SpatialPoints(data[, 2:3])
2. Co_inf <- SpatialPointsDataFrame(Co_inf, data)
```

#创建空白栅格

```
1. blank_raster <- raster(nrow=100, ncol=100, extent(bound))
2. values(blank_raster) <- 1
3. bound_raster<-rasterize(bound, blank_raster)
```

4）样条函数插值

interpolate 函数用于插值结果的生成。plot 函数用于展示插值结果，一般会展现在 RStudio 界面的右下角。

```
1. m <- Tps(coordinates(Co_inf), Co_inf$PH)
2. Spline <- interpolate(bound_raster, m)
```

```
3. plot(Spline)
```

6.6.4 自然邻域插值法

使用 ArcMap 进行空间插值

1）打开数据

该步骤的目的是打开“sample.shp”文件，具体操作与趋势面法相同。

2）打开工具箱

该步骤的目的是打开 ArcToolbox 中的插值工具箱，具体操作与趋势面法相同。

3）插值操作

双击插值工具中的 Natural Neighbor（自然邻域），在弹出的窗口中，设置 Input point features 为 sample；选择 Z value field 为 pH；可以设置输出栅格路径 Output raster，如不自行设置，就会默认保存在工作目录下；其他参数不动，如图 6-6-14。

单击 OK，即可完成自然邻域插值。

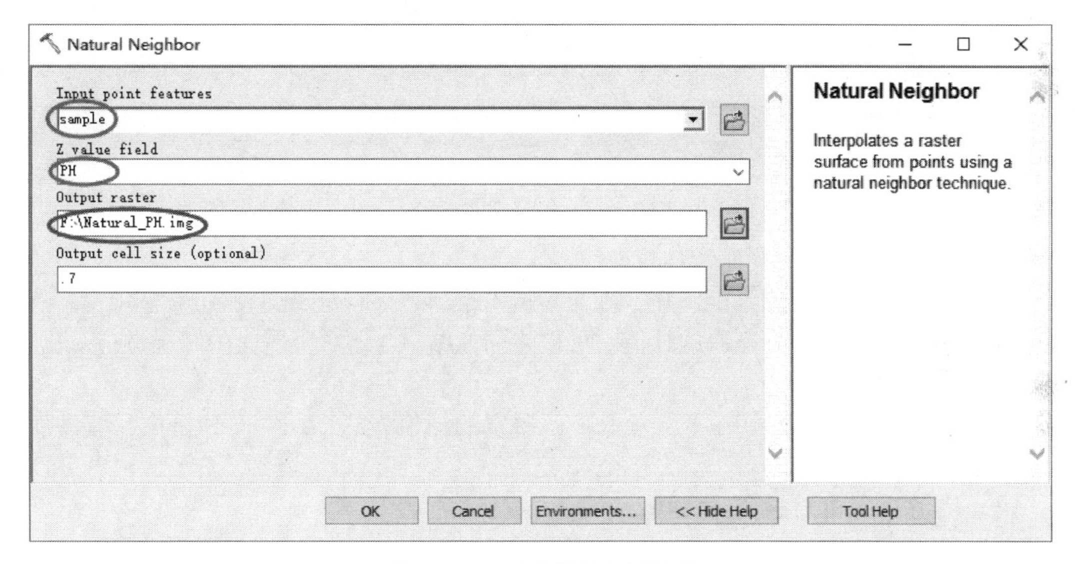

图 6-6-14 自然邻域插值界面

6.6.5 逆距离加权插值法

1. 使用 ArcMap 进行空间插值

1）打开数据

该步骤的目标是打开“sample.shp”文件，具体操作与趋势面法相同。另加入“river.shp”。

2）打开工具箱

该步骤的目标是打开 ArcToolbox 中的插值工具箱，具体操作与趋势面法相同。

3）插值操作

双击插值工具中的 IDW（逆距离加权），在弹出的窗口中，设置 Input point features 为 sample；选择 Z value field 为 pH；可以设置输出栅格路径 Output raster，如不自行设置，就会默认保存在工作目录下；其他参数不动，如图 6-6-15 所示。

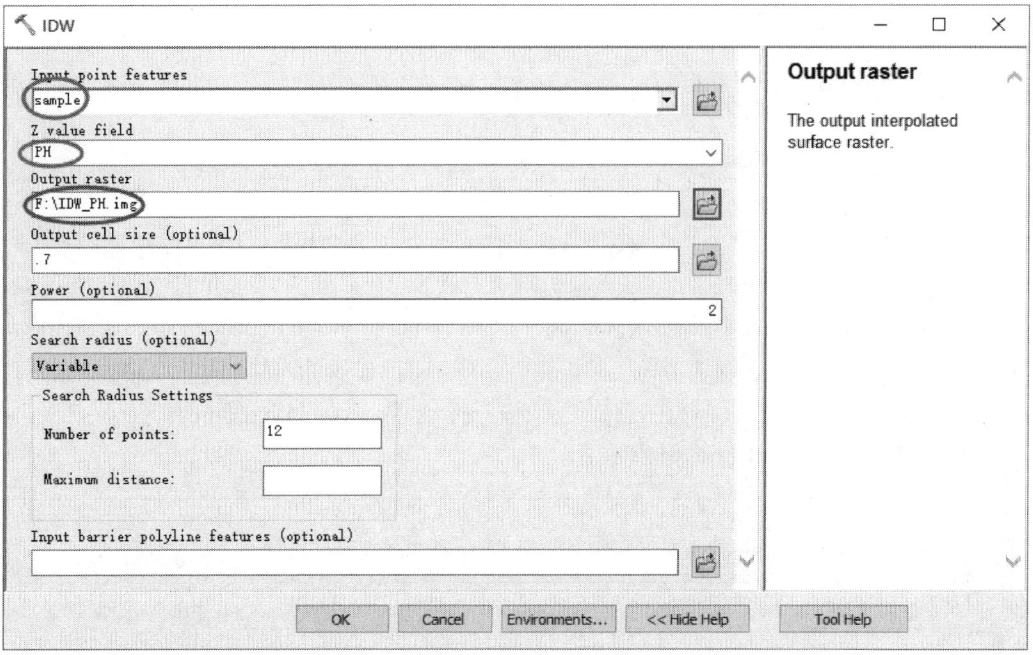

图 6-6-15　IDW 插值界面

单击 OK，即可完成逆距离加权插值。

考虑障碍要素：在图 6-6-15 中，在最后的 Input barrier polyline features 选项中，选择“river.shp”，可进行含障碍的插值。可以将插值结果与不含障碍时的结果进行对比，分析原因。

ArcGIS 插值工具集中有不少考虑障碍要素的插值方法，在空间分析中具有现实意义。

2. 使用 RStudio 进行空间插值

1）安装并使用 R 包

```
1. install.packages("foreign")        # 安装 R 包
2. install.packages("rgdal")
3. install.packages("sp")
4. install.packages("gstat")
5. install.packages("raster")
6. library(foreign)                   # 调用 R 包
7. library(rgdal)
8. library(sp)
9. library(gstat)
10. library(raster)
```

“foreign”包用于“dbf”格式文件的读取；“rgdal”包用于读取矢量边界；“sp”包用于读入空间坐标信息；“gstat”包用于空间插值分析；“raster”包用于栅格文件的创

建与处理。

2）打开数据

使用 setwd 函数对 R 的工作目录进行更改，设置好工作目录后，开始该目录下所需的数据。

```
1. path_data <- "D:/DATA/DATA1"                  # 读取数据所在文件夹的路径
2. setwd(path_data)                              # 将该路径设置为当前工作路径
3. data <- read.dbf("sample.dbf")                # 读取所需数据并命名为 data
4. bound <- readOGR("filed_area.shp")            # 读取研究区域边界数据
```

3）数据准备

在进行空间插值前，需要准备两类数据：一为样点文件的坐标信息，用于确定样点的空间分布；二为空白的栅格图像，用于承载插值完成后的栅格结果。

#创建坐标信息

```
1. Co_inf <- SpatialPoints(data[, 2:3])
2. Co_inf <- SpatialPointsDataFrame(Co_inf, data)
```

#创建空白栅格

```
1. blank_raster <- raster(nrow=100, ncol=100, extent(bound))
2. values(blank_raster) <- 1
3. bound_raster<-rasterize(bound, blank_raster)
```

4）逆距离加权插值

interpolate 函数用于插值结果的生成。plot 函数用于展示插值结果，一般会展现在 RStudio 界面的右下角。

```
1. gs <- gstat(formula=PH~1, locations=Co_inf)
2. idw <- interpolate(bound_raster, gs)
3. plot(idw)
```

6.6.6　克里格插值法

1. 使用 ArcMap 进行空间插值

1）打开数据

该步骤的目标是打开“sample.shp”文件，具体操作与趋势面法相同。

2）打开工具箱

该步骤的目标是打开 ArcToolbox 中的插值工具箱，具体操作与趋势面法相同。

3）插值操作

双击插值工具中的 Kriging（克里格），在弹出的窗口中，设置 Input point features 为 sample；选择 Z value field 为 pH；可以设置输出栅格路径 Output surface raster，如不自行设置，就会默认保存在工作目录下；其他参数不动，如图 6-6-16。

单击 OK，即可完成克里格插值。

使用克里格法时，可以在 Geostatistical Wizard 中选择 Explore Data→Semivariogram→Covariance Cloud，查看数据的半方差云图。

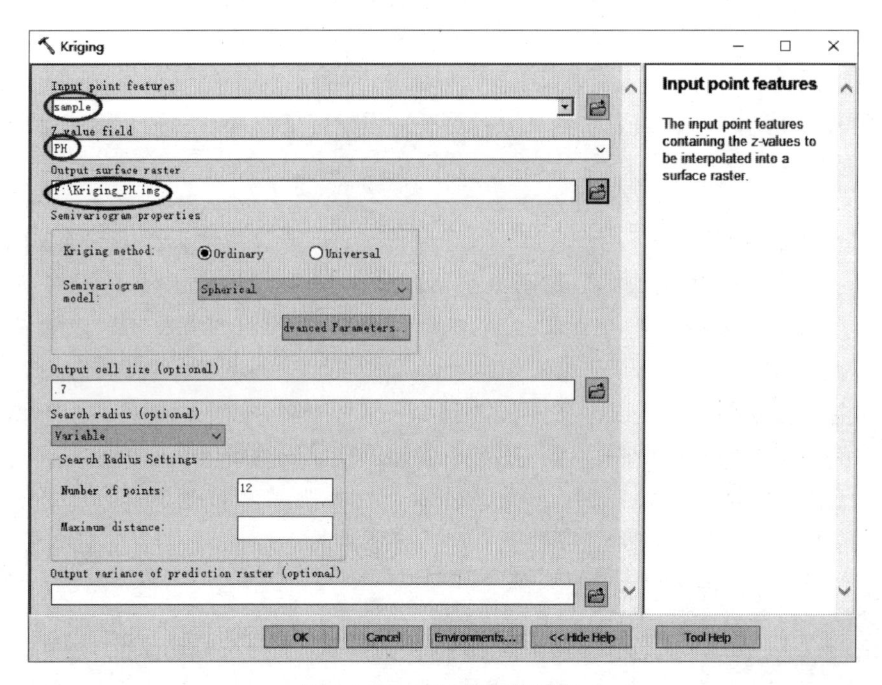

图 6-6-16　克里格插值界面

2. 使用 RStudio 进行空间插值

1）安装并使用 R 包

```
1. install.packages("foreign")        # 安装 R 包
2. install.packages("rgdal")
3. install.packages("sp")
4. install.packages("gstat")
5. install.packages("raster")
6. library(foreign)                   # 调用 R 包
7. library(rgdal)
8. library(sp)
9. library(gstat)
10. library(raster)
```

“foreign”包用于“dbf”格式文件的读取；“rgdal”包用于读取矢量边界；“sp”包用于读入空间坐标信息；“gstat”包用于空间插值分析；“raster”包用于栅格文件的创建与处理。

2）打开数据

使用 setwd 函数对 R 的工作目录进行更改，设置好工作目录后，开始该目录下所需的数据。

```
1. path_data <- "D:/DATA/DATA1"                # 读取数据所在文件夹的路径
2. setwd(path_data)                            # 将该路径设置为当前工作路径
3. data <- read.dbf("sample.dbf")              # 读取所需数据并命名为 data
4. bound <- readOGR("filed_area.shp")          # 读取研究区域边界数据
```

3）数据准备

在进行空间插值前，需要准备两类数据：一为样点文件的坐标信息，用于确定样点的空间分布；二为空白的栅格图像，用于承载插值完成后的栅格结果。

#创建坐标信息

```
1. Co_inf <- SpatialPoints(data[, 2:3])
2. Co_inf <- SpatialPointsDataFrame(Co_inf, data)
```

#创建空白栅格

```
1. blank_raster <- raster(nrow=100, ncol=100, extent(bound))
2. values(blank_raster) <- 1
3. bound_raster<-rasterize(bound, blank_raster)
```

4）普通克里格插值

首先使用 variogram 函数生成半方差函数。as 函数将边界栅格转换为空间网格。krige 函数根据样点空间坐标、待插值点位置以及搜索点个数等参数，得到克里格插值结果。spplot 函数用于展示空间插值结果，一般会展现在 RStudio 界面的右下角。

```
1. v<- variogram(log(PH) ~ 1, data =Co_inf)
2. v.fit<-fit.variogram(v, model=vgm(1, "Lin", 0))
3. Grid<-as(bound_raster, "SpatialGridDataFrame")
4. kri<-krige(formula=PH~1, model=v.fit, locations=Co_inf, newdata=
   Grid, nmax=12, nmin=10)
5. spplot(kri["var1.pred"])
```

补充说明：以上六种插值方法大都有参数选择，请大家熟悉后自主调整参数，改变参数类型，观察变化，加深对这几类常用的空间插值法的理解。

课后习题

1. 精确插值法与不精确插值法的差别?
2. 泰森多边形插值法与自然邻域插值法的差别?
3. 逆距离加权法（IDW）的插值公式中，各参数的变化对插值结果的影响?
4. 什么情况使用克里格插值?

参考文献

金辉明．2006．农业资源地理信息系统平台设计与开发［D］．杭州：浙江大学．

龙亮，谢高地，冷允法．2003．基于 GIS 的精准农业信息流分析方法研究［J］．资源科学，25（6）：89-95．

曾瑜．2004．基于空间插值模型的绿洲地下水时空变化研究：以奇台绿洲为例［D］．乌鲁木齐：新疆大学．

Haining R P. 1990. Spatial Data Analysis in the Social and Environmental Sciences [M]. Cambridge: Cambridge University Press.

Haining R P. 2003. Spatial Data Analysis: Theory and Practice [M]. Cambridge: Cambridge University Press.

Li J. 2008. A Review of Spatial Interpolation Methods for Environmental Scientists [M]. Record-Geoscience Australia.

Li J, Heap A D. 2011. A review of comparative studies of spatial interpolation methods in environmental sciences: Performance and impact factors [J]. Ecological Informatics, 6 (3): 228-241.

Sibson R. 1981.A brief description of natural neighbor interpolation [J]. Interpreting Multivariate Data, 2: 21-36.

Webster R, Oliver M A. 2001. Geostatistics for Environmental Scientists [J]. Technometrics, 43 (4): 1.

第7章 地统计学

7.1 地统计学概述

7.1.1 地统计学的概念与发展

地统计学，又称为地质统计学，是应用数学迅速发展的一个分支。20世纪50年代初，采矿工程师Krige和统计学家Sichel将其应用在南非采矿业中以计算矿石储量，从而揭开地统计学这门新兴学科的序幕。

50年代后期，法国工程师Matheron在Krige的基础上发展了创新性概念，其在大量理论工作的基础上提出了区域化变量理论，形成地统计学的基本框架（Cressie，1990）。

随后在70年代，随着计算机的出现，这项技术由最初的预测矿石储量进而被引入地学领域。1975年意大利罗马举行了地统计学的第一个国际性会议，随后在1983年在美国塔霍湖、1988年在法国的阿维尼昂绸、1992年在葡萄牙陆续相继举行了相关国际性会议，推动了该学科的发展。

Journel和Huijbregts（1978）认为，地统计学是指对自然现象的统计学研究，这些自然现象的一个最明显的特征主要表现为一个或多个变量的实测值是空间分布并且相关的。地统计学通过假设相邻的数据空间相关，并假定表达这种相关程度的关系可以用一个函数来进行分析和统计，从而来对这些变量的空间关系进行研究。因而地统计学具有确认数据之间的空间关系的能力，由于它能定量地描述这种空间关系，因而可以解决如对未采样点的值进行预测等诸多问题。

1999年王政权将地统计学定义为：地统计学是以区域化变量理论为基础，以变异函数为主要工具，研究那些在空间分布上既有随机性又有结构性，或空间相关和依赖性的自然现象的科学。该定义概念受到了业界的广泛认可。

地统计学于1977年正式引入我国，由侯景儒、於崇文、黄景先等学者率先进行研究。在1980年，中国金属学会冶金地质学会在数学地质遥感地质会议上正式成立地统计学协作小组，1982年，侯景儒首先将Journel等的专著《采矿地统计学》(中文名称为《矿业地质统计学》）译成中文，1987年王仁铎等出版了《线性地质统计学》一书作为高等学校教材。1989年孙惠文等翻译出版了David著作的《矿产储量地质统计学评价》。1998年，侯景儒等出版了《实用地质统计学》一书，同年王政权出版了《地统计学及在生态学中的应用》一书，2005年张仁铎出版了《空间变异理论及应用》一书。上述几本专著和译著在中国的出版，均为地统计学在中国的理论研究和应用研究打下了坚实的基础。

随着地统计学飞速蓬勃的发展，众多应用软件都能够很好地进行相关模拟与计算，表7-1-1列举出了国内外常用地统计学软件的简况及功能（Fischer，Getis，2011）。

表 7-1-1　常用地统计学软件及其功能汇总

软件名称	数据维度	V	K	CK	IK	MG	S	G	编译环境	付费情况	参考文献
Agromet	2D	X	X	X					C++	免费	Bogaert et al.，1995
AUTO-IK	2D	X			X				Fortran	免费	Goovaerts，2009
BMELib	3D ST	X	X	X			X		Matlab	免费	Christakos et al.，2003
COSIM	2D						X		Fortran	免费	ai-geostats website
EVS (C-Tech)	3D	X	X		X			X		高	C Tech Development Corporation
GCOSIM3D /ISIM3D	3D						X		C	免费	Gomez-Hernandez，Srivastava，1990
Genstat	3D	X	X	X						免费，低	Payne et al.，2008
GEO-EAS	2D	X	X						Fortran	免费	EPA Report
GeoR	2D	X	X				X		R	免费	Christensen et a1.，2001
Geostat Analyst	2D	X	X	X	X	X		X		高	Extension for ArcGIS
Geostatistical Toolbox	3D	X	X	X						免费	FSS Statement
Geostokos Toolkit	3D	X	X	X	X		X			高	ai-geostats website
GS+	2D	X	X	X			X			中	Robertson，2008
GSLIB	3D	X	X	X	X	X	X		Fortran	免费	Deutsch，Journel，1992
Gstat	3D	X	X	X			X		C,R	免费	Pebesma，Wesseling，1998
ISATIS	3D	X	X	X	X	X	X	X		高	www.geovariances.com
MGstat	3D ST	X	X						Matlab	免费	ai-geostats website
SADA	3D	X	X		X			X		免费	www.sadaproject.net
SAGE2001	3D	X								中	Isaaks，1999
SAS/STAT	2D	X								高	SAS Institute Inc.，1989
S-GeMS	3D	X	X	X	X	X	X		C++	免费	Remy et al.，2008
SPRING	2D	X	X		X		X	X		免费	Camara et al.，1996
Space-time routines	2D ST	X	X						Fortran	免费	De Cesare et al.，2002
STIS (TerraSeer)	2D ST	X	X			X	X	X		中	Avruskin et al.，2004
Surfer	2D	X	X							中	Golden Software Inc.
Uncert	3D	X	X				X		C	免费	Wingle et al.，1999
Variowin	2D	X								免费	Pannatier，1996
VESPER	2D	X	X							免费	Minasny et al.，2005
WinGslib	3D	X	X	X	X	X	X		Fortran	低	www.statios.com

注：V 表示变差法（variography），K 表示克里格插值（Kriging），CK 表示协同克里格（cokriging），IK 表示指示克里格（indicator Kriging），MG 表示多重高斯-克里格（muti-Gaussian Kriging），S 表示模拟可行性（simulation），G 表示地理信息系统转换（GIS interface），X 表示具有该功能。

目前，地统计分析的整个工作流程可以概括如图 7-1-1 所示，第一步，收集并显示数据，可对数据进行地图化来获取初步直观的认识；第二步，通过 ESDA 寻找数据特征与规律，第 2 章中已详细介绍了如何分析数据是否呈正态分布以及是否具有趋势效应等特征；第三步，根据模型结果的需求（预测结果或概率输出）以及数据的实际情况，选择合适的理论半方差函数模型与插值方法；第四步，得到模型精度结果，精度不满足要求，则可以回到第三步调整模型参数或者选择其他模型进行插值；第五步，比较不同参数以及不同模型的精度结果，选择出最优模型进行制图。

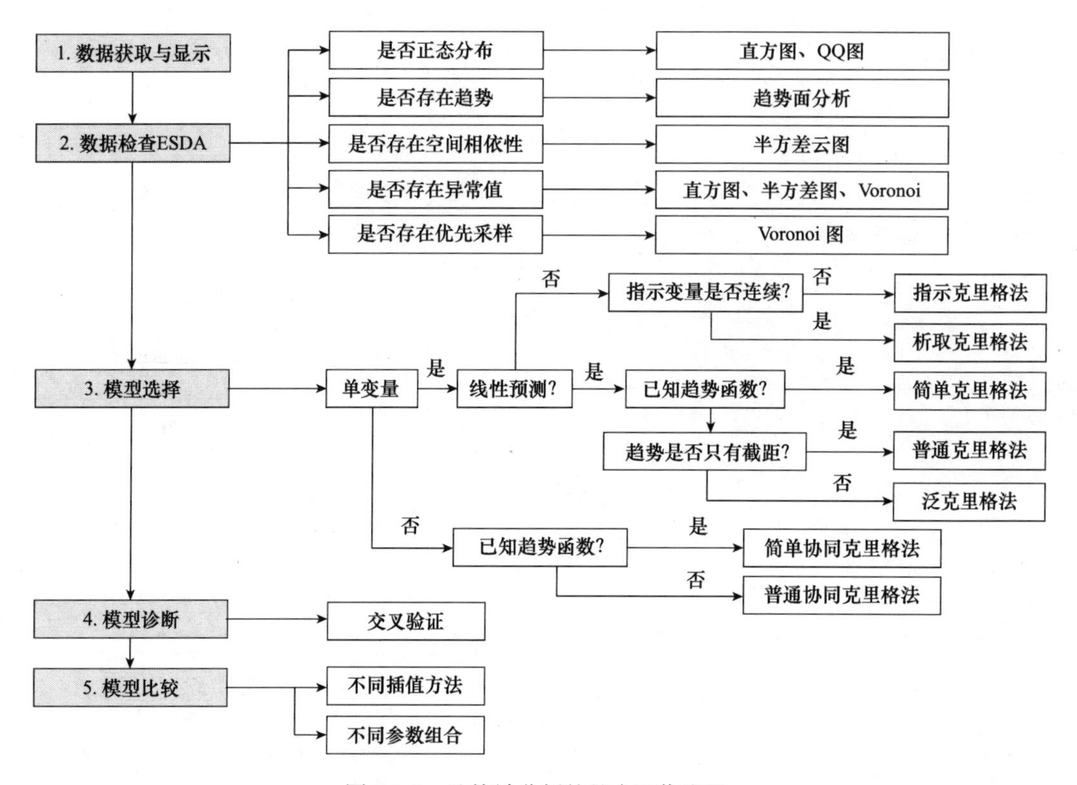

图 7-1-1　地统计分析的整个工作流程

7.1.2　地统计学与传统统计学的差异

现今地统计学的理论及相应的方法广泛应用于空间分布数据的结构性和随机性，或空间相关性和依赖性，或空间格局与变异，并对空间分布数据进行最优无偏内插估计，以及模拟这些数据的离散型、波动性。

其主要内容围绕变量空间分布理论和估计方法，与传统统计学有着鲜明的差异，其差异主要包括以下四点（王政权，1999；周国法，徐汝梅，1998）。

（1）经典统计学研究的变量必须是纯随机变量。该随机变量的取值按某种概率分布而变化。而地统计学研究的变量不是纯随机变量，而是区域化变量。该区域化变量根据其在一个域内的空间位置取不同的值，它是随机变量与位置有关的随机函数。因此，地统计学中的区域化变量既有随机性又有结构性。

（2）经典统计学所研究的变量理论上可无限次重复或进行大量重复观测试验。而地统计学研究的变量则不能进行这样的重复实验。

（3）经典统计学的每次抽样必须独立进行，要求样品中各个取值之间相互独立。而地统计学中的区域化变量是在空间不同位置取样，因而，两个相邻样品不一定保持独立，具有某种空间相关性。

（4）经典统计学以频率分布图为基础，研究样本的各种数字特征。地统计学除了要考虑样本的数字特征外，更主要的是研究区域化变量的空间分布特征。

7.1.3 地统计学的应用领域

现今，地统计学已经在许多科学和工业领域得到了广泛应用，通过搜索文献库，学位论文数据库，书籍/会议论文集主题词：geostatistics、geostatistic 和 geostatistica，从 1967 年至 2017 年共计 SCI 文章共 11253 篇，应用范围广至诸如地球物理学、水文地理学、气象学、海洋、生态、林学、土壤科学和人口遗传学和环境治理诸多方面。例如，在环境与生态科学方面，Buttafuoco（2018）等通过地质统计学随机模拟进行 RDI 的不确定度来评定意大利南部的干旱的严重程度和地图的空间分布及其在卡拉布利亚地区的不确定性；王晓春等（2002）通过样方数据计算岳材积的半变异函数曲线形态分析种群的分布特征；潘文斌等（2003）通过应用半方差法、半方差理论模型和分形理论，研究了河北省保安湖沿岸带水植物群落分布格局。在地理学方面，陈浮等（1999）计算地价样本在整体上的模拟公式及半方差图并计算扩散指数，得出地价空间分布各向异性及不同类型的空间分布图式关系。在社会科学方面，左永君等（2011）采用半方差函数研究 1949～2007 年新疆人口的空间变异性。在土壤学方面，Nastaran 等（2009）综合利用克里格、Cubist、随机森林及两种回归克里格方法综合遥感、近地传感以及众多环境监测数据对土壤有机碳进行预测；李菊梅和李生秀（1998）对 147 个土壤样点的 7 种营养元素探索内蕴假设、计算半方差，得到有空间结构性和无空间结构性的两种半方差趋势；郭旭东等（2000）利用半方差函数、分维数及各向异性比等指标，研究遵化市土壤 5 种营养元素的空间结构。

7.2 区域化变量理论

7.2.1 随机函数、随机过程和随机场

随机函数：设随机试验 E 的样本空间为 $\varphi=\{\omega\}$，若对每一个 $\omega\in\varphi$ 都有一个函数 $Z(x_1,x_2,\cdots,x_n,\omega)$，$x_1\in X_1,x_2\in X_2,\cdots,x_n\in X_n$ 与之对应，且当各自变量 x_1，x_2，…，x_n 均取任意固定值时，函数 $Z(x_1, x_2, \cdots, x_n, \omega)$ 为一随机变量，则称 $Z(x_1, x_2, \cdots, x_n, \omega)$ 为定义在 $\{X_1, X_2, \cdots, X_n\}$ 上的一个随机函数（冯益明，2004）。

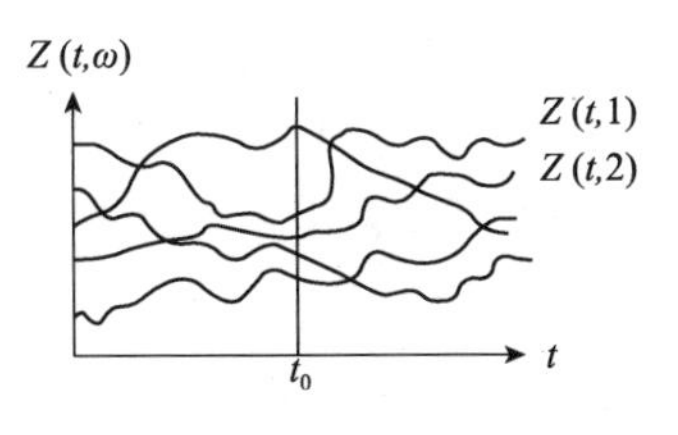

图 7-2-1 随机过程

随机过程：当随机函数中只有一个自变量 $x_1=t$（一般表示时间）时，称为随机过程，记为 $Z(t,\omega)$ 或 $Z(t)$，如图 7-2-1 所示。每个确定性的函数，如 $Z(t, 1)$ 都是随机函数 $Z(t, \omega)$ 的一个实现，随机函数可以理解为它所有实现的集合。随机过程就是指与时间有关的随机函数。

当随机函数 Z 依赖于多个（二个及二个以上）自变量时，称该随机函数为随机场。常用的是有三个自变量 x_u、x_v、x_w（空间点 x 三个直角坐标）的随机场（冯益明，2004）。

7.2.2　区域化变量

1．区域化变量的基本思想

地统计学以区域化变量（regionalized variable）理论为基础，研究分布于空间中并显示出一定结构性和随机性的自然现象。当一个变量呈空间分布时，我们称之为“区域化”。该变量常常反映某种空间现象的特征，我们将区域化变量描述的现象称之为区域化现象。

Matheron 将区域化变量定义为：以空间点 x 的三个直角坐标 x_u、x_v、x_w 为自变量的随机场 $Z(x_u, x_v, x_w)=Z(x)$，称为区域化变量，亦称区域化随机变量。当人们对它进行了一次随机观测后，就可以得到它的一个实现值 $Z(x)$,$Z(x)$ 也可以称为空间点函数。区域化变量 $Z(x)$ 在观测前后具有两重性含义：观测前，把 $Z(x)$ 看作随机场；观测后，把 $Z(x)$ 看作一个空间点函数。

随机过程、随机场与区域化变量三者间关系，如图 7-2-2 所示（冯益明，2004）。

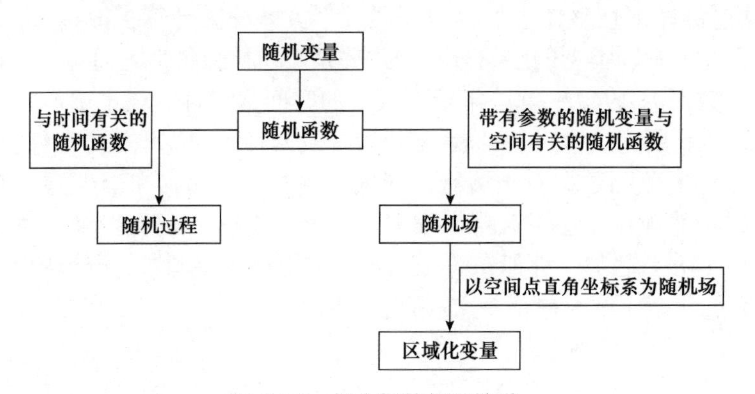

图 7-2-2　概念间的相互关系

2．区域化变量的特征

（1）随机性：区域化变量的本质是一个随机函数，它具有局部、随机、异常的特征。

（2）结构性：区域化变量具有一般的或平均的结构性质，即变量在点 x 与 $x+h$（h 为空间距离）处的数值 $Z(x)$ 与 $Z(x+h)$ 具有某种程度的自相关，这种自相关依赖于两点间的距离 h 及其变量特征。

（3）空间局限性：空间局限性是指区域化变量被限制在一定的空间范围内。简单举例，如盐碱土的土壤含盐量、景观中某一种群的斑块、群落中某一林分类型、树木种子的散布范围等，划定的这一空间范围我们称之为区域化变量的几何域。在几何域或空间范围内，变量的属性最为明显；在几何域或空间范围之外，变量的属性表现不明显或表现为零。

（4）不同程度连续性：不同程度连续性是指不同区域化变量具有不同程度的连续性，该连续性可通过相邻样点之间的变异函数来描述。如土壤厚度有很强的连续性，而森林土壤中有效氮的含量即使在两个非常靠近的样点上也可能存在较大差异，表现出不连续。

（5）不同类型的各向异性：区域化变量若在各个方向上的性质变化相同，我们称为各向同性；若不同，我们则称其为各向异性。

7.2.3 概率分布

在概率模型中，在研究区域内点 x_0 处的随机变量 $Z(x_0)$ 的实现遵循下列的概率分布：

$$P[Z(x_0)<z]=F_{x_0}(z) \tag{7-2-1}$$

式中，P 是点 x_0 处的实测值低于某一个固定值 z 的概率；$F_{x_0}(z)$ 在 0 到 1 之间取值。

在两个不同点处，随机变量 $Z(x_1)$ 和 $Z(x_2)$ 的二元分布函数为

$$P[Z(x_1)\leqslant z_1, Z(x_2)\leqslant z_2]=F_{x_1, x_2}(z_1, z_2) \tag{7-2-2}$$

式中，P 是点 x_1 处的实测值低于 z_1，同时点 x_2 处的实测值低于 z_2 的概率。

同样在 n 个不同点处的 n 个随机变量的多元分布函数可以定义为

$$F_{x_1,\cdots,x_n}(z_1,\cdots,z_n)=P[Z(x_1)\leqslant z_1,\cdots,Z(X_n)\leqslant z_n] \tag{7-2-3}$$

以这种方式建立的模型可以用来描述自然界的任一过程。但实际上我们常常只有随机函数的一个或几个样本的具体实现数值，不可能据此推断所有点集合的一元或多元分布函数。从而产生了平稳性的概念来简化该过程。

7.2.4 平稳假设

如前所述，地统计学认为随机函数中不同变量在不同点处的分布是不同的。然而在自然现象中，这些变量的分布形式通常又是未知的，由于仅仅能得到变量的一个或几个实现，不能据此来推断随机函数在整个面上的分布，在这样的情况下，对随机函数作一些假设是必要的。

平稳性表示当将既定的 n 个点的点集从研究区域内的某一处移向另一处时，随机函数的性质保持不变。这也称为平移的不变性。

平稳假设（stationarity assumption）：指区域化变量 $Z(x)$ 的任意 n 维分布函数不因空间点 x 发生位移而改变，即如果对任意 n 个点 x_1，…，x_n 和任一向量 h，有下式成立：

$$F_{x_1,\cdots,x_n}(z_1,\cdots,z_n)=F_{x_1+h,\cdots,x_n+h}(z_1,\cdots,z_n) \tag{7-2-4}$$

此条件要求太高，一般不易达到，在实际中通常采用二阶平稳假设，即要求区域化变量 $Z(x)$ 的一、二阶矩存在且平稳。

二阶平稳性假设（second-order stationary assumption），或称弱平稳性假设（weak stationary assumption），认为任何两个随机变量之间的协方差依赖于它们之间的距离和方向而不是它们的确切位置。用数学表达可以表示为

条件 1：在整个研究区内 $Z(x)$ 的数学期望均存在，且为常数。

$$E[Z(x)]=m, \quad \forall x \tag{7-2-5}$$

条件 2：在整个研究区内 $Z(x)$ 的协方差函数 $C(h)$ 存在且平稳，任何两个随机变量之间的协方差依赖于它们之间的距离和方向而不是它们的确切位置。

$$\begin{aligned} C(h)&=\mathrm{Cov}[Z(x),Z(x+h)]=E[Z(x)Z(x+h)]-E[Z(x)]E[Z(x+h)] \\ &=E[Z(x)Z(x+h)]-m^2, \ \forall x, \ \forall h \end{aligned} \tag{7-2-6}$$

当 $h=0$ 时，上式变为

$$C(0)=\mathrm{Var}[Z(x)],\quad \forall x \tag{7-2-7}$$

上式说明：方差函数也存在，且为常数 $C(0)$。

7.2.5　本征假设

一个平稳性的随机函数可以利用下面的模型来表示：

$$Z(x)=m+\varepsilon(x) \tag{7-2-8}$$

这表示随机函数在 x 处的值等于该过程的平均值 m 与一个随机部分 $\varepsilon(x)$ 的和，随机部分来自一个均值为零，协方差函数为 $C(h)=E[\varepsilon(x)\varepsilon(x+h)]$ 的分布。

但在实际中，整个区域上的平均值是变化着的，当感兴趣区域增加时，其方差也同步增加，在这种情况下，协方差不能定义。不能像前面那样在公式中插入一个值 m，二阶平稳假设无法满足，再次放宽条件，得到本征假设。

Matheron（1963）认识到这个问题。他的解决办法对地统计的实际应用做出非常大的贡献。他认为，一般而言平均值可能不是一个常数，但在较小的距离上，随机变量 $Z(x)$ 的增量 $[Z(x)-Z(x+h)]$ 的数学期望为零，即

条件 1：

$$E[Z(x)-Z(x+h)]=0,\ \forall x,\ \forall h \tag{7-2-9}$$

进而，他用增量的方差函数代替协方差函数来作为空间关系的测量尺度，如同协方差函数一样，该方差函数只依赖于增量之间的距离和方向而不是它们的确切位置。

条件 2：增量 $[Z(x)-Z(x+h)]$ 的方差函数存在且平稳（方差函数不依赖于 x）。

$$\begin{aligned}\mathrm{Var}[Z(x)-Z(x+h)]&=E[Z(x)-Z(x+h)]^2-\{E[Z(x)-Z(x+h)]\}^2\\&=E[Z(x)-Z(x+h)]^2=2\gamma(h),\ \forall x,\ \forall h\end{aligned} \tag{7-2-10}$$

这就是 Matheron 的本征假设。二阶平稳假设的假设条件通常难以满足，而本征假设放宽了限制条件，可以使其应用到更多领域。这里 E 是数学期望，$\gamma(h)$ 是在步长 h 上的半方差值，“半”表示为方差的一半。然而，当数据点被成对考虑时，它就是一个点处的方差。作为 h 的函数，$\gamma(h)$ 也称为半方差函数，或变异函数。

7.2.6　协方差函数与变异函数

通过前面的学习，可以知道区域化变量有着随机性、结构性、空间局限性、不同程度的连续性以及不同类型的各向异性这五大性质。为了更好地描述与认识区域化变量，Matheron 在 20 世纪 60 年代提出了以区域化变量理论为基础的最基本的地统计学函数——空间协方差函数和变异函数。其中协方差函数可用以描述区域化变量间的差异，变异函数能同时衡量区域化变量的随机性与结构性。因此，变异函数作为地统计学的主要工具被广泛应用。

尤其是变异函数能同时描述区域化变量的随机性和结构性，为从数学上严格地分析区域化变量提供了实用工具。

在随机函数中，随机变量 x 与 y 的协方差，又称为 x 与 y 的二阶混合中心矩，记为 $\mathrm{Cov}(x,y)$。

$$\mathrm{Cov}(x,y)=E[(x-Ex)(y-Ey)]=E(xy)-E(x)E(y) \tag{7-2-11}$$

当随机函数依赖于多个自变量时，$Z(x)=Z(x_u,x_v,x_w)$ 称为随机场。而随机场 $Z(x)$

在空间点 x 和 $x+h$ 处的两个随机变量 $Z(x)$ 和 $Z(x+h)$ 的二阶混合中心矩定义为随机场 $Z(x)$ 的自协方差函数，简称协方差函数，即

$$\mathrm{Cov}[Z(x),Z(x+h)]=E\{[(Z(x)-EZ(x)][Z(x+h)-E(Z(x+h))]\} \tag{7-2-12}$$

由二阶平稳性假设可知，协方差函数为

$$\begin{aligned}&E[Z(x)Z(x+h)]-E[Z(x)]E[Z(x+h)]\\&=E[Z(x)Z(x+h)]-m^2=C(h)\end{aligned} \tag{7-2-13}$$

当 $h=0$ 时，协方差函数变成

$$C(x,x+h)=C(x,x)=E[Z(x)]^2-\{E[Z(x)]\}^2=\mathrm{Var}[Z(x)] \tag{7-2-14}$$

称为先验方差函数，记为 $\mathrm{Var}[Z(x)]$，$C(x,x)$ 或 $C(0)$。

变异函数（variogram），又称变差函数、变异矩，是地统计分析所特有的基本工具。在一维条件下变异函数定义为，当空间点 x 在一维 x 轴上变化时，区域化变量 $Z(x)$ 在点 x 以及 $x+h$ 处的值 $Z(x)$ 与 $Z(x+h)$ 差的方差的一半为区域化变量 $Z(x)$ 在 x 轴方向上的变异函数，记为 $\gamma(x,h)$，那么

$$\gamma(x,h)=\frac{1}{2}\mathrm{Var}[Z(x)-Z(x+h)] \tag{7-2-15}$$

已知

$$\mathrm{Var}(x)=E[x]^2-(E[x])^2 \tag{7-2-16}$$

$$\gamma(x,h)=\frac{1}{2}E[Z(x)-Z(x+h)]^2-\frac{1}{2}\{E[Z(x)-Z(x+h)]\}^2 \tag{7-2-17}$$

在二阶平稳假设条件下，对任意的 h 有

$$E[Z(x)]=E[Z(x+h)] \tag{7-2-18}$$

因此，公式（7-2-17）可以改写为

$$\gamma(x,h)=\frac{1}{2}E[Z(x)-Z(x+h)]^2 \tag{7-2-19}$$

可以看出，变异函数仅与变量 x 和 h 有关，当变异函数仅仅依赖于距离 h 而与位置 x 无关时，$\gamma(x,h)$ 可改写成 $\gamma(h)$，即

$$\gamma(h)=\frac{1}{2}E[Z(x)-Z(x+h)]^2 \tag{7-2-20}$$

根据变异函数的定义可知，变异函数考虑了任意两样本间的差异，并将此差异用其方差的一半来表示，所以也常常将 $\gamma(h)$ 变异函数称作半变异函数或半方差函数（semivariogram），而将 $2\gamma(h)$ 称作变异函数。

本书将 $\gamma(h)$ 称作变异函数、半变异函数、半方差函数，不认为有定义上的差异。

7.3 半方差函数及其结构分析

7.3.1 半方差云图

我们计算空间域 D 内一组样品的任意点对 x_i 和 x_j 处的观测值 $Z(x_i)$ 和 $Z(x_j)$ 之

间的差异性，可以量化不同尺度上区域化变量 $Z(x)$ 的变异。这种对两个值之间差异性的量化可用下式来表示：

$$\gamma(x_i, x_j)=\frac{1}{2}[Z(x_i)-Z(x_j)]^2 \tag{7-3-1}$$

也就是说 $\gamma(x_i, x_j)$ 等于两个实测值之间差的平方的一半，故称为半方差值。半方差值会随着距离的加大而增加，这是因为距离相近的样品点的性质较为相似，所以其属性值会较为接近。

具有一定地理间隔的任意两个点 x_i 和 x_j 之间可以形成一条矢量 $h_{ij}=x_j-x_i$。

令半方差值 $\gamma(x_i, x_j)$ 以向量 h_{ij}（有距离和方向）为自变量，则得到

$$\gamma(h_{ij})=\frac{1}{2}[Z(x_i+h)-Z(x_i)]^2 \tag{7-3-2}$$

由于这种差异性是用平方来量化的，向量 h 的符号，即点 x_i 和 x_j 孰为起点孰为终点的先后顺序是不起作用的。$|h|$ 通常称为滞后，即两点之间的距离。

根据点对之间的距离 h 将所有的半方差值 $\gamma(h)$ 绘制成的散点图就称为半方差云图。它包括了该距离上数据空间关系的所有信息。

以案例一数据为例，绘制土壤样点有效磷的半方差云图（图 7-3-1）。半方差云图本身就是检测空间数据特征的强有力的工具。利用计算机绘图时，半方差云图上的半方差值可以与图上点对的位置建立联系。半方差云图显示了不同空间距离上样品值的分布，可以用来监测数据的异常性。如果在一个较短的距离上存在着较大的变异性，则表示可能存在着异常的样品值（图 7-3-2）。在某些情况下，由于异常值的存在。半方差云图上会呈现两个明显不同的云块。

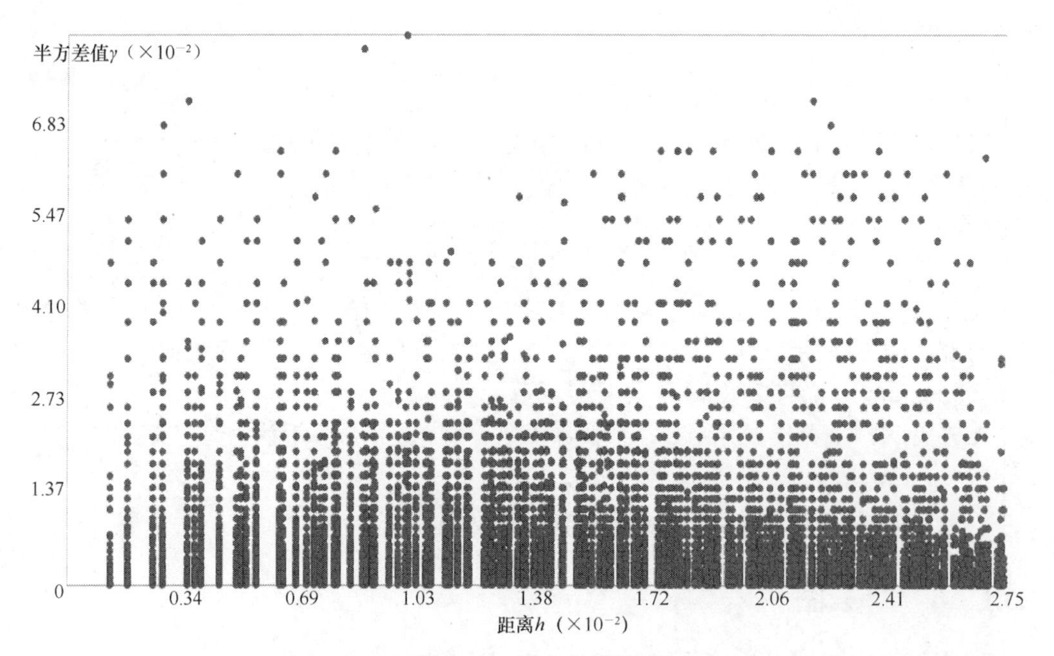

图 7-3-1　半方差云图

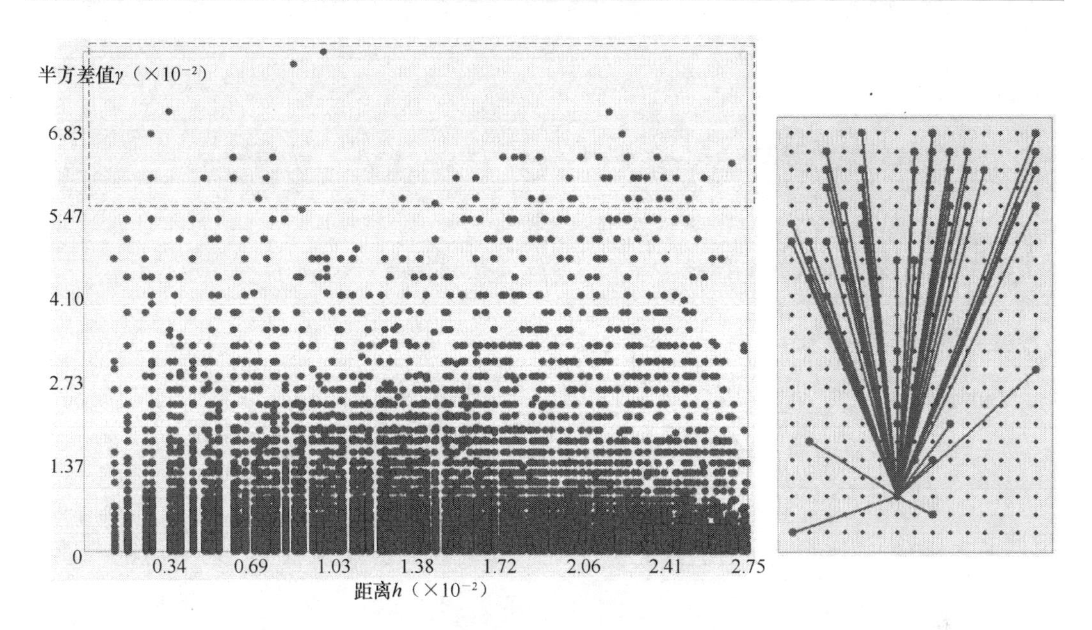

图 7-3-2 半方差云图识别异常值（右图为左图框内点对）

7.3.2 经验半方差函数

$Z(x)$ 为一区域化变量，并满足二阶平稳和本征假设，h 为两样本点间的距离，$Z(x_i)$ 与 $Z(x_i+h)$ 分别是区域化变量 $Z(x)$ 在空间位置 x_i 和 x_i+h 上的观察值，其中 $[i=1, 2, \cdots, N(h)]$，$N(h)$ 是在空间上具有相同距离 h 的离散点对数目。根据半方差函数的定义，半方差函数 $\gamma(h)$ 的离散计算公式为

$$\gamma(h)=\frac{1}{2N(h)}\sum_{i=1}^{N(h)}[Z(x_i)-Z(x_i+h)]^2 \tag{7-3-3}$$

这样对不同的距离 h，计算出相应的 $\gamma(h)$ 值。以 h 为横坐标，$\gamma(h)$ 为纵坐标，画出变异函数图，就可以展示出区域化变量 $Z(x)$ 的空间变异特点。

在实践中，一个更为可行的方法是将滞后距离划分为不同的滞后级别（lag class），计算每个滞后级别上的平均半方差值，进而得到经验半方差值和经验半方差图来分析数据的空间关系。假定有空间上相距为向量 h 的 $N(h)$ 个点对，将向量 h 划分为不同的滞后级别 η_k，即 h 小于或等于 η_k，那么对于这个给定的滞后级别 η_k，就会对应形成一个平均半方差值即经验半方差值。滞后级别 η_k 内的所有的点对之间的向量，其长度在一个既定的范围内，其方向也在一个既定的角度范围内（图 7-3-3）。

以案例数据一的英国牧草地土壤有效磷数据为例，划分滞后级别，设定有效滞后距离为 200m，每个滞后等级的距离间隔为 12.5m，计算全方向的每个滞后级别内所有点对的数目及其平均距离和平均半方差值（表 7-3-1）。

以平均半方差值为纵轴，平均距离为横轴绘制出的随 h 的增加而变化的点图，称为经验半方差图。图 7-3-4 是根据表 7-3-1 的滞后级别得到的土壤有效磷的经验半方差图。可以看到，当样品点对之间的距离增大时，样品点对之间的经验半方差值会增大。当间距大到一定程度时，经验半方差值会达到一个平稳值。

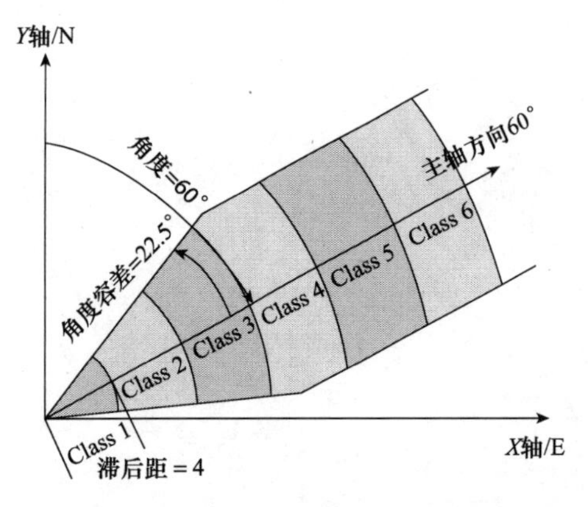

图 7-3-3　划分滞后级别

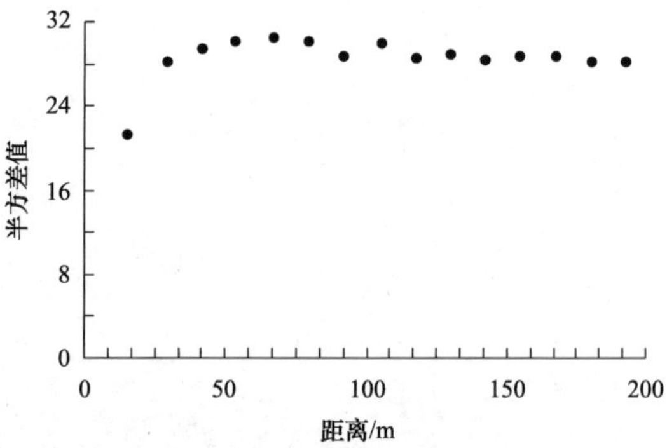

图 7-3-4　土壤有效磷的经验半方差图

表 7-3-1　土壤有效磷的经验半方差值计算

滞后级别	平均距离	平均经验半方差值	点对数目
1			0
2	15.02	21.3423	1268
3	28.91	28.3588	2320
4	41.20	29.4819	2688
5	52.90	30.2071	2990
6	66.41	30.5643	4478
7	79.04	30.2299	3698
8	91.50	28.8883	4420
9	104.56	30.0966	4604
10	117.07	28.6091	4100
11	129.42	29.0352	4354
12	141.54	28.4373	3598
13	153.81	28.7942	3806
14	166.99	28.9012	3600
15	179.84	28.2420	2764
16	192.01	28.3514	2328

7.3.3　理论半方差函数

经验的半方差函数要用理论的半方差函数模型代替的主要原因是半方差函数要有其物理意义，理论的半方差函数模型保证了实测数据的任何线性结合都有正的方差。如果利用经验半方差值来进行克里格插值可能会导致负的克里格方差。如图 7-3-5 所示。通过这种拟合，我们可以表达出连续的区域化变异，有助于理解经验半方差函数在原点处的性状，以及变程之外更大范围内数据的变异。

7.3.3.1 半方差函数的参数

半方差函数具有四个重要的参数：基台值、变程、块金值与偏基台值（图 7-3-6）。

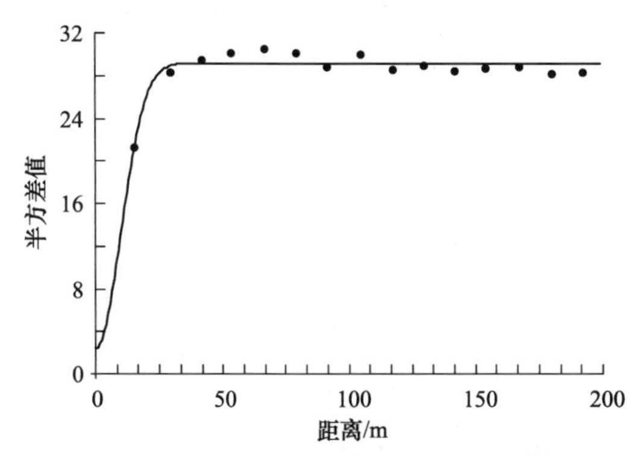

图 7-3-5 土壤有效磷的理论半方差模型拟合

高斯模型，$C_0=2.44$，$C_0+C=29.18$，$a=13.60$，$r^2=0.877$

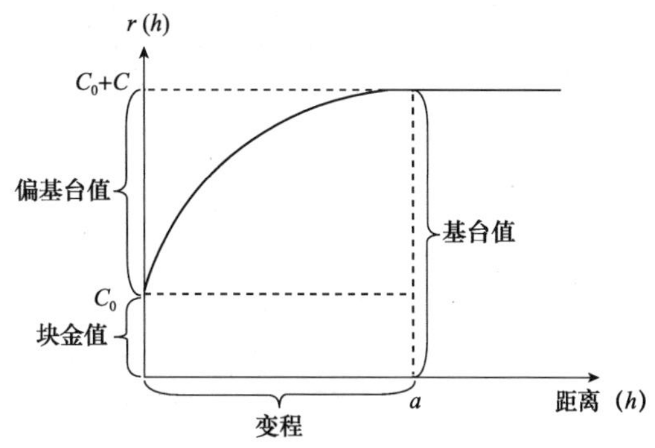

图 7-3-6 半方差函数的参数

1. 基台值（sill）

当半方差函数随着间隔距离 h 的增大，从非零值达到一个相对稳定的常数时，该常数称为基台值，其值为 C_0+C。基台值是系统或系统属性中最大的变异。

2. 块金值（nugget）**或称区域不连续性值**（localized discontinuity）

理论上，当采样点间的距离为 0 时，半方差函数值应为 0，但由于存在测量误差和空间变异，当 $h=0$ 时，半方差函数 $\gamma(h)\neq 0$，而等于一个常数 C_0，这种现象称为“块金效应”（nugget effect），块金常数 C_0 的大小可反映区域化变量的随机性大小。

“块金效应”主要有两种来源：

（1）区域化变量在小于抽样间距时的空间尺度上的存在的变异，比抽样间距更小的空间自相关过程被掩盖。同时，块金的大小直接限制了空间内插的精度。

（2）由于采样分析误差，在同一点上取样两次，所得的结果会有区别。

3. 偏基台值（partial sill）

偏基台值 C 是结构方差，指基台值与块金系数之间的差值。

4. 变程（range）**或称空间依赖范围**（range of spatial dependence）

当函数的取值由初始的块金值达到基台值时采样点的间隔距离称为变程。变程 a 是区域化变量从存在空间相关状态（当 $h<a$ 时）转向不存在空间相关状态（当 $h>a$ 时）的转折点；变程 a 的大小反映区域化变量影响范围的大小，或说反映该变量自相关范围的大小。也可以说变程 a 是区域化变量空间变异尺度或空间自相关尺度。

空间相关性的强弱可由偏基台值与基台值的比值来反映，该值越大，空间相关性越强；相应地，块金值与基台值的比值称为基底效应，又称空间结构系数，表示样本间的变异特征，该值越大，表示样本间的变异更多的是由随机因素引起的。

7.3.3.2 半方差函数的理论模型

地统计学一般将半方差函数理论模型分为三大类：

第一类是有基台值模型，若模型满足二阶平稳假设，且有有限先验方差，$\gamma(h)$ 值随 h 的变大而增大，当 h 达一定值（$h>a$）时，$\gamma(h)$ 达到一定值——基台值，则称此类模型为有基台值模型，包括球状模型、指数模型、高斯模型、线性有基台值模型、纯块金效应模型等。

第二类是无基台值模型，若与模型相应的区域化变量不满足二阶平稳假设，仅满足本征假设，$\gamma(h)$ 值随 h 的变大而增大，但不能达到一定值，即无基台值，则称此类模型为无基台值模型，包括幂函数模型、线性无基台值模型、对数模型等。

第三类是孔穴效应模型。

下面对常用的半方差函数理论模型进行具体介绍。

1. 纯块金效应模型（pure nugget effect model）

$$\gamma(h)=\begin{cases}0, & h=0\\ C_0, & h>0\end{cases} \tag{7-3-4}$$

式中，C_0 为块金值，$C_0>0$，为先验方差。该模型相代表区域化变量为随机分布，样本点间的协方差函数对于所有距离 h 均等于 0，变量的空间相关不存在，如图 7-3-7。

2. 球状模型（spherical model）

$$\gamma(h)=\begin{cases}0, & h=0\\ C_0+C\left(\dfrac{3h}{2a}-\dfrac{h^3}{2a^3}\right), & 0<h\leqslant a\\ C_0+C, & h>a\end{cases} \tag{7-3-5}$$

式中，C_0 为块金值；C 为偏基台值；C_0+C 为基台值；a 为变程。当 $C_0=0$、$C=1$ 时，称为标准球状模型。原点处切线的斜率为 $\dfrac{3}{2a}$，与基台值线的交点横坐标为 $\dfrac{2a}{3}$，如图 7-3-8。

3. 指数模型（exponential model）

$$\gamma(h)=\begin{cases}0, & h=0\\ C_0+C\left(1-e^{-\frac{h}{a}}\right), & h>0\end{cases} \tag{7-3-6}$$

式中，C_0、C 意义同前，但 a 不是变程，由于 $1-e^{-3}=1-0.05=0.95\approx1$，则变程为 $3a$，当 $C_0=0$、$C=1$，称为标准指数模型，如图 7-3-9。

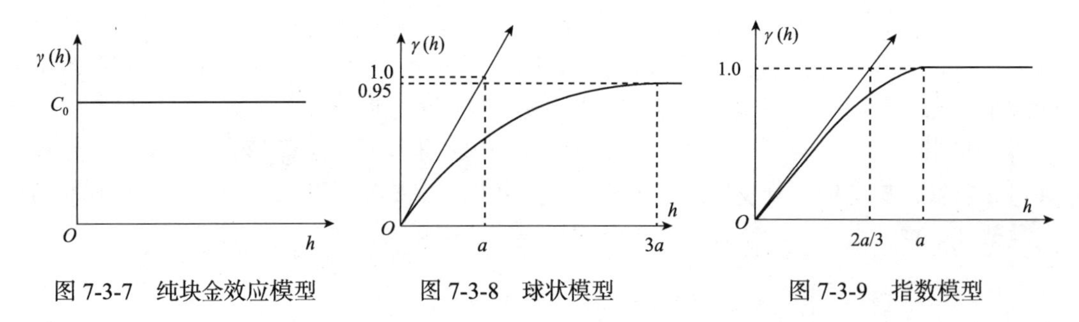

图 7-3-7　纯块金效应模型　　图 7-3-8　球状模型　　图 7-3-9　指数模型

4. 高斯模型（Gaussian model）

$$\gamma(h)=\begin{cases}0, & h=0\\ C_0+C(1-e^{-\frac{h^2}{a^2}}), & h>0\end{cases} \tag{7-3-7}$$

式中，C_0、C 意义同前，但 a 不是变程，由于 $1-e^{-3}=1-0.05=0.95\approx1$，则变程为$\sqrt{3}a$，当 $C_0=0$、$C=1$ 时，称为标准高斯函数模型，如图 7-3-10。

5. 线性有基台值模型（linear with sill model）

$$\gamma(h)=\begin{cases}C_0, & h=0\\ Ah, & 0<h\leqslant a\\ C_0+C, & h>a\end{cases} \tag{7-3-8}$$

式中，C_0、C 意义同前；a 是变程；A 是常数，是直线的斜率，如图 7-3-11。

6. 幂函数模型（power model）

$$\gamma(h)=h^{\theta},\quad 0<\theta<2 \tag{7-3-9}$$

当改变参数 θ 时，可以表示原点处的各种性状，如图 7-3-12。

7. 线性无基台模型（linear without sill model）

$$\gamma(h)=\begin{cases}C_0, & h=0\\ Ah, & h>0\end{cases} \tag{7-3-10}$$

式中，C_0 意义同前；A 为常数，表示直线的斜率。该模型没有基台值与变程，如图 7-3-13 所示。

8. 孔穴效应模型（hole effect model）

当半方差函数 $\gamma(h)$ 在 h 大于一定的距离后，并非单调递增，而是具有一定周期波动，这时就显示出孔穴效应。在有基台值［图 7-3-14(a)］与无基台值［图 7-3-14(b)］模型中，均能出现孔穴效应。孔穴效应属于线性非平稳统计范畴。

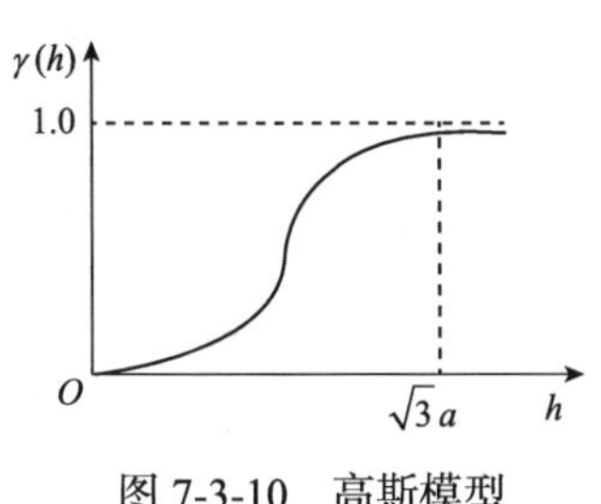

图 7-3-10　高斯模型

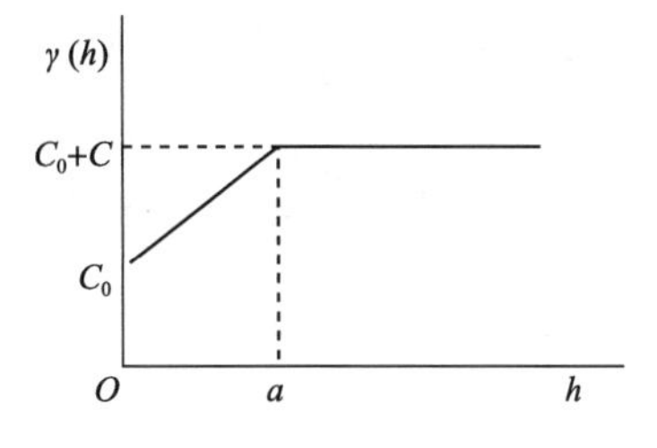

图 7-3-11　线性有基台值模型

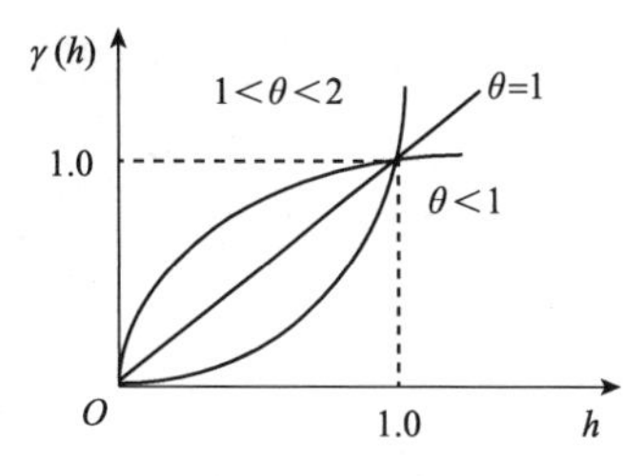

图 7-3-12　幂函数模型

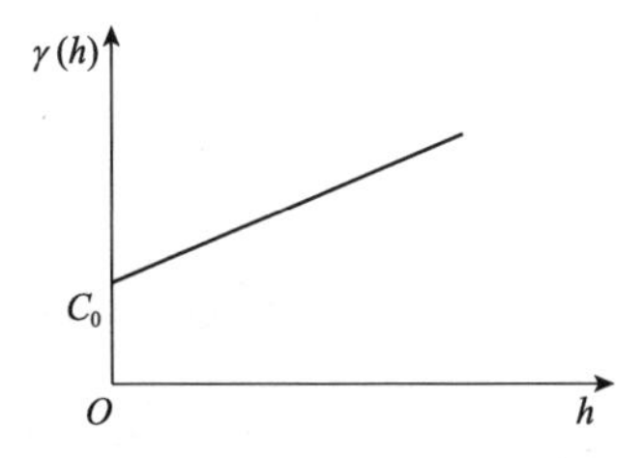

图 7-3-13　线性无基台模型

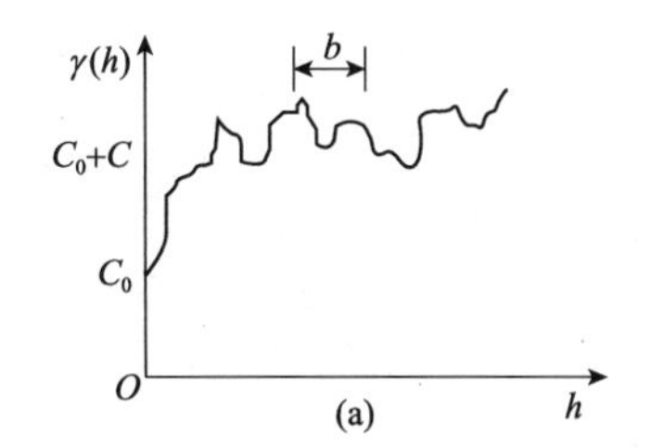

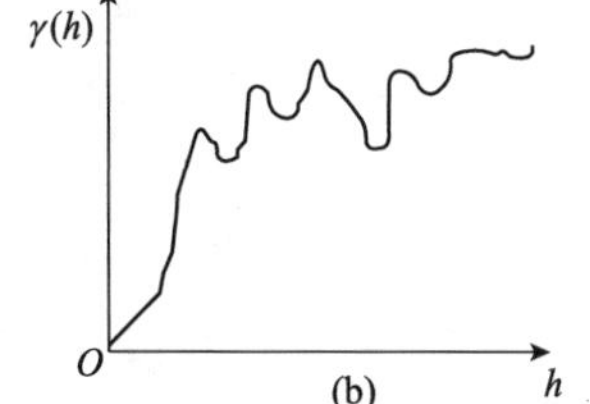

图 7-3-14　孔穴效应模型

区域化变量 $Z(x)$ 的数学期望不为常数，而是一个周期函数，$E[Z(x)]=m(x)$。在线性非平稳地统计学中，$m(x)$ 称为漂移（drift），通常采用多项式形式，有时也采用正弦或余弦函数的形式。

如下是一维孔穴效应模型示例：

$$\gamma(h)=C_0+C\left[1-\mathrm{e}^{-\frac{b}{a}}\cos\left(2\pi\frac{h}{b}\right)\right] \tag{7-3-11}$$

式中，a 为指数模型参数；b 为两孔之间的平均距离。当 $\gamma(h)$ 周期变化不大时，可用线性平稳半方差函数模型代替孔穴效应模型。

7.3.3.3 理论模型的最优拟合

地统计学中半方差函数的理论模型的建立与普通统计学中回归模型的建立一样，在建立理论模型过程中要对模型进行最优拟合。一般地，根据半方差函数的计算值，选择合适的理论模型来拟合一条最优的理论半方差函数曲线问题，通常称为最优拟合。这也是地统计学实现局部最优估计的需要。

在半方差函数理论模型中，除线性模型外，其余都是曲线模型。因此地统计学中的半方差函数最优拟合主要是曲线拟合。

与普通统计学回归模型拟合相类似，地统计学中的拟合过程主要包括三个步骤，即确定曲线类型、参数最优估计、回归模型检验等（张春媛，2010）。

1. 确定曲线类型

地统计学中选择半方差函数的理论模型主要是根据距离 h 和半方差函数值 $\gamma(h)$ 之间的关系。如果 h 与 $\gamma(h)$ 的散点图不表现出线性趋势，就应考虑它们之间是怎样的曲线关系。一般从两方面考虑，一方面是根据专业知识从理论上推断，或根据以往的经验来确定曲线类型；另一方面是通过散点图，确定曲线的大致类型或初步类型。对这个大致的初步类型进行参数最优估计，确定是否为最优曲线。后一种方式在地统计学确定理论模型中是经常采用的。

2. 参数最优估计

理论模型的最优拟合最重要的是对模型中的参数进行最优估计。半方差函数的理论模型主要是曲线模型，将曲线模型经过适当的变换，化为线性模型，然后用最小二乘法原理求未知参数的估计。

3. 回归模型检验

1）标准估计误差

实测值 y_j，x_j 值所对应估计值为 $\hat{y}_j$，以标准差的形式来估计其误差的大小，则称为标准估计误差。记作 S，其计算公式为

$$S=\sqrt{\frac{\sum_{j=1}^{n}(y_j-\hat{y}_j)^2}{n-2}} \tag{7-3-12}$$

2）决定系数 R^2 和 F 检验

决定系数（coefficient of determination）R^2 等于总变动平方和中已被回归方程

解释的部分的比重。因此 R^2 可以作回归值与实际观测值拟合优良程度的度量：R^2 越接近于 1，说明二者拟合的效果越好。（具体解释请参考第 4 章中回归模型的统计检验一节）

将回归平方和与残差平方和比较，形成统计量 F，进行 F 检验。

构建 F 统计量如下：

$$F=\frac{R^2}{1-R^2}\times\frac{n-k}{k-1}=\frac{\sum_{j=1}^{n}(\hat{y}_j-\overline{y})^2}{\sum_{j=1}^{n}(y_j-\hat{y}_j)^2}\times\frac{n-k}{k-1} \tag{7-3-13}$$

7.3.3.4 影响理论模型系数的主要因素

1. 样点间的距离

样点间的距离对实际半方差函数有重要的影响。随着样点间的距离加大，样点间的半方差函数值的随机成分也在不断增加，小尺度结构特征将被掩盖。因此，为了使建立的半方差函数模型能准确地反映各种尺度上的变化特征，要确定采样的最小尺度，即样点间最小的距离。但是这样做将会增加工作强度及分析样品的成本。因此，在采样之前要首先分析多大的采样尺度才合适，在满足精度的前提下，确定最佳的采样尺度（王永豪等，2011）。

2. 样本数量的大小

样本数量在地统计学中主要指计算经验半方差函数值时的点对数目。显然，点对数目越多越好，每一距离上计算出的经验半方差函数值随着点对数目增加而精确。但由于工作量关系，实际取样工作中点对数目不能无限，一般要求在变程 a 以内各距离上的点对数目不应小于 20 对，有的地统计学研究认为不应小于 30 对。在小尺度距离上相对要多一点，在大尺度距离上相对少一点。这样才能保证在变程 a 范围内的半方差函数值准确地反映区域化变量的空间变异性（王林，2001）。

3. 异常值的影响

异常值也称特异值，对半方差函数的影响很重要。特别是在变程 a 范围内的异常值会影响半方差函数理论模型的精度。在原点附近的半方差函数值如果出现异常值，剔除这些异常值并重新实际半方差函数值是解决该问题的唯一方法。剔除异常值后，该距离上的点对数目要减少，但能提高半方差函数模型的精度。在变程 a 范围内的异常值主要是影响块金值 C_0。如果异常值比较多，块金值 C_0 要增大。随机成分的影响加强，而空间自相关方面的影响削弱。对于半方差函数的模型来讲，块金效应值越小越好（王林，2001）。

7.3.4 半方差函数的结构分析

7.3.4.1 半方差函数的各向异性

如果在各个方向上区域化变量的变异性相同或相近，则称区域化变量呈现各向同性（isotropy），反之称为各向异性（anisotropy）（Isaaks，Srivastava，1989）。通过计算出各个方向上的半方差函数进行比较分析研究，就可以确定区域化变量的各向异性。

以案例数据一的英国牧草地土壤有效磷数据为例，划分滞后级别，设定有效滞后距离为200m，每个滞后等级的距离间隔为12.5m，主轴方向分别为0°、45°、90°、135°，角度容差为22.5°，绘制各个方向的每个滞后级别内的经验半方差图（图7-3-15）。同时可以获取所有方向上各向异性的二维与三维制图（图7-3-16）。制图结果显示，土壤有效磷数据呈现出明显的各向异性。

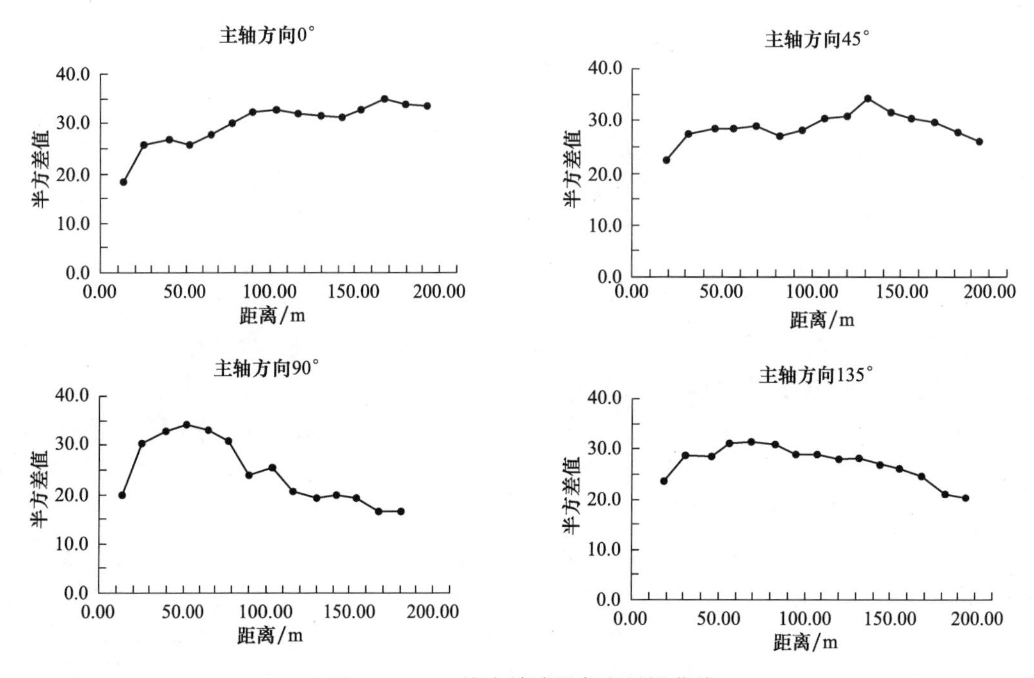

图 7-3-15　土壤有效磷的各向异性曲线

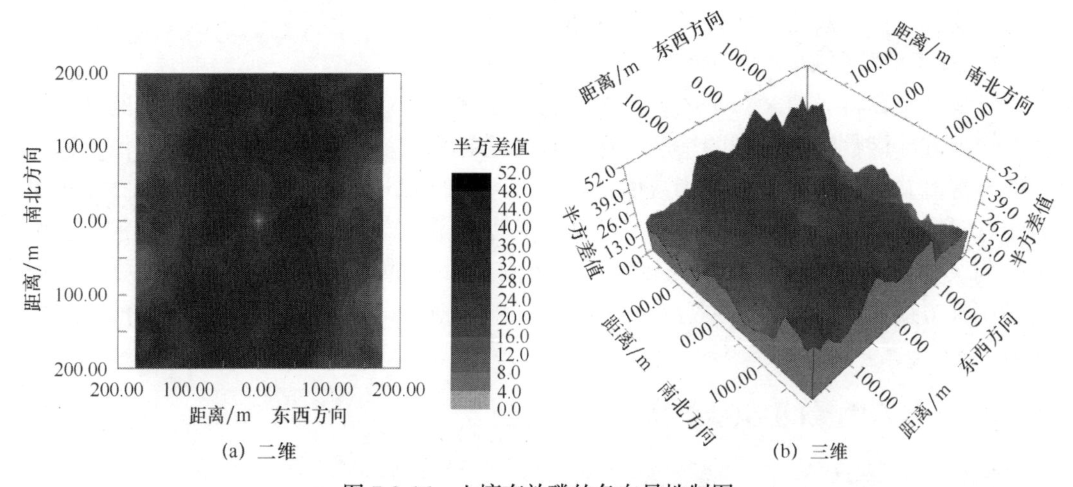

图 7-3-16　土壤有效磷的各向异性制图

Journel（1978）将各向异性分成两类，即几何异向性（geometric anisotropy）和带状异向性（zonal anisotropy）。

（1）几何异向性：指区域化变量在不同方向上表现出变异程度相同（基台相同）而

连续性不同（变程不同）的异向性。这种异向性可以通过简单几何变换变为各向同性，采用的方法是将变程椭圆转变为以长轴为半径的圆（图 7-3-17）。

如图 7-3-18，小的变程与大的变程之比为各向异性比$K=\dfrac{a_2}{a_1}$。a_2 方向上距离为 h 两点间的平均变异程度与 a_1 方向上距离为 Kh 两点间的平均变异程度相同，即 γ_1（Kh）= γ_2（h），$[h'_x, h'_y]=\begin{bmatrix}1 & 0\\ 0 & K\end{bmatrix}[h_x, h_y]$。

如果椭圆形状变程图的长轴和短轴与坐标轴相差一个顺时针的旋转角，即所选择的坐标轴与几何异向性的椭圆主轴不一致时，要先进行坐标旋转变换，再进行线性变换（图 7-3-19）。

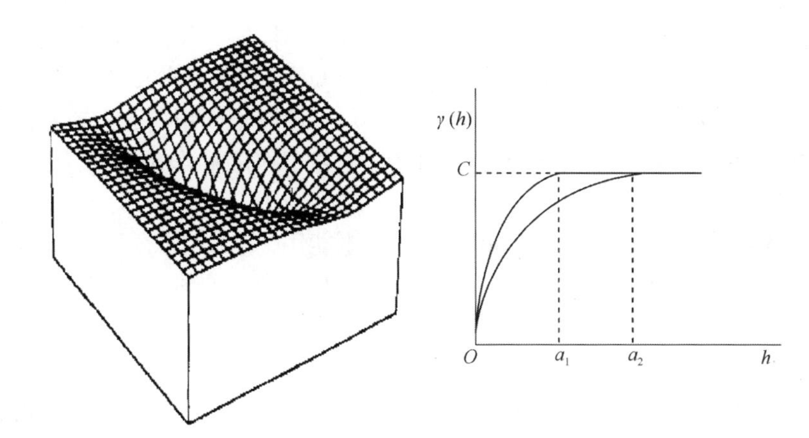

图 7-3-17　几何异向性

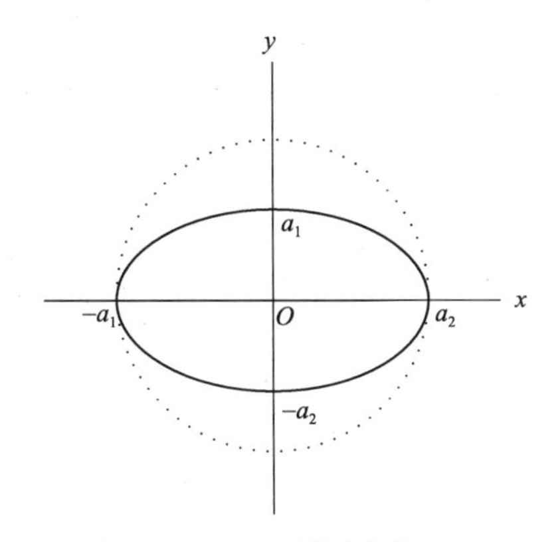

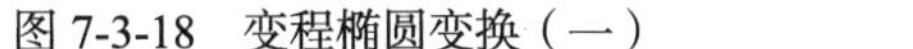

图 7-3-18　变程椭圆变换（一）

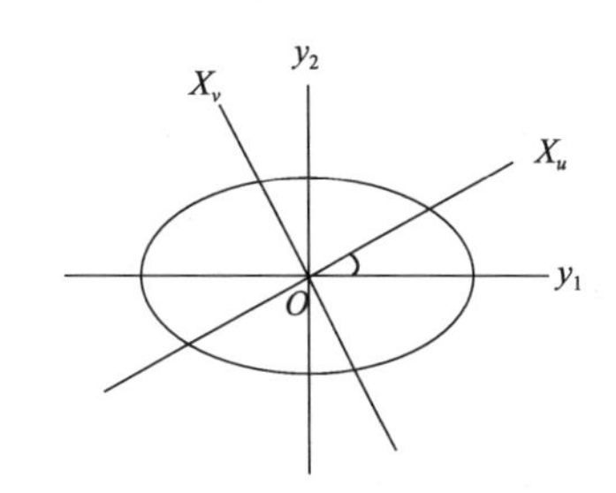

图 7-3-19　变程椭圆变换（二）

（2）带状异向性：不能通过线性变换转为各向同性结构的各向异性。带状异向性的特点是各个方向上的基台值不同，变程可以相同也可以不同。不能通过简单的线性变化，成为各向同性，但可逐步进行线性变化（图 7-3-20）。

7.3.4.2　半方差函数的套合结构

如在许多情况下，尤其是当有海量数据时，区域化随机变量 $Z(x)$ 的变化是相当复

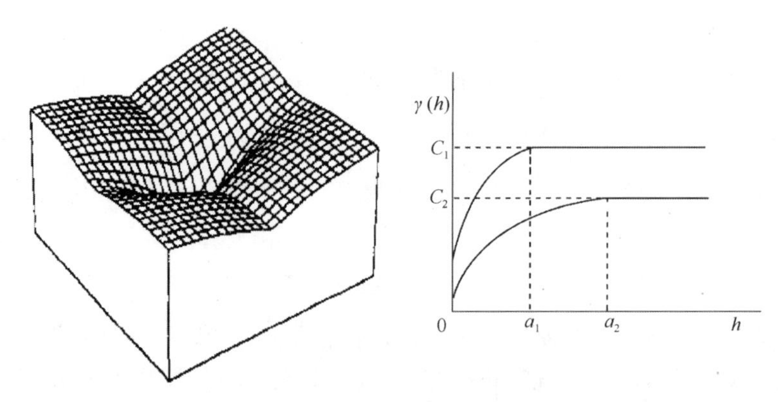

图 7-3-20　带状异向性

杂的，往往包含各种尺度及各种层次的变化。反映在半方差函数 $\gamma(h)$ 上，就是其结构往往不是单纯的一种结构，而是多层次的结构相互叠加在一起的，地统计学上称为套合结构（nested structure）。套合结构，就是把分别出现在不同距离 h 上或不同方向上同时起作用的变异性组合起来，对全部有效的结构信息，作定量化的概括，以表示区域化变量的主要特征。

具有复杂变化的区域化变量的空间变异性，不能用一个简单的理论模型去描述，需要用两个或两个以上理论模型去描述。例如，土壤是一个不均匀、具有高度空间异质性的复合体，它与土壤母质、气候、水文、地形和生物等因素有关。分析土壤空间变异的因素，可将其变异分为系统变异和随机变异两类。系统变异是由那些土壤形成的因素相互作用造成的，随机变异则是由那些可以观测到但与土壤形成因素无关且不能直接分析的因素造成的。

如由 h 分开两点 x 和 $x+h$ 的土壤某一性质 $Z(x)$ 和 $Z(x+h)$。当 $h=0$ 时，可认为 $Z(x)$ 和 $Z(x+h)$ 的差异完全由取样和测定误差造成。当 h 逐步增大，如 $h<1\text{m}$，$Z(x)$ 和 $Z(x+h)$ 的变异可能还要加上其他因素，如水分等。当 $h<100\text{m}$ 时，在新的变异中便要考虑地形的作用。上面的例子分析说明，当 h 不同时，影响土壤空间变异性的因素也不一样。

因此，套合结构半方差函数可以有反映多个不同尺度变化的半方差函数之和表示：

$$\gamma(h)=\gamma_0(h)+\gamma_1(h)+\cdots+\gamma_n(h)=\sum_{i=0}^{n}\gamma_i(h) \tag{7-3-14}$$

式中，$\gamma_i(h)$ 可以是相同的理论模型，也可以是不同的理论模型。

7.4　克里格插值

7.4.1　克里格法概述

克里格插值又称空间局部插值法，是以变异函数理论和结构分析为基础，在有限区域内对区域化变量进行无偏最优估计的一种方法，是地统计学的主要内容之一（Goovaerts, 1999）。南非矿产工程师 Krige（1951 年）在寻找金矿时首次运用这种方法，法国著名统计学家Matheron随后将该方法理论化、系统化，并命名为Kriging，即克里格方法。

克里格方法的适用范围为区域化变量存在空间相关性，即如果变异函数和结构分析的结果表明区域化变量存在空间相关性，则可以利用克里格方法进行内插或外推（Griffith，2012），否则不行。其实质是利用区域化变量的原始数据和变异函数的结构特点，对未知样点进行线性无偏、最优估计（Lark，2012）。无偏是指偏差的数学期望为0，最优是指估计值与实际值之差的平方和最小（Li，Heap，2011）。也就是说，克里格方法是根据未知样点有限邻域内的若干已知样本点数据，在考虑了样本点的形状、大小和空间方位，与未知样点的相互空间位置关系，以及变异函数提供的结构信息之后，对未知样点进行的一种线性无偏最优估计。

克里格法与普通的估计不同，它最大限度地利用了空间取样所提供的各种信息。在估计未知样点数值时，它不仅考虑了落在该样点的数据，而且还考虑了邻近样点的数据，不仅考虑了待估样点与邻近已知样点的空间位置，而且还考虑了各邻近样点彼此之间的位置关系（Oliver，Webster，2014）。除了上述的几何因素外，还利用了已有观测值空间分布的结构特征。使这种估计比其他传统的估计方法更精确、更符合实际，并且避免系统误差的出现，给出估计误差和精度，这些是克里格法的最大优点。但是，如果变异函数和相关分析的结果表明区域化变量的空间相关性不存在，则空间局部插值的方法不适用（Li，Heap，2014）。

7.4.2 线性预测克里格法

7.4.2.1 普通克里格法（ordinary Kriging，OK）

1. 点状普通克里格法（punctual Kriging）

普通克里格法假定平均值是未知的。这里先介绍点状普通克里格预测。假定$Z(x)$是满足本征假设的一个随机过程，该随机过程有n个观测值$Z(x_i)$, $i=1, 2, \cdots, n$。要预测未采样点x_0处的值，则线性预测值$Z^*(x_0)$可以表示如下：

$$Z^*(x_0)=\sum_{i=1}^{n}\lambda_i Z(x_i) \tag{7-4-1}$$

Kriging是在使预测无偏并有最小方差的基础上去确定最优的权重值。它在满足以下两个条件下，实现线性无偏最优估计。

（1）无偏性条件。

$$E[Z^*(x_0)-Z(x_0)]=0 \tag{7-4-2}$$

（2）最优条件。

$$\mathrm{Var}[Z^*(x_0)-Z(x_0)]=\min \tag{7-4-3}$$

利用（7-4-1）取代公式（7-4-2）的左边部分，则有

$$\begin{aligned}E[Z^*(x_0)-Z(x_0)]&=E\left[\sum_{i=1}^{n}\lambda_i Z(x_i)-Z(x_0)\right]\\&=\sum_{i=1}^{n}\lambda_i E[Z(x_i)]-E[Z(x_0)]\end{aligned} \tag{7-4-4}$$

根据二阶平稳性假设$E\,[\,Z\,(x_i)\,]=E\,[\,Z\,(x_0)\,]=m$，公式（7-4-4）可以进一步表示为

$$\sum_{i=1}^{n}\lambda_i E[\,Z(x_i)\,]-E[\,Z(x_0)\,]=\sum_{i=1}^{n}\lambda_i m-m=m\left(\sum_{i=1}^{n}\lambda_i-1\right)=0 \tag{7-4-5}$$

很显然要使公式（7-4-5）成立，必须满足如下条件：

$$\sum_{i=1}^{n}\lambda_i=1 \tag{7-4-6}$$

在本征假设条件下，公式（7-4-3）左边的式子可表示为

$$\begin{aligned}\mathrm{Var}[Z^*(x_0)-Z(x_0)\,]&=E[\{Z^*(x_0)-Z(x_0)\}^2]\\&=E\left[\left\{\sum_{i=1}^{n}\lambda_i Z(x_i)-Z(x_0)\right\}^2\right]\\&=2\sum_{i=1}^{n}\lambda_i\gamma(x_i,\ x_0)-\sum_{i=1}^{n}\sum_{j=1}^{n}\lambda_i\lambda_j\gamma(x_i,\ x_0)\end{aligned} \tag{7-4-7}$$

这里$\gamma\,(x_i,\ x_j)$是数据点x_i和x_j之间的半方差值，$\gamma\,(x_i,\ x_0)$是数据点x_i和预测点x_0之间的半方差值。

任何克里格预测都有一个预测方差的问题，这里用$\sigma^2\,(x_0)$来表示。要根据权重和等于1这一条件找到使预测方差最小的权重，这可以通过拉格朗日乘子φ来帮助实现。

定义一个辅助函数$f\,(\lambda_i,\ \varphi)$，它的数学表达式为

$$f(\lambda_i,\varphi)=\mathrm{Var}\left[Z^*(x_0)-Z(x_0)\right]-2\varphi\left(\sum_{i=1}^{n}\lambda_i-1\right) \tag{7-4-8}$$

分别对辅助函数的权重λ_i和拉格朗日乘子φ求一阶导数使其等于0，则对任意$i=1,2,\cdots,n$有

$$\begin{aligned}\frac{\partial f(\lambda_i,\ \varphi)}{\partial\lambda_i}&=0\\\frac{\partial f(\lambda_i,\ \varphi)}{\partial\varphi}&=0\end{aligned} \tag{7-4-9}$$

则普通克里格的预测方程组为

$$\begin{aligned}\sum_{i=1}^{n}\lambda_i\gamma(x_i,\ x_j)+\varphi(x_0)&=\gamma(x_j,\ x_0)\\\sum_{i=1}^{n}\lambda_i&=1\end{aligned} \tag{7-4-10}$$

这是一个$n+1$阶线性方程组，通过该公式可以得到将λ_i其代入克里格预测公式，可以得到预测方差：

$$\sigma^2(x_0)=\sum_{i=1}^{n}\lambda_i\gamma(x_i,\ x_0)+\varphi \tag{7-4-11}$$

如果预测点x_0恰好是其中的一个实测点x_j，则当$\lambda\,(x_j)=1$时且其他所有的权重等于0时$\sigma^2\,(x_0)$最小。事实上将权重代入公式（7-4-1）时$\sigma^2\,(x_0)=0$，预测值$Z\,(x_0)$就是实测值$Z\,(x_j)$。因此说点状普通克里格是精确的插值方法。

克里格公式可以用矩阵的形式来表示，对点状克里格预测，有

$$A\cdot\begin{bmatrix}\lambda\\ \varphi\end{bmatrix}=B \tag{7-4-12}$$

这里

$$A=\begin{bmatrix}\gamma(x_1,x_1) & \gamma(x_1,x_2) & \cdots & \gamma(x_1,x_n) & 1\\ \gamma(x_2,x_1) & \gamma(x_2,x_2) & \cdots & \gamma(x_2,x_n) & 1\\ \vdots & \vdots & & \vdots & \vdots\\ \gamma(x_n,x_1) & \gamma(x_n,x_2) & \cdots & \gamma(x_n,x_n) & 1\\ 1 & 1 & \cdots & 1 & 0\end{bmatrix}\quad B=\begin{bmatrix}\gamma(x_1,x_0)\\ \gamma(x_2,x_0)\\ \vdots\\ \gamma(x_n,x_0)\\ 1\end{bmatrix}\quad \begin{bmatrix}\lambda\\ \varphi\end{bmatrix}=\begin{bmatrix}\lambda_1\\ \lambda_2\\ \vdots\\ \lambda_n\\ \varphi\end{bmatrix} \tag{7-4-13}$$

矩阵 A 中的 $\gamma(x_1, x_1)$, …, $\gamma(x_n, x_n)$ 是实测点之间的半方差值，矩阵 B 中的 $\gamma(x_1, x_0)$, …, $\gamma(x_n, x_0)$ 为实测点 x_i 和内插点 x_0 之间的半方差值，φ 是拉格朗日乘子。矩阵 A 是可逆的，因此有

$$\begin{bmatrix}\lambda\\ \varphi\end{bmatrix}=A^{-1}\bullet B \tag{7-4-14}$$

这时克里格预测方差为

$$\sigma^2(x_0)=B^{\mathrm{T}}\begin{bmatrix}\lambda\\ \varphi\end{bmatrix} \tag{7-4-15}$$

2. 块段普通克里格法（block ordirary Kriging）

如果要预测的是一块段 B 的值，根据它们是一维、二维或者三维的，这一块段可以是一条线、一个平面或者一立体面。克里格法对该块段的预测值仍是数据的简单的线性加权。

$$Z^*(B)=\sum_{i=1}^{n}\lambda_i Z(x_i) \tag{7-4-16}$$

它的方差为

$$\begin{aligned}\mathrm{Var}[Z^*(B)]&=E[\{Z^*(B)-Z(B)\}^2]\\ &=2\sum_{i=1}^{n}\lambda_i\bar{\gamma}(x_i,B)-\sum_{i=1}^{n}\sum_{j=1}^{n}\lambda_i\lambda_j\gamma(x_i,x_j)-\bar{\gamma}(B,B)\end{aligned} \tag{7-4-17}$$

预测方差为

$$\sigma^2(b)=\sum_{i=1}^{n}\lambda_i\bar{\gamma}(x_i,B)+\varphi(B)-\bar{\gamma}(B,B) \tag{7-4-18}$$

7.4.2.2 简单克里格法

有时我们可以从先验知识知道一个随机变量的平均值，在这种情况下，可以利用这种先验知识通过简单克里格法来提高预测的精度，这种克里格预测方法仍然是线性加和，但将随机过程的平均值 μ 包括了进去，这种随机过程必须是二阶平稳的（Webster，McBratney，1987）。简单克里格（simple Kriging，SK）预测对那些只遵从本征假设的随机过程并不是特别适合。

简单克里格的预测公式为

$$Z_{SK}^{*}(x_0) = \sum_{i=1}^{n} \lambda_i z(x_i) + \left(1 - \sum_{i=1}^{n} \lambda_i\right) \mu \tag{7-4-19}$$

普通克里格预测的方差是简单克里格预测方差与均值预测方差的加和，可用下式表示：

$$\sigma_{SK}^{2}(x_0) = \sigma_{OK}^{2}(x_0) - \left(1 - \sum_{i=1}^{N} \lambda_i^{SK}\right) \psi(R) \tag{7-4-20}$$

其中，$\psi(R)$ 表示均值预测方差；$1-\sum_{i=1}^{N}\lambda_i^{SK}$ 表示其所占权重。

7.4.2.3　泛克里格法

泛克里格法假定平均值是未知，并且不是一个常数，而是由一个多项式构成的

$$m(x) = \sum_{l=0}^{L} a_l f_l(x) \tag{7-4-21}$$

式中，a_l 为未知系数；l 为多项式阶数。此时，泛克里格模型可以由随机性和确定性两个部分来构成：

$$Z(x) = m(x) + \varepsilon(x) \tag{7-4-22}$$

式中，$\varepsilon(x)$ 为随机部分，是一个符合［0，1］分布的随机函数，又叫作残差；确定性部分 $m(x)$，又叫作漂移。

同样，作为一种线性预测克里格方法，泛克里格的估值结果也是寻求无偏条件下的最优解。首先其预测的均方根误差可以用下面公式表示：

$$E\{[Z_{UK}^{*}(x_0) - Z(x_0)]^2\} = \mathrm{Var}[Z_{UK}^{*}(x_0) - Z(x_0)] + \{E[Z_{UK}^{*}(x_0) - Z(x_0)]\}^2 \tag{7-4-23}$$

利用公式（7-4-21）对平均值的表达，其预测偏差可以表示为

$$\begin{aligned} E[Z^{*}(x_0) - Z(x_0)] &= \sum_{i=1}^{n} \lambda_i \sum_{l=1}^{L} a_l f_l(x_i) - \sum_{l=1}^{L} a_l f_l(x_0) \\ &= \sum_{l=1}^{L} a_l \left[\sum_{l=1}^{L} \lambda_l f_l(x_i) - \sum_{l=1}^{L} f_l(x_0)\right] \end{aligned} \tag{7-4-24}$$

为使预测的均方根误差 $E[Z_{UK}^{*}(x_0) - Z(x_0)]$ 最小，公式（7-4-23）中右边的第二项 $\{E[Z_{UK}^{*}(x_0) - Z(x_0)]\}^2$ 趋于 0。要满足此条件，公式（7-4-24）中右边也趋于 0。由于 a_l 为未知系数，因此只有乘积的第二项系数为 0，即

$$\sum_{l=1}^{L} \lambda_l f_l(x_i) - \sum_{l=1}^{L} f_l(x_0) = 0 \quad 或 \quad \sum_{l=1}^{L} \lambda_l f_l(x_i) = \sum_{l=1}^{L} f_l(x_0) \tag{7-4-25}$$

这里 $l=0, 1, \cdots, L$，这就给出了 $L+1$ 个条件式。因此，Matheron（1969）称为泛条件，依此推导的克里格方法称为泛克里格法。此时，对所有的 a_l 值，其估值 $Z^{*}(x_0)$ 为无偏。

然后，求最小均方根误差，就变为方程式：

$$\begin{aligned} E\{[Z_{UK}^{*}(x_0) - Z(x_0)]^2\} &= \mathrm{Var}[Z_{UK}^{*}(x_0) - Z(x_0)] \\ &= \sum_{i=1}^{n}\sum_{j=1}^{n} \lambda_i \lambda_j C_p(x_i, x_j) \\ &\quad - 2\sum_{i=1}^{n} \lambda_i C_p(x_i, x_0) + C_p(x_0, x_0) \end{aligned} \tag{7-4-26}$$

式中，$C_p(x_i, x_j)$ 为 $Z(x_i)$ 和 $Z(x_j)$ 两变量之间的协方差函数，即

$$C_p(x_i, x_j)=E[Z(x_i)-E[Z(x_i)(Z(x_j)-E[Z(x_i)])]] \tag{7-4-27}$$

同样通过拉格朗日乘子算法，最终可得泛克里格方差为

$$\sigma_{\mathrm{UK}}^2=C_p(x_0, x_0)-\begin{bmatrix}\lambda\\ \varphi\end{bmatrix}^{\mathrm{T}}B \tag{7-4-28}$$

7.4.3 非线性预测克里格法

7.4.3.1 指示克里格法

1. 指示码（indicator coding）

指示变量是重要的二元变量，仅仅取 0 和 1 两个值。这样的变量通常表示存在或不存在。在土壤科学中，经常用 1 来表示土样中某种物质的存在性，而用 0 来表示不存在。也可以从一个连续性变量 $Z(x)$ 来生成一个指示变量 $\omega(x)$。方法很简单，如果 $Z(x)$ 小于或等于某一阈值 z_c，则规定指示变量为 1，否则为 0：

$$\omega(x)=\begin{cases}1, & Z(x)\leqslant z_c\\ 0, & \text{其他}\end{cases} \tag{7-4-29}$$

因此就可以把 Z 划为两部分，一部分为 $Z(x)\leqslant z_c$，另一部分为 $Z(x)>z_c$，并分别赋值为 1 和 0。如果 $Z(x)$ 是一个随机过程 $Z(x)$ 的实现，那么 $\omega(x)$ 可以被认为是一个指示随机函数 $\Omega_c[Z(x)\leqslant z_c]$ 的实现。为了方便，后面将随机函数简化表示为 $\Omega_c(x; z_c)$，它的实现简化表示为 $\omega(x; z_c)$。

2. 指示克里格法（indicator Kriging，IK）

对每一个目标点或块段，利用指示变量建立其预测值计算公式：

$$\hat{\Omega}(x_0; z_c)=\sum_{i=1}^{N}\lambda_i\omega(x_i; z_c) \tag{7-4-30}$$

这里 λ_i 是权重。指示值通常是有界限的，它的样品平均（ω；z_c）通常是作为它的期望。因而我们可以用简单克里格法来预测 $\Omega(x_0; z_c)$：

$$\hat{\Omega}(x_0; z_c)=\sum_{i=1}^{N}\lambda_i\omega(x_i; z_c)+\left\{1-\sum_{i=1}^{N}\lambda_\omega\right\}(\bar{\omega}; z_c) \tag{7-4-31}$$

权重是通过下面的简单克里格方程得到

$$\sum_{i=1}^{N}\lambda_i\gamma^{\Omega}(x_i, x_j; z_c)=\gamma^{\Omega}(x_0, x_j; z_c),\quad j=1, 2,\cdots,N \tag{7-4-32}$$

这里，$\gamma^{\Omega}(x_i, x_j; z_c)$ 是阈值 z_c 处的第 i 个和第 j 个采样点之间的指示半方差值；$\gamma^{\Omega}(x_0, x_j; z_c)$ 是同一阈值的目标点 x_0 和点 x_j 之间的指示半方差值。就像当对连续性变量进行插值时，可以在 x_0 的邻域内利用 $n\ll N$ 代替 N。

预测结果值处于 0 和 1 之间，是真值为 1 时的概率：

$$P[\Omega(x_0; z_c)=1|\omega(x_i), i=1, 2,\cdots, n]=F\{x_0|(n)\} \tag{7-4-33}$$

这里（n）表示特定的邻域内所有的样点数据。$F\{x_0|(n)\}$ 表示 $\Omega(x_0)=1$ 时的条件概率。

现要利用给定的数据来预测未采样点 x_0 处区域化变量 Z 的真值不超过阈值 z_c 的概

率，公式可以写为

$$
\begin{aligned}
&\mathrm{Prob}[Z\ (x_0)\leqslant z_c|Z(x_i);\ i=1, 2, \cdots, N]\\
&=1-\mathrm{Prob}[Z\ (x_0)>z_c|Z(x_i);\ i=1, 2, \cdots, N]
\end{aligned}
\tag{7-4-34}
$$

但是上述方法将数据转化为由特定阈值决定的指示变量，只简单划分为两级，会使原始数据中许多丰富的信息会丢失（Solow，1986）。这里，可以通过对几个阈值重复该过程，对每个目标点通过累计建立$\hat{F}(x_0, z_S)$的累积分布函数来使这种原始数据信息的丢失得到适当地补偿。

这样做会显得烦琐，因为所有阈值的变异函数都必须进行计算和模拟。而且对不同的z_S，都需要对$\hat{F}(x_0, z_S)$独立进行计算，不能保证其总和等于1，或累积函数单调递增，或者预测的概率在0到1之间。因而需要对结果进行调整来确保，并保持顺序关系。不过，可以先得到经验分布函数然后来使$Z(X_0)\leqslant z_c$这一条件概率得到精简。

7.4.3.2 析取克里格法

析取克里格（disjunctive Kriging，DK）法提供了另外一种对由连续性数据转化得到的指示变量进行预测的方法。尽管比指示克里格法有更多的假设条件，但它没有造成信息丢失（Armstrong，Matheron，1986）。最常见的析取克里格法是高斯析取克里格法（Gaussian disjunctive Kriging）。

高斯析取克里格法要求下面的假设条件。首先，$Z(x)$是一个平均值为μ，方差为σ^2，协方差为$C(h)$存在，其变异函数有基台值的。其次，$n+1$个变量，也就是要预测的目标点以及其邻域内的样点的分布是已知的并在整个研究区上是稳定的。如果$Z(x)$的分布是正态（高斯的）的且其过程是二阶平稳的，那么可以假定每个点对的双变量分布也是正态的。每一对变量有同样的双变量密度，密度函数由空间自相关系数决定。这些假定使条件期望可以由自相关系数的形式来表达。

另外，我们假定变量$Z(x)$是空间连续的，存在空间连续扩散过程。就是说，任意两个位置x_i和x_j上的观测值z_i和z_j，其两值之间的中间任意值总存在于两个位置之间。在实际析取克里格方法应用中，高斯扩散过程（Gaussian diffusion process）是经常采用的一种模型。

对于相关系数为ρ的双变量标准正态分布的$Y(x)$和$Y(x+h)$点对之间，$f[Y(x)]$的析取克里格预测结果的方差可表示为

$$
\mathrm{Var}f[Y(x)]-f_{\mathrm{DK}}[Y(x)]=\sum_{i=1}^{\infty}f_n^2\sigma_n^2(x_0)
\tag{7-4-35}
$$

7.4.4 协同克里格法

自然现象的某一性质（或变量）的空间分布常常与其他性质（或变量）密切相关，因为它们受同样的区域化现象或空间过程的影响，各个变量不但存在着自相关性，而且与其他变量之间存在着交互相关性，这种性质被称为协同区域化特性（coregionalization）（Aboufirassi，Mariño，1984）。协同克里格法（cokriging）可以利用同一变量在不同时空或不同变量在同一时空上的协同区域化性质，用易于测得的变量来对那些难以测得的属性或变量进行估值，或者用样品多的变量对样品少的变量进行估

值。它将其中的一个变量作为主变量，其他的作为辅助变量，主变量的自相关性和主变量与其他变量间的交互相关性是为了更好地进行预测（Manthena et al.，2009）。用其他的变量来帮助进行预测是诱人的想法，但也有一定代价。协同克里格要比普通克里格法进行更多的预测，包括预测每个变量的自相关性和变量之间的交互相关性（Zhang，Cai，2015）。因此，理论上，协同克里格法的预测精度总是比普通克里格的预测精度要高，因为它利用变量间的交互相关性来帮助进行预测。然而，每次对未知的自相关参数进行预测，又会引进更多的变异。

7.4.4.1　交互协方差函数

如果两个变量 $Z_1(x)$ 和 $Z_2(x)$ 是二阶平稳的且平均值分别为 μ_1 和 μ_2，那么这两个变量的协方差函数分别为

$$\mathrm{Var} f[Y(x)]-f_{\mathrm{DK}}[Y(x)]=\sum_{i=1}^{\infty} f_n^2\sigma_n^2(x_0) \quad (7\text{-}4\text{-}36)$$

$$\begin{aligned}C_{11}(h)&=E[\{Z_1(x)-\mu_1\}\{Z_1(x+h)-\mu_1\}]\\C_{22}(h)&=E[\{Z_2(x)-\mu_2\}\{Z_2(x+h)-\mu_2\}]\end{aligned} \quad (7\text{-}4\text{-}37)$$

它们之间的交互协方差（cross variogram）函数为

$$C_{12}(h)=E[\{Z_1(x)-\mu_1\}\{Z_2(x+h)-\mu_2\}] \quad (7\text{-}4\text{-}38)$$

交互协方差函数公式还包含另一特征，即不对称性。一般而言

$$E[\{Z_1(x)-\mu_1\}\{Z_2(x+h)-\mu_2\}]\neq E[\{Z_2(x)-\mu_2\}\{Z_1(x+h)-\mu_1\}] \quad (7\text{-}4\text{-}39)$$

换言之，在某一方向上 $Z_1(x)$ 和 $Z_2(x)$ 之间的交互协方差不同于其相反方向上的交互协方差，函数是不对称的：

$$C_{12}(h)\neq C_{21}(-h) \quad (7\text{-}4\text{-}40)$$

由于 $C_{12}(h)\neq C_{21}(-h)$，还存在 $C_{12}(h)\neq C_{21}(h)$。

不对称性是非常普遍的，如同一剖面上的表土与底土由于土壤也存在着不对称的关系。不过除非不对称性非常明显或者可以用物理公式合理地解释，在预测中可以认为它是由采样的影响或手段所造成的。

7.4.4.2　普通协同克里格法

普通协同克里格预测是权重 λ_a^i 的一种线性结合。假设所要进行预测的变量为 Z_1，该变量通常比其他的变量所采取的样品少。有 V 个协变量 Z_j，$j=1, 2, \cdots, V$。利用普通协同克里格法，有下列预测公式：

$$Z_u^*(B)=\sum_{l=1}^{V}\sum_{i=1}^{n_l}\lambda_{il}[z_l(x_i)] \quad (7\text{-}4\text{-}41)$$

这里 $Z_u^*(B)$ 表示所预测的待估点或块段处的预测值。下标 l 表示第 l 个变量，共有 V 个。下标 i 表示变量 l 所进行实测的样点数目，共 n_1 个。λ 是分配给变量 l 的权重，满足

$$\sum_{i=1}^{n_l}\lambda_{il}=\begin{cases}1, & l=u\\0, & l\neq u\end{cases} \quad (7\text{-}4\text{-}42)$$

这是进行无偏预测的条件。

若只有两个变量 Z_u 和 Z_v，所要对其进行预测的变量 Z_u 作为主变量，则普通协同克

里格的预测公式（7-4-41）可简化为

$$Z_u^*(B)=\sum_{i=1}^{n}\lambda_{ui}Z_u(x_i)+\sum_{j=1}^{p}\lambda_{vj}Z_v(x_j) \tag{7-4-43}$$

这里$Z_u^*(B)$表示所预测的待估点或块段处的预测值。$Z_u(x_i)$和$Z_v(x_j)$分别是主变量Z_u和辅助变量Z_v的实测值；λ_i和λ_j分别是分配给主变量Z_u和辅助变量Z_v的实测值的权重，且$\sum\lambda_{ui}=1$，$\sum\lambda_{vj}=0$；n和p是参与估值的主变量Z_u和辅助变量Z_v的实测值的数目。

根据最优无偏的假设条件，建立普通协同克里格的预测方程组：

$$\begin{cases}\sum_{l=1}^{V}\sum_{i=1}^{n_l}\lambda_{il}\gamma_{il}(x_i,\ x_j)+\varphi_v=\overline{\gamma}_{uv}(x_j,\ B)\\ \sum_{i=1}^{n_l}\lambda_{il}=\begin{cases}1, & l=u\\ 0, & l\neq u\end{cases}\end{cases} \tag{7-4-44}$$

这里$\gamma_{lv}(x_i,\ x_j)$是变量l和v在点i，j处的交互半方差值；$\overline{\gamma}_{uv}(x_i,\ B)$是点$i$和要预测块段处$B$的交互半方差值的平均值$\lambda$；$\varphi_v$是第V个变量的拉格朗日乘子。

根据公式（7-4-44）可以计算出权重λ，将其代入普通协同克里格预测公式（7-4-41）中可以得到预测值。

协同克里格的预测方差为

$$\sigma_u^2(B)=\sum_{l=1}^{V}\sum_{j=1}^{n_l}\lambda_{jl}\overline{\gamma}_{ul}(x_j,\ B)+\varphi_u-\overline{\gamma}_{uu}(B,\ B) \tag{7-4-45}$$

7.4.4.3　简单协同克里格法

在给定的邻域内当感兴趣的变量没有样品数据可以得到时，普通协同克里格就没有均值。此外，简单协同克里格法要利用变量的均值信息，它由感兴趣变量的均值与权重λ_{il}的线性结合两个部分组成：

$$Z_u^*(B)=m_u+\sum_{l=1}^{V}\sum_{i=1}^{n_l}\lambda_{il}[z_l(x_i)-m_l] \tag{7-4-46}$$

这里$Z_u^*(B)$表示所预测的块段（或点）处的预测值。l表示变量，$l=1$，2，…，V。i表示变量l所进行实测的点样数目，共n_l个，λ是权重。

简单协同克里格预测系统的矩阵形式为

$$\begin{bmatrix}C_{11} & \cdots & C_{1j} & \cdots & C_{1V}\\ \vdots & & \vdots & & \vdots\\ C_{l1} & \cdots & C_{lj} & \cdots & C_{lV}\\ \vdots & & \vdots & & \vdots\\ C_{V1} & \cdots & C_{Vj} & \cdots & C_{VV}\end{bmatrix}\begin{bmatrix}\lambda_1\\ \vdots\\ \lambda_l\\ \vdots\\ \lambda_v\end{bmatrix}=\begin{bmatrix}C_{1B}\\ \vdots\\ C_{lB}\\ \vdots\\ C_{VB}\end{bmatrix} \tag{7-4-47}$$

$$C_{lj}=C_{jl}^{\mathrm{T}}$$

式中，C_{Vj}包含了一定对的变量间样品点之间的协方差；C_{lB}包括了所要预测的点或块段和实测的变量l的样品点之间的协方差；λ_l是分配给变量l的权重。

7.4.5　几种克里格法的总结比较

现常用克里格法主要包括线性预测克里格法、非线性预测克里格法以及协同克里格三大类。其中线性预测克里格法包括普通克里格法、简单克里格法、泛克里格法；非线性预测克里格法包括指示克里格法、析取克里格法；协同克里格法主要包括普通协同克里格法、简单协同克里格法。

（1）普通克里格法是单个变量的局部线性最优无偏估计方法，也是最稳健、最常用的一种方法，假设每一点的随机变量的期望是一个未知的常数 m。

（2）简单克里格法假设空间过程的均值依赖于空间位置，并且是已知的，即假设每一点的随机变量的期望是一个已知的常数 m。实际中均值一般很难得到，因此简单克里格很少直接用于估计。

（3）泛克里格法是把一个确定性趋势模型加入克里格插值中，将空间过程分解为趋势项和残差项两个部分的和，即假设每一点的随机变量的期望是一个函数 $m(x)$。

（4）指示克里格法将连续的变量转换为二进制的形式，是一种非线性、非参数的克里格预测方法。

（5）析取克里格法也是一种非线性的克里格方法，但它是有严格的参数的。这种方法对决策是非常有用的，因为它不但可以进行预测，还提供了超过或不超过某一阈值的概率。

（6）普通协同克里格法是将单个变量的普通克里格法扩展到两个或多个变量，且这些变量间要存在一定的协同区域化关系。如果那些测试成本低、样品较多的变量与那些测试成本较高的、样品较少的变量在空间上具有一定的相关性，那么该方法就尤其有用。可以利用较密采样得到的数据来提高样品较少数据的预测精度。

（7）简单协同克里格法也是将单个变量的简单克里格法扩展到两个或者多个变量，其与普通协克里格法的差别依然在于是否已知趋势函数。

7.5 案例展示

本案例数据分为两部分：其中普通克里格插值、简单克里格插值、泛克里格使用案例数据一英国牧草地土样数据；指示克里格、协同克里格使用案例数据三某地区重金属数据协同克里格使用案例数据五西藏地区TRMM数据。预测精度采用十折交叉验证确定。

7.5.1 普通克里格插值

以pH属性数据为例进行普通克里格插值操作，pH数据接近正态分布、有倒“U”形趋势（数据探索分析过程见上机实习部分）。对数据去除趋势，采用半变异函数进行拟合，调整参数，生成预测图如图7-5-1所示。

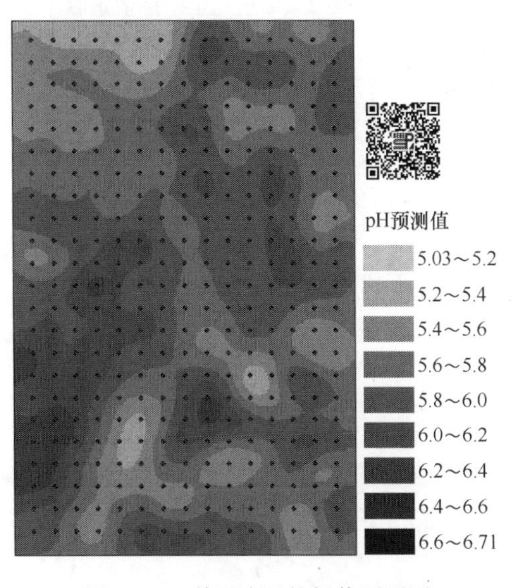

图7-5-1 普通克里格插值预测图

7.5.2 简单克里格插值

以 pH 属性数据为例进行简单克里格插值操作，pH 数据接近正态分布、有倒“U”形趋势（数据探索分析过程见上机实习部分）。对数据去除趋势，采用半变异函数进行拟合，调整参数，生成预测图如图 7-5-2 所示。

7.5.3 泛克里格插值

以 pH 属性数据为例进行泛克里格插值操作，pH 数据接近正态分布、有倒“U”形趋势（数据探索分析过程见上机实习部分）。对数据去除趋势，采用半变异函数进行拟合，调整参数，生成预测图如图 7-5-3 所示。

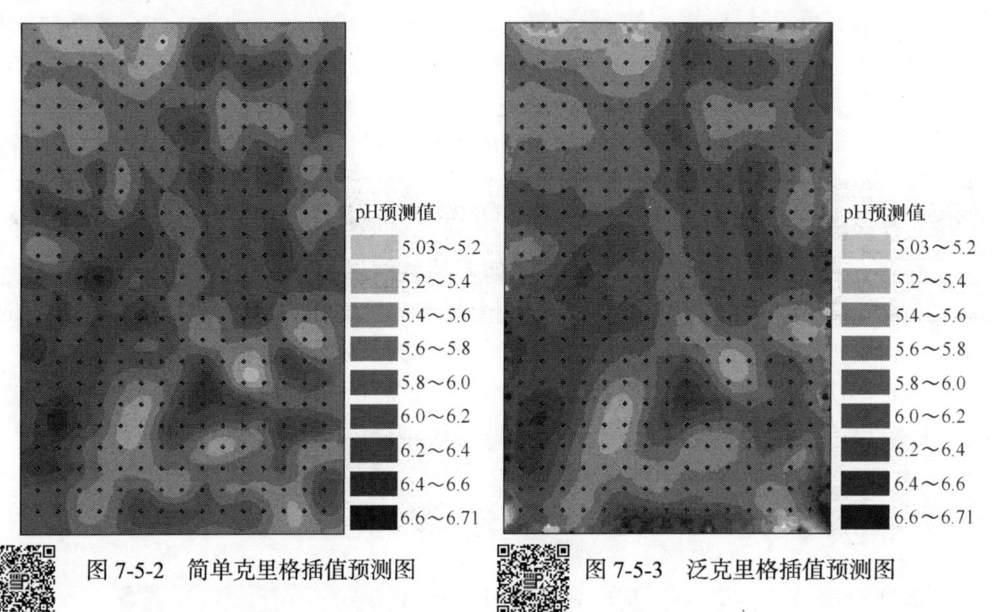

图 7-5-2 简单克里格插值预测图

图 7-5-3 泛克里格插值预测图

7.5.4 指示克里格插值

在多数情况下，并不需要一个区域内每一个点的属性值，而只需要了解属性值是否超过某一阈值，通过选择阈值，可将一个连续性变量转换为值为 0 或者 1 的二进制变量，此时，选用指示克里格进行分析。使用案例数据三某地区重金属镉的单因子评价指数的数据进行指示克里格插值。

评价超标分级标准如表 7-5-1 所示。以 1 为阈值，超过 1 则认为是存在镉污染情况，图 7-5-4 为指示克里格预测图，可以看到大面积区域污染风险低于 50%，西部污染风险高，有一个呈中心发散的圆形污染高风险区，风险高于 50%。

表 7-5-1 土壤重金属含量单项评价超标分级标准

等级	单因子指数 P_i	评价等级	等级	单因子指数 P_i	评价等级
1	$P_i \leq 1.0$	无污染	4	$3.0 < P_i \leq 5.0$	中度污染
2	$1.0 < P_i \leq 2.0$	轻微污染	5	$P_i > 5.0$	重度污染
3	$2.0 < P_i \leq 3.0$	轻度污染			

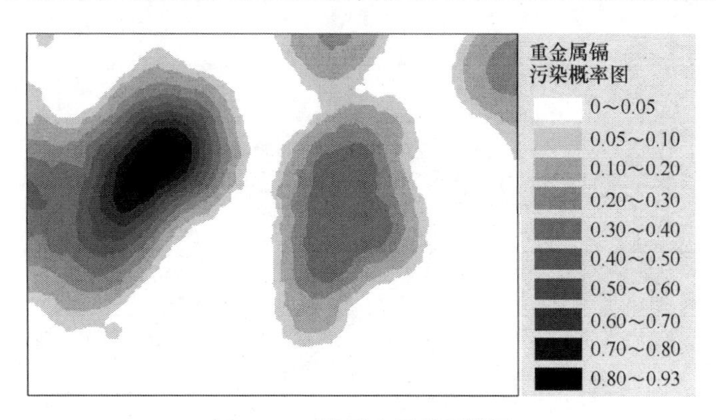

图 7-5-4 指示克里格预测图

7.5.5 析取克里格插值

当原始数据不服从简单分布（高斯或对数正态），则可以选择析取克里格法，它可以提供非线性估值方法。析取克里格法所用的数据应该具有空间连续性的点数据，且数据需服从双变量正态分布。案例数据三某地区的重金属镉数据不服从正态分布，对数转换后也不服从（数据探索分析过程见上机实习部分），选择析取克里格法进行插值预测如图 7-5-5 所示。

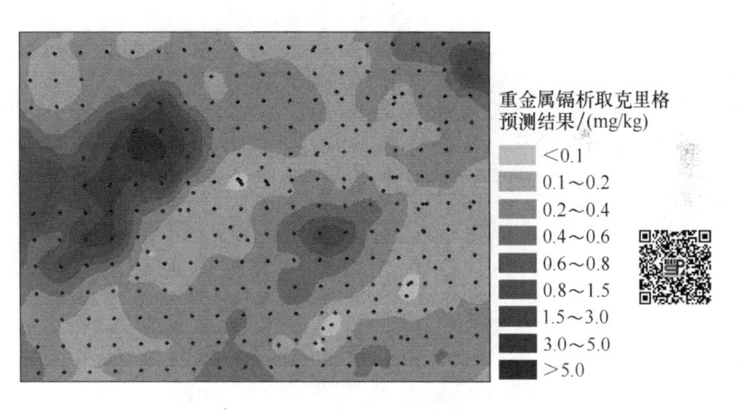

图 7-5-5 析取克里格插值预测图

7.5.6 协同克里格插值

当空间样点的某个属性与其他属性密切相关，且该属性获得不易时，可以考虑选用协同克里格法预测该属性。使用案例数据五西藏地区 TRMM 数据的 NDVI 属性值进行协同克里格插值，辅助变量选择降水数据。得到 NDVI 的预测结果如图 7-5-6 所示，西藏东南区域植被指数显著高于其他区域。

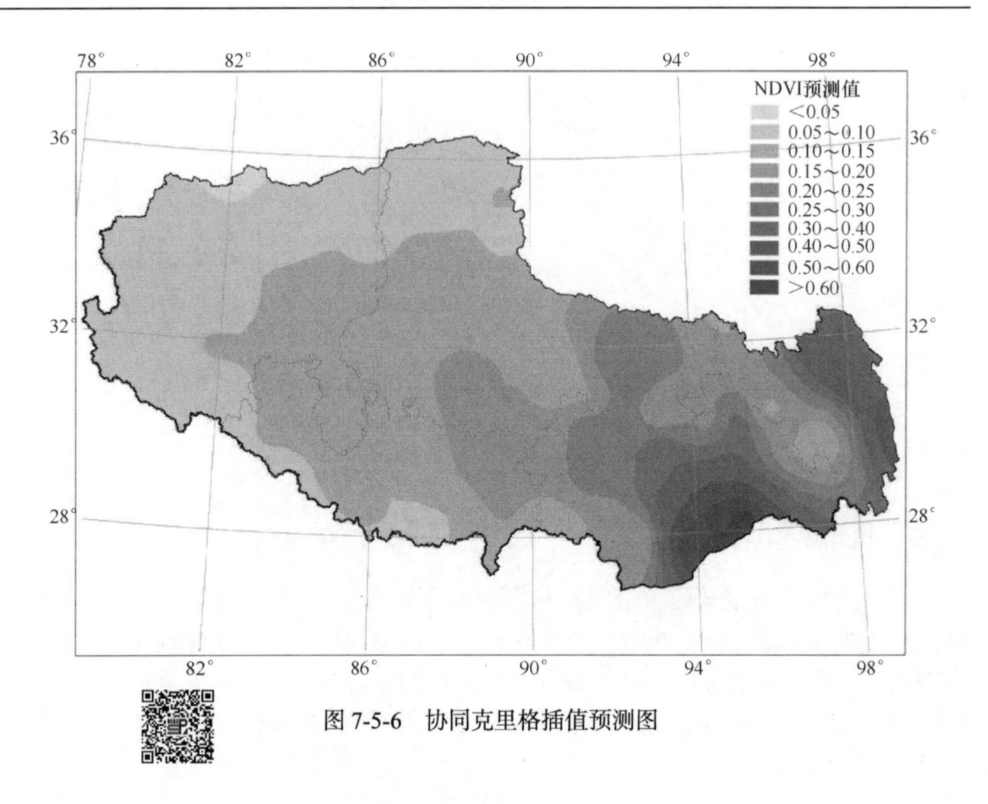

图 7-5-6　协同克里格插值预测图

7.6　上 机 实 习

本节上机实习目的为学会使用 ArcMap 进行普通克里格、简单克里格、泛克里格、指示克里格、析取克里格、协同克里格插值分析制图。

使用的软件为 ArcGIS 软件（ArcMap）。

普通克里格、简单克里格与泛克里格插值使用的数据为案例数据一，指示克里格、析取克里格使用的数据为案例数据三，协同克里格插值使用的数据为案例数据五，数据可通过扫描附录 2 中的二维码获取。

案例数据一：英国北爱尔兰 Hillsborough 农业研究所附近的一块 7.9hm^2 的坡地试验区的测试数据。共获取了 345 个土壤采样点的 pH、有效磷、有效钾、有效镁、有效硫、总氮与总碳的含量。使用到的文件为点状图层站点“sample”和面状边界图层“field_area”。使用到的变量为 pH。

案例数据三：某地区土壤重金属的污染含量分布数据主要来自 2003 年浙江省地调院牵头的浙江省农业地质环境调查数据；选取了某地区的 264 个采样点进行分析，采样区内共计 83 家土壤重金属污染企业，使用到的文件为点状图层“sample”，面状边界“field_area”。使用到的变量为 Cd 与 Pi_Cd。

案例数据五：西藏地区 2000 年 12 个月的 TRMM3B43 数据，相加得到 2000 年的年降雨数据，通过栅格转点的方式，得到 1817 个分布点。使用到的变量为 NDVI 与降雨量。

7.6.1　普通克里格插值

普通克里格是区域化变量的线性估计，它假设数据变化呈正态分布，认为区域化变量 Z 的期望值是未知的常量。插值的过程类似于加权滑动平均，权重值的确定来自空间数据分析。

ArcGIS 中克里格插值的功能可以由地统计模块实现。一般过程包括：

（1）探索性空间数据分析：检查数据是否服从正态分布、是否有趋势效应等，由 Explore Data 完成。

（2）模拟预测图与误差建模：选择合适的模型进行克里格插值，包括半方差函数的选择以及预测模型的选择，由 Geostatistical Wizard 完成。

（3）模型检验与对比：检验模型是否合理以及几种模型对比，由 Geostatistical Wizard 完成。

1．打开数据并启动地统计模块

打开 ArcMap，新建空白文档。

单击 File→Add Data→Add Data（在 9.3 版本中，File→Add Data）；或者单击 ，如图 7-6-1 圆圈所示。

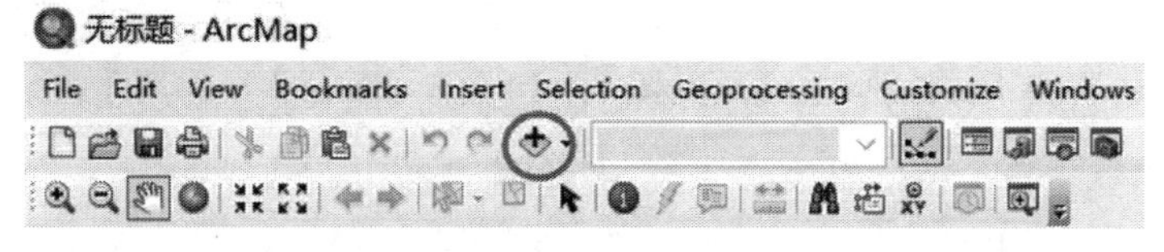

图 7-6-1　打开数据

使用连接文件夹操作，连接并进入目标文件夹，如图 7-6-2 圆圈所示。并打开“sample.shp”“filed_area.shp”。

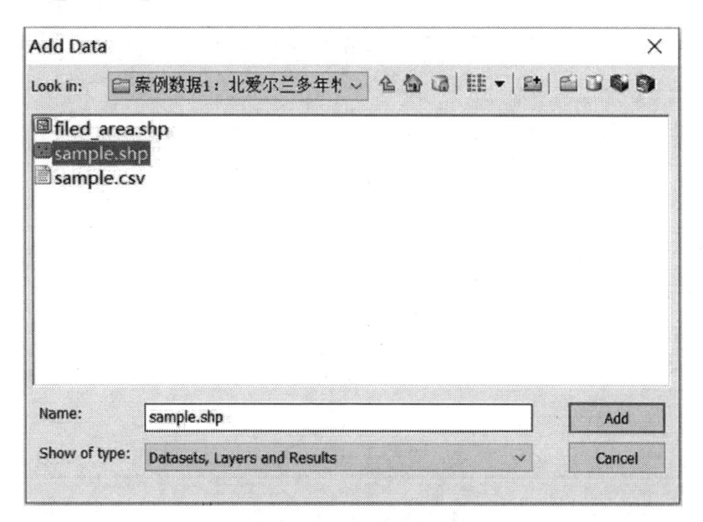

图 7-6-2　选择数据所在文件夹

右击工具栏右侧空白处，即如图 7-6-3 所示的方框处，在出现的长条中单击激活 Geostatistical Analyst（如果在 Geostatistical Analyst 左侧已打钩，则不用单击）。

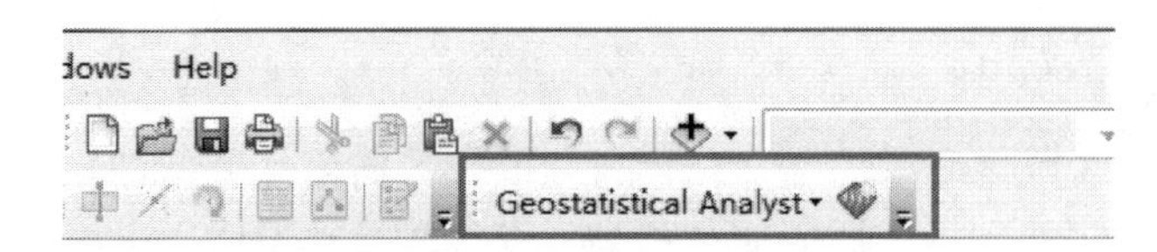

图 7-6-3　启动地理统计模块

2. 数据检查

单击 Geostatistical Analyst，在出现的列表中选择 Explore Data 进行数据探索分析（图 7-6-4）。

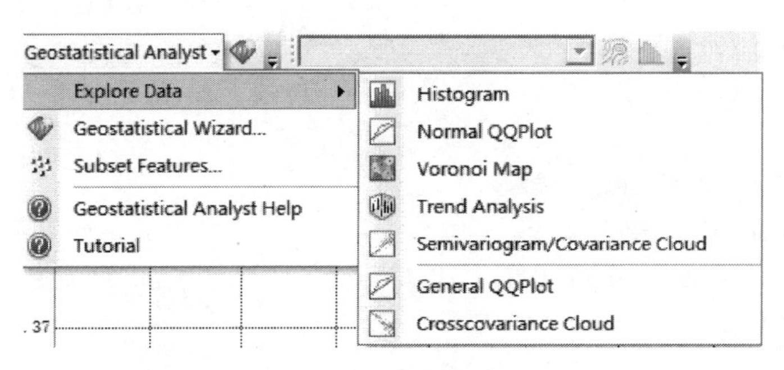

图 7-6-4　数据探索

1）单击 Histogram 对 pH 属性值进行直方图分析（图 7-6-5）

由图可见中值接近均值、峰值接近 3。从图中观察可认为样点 pH 近似于正态分布。如果不呈正态分布，可以在 Transformation 选项中选择 Log 或 Box-Cox 进行正态转换。

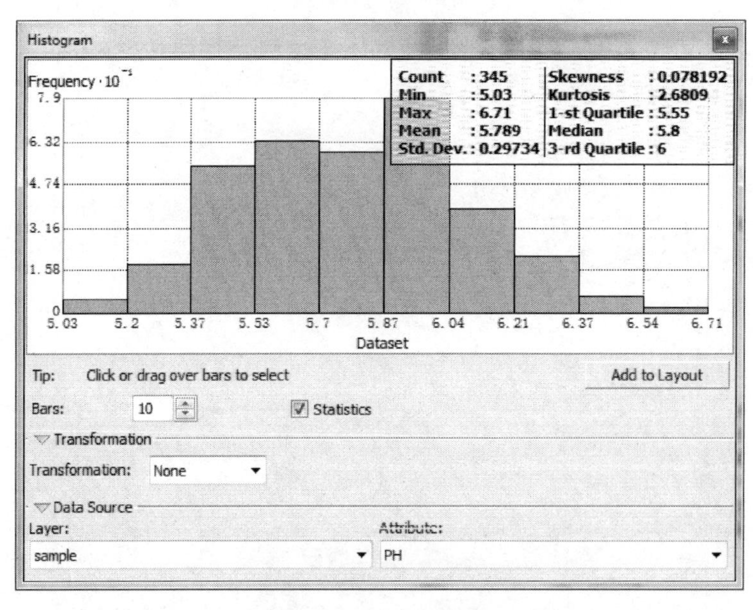

图 7-6-5　直方图分析

2）单击 Normal QQPlot 对 pH 属性值进行 QQ 图分析（图 7-6-6）

由图可见数据点接近直线，呈正态分布。

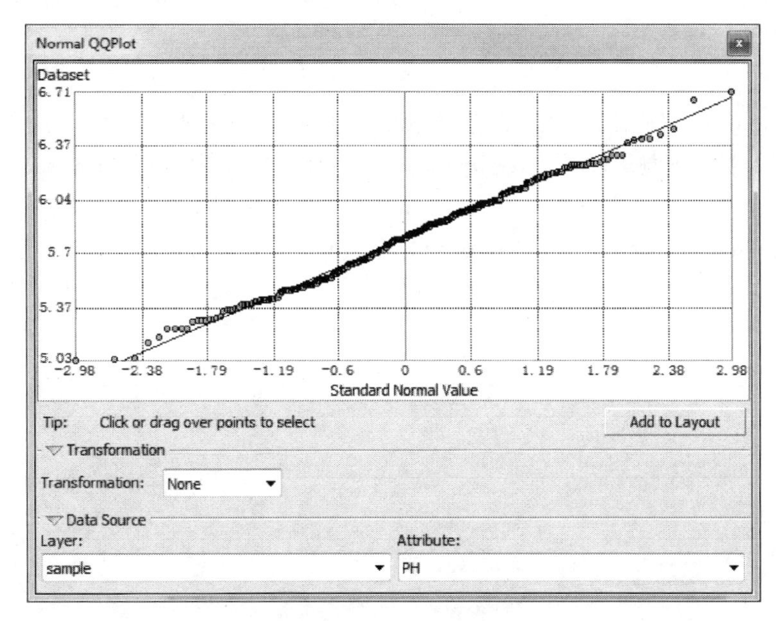

图 7-6-6 QQ 图分析

（3）单击 Trend Analysis 进行趋势分析（图 7-6-7）。

由图可见数据在 Y 方向呈现倒“U”形趋势，可用二阶曲线拟合，在后面进行预测时可去除。

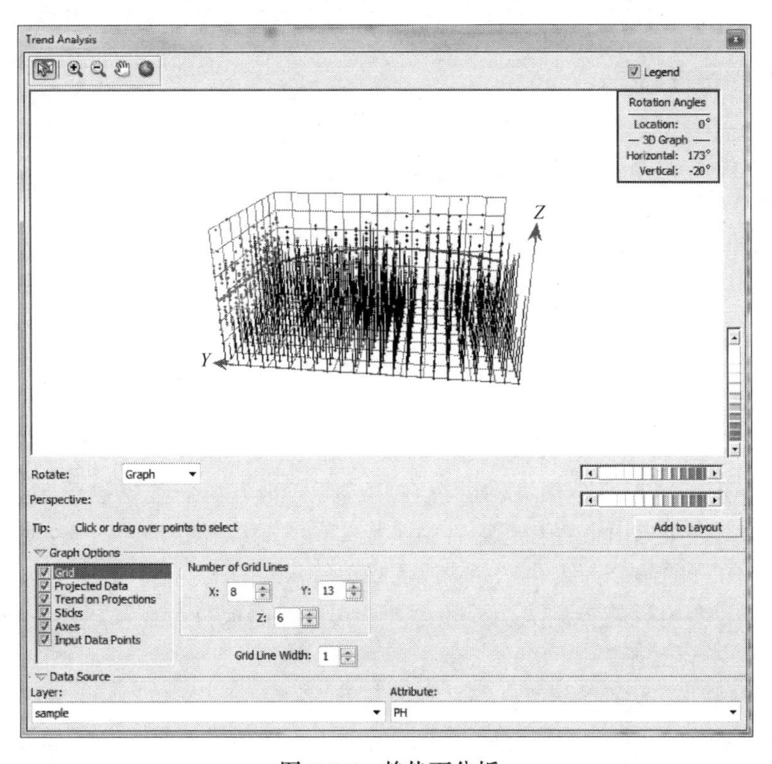

图 7-6-7 趋势面分析

3. 克里格插值

1）进行插值

通过上面的数据检查，发现数据接近正态分布、有倒“U”形趋势。使用普通克里格方法进行表面预测。单击 Geostatistical Analyst，在出现的列表中选择 Geostatistical Wizard，进行克里格插值分析，在 Geostatistical Wizard：Kriging/CoKriging 对话框中，在左边的 Methods 方法栏中选择 Kriging/CoKriging，右侧 Input Data 输入数据栏 Dataset 中，Source Dataset 选择 sample，Data Field 选择 PH。（这里我们以 pH 这一属性为例进行插值分析）如图 7-6-8。

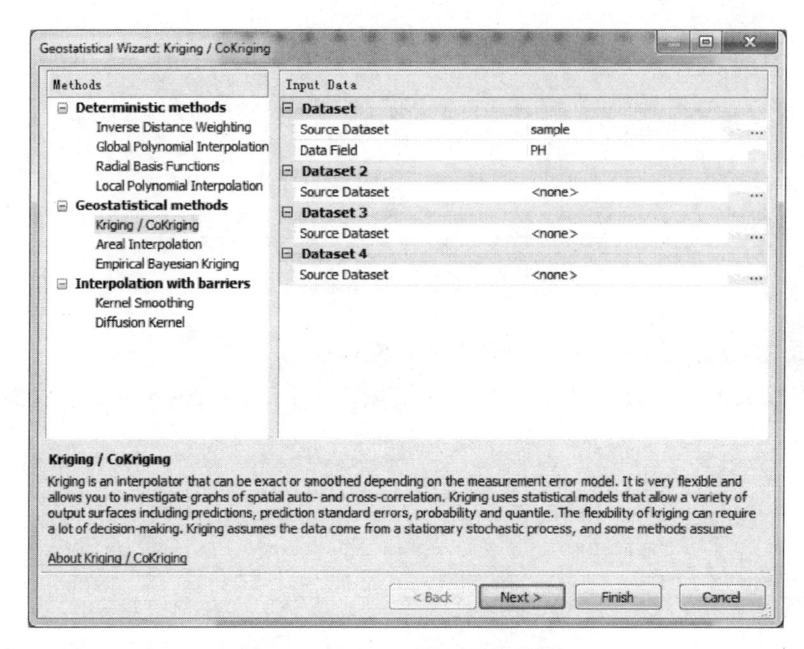

图 7-6-8 对 pH 进行克里格插值

2）数据处理

单击 Next 进行下一步，在 Kriging Type 列表框中选择普通克里格 Ordinary，Output Surface Type 选择 Prediction 预测图，根据数据检查中的内容在 Dataset #1 中 Transformation type 变换方式里选择 None，趋势移除选择二阶，单击 Next 进行下一步，如图 7-6-9 所示。

Transformation 选项：对数据集进行转换，由于某些方法要求数据正态分布，因此如果数据与正态分布差距很大，可以在此选择一种方法对数据进行转换。Order of trend：如果数据在某方向上存在趋势，为了提高预测的准确性，则一般要剔除趋势。在此处选择趋势方程的阶数：线性、一阶或无趋势等。

选择完毕后会出现趋势剔除面板（图 7-6-10）此面板只有在第二步中选择了 Order of trend 选项时才会出现。

3）拟合理论半方差函数模型

在半变异函数 / 协方差建模对话框中，可设置参数值，这里可以设置半变异函数的类型（Type）、各向异性（Anisotropy）、块金模型（Model Nugget）、步长（Lag Size）

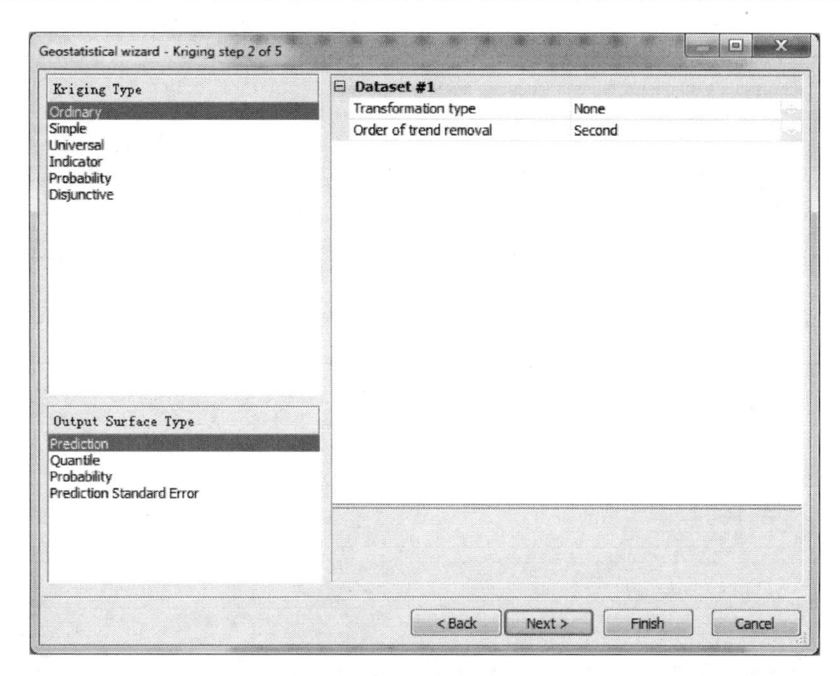

图 7-6-9　数据处理

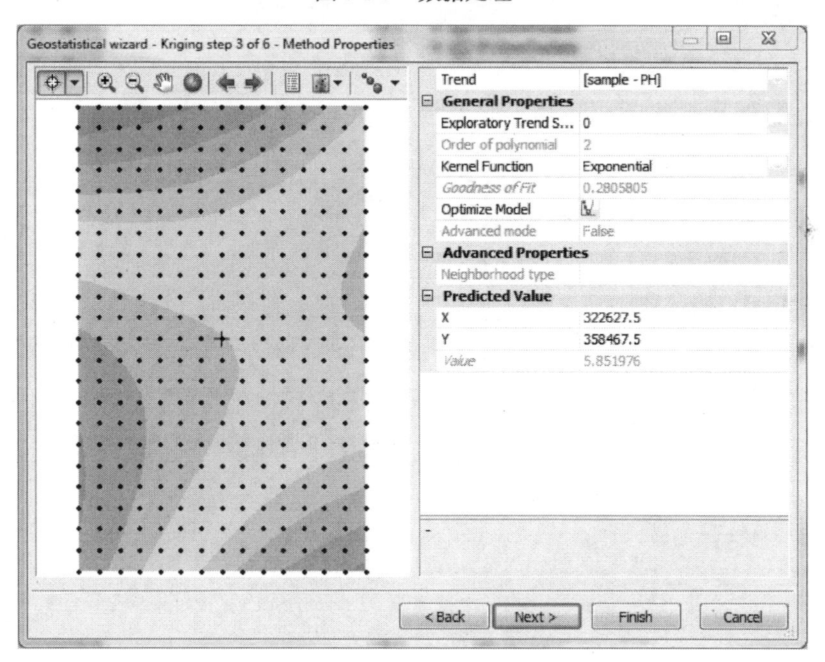

图 7-6-10　剔除的趋势

以及步长分组数（Numbers of Lags），Variable 函数选择半方差函数 Semivariogram，单击 Next 进行下一步，如图 7-6-11 所示。如果数据为各向异性，则需要选择 Anisotropy，当选中此选项时，拟合线变为多条，表示多个方向的拟合函数。

4）设置搜索域

在搜索域对话框中设置相关参数，单击 Next，如图 7-6-12 所示。

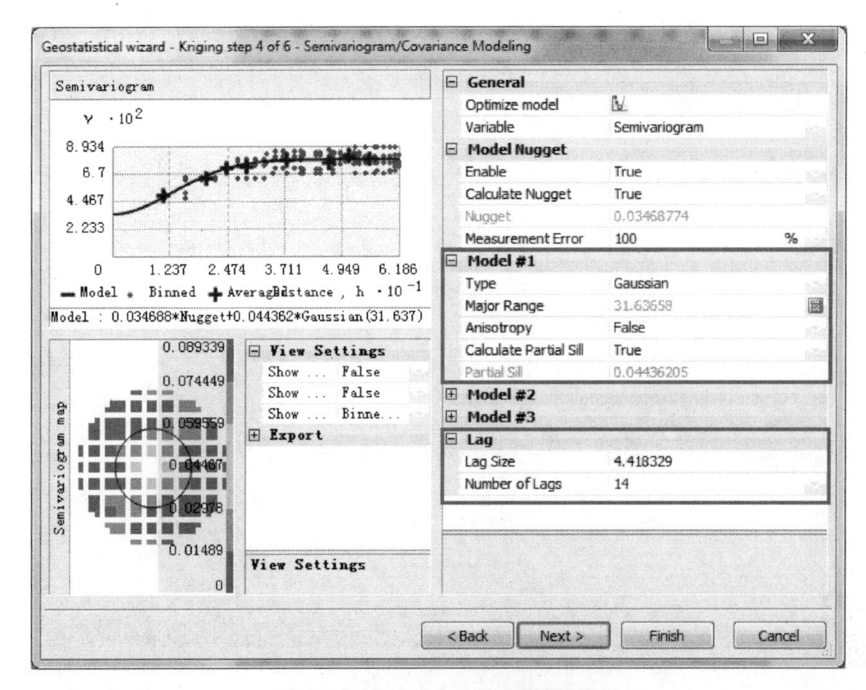

图 7-6-11　理论半方差函数建模

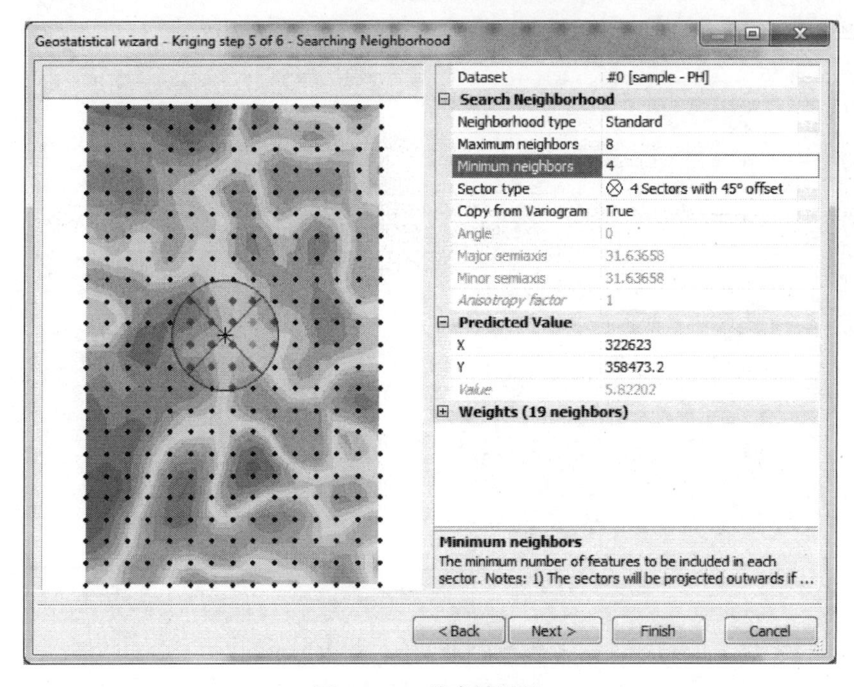

图 7-6-12　搜索域设置

Neighborhood type：Standard 为点数据的外接矩形，Smooth 为样点邻域搜索的并集范围；

Maximum neighbors：在搜索半径内使用样点最多的个数；

Minimum neighbors：在搜索半径内使用样点最少的个数；

Sector type：区域扇形形状的选择。

5）交叉验证结果

在此面板中查看预测的精度如图 7-6-13 所示。

左半边表格含有每个点的实际值、预测值、误差、标准差等数据。

右上角有四个图表。以第一张“Predicted”图为例说明。横坐标为实际值，纵坐标为预测值，最理想的情况是数据呈 1∶1 直线。

右下方的预测误差（Predicted Error）项是预测误差的一些统计值，可很好地体现预测的好坏。其中，Mean：−0.00018（预测误差的均值）、Root-Mean-Square：0.232（预测误差的均方根）、Mean Standardized：−0.00014（平均标准差）、Root-Mean-Square Standardized：0.998（标准均方根误差）、Average Standard Error：0.232（平均标准误差），其中标准均方根误差越接近 1 越好，其他项越小越好。

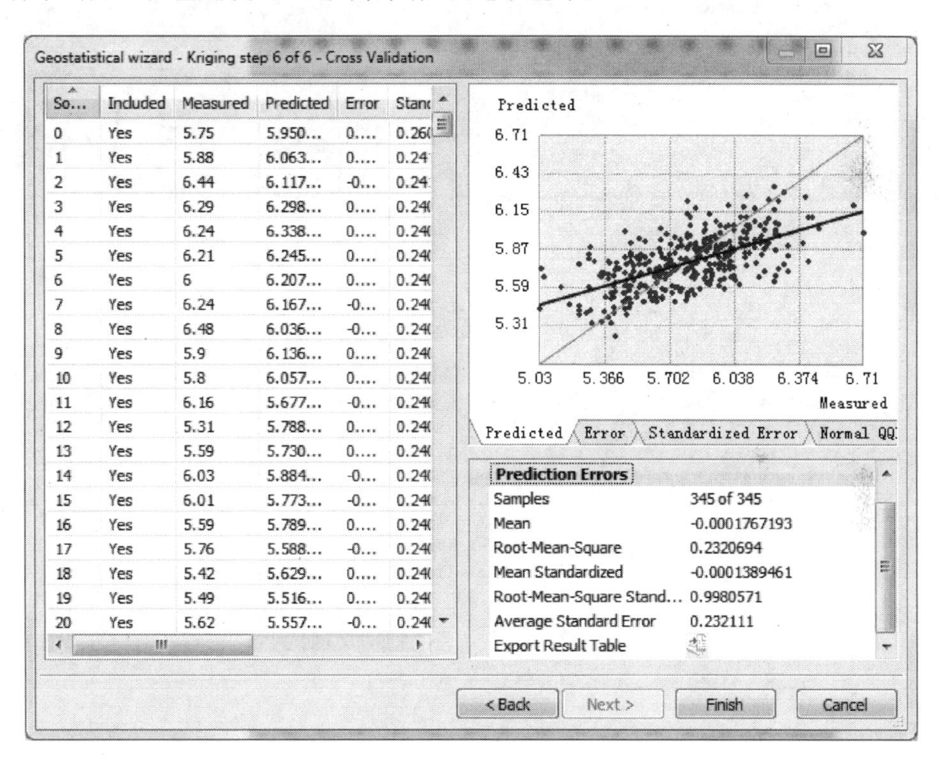

图 7-6-13　预测精度

6）生成报表

单击 Finish，生成在数据预测过程中设置的参数，如图 7-6-14 所示。

7）生成预测图

单击 OK，即可生成预测图。生成的预测图按照采样数据的坐标范围显示成一个矩形（图 7-6-15）。要把范围显示到采样区域。在 ArcMap 目录表中右键单击预测表面名，在快捷菜单中选择 Properties，在 Layer Properties 面板中单击 Extent，将范围设置为与 field_area 一致（图 7-6-16），则得到结果图如图 7-6-17 所示。

8）模型比较

一般情况下，有时候某些参数难以判断，因而会生成几个预测表面，然后比较不同

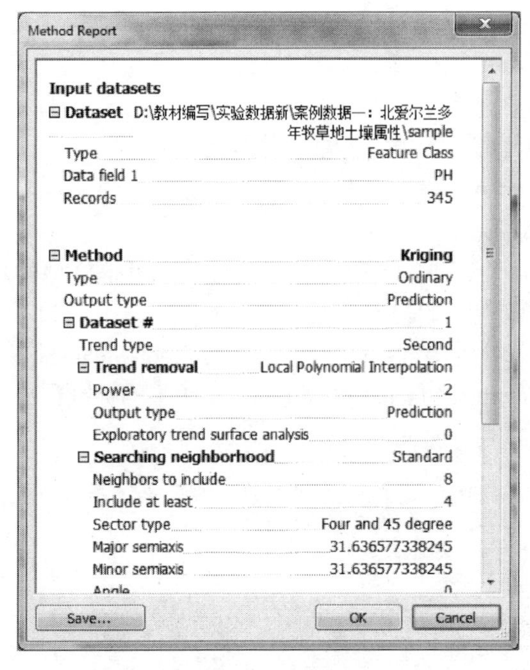

图 7-6-14　报表生成

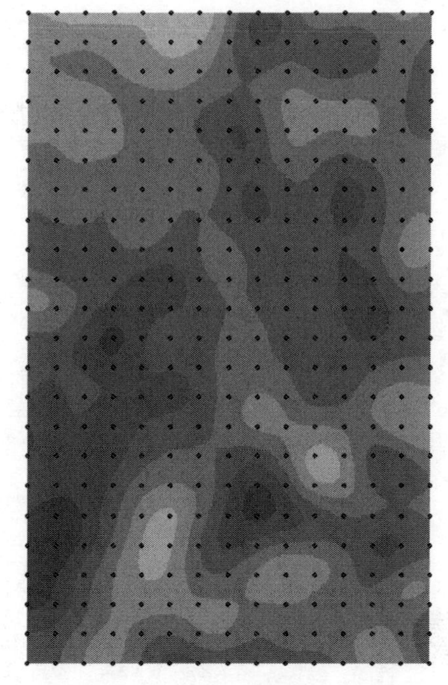

图 7-6-15　预测图

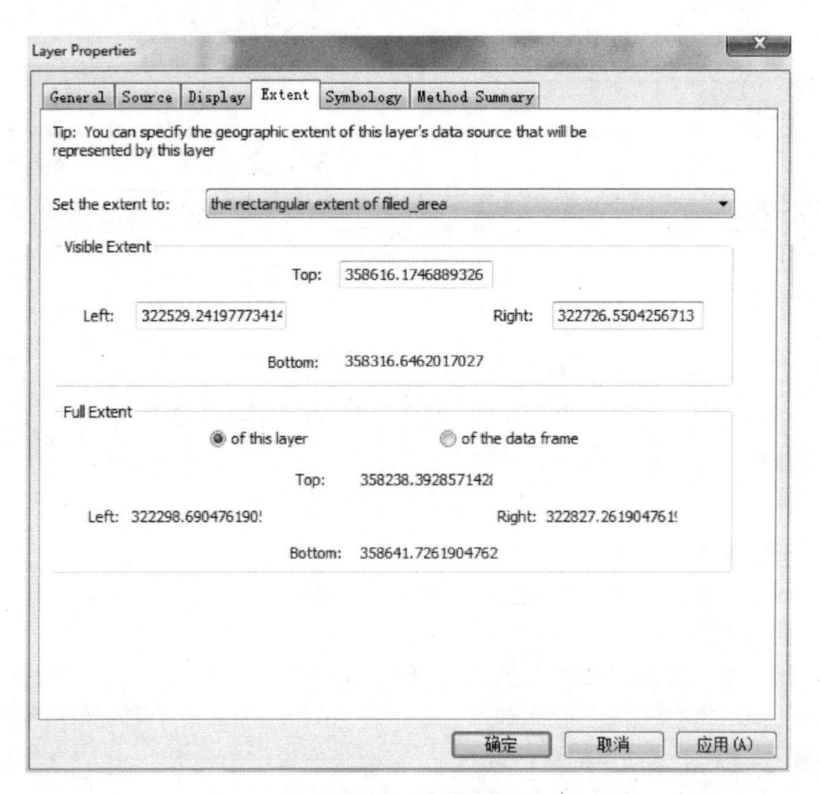

图 7-6-16　范围设置

表面的精度，选择精度最高的作为结果。图 7-6-18 中 Ordinary Kriging 表面是用上述过程中的方法生成的预测表面，Default 是用缺省的参数得到的预测表面。

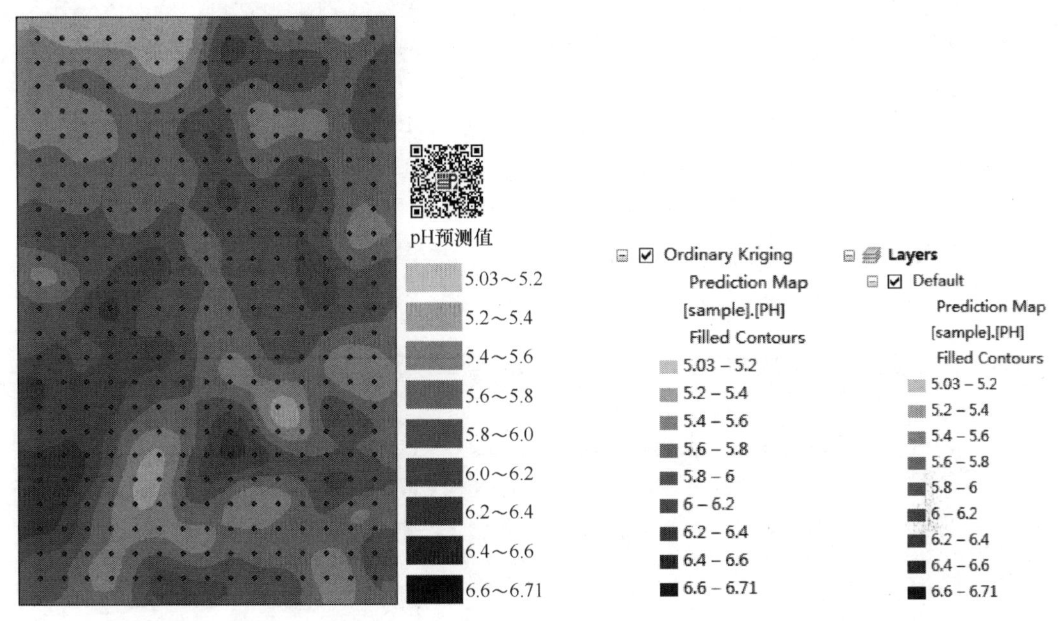

图 7-6-17　普通克里格插值预测图　　　　图 7-6-18　生成多个预测

右击 Ordinary Kriging 并选择 Compare。通过图 7-6-19 的预测参数，容易看出，Ordinary Kriging 的精度明显高于 Default。

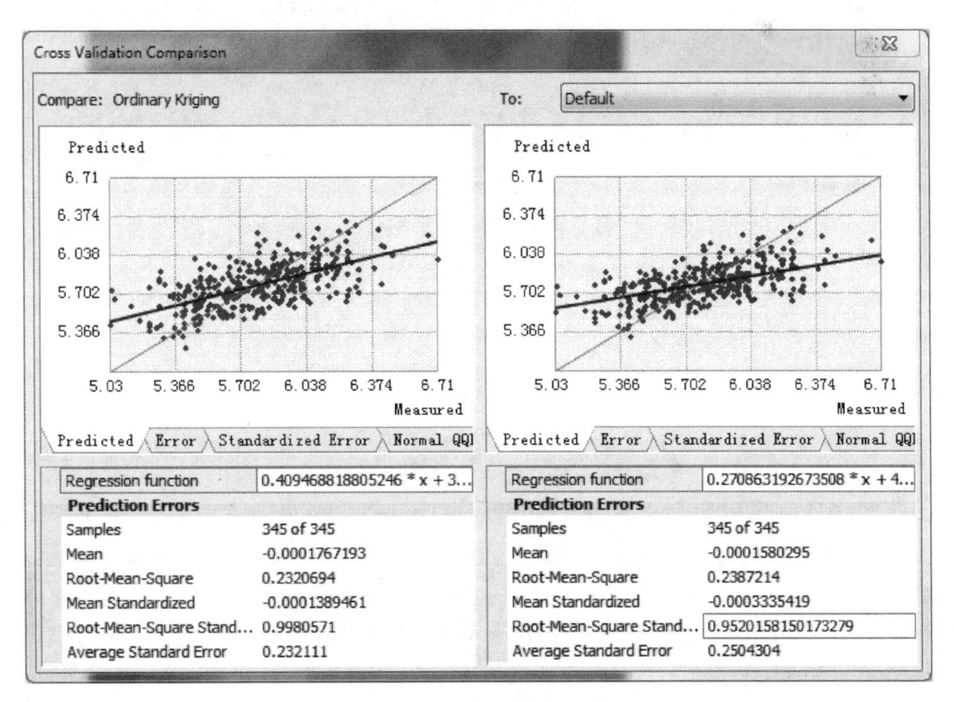

图 7-6-19　预测精度比较

7.6.2 简单克里格插值

简单克里格是区域化变量的线性估计，它假设数据变化为正态分布，认为区域化变量 Z 的期望值为已知的某一常量。由于已知 μ 的值，因而能准确地知道数据点的误差值 $\varepsilon(s)$，相比于普通克里格法 μ 与 $\varepsilon(s)$ 均是经过估计的，简单克里格进行自相关分析的效果显然较好。虽然 μ 值为已知的假设经常并不现实，但可以用其来对物理模型的趋势进行预测，然后对预测值和实测值进行比较。

依然使用“sample.shp”文件的 pH 进行简单克里格插值，打开数据、数据检查的步骤与普通克里格插值过程一致，Geostatistical wizard 的 Kriging Type 列表框中选择简单克里格 Simple（图 7-6-20）。

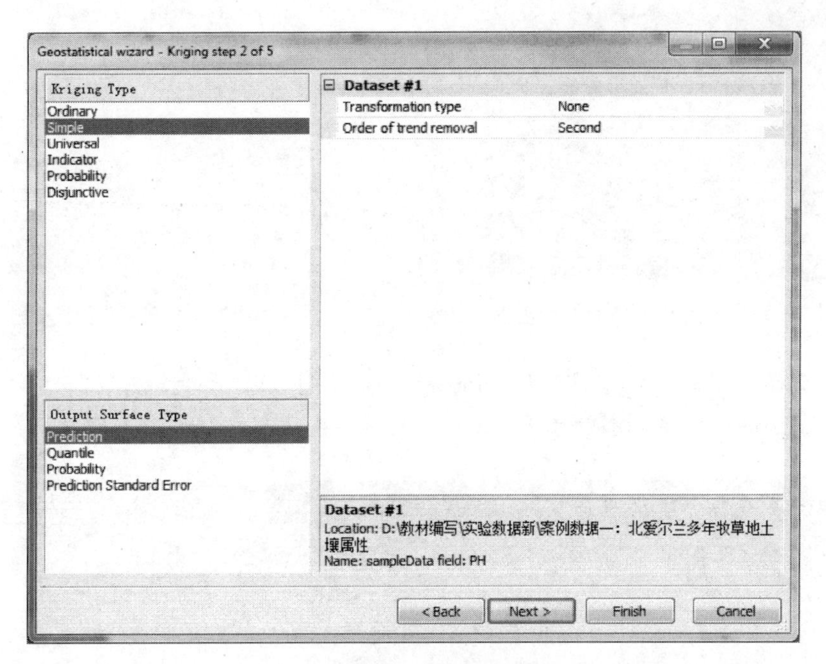

图 7-6-20 简单克里格预测

后续参数设置与调整原理与普通克里格插值过程一致，这里进行省略，可完成预测图的创建，如图 7-6-21 所示。

7.6.3 泛克里格插值

泛克里格假设数据中存在主导趋势，且该趋势可以用一个确定的函数或多项式来拟合。在进行泛克里格分析时，首先，分析数据中存在的变化趋势，获得拟合模型；其次，对残差数据进行克里格分析，最后，将趋势面分析和残差分析的克里格结果加和，得到最终结果。

依然使用“sample.shp”文件的 pH 进行泛克里格插值，打开数据、数据检查的步骤与普通克里格插值过程一致，Geostatistical wizard 的 Kriging Type 列表框中选择泛克里格 Universal（图 7-6-22）。后续参数设置与调整原理与普通克里格插值过程一致，这里进行省略，可完成预测图的创建，如图 7-6-23 所示。

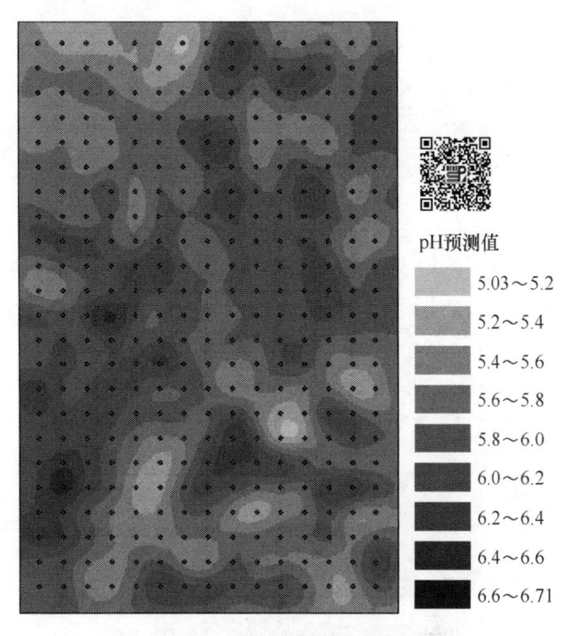

图 7-6-21　简单克里格插值预测图

7.6.4　指示克里格插值

多数情况下，并不需要一个区域内每一个点的属性值，而只需要了解属性值是否超过某一阈值，通过选择阈值，可将一个连续性变量转换为值为 0 或者 1 的二进制变量，此时，选用指示克里格进行分析。

使用案例数据三某地区重金属镉的单因子指数进行指示克里格插值，使用的字段为 Pi_Cd（图 7-6-24）。

评价超标分级标准如表 7-6-1 所示。

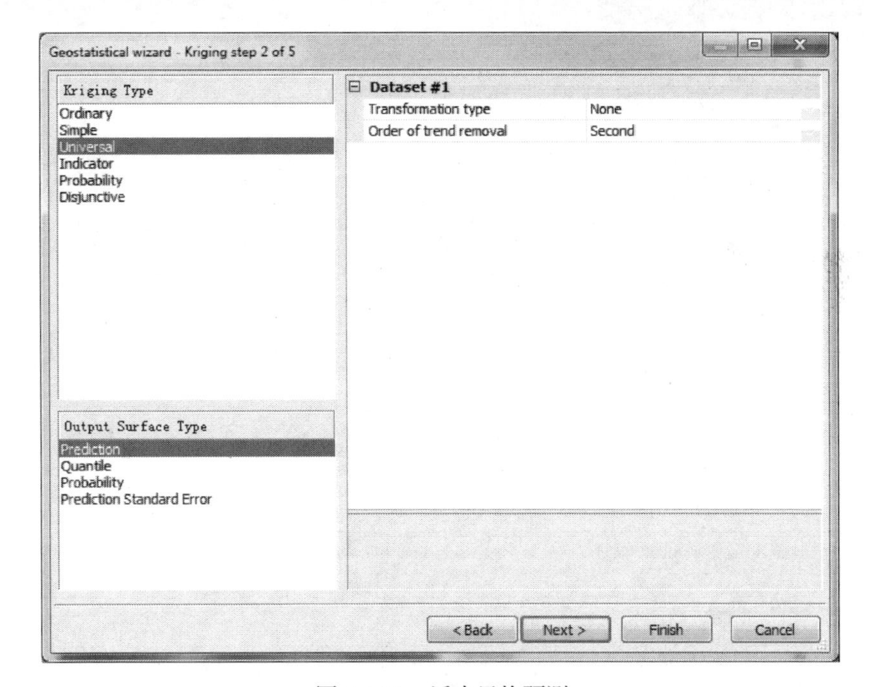

图 7-6-22　泛克里格预测

表 7-6-1　土壤重金属含量单项评价超标分级标准

等级	单因子指数 P_i	评价等级	等级	单因子指数 P_i	评价等级
1	$P_i \leq 1.0$	无污染	4	$3.0 < P_i \leq 5.0$	中度污染
2	$1.0 < P_i \leq 2.0$	轻微污染	5	$P_i > 5.0$	重度污染
3	$2.0 < P_i \leq 3.0$	轻度污染			

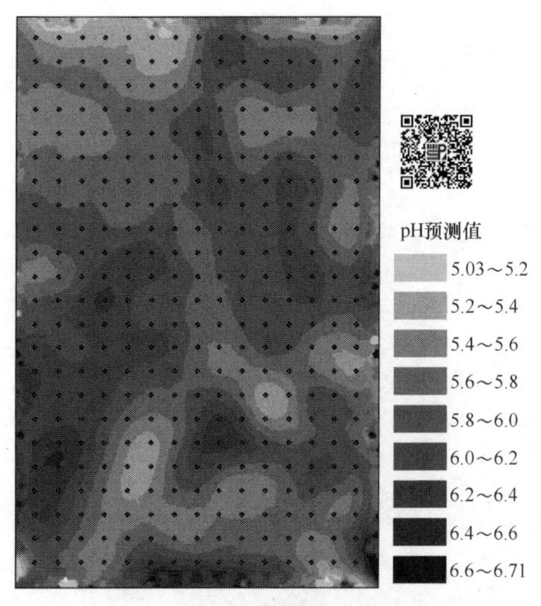

图 7-6-23　泛克里格插值预测图

单击Next进行下一步，在Kriging Type列表框中选择指示克里格Indicator，在主阈值Primary Threshold栏中可设置阈值方式为超过Exceed，阈值大小Threshold value设置为1，当单因子指数P_i值超过1时，则均视为镉污染情况，单击Next进行下一步，如图7-6-25所示。适当调整半方差函数参数，如图7-6-26所示。

在搜索领域对话框中设置相关参数，默认参数数值，单击Next，如图7-6-27所示。在Cross Validation交叉验证对话框中，可列出模型精度评价的情况，如图7-6-28所示。

单击Finish，生成方法报表，并完成概率图的创建，如图7-6-29所示。

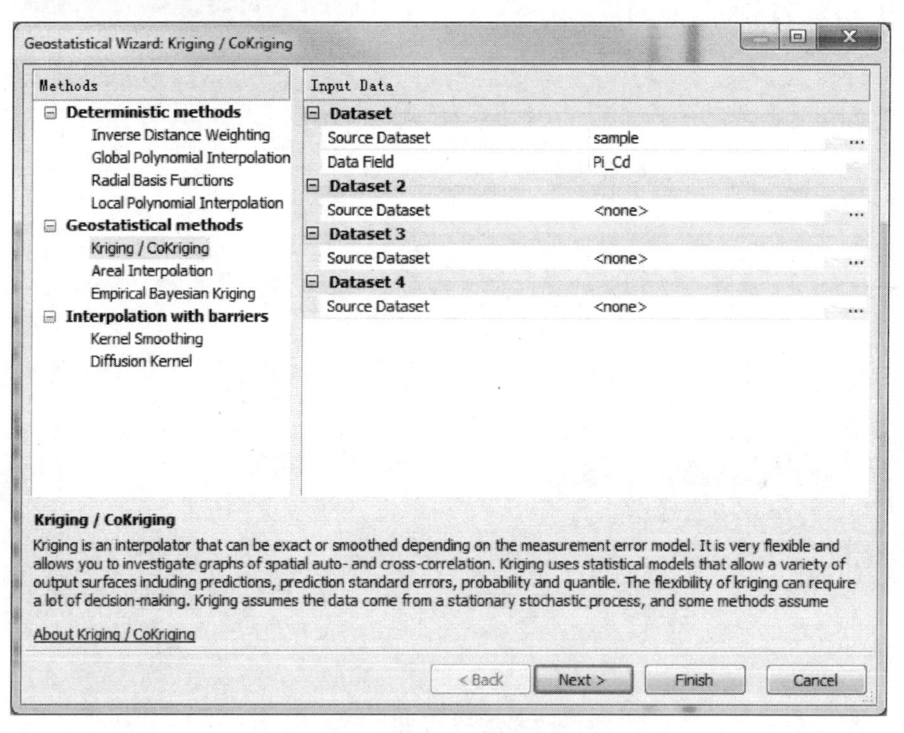

图 7-6-24　指示克里格插值预测图

7.6.5　析取克里格插值

如果原始数据不服从简单分布（高斯或对数正态），则可以选择析取克里格法，它可以提供非线性估值方法。析取克里格法所用的数据是具有空间连续性的点数据，且数据需服从双变量正态分布。

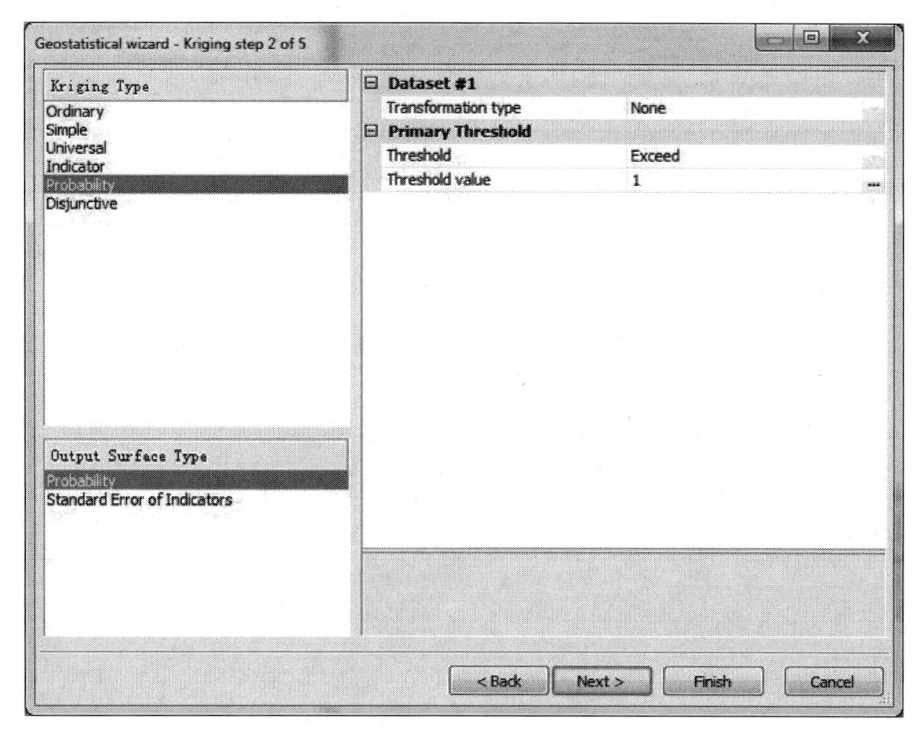

图 7-6-25 设定阈值

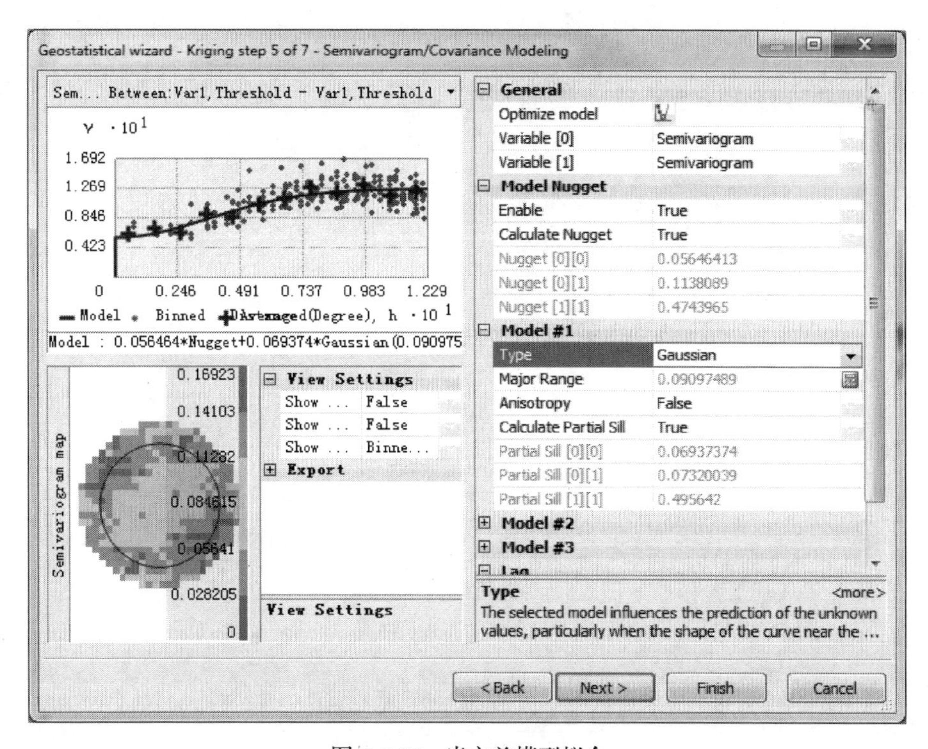

图 7-6-26 半方差模型拟合

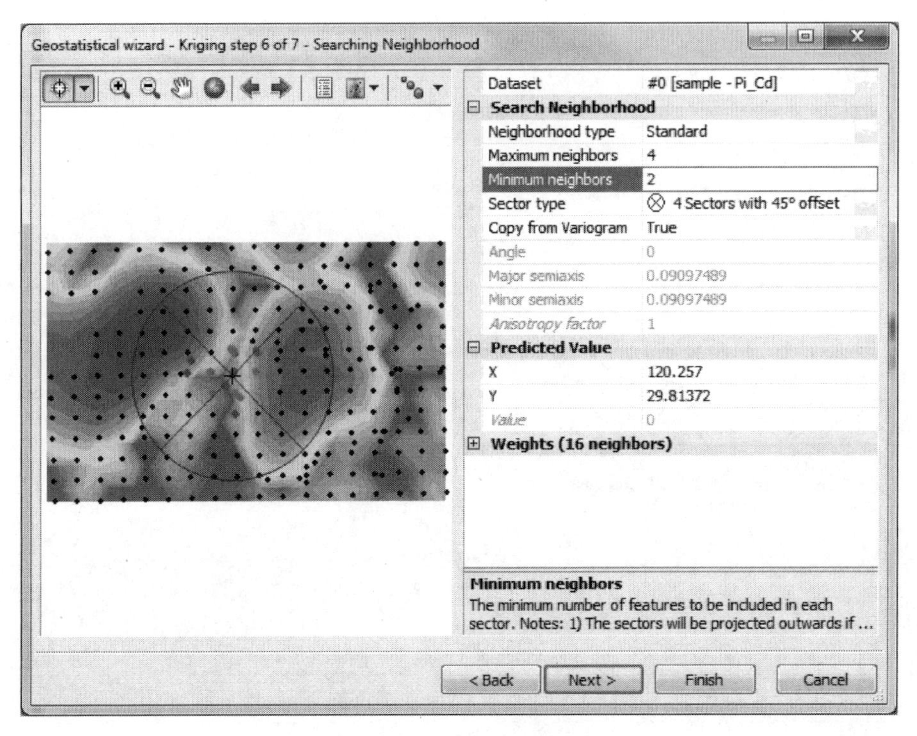

图 7-6-27　调整搜索范围

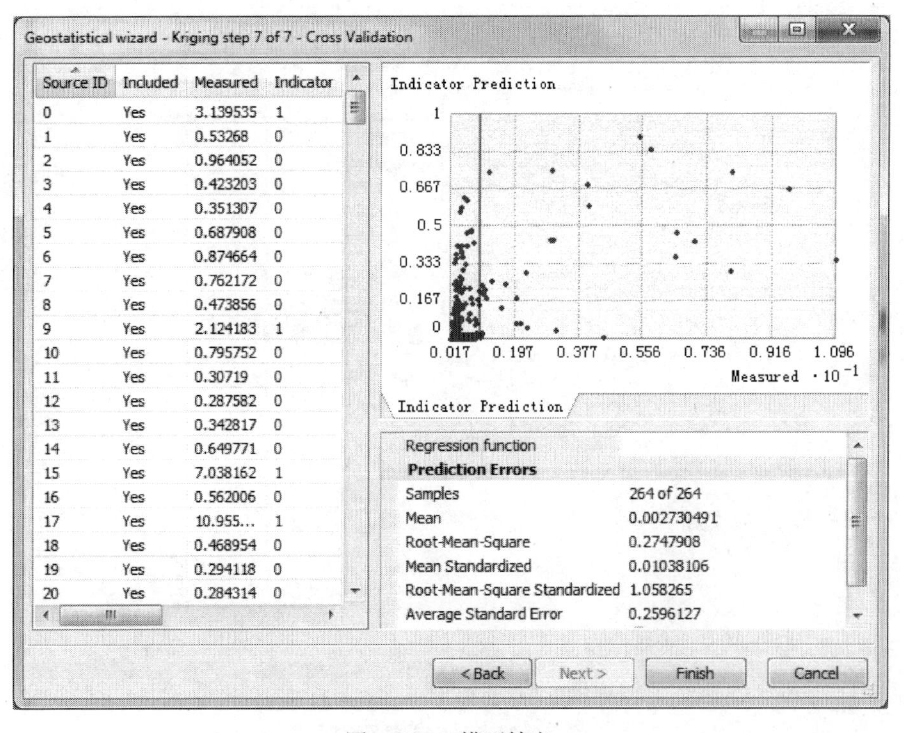

图 7-6-28　模型精度

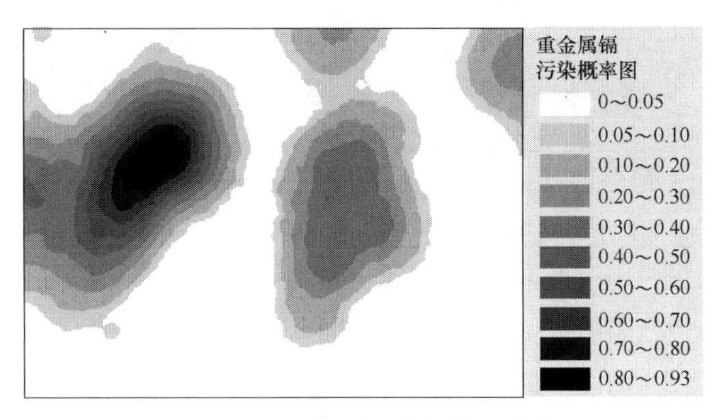

图 7-6-29　指示克里格插值预测图

使用案例数据三某地区重金属镉的数据析取指示克里格插值，使用的字段为 Cd，如 7.6.1 节中对案例数据一的 pH 数据的分析过程类似，需要先进行空间数据探索分析。

1．打开数据并启动地统计模块

打开 ArcMap，新建空白文档。

单击 File→Add Data→Add Data（在 9.3 版本中，File→Add Data）；或者单击 ，如图 7-6-30 圆圈所示。

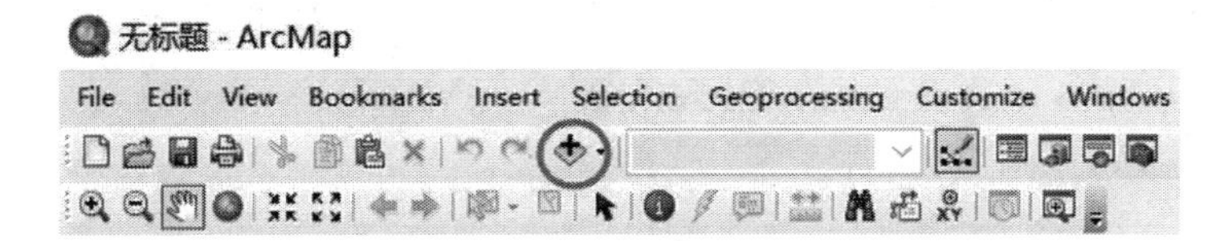

图 7-6-30　打开数据

使用连接文件夹操作，连接并进入目标文件夹，如图 7-6-31 圆圈所示。并打开“sample.shp”“filed_area.shp”。

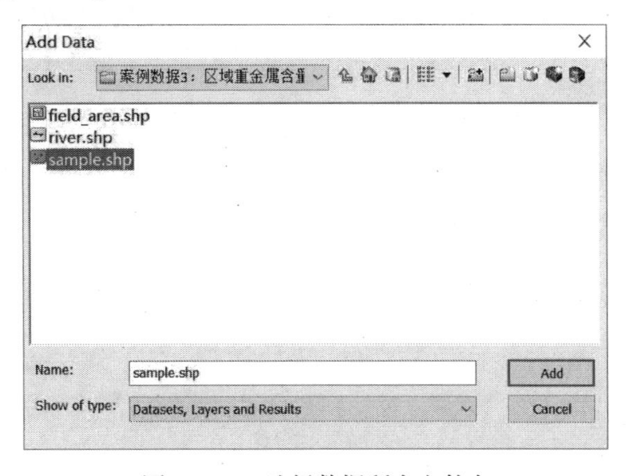

图 7-6-31　选择数据所在文件夹

右击工具栏右侧空白处即如图 7-6-32 所示的方框处，在出现的长条中单击激活 Geostatistical Analyst（如果在 Geostatistical Analyst 左侧已打钩，则不用单击）。

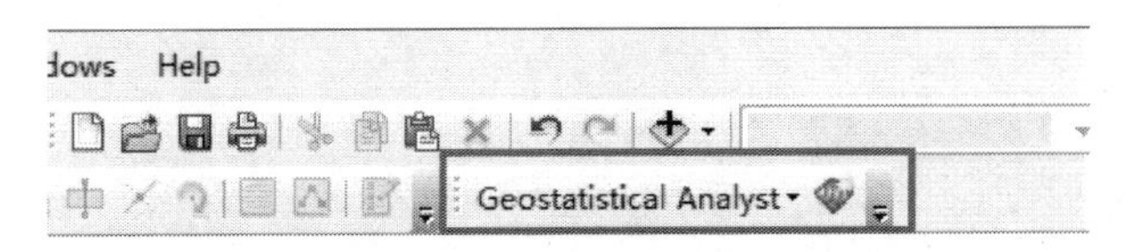

图 7-6-32 启动地理统计模块

2. 数据检查

单击 Geostatistical Analyst，在出现的列表中选择 Explore Data 进行数据探索分析（图 7-6-33）。

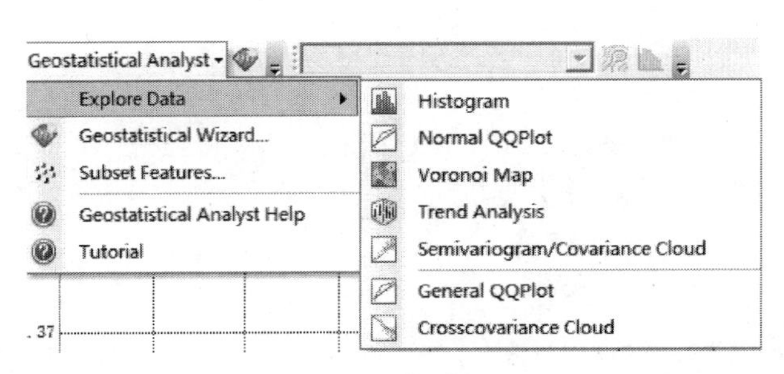

图 7-6-33 数据探索

1）单击 Normal QQPlot 对镉属性值进行 QQ 图分析（图 7-6-34）

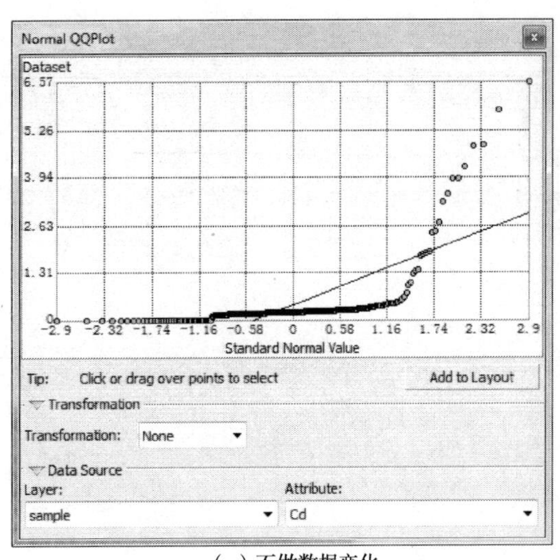

（a）不做数据变化

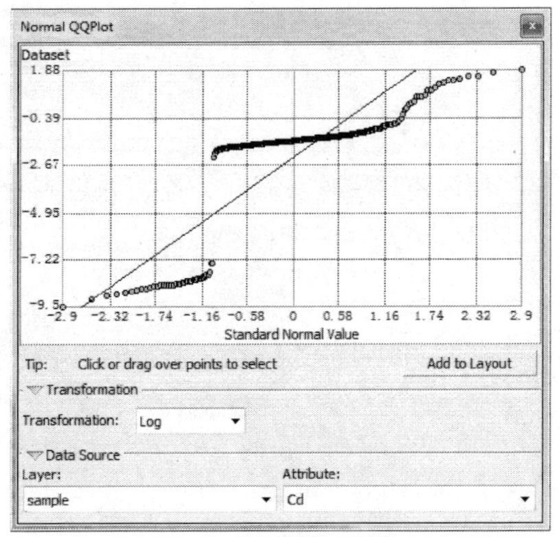

（b）进行 log 转换

图 7-6-34 QQ 图分析

由图可见数据不服从正态分布，对数转换后也不服从，所以选择析取克里格法。

2）单击 Trend Analysis 进行趋势分析（图 7-6-35）

由图可见数据存在可用二阶曲线拟合的趋势，在后面进行预测时可去除。

3. 克里格插值

1）数据选择

通过上面的数据检查，发现数据不服从简单分布。使用析取克里格方法进行表面预

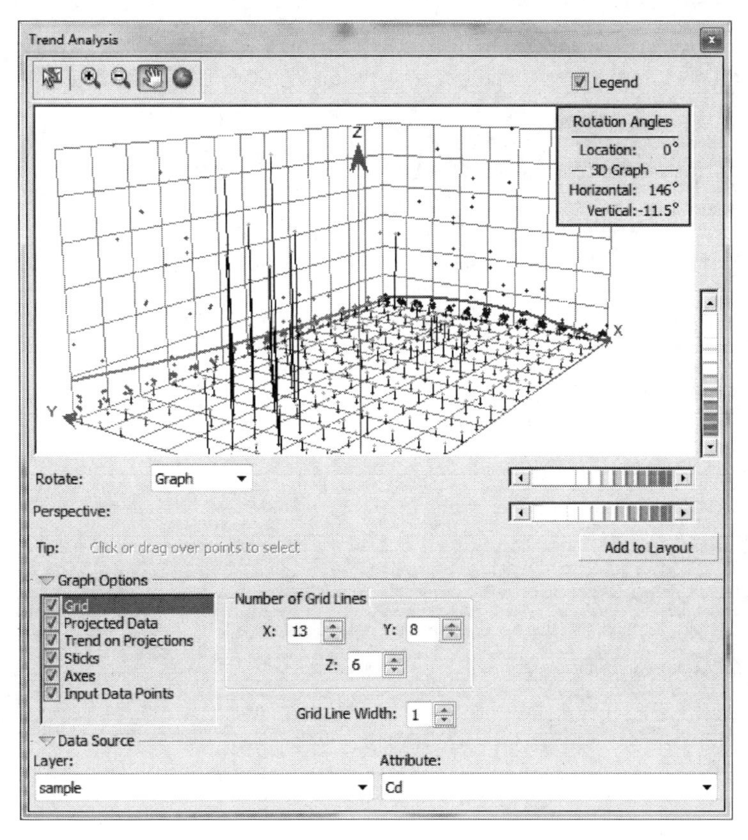

图 7-6-35 趋势面分析

测。单击 Geostatistical Analyst，在出现的列表中选择 Geostatistical Wizard，进行克里格插值分析，在 Geostatistical Wizard：Kriging/CoKriging 对话框中，在左边的 Methods 方法栏中选择 Kriging/CoKriging，右侧 Input Data 输入数据栏 Dataset 中，Source Dataset 选择 sample，Data Field 选择 Cd，如图 7-6-36 所示。

2）数据处理

单击 Next 进行下一步，在 Kriging Type 列表框中选择析取克里格 Disjunctive，Output Surface Type 选择 Prediction 预测图，根据数据检查中的内容在 Dataset #1 中 Transformation type 变换方式里选择 Nomal Score，由于该地区存在优先采样的情况，所有进行去聚，Decluster 选择 True，趋势移除选择二阶，单击 Next 进行下一步，如图 7-6-37 所示。

选择完毕后会出现剔除的趋势（图 7-6-38）以及去聚方式（图 7-6-39）。

出现正态得分变换（图 7-6-40）对话框，单击 Next。

3）检查数据二元正态分布

析取克里格法要求数据服从二元正态分布。将检查二元分布标记设置为 True，然后单击下一步（图 7-6-41）。

输入分位数值，然后检查图中显示的二元曲线和模型曲线是否相似（尽可能重叠）。

如果对重叠程度不满意，单击 Back，然后修改半变异函数或协方差模型。应尝试让二元曲线和模型曲线匹配尽可能多的分位数（例如对从 0.1 到 0.9 的分位数以 0.1 为

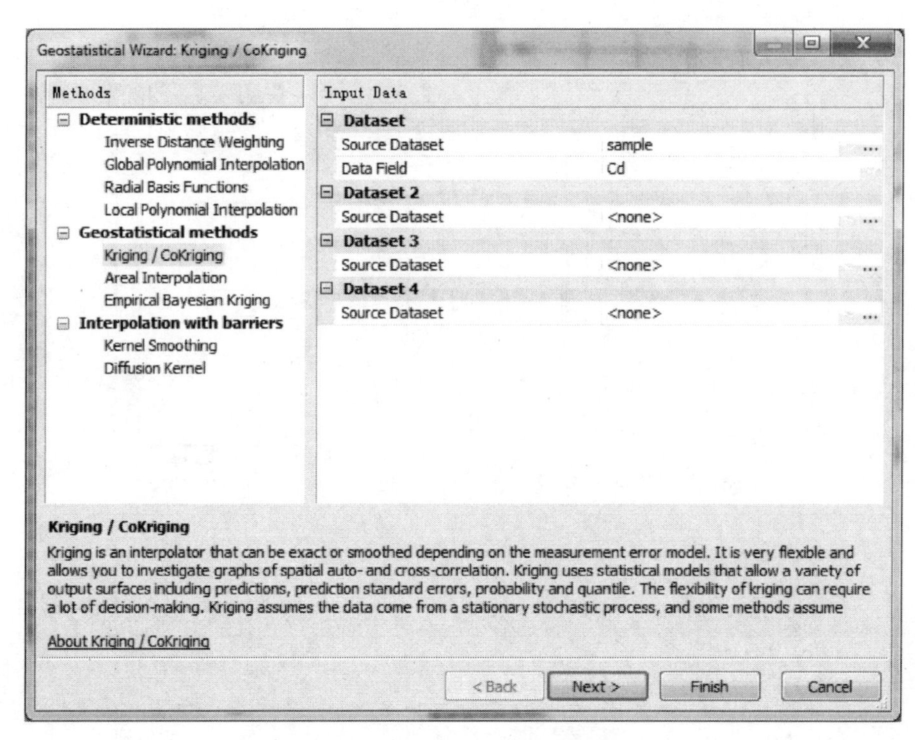

图 7-6-36　对 Cd 进行克里格插值

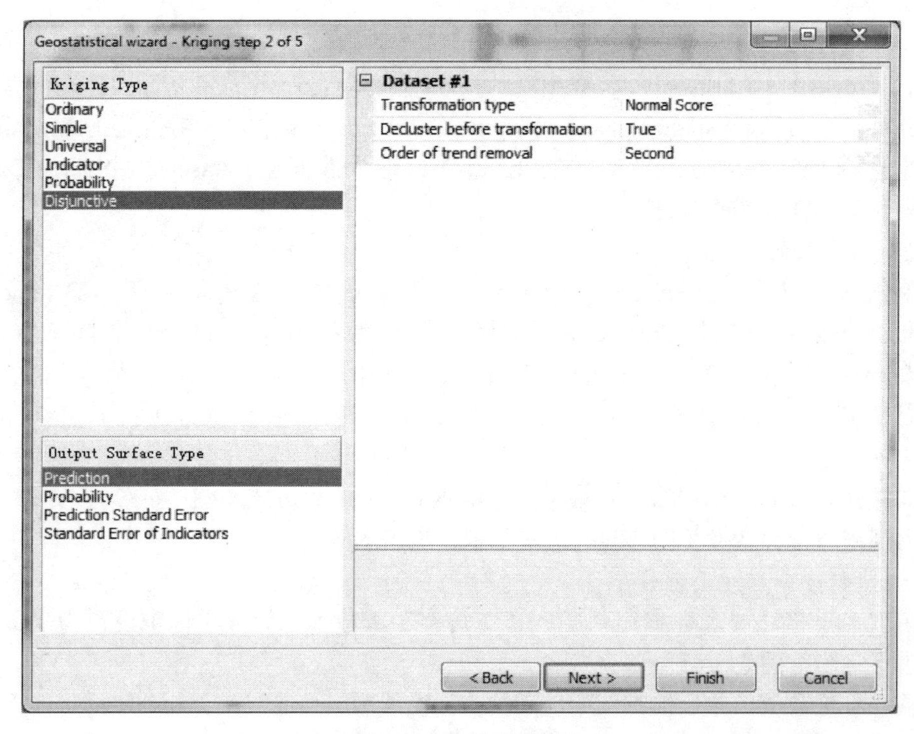

图 7-6-37　数据处理

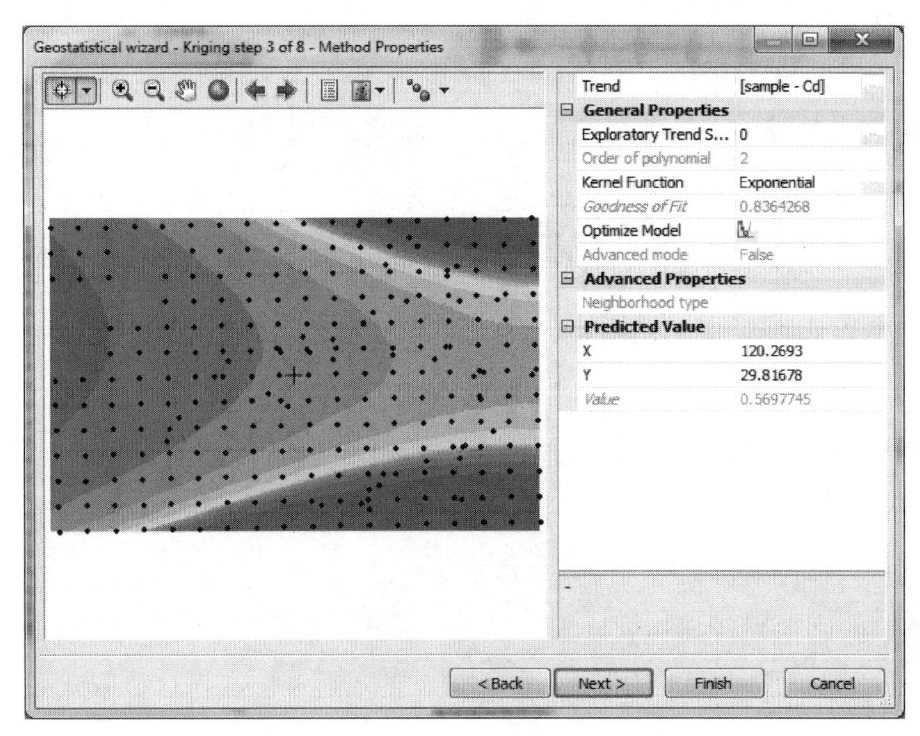

图 7-6-38 剔除的趋势

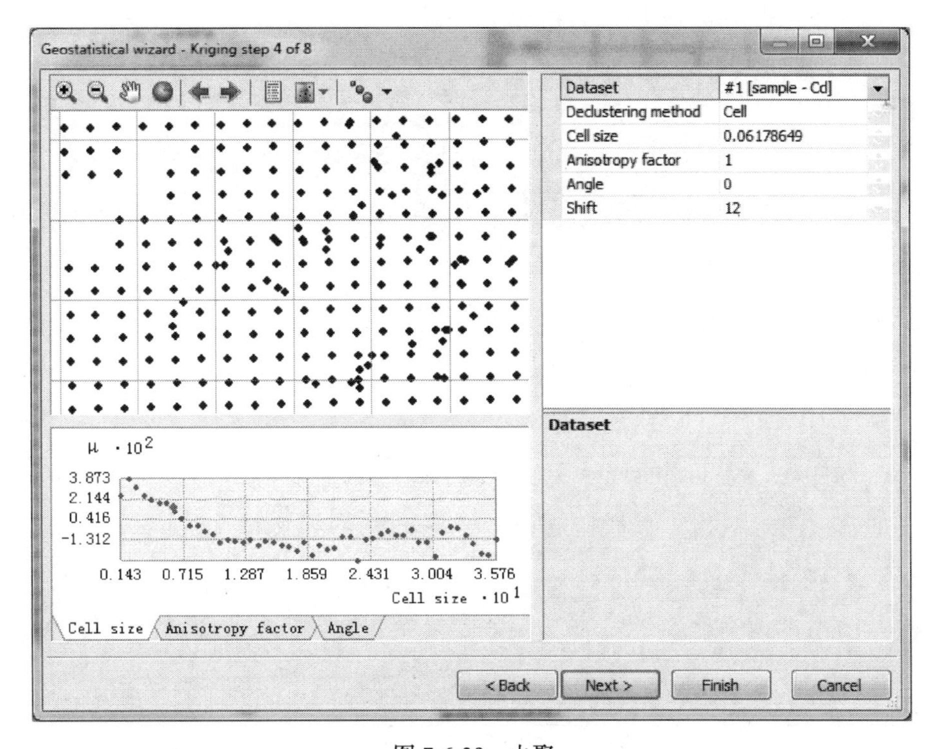

图 7-6-39 去聚

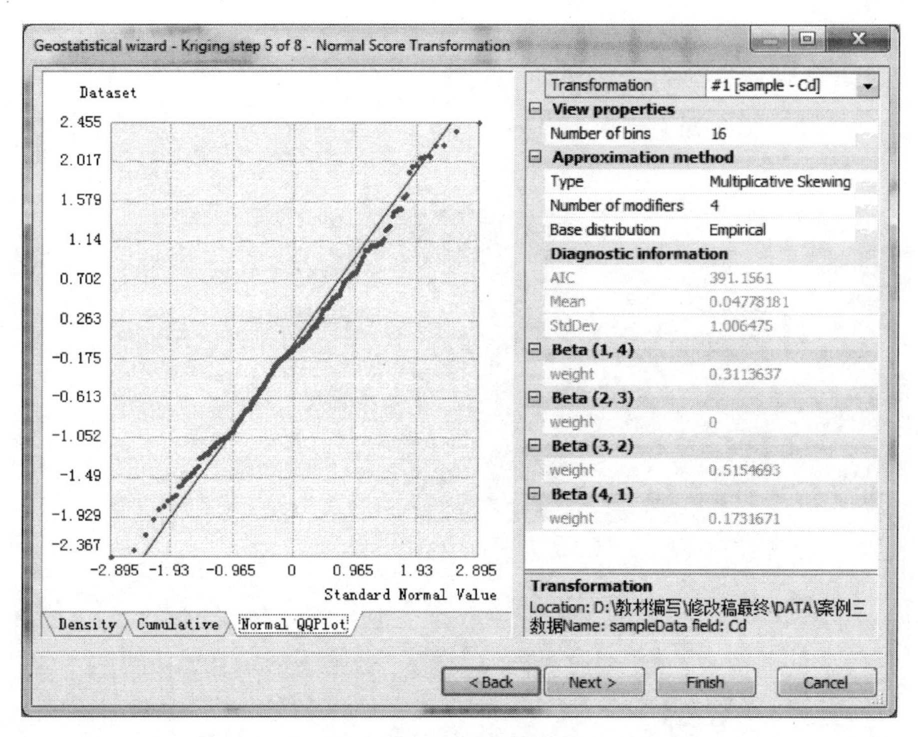

图 7-6-40　正态得分变换

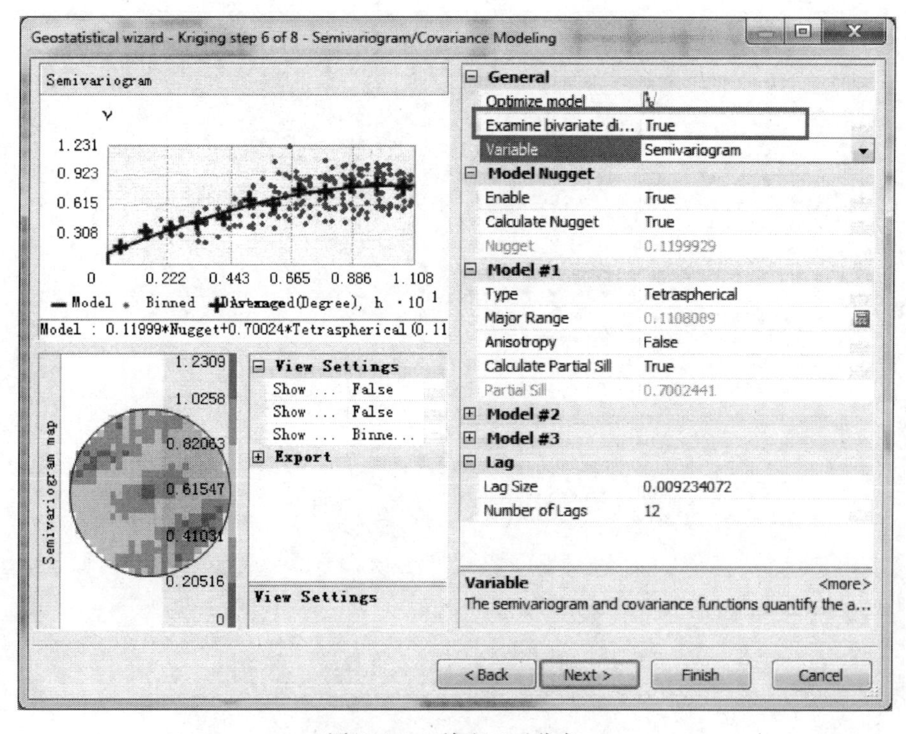

图 7-6-41　检查二元分布

增量评估重叠程度)。在对重叠程度满意时单击 Next(图 7-6-42)。

4)设置搜索区域

在搜索域对话框中设置相关参数，单击 Next 如图 7-6-43 所示。

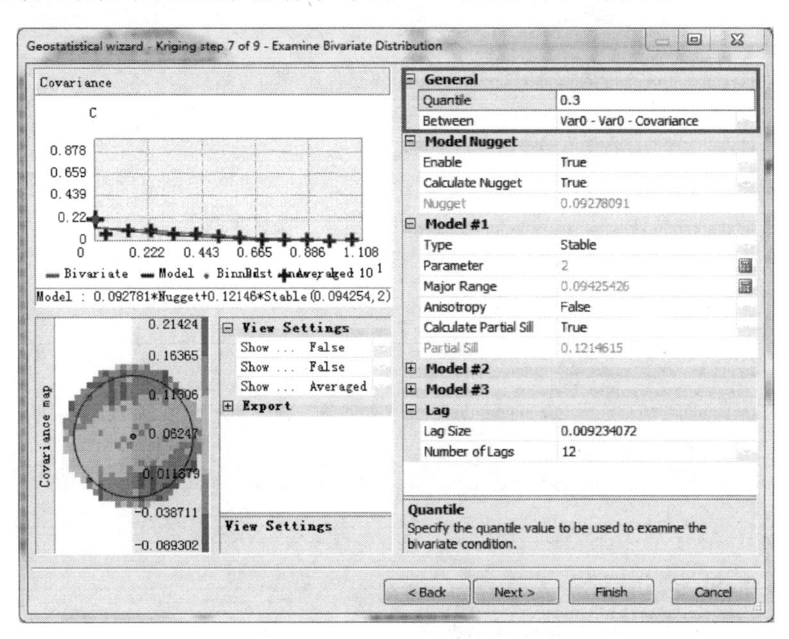

图 7-6-42 检查不同分位数下重叠程度

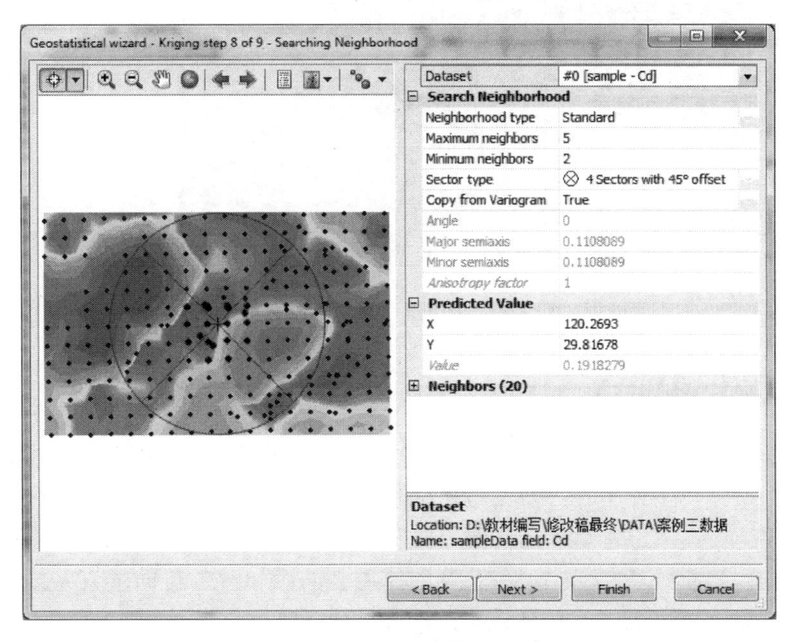

图 7-6-43 搜索域设置

5)交叉验证结果

在此面板中查看预测的精度如图 7-6-44 所示。插值预测结果如图 7-6-45 所示。

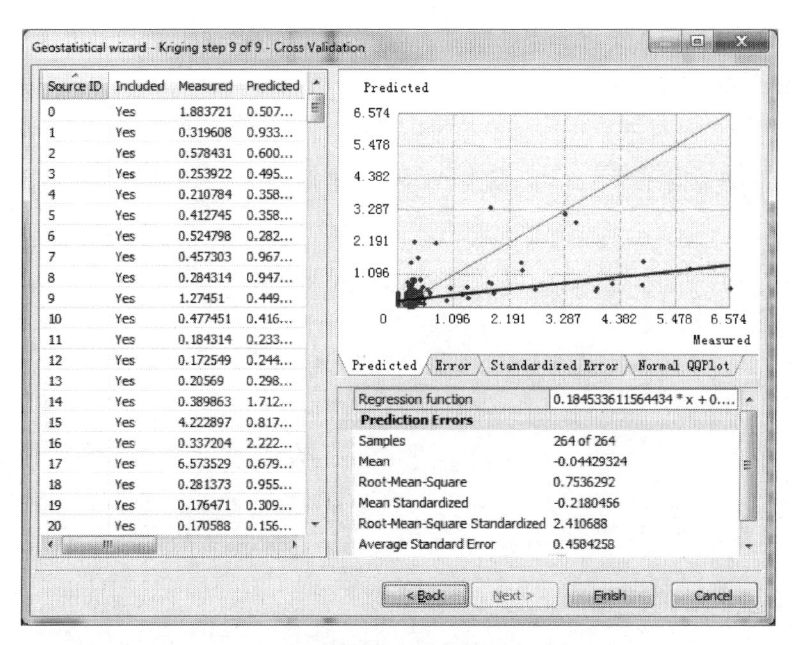

图 7-6-44 预测精度

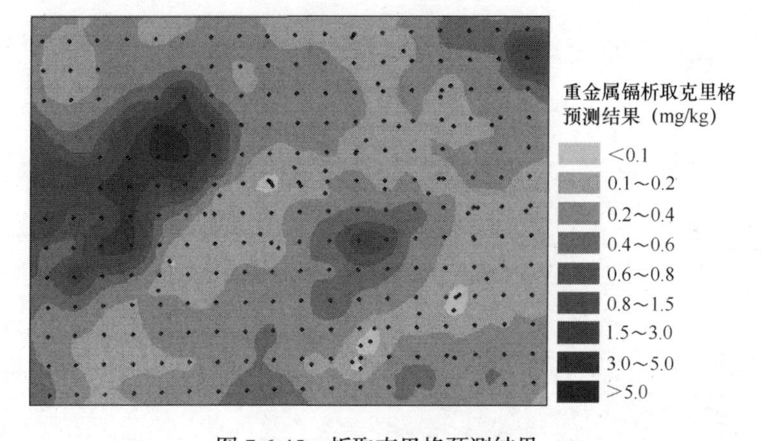

图 7-6-45 析取克里格预测结果

7.6.6 协同克里格插值

当空间样点的某个属性与其他属性密切相关，且该属性获得不易时，可以考虑选用协同克里格法预测该属性。协同克里格法在区域化变量的最佳估值方法从单一属性发展到两个以上的协同区域化属性。在计算中要用到两个属性各自的半方差函数和交叉半方差函数，较为复杂。

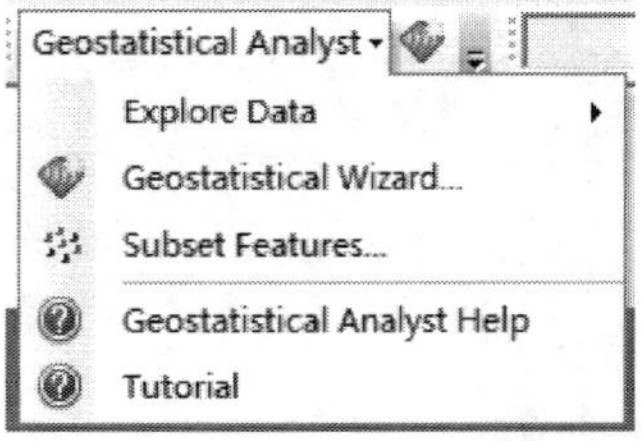

使用案例数据五西藏地区 TRMM 数据的 NDVI 属性值进行协同克里格插值，辅助变量选择降水数据。TRMM 数据点过于密集，抽取 10% 的数据进行后续插值（图 7-6-46，图 7-6-47），得到数据 tibet_training2。

图 7-6-46 切分数据集

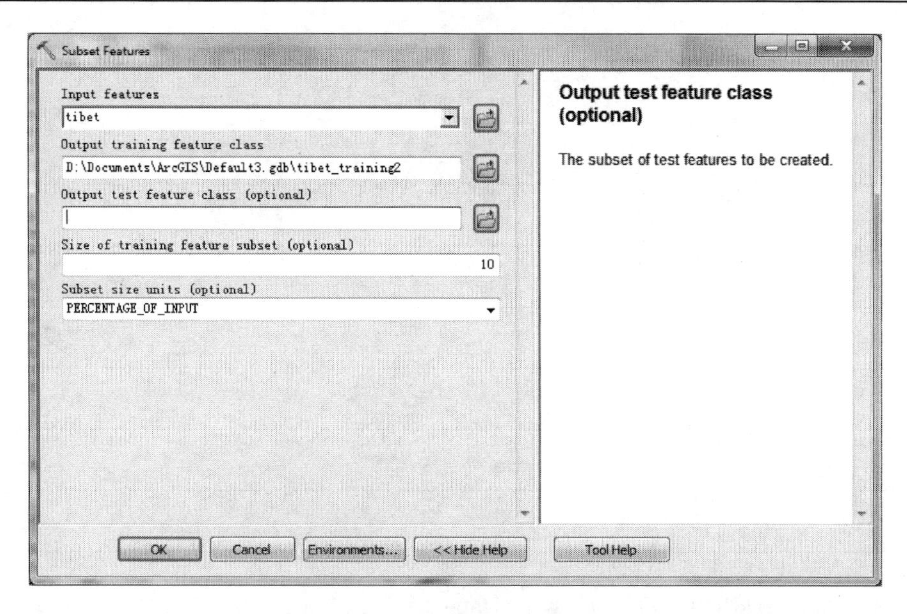

图 7-6-47　切取 10% 数据

1. 数据检查

单击 Geostatistical Analyst，在出现的列表中选择 Explore Data 进行数据探索分析。

（1）单击 Normal QQPlot 对 NDVI 以及降雨数据值进行 QQ 图分析（图 7-6-48）。

由图可见数据对数转换后服从正态分布（若 NDVI 包含 0 值，则需剔除后再进行对数转换）。

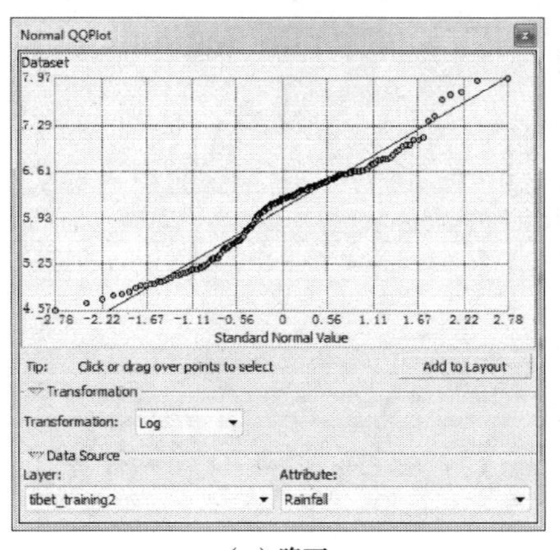

（a）降雨

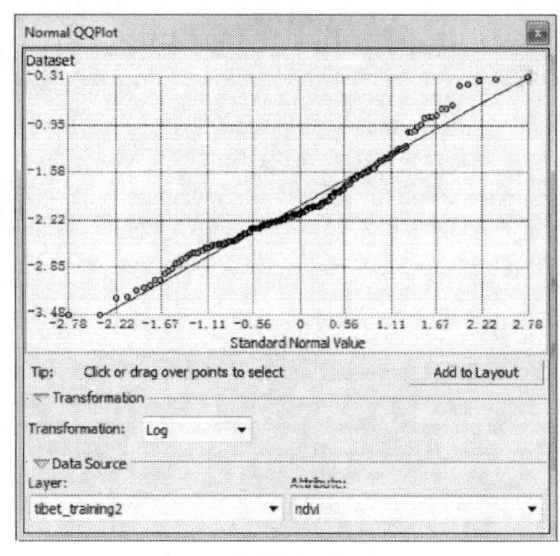

（b）NDVI

图 7-6-48　QQ 图分析

（2）单击 Trend Analysis 进行趋势分析（图 7-6-49）。

由图可见数据呈二阶趋势。

2. 克里格插值

1）数据选择

使用协同克里格方法进行表面预测。单击 Geostatistical Analyst，在出现的列表中选择 Geostatistical Wizard，进行克里格插值分析，在 Geostatistical Wizard：Kriging/CoKriging 对话框中，右侧 Input Data 输入数据栏 Dataset 中，Source Dataset 选择 tibet_

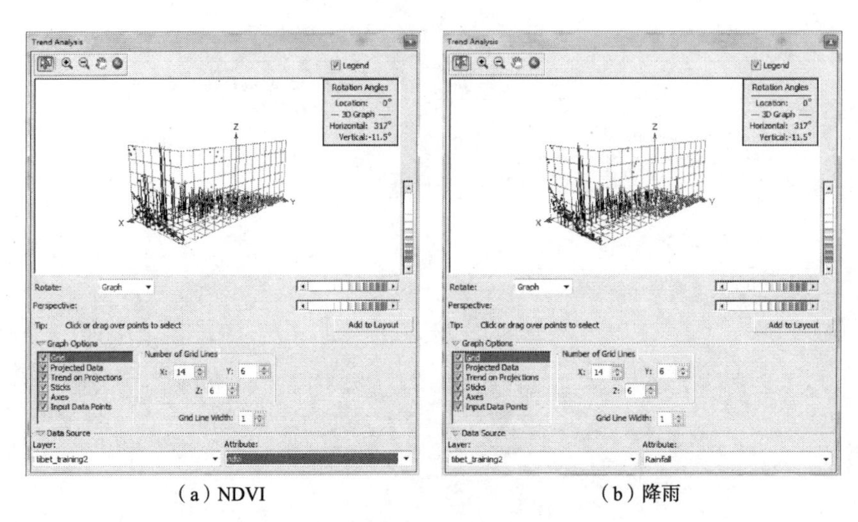

（a）NDVI （b）降雨

图 7-6-49 趋势面分析

training2，Data Field 选择 ndvi，数据栏 Dataset2 中，Source Dataset 选择 tibet_training2，Data Field 选择 Rainfall，如图 7-6-50 所示。

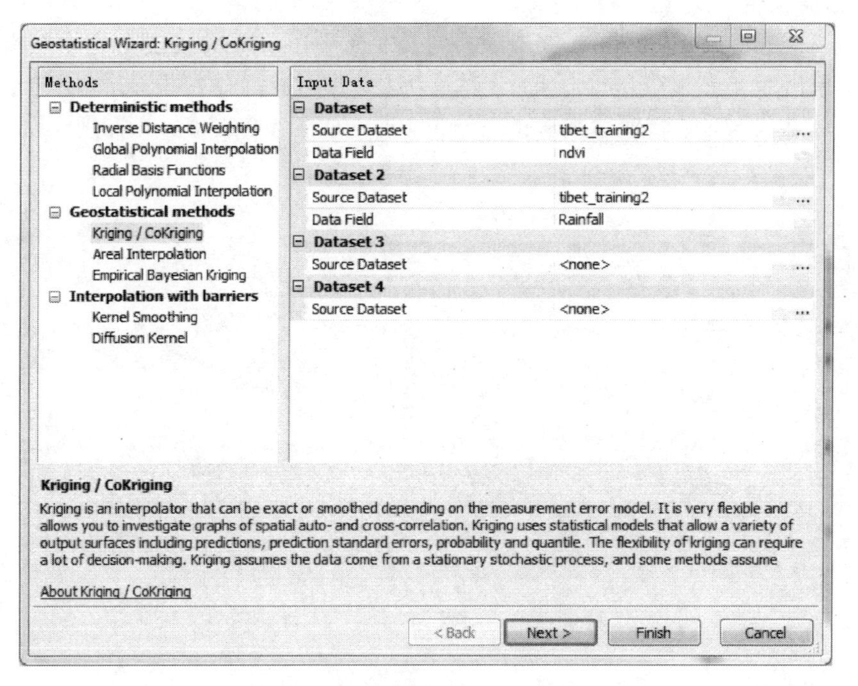

图 7-6-50 进行协同克里格插值

2）数据处理

单击 Next 进行下一步，在 CoKriging Type 列表框中选择普通克里格 Ordinary，Output Surface Type 选择 Prediction 预测图，根据数据检查中的内容在 Dataset #1 中 Transformation type 变换方式里选择 Log，趋势移除选择二阶，Dataset #2 中 Transformation type 变换方式里同样选择 Log，趋势移除选择二阶。单击 Next 进行下一步，如图 7-6-51 所示。

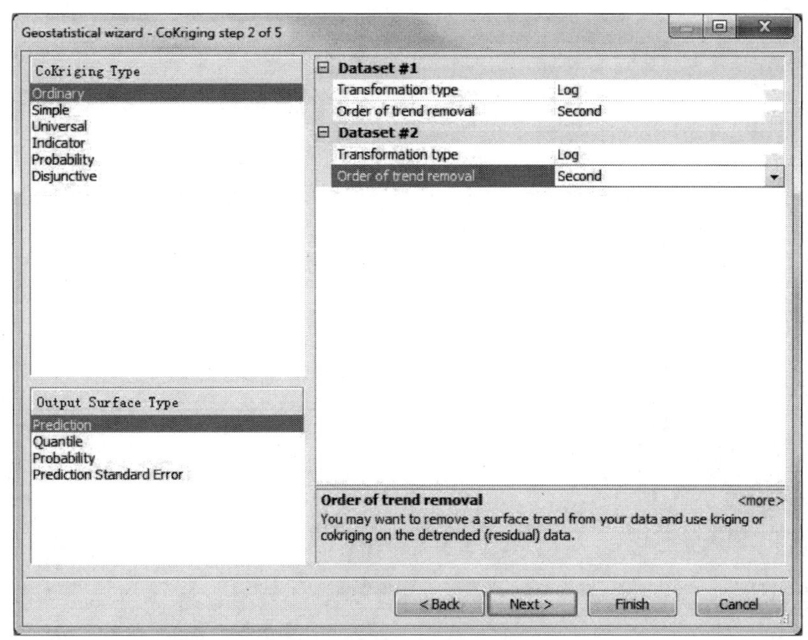

图 7-6-51 数据处理

选择完毕后会出现剔除的趋势如图 7-6-52 所示。

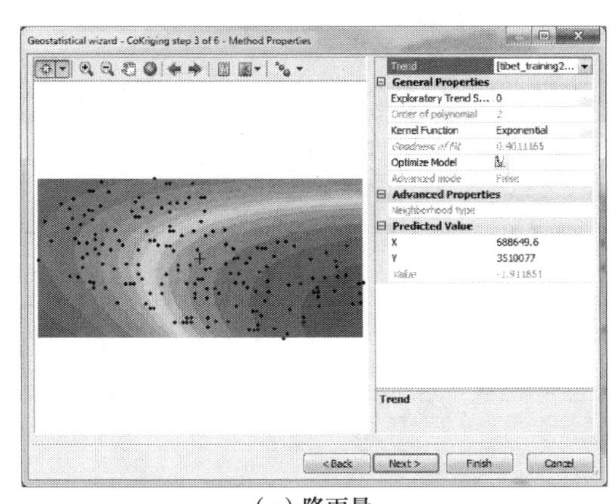

（a）降雨量

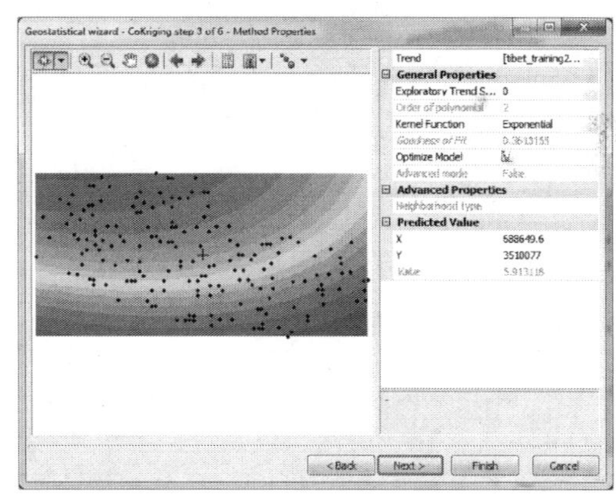

（b）NDTI

图 7-6-52 剔除的趋势

调整半方差函数（图 7-6-53）。

在搜索域对话框中设置相关参数，单击 Next 如图 7-6-54 所示。

3）交叉验证结果

在此面板中查看预测的精度如图 7-6-55 所示。插值预测结果如图 7-6-55 所示。

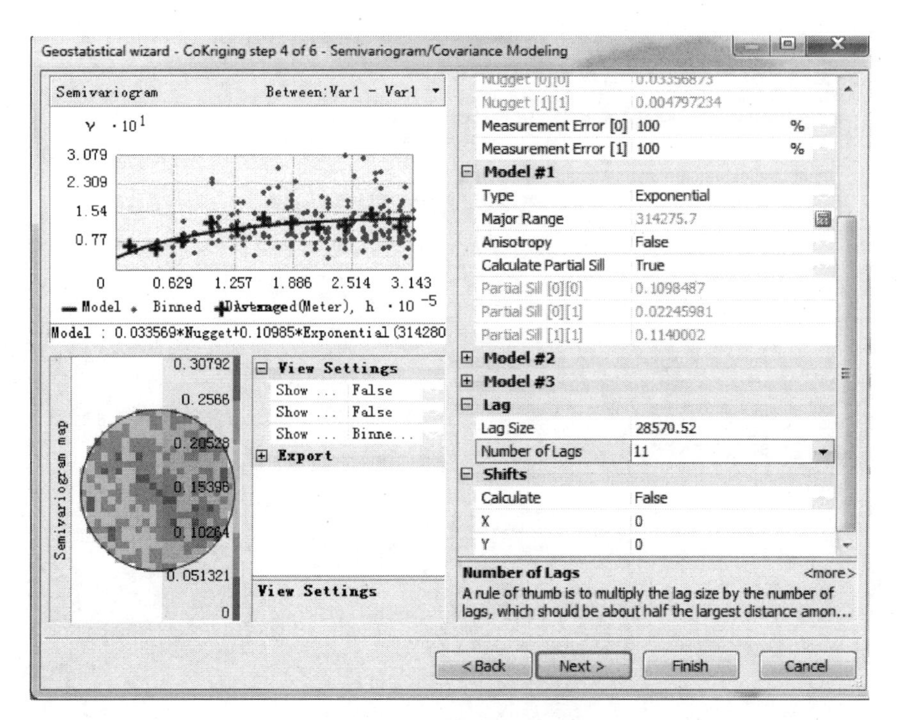

图 7-6-53　调整半方差函数

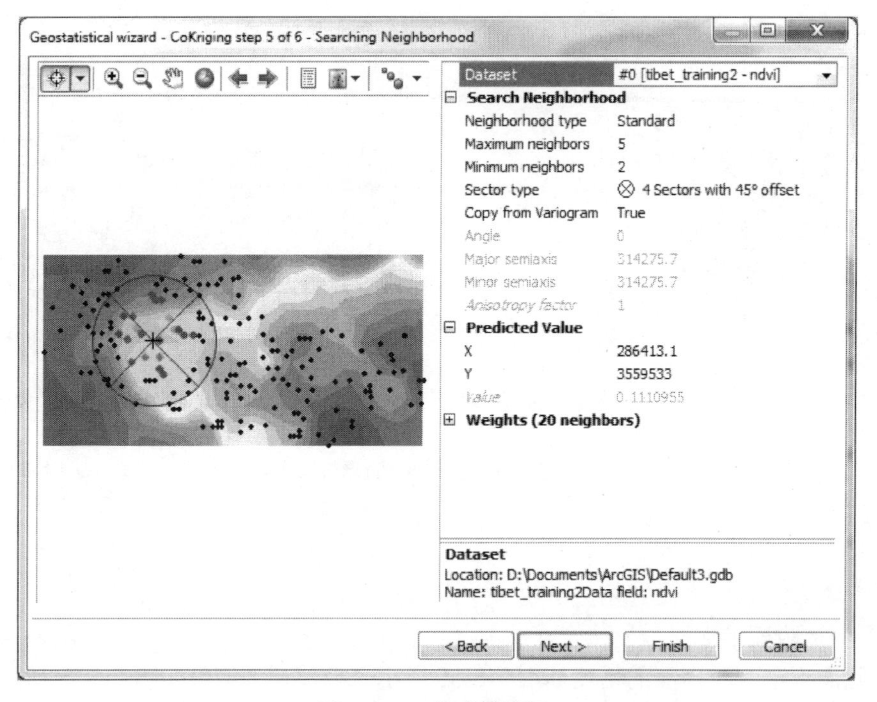

图 7-6-54　搜索域设置

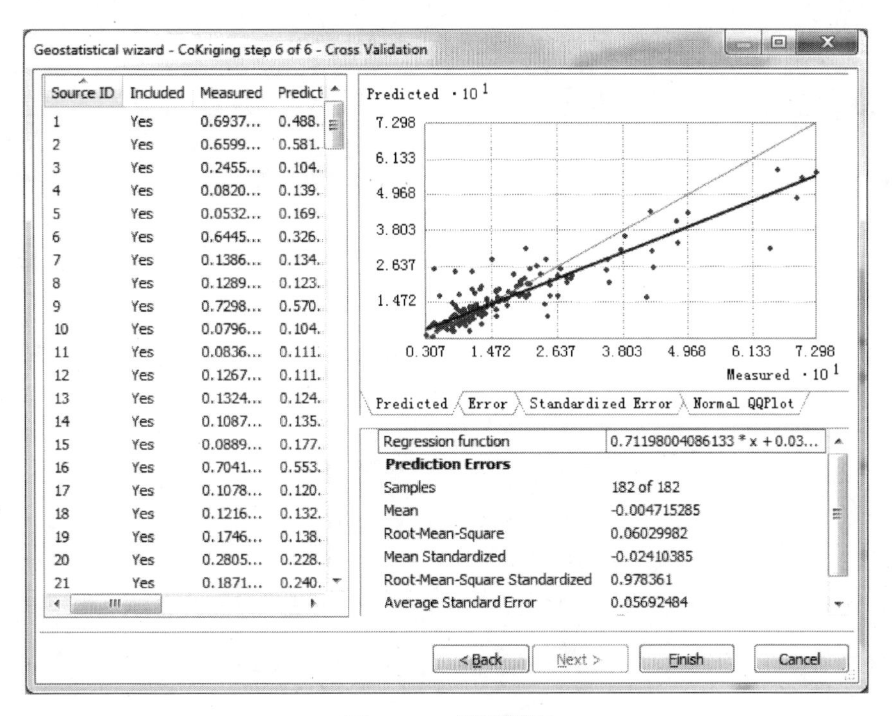

图 7-6-55 预测精度

课 后 习 题

1．图中显示了变异函数的参数，其中 a 为 ______，C_0 为 ______，C_0+C 为 ______。

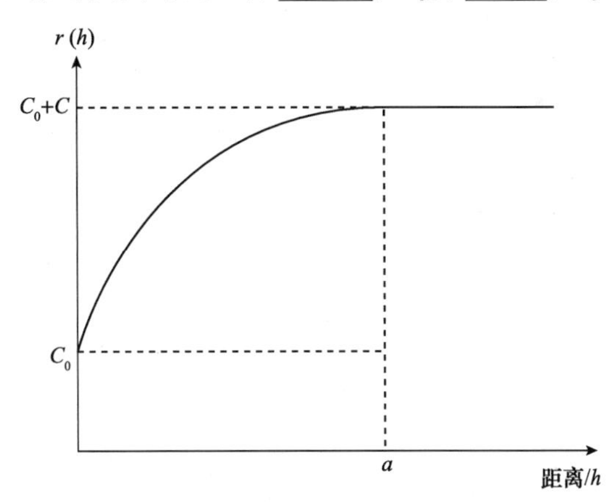

2．地统计学与传统统计学的差异有哪几点？

3．区域化变量的特征有哪几点？

4．下表是某研究区土壤速效钾的半方差值计算结果，试解释如何根据采样点的位置及速效钾数据算出表格中的结果，根据表格绘制土壤速效钾的半方差图，对其进行模型拟合（不需要具体参数）并进行解释。

5．什么情况使用克里格插值，常用的克里格方法之间的差异在哪些地方？

6．根据本章所学内容，介绍对数据进行克里格插值前需要做哪些数据预处理。

土壤速效钾半方差值计算

滞后级别	点对数目	平均距离	平均经验半方差值
1	0		
2	1268	15.02	122.1136
3	2320	28.91	139.2880
4	2688	41.20	152.2982
5	2990	52.90	152.6718
6	4478	66.41	163.8787
7	3698	79.04	162.9002
8	4420	91.50	168.8993
9	4604	104.56	168.3432
10	4100	117.07	165.4386
11	4354	129.42	160.9167
12	3598	141.54	162.8480
13	3806	153.81	156.8837
14	3600	166.99	162.2912
15	2764	179.84	161.5179
16	2328	192.01	166.3358

参考文献

陈浮，李满春，周寅康，等．1999．城市地价空间分布图式的地统计学分析［J］．南京大学学报（自然科学版），(6)：719-723．

冯益明．2004．空间统计学及其在森林图形与图像处理中应用的研究［D］．北京：中国林业科学研究院．

郭旭东，傅伯杰，马克明，等．2000．基于GIS和地统计学的土壤养分空间变异特征研究：以河北省遵化市为例［J］．应用生态学报，(4)：557-563．

李菊梅，李生秀．1998．几种营养元素在土壤中的空间变异［J］．干旱地区农业研究，(2)：58-64．

潘文斌，邓红兵，唐涛，等．2003．地统计学在水生植物群落格局研究中的应用［J］．应用生态学报，(10)：1692-1696．

王林．2001．杭州湾海涂土壤性质时空变异研究［D］．杭州：浙江大学．

王晓春，韩士杰，邹春静，等．2002．长白山岳桦种群格局的地统计学分析［J］．应用生态学报，(07)：781-784．

王永豪，刘学录，汪永红．2011．基于半方差分析的东祁连山地景观特征尺度［J］．黑龙江农业科学，2：135-140．

王政权．1999．地统计学及在生态学中的应用［M］．北京：科学出版社．

张春媛．2010．内蒙古乌梁素海湖泊富营养化元素空间变异性研究［D］．呼和浩特：内蒙古农业大学．

周国法，徐汝梅．1998．生物地理统计学：生物种群时空分析的方法及其应用［M］．北京：科学出版社．

左永君，何秉宇，龙桃．2011．1949～2007年新疆人口的时空变化及空间结构分析［J］．地理科学，31(03)：358-364．

Aboufirassi M, Mariño M A. 1984. CoKriging of aquifer transmissivities from field measurements of transmissivity and specific capacity [J]. Journal of the International Association for Mathematical Geology, 16 (1): 19-35.

Armstrong M, Matheron G. 1986. Disjunctive Kriging revisited part Ⅰ [J]. Mathematical Geology, 18 (8): 711-728.

Avruskin G A, Jacquez G M, Meliker J R, et al. 2004. Visualization and exploratory analysis of epidemiologic data using a novel space time information system [J]. International Journal of Health Geographics, 3 (1): 1-10.

Bogaert P, Mahau P, Beckers F. 1995. The spatial interpolation of agro-climatic data. Cokriging software and source code. User's manual. Version 1.0b November 1995 [J]. Fao Agrometeorology, 12: 195-203.

Buttafuoco G, Caloiero T, Ricca N, et al. 2018. Assessment of drought and its uncertainty in a southern Italy area (Calabria region) [J].

Measurement, 113: 205-210.

Camara G, Souza R C M, Freitas U M, et al. 1996. SPRING: Integrating remote sensing and GIS by object-oriented data modelling [J]. Comput Graph, 20 (3): 395-403.

Christakos G, Bogaert P, Serre M L. 2003. Temporal GIS: Advanced functions for field-based applications [J]. Journal of the Royal Statistical Society, 52 (4): 689-705.

Christensen O F, Diggle P J, Ribeiro P Jr. 2001. Analysing positive valued spatial data: the transformed Gaussian model [J]. Computers & Geosciences, 11:287-298.

Cressie N. 1990. The origins of Kriging [J]. Mathematical Geology, 22 (3): 239-252.

De Cesare L, Myers D E, Posa D. 2002. FORTAN programs for space-time modelling[J]. Computers & Geosciences, 28(2): 205-212.

Deutsch C V, Journel A G. 1992. GSLIB Geostatistical Software Library and User's Guide [M]. London: Oxford University Press.

Fischer M M, Getis A. 2011. Handbook of Applied Spatial Analysis: Software Tools, Methods and Applications [M]. Berlin: Taylor & Francis, Inc.

Gómez-Hernández J J, Srivastava R M. 1990. ISIM3D: An ANSI-C three-dimensional multiple indicator conditional simulation program [J]. Computers & Geosciences, 16 (4): 395-440.

Goovaerts P. 1999. Geostatistics in soil science: State-of-the-art and perspectives [J]. Geoderma, 89 (1): 1-45.

Goovaerts P. 2009. AUTO-IK: A 2D indicator kriging program for the automated non-parametric modeling of local uncertainty in earth sciences [J]. Computers & Geosciences, 35 (6): 1255-1270.

Griffith D A. 2012. Spatial statistics: A quantitative geographer's perspective [J]. Spatial Statistics, 1: 3-15.

Isaaks E. 1999. SAGE 2001: A Spatial and Geostatistical Environment for Variography [M]. San Mateo: Isaaks & Co.

Journel A G, Huijbregts C. 1978. Mining Geostatistics [M]. New York: Academic Press.

Lark R M. 2012. Towards soil geostatistics [J]. Spatial Statistics, 1: 92-99.

Li J, Heap A D. 2011. A review of comparative studies of spatial interpolation methods in environmental sciences: Performance and impact factors [J]. Ecological Informatics, 6 (3): 228-241.

Li J, Heap A D. 2014. Spatial interpolation methods applied in the environmental sciences: A review [J]. Environmental Modelling & Software, 53: 173-189.

Manthena D V, Kadiyala A, Kumar A. 2009. Interpolation of radon concentrations using GIS-based kriging and coKriging techniques [J]. Environmental Progress & Sustainable Energy, 28 (4): 487-492.

Matheron G. 1963. Principles of geostatistics [J]. Economic Geology, 58: 1246-1266.

Minasny B, McBratney A B, Whelan B M. 2005. VESPER version 1.62. Australian Centre for Precision Agriculture [M]. NSW:The University of Sydney.

Oliver M A, Webster R. 2014. A tutorial guide to geostatistics: Computing and modelling variograms and kriging [J]. Catena, 113 (2): 56-69.

Pannatier Y. 1996. VariowinSoftware for spatial data analysis in 2D [M]. Spain: Spriger Press.

Payne R W, Murray D A, Harding S A, et al. 2008. GenStat for Windows (11th Edition) VSN International [M]. Hemel Hempstead: VSN International.

Pebesma E J, Wesseling C G. 1998. GSTAT: A program for geostatistical modelling, prediction and simulation [J]. Computers & Geosciences, 24 (1): 17-31.

Pouladi N, Møller A B, Tabatabai S, et al. 2019. Mapping soil organic matter contents at field level with Cubist, random forest and Kriging [J]. Geoderma, 342: 85-92.

Remy N, Boucher A, Wu J. 2008. Applied Geostatistics with SGeMS: A User's Guide [M]. Cambridge: Cambridge University Press.

Robertson G P. 1998. GS+: Geostatistics for the environmental sciences [M]. Michigan: Gamma Design Sot.ware.

SAS Institute Inc. 1999. SAS/STAT User's guide 6 (2) [M]. New York: SAS Institute Inc., Cary.

Solow A R. 1986. Mapping by simple indicator Kriging [J]. Mathematical Geology, 18 (3): 335-352.

Webster R, McBratney A B. 1987. Mapping soil fertility at Broom's Barn by simple Kriging [J]. Journal of the Science of Food & Agriculture, 38 (2): 97-115.

Wingle W L, Poeter E P, McKenna S A. 1999. UNCERT: geostatistics, uncertainty analysis and visualization software applied to groundwater flow and contaminant transport modeling [J]. Computers & Geosciences, 25 (4): 365-376.

Zhang H, Cai W X. 2015. When doesn't coKriging outperform Kriging? [J]. Statistical Science, 30 (2): 176-180.

第8章 随机模拟

8.1 随机模拟与空间随机模拟

8.1.1 随机模拟的概念与发展

早在17世纪，人们就知道用事件发生的“频率”来决定事件的“概率”，例如18世纪后半叶著名的蒲丰（Buffon）随机投针试验。20世纪40年代，由于电子计算机的出现，利用电子计算机可以实现大量的随机抽样的试验，用随机试验方法解决实际问题才有了可能（胡经国，1991）。

当时的代表性工作是在第二次世界大战期间，为解决原子弹研制工作中，裂变物质的中子随机扩散问题，美国物理学家Metropolis在执行曼哈顿计划（Manhattan Project）时提出了蒙特卡罗（Monte-Carlo）模拟方法。由于当时工作的保密性，将该种方法起了一个代号叫作Monte Carlo，是摩纳哥的一个著名赌城。

蒙特卡罗模拟又称计算机随机模拟方法，是一种通过设定随机过程（数据生成系统），反复生成随机序列，并计算参数估计量和统计量，进而研究其分布特征的方法。举例说明，一个小型田块，想要求出田块的平均有效磷含量，可以从中进行采样调查，把土样的有效磷含量均值看作整个田块的均值，随着采样点不断增多，近似结果是真实均值的概率也在增大，但除非把整个田块全部采样一遍，否则无法知道近似结果是不是真实结果。蒙特卡罗是认为采样越多，越近似最优解的一种方法。

设定数据生成系统的关键是要产生大量的随机数，但计算机所生成的随机数并不是“真随机数”，而是具有某种相同统计性质的随机数，称作“伪随机数”（pseudo-random number）（以下简称为随机数）。

8.1.2 空间随机模拟

在地统计学中，因研究对象不是纯随机变量，而是区域化变量。该区域化变量根据其在一个域内的空间位置取不同的值，它是随机变量与位置有关的随机函数。因此，空间随机模拟（spatial stochastic/random simulation）与传统的统计模拟有所不同，它是在地统计理论框架下的对区域化变量进行的模拟方法，按照一定的算法产生大量不同“实现”，进而研究区域化变量的总体特征。除了传统统计模拟要求随机数服从一定的概率分布，具有相同的数学期望与方差的要求外，还要保持一定的空间自相关性，即保持与实际数据有相同的协方差函数或半方差函数。这是因为区域化变量不仅有随机性的一面，而且还有空间结构性的一面（史舟，李艳，2006）。

保持上述性质的模拟在地质统计学中称为非条件模拟。即满足下面的（1）和（2）两个条件，如果用观测点的数据对模拟过程进行条件限制，使得观测点的模拟值忠于实测值，同时满足条件（1）～（3），则称作条件模拟（conditional simulation）：

（1）服从一定的概率分布，具有给定的数学期望和方差。

（2）与实测数据的半方差函数或协方差函数相同，即保持特定的空间相关结构。

（3）采样处的模拟值等于该点的实测值。

非条件模拟方法主要包括：转换带法、光谱法、LU 矩阵分解法等。

条件模拟方法包括：转换带法、LU 矩阵分解法（结合原始数据向量）、非条件模拟和克里格方法结合、序贯模拟方法、模拟退火等。

从上面可以看到很多方法可以同时在条件模拟和非条件模拟中使用。特别是非条件模拟方法，如转换带法，通过后期处理可以将结果再转为条件模拟结果。其后期处理主要是在实际估值（如采用克里格插值法）基础上加上模拟误差项，而模拟误差项采用模拟值和模拟值的估值之间的差值来计算，具体见 Deutsch 和 Journel 于 1992 年给出的介绍。

8.1.3 空间随机模拟与克里格插值

空间随机模拟和克里格插值是地统计学的重要组成部分，一般用克里格方法来估计，用条件模拟来体现波动性，其差别主要体现在以下几点（胡先莉，2007）：

（1）克里格插值方法是局部的估计方法，希望得到最优的、无偏的估计值，而不专门考虑所有估计值的空间相关性，而空间随机模拟方法将数据作为一个整体来复原其整体的空间结构，不追求特定点位某个属性的局部最优估值。

（2）克里格插值在限定参数条件下，得到一个确定结果，而随机模拟可以产生许多可选的模型，可用以评估空间的不确定性。

（3）克里格插值往往对真实空间进行平滑计算，忽视了采样点之间的细微变化，空间随机模拟则在光滑趋势上加上克里格法中丢失的局部变异，虽然对于每一个局部的点，模拟值并不完全是真实的，估计方差甚至比插值法更大，但模拟曲线能更好地表现真实曲线的波动情况。由空间随机模拟实现添加到特定位置的预测值中的变异，其平均值为零，这样，很多空间随机模拟实现的平均值会趋向于克里格预测。

8.1.4 空间随机模拟的发展

空间随机模拟从 20 世纪 70 年代早期进行应用（Journel，1974），主要应用于矿藏勘探评估，后来才逐渐应用于土壤学、环境学等。其中，进行土壤重金属污染方面的问题研究较多，如 Lin 和 Chang（2008）、Lin 等（2001）利用序贯高斯模拟和模拟退火方法对土壤重金属铅（Pb）空间分布制图，并与克里格方法估值结果进行比较。Juang 等（2004）利用序贯指示模拟方法（sequential indicator simulation，SIS）对土壤重金属铜（Cu）空间分布进行描述，并采用概率分布图来评价污染风险程度。

另外在土壤物理方面，主要对土壤水盐时空动态变化进行模拟。陈亚新等（2000）模拟了采样区域的水盐空间变异特征，并将模拟结果与普通克里格结果进行对比。李保国等（2002）采用序贯高斯方法进行了农田土壤表层饱和导水率的条件模拟。Castrignanò 和 Buttafuoco 等（2004）对森林土壤表层土的含水量进行模拟，绘制了含水量超过某一阈值的概率图。李彬等（2010）比较了克里格插值与序贯高斯模拟方法在内蒙古河套灌区农田表层土电导率的模拟情况，通过半方差函数说明克里格插值改变了电导率数据的空间结构（图 8-1-1），并且利用三维结果图清晰地显示克里格法相较于序贯高斯模拟方法，具有明显的平滑效应（图 8-1-2）。

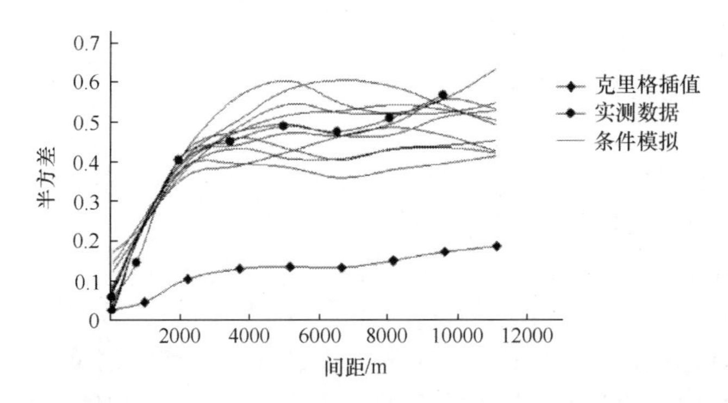

图 8-1-1 表层土壤电导率半方差图（李彬等，2010）

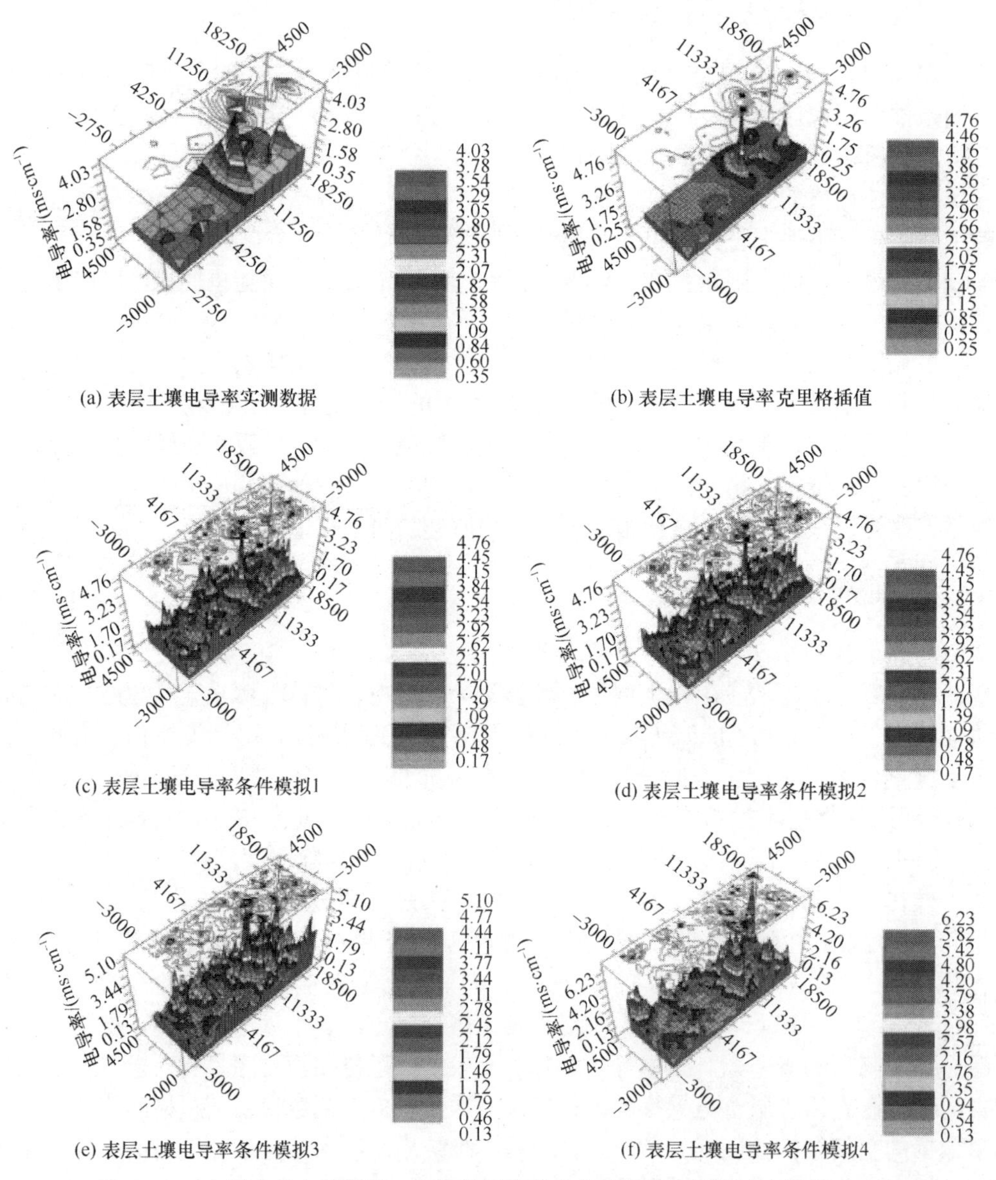

(a) 表层土壤电导率实测数据

(b) 表层土壤电导率克里格插值

(c) 表层土壤电导率条件模拟1

(d) 表层土壤电导率条件模拟2

(e) 表层土壤电导率条件模拟3

(f) 表层土壤电导率条件模拟4

图 8-1-2 电导率的实测数据、条件模拟结果和克里格插值结果（李彬等，2010）

但是在地统计领域中，与克里格插值方法相比，空间随机模拟的实际应用还是相对较少。其中一个原因就是空间随机模拟方法的计算相对复杂，需计算机运算的时间往往几倍于克里格插值法。

目前，学者们在空间分析过程中不但注意到空间数据分布的数值绝对高低，而且开始更加着眼于空间数据的连续性和变异性，特别是空间数据变化剧烈的区域往往与某些特殊空间分布特性有着密切的关系。同时，空间随机模拟还可直接用于空间不确定性研究，这是传统分析方法所欠缺的。因此，近年来空间随机模拟方法的应用逐渐增加，成为地统计学研究主要趋势之一（Castrignanò，Buttafuoco，2004）。另外，空间随机模拟兴起的原因是随着计算机技术和空间模拟方法本身的发展，空间随机模拟方法更趋于实用，出现了很多易操作的专业软件包。

8.2 序贯高斯模拟

8.2.1 序贯高斯模拟的基本理论

条件模拟最早由 Journel 在 1974 年提出，主要用于为采矿和选矿的探测和评估提供以格网为单位的等级信息。Journel 和 Huijbregts 在 1978 年介绍了基于转换带法的地统计条件模拟方法以及在采矿业中的一些应用实例。20 世纪 70 年代到 80 年代初，条件模拟方法主要应用于采矿业。80 年代中期开始，条件模拟方法主要应用于其他领域，如石油工程、水文地质等。同时，理论方法也在不断发展，出现了可以对连续和分类变量进行模拟的方法（Dimitrakopoulos，1996；Isaaks，1990；Deutsch，Journel，1992）。

条件模拟算法的构建主要采用三种策略：一是将在克里格插值计算中未包括的空间变异给加回去，如早期的转向带法、协方差矩阵 LU 分解法；二是根据贝叶斯第一原理构建模拟模型，如序贯模拟；三是在满足统计阈值的情况下采用最优技术进行结果收敛，如模拟退火。

序贯高斯模拟方法是贝叶斯理论的一个应用，此方法根据现有数据计算待模拟点值的条件概率分布，从该分布中随机取一个值作为模拟现值，每得出一个模拟值，就把它连同原始数据、此前得到的模拟数据一起作为条件数据，进入下一点的模拟（Journel，1989，1990）。

1. 序贯高斯模拟步骤（Deutsch，Journel，1992）

（1）确定原始数据 $\{Z(x)|i=1, 2, \cdots, n\}$ 单变量的累积分布函数 $F_Z(Z)$。它代表了整个研究区内包含全部数据样本量的分布特征。如果原始数据存在集聚现象，则需要进行去聚处理。如果原始数据较少，还需要进行累积分布函数的平滑处理。

（2）对原始数据 $Z(x)$ 进行标准正态分布变换，可以采用正态积分转换方法，将原始数据变换为符合高斯分布的变量。这里，有必要进行双变量正态（bivariate normality）检验，如果多元高斯随机函数（multivariable Gaussian random function）检验能接受，然后继续进行下一步。如果不能保证，那么可以采用其他随机模拟方法，如将数据进行指示化后的随机模拟。

（3）对离散网格上的某个结点进行简单克里格插值 $Z^*_{SK}(x_0)$，并计算其相应的克里格方差$\sigma_{SK}^2(x_0)$。

（4）根据克里格方差，产生一个随机残差函数，该函数满足均值为0，方差等于克里格方差的正态分布［0，$\sigma_{SK}^2(x_0)$］。这里随机数可以用蒙特卡罗模拟方法产生，其他任何随机数据模拟器也可以采用。

（5）将产生的残差$R(x_0)$加入克里格插值中，就是该结点的模拟$Z_{SGS}(x_0)=Z_{SK}^*(x_0)+R(x_0)$。另外，我们也可以直接从满足均值为$Z_{SK}^*(x_0)$，方差等于$\sigma_{SK}^2(x_0)$的正态分布中产生模拟值$Z_{SGS}(x_0)$。

（6）该结点产生的模拟值加入现有数据，一起作为以后模拟的条件数据。这是序贯随机模拟的核心思想，先前得到的模拟值将作为新的条件数据进行后续的模拟。

（7）按照访问路径顺序逐一访问所有需要模拟的结点，重复上述计算，直到所有的点都完成模拟。虽然，理论上没有一定要设计路径，但是很多研究表明，规则设计的访问路径能使结果更趋合理。

（8）最后将模拟结果进行逆高斯变换还原为原始变量。

2. 序贯高斯模拟方法的注意要点

1）数据高斯分布

如果参与模拟的数据不符合高斯分布，那么最后模拟数据就很难得到正确的总体分布特征。虽然模拟结果数据的平均值、方差、协方差跟原来数据是一致的，但是数据分布的“形状”不一定一致。而在高斯空间内进行数据模拟，由于所有模拟前后的数据都符合高斯分布特征，所以就不会出现这个问题。

2）简单克里格（SK）和普通克里格（OK）

简单克里格方法需要数据符合二阶平稳假定，从先验知识获得随机变量的平均值。而对于那些只遵从本征假设的随机过程简单克里格预测并不是特别适合。所以在序贯高斯模拟中，在确定采用SK方法时，首先要观察数据是否符合各种假定条件。如果数据被认为是非二阶稳定随机函数模型，那么：

（1）可以设定一系列的局部SK平均值进行局部SK估值计算。

（2）可以将整个空间分割为不同的子区，让各子区内数据符合二阶平稳假定。这样可从不同子区获得不同的数据直方图和正态积分变异函数。

（3）也可以从原始数据和非稳定平均值来推出平稳正态积分变异函数（a stationary normal score variogram）。其中任何一个估值的非稳定平均值可以利用OK方法对附近样点数据进行估值来获取。

3）随机数

随机数是由随机种子（seed）根据一定的计算方法计算出来的数值，随机种子来自系统时钟，确切地说，是来自计算机主板上的定时/计数器在内存中的记数值。所以，只要计算方法一定，随机种子一定，那么产生的随机数就不会变。如果利用不同随机种子数，将产生不同的模拟实现。同时，不同的随机种子会产生不同的随机数序列，因此，对于各结点就有不同的随机路径和残差。但是，每个实现的出现概率都是均等的（史舟，李艳，2006）。

4）访问路径

访问路径会影响局部条件分布。一般来说，随机路径的设计可以从粗的格网点分布开始，逐渐设计细的格网点路径，这个思想被叫做多网格法（multiple grid concept）（Deutsch，Journel，1992），或叫多步模拟法（multiple-steps simulation）（Gómez-Hernández，Journel，1993）。图 8-2-1 是 Pebesma 和 Wesseling（1998）在描述其 GSTAT 软件时给出的一个例子。例子中数据总共为 13×11 网格点［见图 8-2-1（c）中所有圆点］。第一步，粗的网格设计，只有间隔为 8 个网格单元的四个网格点［图 8-2-1（a）］，随机路径开始并经过这些点。然后，间隔减为一半，即 4 个网格单元，随机设点，然后随机路径再经过这些点［图 8-2-1（b）］；依此而下，间隔减为 2 个网格单元［图 8-2-1（c）黑圆点］。最后，随机路径经过所有剩下的网格点［图 8-2-1（c）灰圆点］。

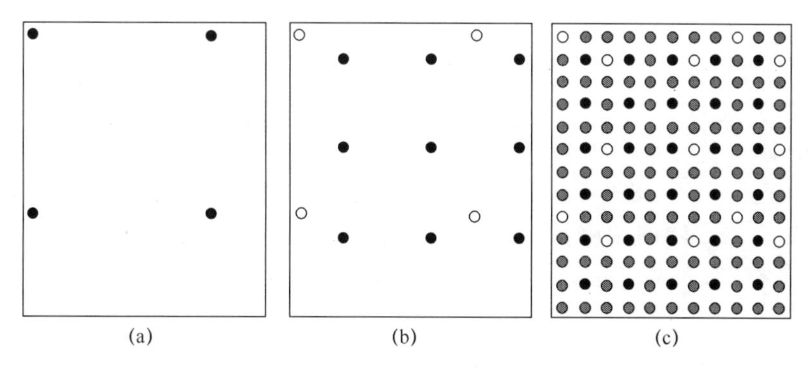

图 8-2-1　访问路径示例

8.2.2　实例介绍：土壤特性空间模拟

1. 样区与数据

研究区位于浙江省上虞区西北地区、杭州湾南岸的海涂实验农场。该地属于亚热带区域，常绿阔叶林，年均温度 16.5℃，年均降水量为 1300mm。土壤主要来自海洋和河流沉积物，土壤质地以轻壤土或砂壤土为主。土壤类型是粗松咸砂土，剖面发育不明显，同一剖面上下层质地较为均匀。近年来该区已被连续垦种。由于围垦措施和种植利用的不同，反映土壤盐分含量的指标，土壤电导率的变异相当显著。本研究的地块围垦于 1996 年，2000 年开垦为棉田，面积为 10.5hm^2［图 8-2-2（a）］。运用 20m 网格采

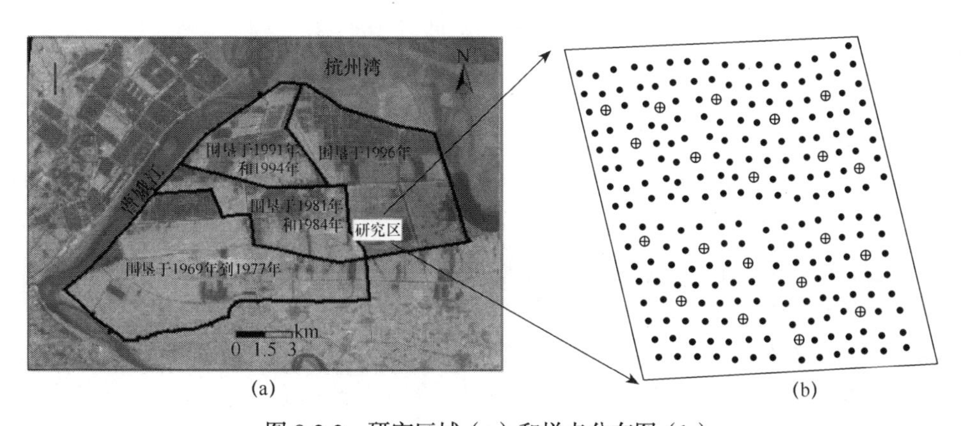

图 8-2-2　研究区域（a）和样点分布图（b）

样法，通过一个便携式电导率测定计（WET 土壤水分盐分温度三参数速测仪），在表土（0～20cm）共测得 240 个土壤体积电导率（Bulk electrical conductivity，EC_b）数据，其中选择 20 个样点作为经验样本［图 8-2-2（b）］。在每个采样点 1 米的圆周范围内共测定 5 次，取其平均值作为该样点的 EC_b 值。差分 GPS 被用来进行样点定位。采样日期为 2004 年 4 月。实测数据（用于估值和模拟的 220 个样点）的分布特征和统计结果见表 8-2-1。

表 8-2-1　原始样点和不同方法生成的 EC_b 数据分布特征　（单位：mS/m）

平均值	中值	标准差	最小	最大	Q_1	Q_3	K-S（Z）
145.23	138	82.92	23	365	71.25	210.75	1.453（0.029）

2. 研究方法

采用普通克里格方法进行估值和插值制图，序贯高斯模拟方法进行随机模拟。其中序贯高斯模拟采用 GS+计算和 ArcGIS 制图获得。为了定量比较普通克里格法与序贯随机模拟方法之间的预测精度，20 个 EC_b 样本被用来检查预测结果。均方根误差（RMSE）用来表征预测的精度。均方根误差越小则预测的精度越高。

$$\mathrm{RMSE}=\sqrt{\frac{1}{n}\sum_{i=1}^{n}[Z(x_i)-Z^*(x_i)]^2} \tag{8-2-1}$$

式中，$Z(x_i)$ 和 $Z^*(x_i)$ 分别是实测值和预测值；n 是检验样本数目，这里 $n=20$。

3. 结果与讨论

1）空间分布趋势比较

普通克里格方法估值以及随机获得的 3 次序贯高斯模拟结果（SGS1，SGS2，SGS3）的数据统计见表 8-2-2。从实测数据、克里格插值和序贯高斯模拟结果可以看出克里格插值存在明显的平滑效应，其估值结果数据的标准方差变小为 68.51。而原始实测量数据的方差值为 82.92。最小值和最大值从原始数据的 23～365mS/m 变为插值后的 36～294mS/m。而序贯高斯模拟的结果表现出不同的现象，对于随机任意一次的模拟结果，其结果在尊重原始实测数据值情况下，整体分布比较离散，突出了原始数据分布的波动性。在实际模拟中对 EC_b 值给予约束条件范围，限制在原始数据集的［23mS/m，365mS/m］内。在表 8-2-2 提供的三个序贯高斯模拟结果，可以看到数据整体分布更加离散。其模拟数据的标准方差值比普通克里格插值结果接近于原始的 82.92。从数据分布的直方图也可以清楚见到这种变化。图 8-2-3（a）为原始数据分布的直方图，其分布明显右偏，而普通克里格插值后直方图［图 8-2-3（b）］的数据分布频率趋于集中和平缓。序贯高斯模拟的数据分布直方图［图 8-2-3（c）］的形状较好地保持了原始数据分布特征。因此，随机模拟着重是用于反映空间数据的波动性，追求的是复原其整体的空间结构。

图 8-2-4 为普通克里格插值和序贯高斯模拟结果按照 EC_b 值高低进行均分级别后的结果显示。很明显，普通克里格插值图的土壤 EC_b 分布较随机模拟的结果平滑，各级别空间图斑的边界线较光滑，峰值和谷值区的空间分布集中、突出，土壤 EC_b 最大区域总体分布于样区的东南部。而序贯高斯模拟结果图虽然也呈现出土壤 EC_b 分布高低的趋

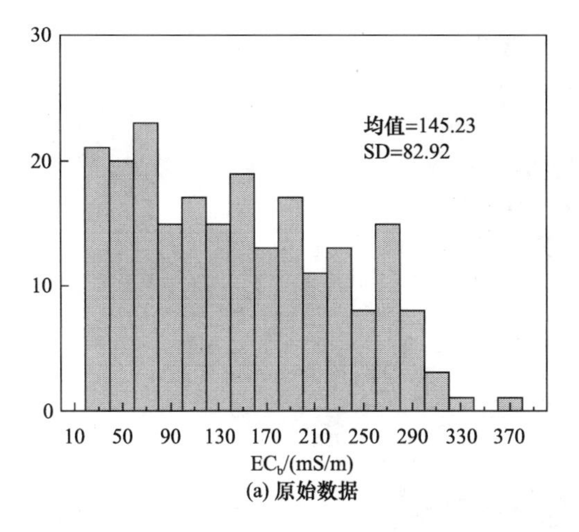

(a) 原始数据

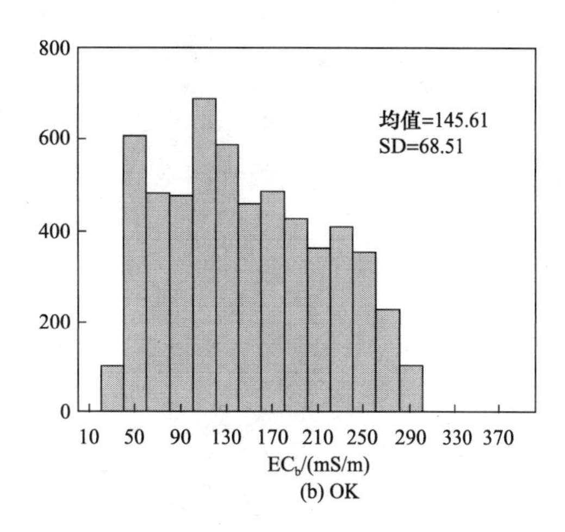

(b) OK

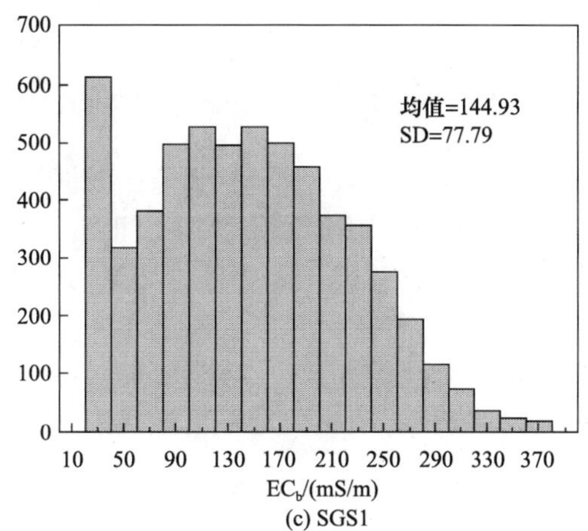

(c) SGS1

图 8-2-3　土壤 EC_b 数据分布直方图

势，并与实际分布趋势相仿，但是空间分布明显显示离散和波动性。

表 8-2-2　原始样点和不同方法生成的 EC_b 数据分布特征

	样点数	平均值	中值	标准差	最小值	最大值	Q_1	Q_3
OK	5779	145.61	137	68.51	36.0	294.1	90	200
SGS1	5779	144.93	142	77.79	23	365	84	201
SGS2	5779	146.72	143	78.71	23	365	85	204
SGS3	5779	147.12	143	79.04	23	365	85	205

2）半方差函数比较

从表 8-2-3 和图 8-2-5 可以看出，模拟结果的半方差函数与原始数据符合得很好。插值结果的半方差函数明显小于原始数据和模拟结果的半方差函数。块金值和基台值的比值，又称空间结构系数，是表征土壤特性空间相关性的一个指标。由表 8-2-3 可见，

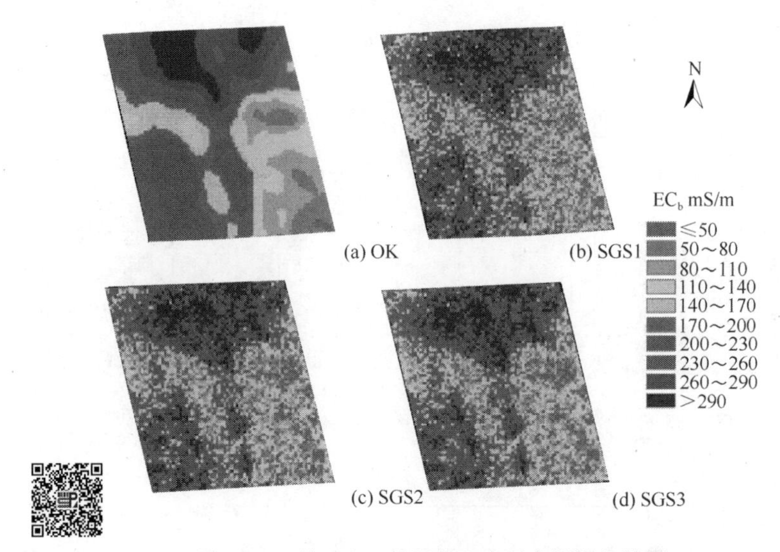

图 8-2-4　普通克里格插值和序贯高斯模拟结果

普通克里格插值结果的空间结构系数为 40.9%，接近原始数据的空间结构系数（22.9%）的 2 倍，而序贯高斯模拟的三个结果都接近原始数据空间变异特征。是否符合原始数据的半方差函数，是条件模拟与插值的重要不同之处。如 8.1.2 节中介绍的条件模拟需要满足的三个条件，条件随机模拟在符合一定的概率分布和“尊重”原始实测数据的同时，模拟中还必须与实测数据处所推断的半方差函数或协方差函数相同，保持特定的空间相关结构。而由于克里格插值具有明显的“平滑效应”，就会改变原始变量的空间结构。

表 8-2-3　不同模拟和估值结果半方差参数

	拟合模型	块金值 C_0	基台值 C	［C_0/C］/%	变程 /m	决定系数（R^2）
实测	球状模型	1640	7175	22.9	201.2	0.983
OK	球状模型	2240	5478	40.9	301.1	0.987
SGS1	球状模型	1930	7148	27.0	276.3	0.999
SGS2	球状模型	1680	7250	23.2	258.2	0.998
SGS3	球状模型	1560	7296	21.4	253.7	0.997

3）精度比较

本实例采用 20 个 $EC_{b(2005)}$ 样本被用来交叉检验普通克里格插值与序贯随机模拟值的精度。均方根误差（RMSE）用来表征预测的精度，均方根误差越小则预测的精度越高。从表 8-2-4 可以看到序贯随机模拟（SGS1,SGS2,SGS3）的结果预测精度相对较高。而普通克里格插值预测结果总体趋于平滑，会在某些变化起伏较大的地方失去真实的信息。通过图 8-2-6 对 20 个检验样点的预测进行逐个比较，可以很明显地发现普通克里格方法在插值估计时，对数据的平滑处理。图 8-2-6（a）显示，除了第 14 号样点与普通克里格插值结果相比，序贯随机模拟更好地表现了数据分布的波动性，总体上更接近于实测值。

表 8-2-4　不同方法 EC_b 的数据交叉精度检验（n=20）

	OK	SGS1	SGS2	SGS3
RMSE	2896.5	1899.0	1762.67	1585.23

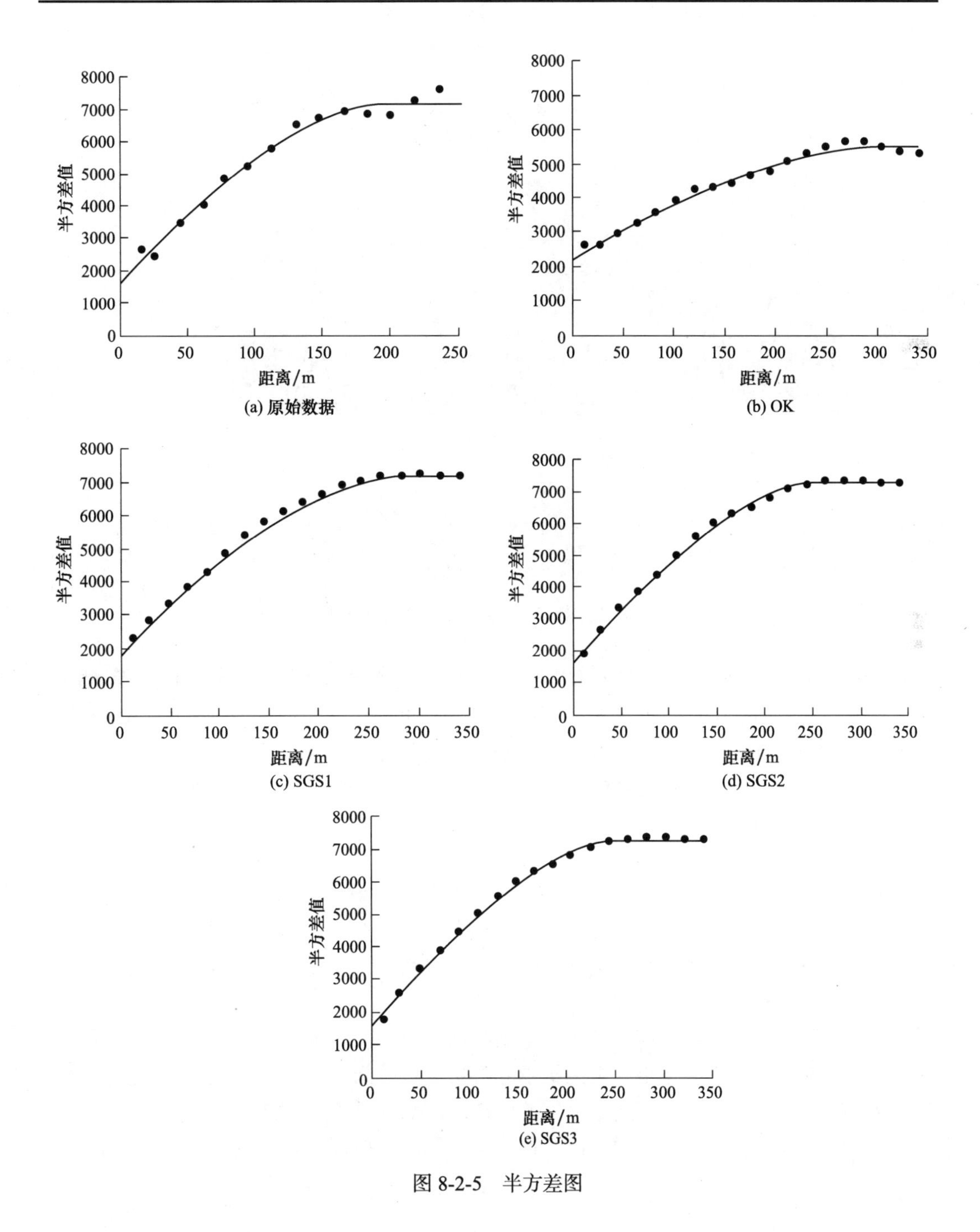

图 8-2-5　半方差图

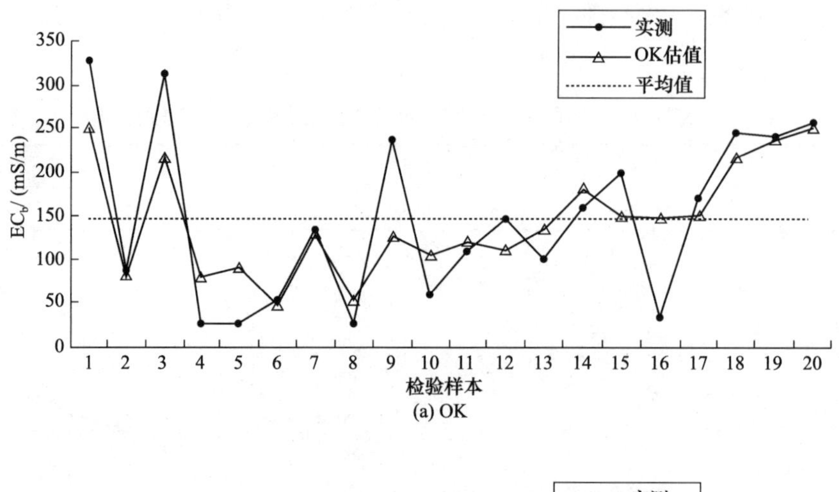

(a) OK

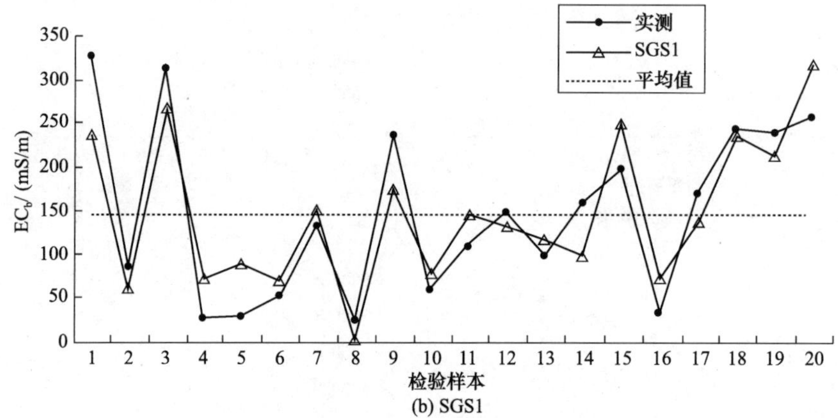

(b) SGS1

图 8-2-6　实测检验样点与各方法预测结果比较

其中，对比第 16 号检验样点可以明显发现这些方法的差别。由于 16 号点所处的整条田垄地势相对高些，所以此处整条田垄样点 EC_b 都要小。见图 8-2-7 所示，16 号点所处的整条田垄（方向为近南北向）四个样点的 EC_b 值分别为 48mS/m、27mS/m、33mS/m 和 60mS/m，而两边田垄上土壤样点的 EC_b 值都超过 100mS/m，甚至 200mS/m。因此，对于此变化梯度很大的区域进行估值，不同方法的预测估值就会出现很大的差异。这里，普通克里格插值和序贯随机模拟（SGS1）分别为 145.23mS/m 和 73mS/m，而实测值为 33mS/m（图 8-2-6）。因此，如普通克里格插值法对数据进行平滑处理后，就会使这些变化剧烈，甚至可能是异常区的重要信息丢失。这些重要信息特别是在障碍性土壤评价、土壤重金属污染等研究领域是非常重要的。由此，采用何种方法来进行空间预测和估值，应该要给予足够的重视。

另外，每一次序贯随机模拟都是在遵循数据概率分布的前提下随机获得的，所以每次模拟会得到不同的模拟结果，本例给予的随机模拟结果，只是用于说明序贯随机模拟能比克里格插值法较好地体现原始数据的波动性。而不是说序贯随机模拟的预测精度在任何时候都一定比普通克里格插值好，这必须视不同的情况而定。本例提供的数据整体

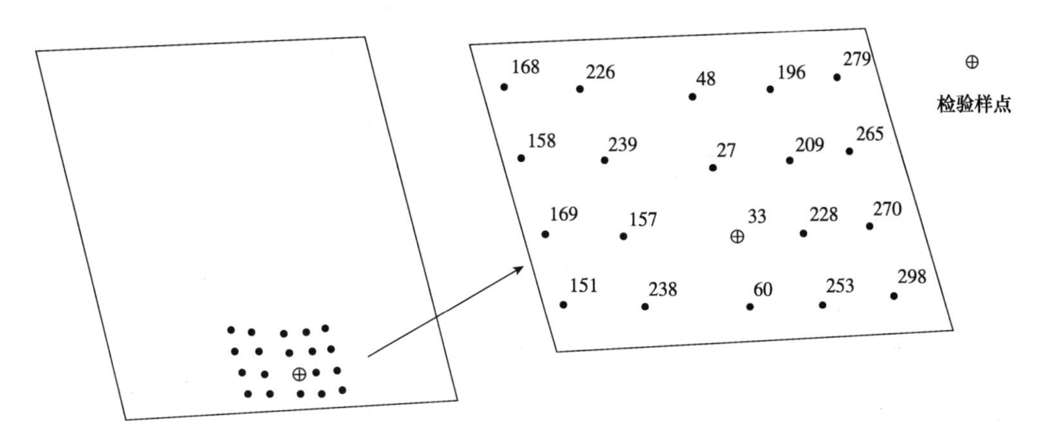

图 8-2-7　第 16 号检验样点和周围样点的实测值显示

分布变化较大，同时在空间分布上具有较大的波动性。因此，对未测点的模拟的效果就比普通克里格的估值精度相对好些。

8.3　高斯地统计

8.3.1　高斯地统计模拟

1. 高斯地统计模拟的基本思想

高斯地统计模拟（Gaussian geostatistical simulation，GGS）是基于简单克里格模型执行的条件或非条件地统计模拟。

GGS 所依托的主要假设是数据是静态的，均值、方差和空间结构（半方差函数）在数据空间域上不发生改变。同克里格法相比，GGS 具有优势。克里格法是基于数据进行局部平均，因此会生成平滑的输出。GGS 生成的局部变异性的制图表达比较好，因为 GGS 将克里格法中丢失的局部变异重新添加到了生成的表面中。GGS 的原理与序贯高斯模拟相类似，都是在未采样位置产生一个随机残差函数，该函数满足均值为 0，方差等于克里格方差的正态分布$[0, \sigma_{SK}^2(x_0)]$，将产生的残差加入克里格插值中，得到该点的模拟值。GGS 的原理与序贯高斯模拟的显著区别是未采样位置在空间上被一起选取，而不是逐个被选取。

由于 GGS 添加到未采样点的预测值中的变异均值为零，这样，很多 GGS 模拟结果的均值会趋向于克里格预测结果。图 8-3-1 中，多次模拟结果以一组堆叠输出图层的形式表示出来，并且特定坐标位置的值服从高斯分布，其平均值等于该位置的克里格估计值。

2. 高斯地统计模拟一般流程

高斯地统计模拟的一般流程包括：准备数据、简单克里格插值、创建实现、后处理结果以及评估模型输出的变异性。该过程如图 8-3-2 所示。

高斯地统计模拟工具需输入简单克里格模型，要求输入数据呈正态分布时模拟结果

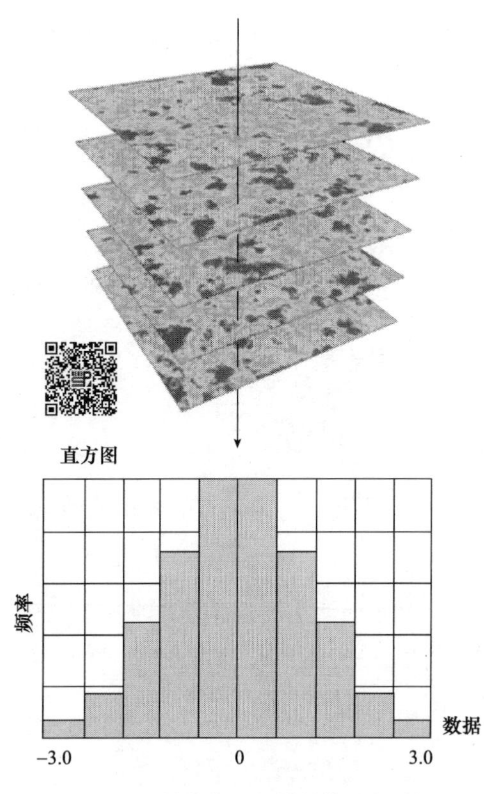

图 8-3-1　特定位置的模拟值的变异性

才有效。因为数据符合标准正态分布的条件下，对数据使用简单克里格所得到的克里格估计值和方差可完全定义研究区域中每个位置的条件分布。可以应用正态积分变换来实现数据要求，并将结果逆变换为原始变量，获得模拟输出。数据准备阶段还需要进行去聚处理，以便从已聚类的数据中获得典型直方图，并移除趋势，确保平均值在整个空间域是稳定的。

对于所研究属性的空间分布，高斯地统计模拟可以生成多个具有同等可能性的模拟结果，一般将一次模拟结果称作一次“实现”。生成“实现”以后，可以对“实现”进行后处理，以获得汇总结果。高斯地统计模拟工具允许使用多种后处理选项，包括各位置（像元）生成的最小值、最大值、均值、标准差、第一四分位数、中值（第二四分位数）、第三四分位数以及指定分位数，还可以指定阈值，后处理结果将返回多次“实现”中超出阈值次数的百分比，即超出阈值的概率。

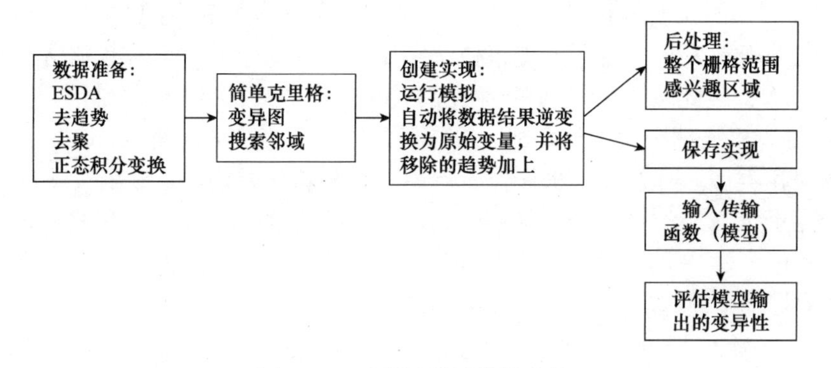

图 8-3-2　高斯地统计模拟流程

3．高斯地统计模拟与不确定性评估

高斯地统计模拟中，基于多次“实现”的后处理结果可以衡量模拟属性值的不确定性。

随机模拟适合于定量刻画某一属性的非均质性和不确定性。克里格插值方法在半方差函数和邻近搜索规则不变的前提下，只能是一个结果。而随机模拟的最大优点就是能在符合数据整体分布和方差函数前提下产生多个“实现”。这些“实现”可以用来研究空间不确定问题，为评价不确定性提供了一个方法，可用概率或其他相关量值（例如统计要素）来表征不确定性。

空间模拟和空间不确定性研究可以进一步服务于辅助决策规划，如划分污染区、作物土宜评价等（Goovaerts，2001）。特别是在环境研究领域，如大面积的非点源污染问题，很难获得足够的实测点来客观表征实际的空间分布。在这种复杂性和不确定性并举的问题面前，随机模拟的方法显然优于克里格插值法。它提供的不确定性研究结果能够反映出这种环境风险性，更有助于决策者从“不确定性”出发做出合理的决策。

同样可以将随机模拟结果作为蒙特卡罗模拟或其他模型的输入数据。通过随机模拟技术给出的各种模拟结果，可以进一步定量评价各种可能对环境所造成的影响。例如在施用氮肥对浅层地下水评价过程中，可利用大量模拟结果给出某一深度处向下的水分通量、硝酸盐的淋失量等概率分布曲线，从而分析这些指标的不确定性，进而分析种种灌溉、施肥方案的风险性。而克里格估计仅给出一个单一的数值结果，很显然不能评价不确定性（李保国等，2002）。

随机模拟结果还可以被用来检测各种资源环境应用模型的稳固性及其模型的误差传播等问题。可以将土壤随机模拟的空间分布结果输入到复杂的模型，如作物生长模型、污染物的流动或运移模型等，土壤特性的不确定性将通过这些模型进行传播，而影响到这些模型的最后输出结果，如作物产量、污染物扩散浓度等，从而可以评价这些模型的稳固性。

8.3.2　实例：中国空气质量超标的概率分布评价

案例数据六　**中国 1396 个空气质量监测点**

对世界上的很多国家和城市而言，空气质量都是令人关注的重要健康指标之一。中国环境监测总站目前有 1426 个空气质量监测点，参与空气质量评价的主要污染物为细颗粒物、可吸入颗粒物、二氧化硫、二氧化氮、臭氧、一氧化碳六项，监测站点将每隔一个小时获取一次 $PM_{2.5}$、PM_{10}、SO_2、NO_2、O_3、CO 六项数据并给出对应的空气质量指数（AQI）。

根据《环境空气质量指数（AQI）技术规定（试行）》（HJ633—2012）规定：AQI 划分为 0～50、51～100、101～150、151～200、201～300 和大于 300 六档，对应于空气质量的六个级别，指数越大、级别越高说明污染的情况越严重，对人体的健康危害也就越大，从一级优、二级良、三级轻度污染、四级中度污染，直至五级重度污染，六级严重污染。也就是说 AQI 大于 100 即认为是空气污染。

从中国环境监测总站的全国城市空气质量实时发布平台上获取了 2017 年全年所有站点的每时数据，可计算 AQI 的日均值以及 AQI 每年超过空气质量标准的天数。由于监测站点都存在部分天数无监测数据的现象，对这些站点的 AQI 超标天数使用 365 进行标准化。数据筛选后保留 1396 个有效监测站点（图 8-3-3）。

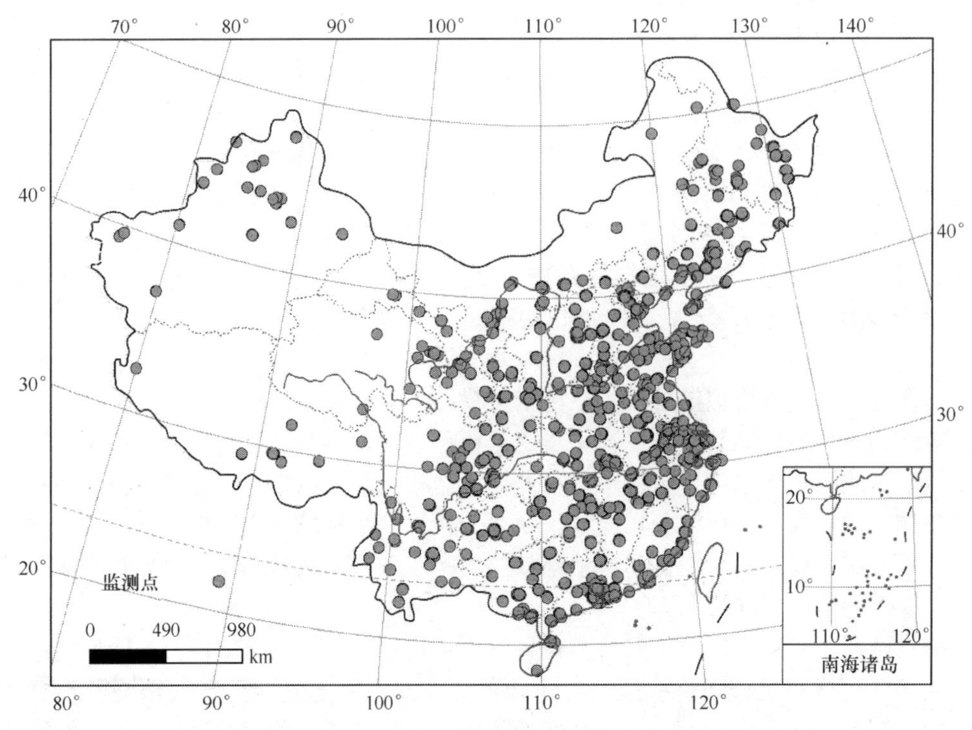

图 8-3-3 中国 1396 个空气质量监测点

ArcGIS 软件提供了高斯地统计模拟的模块，可以通过 ArcToolbox\Geostatistical Analyst Tools\Simulation\Gaussian Geostatistical Simulations 打开。

利用案例数据六进行高斯地统计模拟，进行中国空气质量超标的概率分布评价，采用概率分布图来评价空气污染的风险程度。

采用简单克里格方法进行估值和插值制图［图 8-3-4（a）］，基于简单克里格插值结果，使用序贯高斯模拟方法对中国空气污染天数进行空间模拟，生成了 100 次“实现”，每次“实现”生成一张地图，用以表示 2017 年空气污染的天数。通过对 100 次“实现”进行后处理，我们可以了解 100 次“实现”的数据特征。

图 8-3-4（b）至图 8-3-4（j）展示了部分后处理结果。从图 8-3-4（a）简单克里格插值结果与图 8-3-4（b）后处理求均值的对比可以看出，多次“实现”的均值与克里格估计值非常接近。将图 8-3-4（a）与图 8-3-4（c）（d）对比可看出，相对随机模拟而言，克里格插值有非常明显的平滑作用，各级别空间图斑的边界线较柔和，峰值峰谷区的空间分布集中、突出。8-3-4（e）（f）显示了多次“实现”下最大、最小值差异显著。

图 8-3-4（g）～（i）三个四分位数的模拟结果与克里格插值（a）以及均值（b）的结果较为相似。图 8-3-4（j）显示了后处理结果的标准差地图，可以看到西北新疆地区，也就是空气污染的高发地区，多次实现的标准差值较高。

通过给定污染天数的阈值，还可以获得全年污染天数超出阈值的概率地图，概率地图所提供的不确定性研究结果能够反映出空气污染的风险程度。

图 8-3-5（a）～（g）估计了空气污染每年超过阈值的天数多于 30 天、60 天、90 天、120 天、150 天、180 天和 210 天的概率。

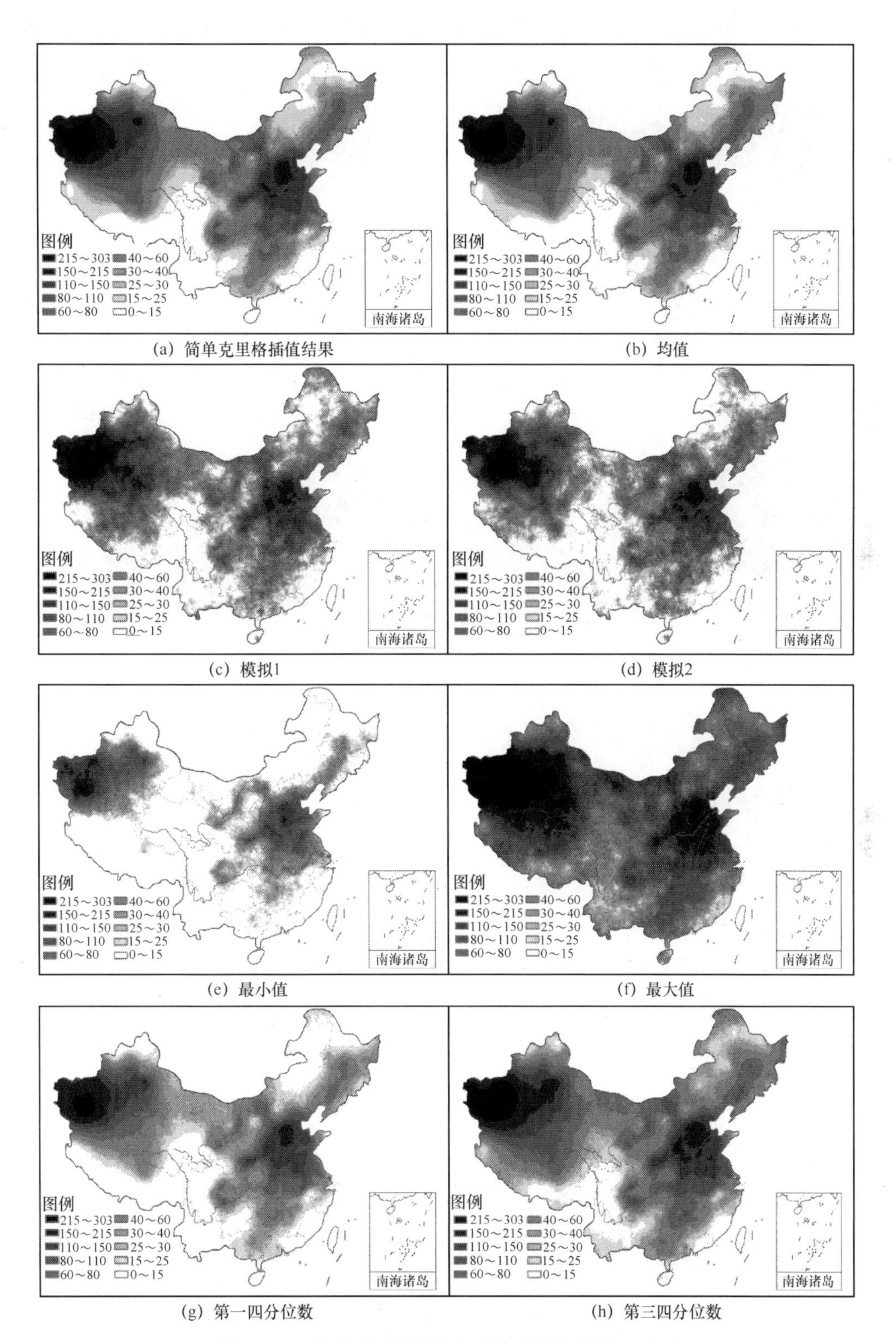

(a) 简单克里格插值结果　　(b) 均值

(c) 模拟1　　(d) 模拟2

(e) 最小值　　(f) 最大值

(g) 第一四分位数　　(h) 第三四分位数

图 8-3-4　简单克里格插值与后处理结果（a）～（h）

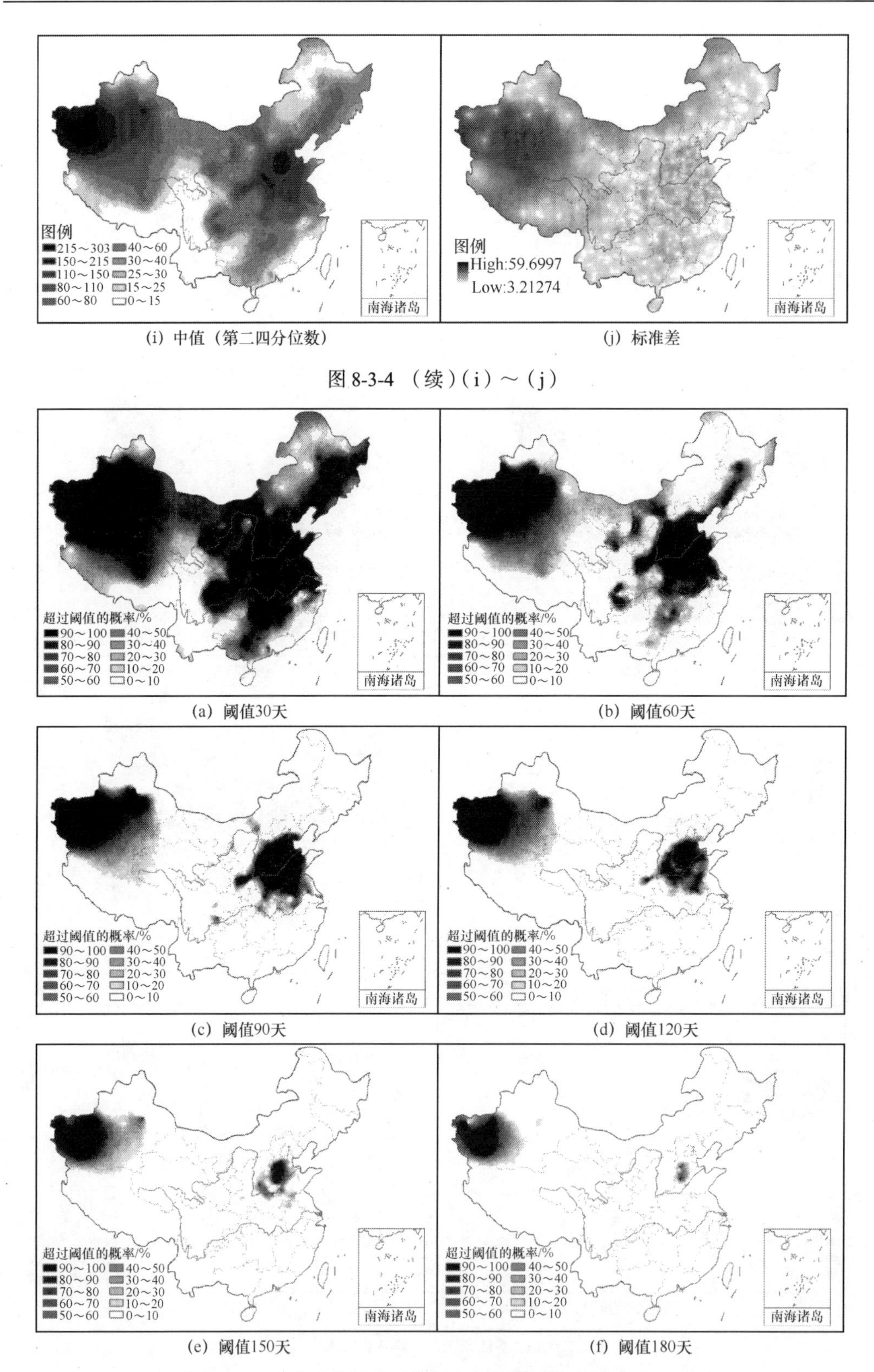

(i) 中值（第二四分位数）　　(j) 标准差

图 8-3-4 （续）(i)～(j)

(a) 阈值30天　　(b) 阈值60天

(c) 阈值90天　　(d) 阈值120天

(e) 阈值150天　　(f) 阈值180天

图 8-3-5　全年空气污染天数超出阈值的概率地图（a）～（f）

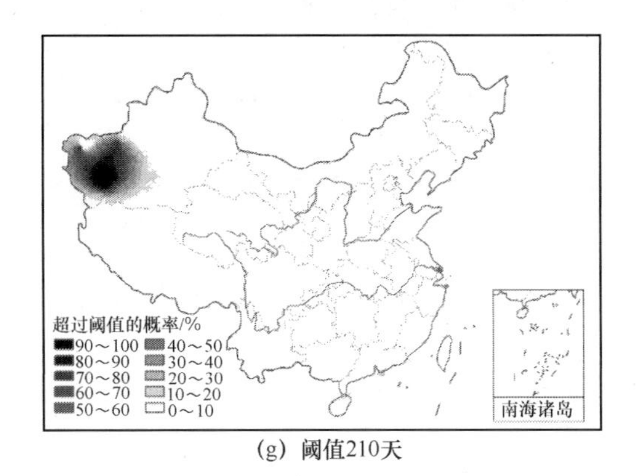

(g) 阈值210天

图 8-3-5 （续）(g)

可以看到，全国除云南、川藏部分地区、福建、广东外，大部分地区有大于 90% 的概率会出现 30 天以上的空气污染；新疆西南部、山西南部、河北南部、河南、山东西部、安徽北部的大面积区域有大于 90% 的概率会出现 90 天以上的空气污染；新疆喀什、和田地区，河北的邢台、邯郸、石家庄地区有大于 90% 的概率会出现 150 天以上的空气污染，情况非常严峻；甚至统计全年出现 210 天以上空气污染的概率和田地区也会出现大于 90% 的概率的情况。

石家庄—邢台—邯郸是京津冀的重污染带，这里污染严重的原因一是钢铁、燃煤企业众多；二是地面扬尘和机动车尾气的排放；三是西面太行山脉的阻挡不利于污染物扩散。新疆和田地区的首要污染物为可吸入颗粒物 PM_{10}，沙尘是春夏季最大的污染源，东面是我国最大的沙漠——塔克拉玛干沙漠，沙尘暴严重；当地普遍使用高硫煤，燃煤带来严重污染；喀什地区的地形西高东低，三面环山，西面是帕米尔高原，北面是天山南脉，南面是喀喇昆仑山，只有东面的塔克拉玛干沙漠地形较低，形成了一个半封闭的地形，不利于污染的疏散，导致空气污染异常严重。

8.4　上 机 实 习

本章上机实习目的是学会使用 ArcMap 进行空间随机模拟。

使用的软件为 ArcGIS 软件（ArcMap）。

使用的数据为案例数据六：中国 1396 个有效空气监测站点。从中国环境监测总站的全国城市空气质量实时发布平台上获取了 2017 年全年所有站点的每时数据，计算得到每个站点的 AQI 每年超过空气质量标准的天数，并进行标准化。

数据可通过扫描附录 2 中的二维码获取。本章使用到的具体数据文件为点状图层“AQI.shp”和面状图层“CNprovince.shp”。使用到的变量为标准化后的空气污染天数“standarddate”。

1. 打开数据

打开 ArcMap，新建空白文档。

单击 File→Add Data→Add Data（在 9.3 版本中，File→Add Data）；或者单击 ◆·，如图 8-4-1 圆圈所示。

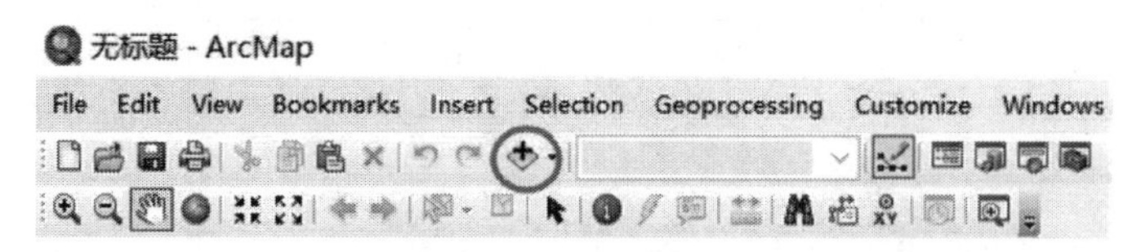

图 8-4-1　打开数据

使用连接文件夹操作，连接并进入目标文件夹，如图 8-4-2 圆圈所示。并打开“CNprovince.shp”和“AQI.shp”。

2. 启动地理统计模块 Geostatistical Analyst

右击工具栏右侧空白处即如图 8-4-3 所示的方框处，在出现的长条中单击激活 Geostatistical Analyst（如果在 Geostatistical Analyst 左侧已打钩，则不用单击）。

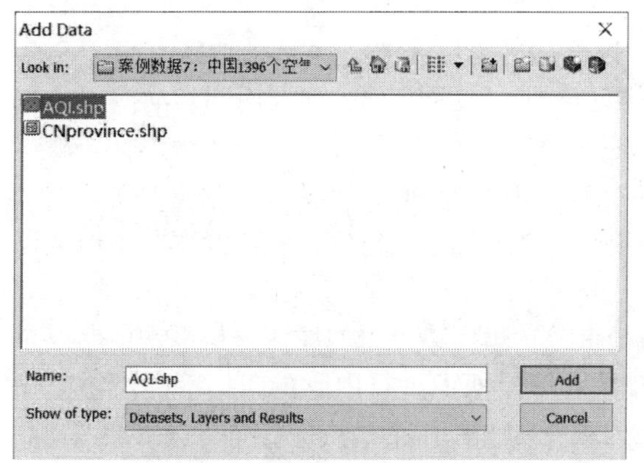

图 8-4-2　选择数据所在文件夹

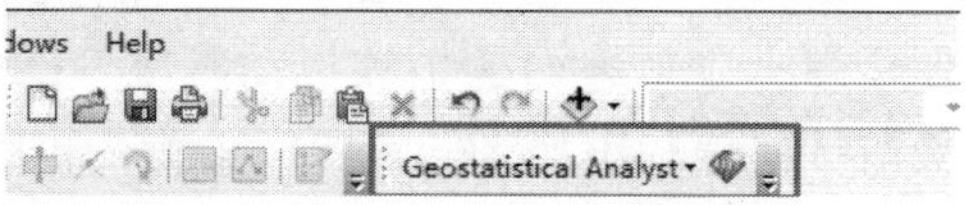

图 8-4-3　添加地理统计模块

图 8-4-4　Geostatistical Wizard 地统计分析向导

单击 Geostatistical Analyst，即图 8-4-3 中的方框位置。在出现的列表中点开 Geostatistical Wizard（图 8-4-4），进行克里格 / 协同克里格插值分析。

3. 空间随机模拟的过程与结果

在 Geostatistical Wizard：Kriging/CoKriging 对话框中，在左边的 Methods 方法栏中选择 Kriging/CoKriging，右侧 Input Data 输入数据栏 Dataset 中，Source Dataset 选择 AQI，Data Field 选择 standard。如图 8-4-5 所示。

单击 Next 进行下一步，在 Kriging Type 列表框中选择简单克里格 Simple，Output Surface Type 选择 Prediction 预测图，Dataset#1 中 Transformation type 里默认选择 Normal Score 变换方式，Decluster before transformation 选择 True，Order of trend removal 趋势移除选择 First，要选择合适的漂移阶数，使得去趋势和转换后的数据尽可能地呈现出正态分布的特征，单击 Next 进行下一步，如图 8-4-6 所示。

图 8-4-7 显示在进行去聚、正态积分变换和变异分析之前要从数据集中移除的趋势。

按像元显示去聚处理，单击 Next 如图 8-4-8 所示。

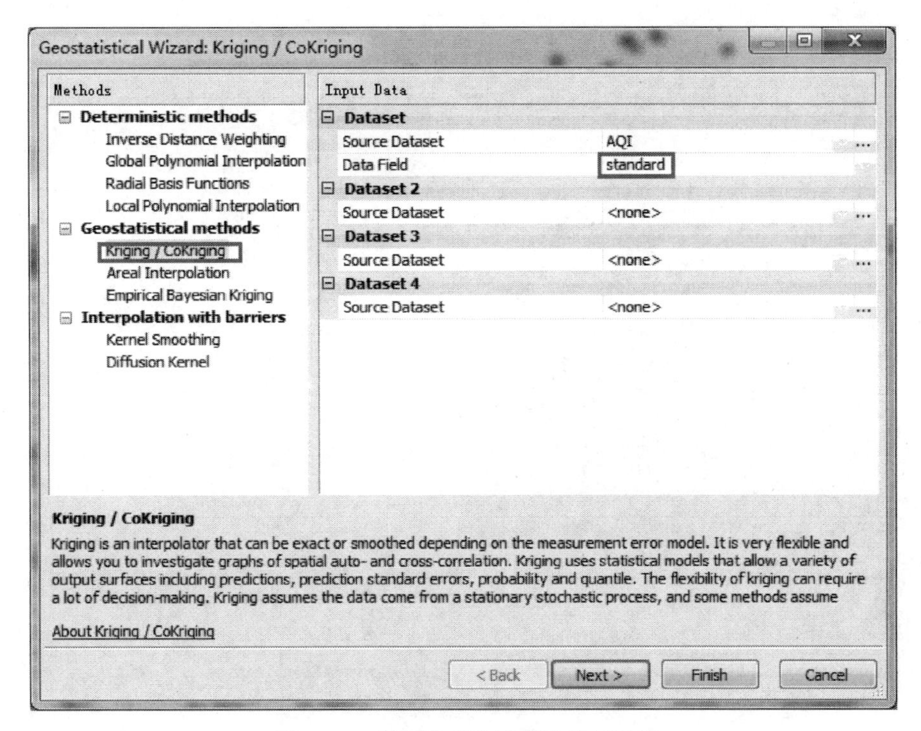

图 8-4-5　使用地理统计模块进行插值

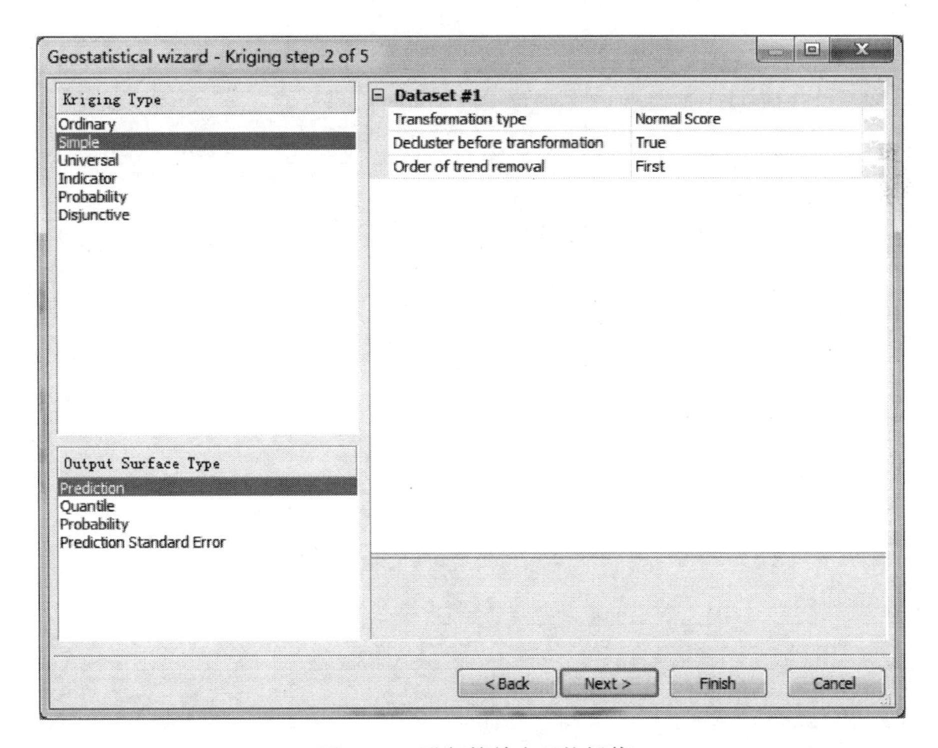

图 8-4-6　进行简单克里格插值

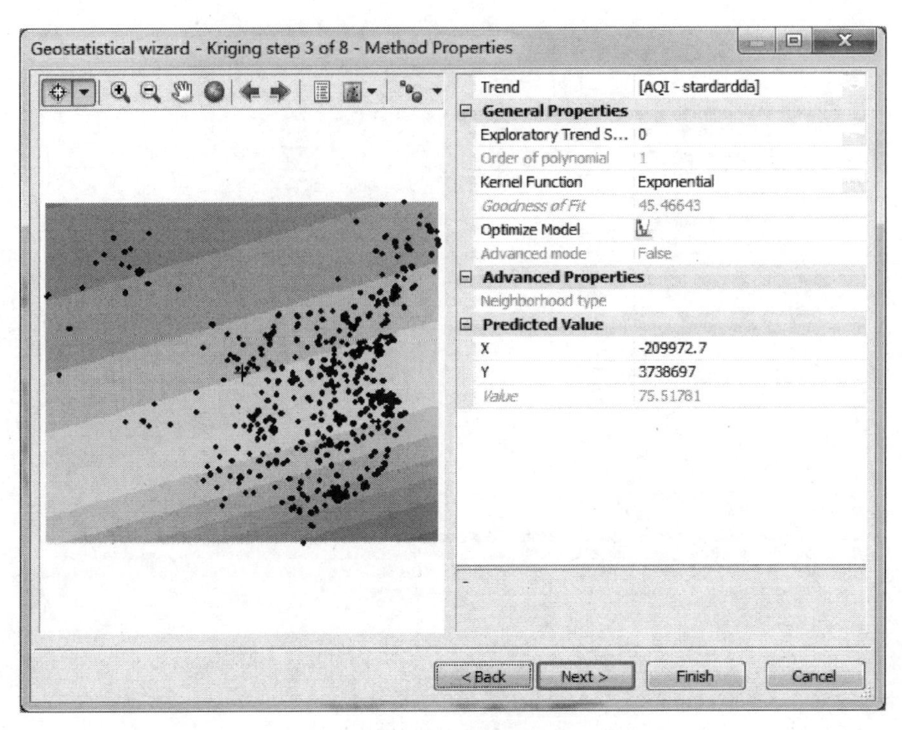

图 8-4-7　移除的趋势

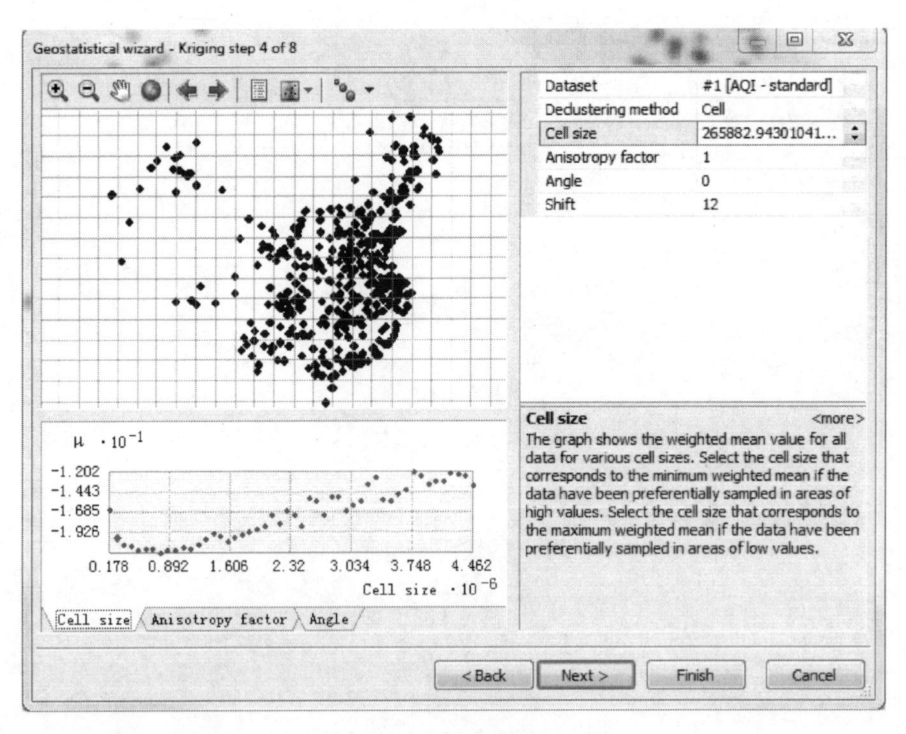

图 8-4-8　去聚处理

在 Normal Score Transformation 对话框中选择默认参数，查看正态变换结果，单击 Next，如图 8-4-9 所示。

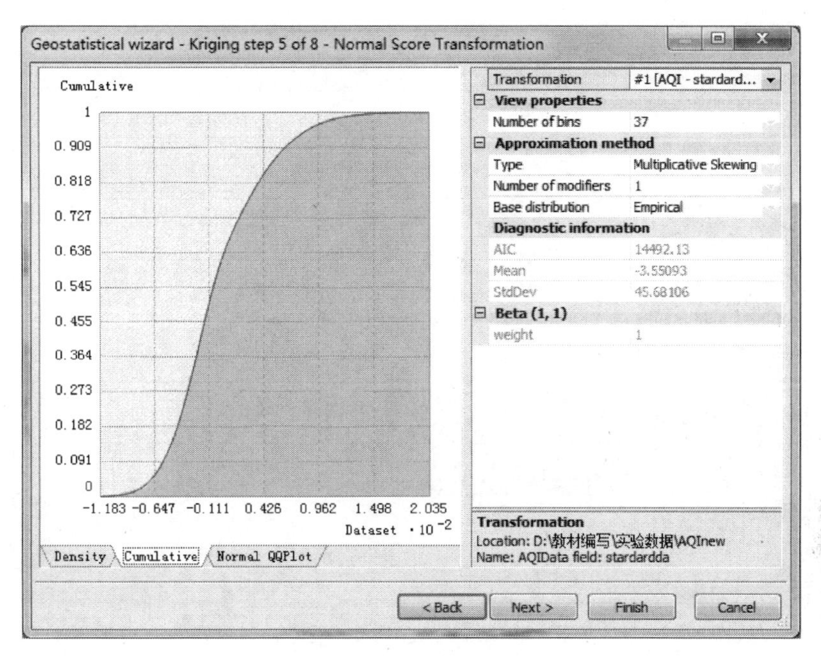

图 8-4-9　查看正态转换结果

接下来进入半方差 / 协方差对话框，此时可调整模型类型以及相关参数（如 lag 数目），在 Variable 选项栏中选择 Semivariogram，查看半方差模型，单击 Next 如图 8-4-10 所示。

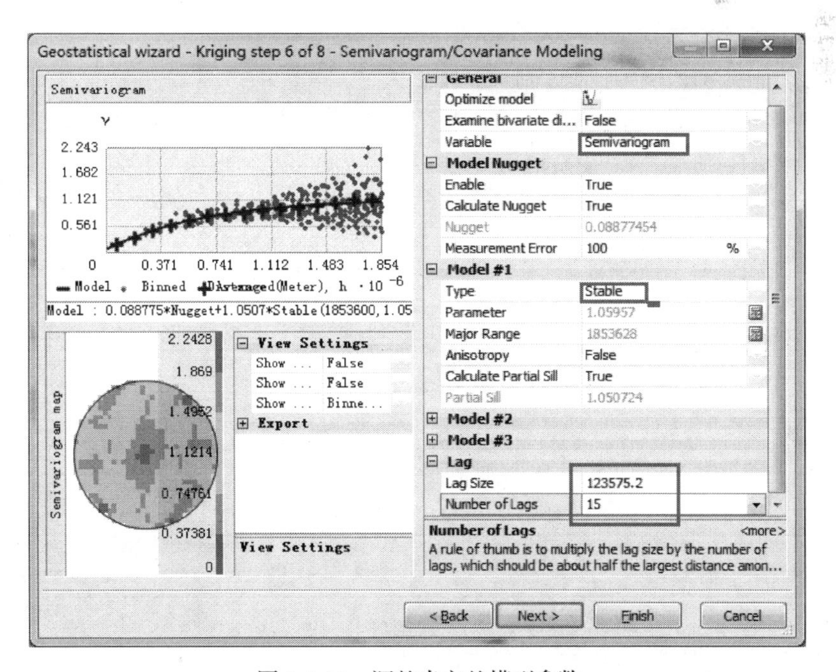

图 8-4-10　调整半方差模型参数

在搜索域对话框中设置相关参数，我们依然选择默认参数数值，单击 Next 如图 8-4-11 所示。

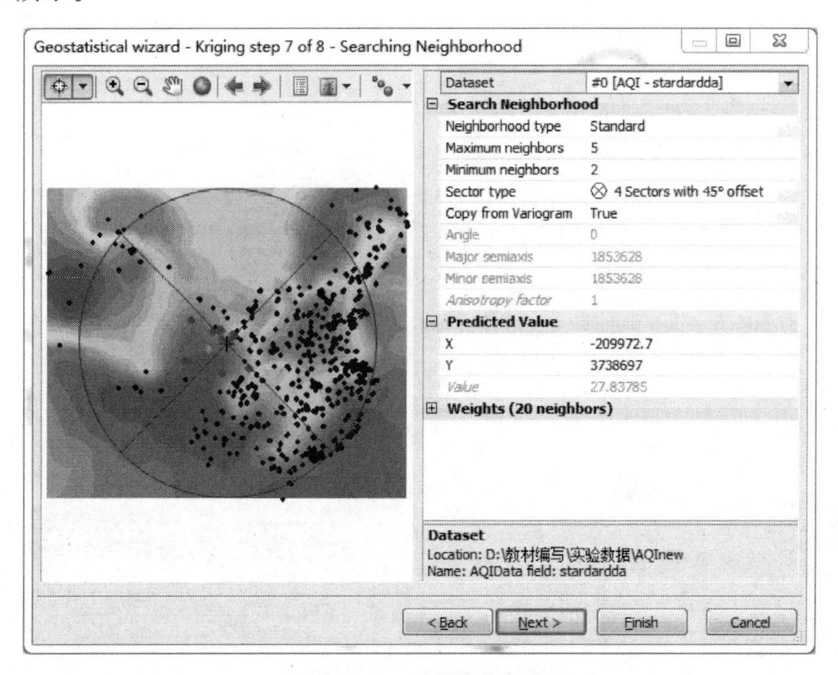

图 8-4-11　确定搜索范围

在 Cross Validation 交叉验证对话框中，可列出模型精度评价的情况，如图 8-4-12 所示。

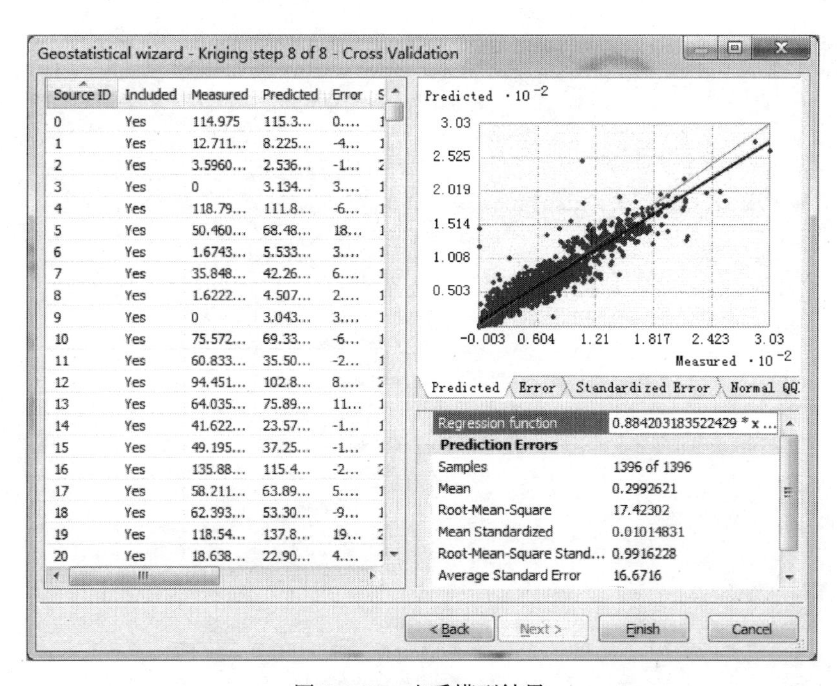

图 8-4-12　查看模型结果

和第 7 章克里格插值一样，在 Prediction Errors 列表中几个指标给我们提供了模型精度的重要信息。可以从图 8-4-12 中得到，我们拟合得到的模型平均值（Mean）、均方根（Root-Mean-Square）、标准平均值（Mean Standardized）、平均均方根（Root-Mean-Square-Standard）以及平均标准误差（Average Standard Error）。

单击 Finish，生成方法报表如图 8-4-13 所示，并完成预测图 8-4-14 的创建。

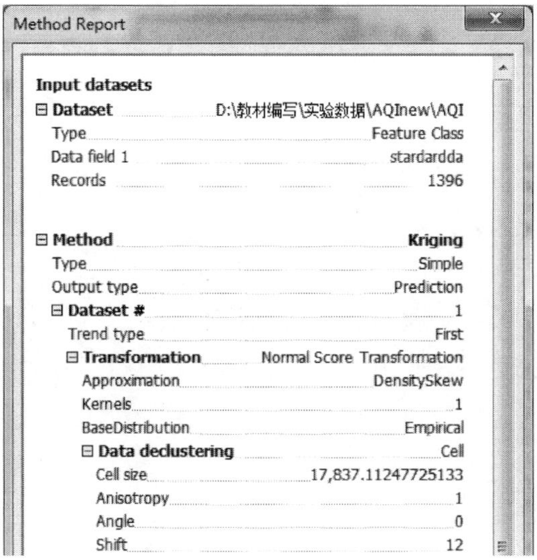

Method Report

Input datasets	
⊟ Dataset	D:\教材编写\实验数据\AQInew\AQI
Type	Feature Class
Data field 1	stardardda
Records	1396
⊟ Method	Kriging
Type	Simple
Output type	Prediction
⊟ Dataset #	1
Trend type	First
⊟ Transformation	Normal Score Transformation
Approximation	DensitySkew
Kernels	1
BaseDistribution	Empirical
⊟ Data declustering	Cell
Cell size	17,837.11247725133
Anisotropy	1
Angle	0
Shift	12

图 8-4-13　查看结果报表

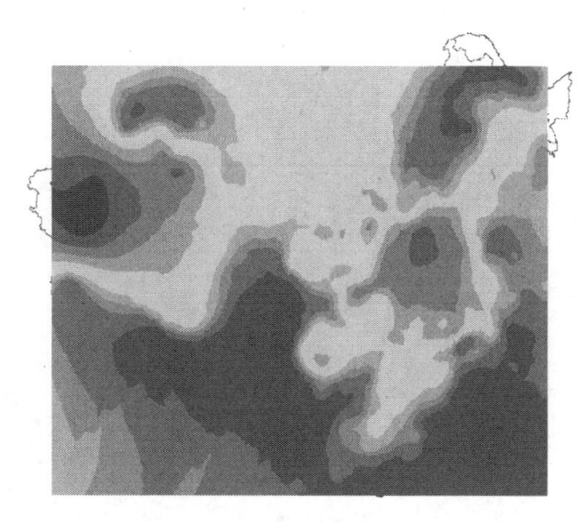

图 8-4-14　得到预测结果图

此时的输出范围与 AQI 图层范围一致，双击得到的插值结果，修改图层属性，使范围选择与中国区划图范围一致（图 8-4-15）。单击“应用”。

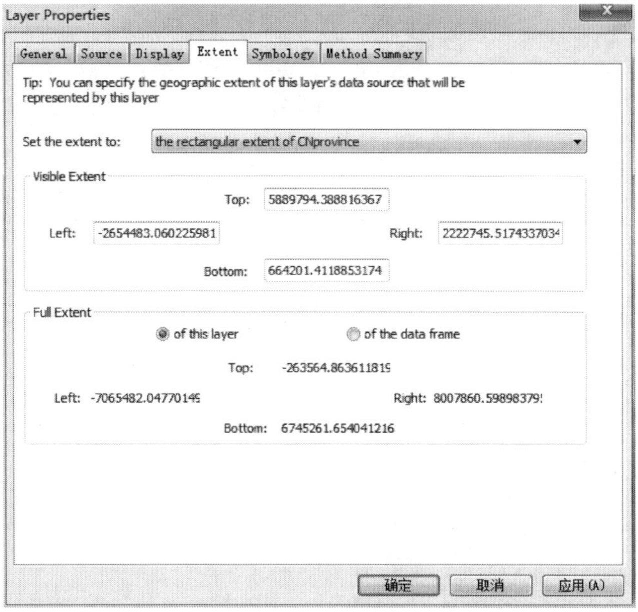

Layer Properties

General | Source | Display | Extent | Symbology | Method Summary

Tip: You can specify the geographic extent of this layer's data source that will be represented by this layer

Set the extent to: the rectangular extent of CNprovince

Visible Extent

Top: 5889794.388816367

Left: -2654483.060225981　　Right: 2222745.517433703

Bottom: 664201.4118853174

Full Extent

◉ of this layer　○ of the data frame

Top: -263564.863611819

Left: -7065482.04770149　　Right: 8007860.59898379

Bottom: 6745261.654041216

确定　取消　应用(A)

图 8-4-15　修改插值范围

将整个图层面板的显示区域限定为区划边界内，双击 layers，即 Layers，在数据框中选择 Clip to shape（图 8-4-16），单击 specify shape，选择区划的 shp 文件（图 8-4-17）。得到简单克里格插值结果，图例为每年的空气污染天数。

图 8-4-16　调整显示范围

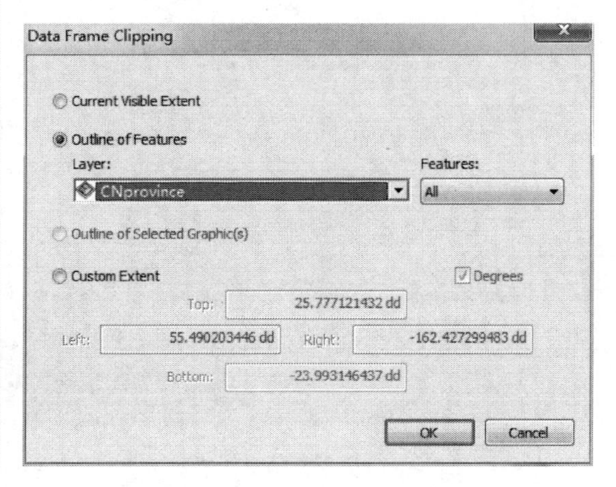

图 8-4-17　将显示范围设置为中国边界

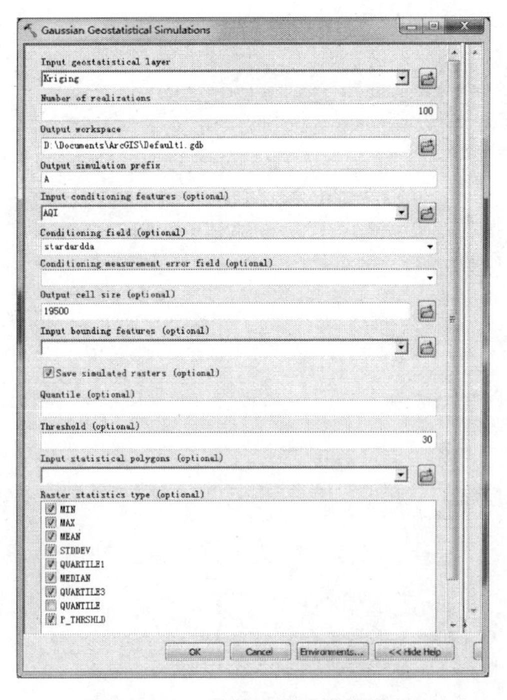

图 8-4-18　高斯地统计模拟设置

4. 高斯地统计模拟

打开 ArcToolbox→Geostatistical Analyst Tools→Simulation→Gaussian Geostatistical Simulations 工具，输入地统计图层（简单克里格法后所生成的结果），如图 8-4-18 所示。

在 Input geostatistical layer 一栏输入简单 Kriging 克里格插值结果，Number of realizations 为要执行的模拟数量，选择 100。Output simulation prefix 模拟量输出前缀填写 A，In conditioning features 与 Conditioning field 我们利用原图层的字段作为条件限制。下拉至最后在 Raster statistics type 栅格数据类型选项中除 QUANTILE 指定分位数外，其他全部框选，进行后处理其含义如下：

MIN——面内所有实现中任意像元的最小值。

MAX——面内所有实现中任意像元的最大值。

MEAN——面内所有实现中全部像元的平均值。

STDDEV——面内所有实现中全部像元的标准差。

QUARTILE1——面内所有实现中全部像元的第一四分位数值。

MEDIAN——面内所有实现中全部像元的中值。

QUARTILE3——面内所有实现中全部像元的第三四分位数值。

QUANTILE——面内所有实现中与全部像元的用户指定分位数对应的值（$0<Q<1$）。

P_THRSHLD——在面内所有实现的全部像元中，超出用户指定阈值的像元所占的百分比。（如此例中我们填写数值 30，得到污染天数大于 30 天的概率）

单击 OK 生成相关模拟结果。对输出色带进行统一。

我们可以首先对 Kriging 的 Symbology 进行修改，在空白处右键保存该分类 Save Class Breaks，对模拟结果的 Symbology 进行修改时再选择 Load Class Breaks（图 8-4-19）。

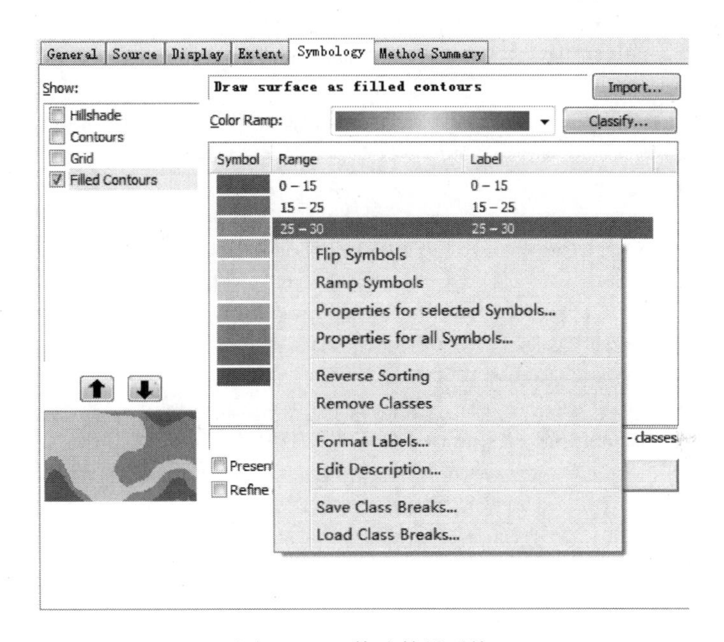

图 8-4-19　修改符号系统

后处理结果如图 8-3-4 简单克里格插值与后处理结果（1）～（10）所示。多次设定阈值为 30，60，90，120，150，180 和 210，可以得到空气污染每年超过阈值的天数多于的 30 天、60 天、90 天、120 天、150 天、180 天和 210 天的概率，如图 8-3-5 全年空气污染天数超出阈值的概率地图（1）～（7）所示。

课后习题

1．蒙特卡罗算法与拉斯维加斯算法有什么区别?

2．除了本书介绍外，还有哪些常用的条件模拟方法? 模拟退火的原理是什么?

3．为什么大量的高斯地统计模拟实现的平均值将会趋向于克里格预测结果?

参 考 文 献

陈亚新，史海滨，田圃德，等. 2000. 水盐空间变异性监测的条件模拟［J］. 水利学报，31（6）：67-73.

胡经国. 1991. 二维 Ising 模型的 Monte-Carlo 模拟［J］. 扬州大学学报（自然科学版），（2）：30-33.

胡先莉. 2007. 序贯条件模拟方法研究及应用［D］. 成都：成都理工大学.

李保国，胡克林，陈德立，等. 2002. 农田土壤表层饱和导水率的条件模拟［J］. 水利学报，33（2）：36-40，46.

李彬，史海滨，张艺强，等. 2010. 农田大尺度表层土壤电导率的序贯高斯模拟［J］. 中国农村水利水电，（3）：57-61.

史舟，李艳. 2006. 地统计学在土壤学中的应用［M］. 北京：中国农业出版社.

Castrignanò A, Buttafuoco G. 2004. Geostatistical Stochastic Simulation of soil water content in a forested area of south Italy [J]. Biosystems Engineering, 87 (2): 257-266.

Deutsch C V, Journel A G. 1992. GSLIB. Geostatistical Software Library and User's Guide [M]. New York: Oxford University Press: 340.

Dimitrakopoulos R. 1996. Stochastic methods for petroleum reservoir characterization and production forecasting [J]. Journal of the Japanese Association for Petroleum Technology, 61 (6): 537-548.

Gómez-Hernández J J, Journel A G. 1993. Joint Sequential Simulation of MultiGaussian Fields [M]. Netherlands: Springer, Dordrecht.

Goovaerts P. 2001. Geostatistical modelling of uncertainty in soil science Geoderma [J]. Geoderma, 103 (1): 3-26.

Isaaks E H. 1990. The application of Monte carlo methods to the analysis of spatially correlated data [D]. California: Stanford University.

Journel A G. 1974. Geostatistics for conditional simulation of ore bodies [J]. Economic Geology, 69 (5): 673-687.

Journel A G, Alabert F. 1989. Non-Gaussian data expanison in the earth science [J]. Terra Nova, 1: 123-134.

Journel A G, Alabert F G. 1990. New method for reservoir mapping [J]. Journal of Petroleum Technology, 42 (2): 212-218.

Journel A G, Huijbregts C H J. 1978. Mining Geostatistics [M]. London: Academic Press Inc.

Juang K W, Chen Y S, Lee D Y. 2004. Using sequential indicator simulation to assess the uncertainty of delineating heavy-metal contaminated soils [J]. Environmental Pollution, 127 (2): 229-238.

Lin Y P, Chang T K. 2008. Simulated annealing and kriging method for identifying the spatial patterns and variability of soil heavy metal [J]. Journal of Environmental Science & Health Part A, 35 (7): 1089-1115.

Lin Y P, Chang T K, Teng T P. 2001. Characterization of soil lead by comparing sequential Gaussian simulation, simulated annealing simulation and kriging methods [J]. Environmental Geology, 41 (1-2): 189-199.

Pebesma E, Wesseling C G. 1998. GSTAT: A program for geostatistical modelling, prediction and simulation [J]. Computers & Geosciences, 24 (1): 17-31.

第 9 章　空间多元分析

多元统计分析（multivariate statistical analysis）是 20 世纪初期开始从经典统计学中分化发展而来的一个分支，是一种综合性的数理统计分析方法，主要用于研究多元随机变量之间的关系和统计规律。分析处理实际问题时，涉及的数据往往不是结构简单的一维数据，通常是包含多个互相关联的变量数据，需要进行综合考虑和评价。多元统计分析方法的应用能够克服数据量和数据属性增多而给实际数据分析带来的困难，更加深刻地揭示数据背后存在的规律。因此，借助着计算机逐渐发展的计算能力，过去几十年里，多元统计分析方法在社会学、经济学、医药学、地质学、环境科学等领域都得到了广泛的应用。

掌握一些常用的多元统计分析方法，在数据分析工作中是十分必要的，不管是在社会经济领域还是在资源环境领域，都是如此。常见的空间多元统计方法有主成分分析和聚类分析，这也是资源环境领域中经常用到的两种基础方法，下面就主要介绍一下这两种方法。

9.1　主成分分析

在研究工作中，当涉及综合评价时，为了更全面系统地考虑问题，人们总是尽可能多地选取评价指标。这些指标虽然能从不同的角度反映研究对象的特征，但各个指标间总是不可避免地存在一定的相关性，造成信息冗余，为后续的处理分析带来更大的工作量。如果孤立地分析每个指标，无法得到综合的评价结果，而盲目丢弃某些指标则会损失大量信息，无法得到正确的评价结果。主成分分析就是一种可以把多个指标间的复杂关系进行简化，转换为少数几个互不相关的综合指标，并尽可能多地保留原始指标中信息的多元分析方法，即能够对高维变量空间进行“降维”处理。

9.1.1　主成分分析的基本思想

主成分分析（PCA）是由 Hotelling 于 1933 年首先提出的，该方法的目的是用少数几个互不相关的综合指标来代替多个原始变量，以简化数据结构，便于后续分析。这就需要考虑如何对原始变量进行综合的问题，即怎样选取互不相关的综合指标来代替原始变量并尽可能多地保留原始信息。

这里不妨先假设共有 k 个原始变量（观测指标），分别为 z_1，z_2，…，z_k。若改为用一个指标来综合考虑所有原始观测指标，最简单的方法就是将这 k 个指标作线性组合，得到新的综合指标 f，即

$$f=a_1z_1+a_2z_2+\cdots+a_kz_k \tag{9-1-1}$$

上述式子中，若原始指标组合的系数（a_1，a_2，…，a_k）不同，便能得到不同的综合指标。根据主成分的思想，需要构造少数几个互不相关的综合指标来保留原始观测指标的大部分信息，这少数几个综合指标能不同程度地反映原始观测数据的变异情况，其中最重要的是能最大程度地反映原始数据变异的那个综合指标，因为它包含着原始数据

中最多的信息。这个反映原始数据变异程度最大的综合指标即称为第一主成分，次大称作第二主成分，并以此类推。

那么如何来度量新构造的综合指标反映原始信息的多少呢？一般情况下可采用方差来衡量，即 Var（f）越大，综合指标 f 中包含原始观测数据信息就越多。在统计学中，方差反映的是变量自身的变异程度。各个原始观测指标的方差反映了各个原始观测指标的变异程度，而新的综合指标是原始观测指标的线性组合，它的方差可以反映原始观测指标的变异程度以及其两两之间变异程度的一致性（即协方差），所以 f 的方差可以作为评价的度量值。由此，定义 k 个原始观测指标的线性组合中方差最大的综合指标为第一主成分 f_1，其次为第二主成分 f_2，第三主成分 f_3，并以此类推到 f_k。从大到小按顺序排列可以得到主成分的数学模型：

$$\begin{cases} f_1 = a_{11}z_1 + a_{12}z_2 + \dots + a_{1k}z_k \\ f_2 = a_{21}z_1 + a_{22}z_2 + \dots + a_{2k}z_k \\ \qquad \dots \\ f_k = a_{k1}z_1 + a_{k2}z_2 + \dots + a_{kk}z_k \end{cases} \tag{9-1-2}$$

其中，Cov（f_i，f_j）$=0$（i，$j=1$，2，…，k，且 $i \neq j$）。

做完变换后，需要减少变量维数来实现“降维”，即合理地选取主成分个数 m（$m<k$）。此处有两种标准，一是考虑累积方差总和，使其大于 85%；二是只考虑特征值大于 1 的主成分。第一种方法即选取前 m 个综合指标作为原始观测指标的主成分，使

$$\frac{\sum_{i=1}^{m} \mathrm{Var}(f_i)}{\sum_{i=1}^{k} \mathrm{Var}(f_i)} > 85\% \tag{9-1-3}$$

至于特征值大于 1 的方法会在后面解释。

9.1.2 主成分分析的数学推导

设有一定相关性的 k 个变量，分别为 z_1，z_2，…，z_k，每个变量中都有 n 个样本，那么原始数据可以用下面的矩阵表示：

$$Z = \begin{bmatrix} z_{11} & z_{12} & \cdots & z_{1k} \\ z_{21} & z_{22} & \cdots & z_{2k} \\ \vdots & \vdots & & \vdots \\ z_{n1} & z_{n2} & \cdots & z_{nk} \end{bmatrix} \tag{9-1-4}$$

把每一变量下的 n 个数据（即一列）的平均值记为 $\bar{z}_j$，$j=1$，2，…，k，即

$$\bar{z}_j = \frac{\sum_{i=1}^{n} x_{ij}}{n} \tag{9-1-5}$$

令 $x_{ij} = z_{ij} - \bar{z}_j$，则 x_{ij} 构成的矩阵为

$$X = \begin{bmatrix} x_{11} & x_{12} & \cdots & x_{1k} \\ x_{21} & x_{22} & \cdots & x_{2k} \\ \vdots & \vdots & & \vdots \\ x_{n1} & x_{n2} & \cdots & x_{nk} \end{bmatrix} = Z - \begin{bmatrix} \bar{z}_1 & \bar{z}_2 & \cdots & \bar{z}_k \\ \bar{z}_1 & \bar{z}_2 & \cdots & \bar{z}_k \\ \vdots & \vdots & & \vdots \\ \bar{z}_1 & \bar{z}_2 & \cdots & \bar{z}_k \end{bmatrix} \tag{9-1-6}$$

根据协方差矩阵的定义，可以计算出变量 z_1，z_2，…，z_k 的协方差矩阵为

$$C=\frac{1}{n}X^{\mathrm{T}}X \tag{9-1-7}$$

其中，X^{T} 为 X 的转置矩阵。

根据主成分分析的原理，需要寻找一个变换，将变量 z_1，z_2，…，z_k 变换成一个互不相关的变量 f_1，f_2，…，f_k。而之前构造的新变量 x_1，x_2，…，x_k 与原始变量 z_1，z_2，…，z_k 有着相同的相关性，并且用它来进行后续研究会更加方便，因此可以将主成分寻找一个变换的过程转换为这样：寻找一个变换，将新变量 x_1，x_2，…，x_k 变换成一个互不相关的变量 f_1，f_2，…，f_k。

设所寻找的变换关系为

$$f_i=\sum_{j=1}^{k}a_{ij}x_j \tag{9-1-8}$$

其中，$i=1$，2，…，k。记

$$F^{\mathrm{T}}=\begin{bmatrix} f_1 \\ f_2 \\ \vdots \\ f_k \end{bmatrix},\quad A=\begin{bmatrix} a_{11} & a_{12} & \cdots & a_{1k} \\ a_{21} & a_{22} & \cdots & a_{2k} \\ \vdots & \vdots & & \vdots \\ a_{k1} & a_{k2} & \cdots & a_{kk} \end{bmatrix} \tag{9-1-9}$$

则根据变换关系，有

$$F^{\mathrm{T}}=AX^{\mathrm{T}} \tag{9-1-10}$$

对于变换后的变量 f_1，f_2，…，f_k，由于 $\overline{f_i}=0$，所以其协方差矩阵化简后即为

$$\frac{1}{n}F^{\mathrm{T}}F \tag{9-1-11}$$

因为 f_1，f_2，…，f_k 互不相关，所以其协方差矩阵为对角阵，也就是说

$$\frac{1}{n}F^{\mathrm{T}}F=\begin{bmatrix} \lambda_1 & & & \\ & \lambda_2 & & \\ & & \ddots & \\ & & & \lambda_k \end{bmatrix} \tag{9-1-12}$$

而

$$\frac{1}{n}F^{\mathrm{T}}F=\frac{1}{n}AX^{\mathrm{T}}(AX^{\mathrm{T}})^{\mathrm{T}}=ACA^{\mathrm{T}} \tag{9-1-13}$$

又因为变换前后，空间中两点的距离要保持不变，所以变换矩阵 A 为正交矩阵，即满足

$$A^{-1}=A^{\mathrm{T}} \tag{9-1-14}$$

综合前面的推算，可以得到这样一个关系：

$$ACA^{-1}=\begin{bmatrix} \lambda_1 & & & \\ & \lambda_2 & & \\ & & \ddots & \\ & & & \lambda_k \end{bmatrix} \tag{9-1-15}$$

上面这个式子就是线性代数中实对称矩阵的对角化公式，也就是说这个指标变换问题又转化成为求解原数据矩阵的协方差矩阵 C 的特征值和特征向量的问题。

利用计算得到的特征值 λ_i 和对应的单位特征向量 a_i 就可以计算出变换矩阵 A，从而得到新变量 f_i 与原始变量 z_i 的线性关系。特征值 λ_i 就是 f_i 的方差，将 λ_i 从大到小排列，选取出前 m（$m<p$）个 λ_i，使得

$$\frac{\sum_{i=1}^{k}\lambda_i}{\sum_{i=1}^{k}\lambda_i}>85\% \tag{9-1-16}$$

这 m 个 λ_i 对应的 f_i 为所选取的主成分；或者也可以用特征值 $\lambda_i>1$ 这一标准进行选择。根据 λ_i 很容易判断出第一主成分，第二主成分，…，第 m 主成分。

到此为止，主成分分析的求导过程已经完成，实现了利用少数几个综合指标来描述大部分原始数据信息的目标，从而减少了变量的个数，使后续的研究和评价更加简便。

综上所述，可以总结出主成分分析的演算步骤：

（1）计算出样本数据的协方差矩阵 C；

（2）求解 C 的特征值和单位特征向量，确定变换矩阵 A；

（3）利用累积方差（特征值）来确定保留下来的主成分个数；

（4）得到主成分的表达式。

9.1.3 旋转操作

在完成前面所有步骤后，得到下面这样一组主成分表达式：

$$\begin{cases} f_1=a_{11}z_1+a_{12}z_2+\cdots+a_{1k}z_k \\ f_2=a_{21}z_1+a_{22}z_2+\cdots+a_{2k}z_k \\ \qquad\cdots \\ f_m=a_{m1}z_1+a_{m2}z_2+\cdots+a_{mk}z_k \end{cases} \tag{9-1-17}$$

这个线性方程组也可以改写为 z_i 用 f_1，f_2，…，f_k 线性组合表示的形式：

$$\begin{cases} z_1=b_{11}f_1+b_{12}f_2+\cdots+b_{1k}f_k \\ z_2=b_{21}f_1+b_{22}f_2+\cdots+b_{2k}f_k \\ \qquad\cdots \\ z_m=b_{m1}f_1+b_{m2}f_2+\cdots+b_{mk}f_k \end{cases} \tag{9-1-18}$$

其中，系数项 b_{ij} 称为第 i 个观测指标 z_i 在主成分 f_j 上的载荷，从这些主成分载荷中可以大致判断出各主成分与指标之间的关系是否密切。通常，这些主成分载荷的数值会比较分散，不容易得到具有实际意义的解释，这时就需要进行旋转操作。

旋转操作不会影响对数据的拟合程度，但可以使原始观测指标在某一个主成分上的载荷（系数 b_{ij}）绝对值最大，而在其他因子上的载荷尽量小甚至接近于 0，从而简化主成分的结构，使其更容易解释。旋转前后，需要保证各主成分之间的不相关性不改变，所以这是一个正交旋转过程。方差最大旋转法是一种广泛使用的正交旋转法，它使每个主成分载荷平方的方差最大，从而极化主成分载荷（即变量在某个主成分上的载荷或者很高，或者很低）。

旋转完成后，可以根据主成分中载荷大的原始变量组合情况来命名主成分，分析主成分的特征等。

9.1.4　实际应用中的主成分分析

在实际问题中，涉及的变量单位一般是不统一的，为了消除量纲的影响，在计算之前需要将原始变量标准化，而利用标准化后的数据进行主成分分析，相当于利用原始变量的相关矩阵进行分析，这种主成分分析方法被称为 R 型分析，而由协方差矩阵出发的主成分分析方法则是 S 型分析。R 型分析步骤与 S 型分析基本一致，差别只在于第一步中计算的是相关矩阵 R 而不是协方差矩阵 C。值得注意的是，两种类型的结果不是相同的，甚至会有很大差异。在实际应用中，采用标准化后的数据进行主成分分析，可以消除变量单位的影响，避免出现数值大的变量，更有利于剖析实际问题。

由此，在实际应用中，主成分分析一般按以下步骤进行：

（1）原始数据的标准化：得到标准化后的数值矩阵，此过程中变量个数和观测记录数目保持不变。

（2）求协方差矩阵：得到标准化后数据的协方差矩阵。（前两步实际上就是求原始变量的相关矩阵）

（3）求解新变量：求解相关矩阵的特征值和特征向量，进而用 k 个彼此不相关的新变量来解释 k 个原始变量的全部方差。

（4）选取主成分：根据累积方差和，选 m（$m<k$）个主成分解释大部分方差。

（5）旋转操作：使每个原始变量在某一个主成分上的载荷最大，在其他主成分上的载荷尽可能小，以增加解释能力。

9.1.5　案例一：龙游县各村镇种植利用分区

案例数据七　　**龙游县农业自然经济数据（1997 年）**

龙游县，隶属于浙江省衢州市，位于浙江省西部，金衢盆地中部，占地面积 1143 平方公里。

采用专家征询法，同时结合龙游县当地的实际情况，以村（镇）为地域单元，对 32 个乡镇从土壤、地形、气候等农业生产条件及农业经济状况两大方面，选择土壤有机质含量（%）、酸碱度（pH）、坡地占土地总面积比重（%）、年平均气温（℃）、有效灌溉面积占耕地面积比（%）、农村人均年收入（元）、种植业产值占农业产值比重（%）七项区划指标。龙游县农业种植业区划指标体系见图 9-1-1，行政区划图见图 9-1-2，各村镇种植利用分区指标数据见表 9-1-1。

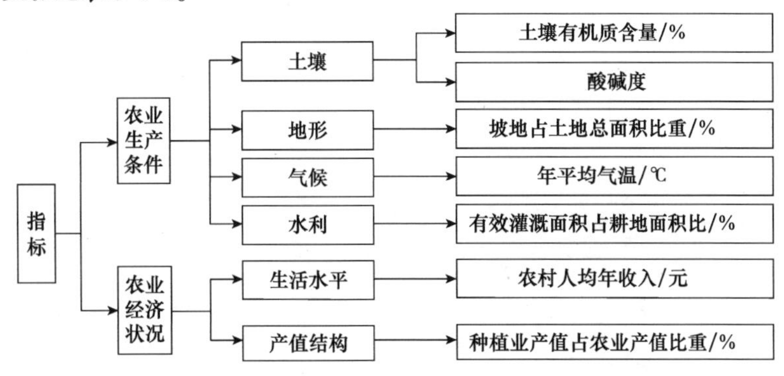

图 9-1-1　龙游县农业种植业区划指标体系

图 9-1-2　龙游县行政区划图

表 9-1-1　龙游县各村镇种植利用分区指标数据

村镇名称	土壤有机质含量 /%	坡地占土地总面积比重 /%	pH	年平均气温 /℃	有效灌溉面积占耕地总面积比重 /%	农村人均年收入 / 元	种植业产值占农业总产值比重 /%
志棠	2.92	100.0	6.00	17.5	63.4	1358	65.7
石佛	2.90	99.9	6.00	16.8	65.6	1561	74.6
下宅	2.66	95.6	5.90	17.5	67.5	1645	72.5
横山	2.89	93.8	7.00	17.4	87.6	1760	70.3
泽随	2.55	100.0	6.20	16.9	68.7	1394	73.4
塔石	3.03	75.7	6.84	17.2	89.4	1738	70.8
模环	2.56	81.1	6.53	17.3	90.3	1711	68.4
兰塘	1.72	72.1	6.10	17.4	94.8	1813	69.4
士元	1.72	64.0	5.56	17.2	76.3	1446	65.1
雅村	2.06	51.2	6.50	17.3	85.6	1667	65.8
箬塘	1.80	99.0	5.60	17.2	90.3	1790	67.8
虎头山	1.59	53.8	5.80	17.3	92.5	1698	63.4
湖镇	2.01	17.4	5.88	17.0	96.3	1451	53.3
七都	1.74	11.5	5.90	17.2	95.3	2090	57.4
团石	1.67	66.8	5.75	17.3	89.8	1583	59.6
下库	2.40	32.2	5.75	17.1	68.4	1755	65.8

续表

村镇名称	土壤有机质含量 /%	坡地占土地总面积比重 /%	pH	年平均气温 /℃	有效灌溉面积占耕地总面积比重 /%	农村人均年收入 / 元	种植业产值占农业总产值比重 /%
龙游镇	2.37	22.7	5.67	17.3	100.0	2156	49.3
占家	1.80	29.8	5.50	17.2	94.5	2011	64.3
马叶	1.67	0.0	5.73	17.0	88.7	1473	65.3
寺后	2.64	22.4	5.28	17.3	84.6	1495	61.2
上圩头	2.52	72.7	5.54	16.8	74.1	1795	64.1
夏金	2.15	50.0	5.25	16.9	65.4	1764	67.8
社阳	3.33	92.2	5.65	16.5	40.3	1001	76.3
官潭	3.43	100.0	5.28	16.4	57.8	1352	69.8
罗家	3.14	100.0	5.54	16.9	48.6	1072	76.3
灵山	3.15	100.0	5.25	16.4	60.4	1226	72.8
溪口	3.14	100.0	5.61	16.5	59.3	1305	71.4
大街	3.17	100.0	5.76	16.6	39.6	983	86.5
庙下	4.18	100.0	5.62	15.5	51.9	1001	87.3
沐尘	2.79	100.0	6.32	14.9	51.4	966	73.3
坑头	3.96	100.0	5.21	15.8	43.4	1142	79.4
梧村	4.27	100.0	5.26	15.3	35.4	1019	88.4

从数据表 9-1-1 可以看到，不同变量之间单位不同，导致每个变量的数值差异很大，因此选择 R 型主成分分析，从原变量的相关系数矩阵出发计算。

（1）求出原始变量的相关系数矩阵（表 9-1-2），指标 1 到 7 依次为：土壤有机质含量、坡地占土地总面积比重、pH、年平均气温、有效灌溉面积占耕地总面积比重、农村人均年收入、种植业产值占农业总产值比重。

表 9-1-2　龙游县各村镇种植利用分区指标相关系数矩阵 *R*

编号	1	2	3	4	5	6	7
1	1.000	0.648	−0.180	−0.682	−0.800	−0.687	0.754
2	0.648	1.000	0.061	−0.432	−0.666	−0.588	0.736
3	−0.180	0.061	1.000	0.300	0.376	0.248	−0.091
4	−0.682	−0.432	0.300	1.000	0.722	0.719	−0.638
5	−0.800	−0.666	0.376	0.722	1.000	0.847	−0.814
6	−0.687	−0.588	0.248	0.719	0.847	1.000	−0.732
7	0.754	0.736	−0.091	−0.638	−0.814	−0.732	1.000

（2）计算相关矩阵特征值以及累积方差贡献率（表 9-1-3），根据累积方差贡献率大于 85% 的原则，选取主成分个数为 3。

表 9-1-3　综合指标特征值和方差贡献率

综合指标	特征值	贡献率 /%	累积贡献率 /%
1	4.569	65.278	65.278
2	1.127	16.095	81.373
3	0.465	6.640	88.013
4	0.308	4.401	92.414
5	0.233	3.332	95.746
6	0.206	2.939	98.685
7	0.092	1.315	100.000

（3）表示出主成分，为了更好地解释主成分变量，用方差最大法进行旋转，得到旋转后的主成分因子载荷（表 9-1-4）。

表 9-1-4　旋转前后的主成分载荷

原始指标	主成分			旋转后的主成分		
	1	2	3	1	2	3
土壤有机质含量	−0.879	0.071	−0.023	0.632	−0.608	−0.096
坡地占土地总面积比重	−0.760	0.442	0.367	0.930	−0.185	0.092
pH	0.284	0.907	−0.295	0.017	0.155	0.983
年平均气温	0.813	0.203	0.459	−0.218	0.920	0.143
有效灌溉面积占耕地总面积比重	0.947	0.117	−0.087	−0.662	0.613	0.322
农村人均年收入	0.886	0.060	0.134	−0.516	0.715	0.166
种植业产值占农业总产值比重	−0.893	0.211	0.075	0.757	−0.523	−0.015

（4）结果分析：旋转后，可以看出第一主成分中，土壤有机质含量、坡地占土地总面积比重、有效灌溉面积占耕地总面积比重、种植业产值占农业总产值比重这四个原始指标载荷大，也就是说这四个指标是第一主成分中的主要影响因素。考虑到前三个指标与种植方式密切相关，因此可以给其命名为“种植方式因素”。而第二主成分中，年平均气温、农村人均年收入属性为主要影响因素，因此可以命名为“种植收成因素”。第三主成分中则是 pH 占主导地位，可命名为“土壤性质因素”。

重新计算这三个主成分的得分（表 9-1-5），判断各个村镇这三个因素的影响强弱。

表 9-1-5　主成分的数值

乡镇	种植方式因素	种植收成因素	土壤性质因素
志棠	−601.83146	975.77846	262.81148
石佛	−701.25160	1116.97970	296.99900
下宅	−751.74808	1180.58078	311.23454
横山	−827.54782	1276.82902	337.91006

续表

乡镇	种植方式因素	种植收成因素	土壤性质因素
泽随	−618.18680	999.99430	270.57790
塔石	−833.71256	1265.16574	332.98364
模环	−817.49527	1246.42683	329.08793
兰塘	−881.27926	1322.77196	346.34318
士元	−690.41394	1052.50616	278.03906
雅村	−821.77158	1218.66838	317.53024
箬塘	−842.54080	1299.21590	343.00220
虎头山	−842.04312	1245.44302	324.59926
湖镇	−758.27222	1083.17548	281.65698
七都	−1089.93142	1538.41762	386.86886
团石	−771.65261	1161.18621	305.80903
下库	−873.21745	1274.46625	323.88135
龙游镇	−1122.44207	1591.09241	400.26489
占家	−1026.36440	1474.42250	374.67040
马叶	−771.90845	1090.95971	280.89017
寺后	−762.27796	1102.97272	284.81070
上圩头	−861.11508	1299.72136	335.90440
夏金	−857.93035	1274.30975	325.49085
社阳	−401.08589	701.53739	194.47727
官潭	−591.37468	965.09784	258.98076
罗家	−436.17164	756.18272	209.70378
灵山	−525.98635	874.85775	238.88035
溪口	−567.10395	931.54237	252.01929
大街	−376.48014	681.47246	191.95926
庙下	−392.42940	701.04434	198.62698
沐尘	−385.37218	681.74622	193.59672
坑头	−465.75011	800.85923	218.99047
梧村	−389.86734	703.03946	195.72936

可以用三个主成分的得分数值作为乡镇地图的属性值在 ArcGIS 中进行这三个主成分的展示见图 9-1-3，其中图（a）为种植方式因素得分图，图（b）为种植收成因素得分图，图（c）为土壤性质因素得分图。

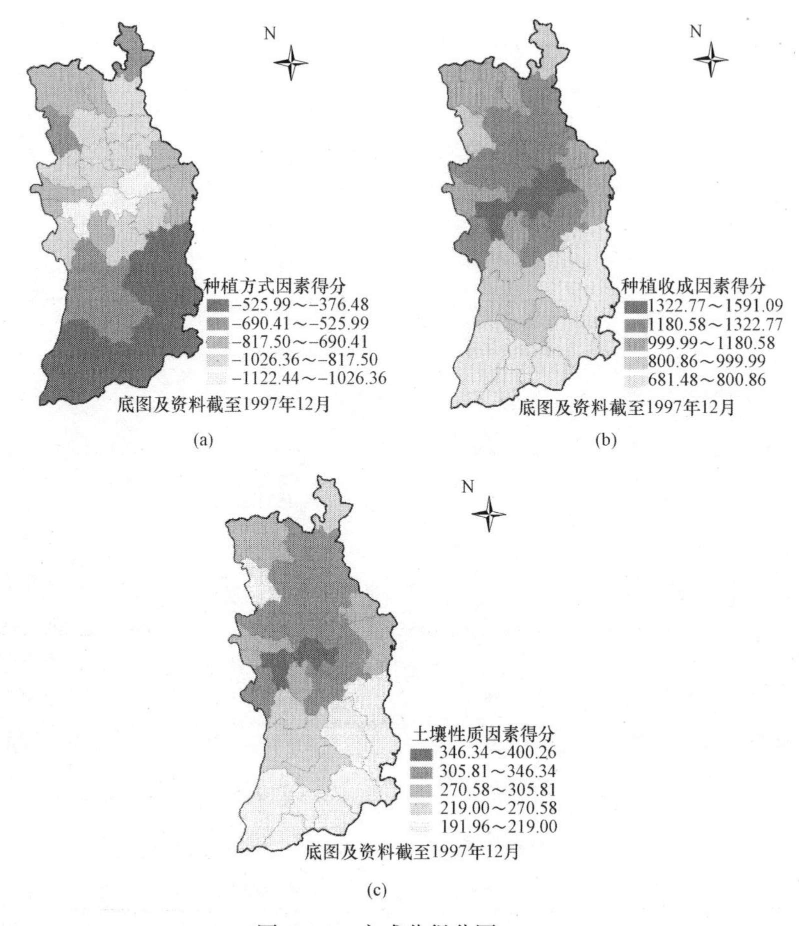

图 9-1-3 主成分得分图

9.1.6 案例二：重金属污染源解析

目前土壤重金属污染形势十分严峻，分析污染来源以更具针对性地进行治理和保护是土壤环境保护工作的重要任务之一，但由于重金属来源的复杂性与多样性，从源头防治土壤重金属污染是土壤环境保护工作中的一大难点。一般来说，重金属的污染总是伴随出现的，例如工矿企业中产生的污染总是 Cd 和 Pb 伴生。因此，借助主成分分析来定性地确定污染来源是存在一定可行性的：通过主成分分析，可以解读某地区重金属污染元素的相互关系，进而判断出该地区哪些污染元素是伴随出现并占据主导地位，最后根据污染区相关信息（企业分布、成土母质等）及主成分分析推断出的污染特点来判断其重金属污染的主要来源。

利用 4.6 节中的案例数据三某地区土壤重金属含量数据来进行基于主成分分析的土壤重金属源解析。该地区共有 264 个采样点，采样区的化学分析测试数据中包含八种重金属元素 Cr、Pb、Cd、Hg、As、Cu、Zn 和 Ni，并利用单因子指数法对各自元素计算其污染评价指数。由于本案例中要考虑的是污染状况，所以采用八个污染评价指数作为原始数据，即案例数据三中的八个“Pi_ 元素名”字段。

为了更好地解释主成分分析结果，这里我们仍按照本章主成分案例一中的步骤计算各个主成分得分值，并使用 ArcGIS 对其进行空间插值分析，而不是在 ArcGIS 中直接做主成分分析。表 9-1-6 为研究八种重金属元素污染评价指数矩阵计算所得的特征值和方差贡献率。这里我们按照特征值大于 1 的规则进行选择，因此选择前三个作为主成分。事实上，在实际应用场景中，需要权衡数据简化程度和可代表性这两个方面来选择用 85% 标准还是特征值大于 1 的标准来确定主成分个数。

表 9-1-6　特征值和累积方差贡献率

综合指标	特征值	贡献率 /%	累积贡献率 /%
1	3.049	38.119	38.119
2	1.430	17.878	55.997
3	1.161	14.512	70.509
4	0.885	11.064	81.572
5	0.725	9.057	90.629
6	0.359	4.484	95.113
7	0.294	3.670	98.783
8	0.097	1.217	100.000

通过方差最大法旋转后，得到表 9-1-7，由两表可以判断，第一主成分贡献了约 38% 的方差，其中包含 Cr、Cu 和 Ni 三种重金属元素。第二主成分贡献了近 18% 的方差，其中包含 Pb、Cd、As 和 Zn 四种元素。第三主成分贡献不到 15% 的方差，主要是 Hg 元素，其中 Cu 元素也可能有较大影响作用。重新计算各采样点的主成分得分，借助 ArcGIS 来绘制空间插值分布图，得到三个主成分的区域得分图（见图 9-1-4，（a）为第一主成分得分图，（b）为第二主成分得分图，（c）为第三主成分得分图）。

表 9-1-7　旋转前后的主成分载荷

原始指标	主成分			旋转后的主成分		
	1	2	3	1	2	3
Pi_Cr	0.615	−0.562	0.266	0.872	−0.043	−0.049
Pi_Pb	0.417	0.698	−0.118	−0.135	0.713	0.385
Pi_Cd	0.745	−0.021	−0.267	0.481	0.616	−0.122
Pi_Hg	0.060	0.516	0.569	−0.072	0.017	0.767
Pi_As	0.526	0.106	−0.609	0.133	0.723	−0.343
Pi_Cu	0.691	0.042	0.555	0.670	0.180	0.554
Pi_Zn	0.678	0.435	−0.043	0.238	0.701	0.320
Pi_Ni	0.852	−0.399	0.019	0.874	0.330	−0.113

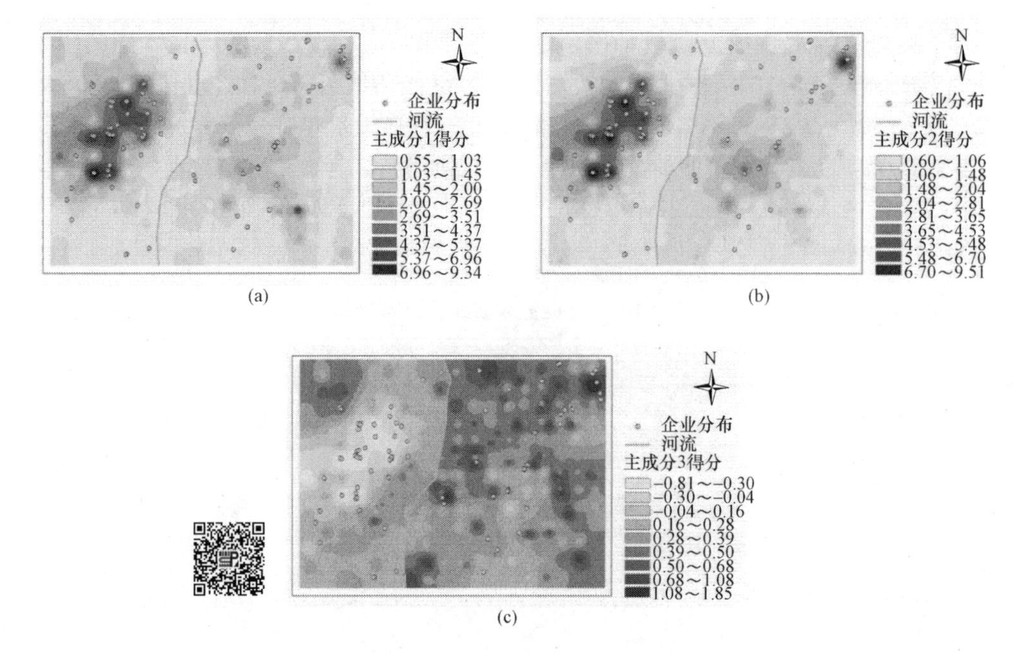

图 9-1-4　重金属元素主成分数值图

三张图上的深色区域为得分高值区域，即该主成分所包含污染元素的集聚区。总体上来说，该地区受 Cr、Cu、Ni 这三种重金属元素的影响最大，主要高值集中在河流西边的企业聚集处。而 Pb、Cd、As、Zn 元素构成的第二主成分与第一主成分分布基本相同，都可以判断出重金属元素的分布与企业分布关系密切。考虑到该研究区内的企业类型主要为纺织类企业和金属制品及冶金类企业，纺织类企业在生产过程中会排放大量重金属元素（表 9-1-8），而金属相关行业更是重金属元素排放的“重灾区”，由此，我们可以判断这几种重金属元素的来源主要是来自当地企业排放。相对而言 Hg 元素，主要高值分布在河流东边区域，且分布比较分散，而在西边地区，Hg 元素的分布相对较少。根据 Hg 相对易挥发的性质，可以判断 Hg 可能是先挥发到大气中后通过沉降进入土壤中，因此相对分布分散，而不是在企业周边集聚。

表 9-1-8　纺织行业重金属污染来源

重金属元素	来源	重金属元素	来源
铅（Pb）	涂料、服装辅料	镍（Ni）	服装辅料、媒染剂
镉（Cd）	涂料、服装辅料	汞（Hg）	定位剂
铬（Cr）	染料、氧化剂、防霉抗菌剂、媒染剂	锌（Zn）	抗菌剂
铜（Cu）	染料、抗菌剂、固色剂、媒染剂、服装辅料		

上述主成分计算过程可以借助很多统计软件实现，当然也可以用 R 来实现。ArcGIS 中本身也提供了主成分分析工具，但主要功能是对一组栅格波段执行主成分分析并生成单波段栅格作为输出。因此，在用此功能前，需要把每个原始变量都附在地图上作为各个属性并分别转成栅格文件，再进行主成分分析。不过，由于 ArcGIS 中的主成分分析原本是用于将多波段栅格数据转为单波段栅格数据，因此用于其他数据时，结果往往会比较难解释。本次上机实验中将采用 ArcGIS 提供的主成分分析工具，可以让

读者直观体验一下这个工具。

9.2 聚 类 分 析

9.2.1 聚类的定义与相似性衡量

观察周围的世界时，人们会很自然地对所看到的事物进行组织、分组、区别和划分，以便更好地了解周围的一切。仅对一个指标进行分类是比较容易的，但是当要考虑的属性有多个时，分类难度将大大提高。比如要对城市进行分类，可以按照其自然条件：比如气温、降水、地形等，也可以按照一些经济指标：比如 GDP、城市化率、收入水平、医疗条件等。这个时候，就可以使用多元分析的方法——聚类。聚类分析最早是由考古学家应用在考古分类研究中，经过较长时间的发展后又被广泛地应用于生物、天气等方面。

聚类的本质是按照某个特定标准（如距离）把一个数据集分割成不同的类或簇，将相异的数据尽可能地分开，而将相似的数据聚成一个类（簇），使得同一类别的数据具有尽可能高的同质性，类别之间有尽可能高的异质性，从而方便从数据中发现隐含的有用信息（易娟，2006）。

对一个数据集而言，研究人员既可以根据变量（观测指标）来进行分类（对数据表中的列分类），也可以根据观测值（事件、样品等）来进行分类（对数据表中的行分类）。根据分类对象的不同，可以将聚类分为两类，即 R 型聚类（对变量的聚类）和 Q 型聚类（对观测值的聚类）。

聚类分析要将相似的点或类聚为一类，对相似性的衡量方法一般有基于距离与基于相似系数的两种方法。

1. 基于距离的衡量方法

一个样品可以看作 p 维空间的一个点，按一定的规则在空间内定义距离，距离越近的点相似性越高，距离越远的点相似性越低。常用的距离如下。

1）闵可夫斯基距离（Minkowski distance）

设在 p 维空间中，点 i 的坐标为 x_{ik}，点 j 的坐标为 x_{jk}，那么点 i 和点 j 之间的距离为

$$d_{ij}(q)=\sqrt[q]{\sum_{k=1}^{p}|x_{ik}-x_{jk}|^{q}} \tag{9-2-1}$$

当 $q=1$ 时，称作绝对距离（absolute distance）、街坊距离（block distance）或曼哈顿距离（Manhattan distance）：

$$d_{ij}(1)=\sum_{k=1}^{p}|x_{ik}-x_{jk}| \tag{9-2-2}$$

当 $q=2$ 时，称作欧氏距离（Euclidean distance）：

$$d_{ij}(2)=\sqrt{\sum_{k=1}^{p}|x_{ik}-x_{jk}|^{2}} \tag{9-2-3}$$

当 $q=\infty$ 时，称作切比雪夫距离（Chebyshev distance）：

$$d_{ij}(\infty)=\max_{1\leqslant k\leqslant p}|x_{ik}-x_{jk}| \tag{9-2-4}$$

2）马氏距离（Mahalanobis distance）

闵氏距离没有考虑数据中的协方差模式，马氏距离则考虑了协方差，且不受指标测量单位的影响：

$$d_{ij}^2=(x_i-x_j)^{\mathrm{T}}\sum^{-1}(x_i-x_j) \tag{9-2-5}$$

式中，$\sum$为 p 维随机变量的协方差矩阵。

2. 基于相似系数的衡量方法

样品性质越接近，它们之间相似系数的绝对值越接近 1，而当样品彼此无关时，它们之间的相似系数则接近于 0。按照一定规则计算相似系数，可以判断样品之间的相似程度，进而将更相似的样品归为一类。常用的相似系数有夹角余弦和相关系数：

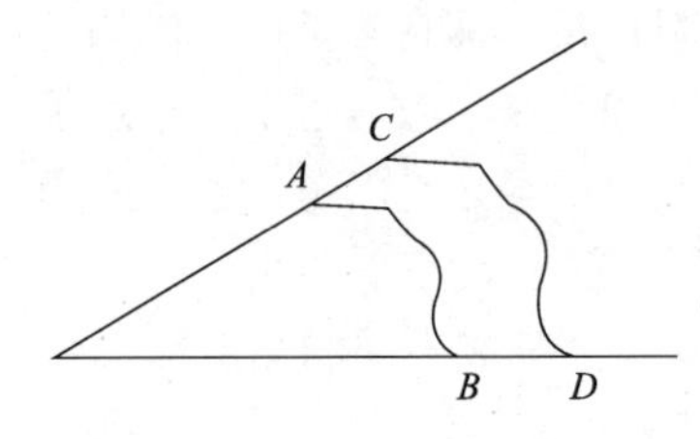

图 9-2-1　相似的 *AB* 与 *CD*

1）夹角余弦（cosine）

图 9-2-1 中 *AB* 和 *CD* 长度不一样，但形状相似。当长度不是主要矛盾时，就可利用夹角余弦这样的相似系数。

将样品 X_i、X_j 看作 p 维空间中两个向量，两个向量之间的夹角余弦用 $\cos\theta_{ij}$ 表示：

$$\cos\theta_{ij}=\frac{\sum_{k=1}^{p}x_{ik}x_{jk}}{\sqrt{\sum_{k=1}^{p}x_{ik}^2\sum_{k=1}^{p}x_{jk}^2}} \tag{9-2-6}$$

当 $\cos\theta_{ij}=1$，说明两个样品 X_i、X_j 完全相似；$\cos\theta_{ij}=0$，说明两个样品 X_i、X_j 完全不一样。

2）Pearson 相关系数（第 2 章散点图部分有详细介绍）。

将样品 X_i、X_j 看作 p 维空间中两个向量，两个向量之间的相关系数为

$$r_{ij}=\frac{\sum_{k=1}^{p}(x_{ik}-\overline{x}_i)(x_{jk}-\overline{x}_j)}{\sqrt{\sum_{k=1}^{p}(x_{ik}-\overline{x}_i)^2\sum_{k=1}^{p}(x_{jk}-\overline{x}_j)^2}} \tag{9-2-7}$$

实际上，r_{ij} 就是两个向量$X_i-\overline{X_i}$ 与$X_j-\overline{X_j}$ 的夹角余弦，其中$\overline{X}_i=(\overline{x}_i,\overline{x}_i,\cdots,\overline{x}_i)^T$，$\overline{X}_j=(\overline{x}_j,\overline{x}_j,\cdots,\overline{x}_j)^T$。若将原始数据标准化，则$\overline{X_i}=\overline{X_j}$，此时 $r_{ij}=\cos\theta_{ij}$。

ArcGIS 中提供的相似性度量方法是欧氏距离与曼哈顿距离。

9.2.2　聚类方法

目前主要的传统聚类方法主要分为以下几类：划分方法（partitioning method）、层次方法（hierarchical method）、基于密度的方法（density-based method）、基于网格的方法（grid-based method）与基于模型的方法（model-based method）（Han，2001）。

1. 划分方法

划分方法是将包含 n 个对象的数据集划分为 k 组，$k\leqslant n$，要求每组至少含有一个数据对象并且每个对象仅被划到一个组中。对于任意给定的 k 值，算法会先给出一个初始

分组方案，接着反复迭代，改变分组，使得组内数据之间的相似性尽可能大，组间数据的相似性尽可能小。代表算法有：k-means、k-medoids、CLARANS 等。

2. 层次方法

层次方法又称树聚类、系统聚类法，对数据集进行层次的合并或分裂，是聚类实际应用中较多的一种方法。若是将每个数据对象看作一个单独的组，将最近的两个组合并，计算新组与所有组之间的距离（或相似系数），不断地迭代合并最近的组，直到达到终止条件，这种自下而上（Bottom-up）的聚类方法又称作凝聚（Agglomerative）层次聚类。相反，如果首先将所有对象看做一组，不断迭代分离为越来越小的组，直到达到终止条件，这种自上而下（Top-down）的方法称作分裂（Divisive）层次聚类。层次聚类的一个步骤（合并或分裂）一旦完成，就不能被撤销。代表算法有：BIRCH、CURE、Chameleon、ROCK、Sequence data rough clustering 等。

3. 基于密度的方法

用距离来描述相似性，很难识别出非球状数据聚集状态。基于密度的算法的核心思想是将密度大于某个阈值的区域进行连接聚集，从而可以发现任意形状的簇。代表算法有：DBSCAN、OPTICS、DENCLUE 等。

4. 基于网格的方法

基于网格的方法是将数据空间划分为网格单元，处理以单元为对象，速度快。代表算法有：STING、CLIQUE、WaveCluster 等。

5. 基于模型的方法

为每一个聚类假定一个模型，寻找数据对给定模型的最佳匹配，一般建立在数据符合潜在概率分布这一假设基础上。一般分为统计学方法和神经网络方法。统计学方法常用的有 COBWEB 算法和高斯混合模型（Gaussian mixture model，GMM），基于神经网络的算法主要指自组织映射（self organized maps，SOM）算法。

但是传统的聚类方法并没有考虑到对象的空间分布情况，如果希望生成的组内对象是在空间上邻近的，那么可以指定空间约束，通过图论中的最小生成树（Minimum spanning tree，MST）算法实现，这是一种空间聚类的方法。

本书中将主要介绍 ArcGIS 中提供的 k-means 聚类与最小生成树聚类方法。

9.2.2.1 k-means 聚类

1. k-means 聚类的步骤

k-means 聚类是非常经典的划分聚类算法，如图 9-2-2 所示，其步骤如下（Macqueen，1966）：

（1）确定聚类数目 k，并且选取 k 个点作为初始聚类中心；

（2）计算各样本点到各聚类中心的距离，一般采用欧氏距离，也可采用其他的相似性度量系数，将所有样本点划分到最近的聚类中心的所属类中；

（3）更新各类别的中心，即计算每个类中对象的均值；

（4）重复步骤（2）、（3）直到中心不再变化或当中心点变化小于一个阈值。

2. k-means 聚类的缺点

k-means 算法简单且使用广泛，但是其缺陷非常显著：

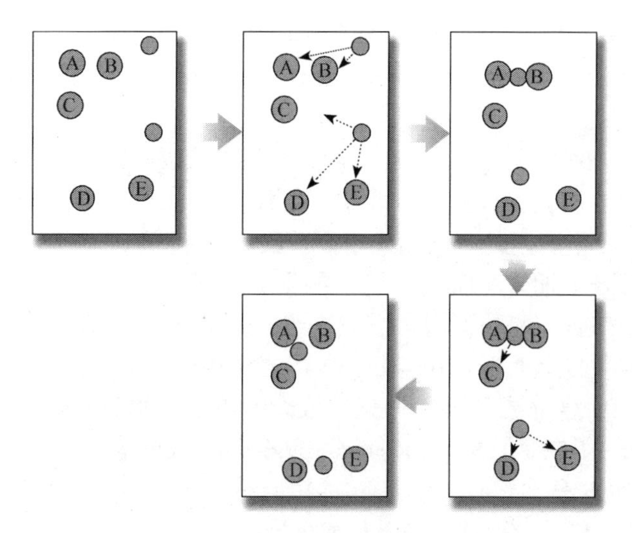

图 9-2-2　k-means 聚类过程

（1）k-means 聚类对于初始点的选取非常敏感，初始点选择不当，可能会导致聚类结果的严重偏差或错误，容易产生局部最优而非全局最优解。

（2）k-means 算法在处理非球形、不同尺寸和不同密度的数据上并不适用。

（3）对噪声与离群值较为敏感。

3. k-means 算法的改进：k-means++

k-means 算法具有很多的改进算法。k-means++是为了改进初始值敏感而提出的算法，ArcGIS 中提供了该种初始值选择的方式。

k-means++算法选择初始聚类中心的基本原则是使初始聚类中心之间的相互距离尽可能大。它选择初始聚类中心的步骤是（Arthur，Vassilvitskii，2007）：

（1）从输入的所有数据点中随机选择一个点作为第一个聚类中心，即“种子点”。

（2）对于每个点，我们都计算其和最近的一个“种子点”的距离 $D(x)$，把这些值保存在一个数组中，然后对所有 $D(x)$ 求和得到 Sum［$D(x)$］。

（3）再取一个随机值，用权重的方式来计算下一个“种子点”。这个算法的实现是，先取一个能落在 Sum［$D(x)$］中的随机值 Random，然后对 Random 不断重新赋值，令 Random＝Random－$D(x_i)$，$i=1, 2, 3, \cdots, n$，直到 Random≤0 时的点就是下一个“种子点”。

Random 可以这么取：Random＝Sum［$D(x)$］×（一个 0 至 1 之间的随机数），之所以取一个能落在 Sum［$D(x)$］中的值是因为，Random 是随机的，那么他有更大的概率落在 $D(x)$ 值较大的区域里。如图 9-2-3 所示，Random 有更大的概率落在 $D(x_3)$ 中。Random＝Random－$D(x_i)$ 的意义在于找出当前 Random 到底落在了哪个区间。假

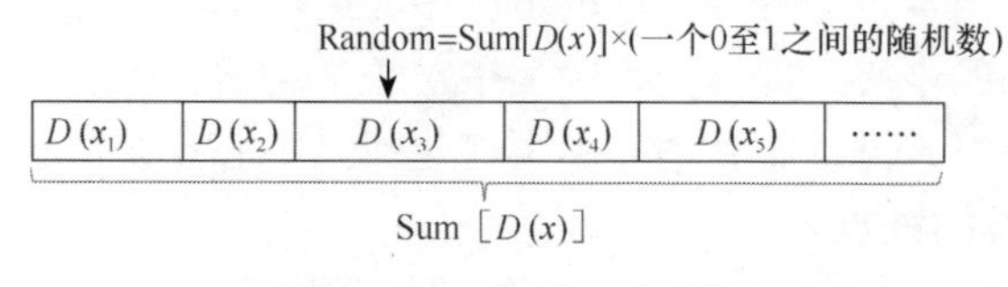

图 9-2-3　Sum［$D(x)$］

设 Random 落在 $D(x_3)$ 这个区间内，用 Random＝Random－$D(x_i)$ 不断重新赋值，直到其小于等于 0，此时找到的点就是 $D(x_3)$，就是这步的中心点。

（4）不断重复步骤（2）和（3）直至选出 k 个“种子点”。

（5）在这 k 个初始聚类中心的基础上执行标准 k-means 算法。

9.2.2.2　最小生成树聚类

图论中，若无向网络 G 的任意两个顶点 v_i 与 v_j 都有路径相通，则称该无向图为连通图，如图 9-2-4（a）所示。若连通图的每一条边都对应一个数，则称为权，权代表了连接每个顶点的代价。一个连通图 G 的生成树是指一个连通子图 G'，它包含 G 的全部 n 个顶点，但只有足以构成一棵树的 $n-1$ 条边。在 G 的所有生成树中，各边权之和最小的生成树，称为 G 的最小生成树，如图 9-2-4（b）所示。

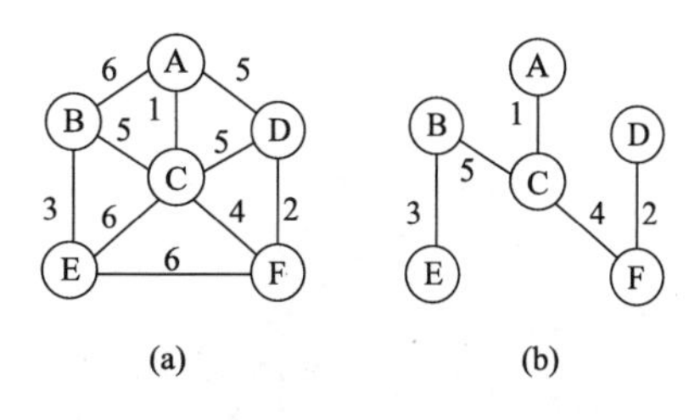

图 9-2-4　连通图 G（a）和最小生成树（b）

1. 最小生成树算法

最小生成树的算法主要有 Kruskal 算法与 Prim 算法。

（1）Kruskal 算法：又称“加边法”。初始最小生成树的边数设置为 0，每一次迭代将符合条件的最小代价边计入最小生成树的边的集合，具体步骤如图 9-2-5 所示。

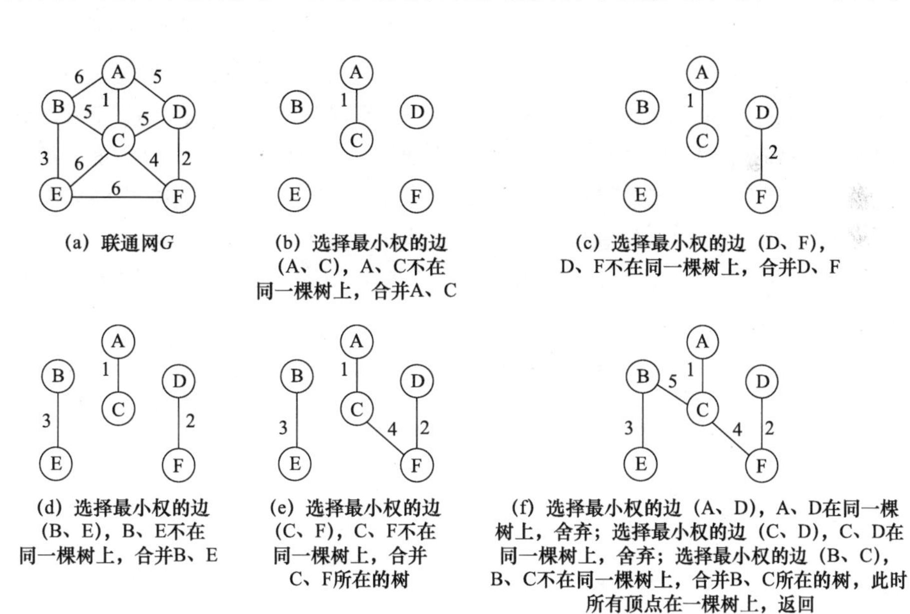

图 9-2-5　Kruskal 算法过程

（2）Prim 算法：此算法可以称为“加点法”，每次迭代选择代价最小的边对应的点，加入最小生成树中。算法从某一个顶点 s 开始，逐渐长大覆盖整个连通网的所有顶点。具体步骤如图 9-2-6 所示。

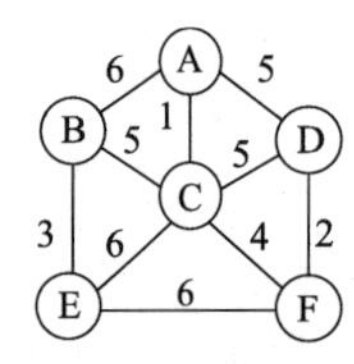

(a) 联通网G

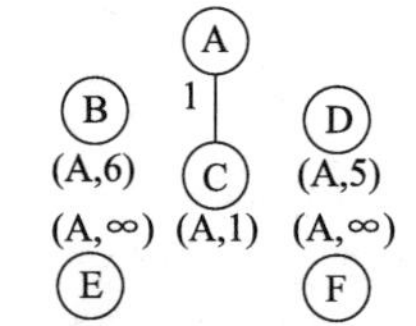

(b) 初始u={A}，v={B,C,D,E,F}；选择最小的代价边（A,C），把C并入u中

(c) u={A, C}，v={B, D, E, F}；更新v中顶点与集合u的最小代价边；选择最小的代价边（C, F），F并入u中

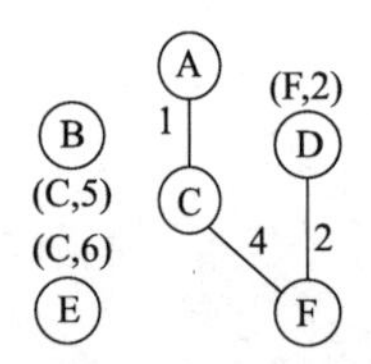

(d) u={A,C,F}，v={B,D,E}；更新v中顶点与集合u的最小代价边；选择最小的代价边（F,D），D并入u中

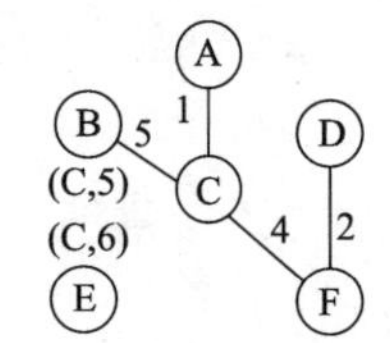

(e) u={A,C,D,F}，v={B,E}；更新v中顶点与集合u的最小代价边；选择最小的代价边（C,B），B并入u中

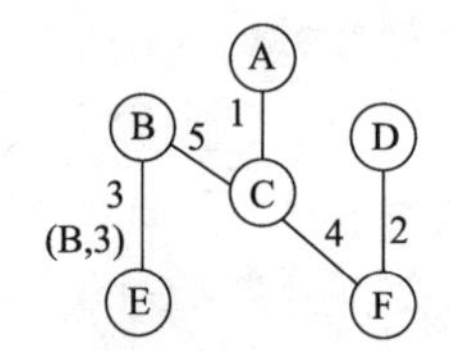

(f) u={A,B,C,D,F}，v={E}；更新v中顶点与集合u的最小代价边；选择最小的代价边（B,E），E并入u中

图 9-2-6　Prim 算法过程

2. 最小生成树聚类的步骤

普通的聚类分析无法保证分类结果空间上的连通性，实际问题的研究中，我们通常更加希望得到一个分区的结果，也就是聚类后，各类的性质相似且相互连通。比如对研究领域内的不同土壤进行聚类分析，识别出明显的、空间上相邻的土壤类型的聚类。

Assuncao Renato Martins 等于 2006 年提出了 SKATER（Spatial "K" luster analysis by tree edge removal）算法，这是一种切割边缘树杈的最小生成树聚类算法，将分区问题转化为树分类的问题。先计算所有点对之间的相似性，与邻接矩阵相乘则得到权矩阵。按照 Prim 算法得到最小生成树，接着对最小生成树进行分割。

要将 n 个对象分割为 k 个区域，需要从 MST 中去除 $k-1$ 条边，如图 9-2-7 所示。

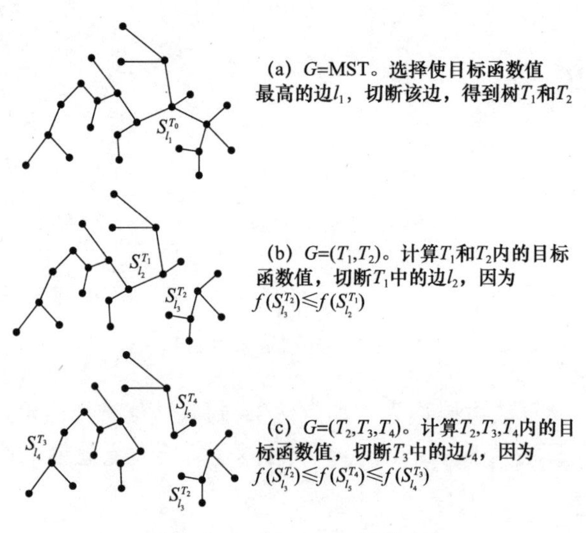

图 9-2-7　最小生成树聚类过程

具体步骤如下：

（1）$G=\{T_0\}$，T_0=MST。

（2）计算最高目标函数的边 S^{T_0}，目标函数为

$$f(S_l^T)=\text{SSD}_T-(\text{SSD}_{T_a}+\text{SSD}_{T_b}) \tag{9-2-8}$$

式中，S_l^T指从树 T 中裁剪边 l；T_a、T_b 是裁剪完后分成的两棵树。

$$\text{SSD}_k=\sum_{j=1}^{m}\sum_{i=1}^{n_k}(x_{ij}-\overline{x}_j)^2 \tag{9-2-9}$$

式中，n_k 是树 k 中空间对象的个数；x_{ij} 是第 j 个属性中的第 i 个对象；m 是分析中考虑的属性数；$\overline{x}_j$ 是第 j 个属性的所有对象均值。

（3）若未达到之前预设的聚类数，则重复步骤（4）和（5）。

（4）对于 G 内的所有树，选择具有最佳目标函数 $f(S_i^T)$ 的树 T_i。

（5）将 T_i 分割为两个新的子树并更新 G。

9.2.3　案例：龙游县种植利用分区

1. 研究目的

种植业区划是以一定区域的种植业系统为研究对象的。种植业系统是客观存在的综合体，它是在一定的自然、经济、技术条件和一定的历史发展过程中形成的。农业资源和社会经济技术条件在种类、数量、质量、分布及其地区组合特点上，存在着明显的地域差异。并且，这一差异又具有内在的规律性——地域分异规律。因此，对较大地域的种植业系统的控制和管理，就必须把性质不同的地域分开，相似的归为一类，以便分类指导。这就是种植业区划，即种植业利用分区。综合区划必须综合考虑气候、土壤、作物、社会经济条件等问题。

种植业区划的要求如下：

（1）发展种植业的自然、经济条件区内具有相对一致性；

（2）农业现代化的发展方向，在生产区域化、专业化方面具有类似性；

（3）发展种植业的途径、作物结构、农业技术，具有类似性；

（4）保持一定的行政区界的完整性等。

2. 样区与数据

使用案例数据七的龙游县各村镇农业数据。

3. 方法与结果

1）最小生成树聚类

龙游县种植利用分区以该县的三十二村镇为分区单元，首先构造邻接矩阵 E，用 1 代表分区相邻，0 代表不相邻。

在图论几何表示中，每条边的长度可作为各端点间的权值，种植利用分区中的权值就是各单元间的内在相似性。该案例采用相似系数法来构造权矩阵 D。

将权矩阵 D 和邻接矩阵 E 相乘，使不邻接的分区单元赋权值为零，下面为龙游县种植利用分区研究中相邻分区单元的权值，共 71 个：

$d(1,4)=0.407$　$d(2,3)=0.531$　$d(2,5)=0.725$　$d(2,6)=0.108$

$d(3,4)=0.742$　$d(3,6)=0.447$　$d(3,7)=0.571$　$d(4,7)=0.916$

$d(5,6)=-0.2$　$d(5,10)=-0.48$　$d(5,11)=0.256$　$d(6,7)=0.87$

$d(6,10)=0.401$　$d(7,8)=0.823$　$d(7,10)=0.652$　$d(8,9)=0.707$

$d(8,10)=0.889$　$d(8,12)=0.937$　$d(8,14)=0.746$　$d(9,13)=0.596$

$d(9,14)=0.499$　$d(10,11)=0.597$　$d(10,12)=0.961$　$d(11,12)=0.724$

$d(11,15)=0.792$　$d(12,14)=0.833$　$d(12,15)=0.97$　$d(12,17)=0.72$

$d(13,14)=0.766$　$d(13,16)=0.62$　$d(13,23)=-0.652$　$d(14,16)=0.85$

$d(14,17)=0.949$　$d(15,17)=0.553$　$d(15,18)=0.74$　$d(15,19)=0.612$

$d(16,17)=0.786$　$d(16,21)=0.457$　$d(16,23)=-0.389$　$d(17,18)=0.947$

$d(17,20)=0.681$　$d(17,21)=0.702$　$d(18,19)=0.739$　$d(18,20)=0.639$

$d(18,22)=0.773$　$d(18,24)=-0.913$　$d(19,22)=0.602$　$d(20,21)=-0.024$

$d(20,24)=-0.691$　$d(21,23)=-0.58$　$d(21,24)=-0.368$　$d(21,25)=-0.746$

$d(21,26)=-0.569$　$d(22,24)=-0.695$　$d(23,25)=0.894$　$d(23,28)=0.951$

$d(24,26)=0.949$　$d(25,26)=0.855$　$d(25,27)=0.863$　$d(25,28)=0.974$

$d(26,27)=0.988$　$d(26,29)=0.928$　$d(27,28)=0.888$　$d(27,29)=0.901$

$d(27,30)=0.74$　$d(27,31)=0.932$　$d(28,31)=0.834$　$d(29,30)=0.831$

$d(29,32)=0.984$　$d(30,31)=0.799$　$d(30,32)=0.838$

进行最小生成树聚类结果如图 9-2-8 所示。

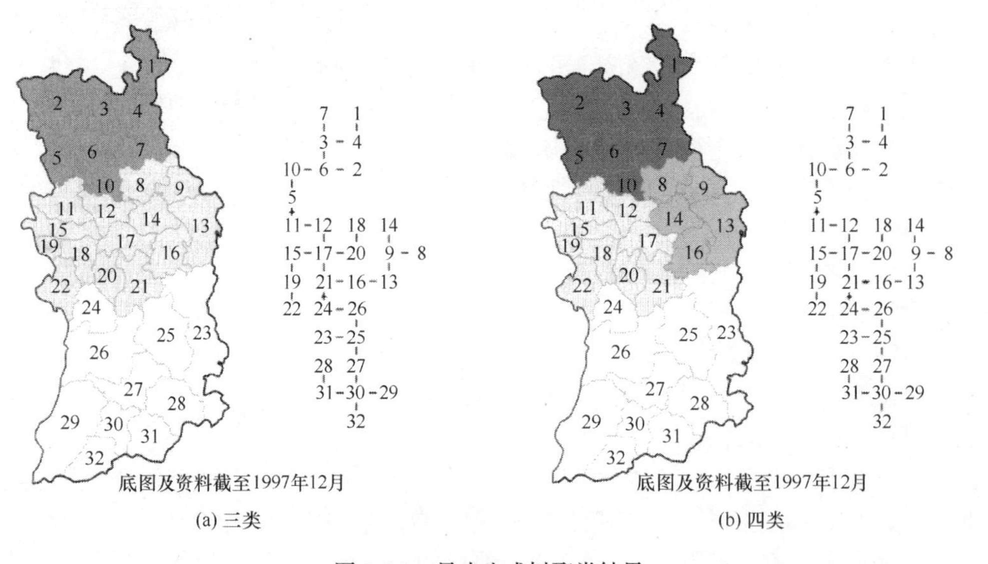

(a) 三类　(b) 四类

图 9-2-8　最小生成树聚类结果

2）多种聚类方式比较

尝试 ArcGIS 中所提供的聚类方式，进行结果比较，由于七个指标的三分类结果差异不显著，这里我们只选择六个指标：土壤有机质含量（%）、酸碱度、坡地占土地总面积比重（%）、有效灌溉面积占耕地面积比重（%）、农村人均收入（元 / 年）、种植业产值占农业产值比重（%）进行聚类，ArcGIS 中的相似性衡量采用欧氏距离。

结果如图 9-2-9 所示：

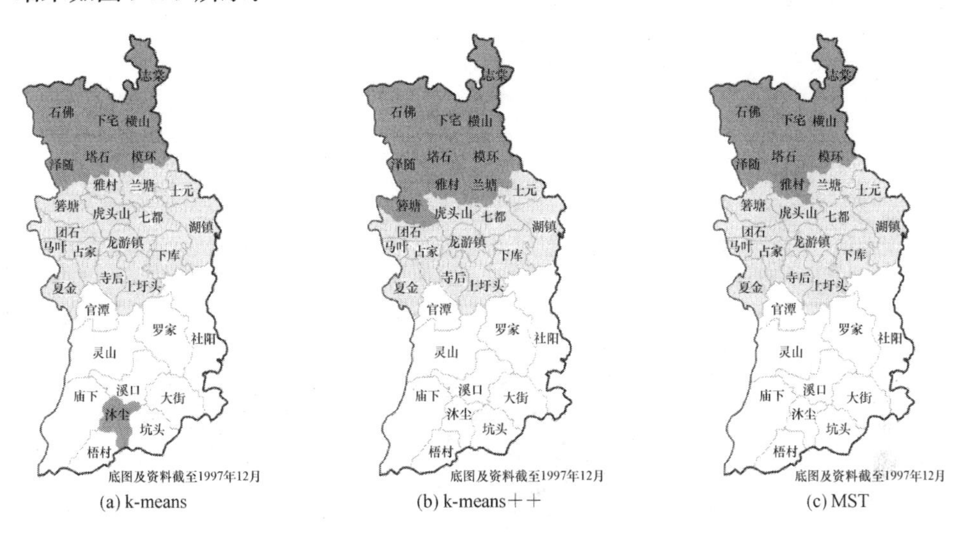

(a) k-means　(b) k-means＋＋　(c) MST

图 9-2-9　不同聚类方式结果比较

4. 结果分析

龙游县农业局在综合分析影响本县种植业发展的土地、气候、水资源的基础上，根据地域分异规律，划分了三个种植区，即龙北丘陵粮、油、橘种植区；龙中丘陵平原粮、果、棉、桑种植区；龙南山地茶、果、粮种植区。本案例中我们采用的各种方法分区结果大体都是将龙游县分成北、中、南三块，只是各区范围略有不同，较为明显是使用 k-means 进行聚类可能会使类中的单元在空间上不相邻。

9.3　上 机 实 习

本章上机实习的目的在于学会使用 ArcGIS 实现主成分分析功能和常用的聚类分析功能。

使用的软件为 ArcGIS 软件（ArcMap）。

其中，主成分分析和聚类分析的上机实验中都使用到的案例是案例数据七：采用专家征询法，同时结合龙游县当地的实际情况，以村（镇）为地域单元，从土壤、地形、气候等农业生产条件及农业经济状况两大方面，选择土壤有机质含量（%）、酸碱度、坡地占土地总面积比重（%）、年平均气温（℃）、有效灌溉面积占耕地面积比重（%）、农村人均年收入（元）、种植业产值占农业产值比重（%）这七项区划指标，统计 32 个村镇各个指标的数据。

另外，利用主成分分析进行重金属源解析的上机实验中还用到了案例数据三：某地区土壤重金属含量数据。来自 2003 年浙江省地调院牵头的浙江省农业地质环境调查数据，该地区共 264 个采样点，采样区的化学分析测试数据中包含八种重金属元素 Cr、

Pb、Cd、Hg、As、Cu、Zn 和 Ni，并利用单因子指数法对各自元素计算其污染评价指数。

数据可通过扫描附录 2 中的二维码获取。本章用到的具体数据文件为面状图层“longyouxian”（案例数据七）、点状图层“sample”和面状边界“filed_area”（案例数据三）。

9.3.1 主成分分析

9.3.1.1 龙游县各村镇种植利用分区

1. 打开数据

打开 ArcMap，新建空白文档。

单击 File→Add Data→Add Data（在 9.3 版本中，File→Add Data）；或者单击 ✦ ·，如图 9-3-1 圆圈所示。

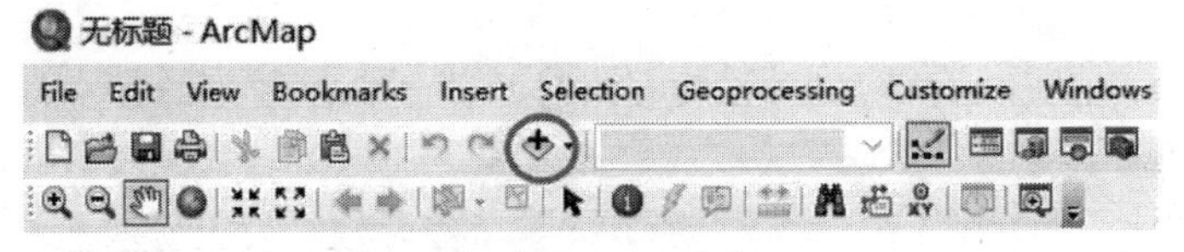

图 9-3-1 导入数据

使用连接文件夹操作，连接并进入目标文件夹，如图 9-3-2 圆圈所示。并打开文件“longyouxian.shp”。

2. 矢量数据栅格化

由于 ArcGIS 主成分分析工具中，输入文件是 raster 文件，所以需要先对样点数据进行栅格化处理。单击 图标，打开 ArcToolbox 工具栏，选择 Conversion Tools→To Raster→Feature to Raster 工具进行栅格化，如图 9-3-3 所示。

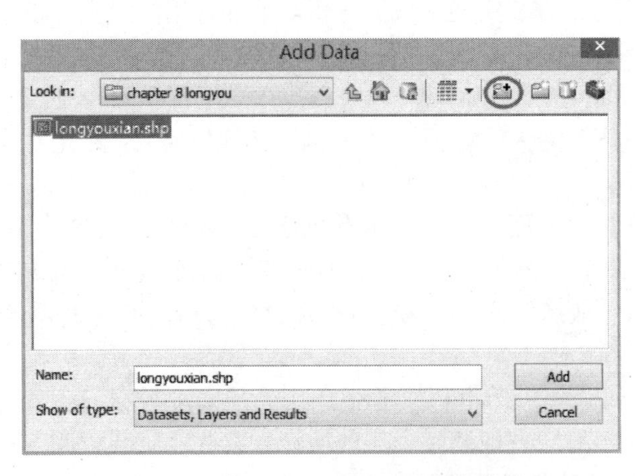

图 9-3-2 打开“longyouxian.shp”文件

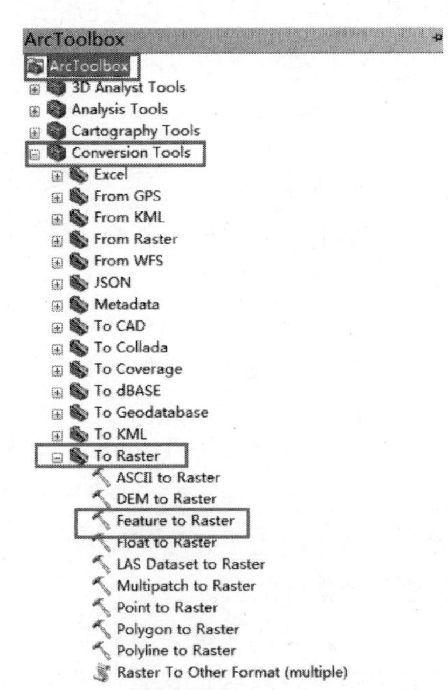

图 9-3-3 选择 Feature to Raster 工具

Input features：要转换为栅格数据集的输入要素数据集。这里选择 longyouxian；

Filed：用于向输出栅格分配值的字段，可以是输入要素数据集属性表中的任何字段。这里先选择土壤有机质；

Output raster：要创建的输出栅格数据集。注意，这里我们保存为 .tif 格式（图 9-3-4）；

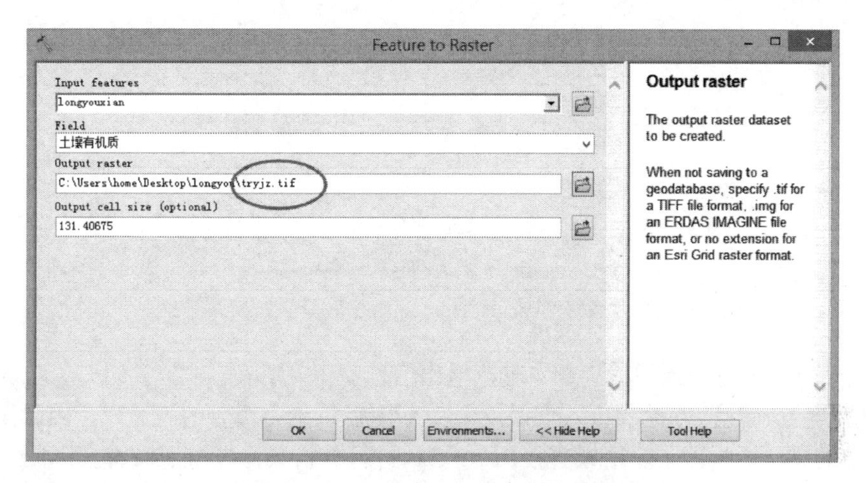

图 9-3-4　Feature to Raster 工具执行窗口

Output cell size（optional）：可选输出栅格数据集的像元大小，默认像元大小为输出空间参考中输入要素数据集范围的宽度与高度中的最小值除以 250。这里默认即可。

前面介绍了土壤有机质的栅格化过程，另外六个指标同样按照上述步骤完成栅格化即可。

3. 主成分分析

单击图标，打开 ArcToolbox 工具栏，选择 Spatial Analyst Tools→Multivariate→Principal Components 进行主成分分析（图 9-3-5）。

Input raster bands：输入栅格波段；

Output multiband raster：输出多波段栅格数据集；

Number of Principal components（optional）：主成分的数目，该数目必须大于零并小于等于输入栅格波段总数，默认值为输入的栅格波段总数。这里我们根据其他计算结果确定下主成分个数为 3；

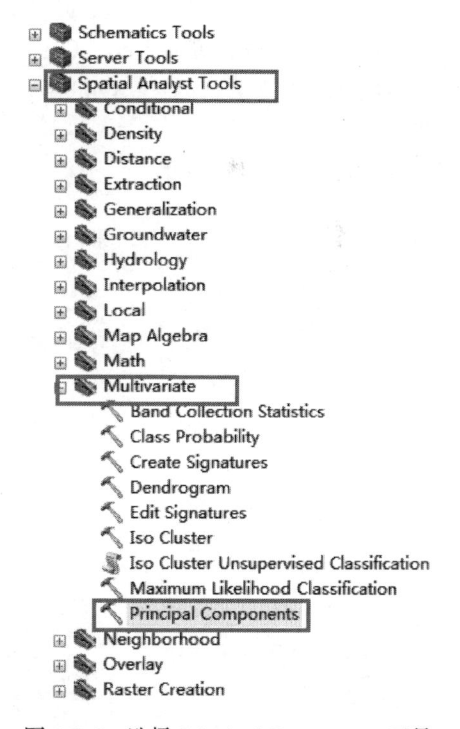

图 9-3-5　选择 Principal Components 工具

Output data file（optional）：存储主成分参数的输出 ASCII 数据文件，协方差和相关矩阵、特征值和特征向量以及各特征值所捕获的百分比方差和所述的累积方差都将存储在 ASCII 文件中（图 9-3-6）。

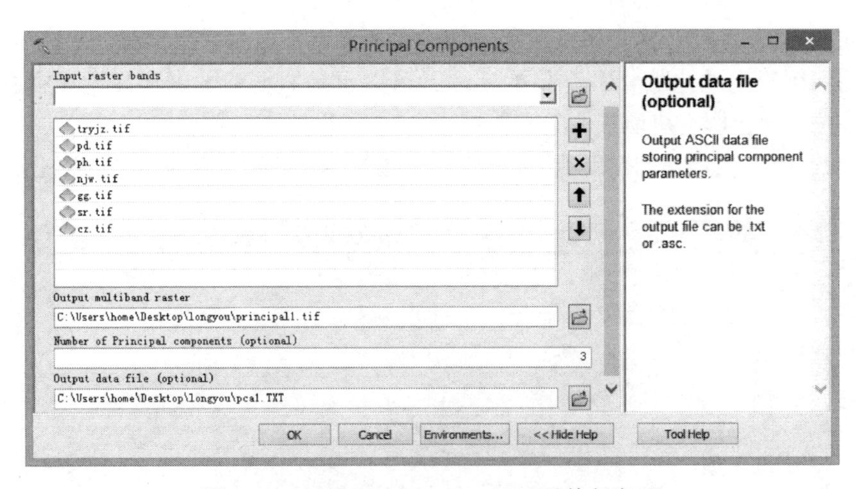

图 9-3-6 Principal Components 工具执行窗口

打开 ASCII 码文件，里面存储了输入输出信息、相关矩阵、协方差矩阵、主成分对应的特征值和特征向量以及各主成分的百分比，没有计算出主成分的表达式，因此无法判断主成分中的主要影响因子。所以直接用 ArcGIS 进行分析会比较难以解释实际问题：我们仍可以大致判断三个主成分在各乡镇之间的数值分布，但却无法判读主成分的实际意义。

4. 大致解读

在得到的主成分栅格图“principal1.tif”中，我们改变 RGB 通道的波段，比如为了看第一主成分，我们就将 Red、Green、Blue 通道改为 Band_1（图 9-3-7）。

双击 Red 通道，选择 Symbology，将三个波段都改为 Band_1，单击“确定”（图 9-3-8）。

最终，效果图如图 9-3-9 所示。

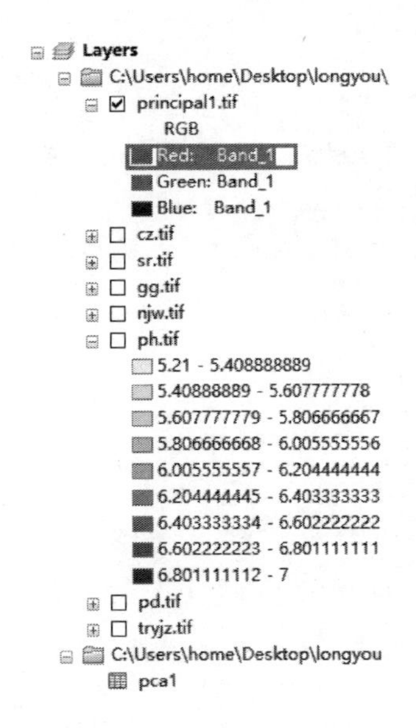

图 9-3-7 更改 RGB 通道均为 Band_1

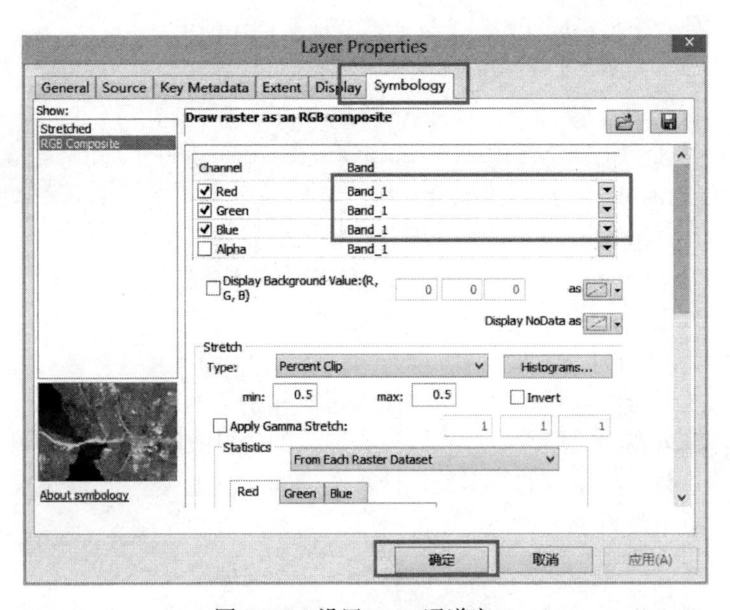

图 9-3-8 设置 RGB 通道窗口

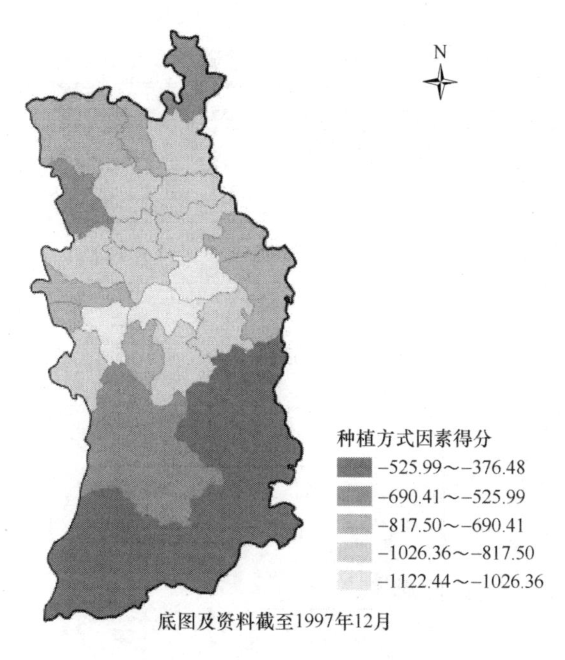

图 9-3-9　第一主成分得分图

9.3.1.2　重金属污染源解析

1. 打开数据

打开 ArcMap，新建空白文档。

单击 File→Add Data→Add Data（在 9.3 版本中，File→Add Data）；或者单击 ，如图 9-3-10 圆圈所示。

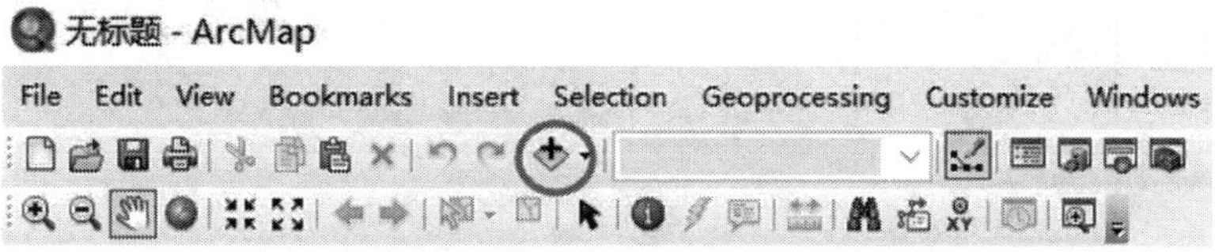

图 9-3-10　导入数据

使用连接文件夹操作，连接并进入目标文件夹。打开文件“sample.shp”“river.shp”“filed_area”。

2. 插值

对八个重金属元素分别进行克里格插值，克里格插值工具在图 9-3-11 位置，打开后参数设置如图 9-3-12 所示，选择处理范围与 filed_area 一致，如图 9-3-13 所示，由此得到八个栅格文件，再按照上例主成分分析步骤进行操作。

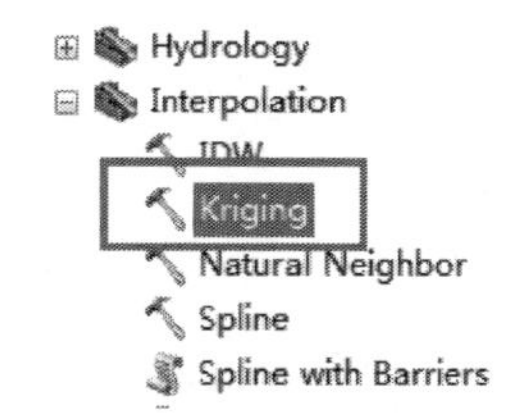

图 9-3-11　选择克里格插值

3. 主成分分析

单击 图标，打开 ArcToolbox 工具栏，选择 Spatial Analyst Tools→Multivariate→Principal Components 工具进行主成分分析，如图 9-3-14 所示。

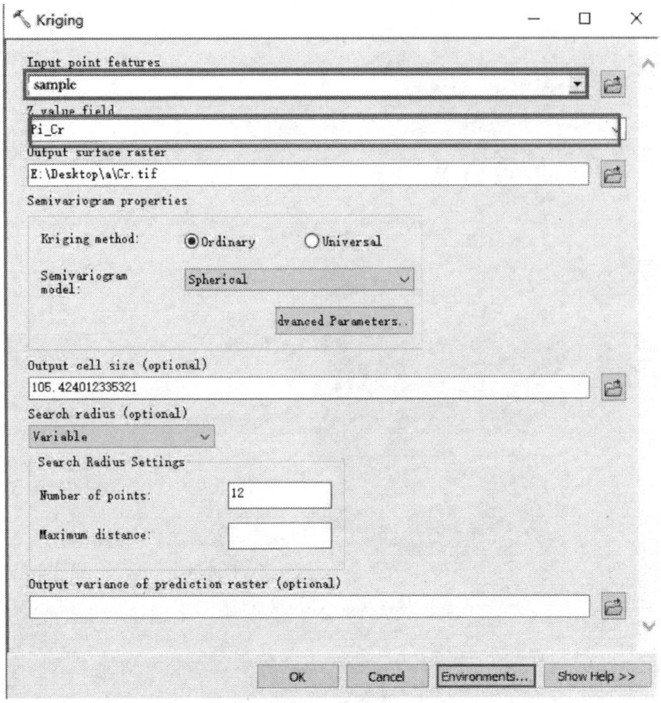

图 9-3-12　克里格插值窗口

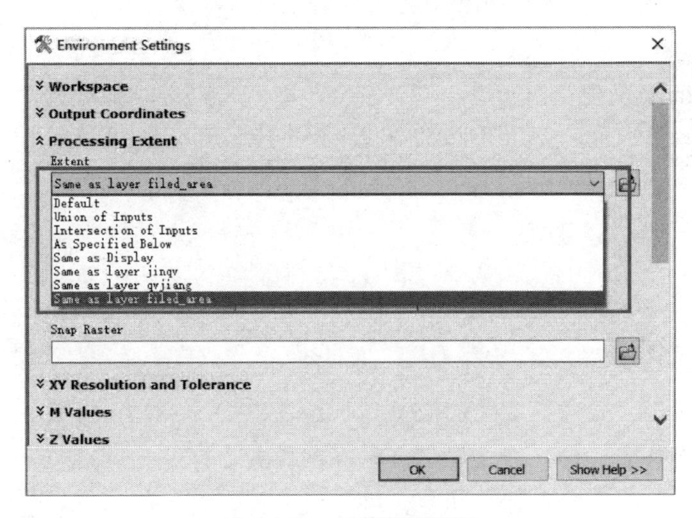

图 9-3-13　插值范围设置

Input raster bands：输入栅格波段；

Output multiband raster：输出多波段栅格数据集；

Number of Principal components（optional）：主成分的数目，该数目必须大于零并小于等于输入栅格波段总数，默认值为输入的栅格波段总数，这里我们根据其他计算结果确定下主成分个数为 3，如图 9-3-15 所示；

Output data file（optional）：存储主成分参数的输出 ASCII 数据文件，协方差和相关矩阵、特征值和特征向量以及各特征值所捕获的百分比方差和所述的累积方差都将存储在 ASCII 文件中。

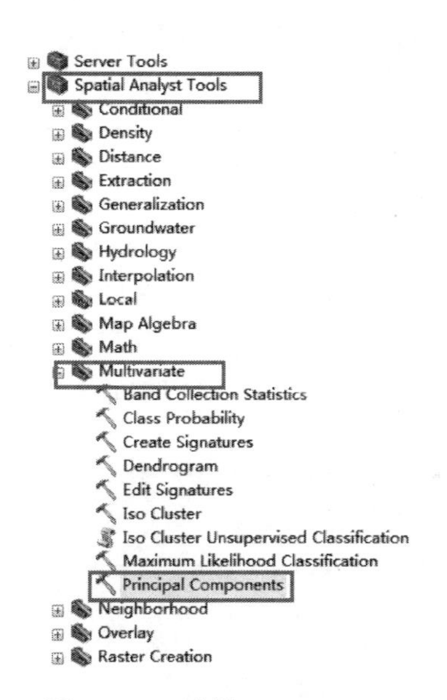

图 9-3-14　选择 Principal Components 工具

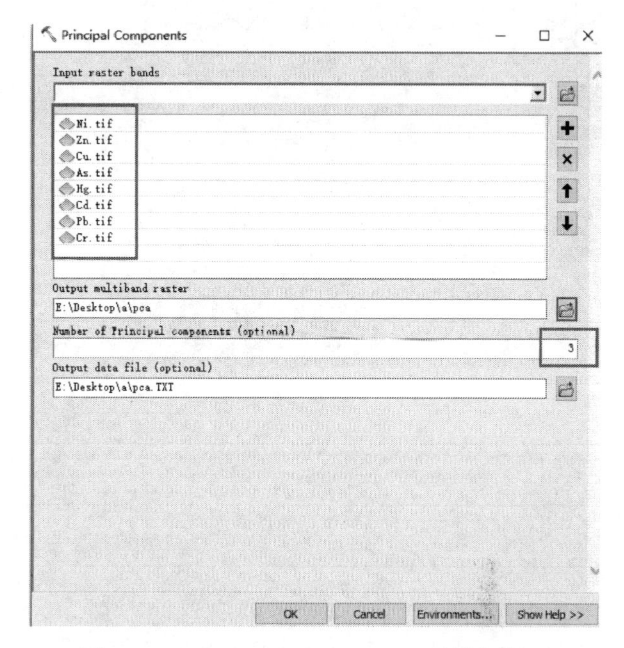

图 9-3-15　Principal Components 工具执行窗口

4. 大致解读

在得到的主成分栅格图 pca 中，我们改变 RGB 通道的波段，比如为了看第一主成分，我们就将 Red、Green、Blue 通道改为 pcac1，如图 9-3-16 所示。

双击 Red 通道，选择 Symbology，将三个波段都改为 pcac1 单击确定（图 9-3-17）。

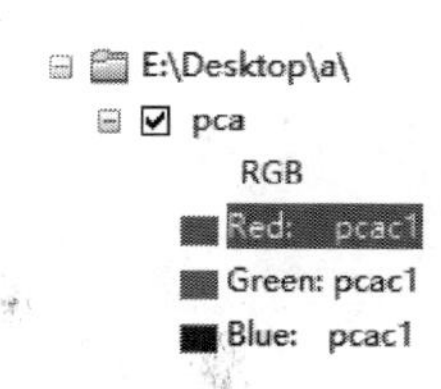

图 9-3-16　更改 RGB 通道均为 pcac1

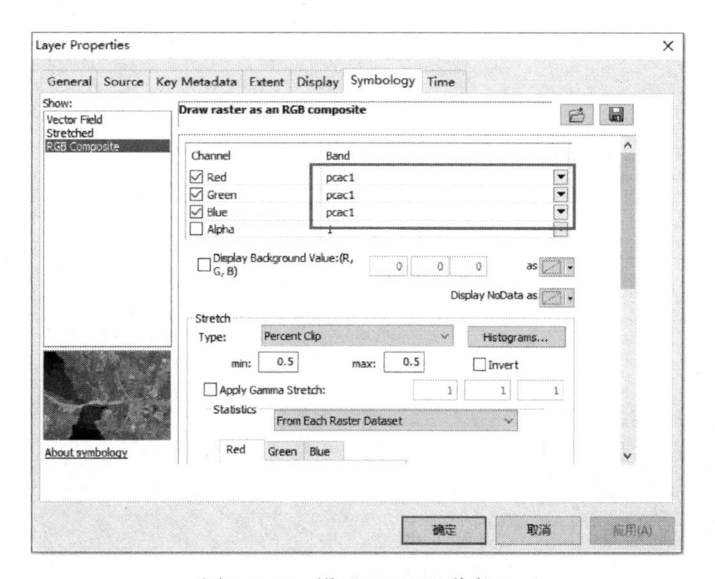

图 9-3-17　设置 RGB 通道窗口

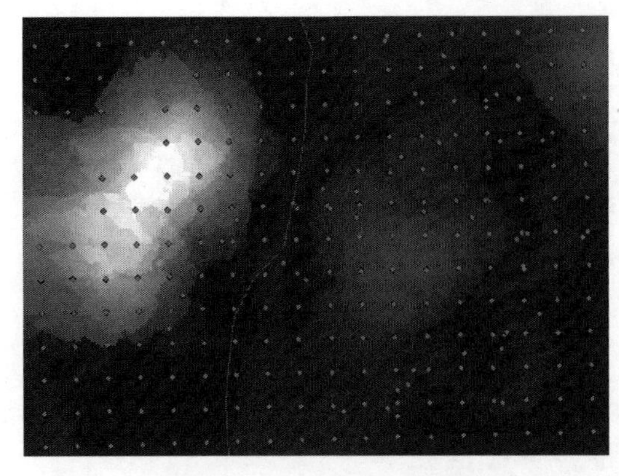

图 9-3-18　主成分一结果图

最终，效果图如图 9-3-18 所示，在 RGB 等值时，颜色越黑就说明值越小，越白说明值越大，由此判断主成分值的大致分布。

9.3.2　聚类分析

1. 打开数据

打开 ArcMap，新建空白文档。

单击 File→Add Data→Add Data（在 9.3 版本中，File→Add Data）；或者单击 ，如图 9-3-19 所示，打开“longyouxian.shp”，如图 9-3-20 所示。

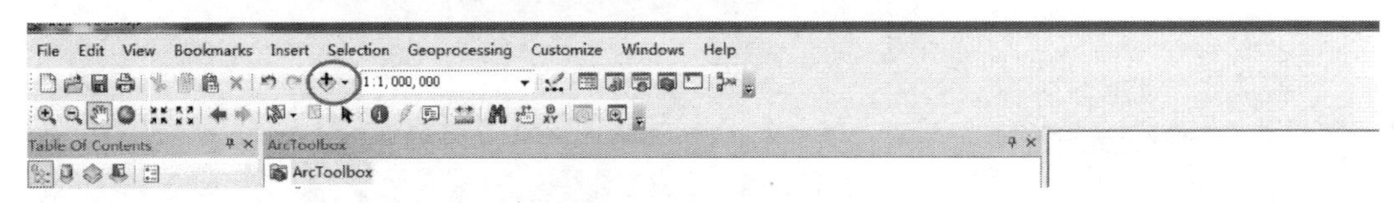

图 9-3-19　导入数据

2. 分组分析

单击 图标，打开 ArcToolbox 工具栏，选择 Spatial Statistics Tools→Mapping Clusters→Grouping Analysis 工具进行聚类分析（图 9-3-21）。

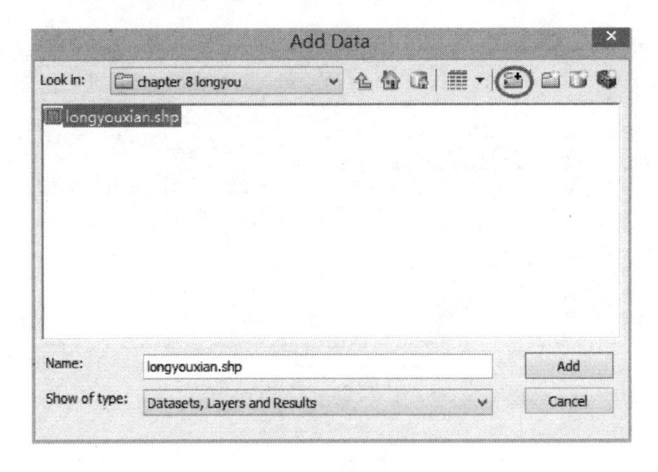

图 9-3-20　打开“longyouxian.shp”文件

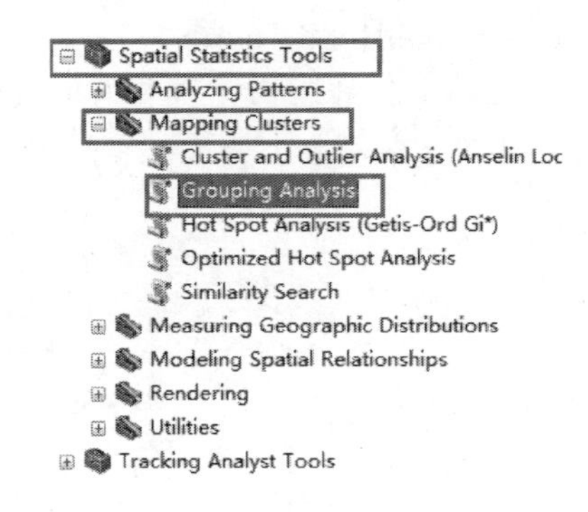

图 9-3-21　打开 Grouping Analysis 工具

这里以最小生成树聚类为例，邻接关系为共边邻接，具体的字段选择如图 9-3-22 所示。

所有可选项以及其含义为：

Input Features：要创建组的要素类或要素图层。

Unique ID Field：输入要素唯一字段。

Output Feature Class：聚类完成后将生成一个新的要素类，包含所有要素、指定的分析字段以及一个用于指明每个要素所属组的字段。

Number of Groups：要创建的组数。如勾选最下方 Evaluate Optimal Number of Groups 选项，则会对创建 2 组到 15 组数的结果进行 F 统计量的评估。如果多于 15 个组，将禁用输出报表参数。

Spatial Constraints：空间约束选项，较为关键：

1）选择 NO_SPATIAL_CONSTRAINT 选项

此时要素不是必须在空间或时间上互相接近，才能属于同一个组，将使用 k-means 算法进行聚类。通过后面的选项 Initialization_Method 可以指定如何获取初始种子。

（1）FIND_SEED_LOCATIONS 使用 k-means＋＋算法选择初始种子。

（2）GET_SEEDS_FROM_FIELD 自定义种子，自属性表中添加一个字段，将选中的种子标值为 1，在 Initialization_Field 选项中选中该字段。

（3）USE_RANDOM_SEEDS 随机选择初始种子，即普通 k-means 算法。

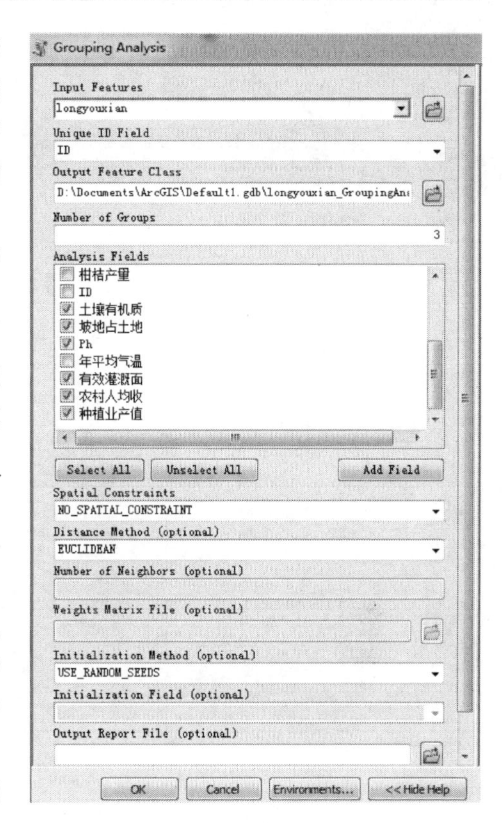

图 9-3-22　Grouping Analysis 工具窗口

2）指定了空间或空间-时间空间约束

算法将采用最小生成树聚类方法。空间关系约束的方法有：

（1）CONTIGUITY_EDGES_ONLY 只有共享一条边的面才属于同一个组。

（2）CONTIGUITY_EDGES_CORNERS 只有共享一条边或一个折点的面才属于同一个组。

（3）DELAUNAY_TRIANGULATION 每个要素是一个三角形结点，具有公共边的结点被视为邻域。

（4）K_NEAREST_NEIGHBORS 同一个组中的要素将相互邻近；每个要素至少是该组中某一其他要素的 k 个最近邻居中的一个。通过 Number of Neighbors 选项可以规定邻居数目。

（5）GET_SPATIAL_WEIGHTS_FROM_FILE 自定义空间权重矩阵，可在后面的选项 Weights_Matrix_File 进行导入。

Distance_Method：指定计算每个要素与邻近要素之间的距离的方式，有欧氏距离与曼哈顿距离。若未定义投影，采用弦测量方法计算距离。

Output_Report_File：结果 PDF 报表文件的输出路径。

可以自行尝试 k-means 聚类以及不同邻接矩阵的构建方法并比较其结果。

3. 聚类结果分析

得到聚类结果，是一个新生成的要素类文件，如图 9-2-9（b）所示。

打开属性表，其中包括了用来分析的七个字段与 SS_GROUP 字段，SS_GROUP 表明所属的组别，如图 9-3-23 所示。

MST

FID	Shape *	ID	土壤有机	坡地占土	Ph	年平均气	有效灌溉	农村人均	种植业产	SS_GROUP
0	Polygon	1	2.92	100	6	17.5	63.4	1358	65.7	3
1	Polygon	2	2.9	99.9	6	16.8	65.6	1561	74.6	3
2	Polygon	3	2.66	95.6	5.9	17.5	67.5	1645	72.5	3
3	Polygon	4	2.89	93.8	7	17.4	87.6	1760	70.3	3
4	Polygon	5	2.55	100	6.2	16.9	68.7	1394	73.4	3
5	Polygon	6	3.03	75.7	6.84	17.2	89.4	1738	70.8	3
6	Polygon	7	2.56	81.1	6.53	17.3	90.3	1711	68.4	3
7	Polygon	8	1.72	72.1	6.1	17.4	94.8	1813	69.4	2
8	Polygon	9	1.72	64	5.56	17.2	76.3	1446	65.1	2
9	Polygon	10	2.06	51.2	6.5	17.3	85.6	1667	65.8	3
10	Polygon	11	1.8	99	5.6	17.2	90.3	1790	67.8	2
11	Polygon	12	1.59	53.8	5.8	17.3	92.5	1698	63.4	2
12	Polygon	13	2.01	17.4	5.88	17	96.3	1451	53.3	2
13	Polygon	14	1.74	11.5	5.9	17.2	95.3	2090	57.4	2
14	Polygon	15	1.67	66.8	5.75	17.3	89.8	1583	59.6	2
15	Polygon	16	2.4	32.2	5.75	17.1	68.4	1755	65.8	2
16	Polygon	17	2.37	22.7	5.67	17.3	100	2156	49.3	2
17	Polygon	18	1.8	29.8	5.5	17.2	94.5	2011	64.3	2
18	Polygon	19	1.67	0	5.73	17	88.7	1473	65.3	2
19	Polygon	20	2.64	22.4	5.28	17.3	84.6	1495	61.2	2
20	Polygon	21	2.52	72.7	5.54	16.8	74.1	1795	64.1	2
21	Polygon	22	2.15	50	5.25	16.9	65.4	1764	67.8	2
22	Polygon	23	3.33	92.2	5.65	16.5	40.3	1001	76.3	1
23	Polygon	24	3.43	100	5.28	16.4	57.8	1352	69.8	1
24	Polygon	25	3.14	100	5.54	16.9	48.6	1072	76.3	1
25	Polygon	26	3.15	100	5.25	16.4	60.4	1226	72.8	1
26	Polygon	27	3.14	100	5.61	16.5	59.3	1305	71.4	1
27	Polygon	28	3.17	100	5.76	16.6	39.6	983	86.5	1
28	Polygon	29	4.18	100	5.62	15.5	51.9	1001	87.3	1
29	Polygon	30	2.79	100	6.32	14.9	51.4	966	73.3	1
30	Polygon	31	3.96	100	5.21	15.8	43.4	1142	79.4	1
31	Polygon	32	4.27	100	5.26	15.3	35.4	1019	88.4	1

图 9-3-23　属性表

输出的报表文件（图 9-3-24～图 9-3-29）中的英文含义分别为：Mean——均值，Std Dev——标准差，Min——最小值，Max——最大值，Share——占全部数据的比例。

首先是所有变量的箱形图，分组分析报表中的箱形图以图形的形式描述每个分析字段和组的九个汇总值：最小数据值、下四分位数、中值、上四分位数、最大数据值、数据异常值（小于或大于四分位距 1.5 倍的值）、组最小值、组均值和组最大值。落在上须线或下须线之外的任何+标志代表数据异常值。图 9-3-24 为七个变量的箱形图。

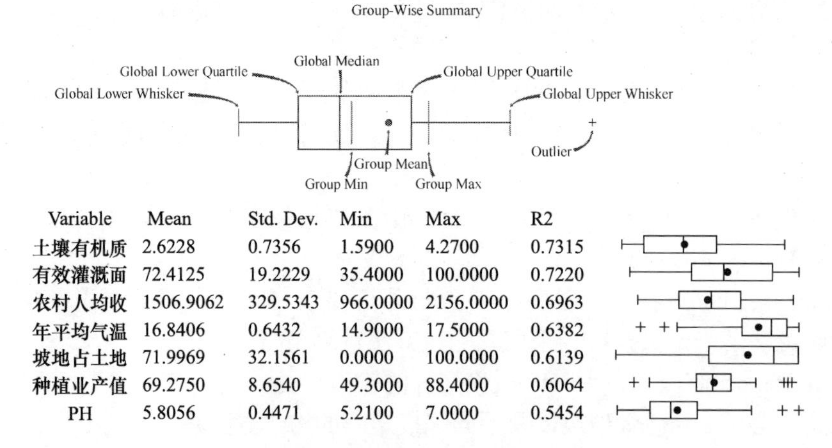

Variable	Mean	Std. Dev.	Min	Max	R2
土壤有机质	2.6228	0.7356	1.5900	4.2700	0.7315
有效灌溉面	72.4125	19.2229	35.4000	100.0000	0.7220
农村人均收	1506.9062	329.5343	966.0000	2156.0000	0.6963
年平均气温	16.8406	0.6432	14.9000	17.5000	0.6382
坡地占土地	71.9969	32.1561	0.0000	100.0000	0.6139
种植业产值	69.2750	8.6540	49.3000	88.4000	0.6064
PH	5.8056	0.4471	5.2100	7.0000	0.5454

图 9-3-24　总体样本中七个变量的统计情况

每个组中的各个变量（分析字段）进行相互比较（图 9-3-25）。

以及每个变量在不同分组中的箱形图（图 9-3-26）。

Group 1：Count =10, std. Distance=135.0986, SSD=28.2029

Variable	Mean	Std. Dev.	Min	Max	Share
土壤有机质	3.4560	0.4771	2.7900	4.2700	0.5522
有效灌溉面	48.8100	8.4133	35.4000	60.4000	0.3870
农村人均收	1106.7000	134.6522	966.0000	1352.0000	0.3244

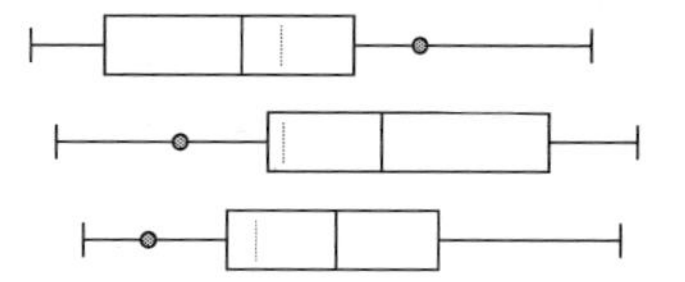

Variable	Mean	Std. Dev.	Min	Max	Share
年平均气温	16.0800	0.6258	14.9000	16.9000	0.7692
坡地占土地	99.2200	2.3400	92.2000	100.0000	0.0780
种植业产值	78.1500	6.5905	69.8000	88.4000	0.4757
PH	5.5500	0.3191	5.2100	6.3200	0.6201

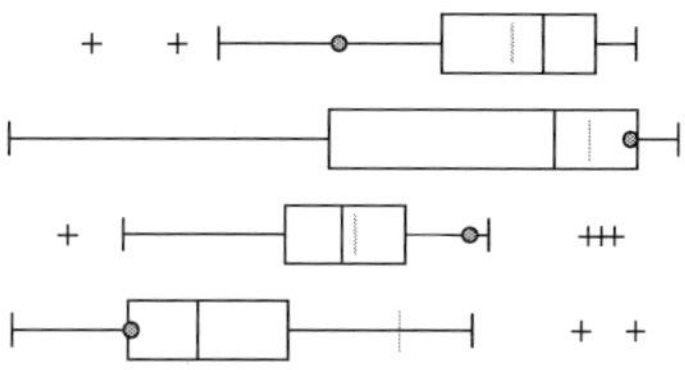

图 9-3-25　各组内七个变量的统计情况

土壤有机质：R2=0.73

Group	Mean	Std. Dev	Min	Max	Share
1	3.4560	0.4771	2.7900	4.2700	0.5522
2	1.9857	0.3471	1.5900	2.6400	0.3918
3	2.6963	0.2930	2.0600	3.0300	0.3619
Total	2.6228	0.7356	1.5900	4.2700	1.0000

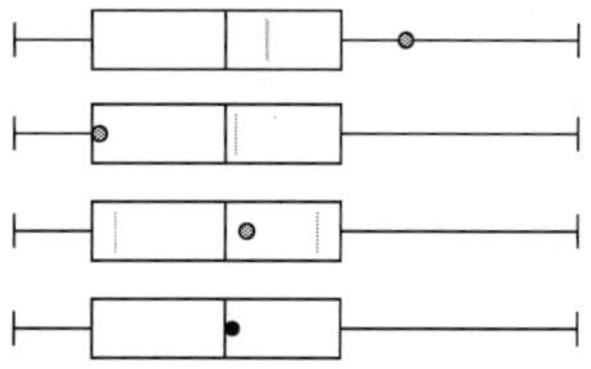

有效灌溉面：R2=0.72

Group	Mean	Std. Dev	Min	Max	Share
1	48.8100	8.4133	35.4000	60.4000	0.3870
2	86.5000	10.6537	65.4000	100.0000	0.5356
3	77.2625	11.1270	63.4000	90.3000	0.4164
Total	72.4125	19.2229	35.4000	100.0000	1.0000

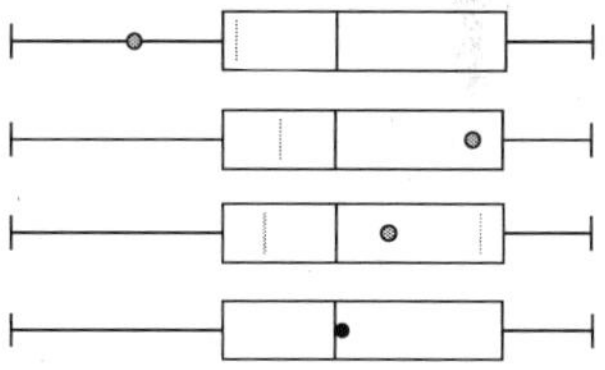

农村人均收：R2=0.70

Group	Mean	Std. Dev	Min	Max	Share
1	1106.7000	134.6522	966.0000	1352.0000	0.3244
2	1737.1429	224.9161	1446.0000	2156.0000	0.5966
3	1604.2500	143.9859	1358.0000	1760.0000	0.3378
Total	1506.9062	329.5343	966.0000	2156.0000	1.0000

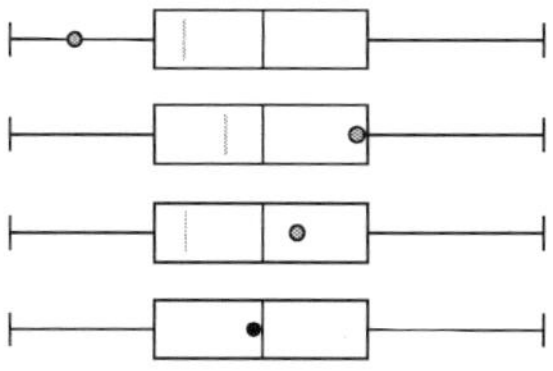

图 9-3-26　各变量在不同组内统计数据的对比

平行的箱形图汇总了各个组以及组中的各个变量（图 9-3-27）。

通过计算 F 统计量，给出最佳分类数目（图 9-3-28，图 9-3-29）。

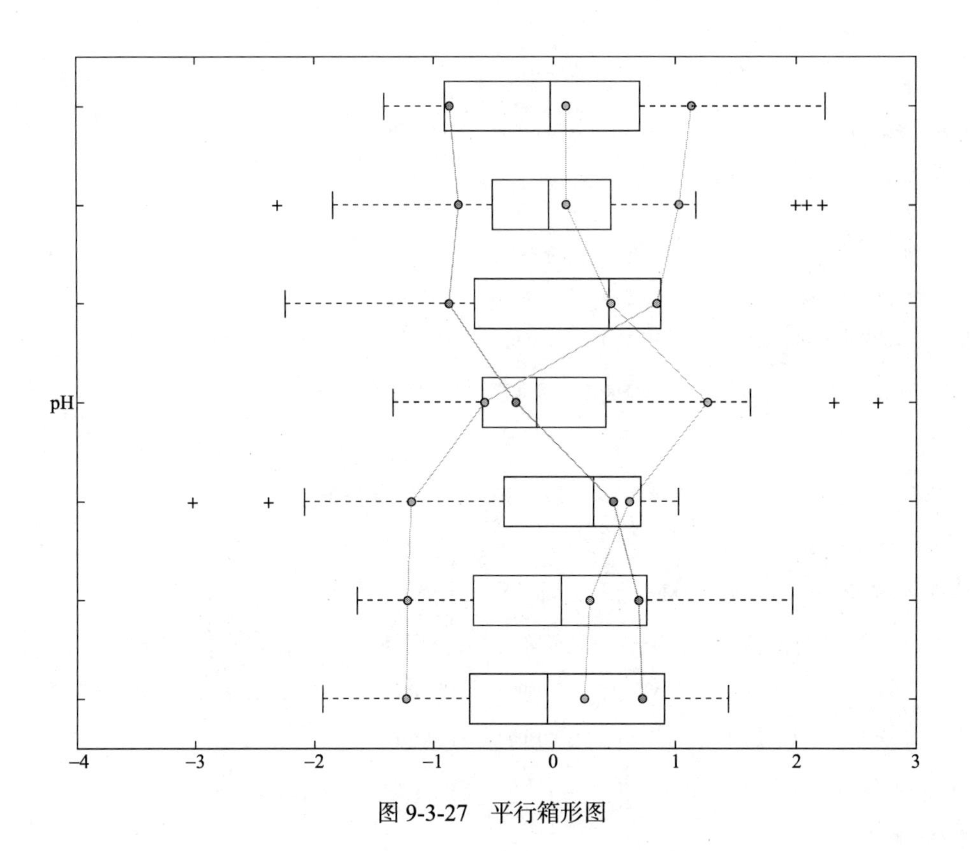

图 9-3-27　平行箱形图

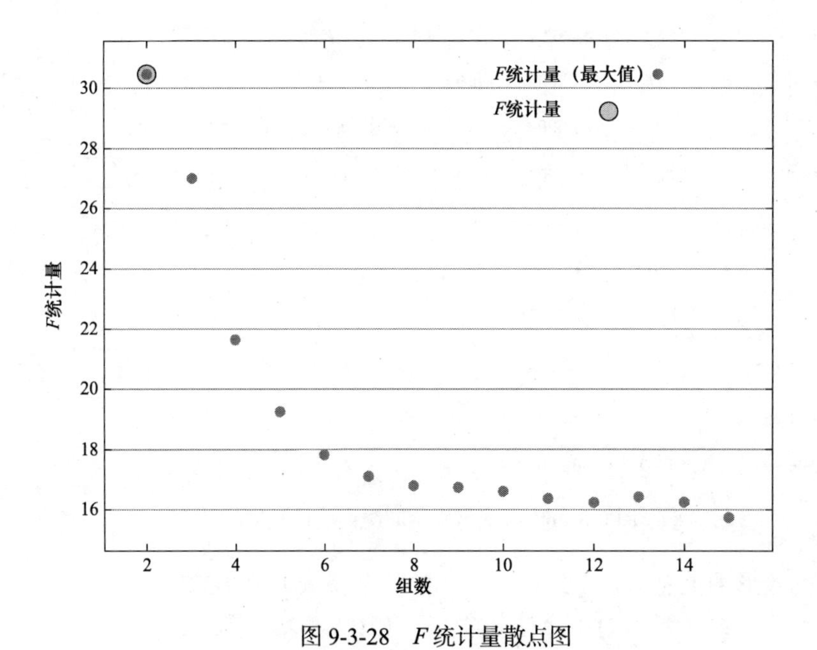

图 9-3-28　*F* 统计量散点图

组数	F统计量
2	30.4645
3	26.9930
4	21.6180
5	19.2526
6	17.8100
7	17.0991
8	16.7881
9	16.7196
10	16.6207
11	16.3632
12	16.2278
13	16.4218
14	16.2491
15	15.7329

图 9-3-29　*F* 统计量统计表

课后习题

1. 阐述主成分分析的主要思想。
2. 简要概括主成分分析过程的主要步骤。
3. 阐述聚类分析的主要思想。
4. 简要描述常用聚类方法的过程，并比较几种不同方法。
5. 相似性衡量有哪两种方法？

参考文献

祁洪全．2001．综合评价的多元统计分析方法［D］．长沙：湖南大学．

王力宾．2010．多元统计分析：模型、案例及 SPSS 应用［M］．北京：经济科学出版社．

易娟．2006．聚类算法分析与应用研究［D］．武汉：华中科技大学．

周全．2012．几种多元统计分析方法及其在生活中的应用［D］．荆州：长江大学．

朱长青，史文忠．2006．空间分析建模与原理［M］．北京：科学出版社．

Arthur D, Vassilvitskii S. 2007. K-means＋＋: The advantages of careful seeding [C]// Proceedings of the eighteenth ACM-SIAM Symposium on Discrete Algorithms. Society for Industrial and Applied Mathematics, 11: 1027-1035.

Assunção R M, Neves M C, Câmara G. 2007 Efficient regionalization techniques for socio-economic geographical units using minimum spanning trees [J]. International Journal of Geographical Information Science, 20 (7): 797-811.

Han, J. Kamber M. 2005. Data Mining: Concept and Techniques [M]. Califonia: Morgan Kaufmann Publishers.

Hotelling H. 1933. Analysis of a complex of statistical variables into principal components [J]. Journal of Educational Psychology, 24(6): 498-520.

Macqueen J. 1966. Some Methods for Classification and Analysis of Multivariate Observations [C]// Cam L, Neyman J. Proceedings of the Fifth Berkeley Symposium on Mathematical Statistics and Probability: 281-297.

第 10 章　综合实习：识别多中心城市结构

10.1　案 例 背 景

多中心城市，顾名思义，就是指一个城市内有多个中心，这是当前大城市发展的一般趋势。传统的单中心城市在达到一定规模后，会开始出现次级中心。城市就由单中心逐步演化为多中心结构。识别多中心城市结构对城市扩张、人口迁移动态等研究都有重要意义。根据尺度的不同，多中心城市的概念可划分为两个层次：一个是区域尺度的，如长三角、珠三角大都市带，第二个是城市尺度的，也就是单个城市内部的多中心结构。该案例研究的是基于城市尺度的多中心识别。

我们对城市结构的认识很大程度上受到数据可利用性的限制，早期的研究主要依靠统计资料，如人口普查、经济数据等。此类数据集虽然准确性和代表性较高，但更新频率低，如人口普查数据，通常每 5 年或 10 年才更新一次（Cai，2017）。并且当使用这种空间统计数据来确定次中心的数量时，观察单元的大小影响着城市中心的识别效果。比如，较大的分割单元可能会导致次中心的数量较少。按行政区划来汇总的统计数据，无法准确表现出行政区划层级之下的人口密度的分布。当一个行政区域很大时，由于大量未利用土地的存在，人口密集的地区可能会被忽视。

夜间灯光影像等遥感数据，可以用来挖掘城市景观和基础设施的各种特征，是研究城市结构的一个新的数据源。虽然夜间灯光数据具有相对较高的空间稳定性，并且能保证地块形状的可靠性，但它无法记录社会经济的分布形式以及人群的活动状况（Liu，Wang，2015）。例如，在夜间发出灯光的，不仅有城市中心，还有道路、港口地区和工业区，这就可能导致无法准确估计人口聚集区域。

近年来，城市大数据研究的兴起，为多中心识别研究提供了有效途径（Duan et al.，2018）。POI（point of interest）大数据是真实地理实体的点状数据，具有空间和属性信息，精度高、覆盖范围广、更新快、数据量大，是传统数据的有效替代方式。这个案例我们选取夜间灯光数据和 POI 数据结合，识别杭州的城市结构，主要思路分为三步：建立观察单元（已完成）—定义主要中心—定义次要中心。最后，采用组合不同的数据集与方法，进行对比实验。

10.2　数据及软件

本实习中用到的分割单元结果数据来源于 eCognition 中对夜间灯光数据进行的多尺度分割。夜间灯光数据为 2018 年 5 月的 NPP-VIIRS 月合成夜间灯光遥感影像。数据来自 NOAA 国家地理数据中心（http://ngdc.noaa.gov/eog/viirs/download_viirs_ntl.html），是由 Suomi-NPP 卫星利用其可见红外成像辐射仪（VIIRS）在 2018 年 5 月拍摄的，距地表约 824km，采用极地轨道，由多幅无云影像合成得到。NPP-VIIRS 数据于 2012 年开始免费公布，相比于之前的 DMSP 夜光数据，它有着更高的空间分辨率（约 500m）。

在 eCognition 软件中对 VIIRS 数据进行多尺度分割后得到分割单元矢量数据。分割中使用的参数组合经试验后选择为：尺度因子 6，形状因子 0.1，紧密度因子 0.5。

本实习操作所用软件为 ArcMap。

本实习用到的 POI 数据来源于 2018 年 11 月通过太乐地图抓取的百度地图 POI 数据。对数据进行去重、纠偏与实地调研验证后，共获得 343064 条数据。

数据可通过扫描附录 2 中的二维码获取。本章使用到的文件为分割结果单元矢量面文件“units.shp”，POI 点文件“POIall.shp”。

10.3　操作过程

10.3.1　识别主要中心

主要中心是一块有着高人口密度与空间集聚特征的大区域，通常位于城市的核心区域，并且包含 CBD。我们用局部 Moran 来寻找主要中心，从研究区范围的 POI 密度来看，那些自身为高值且被高值地块包围的地块，就被定义为主要中心。

1. 根据分割单元统计 POI，计算 POI 密度

（1）打开 ArcGIS，加载分割单元结果矢量数据和 POI 数据。

（2）根据分割单元统计 POI：右击 units 图层，在菜单中选择 Join data，连接 POI 点数据，生成新图层 unit_POI（图 10-3-1）。

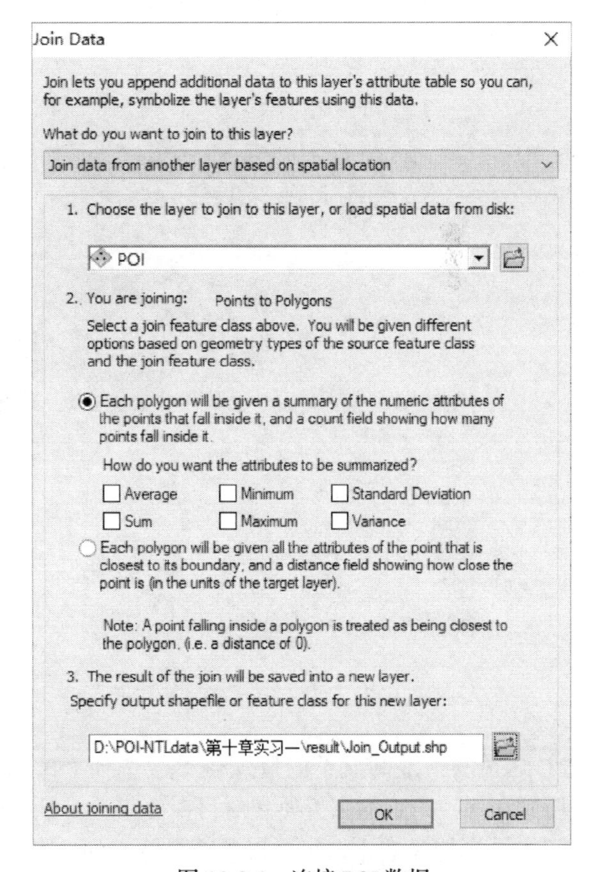

图 10-3-1　连接 POI 数据

（3）计算 POI 密度：

开始编辑，打开 unit_POI 图层属性表，新建字段 areakm，数据类型为 float，计算几何，选择单位为平方千米，计算得到面积（图 10-3-2）。新建字段 POIdensity，打开字段计算器，求出每单元内 POI 密度（个 / 平方千米）（图 10-3-3）。

（4）调整渲染方式为按密度显示（图 10-3-4）。

2. 计算局部 Moran 指数，求主要中心

打开工具箱→Spatial Statistics Tools→Mapping Cluster→Cluster and Outlier Analysis（Anselin Local Morans I），界面如图 10-3-5 所示，输入数据集为 unit_POI，输入字段为

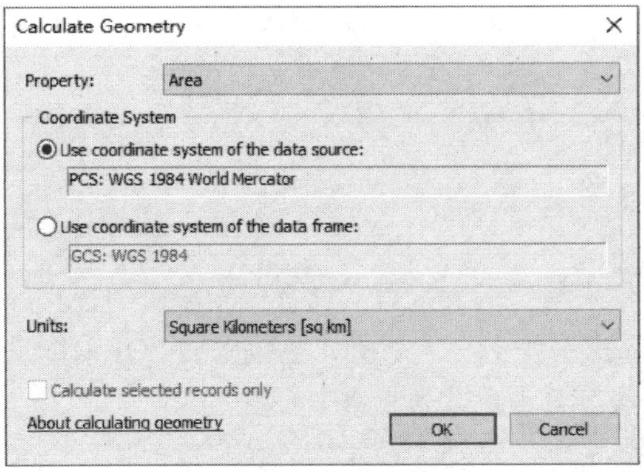

图 10-3-2　计算面积

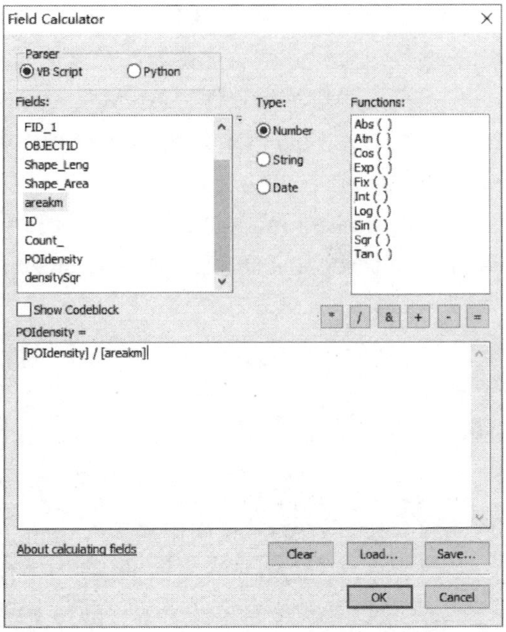

图 10-3-3　字段计算器计算 POI 密度

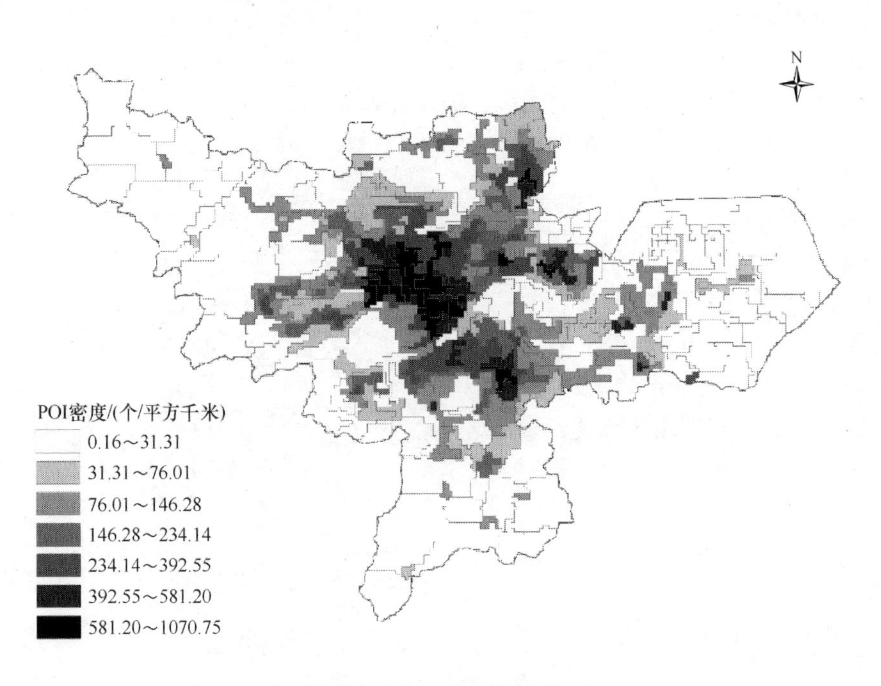

图 10-3-4　POI 密度图

POIdensity，空间关系的概念化参数选择 INVERSE_DISTANCE（反距离，即与远处的要素相比，附近的邻近要素对目标要素计算的影响要大一些），标准化选择 ROW（对空间权重执行标准化；每个权重都会除以所有相邻要素的权重和）。生成计算结果，图层命名为 LMI。

打开属性表，按属性选择，选出 COType（clustering/outlier type）为 HH 的记录，导出选中数据，即主要中心（图 10-3-6），图层名称为“主要中心 .shp”。

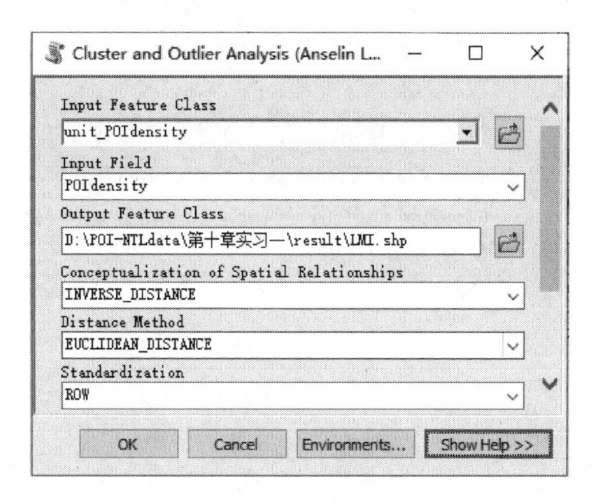

图 10-3-5　LMI 界面

10.3.2　识别次要中心

次要中心是一系列连续的、人类活动密度较高的地块（Cai et al.，2017）。边缘城市和卫星城是城市内部多中心结构的其他组成方式。合格的次要中心要比直接相邻的地域有着显著较高的密度（局部高值），而且对于研究区范围内的所有地块来说，它的人类活动密度也是相对较高的（全局高值）。因此我们采取两个步骤来识别次要中心，首选利用 GWR 模型来建立每个独立地块距城市中心点的距离与 POI 密度平方根之间的关系，选出候选次要中心后，再除去与主要中心相邻的候选区。

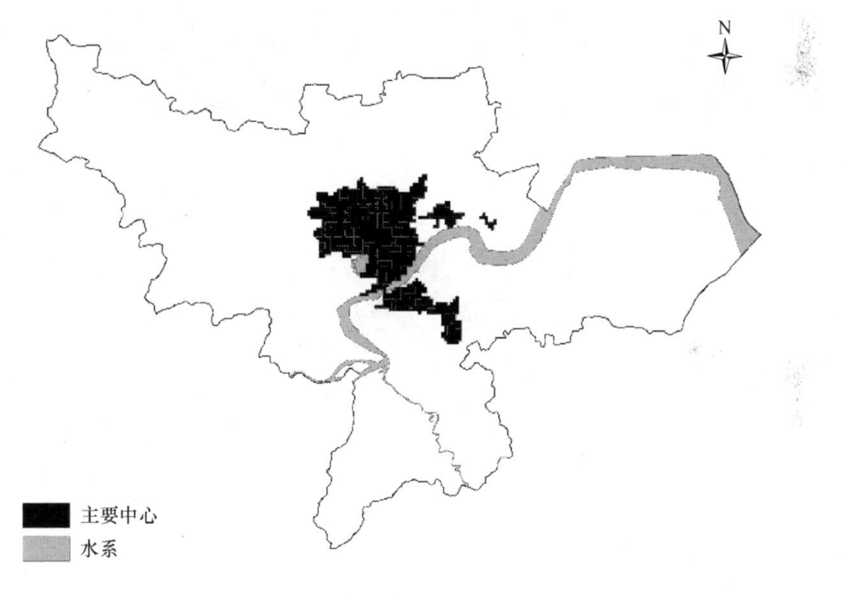

图 10-3-6　主要中心结果

理论上说，离城市中心点越近，人类活动越多，但是由于次要中心的不对称分布，所以这个特征无法用定序回归分析（ordinal logistic regression，OLR）来表现（McMillen，2001），有着强空间不稳定性的城市的社会和自然地理特征影响着次要中心的建立。GWR 模型是一个局部建模工具，可以对数据集内每个观察单元拟合回归方程。由于在模型预测中只用到了邻近单元，所以 POI 密度的局部升高会以正残差（positive residual error）的形式表现出来。

1. 求地块距城市中心点的距离

1）求城市中心点

找到主要中心之后，我们将主要中心的签到密度加权中心点定义为城市的中心点。我们将利用它来计算每个地块到主要中心的距离。打开工具箱→Spatial Statistics Tools→Measuring Geographic Distributions→Mean Center，输入数据集为主要中心，权重字段为密度（图 10-3-7）。

2）计算各地块几何中心

打开工具箱→DataManagementTools→Features→Feature To Point（图 10-3-8）。

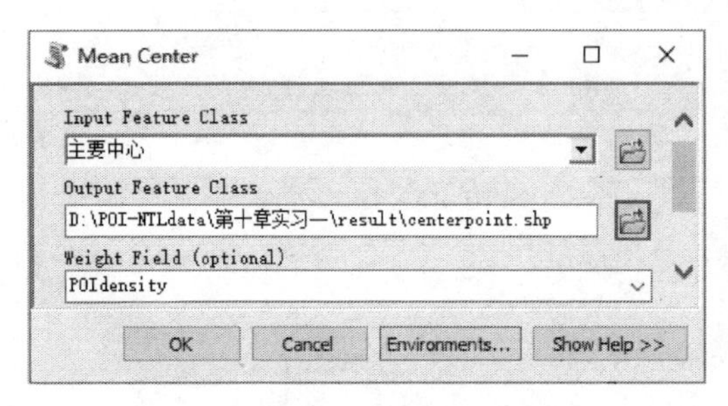

图 10-3-7　加权中心点计算界面

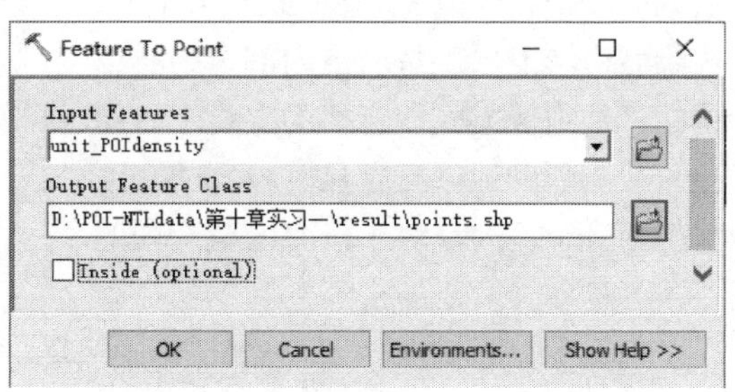

图 10-3-8　几何中心计算界面

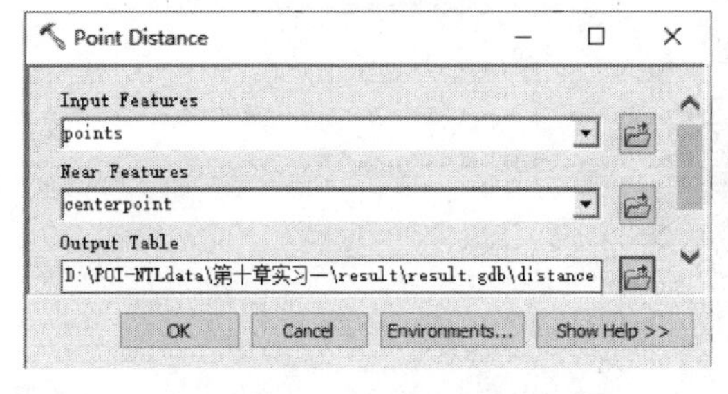

图 10-3-9　点距离计算界面

3）计算点距离

打开工具箱→AnalysisTools→Proximity→Point Distance，输入要素为上一步生成的点数据，邻近要素为城市中心点（图 10-3-9）。

4）将距离连接到分割单元

右击分割单元的图层名称，在 Join Data 菜单中选择 Join attributes from a table。表中关联字段选择 INPUT_FID（图 10-3-10）。注意连接前应打开两个属性表确认一一对应的字段再进行关联。

2. GWR 计算

1）计算 POI 密度平方根

打开包含 POI 密度的分割单元图层（unit_POIdensity）的属性表，新建字段 densitySqr，利用字段计算器计算 POI 密度的平方根（图 10-3-11）。

2）计算 GWR

打开工具箱→Spatial Statistics Tools→Modeling Spatial Relationships→Geographically Weighted Regression。GWR 界面如图 10-3-12 所示，输入要素为分割单元图层（unit_POIdensity），选择 POI 密度的平方根作为因变量，与主要中心的距离作为自变量。核类型为 ADAPTIVE，带宽方法为 AICc。

3）选出候选次要中心

打开 GWR 结果图层属性表，选出 StdResid 字段大于 1.96 的记录，结果如图 10-3-13 所示。

Join Data
Join lets you append additional data to this layer's attribute table so you can, for example, symbolize the layer's features using this data.
What do you want to join to this layer?
Join attributes from a table
1. Choose the field in this layer that the join will be based on:
FID
2. Choose the table to join to this layer, or load the table from disk:
distance
Show the attribute tables of layers in this list
3. Choose the field in the table to base the join on:
INPUT_FID
Join Options
Keep all records
All records in the target table are shown in the resulting table. Unmatched records will contain null values for all fields being appended into the target table from the join table.
Keep only matching records
If a record in the target table doesn't have a match in the join table, that record is removed from the resulting target table.
Validate Join
About joining data
OK
Cancel

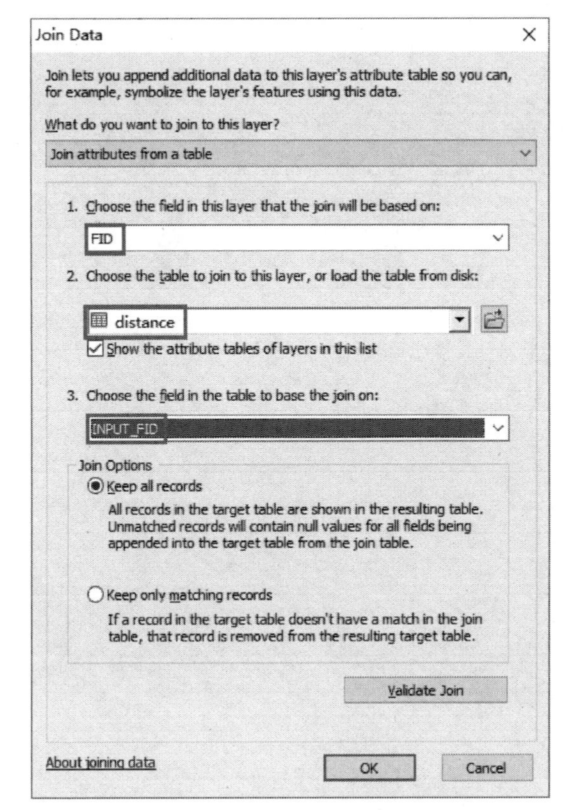

图 10-3-10　将分割单元连接到点距离表

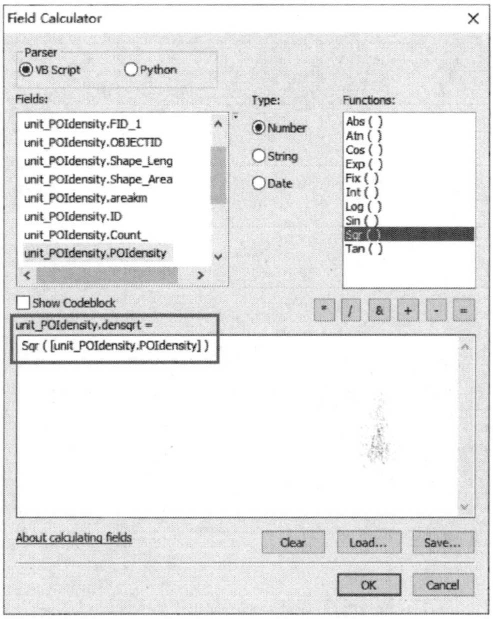

Field Calculator
Parser
VB Script
Python
Fields:
unit_POIdensity.FID_1
unit_POIdensity.OBJECTID
unit_POIdensity.Shape_Leng
unit_POIdensity.Shape_Area
unit_POIdensity.areakm
unit_POIdensity.ID
unit_POIdensity.Count_
unit_POIdensity.POIdensity
Type:
Number
String
Date
Functions:
Abs ( )
Atn ( )
Cos ( )
Exp ( )
Fix ( )
Int ( )
Log ( )
Sin ( )
Sqr ( )
Tan ( )
Show Codeblock
unit_POIdensity.densqrt =
Sqr ([unit_POIdensity.POIdensity])
About calculating fields
Clear
Load...
Save...
OK
Cancel

图 10-3-11　计算 POI 密度的平方根

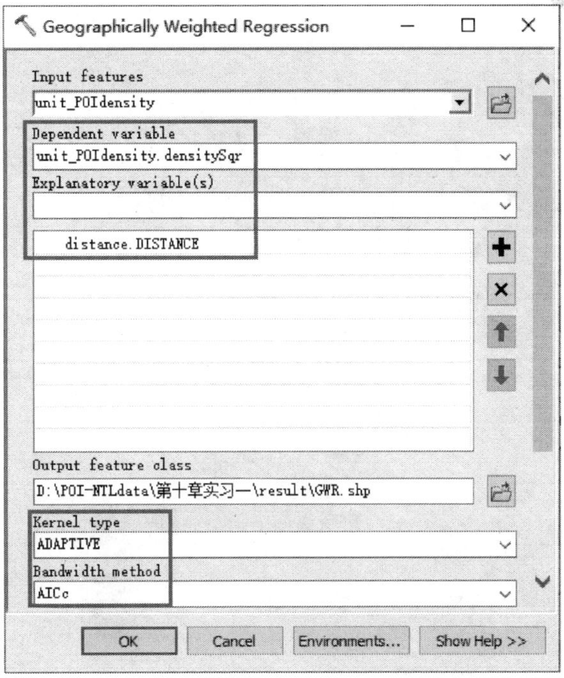

Geographically Weighted Regression
Input features
unit_POIdensity
Dependent variable
unit_POIdensity.densitySqr
Explanatory variable(s)
distance.DISTANCE
Output feature class
D:\POI-NTLdata\第十章实习一\result\GWR.shp
Kernel type
ADAPTIVE
Bandwidth method
AICc
OK
Cancel
Environments...
Show Help >>

图 10-3-12　GWR 界面

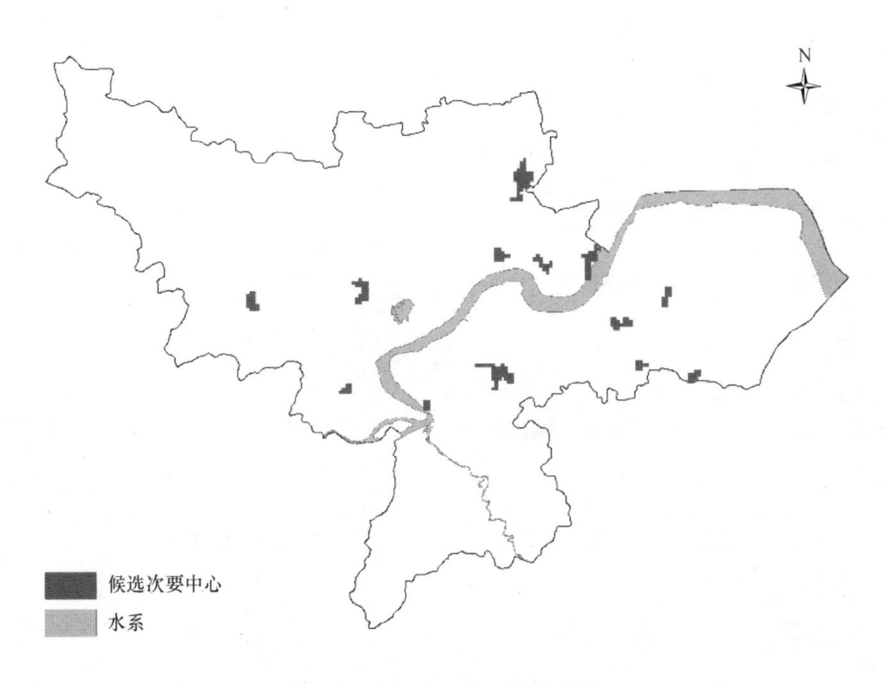

图 10-3-13　候选次要中心结果

3. 筛选次要中心

显示主要中心与候选次要中心图层，开始编辑，在候选次要中心图层中，选中包含在主要中心内或与主要中心相邻的记录（图 10-3-14），删去。保存并结束编辑。得到识别中心的最终结果（图 10-3-15）。

图 10-3-14　要删去的候选次要中心记录

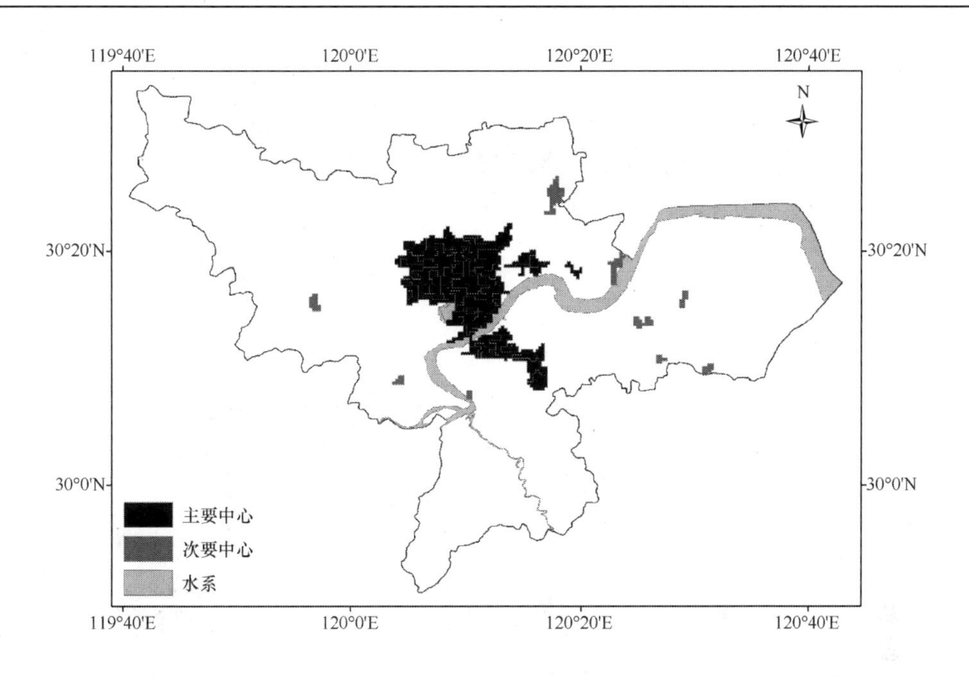

图 10-3-15　主要中心、次要中心识别结果

10.4　对比实验及讨论

为了验证这套方法的有效性，我们将采用两套数据、两套方法来进行对比实验。夜间灯光数据已经被广泛应用于研究城市结构，但是却难以追踪人类活动。为了更好地验证其与 POI 数据结合后的有效性和优越性，对比实验中不再用 POI 数据作为中心识别的输入值，而是采用每个地块中的夜间灯光强度的平均值。另一种方法为相对阈值法，与绝对阈值法相比，相对阈值法操作简单、客观性强，因而在之前的研究中被普遍应用（Small et al.，2005）。Liu 和 Wang 于 2016 年提出，将中国大城市中的包含夜间灯光强度和签到密度的前 10% 的地块单元定义为城市中心（Liu，Wang，2016）。对比实验部分操作请大家自行完成。

图 10-4-1 是对比实验的结果。可以看出，当用夜光分割单元统计 POI 时，只有一个分割单元的 POI 密度超过整体的 90%（a1）。当数据源仅为夜光数据时，阈值法得到的唯一城市中心位于萧山机场（b1）。这是不符合实际的，虽然机场人口活动密度高，但是由于高人口流动性和单一的区域功能，它并不能被认为是城市中心。之所以产生这样的结果，很可能是机场的跑道灯光和其他高功率的导航设备使得这个区域的夜间灯光数据值相对较高。本实习的实验结果（a2）与用本实习方法、数据源仅用夜光数据的实验结果（b2）比较相似，但是本实习的实验结果得到的主要中心面积更小、范围更集中，也没有包含萧山机场，并且次要中心数量更多，经与杭州市城市总体规划实施评估报告中有关空间格局的评估对比，（a2）结果较为符合。

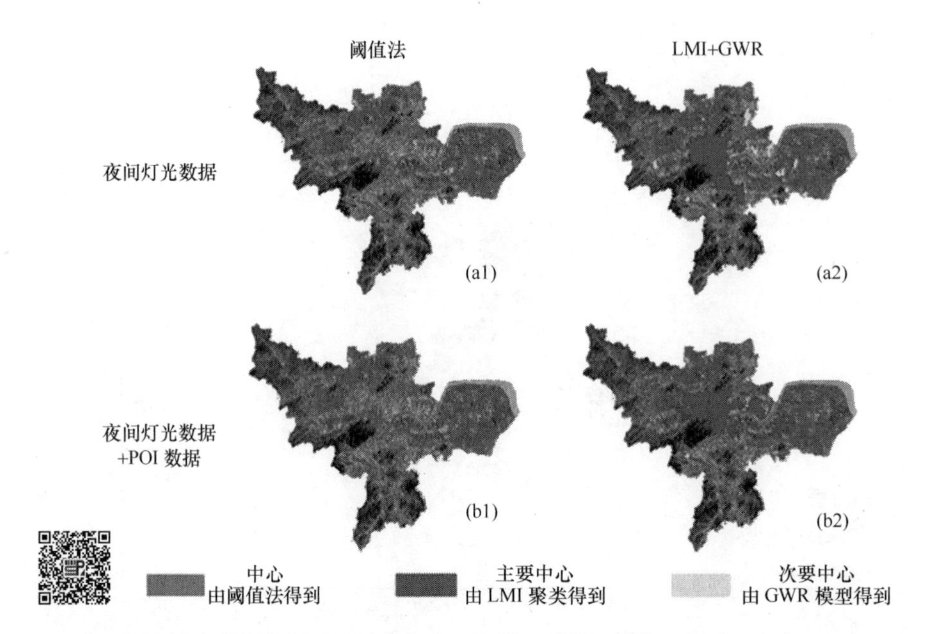

图 10-4-1　不同方法和数据集得到的城市中心。橙色显示的是阈值法得到的中心。LMI 和 GWR 法得到的主要中心用红色表示，次要中心用黄色表示

参考文献

Cai J, Huang B, Song Y. 2017. Using multi-source geospatial big data to identify the structure of polycentric cities [J]. Remote Sensing of Environment, 202: 210-221.

Duan Y, Liu Y, Liu X, et al. 2018. Identification of polycentric urban structure of central chongqing using points of interest big data [J]. Journal of Natural Resources, 33 (5): 788-800.

Liu X J, Wang J H. 2015. The geography of Weibo [J]. Environ. Plan, A47 (6): 1231-1234.

Liu X J, Wang M S. 2016. How polycentric is urban China and why? A case study of 318 cities [J]. Landscape and Urban Planning, 151: 10-20.

McMillen D P. 2001. Nonparametric employment subcenter identification [J]. Journal of Urban Economics, 50 (3): 448-473.

Small C, Pozzi F, Elvidge C. 2005. Spatial analysis of global urban extent from DMSP-OLS night lights [J]. Remote Sensing of Environment, 96 (3-4): 277-291.

附录 1　卡方分布上侧分位数表

$$P\{\chi^2(n)>\chi_\alpha^2(n)\}=\alpha$$

n	α												
	0.995	0.99	0.975	0.95	0.90	0.75	0.50	0.25	0.10	0.05	0.025	0.01	0.005
1	0.00004	0.00016	0.001	0.004	0.016	0.102	0.455	1.323	2.706	3.841	5.024	6.635	7.879
2	0.010	0.020	0.051	0.103	0.211	0.575	1.386	2.773	4.605	5.991	7.378	9.210	10.597
3	0.072	0.115	0.216	0.352	0.584	1.213	2.366	4.108	6.251	7.815	9.348	11.345	12.838
4	0.207	0.297	0.484	0.711	1.064	1.923	3.357	5.385	7.779	9.488	11.143	13.277	14.860
5	0.412	0.554	0.831	1.145	1.610	2.675	4.351	6.626	9.236	11.070	12.833	15.086	16.750
6	0.676	0.872	1.237	1.635	2.204	3.455	5.348	7.841	10.645	12.592	14.449	16.812	18.548
7	0.989	1.239	1.690	2.167	2.833	4.255	6.346	9.037	12.017	14.067	16.013	18.475	20.278
8	1.344	1.646	2.180	2.733	3.490	5.071	7.344	10.219	13.362	15.507	17.535	20.090	21.955
9	1.735	2.088	2.700	3.325	4.168	5.899	8.343	11.389	14.684	16.919	19.023	21.666	23.589
10	2.156	2.558	3.247	3.940	4.865	6.737	9.342	12.549	15.987	18.307	20.483	23.209	25.188
11	2.603	3.053	3.816	4.575	5.578	7.584	10.341	13.701	17.275	19.675	21.920	24.725	26.757
12	3.074	3.571	4.404	5.226	6.304	8.438	11.340	14.845	18.549	21.026	23.337	26.217	28.300
13	3.565	4.107	5.009	5.892	7.042	9.299	12.340	15.984	19.812	22.362	24.736	27.688	29.819
14	4.075	4.660	5.629	6.571	7.790	10.165	13.339	17.117	21.064	23.685	26.119	29.141	31.319
15	4.601	5.229	6.262	7.261	8.547	11.037	14.339	18.245	22.307	24.996	27.488	30.578	32.801
16	5.142	5.812	6.908	7.962	9.312	11.912	15.338	19.369	23.542	26.296	28.845	32.000	34.267
17	5.697	6.408	7.564	8.672	10.085	12.792	16.338	20.489	24.769	27.587	30.191	33.409	35.718
18	6.265	7.015	8.231	9.390	10.865	13.675	17.338	21.605	25.989	28.869	31.526	34.805	37.156
19	6.844	7.633	8.907	10.117	11.651	14.562	18.338	22.718	27.204	30.144	32.852	36.191	38.582
20	7.434	8.260	9.591	10.851	12.443	15.452	19.337	23.828	28.412	31.410	34.170	37.566	39.997
21	8.034	8.897	10.283	11.591	13.240	16.344	20.337	24.935	29.615	32.671	35.479	38.932	41.401
22	8.643	9.542	10.982	12.338	14.041	17.240	21.337	26.039	30.813	33.924	36.781	40.289	42.796
23	9.260	10.196	11.689	13.091	14.848	18.137	22.337	27.141	32.007	35.172	38.076	41.638	44.181
24	9.886	10.856	12.401	13.848	15.659	19.037	23.337	28.241	33.196	36.415	39.364	42.980	45.559
25	10.520	11.524	13.120	14.611	16.473	19.939	24.337	29.339	34.382	37.652	40.646	44.314	46.928
26	11.160	12.198	13.844	15.379	17.292	20.843	25.336	30.435	35.563	38.885	41.923	45.642	48.290
27	11.808	12.879	14.573	16.151	18.114	21.749	26.336	31.528	36.741	40.113	43.195	46.963	49.645
28	12.461	13.565	15.308	16.928	18.939	22.657	27.336	32.620	37.916	41.337	44.461	48.278	50.993
29	13.121	14.256	16.047	17.708	19.768	23.567	28.336	33.711	39.087	42.557	45.722	49.588	52.336
30	13.787	14.953	16.791	18.493	20.599	24.478	29.336	34.800	40.256	43.773	46.979	50.892	53.672

续表

n	α												
	0.995	0.99	0.975	0.95	0.90	0.75	0.50	0.25	0.10	0.05	0.025	0.01	0.005
31	14.458	15.655	17.539	19.281	21.434	25.390	30.336	35.887	41.422	44.985	48.232	52.191	55.003
32	15.134	16.362	18.291	20.072	22.271	26.304	31.336	36.973	42.585	46.194	49.480	53.486	56.328
33	15.815	17.074	19.047	20.867	23.110	27.219	32.336	38.058	43.745	47.400	50.725	54.776	57.648
34	16.501	17.789	19.806	21.664	23.952	28.136	33.336	39.141	44.903	48.602	51.966	56.061	58.964
35	17.192	18.509	20.569	22.465	24.797	29.054	34.336	40.223	46.059	49.802	53.203	57.342	60.275
36	17.887	19.233	21.336	23.269	25.643	29.973	35.336	41.304	47.212	50.998	54.437	58.619	61.581
37	18.586	19.960	22.106	24.075	26.492	30.893	36.336	42.383	48.363	52.192	55.668	59.893	62.883
38	19.289	20.691	22.878	24.884	27.343	31.815	37.335	43.462	49.513	53.384	56.896	61.162	64.181
39	19.996	21.426	23.654	25.695	28.196	32.737	38.335	44.539	50.660	54.572	58.120	62.428	65.476
40	20.707	22.164	24.433	26.509	29.051	33.660	39.335	45.616	51.805	55.758	59.342	63.691	66.766
41	21.421	22.906	25.215	27.326	29.907	34.585	40.335	46.692	52.949	56.942	60.561	64.950	68.053
42	22.138	23.650	25.999	28.144	30.765	35.510	41.335	47.766	54.090	58.124	61.777	66.206	69.336
43	22.859	24.398	26.785	28.965	31.625	36.436	42.335	48.840	55.230	59.304	62.990	67.459	70.616
44	23.584	25.148	27.575	29.787	32.487	37.363	43.335	49.913	56.369	60.481	64.201	68.710	71.893
45	24.311	25.901	28.366	30.612	33.350	38.291	44.335	50.985	57.505	61.656	65.410	69.957	73.166

附录 2　案例数据与上机操作

本书中所使用的案例数据以及上机操作的 PDF 文档都提供了公开下载途径，可通过扫描下方二维码获取下载链接。